代表的な産業用レーザ発振器

高速軸流
　CO_2 レーザ発振器
（中央大学，p.5）

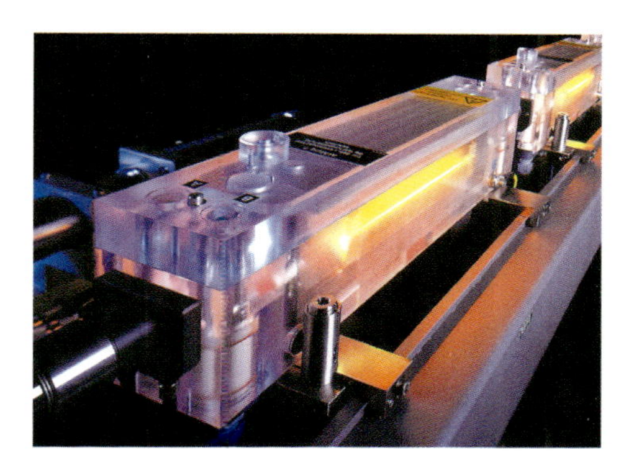

ランプ励起
　YAG レーザ発振器

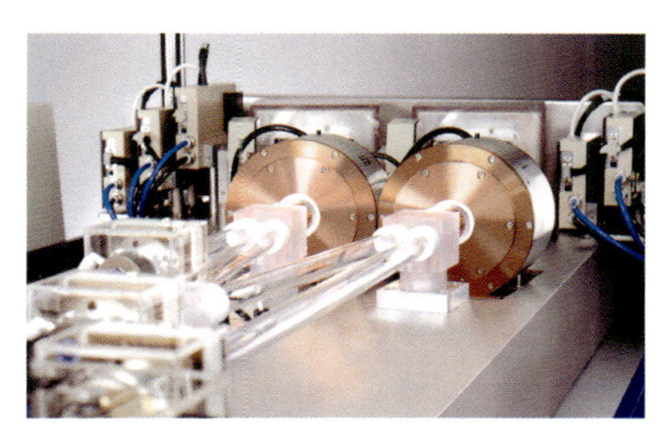

LD 励起ディスク型
　YAG レーザ発振器
（トルンプ株式会社，p. 66）

レーザによる各種加工風景（1）

レーザ切断加工（p.297）

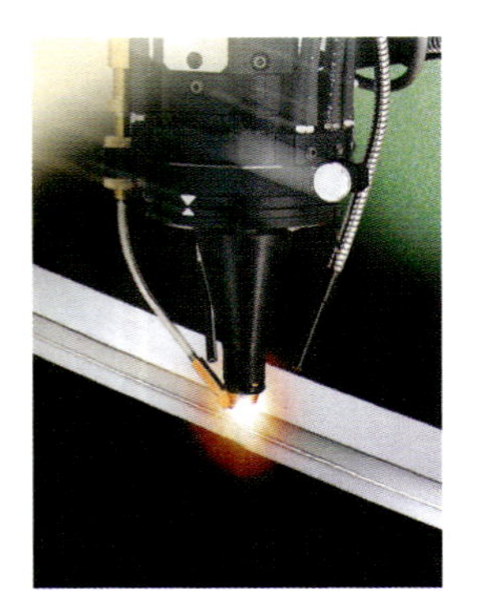

レーザ溶接加工（p.377）

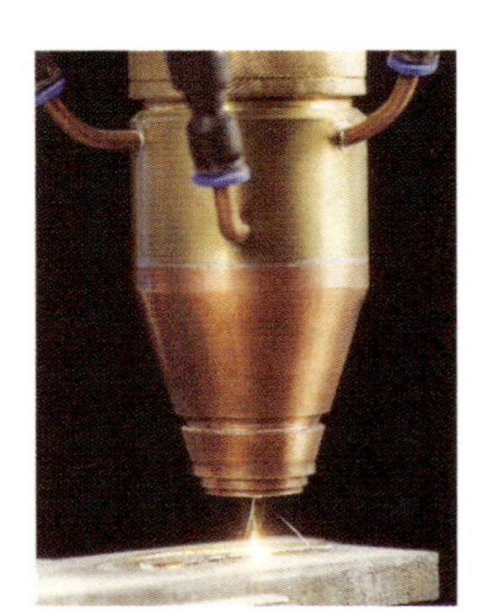

レーザ表面処理加工（p.469）

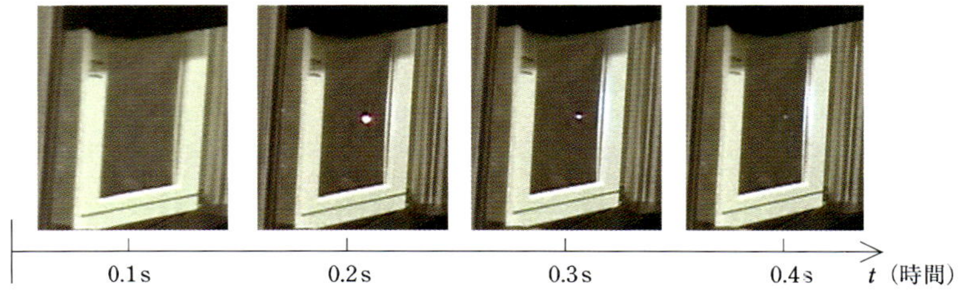

レーザ微細穴あけ加工（p.566）

レーザによる各種加工風景（2）

BS 切断加工
（株式会社アマダ）

ウォータジェットガイドレーザ加工
（SYNOVA 社）

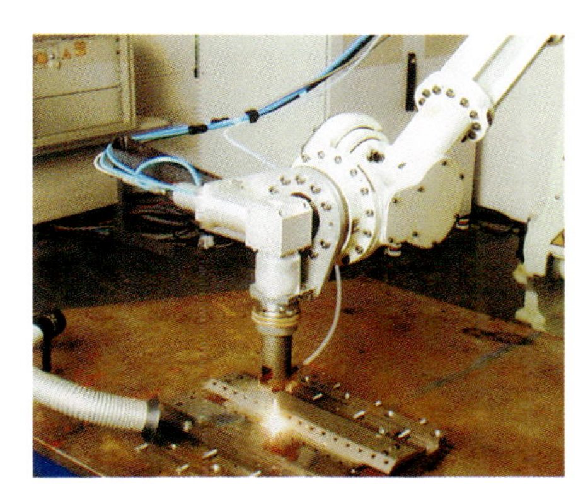

ファイバーレーザ加工
（IPG：英国溶接研究所）

穴あけ加工溝内のガス噴流シミュレーション

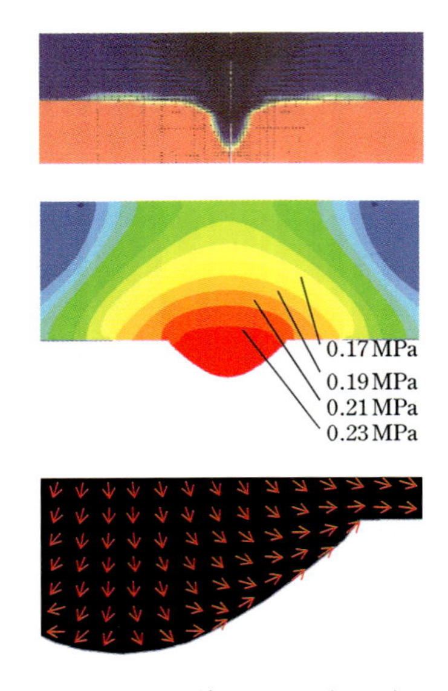

ガス圧とガス流ベクトル（p. 276）

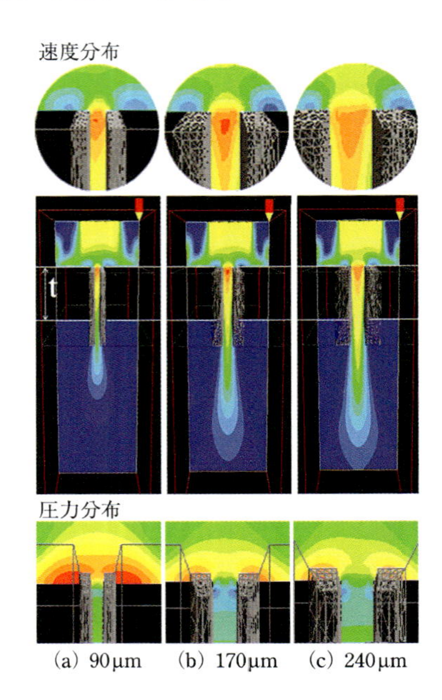

切断溝幅とガス流挙動（p. 118）

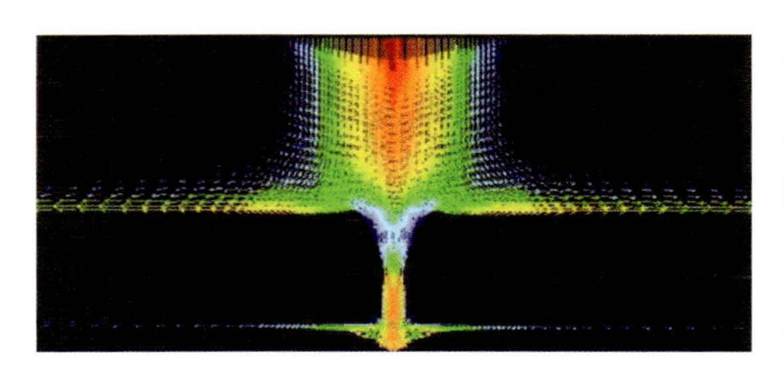

穴あけ加工シミュレーション

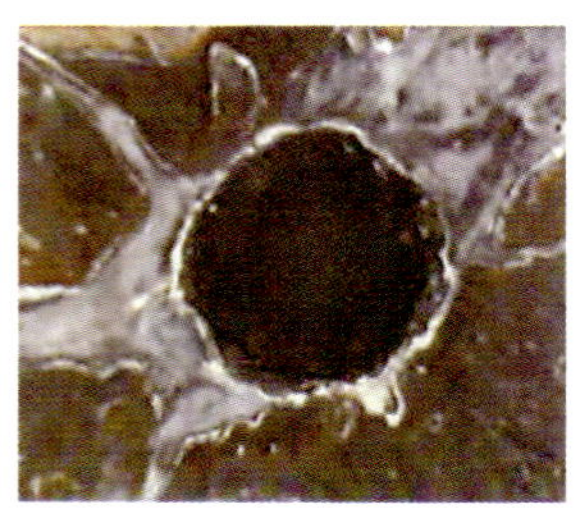

実加工結果

切断速度変化によるガス噴流シミュレーション

(p. 205, 352, 353)

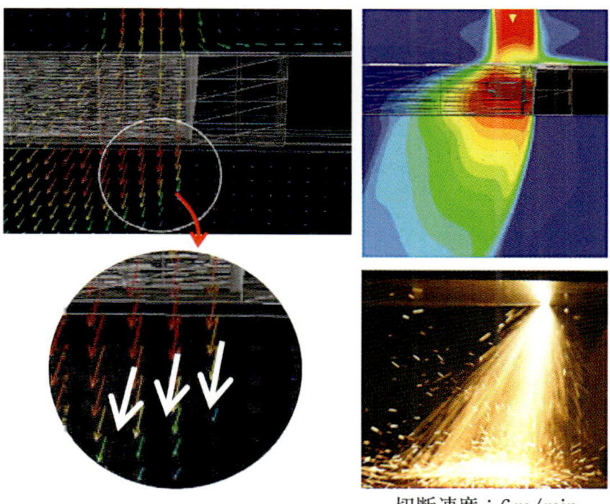

切断速度：6m/min

切断速度の変化

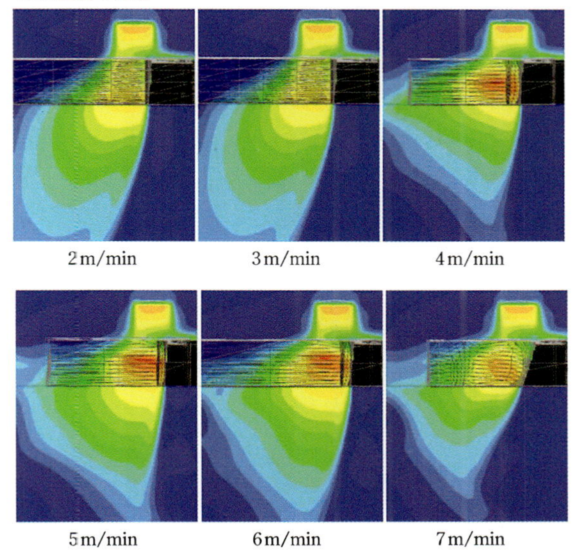

板厚変化によるガス噴流シミュレーション

速度分布

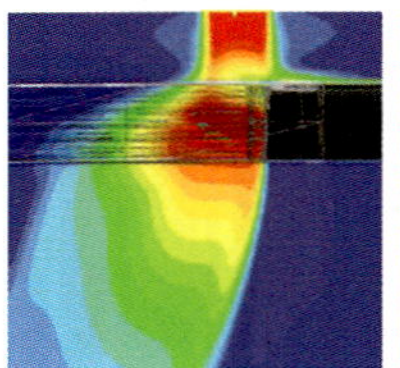

板厚：1.2 mm

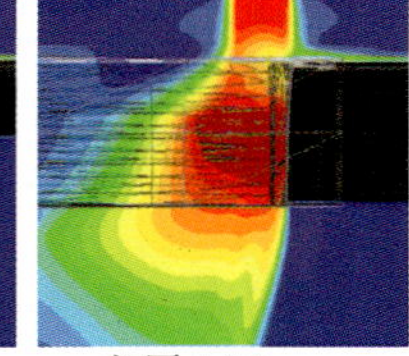

板厚：2.3 mm

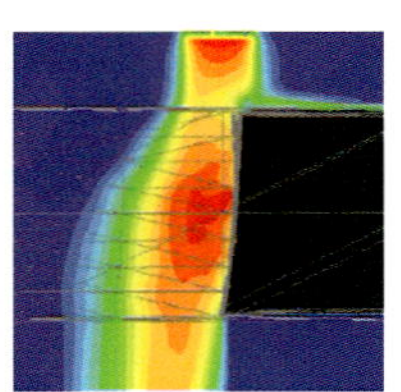

板厚：3.2 mm

圧力分布

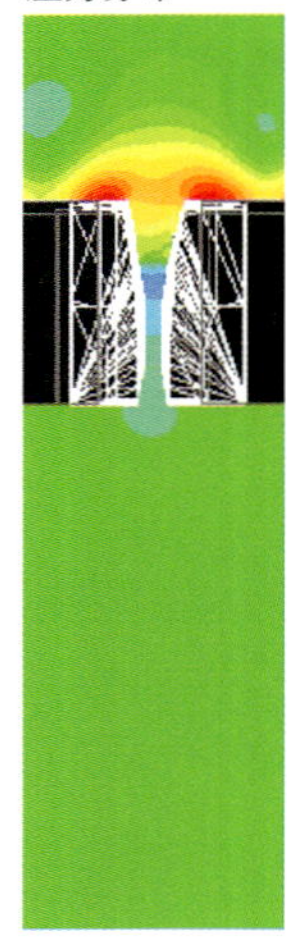

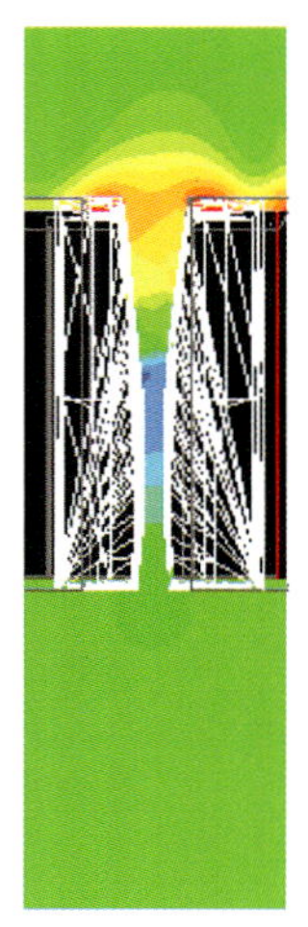

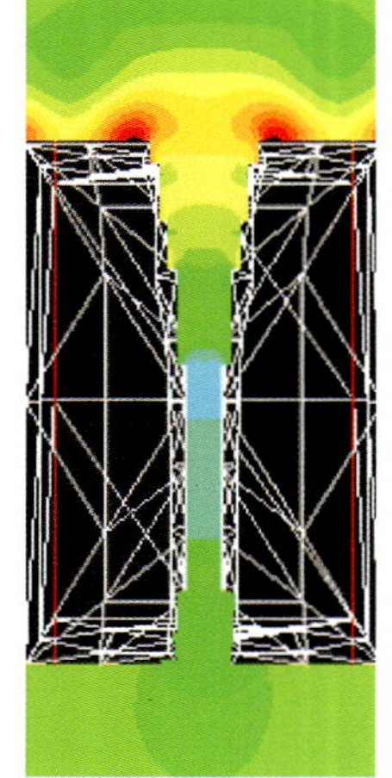

上面：
0.1172 MPa

中央：
0.0965 MPa

下面：
0.1043 MPa

（板厚：3.2 mm）

パルス切断のシミュレーション

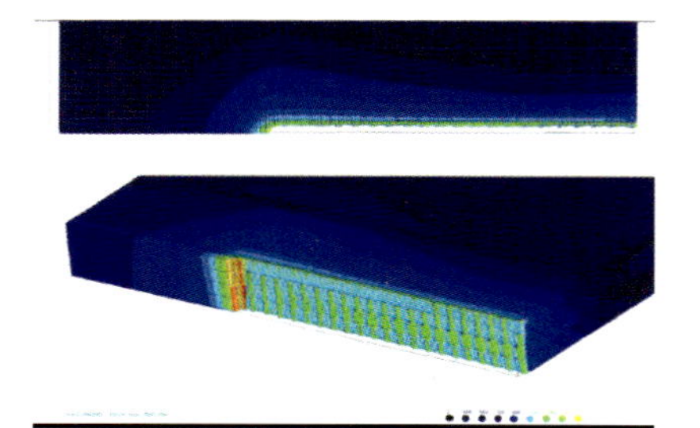

パルス切断（オーバラップ率 50%）

溶接加工による材内温度分布と変形シミュレーション

(p. 238,239)

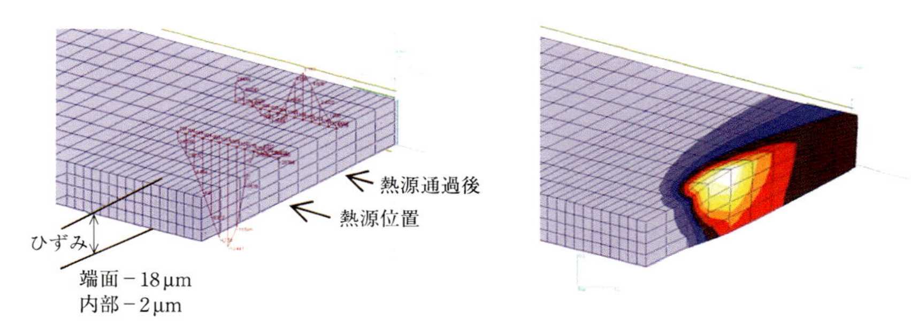

(a) 移動熱源と変形(片半分表示)

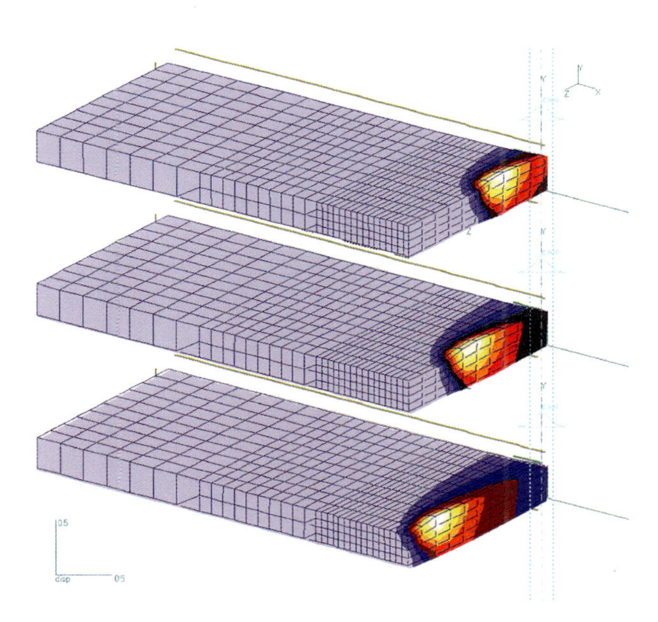

(b) 熱源移動の時間経過と温度分布(片半分表示)

溶接シミュレーション動画抜粋 (p. 262)

(SUS304，板厚 1 mm，3.4 kW，F = 5 m/min)

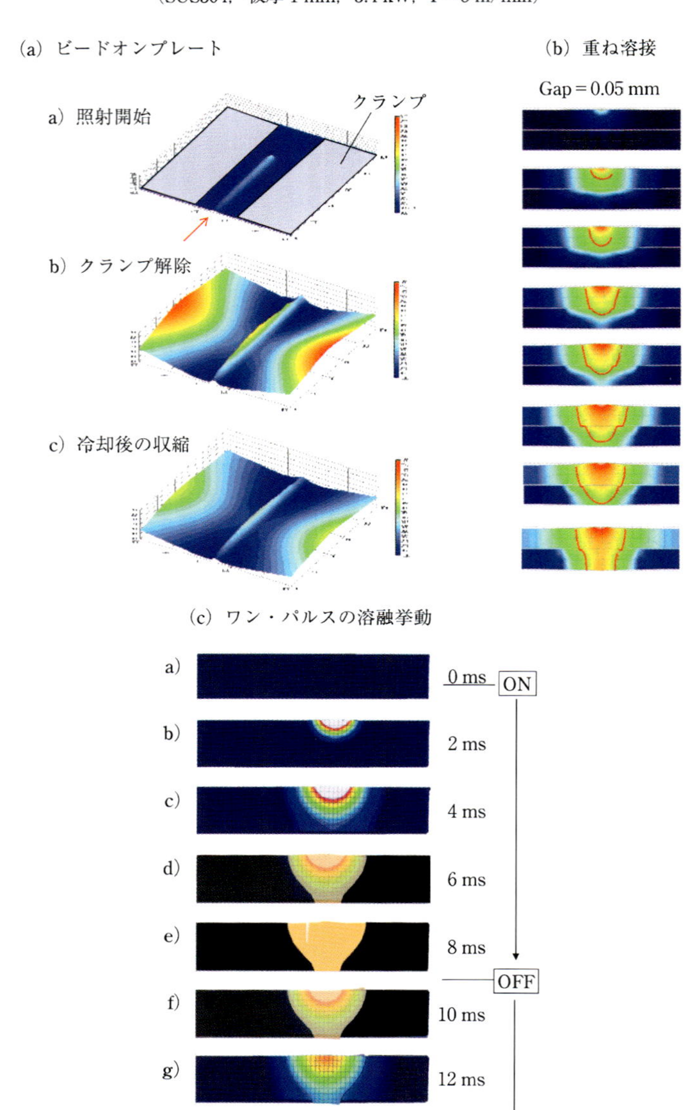

Fundamental Engineering Science for Laser Materials Processing

レーザ加工の基礎工学

改訂版

理論・シミュレーションによる
現象から応用まで

新井 武二［著］

丸 善 出 版

改訂に際して

最初に本書を著してからはや6年が過ぎた．その間に私たちを取り巻く環境は大きく変貌し産業構造も変化した．グローバル化と称して，世界の先進国は低コストの新興国市場へ生産地を求め大移動した．その結果，多くの開発途上国は世界の生産工場と化した．しかし，そのうち途上国といわれた国々は先進技術を習得し独自生産が可能なまでに体力をつけて，経済的にも政治的にも世界の舞台に台頭するようになってきた．世界の製造業の形態や勢力図が急激に変化する中で，対応できずに多くの先進国の競争力は相対的に弱体化したかにもみえる．日本も例外ではなかった．日本では追いうちを掛けるかのように，東日本大震災（東北地方太平洋沖地震：2011.3.11）という巨大地震に見舞われた．その影響で大津波が発生し技術を誇ったはずの原子力発電所が大損害を被ったばかりか，科学技術に対する信頼低下を招いた．

日本の輸出の大半は産業機器であって外貨獲得のほとんどを占めている．近年は工業生産額の25%程度を占める機械工業で，輸出総額全体の80%近くを稼いでいた．現在でもこの傾向は変わりない．この事実からみて製造業のモノづくりは資源の少ないわが国にとって　製造技術の向上がきわめて重要であることがみて取れる．また，製造業職業別従事者の構成比では，専門的・技術的従事者は1割未満で，生産工程の従事者がほぼ6割を占めているとされることから，ほとんどは何らかの形で研究・開発・技術や生産技術などに携わっていることになる．それゆえ，技術の向上は日本の競争力強化には欠かせない．モノづくりという場合，多くの部分は生産技術に置き換えられる．生産技術は加工技術でもある．製造技術や技能と同一視される傾向にあるのも事実である．しかし，昨今の加工技術とは技能的な側面だけではない．コンピュータを駆使した計算，複雑系シミュレーションや関連ソフトもモノづくりの「技術」である．付加価値の高い製品へのシフトは生産技術の高度化を招き，ますます高度な総合技術が求められてきている．

レーザ技術関連の分野にも大きな変化があった．かつて世界のトップレベルにあった日本の発振器の開発技術は停滞し，一部を除いてほとんどの分野で海外勢に大きく後れを取った．現在でも欧米諸国や新興国の多くは，この光分野に大きな期待を掛けて，資金と人材を投入した上で地道に努力を重ねている．その結果，レーザを取り巻く環境は大きく変貌した．海外ではファイバーレーザなどの新固体レーザが台頭し，産業応用に向けて次第に高出力化された．短パルス，短波長のレーザ技術も改良されて新しいレーザとその応用が次々と発表された．欧米のレーザ関連の研究報告や技術リポートなどでは，聞きなれない新語や造語が頻繁に用いられるようになった．直輸入されたこれらの新語を咀嚼することなく用いる傾向もみられるが，ともすれば抽象的な理解にとどまっていることに加えて，あいまいな情報が飛び交う結果ともなっている．もっと広範かつ深度のある情報収集と確実な知識の必要性を感じざるを得ない．その意味で関連情報や専門知識については本物への志向が静かな広がりをみせている．その一方で，そのレーザ応用技術の遅れを取り戻し，基幹技術を日本に回帰させるために，国内ではキーテクノロジーとなる技術の基礎研究も進んでいる．モノづくりを国是としてきたわが国にとって，軽易な追従を許さない基礎研究を重視した技術開発が求められている．

レーザは利用可能な応用範囲が広く，技術の新規開発に適している．しかし，従来の加工とは異なりレーザ加工のツールは光であることからも，光が材料表面に到達したときに材料表面で生じる現象，とりわけ光と材料の相互作用が重要となる．また，レーザ加工の多くは非線形現象であり，加工場は常に動的でそこで起こる事象はダイナミック現象である．このことが加工現象の解明を難しいものにしている．このダイナミック過程はシミュレーションでしか説明し得えない部分があるのも事実である．その意味で，実験結果の観察だけでは不十分であるといえる．一方，モノづくりは人間の英知であるがゆえに，レーザ加工技術も日々高度化している．それゆえに正しい認識なくして一足飛びにレーザ加工を理解することはできないのである．種々の予備知識やレーザ基礎現象を学んだ上でないと新たな開発や応用につなげることが難しくなってきている．いま，求められているのは，理論的な裏づけと科学的な視点に立った理解である．

本書の初版はその理解の一助となることを目的に著したのだが，時間の制約の中で見直しを十分し得なかったことが気掛かりとなっていた．現実を直視した技術を扱う若い技術者や研究者らに対して，理論と事例を融合させたレーザプロセス技術の深い理解と技術の定着を図ることを意図して書いたのだが，急いだために部分的に説明不足や誤字が随所に露見したため，かねてから修正したいと思っていた矢先であった．その間，レーザ技術は急速に発展し，新しいレーザも台頭してきた．とりわけ，ファイバーレーザや半導体レーザによる加工が産業界で広がりをみせるようになり，パルス加工も精密な加工として一般化した．このような変化に対する扱いが前書では少なく，理論的な説明などが不足していた．それをさらに充実させると共に時代に呼応した改版が必要となってきた．このような要求を聞き入れていただき，改訂の機会を与えていただいたことは誠に以って感謝の念に堪えない．なお，本書の完成に最後まで尽力いただいた丸善出版(株)企画･編集部の小林秀一郎氏，並びに企画・編集部の方々に感謝申し上げる．

2013年11月吉日

新　井　武　二

序（初版）

レーザ加工はその適応性の高さゆえに生産技術として発展し続けている．しかし，レーザ加工は従来の機械加工とは異なり加工ツールが光であるため，光の扱い，光の制御，材料との相互作用という新たな問題が付加される分，加工現象として複雑である． 欧米の一部の研究所ではレーザによる加工現象を物理現象として捉え，加工を科学する傾向が早くからみられ，工学のほかに理学系出身の研究者がレーザ加工の研究に多く動員されている．反面，日本では多くの場合，レーザ加工は現場中心に開発が進み，長い間レーザ加工は「加工技術」として扱われてきた．

多くの加工法は生産現場のニーズから生まれ，その後改良を重ねて主要な技術へと発展した．そのためか，生産技術としての加工法は，依然として「技術」であって，「加工学」と称されることは稀である．このことは，加工法が現場技術として発展してきたことが原因していると思われる．加工法が現場優先であっても問題はないのだが，レーザ加工はどちらかといえばそうでないほうがよいと思われる加工分野の１つである．それは現場中心の技術展開だけではより高度に発展し得ないかもしれないからである．いいかえれば，現象の複雑なレーザ加工を理解するためには学際的な領域での学問的解釈を理解する必要がある．レーザ加工は現場的な試行錯誤が先行したためか，いまだに現象の解釈が不明瞭で，正確な学問的記述がなされていないことが多い．そのため，産業的応用では一部で成熟しつつあるレーザ加工技術も，飛躍的な発展のためには解決すべき多くの課題が取り残されている．レーザ加工は，その意味でいまだ開発途上の技術であり，学問体系をなしていないとの指摘をする向きもある．

レーザ加工を理論的に記述した文献の割合は少なく，学会発表や学会誌・技術協会誌の論文の一部に限られる傾向にある．また，レーザ加工について理論を重視して記述した専門書は意外に少ない．仮に，幸い，お目にかかったとしても理論重視の文章は一般にとっつきにくく，ある程度の専門的な予備知識がないと解読が難しいことが多いことも事実である．しかし，加工における理論的な展開はシミュレーションの一方法でもあり，整然とした理論展開は正確な理解の助けとなり，正しい傾向や予測を与えてくれるものである．

限定的で特殊なケースを想定した純粋な数学書や物理書における理論記述では，実加工への応用や展開へ即座に結びつけることが難しい場合がある．レーザ加工のようにパラメータ条件や加工の場が複雑に「連鎖」するような加工分野で理論展開をする場合には，「絶対的な解を求める」というよりは，「理論的傾向を理解する」

ために利用することが多いと思われる．なぜならば，理論はある特定の条件下で成立するもので，数学は現象の複雑な加工場においても一意的に解が求まるほどには万能ではない．得られるのは，計算モデルで示された数学的理想状態において成立する論理的記述である．レーザ加工は基本的に熱加工であり，高温域での計算を必要とするが，物質の高温物性値は入手が困難なことが多いのも現実である．

加工の解析モデルにおいては，より実態に近いものを採用することが望ましいことはもちろんであるが，その場合，私たちに無限の理論的選択肢が与えられているわけではない．限られた条件の中で類似する数学モデルを模索するのであるが，仮に，類似の数学モデルが可能であったとしても，そのほとんどはすべてを忠実に再現できるものではない．ここに現実とのギャップが存在する．

しかしながら，数学的には条件によって解けない場合でも，工学的には実用に供することができるように解かなければならない場合がある．そのためには経験的な値や許容値など，多少曖昧さを伴ったほかの方法によらなければならない．したがって，理論と現実のギャップをいかにして合理的かつ実現可能な手段によって埋め合わせることができるかが，実用的な理論に展開できるか否かの鍵となる．この課題を解決するのが工学的手法である．その手法とは実験的な経験値の導入であり，モデル化によるシミュレーション解法である．場の連鎖という複雑さに加えて解析解の限界を超えるものについては，実用的モデルによるコンピュータシミュレーションが有効であると思われる．

以上のように，理論的な解明には多くの限界や制限性があるが，レーザ加工の理論的な記述には数学理論とコンピュータシミュレーションを併用することが必要である．難解な現象を視覚的に理解し，数多いパラメータなどの影響やその理論的傾向を知り，実加工を伴わなくても予測可能となることに重要な意味がある．これらの解明によってビーム特性や加工現象などがより正確となり，次なるレーザ加工技術の発展が期待されるからである．このような発想がこれからの「レーザ加工」の基礎となる．

現在の日本における技術書の多くは，一般にその分野の多くの人が既知と認めた内容のみで構成されている．したがって，新しい理論的記述や進行中の研究領域の内容にまで踏み込むことはほとんどない．そればかりか，先端研究にある不確定の部分に触れる説明は，たとえその内容が著者本人のものでも，あまり著さないようである．技術分野によっては，研究の最先端にある内容が関連する人々の理解と支持を得て，「既知の事実」となるまでには多くの時間を要する．その結果，現場の最前線で仕事をされている技術者や研究者にとっては，既成の専門書は技術的な概要や歴史的変遷を理解するためには都合がよいものの，仕事に直接結びつくような応用性には乏しく，物足りなさを感じるようである．一方，多くの著名な外国の大学における先端工学分野の著書や教材では，自己の研究で得られた成果や進行中の研究を即座に取り上げることで，批判や意見をタイムリーに乞うているものが多い．

関連する研究分野でこのような本に出会ったときは，次のステップへのきわめて貴重な参考となり，真に勇気づけられるものである．

本書は従来のレーザ加工の本とは別の切り口で，できるだけ理論の展開とシミュレーション手法を用い，これまで理論的な記述や十分な説明がなされてこなかった加工現象に工学的な解釈を加えたものである．また，得られた計算結果に対してできるだけ実験によって検証を試みている．したがって，この本はレーザに関する純粋な数学や物理に基づく理論書ではない．むしろ主なレーザ加工法に則して既存の理論や数値計算を適応し，事象を理論的に記述することでレーザ加工の考え方や工学的理解を深めることを試みた，より上級者向けの実用書である．そのため，この本の書名を「レーザ加工の基礎工学」とした．「工学」は物理・数学などの基礎科学に基づく実学である．理論をできるだけ用いることで工学として理論体系と体裁を整えるとともに，現場の生産技術にも応用できるよう意図したものである．本書が，レーザ加工を深く学ばんとする方々の理解の一助となることを祈ってやまない．

最後に，本書を書く機会を与えていただいた丸善株式会社出版事業部の角田一康氏，および煩雑な原稿の整理・校正をいただいた遠藤絵美氏，ならびにスタッフの方々に心からお礼申し上げる．また，データ整理に協力してくれた中央大学研究開発機構，準研究員の浅野哲崇君，および大学院生（現 島津製作所）の岩本高志君に謝意を表する．

2006 年 12 月吉日

新　井　武　二

目　　次

【基礎編　加工の基礎事項】

1　レーザ発振

2　加工用レーザ

3 レーザ加工の光学

5 加工の予備知識

6 加工の基礎現象

7　パルス発振による加工

【応用編　レーザ加工各論】

8　レーザ穴あけ加工

9　レーザ切断加工

10　レーザ溶接加工

11 レーザ表面処理加工

12　高出力固体レーザ

13　レーザマーキング

14　レーザによる微細加工

15　レーザ加工時の安全

■基礎編■
加工の基礎事項

本書は大きく基礎編と応用編の2部で構成されている．基礎編はレーザ加工を学ぶにあたっての基礎事項についてまとめ，後半の応用編ではレーザ加工の各論について詳細に述べた．内容は現在まで研究でわかっている部分，まだ加工研究の最先端で行われている研究途上のものも含めて紹介している．途上にあるとした研究内容は，広く認知された確定事項というよりは考え方を優先した試行的なものもある．これについては現時点でのトライアルであり，1つの考え方を示したものであるので，後の日に新たな展開がなされることを願っている．

加工の対象である材料は，耐熱性，耐摩耗性，耐食性，および利用環境に適した素材の追求がなされており，日々，新しい材料の開発が行われてきた．素材産業の新しい材料の開発に伴い加工方法も発展してきた．材料があれば加工がある．加工の研究者の間では，加工と材料は両輪の関係にあるといわれている．1つの材料について多方面から加工特性の研究を尽くしたとしても，新しい材料の出現によって新たな挑戦がはじまるともいわれている．1つの材料に1つまたはそれ以上の加工法があるともいえなくもない．この種の研究が永遠に続けられてきたゆえんでもある．同時に加工はモノづくりの基本をなすもので，加工の研究は戦後のわが国の研究機関や高等教育の場で息の長い研究体制が維持されてきた．

レーザ加工はほかの加工法に比べて比較的新しい加工法である．一部の加工法を除いてレーザ加工の基本は熱加工でもある．加工ツールは光であり，きわめて高いエネルギー密度を有する熱源である．そのためこの熱源によって引き起こされる現象は複雑である．そのうえ，レーザ加工は材料の種類や板の厚みなどによっても特性が異なり，加工パラメータとしても多岐にわたっている．また，非接触の熱加工であるがゆえに，加工する材料と加工ヘッドの位置関係や材料の加工部位によっても異なるなど，ほかの加工法に比べて奥の深いものがある．したがって，個々のすべての事項について述べることはできない．

基礎編では，応用編で述べる個々の加工技術を理解するうえで加工現象の基本となる事項についてまとめた．レーザ加工は多くの関連因子が連鎖する加工法であり応用性が広いことから，基礎事項を選び分けることは容易ではないが，最低限必要と思われる項目を絞ってあえて選別した．

まずはレーザ加工の立場から，概略的に加工用レーザとレーザ発振の原理を理解し，レーザ加工で用いられる光学および流体力学を理解することに力点をおいた．そのうえで，加工の理解に必要なレーザと物質の相互作用や，主に熱加工の基礎現象などを扱った．このように基礎編では加工の基礎事項をまとめることによって，後半に述べる応用編を読むうえで知識の助けになることを意図している．

1 レーザ発振

レーザ加工を学ぶにあたって，まず，光とは何かを知らなければならない．人類の光との出会いは有史以前からのもので，長い時間の中で意識したかどうかは別にして自然に体得してきた．しかし，学問的に解明が始まったのは17世紀からであり，現代光学の基礎をなしたのは19世紀に入ってからである．レーザは20世紀後半に発見されたもので，そこには凝縮された学問的な論争の歴史と偉大な成果の結晶が集積されている．ここでは，加工の手段として使用しているレーザの原理について述べる．

（写真：CO_2 レーザの発振，口絵参照）

1.1 エネルギー準位と遷移

1.1.1 電磁波とレーザ

光は直進するが，本質的に波として伝わる．厳密には，光は原子や分子の放つ電磁波であり，時間的に変化しながら空間を伝わる電界と磁界の組合せと考えられる（図1.1）．すなわち，光は波動的な性質をもった電磁波であるが，電磁波は電界と磁界を互いに直交した位置関係のサイン波（sine wave）で時間的に変化しながら空間を伝わると考えられている．19世紀の終わりには，Planckにより「光は波として伝搬するが，きわめて小さなエネルギーの塊である光子として伝わる」とされ，これは「純粋な電磁エネルギーの塊であって，質量（重さ）がない」（Planckの量子論）ので“光の速さ”で伝わるという考え方がなされるようになってきた．現在ではこの考えが主流をなしている．すなわち，光は粒子群

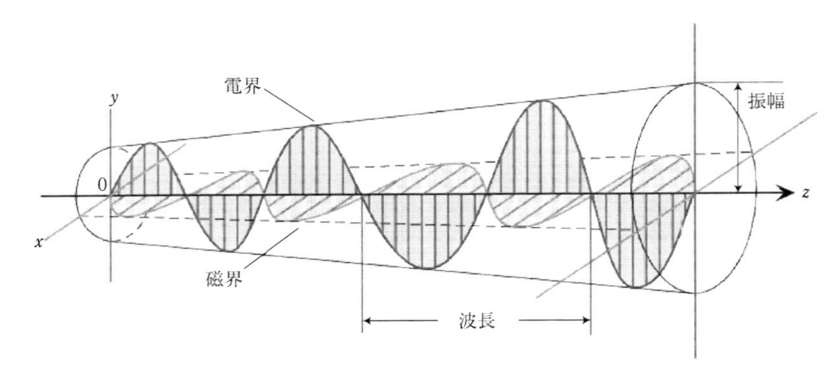

図 1.1　電磁波の伝わり方

で成り立っていて，もとになる1つひとつの粒子を光子（photon）という．光子は質量をもたないが，エネルギーをもっているというのである．電磁波の種類は広範囲に及び，宇宙線から，ガンマ線，X 線，紫外線，可視光線[*1]，赤外線および電波に至るまでをカバーしている．レーザは紫外線，可視光線，赤外線などに属し，産業用に多用されている主なレーザは波長で 0.2〜10 数μm 以内に入る（図 1.2）．

電磁波を表す尺度には，波長，振動周波数，または光子のエネルギーなどがある．これらの関係は次のとおりである．

光の振動数（周波数）ν[Hz]と光波のエネルギー W の間には，

$$W = h \cdot \nu \tag{1.1}$$

の関係がある．ここで，$h(=6.626\times10^{-34}\,\mathrm{J\cdot s}=4.141\times10^{-15}\,\mathrm{eV})$ は Planck 定数である．

また，真空中の光速 c は，光の波長を λ，振動数を ν とすると，

$$c = \nu \cdot \lambda \tag{1.2}$$

の関係にある．

＊1　可視光は目でみることのできる光であるが，その境界はあいまいである．実際に人間の目で感知できる範囲は，ほぼ 380〜760 nm（図 1.2）とされている．しかし JIS6802 では，可視光の範囲は 400〜700 nm と定義している．したがって，ここでの波長の範囲は JIS に従う．

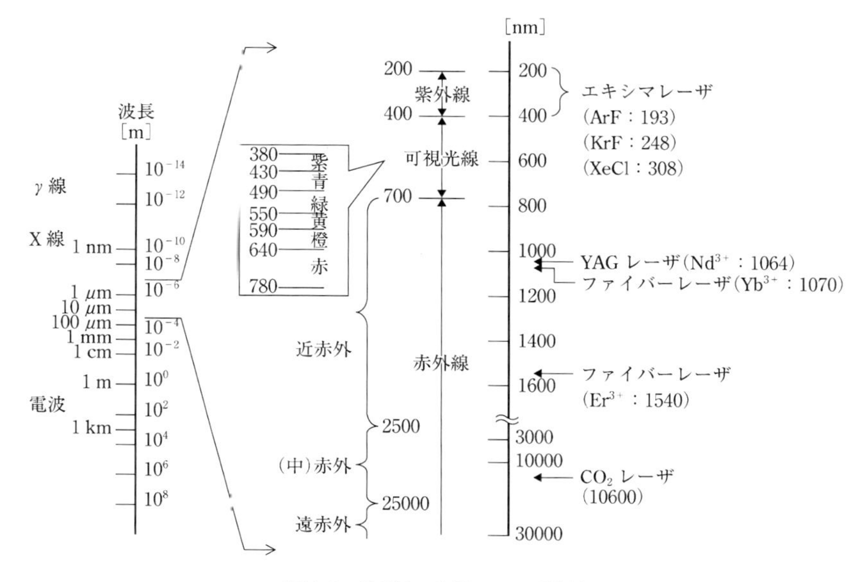

図1.2 電磁波の分類とレーザ波長

このことから，波長が長いと振動数は小さくなり，また，光子エネルギーも小さく，反対に，波長が短いと振動数は大きく，光子エネルギーは増大する．

また，光の速度は、屈折率 n の物質中では，

$$c_m = \frac{c}{n} \tag{1.3}$$

となる．すなわち，真空中（$n=1$）では光の速度がもっとも速く，屈折率の大きいガラス媒質（$n>1$）などの中では遅い．光速は屈折率に反比例して遅くなる．

1.1.2 原子の構造モデル

Planck 定数とは，量子論の提唱者である Planck にちなんだ名称である．その量子論とは，原子・原子核・素粒子などの微視的な物理法則についての理論体系で，物質とエネルギーについての新しい考え方であり，学問の歴史的な論争の中から生まれたものである，20 世紀に入ると，Bohr によって原子のモデルが確立された．

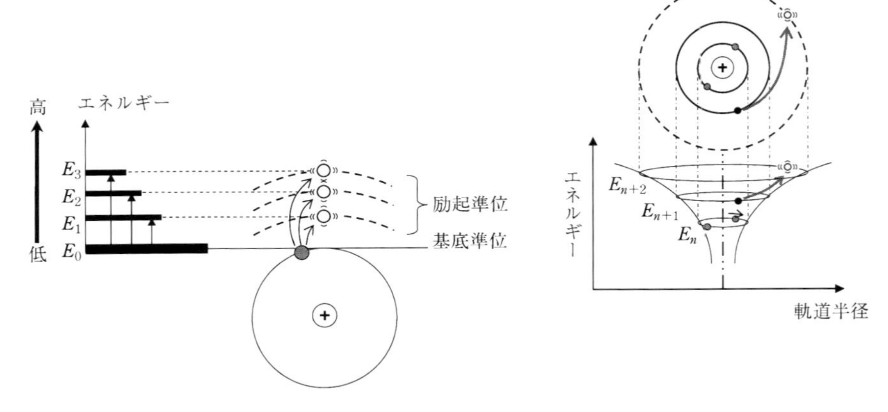

図 1.3　原子モデルとエネルギー準位

それによれば，原子は原子核とそのまわりを回る電子からなる．しかも，電子は一定の軌道の上を回る．各軌道にはそれに応じた一定のエネルギー量（エネルギーの大きさ，すなわちエネルギー準位）があり，この電子はある軌道から別の軌道に移る（準位を変える）ことができる．したがって，電子のエネルギー準位は電子がどの軌道にあるかによって決まり，中心の核から遠い軌道ほど高くなる．いちばん内側の軌道はエネルギー準位がもっとも低く，これを基底状態(ground state）とよぶ．この関係をより明確に示すために，図1.3のような新しい概念図が取り入れられている．

ほとんどは原子核のまわりを回る最外殻電子が刺激によってエネルギーを受けて，さらに上の軌道（外側の軌道）にジャンプする．ただ，外の軌道は連続的に拡大し膨らむのではなく，実際は外側に1つ上，あるいは2つ上を選択し，飛び飛びの値（軌道）をとる．また，ネオジムなどの希土類とよばれる原子の中には，最外殻でなくても殻外電子であれば同じような働きをすることができ，大きなエネルギーを受けると，原子中のある電子が核を中心とした引力を突き破って外部に飛び出し自由電子となり得る．この殻外の電子が抜けると，プラス電荷の原子核とマイナス電荷の電子のバランスが崩れ，原子全体ではプラスのイオンとなる．これをイオン化（ionization）というが，固体レーザでは発振で重要な役割をする．

1.1.3 準位間の遷移

原子には電子の軌道に応じたエネルギー準位（level）があることはすでに述べたが，上位のエネルギー準位（upper level）E_U にある粒子（原子または分子）が自らより下位のエネルギー準位（lower level）E_L へ移るとき，光子を放出する．反対に，下位から上位に移行するときは光子を吸収する．このように，ほかのエネルギー準位へ移行することを遷移（transition）とよぶ．

電子がいまいる位置から外側の軌道に飛び上がるためには，外部から何らかのエネルギーを必要とする．このエネルギーを，光子が与えることができる．しかし，どの光子でもよいというのではなく，適量のエネルギーをもったものに限られ，電子が光子を吸収することによって，より高い軌道へ飛び上がることができる．このことを励起（excitation）といい，この状態の電子（または原子）を励起状態または励起準位（excited level）にあるという．この励起状態は準安定状態なので，電子は非常に短い時間内（10^{-3}〜10^{-6} s）に，寿命によってもとの基底状態または基底準位（ground level）に戻ってしまう．このとき吸収した光子と同じエネルギーと波長の光子を放出するのである．

分子とは 2 つ以上の原子が結合した状態をいうが，この結合は伸縮自在の弾性体で結合されたモデルで近似できる．分子のエネルギーは，電子の振動数によって決まる振動エネルギー E_f と，決まった速度で回転する回転エネルギー E_r と，励起による電子軌道のエネルギー E_e との総和で与えられる．

1.2 光 の 増 幅

1.2.1 光子の自然放出

レーザ発振の基本は，物質（原子，分子）による光子（すなわち電磁波）の吸収と放出である．励起された物質の光子の放出には自然放出と誘導放出とがある．ここで，便利のために，多くの準位の中で 2 つの準位のみを考える．

入射光がない場合でも，励起状態にある上位のエネルギー準位 E_U に多数の粒子がある場合には，光子の放出は生じる．これを自然放出（spontaneous emission）という（図 1.4）．

このときの振動数（周波数）ν は，2 つの準位のエネルギー差によって決ま

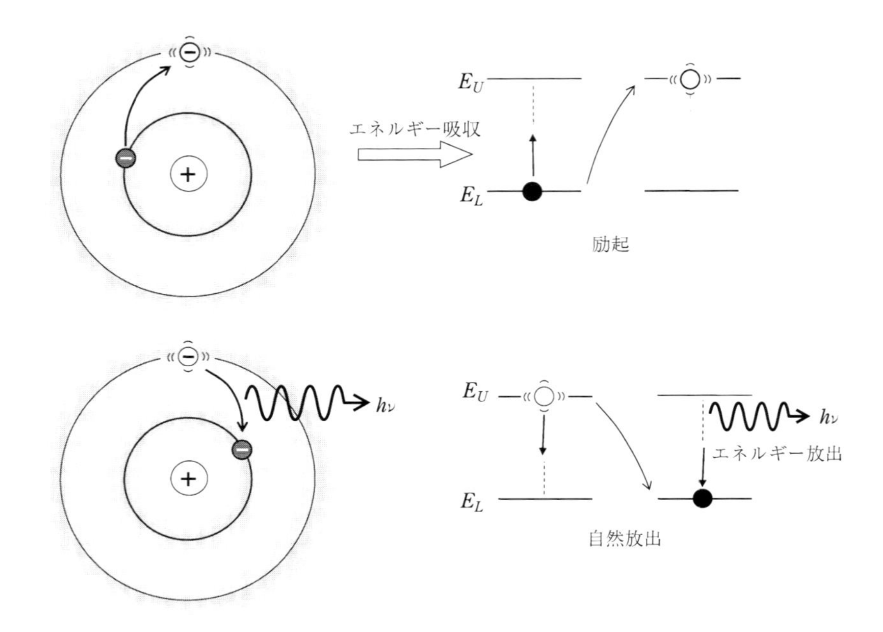

図 1.4　電子の励起と自然放出

り，

$$\nu=\frac{E_U-E_L}{h} \tag{1.4}$$

で与えられる．

これはまた，式 (1.2) より c/λ に等しいことがわかる．これを Bohr の振動条件といい，これによって自然放出光の振動数が決定される．一般に，遷移過程は原子系において起こり，各準位間で確率の異なる種々の遷移過程があるので，この間に適当な係数を設ける必要がある．したがって，ここで，Einstein の誘導放出係数 B と，自然放出係数 A を導入してより現実に近いものを考える．

いま，系全体が温度 T で熱平衡状態が保たれている電磁波の空間があるとし，また，上位の準位 E_U にある原子数を N_2，下位の準位 E_L にある原子数を N_1 とする．励起状態にある準位 E_U の原子は時間 t 後に Bohr の周波数に等し

い ν の光子を放出して下位の準位 E_L に推移する．この確率を A とすると，単位時間あたりの準位 E_U から E_L へ遷移する原子数は N_2A となる．この遷移による光放出は，外部からの光が作用しなくても生じるもので，この過程を自然放出という．自然放出によって光子が放出された場合，その方向と位相はばらばらの自然光である．

1.2.2 光子の誘導放出

上述のように，下位のエネルギー準位 E_L にある粒子に同じ振動数 ν の光子が入射されると，その光子は吸収され，そのエネルギー吸収によって E_L から上位のエネルギー準位 E_U に遷移する．同様に，エネルギー準位 E_U にいるときに同じ振動数 ν の光子が入射されると，その刺激によって E_U の粒子は E_L に遷移する．このように外部から与えられた光子に，衝突などによって新たに原子（分子）が刺激（誘導）されて励起し，光子を放出する現象を誘導放出（stimulated emission）という（図 1.5）．このとき放出された光子は，放出を誘導した電磁波の光子の位相，振動数，方向などがそっくりコピーされた“クローン光子”として放出され，同時に増幅（amplification）される．

エネルギー準位 E_L と E_U に何個かの粒子があれば，振動数 ν の光子の刺激（誘導）で，吸収と誘導放出が交互に起こり各準位の粒子数が増減する．誘導による吸収または放出する光子の数は，入射光子の数と各準位の粒子数に比例する．

一般的な記述のために，2 準位に分布する原子系を例に示す．ここで N_1，N_2 を下位および上位のエネルギー準位における単位体積あたりの粒子数とする．下位の準位 E_L（軌道 1）に N_1 だけある原子（粒子）は，空洞にエネルギー密度

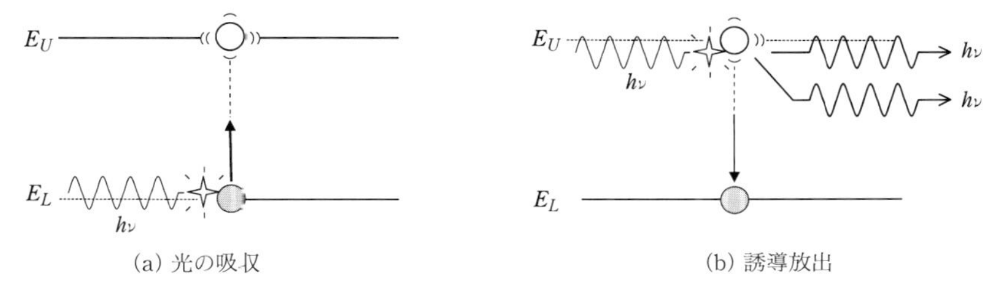

(a) 光の吸収　(b) 誘導放出

図 1.5　光の吸収と誘導放出

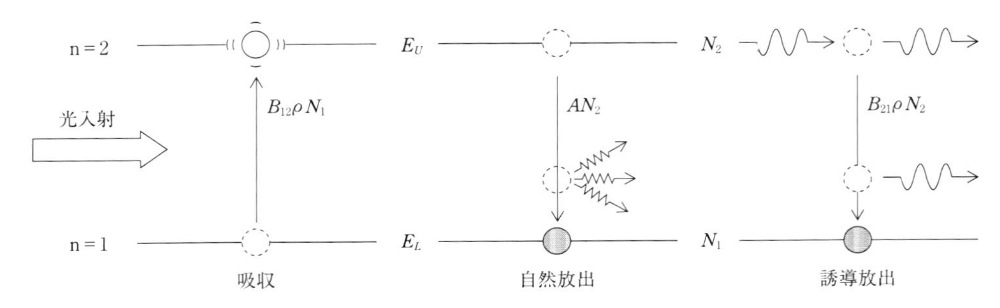

図 1.6　原子系における 3 つの遷移確率過程

$\rho(\nu)$ の光子があると，これを吸収して上位の準位 E_U（軌道 2）に遷移する．単位時間あたりの遷移の確率は $\rho(\nu)$ に比例する．遷移 $1 \to 2$ への吸収過程の係数 B を B_{12} と表記しこれを用いると，自然放出の起こる割合は $B_{12}\,\rho(\nu)$ で与えられる．したがって，単位時間に E_L から E_U への吸収過程によって遷移する粒子数は $N_1B_{12}\,\rho(\nu)$ である．この過程を誘導吸収（induced absorption）といい，単に吸収ともよばれる．

さらに，上位の準位 E_U へ遷移し，そこに周波数 ν の光子が作用すると，これに誘導されて E_U から E_L へ遷移し，同時に周波数 ν の光子を放出するという誘導放出過程がある．その確率は $\rho(\nu)$ に比例し，遷移 $2 \to 1$ の放出過程の係数 B を B_{21} と表記しこれを用いると，誘導放出の起こる割合は $B_{21}\,\rho(\nu)$ で与えられる．したがって，単位時間に E_U から E_L への放出過程によって遷移する粒子数は $N_2B_{21}\,\rho(\nu)$ となる．その関係を図 1.6 に示す．両準位間の粒子の和は，外部から原子の出入りはないため一定となり，$N_1+N_2=N$ である．

なお，A_{21} は Einstein の自然放出係数で，毎秒の自然放出の確率であり，毎秒の自然放出の起こる割合は，エネルギー準位 E_U 状態にある原子密度 N_2 との積 N_2A_{21} で与えられる．ただし，軌道 $1 \to 2$ への自然吸収 A_{12} は起こらないので，A_{21} を単に A で表す．

下位の準位 E_L と上位の準位 E_U の原子数 N_1 および N_2 の時間変化の割合をとると，

$$\frac{\mathrm{d}N_1}{\mathrm{d}t} = -\frac{\mathrm{d}N_2}{\mathrm{d}t} = N_2A - N_1B_{12}\,\rho(\nu) + N_2B_{21}\,\rho(\nu) \tag{1.5}$$

というレート方程式が成り立つ．

また，熱平衡状態という条件では，

$$\frac{\mathrm{d}N_1}{\mathrm{d}t} = -\frac{\mathrm{d}N_2}{\mathrm{d}t} = 0$$

であるから，式（1.5）から，

$$N_2 A + N_2 B_{21}\, \rho(\nu) = N_1 B_{12}\, \rho(\nu) \tag{1.6}$$

のような平衡条件が得られる．この式（1.6）を $\rho(\nu)$ について解くと，電磁波のエネルギー密度は，

$$\rho(\nu) = A\left[\left(\frac{N_1}{N_2}\right)B_{12} - B_{21}\right]^{-1} \tag{1.7}$$

となる．互いに相互作用のない同一原子からなる集団のエネルギー準位は個々の原子のものと同じとなる．温度 T の熱平衡状態では，準位 E_U，E_L を占める原子数の分布は Boltzmann 分布で与えられるから，準位 E_U と E_L の原子数の比 N_2/N_1 は，

$$\frac{N_2}{N_1} = \exp\left(-\frac{h\nu}{\kappa T}\right) \tag{1.8}$$

となる．ここで，κ は Boltzmann 定数（$\kappa = 1.3806505 \times 10^{-23}$ J/K）である．

式（1.7）と式（1.8）から，

$$\rho(\nu) = \frac{A}{B_{12}\exp\left(\dfrac{h\nu}{\kappa T}\right) - B_{21}} \tag{1.9}$$

となる．空洞中の黒体放射を考えているので，式（1.9）を Planck の式と比べると，

$$B_{12} = B_{21} = B \tag{1.10}$$

が得られ，誘導放出と誘導吸収の確率の割合は等しいという結果となる．

さらに，

$$A = \frac{8\pi h\nu^3}{C^3} \cdot B \tag{1.11}$$

の関係が得られ，遷移確率のうち，どれかがわかるとほかの 2 つは式（1.11）から求められる．

式（1.9），式（1.10）および式（1.11）から，Planck の式（Planck の放射公

式：Planck's law of black body radiation）が得られる．

$$\rho(\nu)=\frac{A}{B}\cdot\frac{1}{\exp\left(\frac{h\nu}{\kappa T}\right)-1}$$
$$=\frac{8\pi h\nu^3}{C^3}\cdot\frac{1}{B_{12}\exp\left(\frac{h\nu}{\kappa T}\right)-1} \tag{1.12}$$

自然放出の単位時間あたりの確率 A は量子力学により求められ，次のようになる．

$$A=\frac{16\pi^3\nu^3}{\varepsilon_0 hC^3}\cdot\mu^2 \tag{1.13}$$

ここで，μ は2つの準位間の電気双極子遷移行列要素である．また，A の逆数は励起状態の自然寿命 t を意味する．

一方，誘導放出の確率 B は式（1.11），式（1.13）から，

$$B=\frac{2\pi^2\mu^2}{\varepsilon_0 h^2} \tag{1.14}$$

のようになる．すなわち，B は周波数（あるいは，波長）に関係しない．

また，準位間の遷移双極子モーメントの大きさを μ_d とすると，原子の向きや電磁界の偏光方向などの向きが等方的に分布すると仮定した場合には，$\mu_d/3$ が μ と等しくなることから，式（1.13）および式（1.14）において，μ が μ_d になって分母に係数3が入る．

熱平衡分布状態にある原子系の中に共鳴周波数に近い周波数の光が入射すると，誘導吸収と誘導放出とが同時に起こるが，下位の準位の原子数が多いので，結果として吸収のみが生じ自然放出光は外部からの光に無関係に生じることになる．

1.3　レーザ発振のしくみ

1.3.1　反　転　分　布

1個の光子が衝突を受けると，位相と方向の揃った2個の光子が増幅される．すなわち，$h\nu$ の光子が E_L のエネルギー準位にある粒子に衝突すると，その光子は吸収されて E_U に遷移する．これを誘導吸収という．誘導放出と吸収の起こ

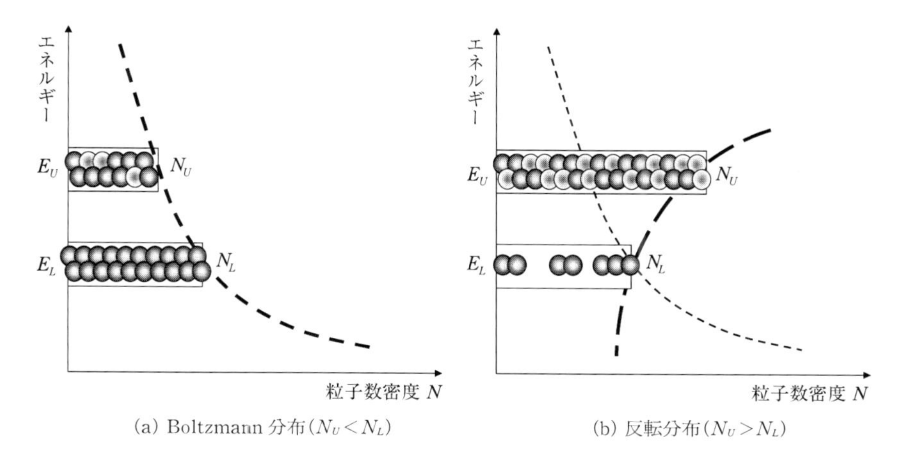

(a) Boltzmann 分布（$N_U < N_L$）　(b) 反転分布（$N_U > N_L$）

図 1.7 Boltzmann 分布と反転分布

る確率は等しい．したがって，ある粒子系に $h\nu$ の光子群が進入したとき，E_U にある粒子数 N_U と E_L にある粒子数 N_L の大小関係によって，増幅または減衰が決まる．Boltzmann の法則によれば，自然界では外部からの作用のないときは温度 T のもとで平衡し（熱平衡状態という），次の式が成り立つ．

$$\frac{N_U}{N_L} = \mathrm{e}^{-\frac{E_U - E_L}{\kappa T}} \tag{1.15}$$

ここで，κ は Boltzmann 定数である．

この式は指数関数で構成され，縦軸がエネルギーで横軸は粒子数なので，エネルギー準位が高いほど粒子数*2 は少ない．このような粒子数の分布を Boltzmann 分布という．

熱平衡状態では，$N_L > N_U$ となるから，常に減衰となる．この場合右辺は 1 より小さく（<1），したがって $T > 0$ の状態にある（図 1.7）．式（1.15）から温度の上昇によって N_U を N_L に近づけることはできるが，逆転はできない．この N_U と N_L の分布を反転させるためには，外部から多量のエネルギーを加えるなど，非平衡（$N_L < N_U$ の状態に反転すること）の分布状態をつくり出すよう，何らかの方法で多量の粒子を E_U に励起してやる必要がある．このような分布状

＊2　単位面積あたりの粒子数で表示するため，粒子数密度または原子数密度ともいう．

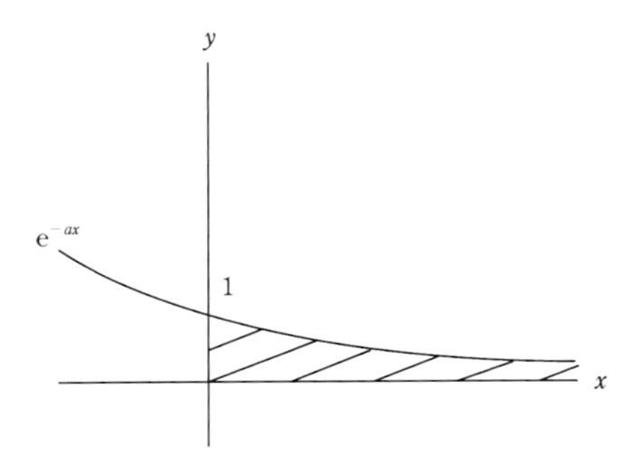

図1.8　熱平衡状態での分布（式（1.15）の右辺で1より小さい領域）

態を反転分布（population inversion）という．また，$E_U > E_L$ であって $N_L < N_U$ となるには，実際には存在しないが，みかけの上で温度 T が絶対零度以下の負（マイナス）温度（negative temperature）でなければならない．

もう少し進んで一般的な説明を加えると，上位の準位 E_U に単位体積あたり N_U 個の粒子が，また，下位の準位 E_L に N_L 個の粒子があるとすれば，式（1.15）から，$N_L > N_U$ ならば $N_U/N_L > 0$ であり1以下になるから，式（1.15）の指数関数の関係から，図1.8の斜線部に相当する．したがって，$(E_U - E_L)/\kappa T < 1$ となるから，式（1.4）と式（1.15）から，

$$\frac{N_U}{N_L} = \mathrm{e}^{-\frac{h\nu}{\kappa T}} \tag{1.16}$$

一般に，定常状態では $h\nu \gg \kappa T$ であるから，$N_L \gg N_U$ となる．

入射光には，通常多くの光子が入っている．入射光の光子エネルギー密度を $\rho(\nu)$ とすると，吸収と誘導放出はともに入射の光子エネルギー $\rho(\nu)$ に比例するが，吸収が毎秒に起こる割合は $B\rho(\nu)N_L$ で，誘導放出が毎秒に起こる割合は $B\rho(\nu)N_U$ である．

いま，$N_L \gg N_U$ では，入射光によって誘導放出のほうが多く起こり，みかけ上では吸収と誘導放出の差，

$$B_{12}\,\rho(\nu)(N_L - N_U) \tag{1.17}$$

の割合で吸収が起こることになる．ここでも自然吸収は行われているが，その割合は小さく，直接レーザ発振にかかわらない場合がある．

しかし，ここで $N_L < N_U$ の状態が E_L と E_U の間で実現すれば，式 (1.17) は逆に，

$$B_{12}\,\rho(\nu)(N_U - N_L) \tag{1.18}$$

の割合で増幅され，毎秒

$$B_{12}\,\rho(\nu)(N_U - N_L)h\nu \tag{1.19}$$

の増加を示すことになる．

この式 (1.19) を実現するために，このような状態に励起することをポンピング（pumping）といぅ．産業用レーザでは放電や光照射などの方法がある．

1.3.2　レーザと準位

準位間の遷移について，ここまでは2つの準位間の場合に限って都合よく述べてきた．すなわち，レーザの発振にかかわるエネルギー準位を「2準位」として扱ってきた．しかし，実際には特殊な工夫がないと，このような2準位のレーザは実現しない．

上述のように，熱平衡の状態では $N_L > N_U$ となるから，光励起がはじまると吸収のほうが誘導放出よりも多く，$N_L \fallingdotseq N_U$ までは増大しても $N_L < N_U$ とはならない．では，この反転分布はどうすればできるのかという問題に突き当たる．

いま，簡単のために基底状態の準位を E_1 とし，上位のレーザ準位を E_3，下

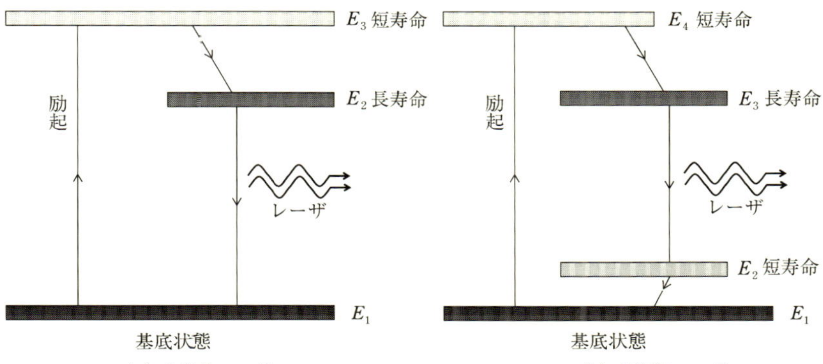

(a) 3準位レーザ　(b) 4準位レーザ

図1.9　3準位レーザと4準位レーザ

位のレーザ準位を E_2 とすれば，遷移は E_2 へ直接励起するのではなく，中間的な E_3 を経由することによって実現できるのである．それには，以下に示す3準位レーザと4準位レーザとがある（図1.9）．また，現実のレーザで発振が可能な物質の中には，4以上の多数のエネルギー準位がある場合もあるが，3準位または4準位で近似することができる．ただし，この議論は固体レーザを扱うことが多い．

1.3.2.1　3準位レーザ

フラッシュランプなどの方法によって，多くの光子群が入射され，それによって多くの粒子群が基底状態の E_1 から上位の準位 E_3 に一足飛びに励起されて遷移する．そのため E_3 の粒子数はいったん増大するが，E_3 における寿命は短いので，すばやく E_2 に遷移する．E_2 における寿命は準安定であり，比較的長くここに滞留するので，その結果，E_2 と E_1 の間で反転分布がつくられる．したがって，この $E_2 \rightarrow E_1$ の間で光が放出される．このように光が放出される遷移をレーザ遷移という．

E_3 と E_2 間の遷移 $E_3 \rightarrow E_2$ は，無放射遷移とよばれる光を出さない遷移である．このような遷移を行うレーザを3準位レーザ（three-level laser）とよぶが，この系は非常に多くのポンピングを必要とするなど効率が悪いという欠点をもっている．この3準位系の代表的なレーザには，ルビーレーザが属する．また，CO_2 レーザも，分子の回転準位などはあるが，基本的に3準位系に属する．

1.3.2.2　4準位レーザ

4準位レーザは基本的に3準位レーザと同じであるが，レーザ遷移が準位 $E_3 \rightarrow E_2$ の間で行われることが異なる．すなわち，ポンピングによって多くの粒子群が基底状態の E_1 から上位の準位 E_4 に励起される．そこから急速に準安定準位である E_3 に遷移するので，E_3 の粒子群が大幅に増大する．その結果，エネルギー準位 E_3 と E_2 の間で反転分布がつくられる．したがってこの $E_3 \rightarrow E_2$ の間がレーザ遷移となり，光が放出される．また，E_2 と E_1 では遷移の寿命が短く基底状態へ速く戻るので，E_2 での粒子数は少なく，適度のポンピングで反転分布は容易に達成される．これを4準位レーザ（four-level laser）という．この4準位系の代表的なレーザには，YAGレーザが属する．

反転分布を連続的に維持することは，光の増幅を連続的に行うことを意味する．これによって放射の誘導放出光による光の増幅が行われたことになる．これがレーザ作用である．

1.4 レーザ作用

レーザのしくみは，レーザ媒質や励起方法によって若干異なる．しかし，一般にレーザ媒質の中で起こっている現象は以下のように説明できる．励起によってレーザ媒質中でいくつかの原子や分子またはイオンで反転分布が形成される．その結果，いくつかの自然放出光が発生するが，自然放出された光は全方向に起きるため，そのほとんどは媒質中を少し進んで外部に放出されてしまう（図1.10(a)）．この自然光の一部で，光軸と平行をなしたものだけが，共振器の両端に位置する鏡の間を反射によって繰返し往復する．この往復の過程で，ほかの原子や

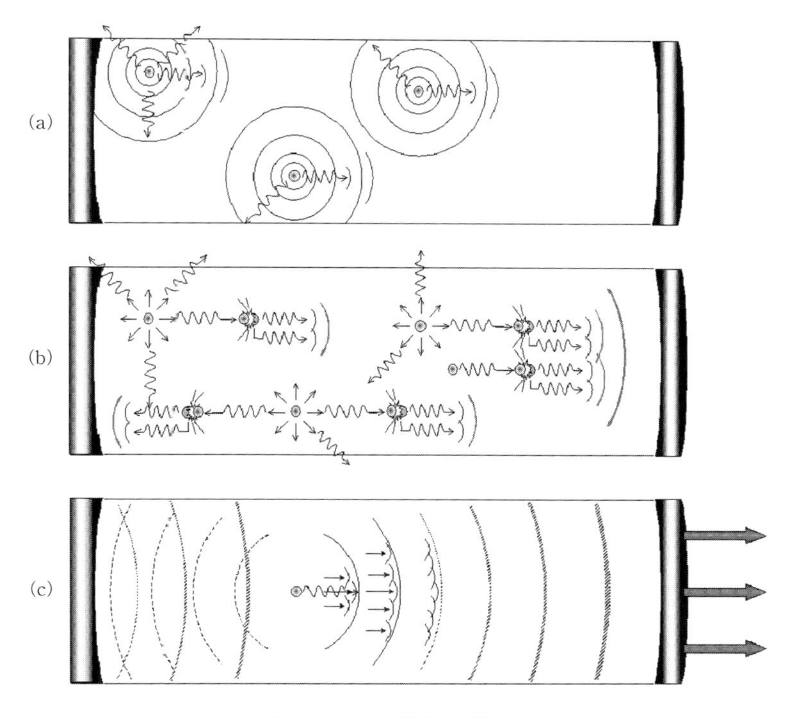

図1.10　レーザ作用の概念図

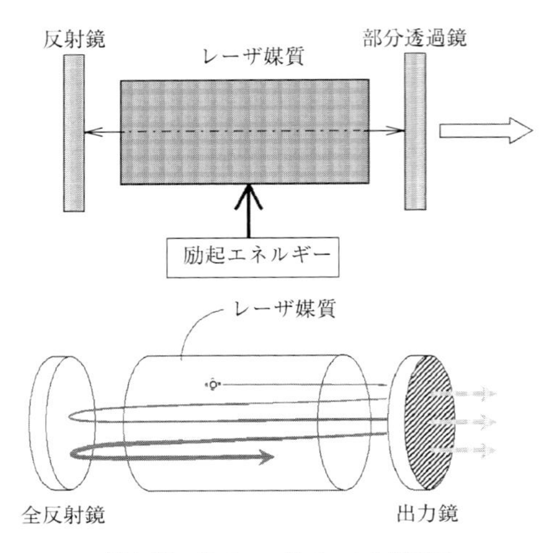

図 1.11　光フィードバックの概念図

分子またはイオンに衝突して誘導放出を誘起する．誘導放出によって得られる光は位相，振動数，方向ともまったく等しいために，急速に増幅を繰り返す結果となる((b))．これが共振器を形成する鏡の間で，一方向に次第に強め合った定在波の進行波面を形成して増幅する．鏡の一方は部分反射鏡となっているため，一定のしきい値を超えた光が外部にレーザ光として取り出される((c))．発振は全体の系が一定温度に達し，いったん励起源に刺激を与えると，発振は瞬時に，かつ連続的に行われる．

自然放出光や誘導放出光として取り出された光は，反射鏡や媒質によって吸収され損失となるが，2 枚の対向する平面鏡または球面の反射鏡で光が往復し，放出された一部の光を再度入力側に戻して増幅することで，損失を上回り発振することができる．このような機構を光フィードバックといい，そのような光発振器をフィードバック共振器と称する．レーザ媒質があって反転分布が形成され，フィードバック共振器の適切な組合せがあれば，自励発振ができるのである．これがレーザ発振条件である（図 1.11）．

1.5 放電方式と発振器

1.5.1 放 電 方 式

1.5.1.1 DC 放 電 方 式

DC（直流）放電は市販の産業用レーザ装置が登場した初期（1975-1985年）の頃に多用された方式で，1個または多数のバラスト抵抗に直列に接続された電極ピンと金属電極間を，レーザ媒質の炭酸ガスがガス流として通過する際にグロー放電で励起させてレーザ光を取り出す方法である．ピン電極による放電はアーク放電を伴いやすいうえ，電極の消耗や劣化が早く，高出力や繰返しの速いパルスが得られないことから，現在では比較的低出力のレーザで用いられている．なお注入電力に対するレーザの発振（光変換）の割合を示す発振効率（電気-光変換効率）はたかだか10％未満である．

1.5.1.2 高周波放電方式

比較的高い数MHzから数十MHzの周波数域の高周波放電を利用したものは，HF（high frequency）放電，またはRF（radio frequency；ラジオ周波数）放電方式とよばれている．高周波放電は電子捕捉とよばれる現象によって電子の微小距離内の振動によって次々に伝達されるため，電極へのガスイオン（N_2^{2+}）の衝突がほとんどない．そのため電極の消耗がきわめて少ないとされている．また，軸流型の場合には完全にレーザ発振管（放電管）の外部から高周波放電させる構造を採用している場合もあり，従来のDC放電に比較して不純物の生成がないため，結果的にミラーの寿命や安定放電に有利となっている．

図1.12にその概略図を示す．この方式の発振効率は従来のDC放電に比較して20～30％向上する．

1.5.2 共 振 器 の 方 式

1.5.2.1 基本構造としくみ

レーザ発振器の心臓部である光共振器は，レーザ媒体を挟んで光が取り出される両端にそれぞれ平面鏡または球面鏡が配置され，この対向する2枚の鏡の間で光が往復するが，この系は基本的にFabry-Pérot共振器とよばれるタイプの共

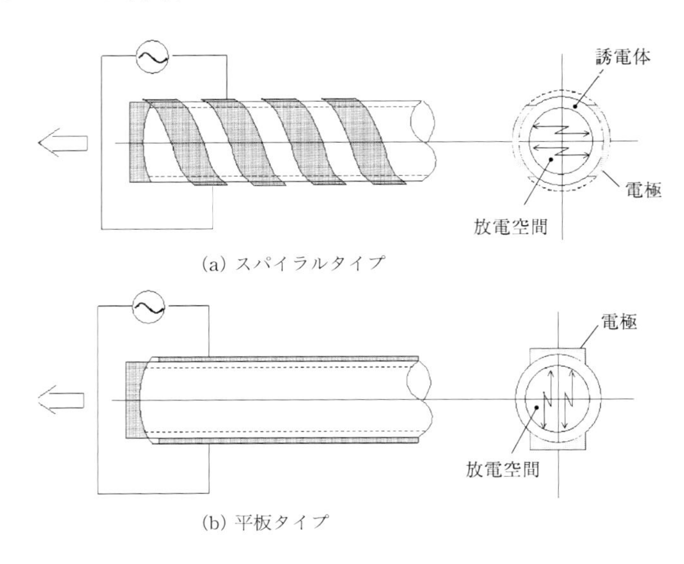

(a) スパイラルタイプ

(b) 平板タイプ

図 1.12 RF（高周波）放電方式

振器である．

固体レーザの場合には，レーザ媒質を 2 枚の鏡の間に配置する．また，ガスレーザの場合には，レーザ媒体がガスであるため，硬質ガラス管にガスを充満させるか，または循環させている状態の放電管の同一線上に，前後して全反射ミラーと部分透過ミラーを配する．

鏡の曲率と平面鏡，凹面鏡，凸面鏡などの鏡の組合せによって，共振器内で反射鏡による光の焦点が異なり，これらは発振する光を安定的に閉じ込めておける条件を示すもので，両端の鏡の曲率半径 R_1，R_2 と共振器を構成する鏡間の距離 L で決定される．

安定条件は以下の式で示される．

$$0 \leqq \left(1-\frac{L}{R_1}\right)\left(1-\frac{L}{R_2}\right) \leqq 1 \tag{1.20}$$

この範囲を安定領域といい，これ以外の範囲は不安定領域という*3．

光の増幅作用をもつ媒質と，光の往復の正帰還を行う共振器が一体になってい

＊3　文献 4) には不等式のイコールは含まれないが，ここでは含める．

るが，鏡の曲率と平面鏡などの組合せによって反射光の焦点が共焦点系（球面-球面型）になったり，半共焦点系（球面-平面型）になったりする．一般にCO_2レーザで，中・高出力レーザ用共振器でこの種の形が多い．これらは発振が安定して得られることから安定型共振器とよばれている．

一般には回折損失の小さい共振器の条件は，波面の曲率半径r_1，r_2と鏡の曲率半径R_1，R_2がそれぞれほぼ等しい場合なので，縦軸に$1-L/R_2$を，横軸に$1-L/R_1$をとったとき，光を安定的に閉じ込めておけるL，R_1，R_2の安定型共振器を構成する範囲は灰色の部分となる（図1.13）．ここで，$R_1=R_2$は共焦点系であるが，正確に曲率が一致することが条件で，わずかな誤差で条件を満たさない不安定領域に入りやすいため，平面-球面で構成する半共焦点系や，これに近い系（焦点がLの中心にないような系）が用いられる．主にこの安定型共振器は6kW以下の産業用レーザに多用されている．

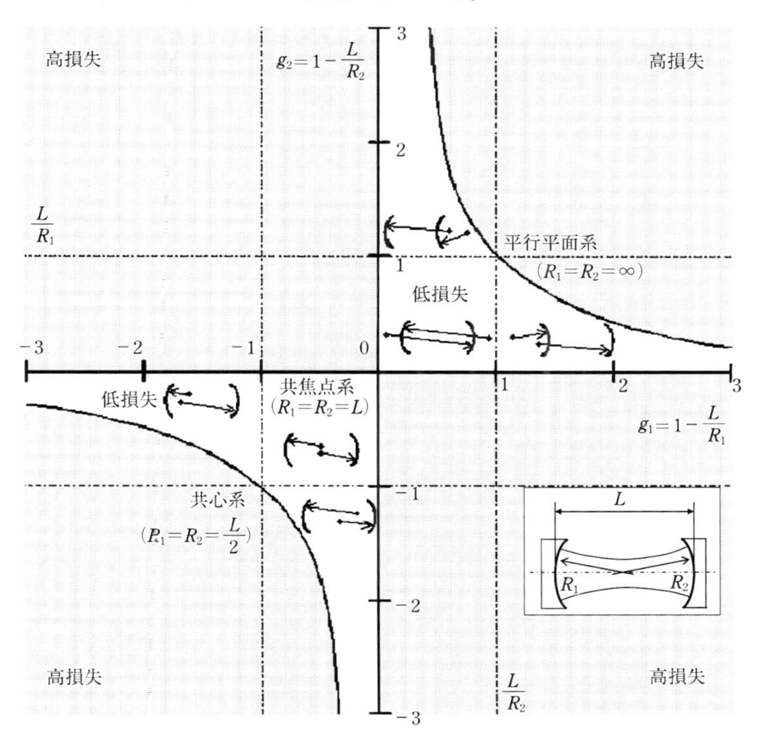

図1.13　光共振器の回折損失と安定領域[4]

1.5.2.2　不安定型共振器

産業界で用いられている方式には，回折損失を大きくして鏡の側面から出力を取り出すようにした不安定型共振器があり，産業用としては一部の高出力 CO_2 レーザで用いられている．特に 5kW 以上の高出力の場合に選択される方式で，光を閉じ込める方法で多少の損失があっても出力鏡の耐光限界などを考えたものである．したがって，安定型，不安定型というのは，光共振器を構成した場合の損失にかかわる方式の名称である．実際の安定型，不安定型の共振器構成については次章で述べる．

1.6　発振ビームモード

1.6.1　ビ ー ム モ ー ド

レーザを発生させる共振器においては，発振方式や構造などから固有の強度分布を有する．これをレーザにおけるビームモードとよぶ．基本モードであるシングルモード（またはガウスモード）は，一般に低出力レーザにおいて得やすい．したがって，産業用として多用されている高出力レーザにおけるビームモードは，ほとんどが擬似的なシングルモードであるか，多くのモードを同時に有するミックスモードである．ビームモードの違いはレーザプロセスの加工品質と大きく関係している．したがって，加工品質に関わる重要な問題として，基本的なビームモードの特性を理解する必要がある．2 枚の鏡で構成される共振器では利得が鏡の損失を補うに十分な場合に定常的な波が形成される．光は電磁波であるが，共振器の長さが波長の数十万倍程度であるので，多数のモードが存在する．モードの数学的取り扱いはやや複雑であるので，基本の発振モードについて述べる．

最も簡単な構造の平行平板の共振器はファブリペロー型共振器（Fabry-Perot cavity laser）とよばれるが，説明にこの方式がよく解析に用いられる．発振モードはこのオープンキャビティー（open cavity）において，共振器の鏡の間を往復することで決まる．ファブリペロー型共振器を図 1.14 に示す．この大きさが $2a$ の 2 枚の平面鏡を間隔 L で平行に対向させたこの共振器では，光の回折の程度を表すフレネル数（Fresnel number）は一般には $L \gg a$ で，

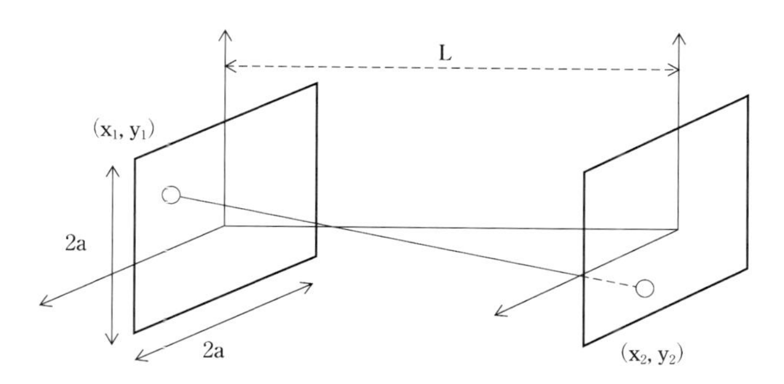

図 1.14 ファブリペロー型共振

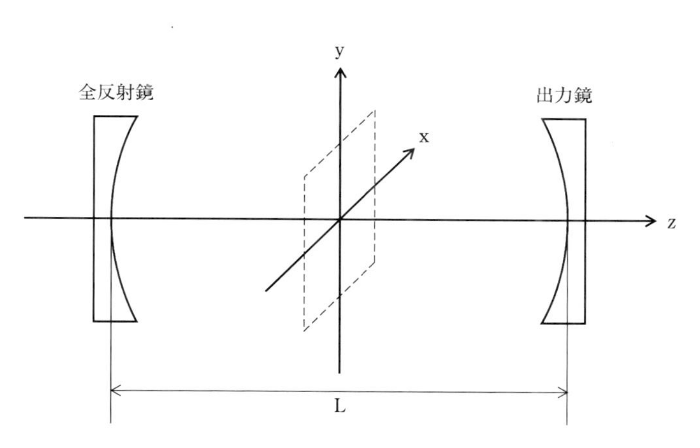

図 1.15 共焦点共振器

$$N_F = \frac{a^2}{L\lambda} \tag{1.21}$$

で示される.

産業用の一般的な共振器においては，損失が最も少なく調整のしやすいこともあって，両端の鏡が凹面鏡から構成されている共焦点共振器（confocal resonator）が広く用いられている（図 1.15）. レーザ光は，共振器内を往復することにより最終的には定まった強度分布に落ち着くとともに外部に取り出される. このように取り出されるレーザビームは固有の電磁界分布状態を有するようになる. レーザビームはレーザの光路（beam path）に垂直な断面で観察するとビーム内の強度は一様ではなく，種々の分布状態をもっている. また，モードからくるさまざまな形，すなわちレーザビームの断面内の振幅分布の状態をモードパターン（beam pattern）という．

さらに，2 枚の鏡で構成される共振器では利得が鏡の損失を補うに十分な場合に定常的な波が形成される．光は電磁波であるが，共振器の長さが波長の数十万倍程度であるので，多数のモードが存在する．このようにビームには横モードと縦モードとがある．モードの数学的取り扱いはやや複雑であるので，基本の発振モードについて述べる．

1.6.2　横　モ　ー　ド

共振器の中に電磁波が存在するとき，電磁波の状態（mode）は Maxwell の電磁方程式を適当な境界条件の下で解くことによって定められる．鏡の大きさは有限であるために，横方向（光の進行方向に垂直となる断面）に光の強弱が生じる．この電磁波のエネルギー空間強度分布状態を横モード（transverse mode）とよんでいる．

この共焦点共振器内の軸で $z=z_0$ における平面での進行波の振幅 $E(x, y, z_0)/E_0$ はフレネル数が十分大きいとき，次式で与えられる[1]．

$$\frac{E(x, y, z_0)}{E_0}=\sqrt{\frac{2}{1+\zeta^2}}\cdot\frac{\Gamma\left(\frac{m}{2}+1\right)\Gamma\left(\frac{n}{2}+1\right)}{\Gamma(m+1)\Gamma(n+1)}H_m\left(X\sqrt{\frac{2}{1+\zeta^2}}\right)H_n\left(Y\sqrt{\frac{2}{1+\zeta^2}}\right)$$
$$\times e^{\left[-\frac{k\omega^2}{L(1+\zeta^2)}\right]}\cdot e^{\left[-ik\left(\frac{L(1+\zeta)}{2}+\frac{\zeta}{1+\zeta^2}\frac{\omega^2}{d}\right)-(1+m+n)\left(\frac{\pi}{2}-\varphi\right)\right]} \tag{1.22}$$

ここで，$\omega^2=x^2+y^2$，$\zeta=\dfrac{2z_0}{L}$，$\kappa=\dfrac{2\pi}{\lambda}$，$\tan\varphi=\dfrac{1-\zeta}{1+\zeta}$ として与えられる．L は鏡面間隔である．これより $\zeta=\pm1$ は鏡面で，レーザ共振器の場合 $\zeta=+1$ として基本モード TEM_{00} $(m=n=0)$ とすれば

$$\frac{E(x, y, z_0)}{E_0}=e^{\left[-\frac{k\omega^2}{2L}\right]}\cdot e^{-i\left\{kL+\frac{\omega^2}{2L}-\frac{\pi}{2}\right\}} \tag{1.23}$$

として特別な場合の電界の振幅分布が与えられる．図 1.17 はこれに基づいて解いたエルミートガウス（Hermite Gaussian）波動関数の分布を示す．なお，この Hermite 多項式については他にいくつかの表記があるが[2]，ここではオリジナル論文[1] をもとに展開する．

光の強度は振幅の2乗となるので振幅の負（マイナス）の部分の絶対値が上部に表される．したがって，図1.18のような強度分布となる．光の強度分布 $|E/E_0|^2$ は z が鏡面となる $\zeta=1$ で，複素指数関数をEuler公式を用いて表すと式（1.22）から次のようになる．

$$\left|\frac{E}{E_0}\right|^2=\left[\frac{\Gamma\left(\frac{m}{2}+1\right)\cdot\Gamma\left(\frac{n}{2}+1\right)\cdot H_m(X)\cdot H_n(Y)}{\Gamma(m+1)\cdot\Gamma(n+1)}\right]^2 e^{-\frac{2\pi\omega^2}{\lambda L}} \tag{1.24}$$

よって，TEM_{00} の基本モードの場合は，

$$|E|^2=|E_0|^2 e^{-\frac{2\pi\omega^2}{\lambda L}} \tag{1.25}$$

として与えられ，概念的に強度は正規分布に類似する．

なお，式（1.24）で Γ はガンマ関数で，H_m，H_n はHermite多項式である．

Hermite多項式は

$$H_n(x)=(-1)^n ex^2\frac{d^n}{dx^n}e^{-x^2} \tag{1.26}$$

で表され，x の n 次式とで表される．したがって，$n=0$，1，2……のときは，

$$H_0(x)=(-1)^0 e^{x^2}e^{-x^2}=1$$

$$H_1(x)=(-1)^1 e^{x^2}\frac{d}{dx}e^{-x^2}=2x$$

$$H_2(x)=(-1)^2 e^{x^2}\frac{d}{dx}(2xe^{-x^2})=4x^2-2$$

などとなって，これらは多項式となることがわかる．このHermite多項式の定義についても別の表記がある[3)]．

横モードは，一般にアクリル板上にレーザを照射することによって得られる蒸発痕のバーンパターン（burn pattern）によってもその概略の形を推測し伺い知ることができる．この横モードは共振器内の反射鏡の角度が多少ずれても分布状態への影響は敏感で，特に光の強度分布である関係で材料加工に対する影響は大きい．一般に，レーザ加工においてビームモードと称する場合には横モードを指すことが多い．

光波は基本的には電磁波である．横モードは英語で Transverse Electromagnetic Wave と書くことからこの頭文字をとってTEM波といい，一般に TEM_{mn} で指定される．この添え字の m，n は整数で，分布強度の谷の数を示

す．この場合，強度分布の山の数が x 方向に（$m+1$）個，y 方向に（$n+1$）個となることを意味する．このうち TEM_{00} は，シングルモード（single mode）または単一モード（または，基本モード）とよばれ，その強度分布は中心に最大強度をもち，統計学でいうところの正規分布を呈している．このようなことから特に，シングルモードを正規分布または Gaussian（ガウス）分布ともよばれている．低速軸流型のレーザで得られたガウス分布のモードの例を図 1.16 に示す．シングルモードに対して，その他のものをマルチモード（multi mode）または多重モードと称している．

図 1.17 のように，強度分布はこの波動関数分布で表される電界分布 E の絶対値の 2 乗：$|E|^2$ で示される[1]．これはモードの性質を知るうえで基本となる．また，産業用レーザで多用されている安定型共振器から発振される各種のモードを，立体の鳥瞰図として図 1.18 に示す．安定型共振器においては円形の反射鏡を用いるので，どの断面をとっても相似形である．

共振器の構成にもよるが，CO_2 レーザで用いる軸流方式の場合には，簡易的には以下の式でその傾向を知ることができる．

$$D_0/4\lambda L \leqq n \tag{1.27}$$

ここで，D_0 はビーム径，L は共振器長である．n はフレネル数で，光共振器の回折の損失を表す量であるが，この値が $n \leqq 1$（実際には<1）の場合は TEM_{00}

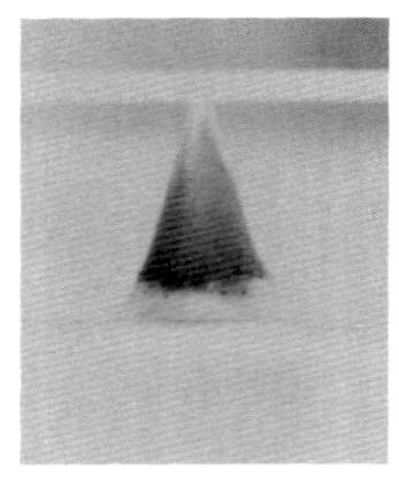

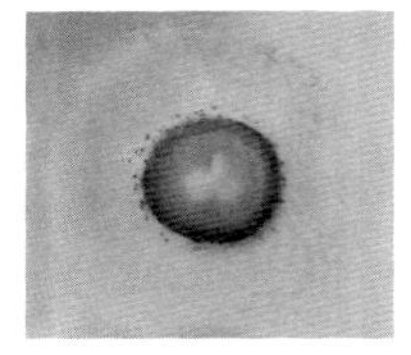

図 1.16　低速軸流型レーザによるシングルモードのバーンパターン

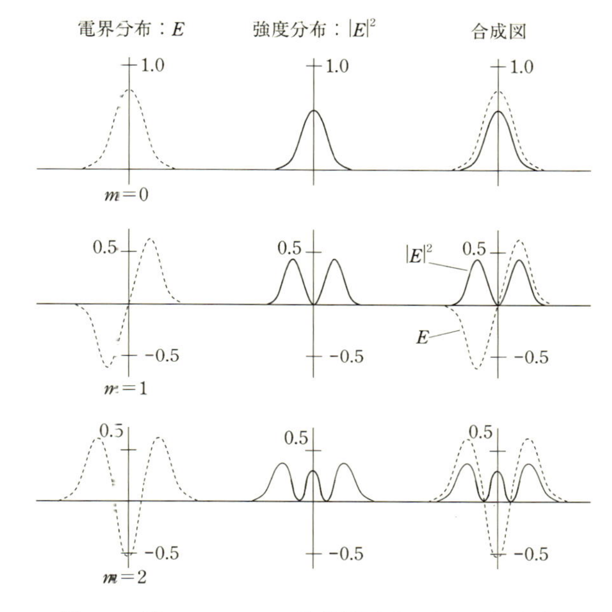

図 1.17 横モードにおける波動関数分布と強度分布の関係

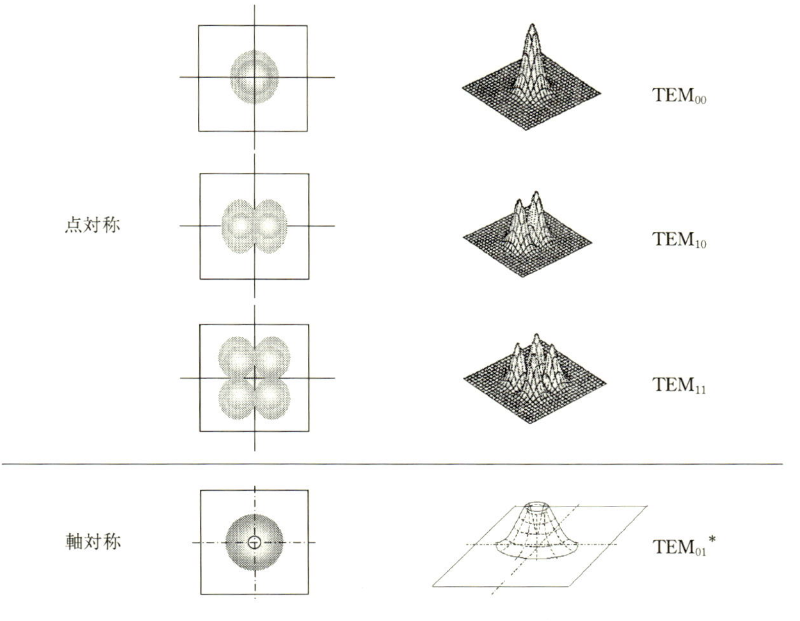

図 1.18 横モードにおける強度分布の立体表示

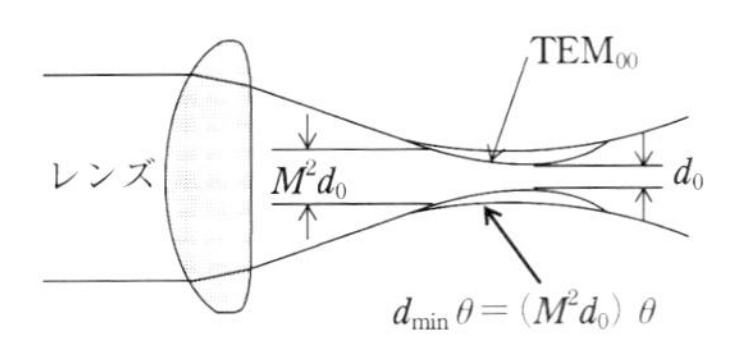

図 1.19　マルチモードの集光特性

表 1.1　ビームモードと広がり係数

モード名		86.5％半径	M	M^2
点対称	TEM$_{00}$	W	1	1
	TEM$_{10}$	$1.64\times W$	1.64	2.70
	TEM$_{20}$	$2.12\times W$	2.12	4.48
軸対称	TEM$_{01}$*	$1.32\times W$	1.32	1.75
	TEM$_{11}$*	$1.88\times W$	1.88	3.54
	TEM$_{21}$*	$2.31\times W$	2.31	5.35

で $n\fallingdotseq 2\sim 3$ の場合は TEM$_{10}$ となり，また $n=4$ の場合は TEM$_{21}$ となり，$n\fallingdotseq 10$ では TEM$_{mn}$ となる．D_0 の大きいときはミラー曲率を変化させて擬似的なガウスモード（Gaussian mode）を得ているが，式（1.21）は，L を一定以下に抑えて高出力を得ようとする場合には，D_0 を大きくしてモード体積（mode volume）を稼ぐ必要があり，その分，フレネル数 n は大きくなるが，同時にモードの品質は低下することを意味している．

一方，シングルモードを維持しつつレーザ出力を上げるためには L が十分に大きくとらなければならず，装置構成上またはアライメント上からも限界がある．高出力化によるレンズ，ミラー等の光学部品の耐光強度にも限界があり D_0 を大きくするのが普通であるが，このように大出力化とモード純化（TEM$_{00}$ 化）は，一般的に相反する条件下にある．TEM$_{00}$ モードは集光特性でも優れており，小さく絞ることができる．これに対してその他のモードでは，一般に TEM$_{00}$ モード以上には小さく集光できない．図 1.19 に，その模様を簡易的に図示した．ここで M はビーム拡大率で，M^2（エムスクエア）はビームの広がり角度とビームウエストでの半径の積でビームの拡大・縮小によって変わらない値である．シングルモード（TEM$_{00}=1$）に比較してどれだけ高次モードかを示す係数でもある．表 1.1 には，目安としてモード名称と M および M^2 の値の関係を示した．

1.6.3 縦 モ ー ド

これに対して縦モードは直接観察することは難しく，共振器の軸方向に一往復したときの，波面全体にわたる位相遅れが 2π の整数倍になるような定在波の分布状態を示すもので発振ビームの周波数はレーザ媒質と共振器の一定の要件を満たす条件下で決まる．

共振器でつくられる定在波の周波数を共振周波数というが，光の領域での振動数は非常に高く，基本波の定在波は1万分の数ミリと小さいことから，実機での共振器長がメートルのオーダであることから共振周波数は高次の定在波ということになるが，光共振系では励起原子が速度 v で熱運動をしながら周波数 f_0 で光を出すと音波のときと同様に Doppler 効果により，

$$f = f_0(1 \pm v/c) \tag{1.28}$$

となり，光の進行方向に（+），反対方向に（−）の周波数変化を生ずる．実際には，原子はあらゆる速度と方向にランダムな運動をするので，その周波数分布は広がりのあるスペクトル線幅をもつようになる．これを Doppler 幅（ドップラー広がり）という．この広がった線幅の間隔より周波数幅が広い場合には，いくつかの定在波が含まれ，両者の重なり部分で発振する．

レーザ発振は共振器内の周波数とレーザ媒質のエネルギー遷移の周波数と一致する必要がある．このように Doppler 幅内の発振スペクトルの形態を縦モード（longitudinal mode）または軸モード（周波数モード）という（図1.20）．

共振器内の周波数間隔は，

$$\Delta f = c/2L \tag{1.29}$$

となる．共振器長の大きなレーザにおいては，レーザ利得特性の周波数スペクトル幅（Doppler 幅）が，共振器の共振周波数間隔よりかなり大きいので，Δf の間隔で並ぶ多重モードで発振する．この縦モード数が多少多いときには，多少変化しても材料加工に対する影響は少ないとされている．

1.6.4 産業用高出力レーザのビームモード

1.6.4.1 典型的なモード

実際に市販されている産業用の高出力レーザの発振器において，得られる典型

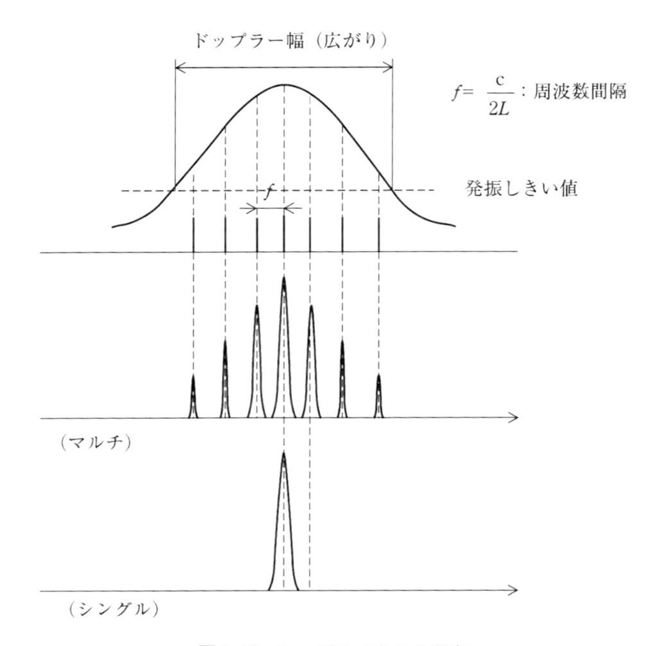

図 1.20　レーザスペクトル分布

的なビームモードとして，ガウスモード（高出力レーザではニア・ガウスを含める）の TEM_{00} モード，ドーナツモードと称される $TEM_{01}{}^{*}$，およびマルチモードの TEM_{mn} などがある．

すでに述べたように，赤外線レーザで概略のモード形状を確認する簡易的な方法の1つにアクリルによるバーンタパーン（burn pattern）法がある．アクリル板をビームの進行方向に垂直に配置し数秒間レーザ光を照射すると，ビームの強度分布に応じた蒸発の痕跡（クレータ）が形成される．これをバーンパターンと称している．このクレータに石膏や歯科医の用いる型を採るためのゴムを流し込んで作成したレプリカを図1.21に示す．

ガウスモードは，ビームの強度分布が正規分布（ガウス分布）を呈していることからガウスビームとよばれている．ドーナツモードは俗称で，中抜けの分布で中間の等高線で切るとドーナツ型になることによるもので，この名称は世界的にも通用する．マルチモードは，エネルギー分布がほぼ均一で TEM 表示における添え字の m，n が大きい場合の総称であるが，通常ではカライドスコープやセ

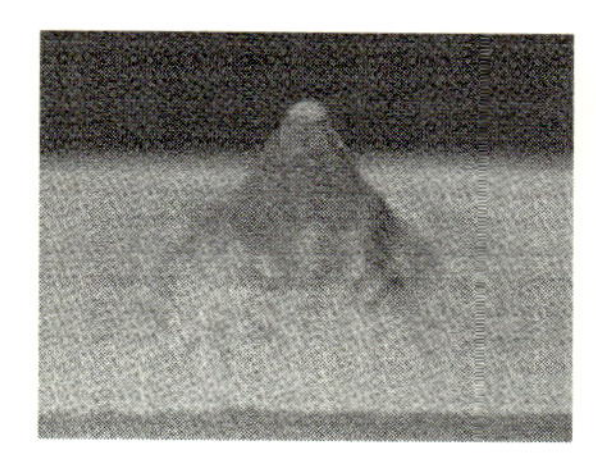

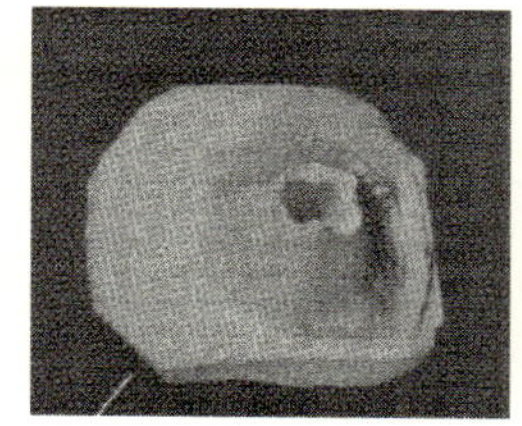

a. ガウスモード　b. ドーナツモード　c. マルチモード

図 1.21　典型的なビームモード

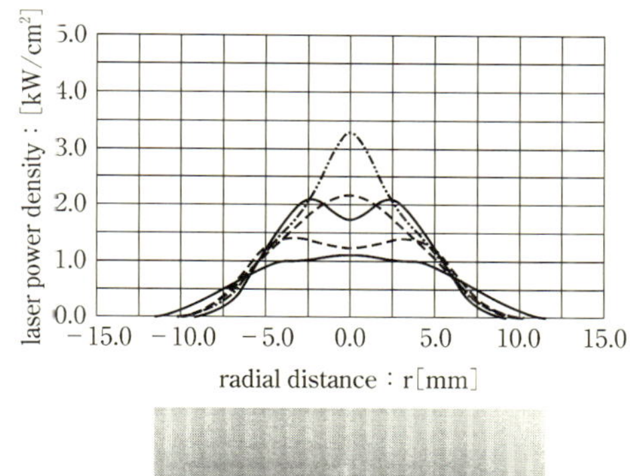

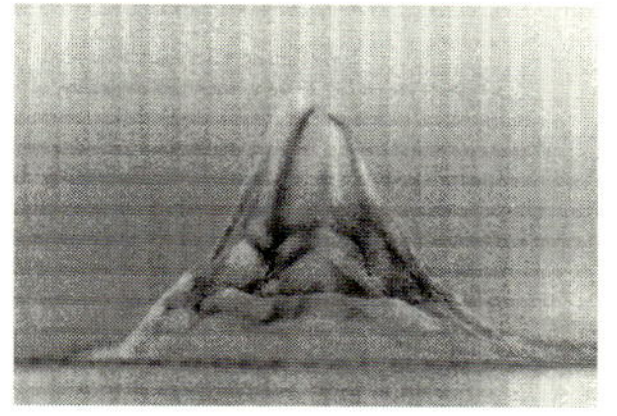

図 1.22　産業用高出力レーザにみられるミックスモードの概念図

グメントミラーなどによるビーム整形によってつくり出された人為的なビームモードである．

1.6.4.2　実際の項出力レーザのモード

高出力の産業用レーザ発振器から出るビームモードは理論的に必ずしも一致する訳ではない．シングルモードと称される場合でも，高出力のレーザにおいては TEM_{00}，TEM_{01}，TEM_{10} が数 10%ずつ混在していることが多い．みかけ上からくるニア・シングル（ほぼシングルとみなし得るもの）なのである．図 1.22

に実際に得られた 2 kW の産業用 CO_2 レーザでのミックスモードの図を示す．なお，高調波レーザなど比較的低パワーのレーザにおいては M^2 の値は小さく，$M^2=1.1\sim1.3$ を得ている．

参考文献

1) 田幸敏治，荒井俊彦，大竹祐吉，川瀬宏海，佐藤俊一，徳留勝見，山下正文：レーザーフォトニクス，共立出版，pp. 21-32（1998）
2) 新井武二，宮本　勇：レーザー加工の基礎，上巻，マシニスト出版（1993）
3) 下村　武：電子物性の基礎と応用，コロナ社（1964）
4) Kogelnik, H. and Li, T.: Laser beam and resonator, *IEEE*, Vol. **54**, pp. 1312-1329（1966）
5) 新井武二：高出力レーザプロセス技術，マシニスト出版，p. 88（2004）
6) Boyd, D.D. and Gordon, J.P.: “Confocal multimode resonator for millimeter through optical wavelength masers”, *Bell System Tech. Journal*, Vol. 40, p. 489（1961）
7) 例えば，山中千代衛：レーザ工学，コロナ社，p. 18（1983）
8) 森口繁一，宇田川銈久，一松　信：数学公式III，岩波全書，p. 92（1960）

2 加工用レーザ

レーザに関する基礎理論を機械装置として具現化するためにはいくつかの方法と可能性がある．また，レーザ発振装置の発振方式にもいくつかの種類があり，その方式によってそれぞれの特徴を有する．ここでは，高出力加工用レーザで，しかも産業界で広く用いられている代表的な CO_2 レーザ，YAG レーザおよびエキシマレーザの共振器と発振について，各形式や種類別に述べる．

（写真：**YAG レーザ加工機**）

2.1 CO_2 レーザ

CO_2 レーザは，1964 年アメリカのベル研究所（B. T. L.）の Patel らにより，炭酸ガス（CO_2）分子の回転運動エネルギー準位間の遷移を利用して，5 m のレーザ管で連続出力 1 mW（波長 10.6 μm）の発振に成功した．それから半世期を経たが，その間の研究開発で発振器は長足の進歩を遂げ，現在では数十 kW の大出力の発振装置も産業用に用いられている．

2.1.1 CO_2 レーザと発振

気体レーザである CO_2 レーザは，炭酸ガスを主体にした窒素（N_2）およびヘリウム（He）の混合ガスで構成されている．このガスが共振器内に封入されているか，または一定の量で放電領域に流入される．低速で循環されるか，あるいは高速で循環されるかによって発生装置の構造と方式が異なり，発振効率およびレーザ光の特性も違ってくる．

2.1.1.1　基本構造としくみ

CO_2 レーザの基本構造を図 2.1 に示す．共振器を構成する 2 枚の対向する鏡の間にある放電管の中にレーザ媒質となる混合ガスを注入し，放電によってガス分子を励起するのである．鏡の一方は全反射鏡であるが，もう一方は反射鏡を兼ねた部分透過鏡であり，この間で定在波をつくり出す．一般には調整の難しさから平行な鏡を対向させることは少なく，曲率を有する 2 枚の鏡によって構成する．したがって，中央でややビームはくびれ（ビームウエスト）をもつ．

理想状態での平行平面鏡の場合には，平行な光線が平面鏡からなる共振器の間を往復するとしたが，実際には，鏡の傾きや往復の過程での自然の広がりに対して優位ではない．このため片方，あるいは両面の鏡に凹面鏡などを用いることにより曲率をもたせ，傾きの許容度や回折損失を小さくする方法がとられる．このように，反射鏡の曲率半径や距離などによって，往復する光を共振器の光軸近傍に閉じ込めるタイプの共振器を安定型共振器という．

全反射鏡は，表面に金蒸着や誘電体の多層膜を施す関係で反射率（reflection factor；R）が $R = 99.5$ %以上ある．一方，部分透過鏡の透過率（transmission

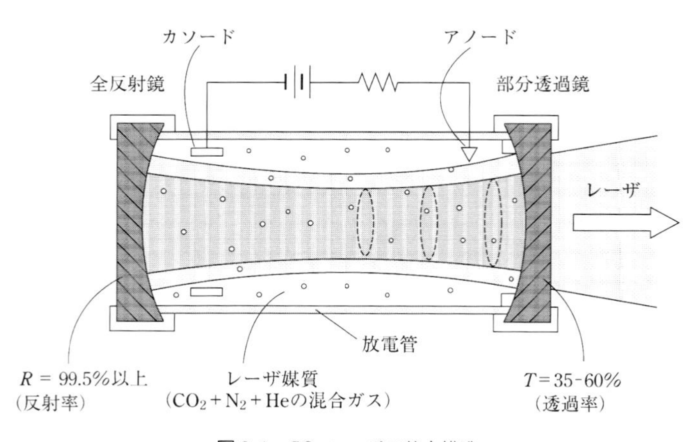

図 2.1　CO_2 レーザの基本構造

factor；T）は，構成する共振器から取り出される出力が最大になるような最適結合量によって決まり，産業用の高出力レーザでは，通常 $T = 35\sim60$ ％の透過率を有している．共振器内で光が増幅され，一定の値を超えた光が外部に取り出される．これが CO_2 レーザの基本的な構造である．なお，レーザ発振には連続発振（CW；continuous wave oscillation）とパルス発振（pulse oscillation）がある．放電励起の方法が連続的か間欠的かにより，CW 発振とパルス発振とが決まる．

CO_2 レーザは CO_2 分子の振動・回転エネルギーを用いるもので，非常に効率がよく，かつ大出力の連続発振が可能である．また，CO_2 レーザ（波長が 10.6 μm）は大気において吸収損失の非常に少ない 10 μm 帯の赤外光であるため，材料物質の波長吸収が金属・非金属を問わずに優れており，特に加工に適している．また，最高 50 kW と現存するレーザの中で最高クラスの出力が得られている．注入電力に対するレーザの変換効率は 10 数％と比較的高効率を維持している．そのためもっとも工業的応用が進んでいる．

(a) 発 振 の 原 理[1)]

炭酸ガス（CO_2）分子は C（炭素）を中心とする直線対称形の 3 原子分子であるから，次の 3 つの基準振動モードが存在し，一般にこれらの合成された振動状態にある（図 2.2）．

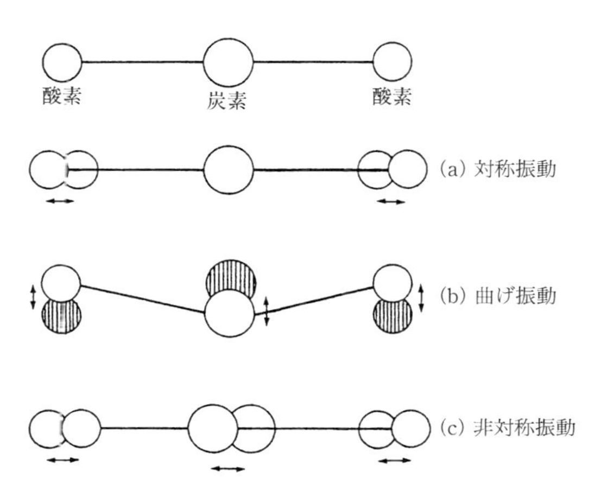

図 2.2 CO_2 分子の振動モード[1)]

①2個のOがCを中心に対称的に振動する対称振動モード（ν_1）
②Cが分子の軸からずれる方向の曲げ振動モード（ν_2）
③2個のOがCを中心にして非対称に振動する非対称振動モード（ν_3）

これらの量子数を用いて準位を表すとき，（ν_1，$\nu_2{}^l$，ν_3）のように示す．

レーザ発振にもっとも重要なCO_2分子のエネルギー準位は，基底状態（00^00）から$2349.16\,cm^{-1}$，$1388.3\,cm^{-1}$，$1285.5\,cm^{-1}$，$667.4\,cm^{-1}$のもので，これらはそれぞれ（00^01），（10^00），（02^00），（01^10）のように示される．図2.3にレーザ励起に関するCO_2およびN_2の振動エネルギー準位を示す．CO_2レーザ遷移は（00^01）がE_2に，（10^00）がE_1に相当する．N_2との遷移移乗および（01^10）から基底に落ちる過程は無視できるため，基本的に3準位レーザと考えられている．

さらに各振動エネルギーに対して，多数の回転エネルギー準位がある．回転量子数Jでこれら各レベルを表し，図2.4にこれを示す．CO_2分子の場合，レーザ作用に関係のある，以下の振動準位間の遷移が許される．

$$(00^01)\rightarrow(10^00)$$
$$(00^01)\rightarrow(02^00)$$
$$(10^00),\quad(02^00)\rightarrow(01^10)$$
$$(01^10)\rightarrow(00^00)$$

しかし，おのおのでは$\Delta J=\pm1$が成り立つ回転準位間だけにしか遷移は許されない．ここで$\Delta J=+1$をP枝（ブランチ）遷移，$\Delta J=-1$をR枝（ブランチ）遷移という．

(b) 発振のしくみ[2)]

①（00^00）→（00^01）遷移

このレーザは通常CO_2，N_2，Heの混合気体を用いる．レーザ発振を行わせるために必要な励起分子数の反転分布は，CO_2中の放電による電子励起によっても起こるが，混合ガスとして用いるN_2が電子衝突を受けて励起され，これがCO_2との間に振動エネルギーの交換を行う．N_2分子は対称で，その最低振動準位からは光放射遷移は起こり得ず，ほかの分子または管壁との衝突によってのみ遷移するので準位の寿命は約数msと長い．N_2中の放電で約

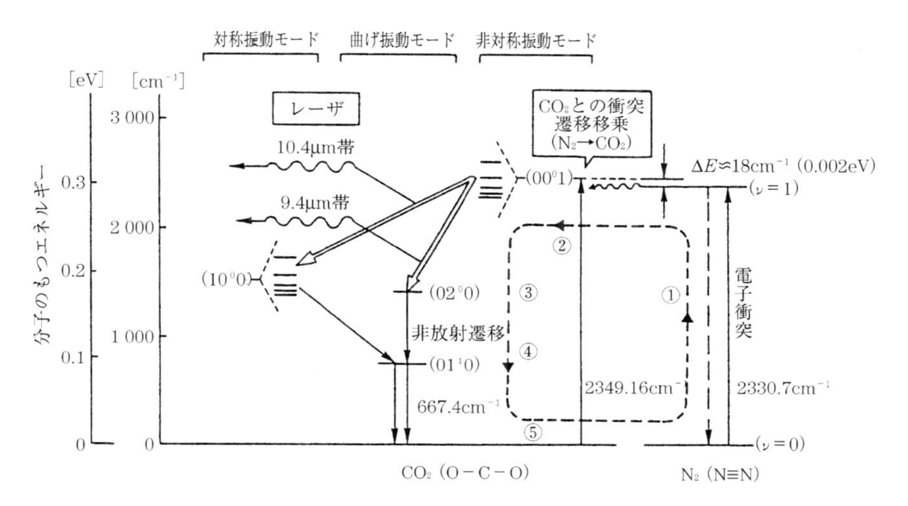

図 2.3　CO_2 レーザのエネルギー準位とレーザ遷移

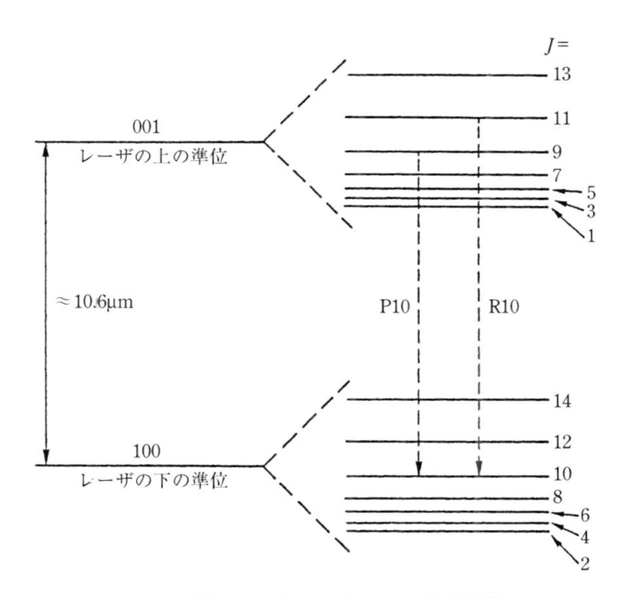

図 2.4　振動 CO_2 分子の回転による励起準位[2)]

20〜30 %のガスはこの振動状態に励起される．これを式で表すと，

$$CO_2(00^00)+(\text{電子})+(\text{運動エネルギー})\rightarrow CO_2(00^01)+(\text{電子}) \tag{2.1}$$

$$N_2(\nu=1)+CO_2(00_00)\rightarrow N_2(\nu=0)+CO_2(00^01)-18\,\text{cm}^{-1} \tag{2.2}$$

図 2.3 に示すように，$N_2(\nu=1)$ は N_2 の励起状態で，CO_2 の励起状態（00^01）より $18\,\text{cm}^{-1}$ 低いだけであるから，共振的に，しかも効率よくエネルギー変換（遷移移乗という）が行われる．

一方，非対称振動モードの（00^01）準位の寿命は約 1ms であり，下の対称振動モードの励起状態（10^00）や曲げ振動モードの（02^00）の寿命はこれより短いので，この間に反転分布が起こる．この下の（10^00）準位に遷移する過程で 10.4 μm 帯のレーザが，また，下の（02^00）準位に遷移する過程で 9.4 μm 帯のレーザが放出されることになる．CO_2 分子の種々の準位における寿命や，励起確率などにより CO_2 (00^01) 準位が上のレーザ準位となる．

② (00^01)→(10^00)(02^00) の遷移：（レーザ発振）

レーザ発振にかかわる振動回転準位間の遷移は，以下の(00^01)→(10^00) の 10.4 μm 帯および（00^01)→(02^00) の 9.4 μm 帯である．10 μm 帯の遷移のほうが大きな放射確率をもっていて，9 μm 帯の約 10 倍になる．自由に通常発振をさせた場合，そのうちもっとも遷移確率の高い (00^01)→(10^00) 間の $P(18)$，$P(20)$，$P(22)$ などで発振が起こりやすい．なお，10.4 μm 帯では $P(20)=10.6$ μm が，また 9.4 μm 帯では $P(20)=9.6$ μm の発振が起こる．振動準位の寿命は約 1〜10ms 程度であり，一方，回転準位が熱平衡状態での分布に到着する時間（回転緩和時間）は短く 10^{-6}〜10^{-7} 秒程度で，そのため連続発振の場合，競合効果とよばれる現象によって $J=21$ 付近の数本だけが発振し，R 枝遷移は P 枝遷移との競合効果の場合はほとんど観測されない．一般に 9.6 μm の発振は弱いので 10.6 μm のレーザだけが取り出される．

なお，現在では種々の方法で波長選択が可能になっている．たとえば，グレーティングを用いる方法や，部分反射鏡（出力鏡）に誘電多層膜を調整してパスフィルター（BPF；band-pass filter）として特定のレーザ波長を選択的に取り出す方法もあり，実際のビア加工などでは $R(18)=9.3$ μm などを取り出して用いている．

③ $(10^00)(02^00)\to(01^10)$ 遷移

レーザを放出して (10^00) 準位または (02^00) に落ちた CO_2 分子が再びレーザを放出するためには，いったん基底準位 (00^00) に戻らなければいけない．CO_2 分子を下のレーザ準位から (01^10) 準位に励起するのに要するエネルギーの約2倍である．この結果，$CO_2(10^00)$ か，あるいは $CO_2(02^00)$ 分子と $CO_2(00^00)$ 分子が衝突すると，2つの分子をともに $CO_2(01^10)$ 準位に励起する振動エネルギーの再配分が効率よく起こる．この衝撃の共振的性質のため，低いレーザ準位 (10^00)，(02^00) は非常に効率よく (01^00) に落ちる．

④ $(01^10)\to(00^00)$ 遷移

$CO_2(01^10)$ 分子は，なおまだ基底準位へ緩和（戻る）されなくてはならない．$CO_2(01^10)$ の緩和も衝突に支配されるが，このときの衝突は共振的なものでなく，$CO_2(01^10)$ のエネルギーは運動エネルギーに変換されなくてはならない．この衝突はほかの CO_2 分子や He などの希ガスや放電管壁とでもよい．

$$CO_2(01^10)+M\ (\text{物質})\to CO_2(00^00)+M+667\,\mathrm{cm^{-1}} \tag{2.3}$$

(01^10) 準位は非常に低く，0.0827 eV(667 $\mathrm{cm^{-1}}$) しかない．そこでガスの温度を下げないと Bolzmann の法則によって (01^10) 準位の分子密度が増加するので好ましくない．その密度はガス温度が 100℃では基底状態の約7％にも増えるが，－50℃なら約1％である．したがって，ガスの温度を下げるほど，反転分布が増し，励起確率が増加する．$CO_2(01^10)$ の寿命は長いので，この緩和が CO_2 レーザの課題である，緩和の方法としては，次の2つがある．

(1) 冷却水によるガス温度の冷却

(2) He ガスを混合する

He を加えると，He の冷却効果によりガス温度の上昇が防止され，電子エネルギーを制御し，上のレーザ準位が励起されやすくなり，基底準位に戻ることが容易になる．

2.1.2 CO_2 レーザの種類

CO_2 レーザは，放電の方向，ガス流の方向，光の取り出す方向の組合せによって共振器が構成されている．すなわち，共振器の構成上から，光軸を基準とし

表 2.1　CO_2 レーザ発振器の形態

タイプ	構成	放電	ガスおよび流速
同軸型	封じ切り型	DC	ガス封入 中圧または高圧ガス，高電圧
	低速軸流型	DC	ガス流量（〜20 m/s） 中圧ガスまたは大気圧
	高速軸流型	DC/RF	ガス流量（>100 m/s） 中圧ガス
直交型	2 軸直交型	DC+RF	ガス流速（50 m/s 前後） 高圧ガス，高電圧
	3 軸直交型	DC/RF	ガス流速（40〜70 m/s） 中圧または高圧ガス
拡散冷却型	スラブ型 （平行平板）	RF	封じ切り 低圧ガス
	同軸型 （二重円筒電極）	RF	封じ切り 低圧ガス

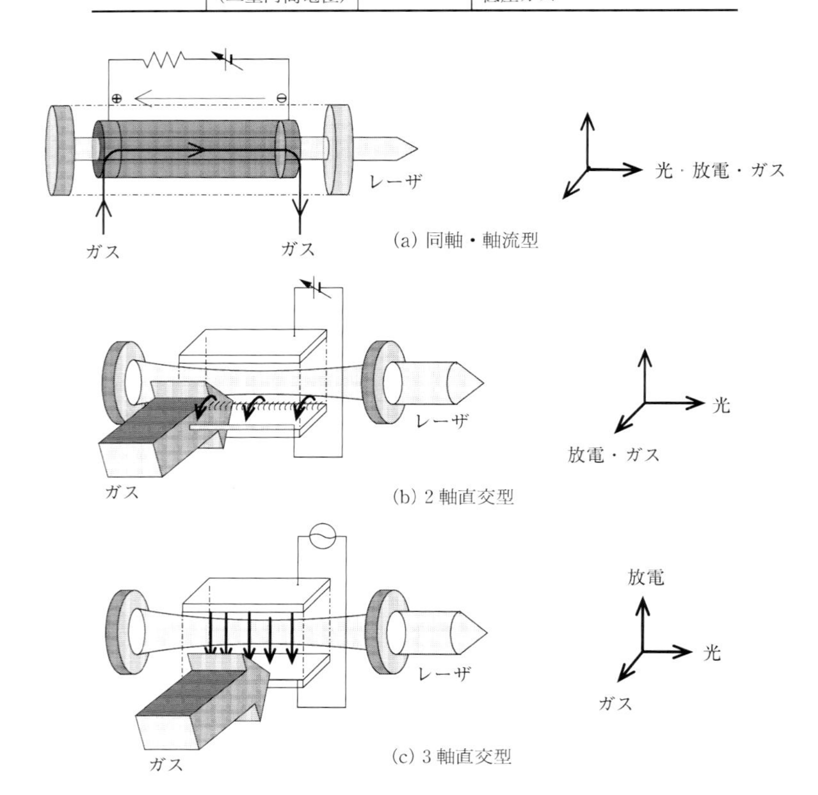

図 2.5　CO_2 レーザの発振方式

て，放電とガス流の方向の関係で区分され，(a) 同軸型，(b) 直交型，(c) 拡散冷却型に大別される．これらの分類を表 2.1 に示す．また，放電には直流，交流，高周波放電などが用いられる．その分類を図 2.5 に示す．

2.1.2.1 同軸型レーザ発振器

共振器の① 放電方向と，② ガスの流れの方向，③ 光の取り出し方向（光軸方向），の 3 つの方向が同一である方式を同軸型レーザ発振器という．さらにこの同軸型の中で，最初からガスを封入して用いるか，きわめて少量のガスをごく低速（ほぼ数 m/min 程度まで）で循環させるかに分かれる．完全に封入した方法をガス封じ切り型（gas sealed laser）といい，一般には比較的低出力のレーザで用いられていたが，現在では 1kW のレーザにも用いられている．封じ切りは，ガスが流入することなくあらかじめ入っている場合に相当する．この形式のものは一般に発振器から取り出されるレーザ光がぶれることなく安定していて，純粋なモードの光が発振されやすいという特徴をもっている．しかし，完全封入方式の場合は，ガスが劣化する時間がそのまま寿命である点が短所となる．最近では高出力化が進み，封じ切り CO_2 レーザ 100 W～1 kW の場合は，寿命時間は約 数千～1 万時間までといわれている．

これに対して，何らかの方法で共振器内の光の方向にレーザガスを強制循環させ流入させる方式があり，これを軸流型（axial gas flow）という．この共振部は通常円筒形のガラス放電管で構成されていて，特に 20 m/s 以下の比較的低速でガス循環を行う場合を低速軸流型（slow axial gas flow），100 m/s 以上の高速でガス循環を行う場合を高速軸流型（fast axial gas flow）という．

低速軸流は放電やガスに乱れが少ないことから，封じ切り型に似てレーザビームが比較的安定しており，ビームの質であるビームモードも比較的純粋である（モードに関しては後述する）．しかし，共振器を構成する放電管の単位長さあたりに取り出されるレーザ出力が低い．これを補うために，放電管長を共振器内で折り返して距離（絶対長さ）を稼ぐマルチパスなどの方法でトータル出力を取り出す方法もとられている（図 2.6）．これに対して高速軸流では，レーザ媒体であるガスを高速で循環させることで，常に放電部にフレッシュなガスを供給し放電させるため，高密度で効率よくレーザ光を取り出すことができる．したがって，結果的に放電管の単位長さあたりに取り出されるレーザ出力は高くなる．い

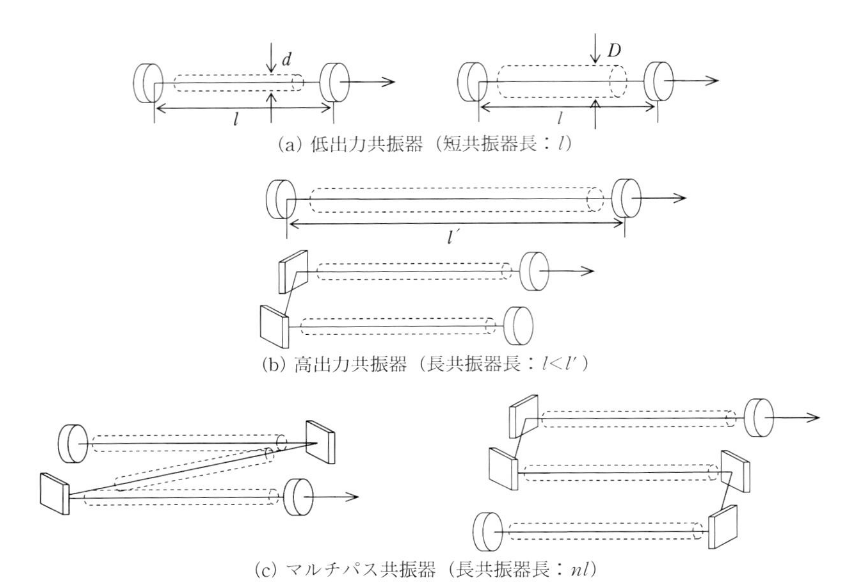

(a) 低出力共振器（短共振器長：l）

(b) 高出力共振器（長共振器長：$l<l'$）

(c) マルチパス共振器（長共振器長：nl）

図 2.6　高出力化のための方法

いかえれば，入力電気エネルギーに対する出力エネルギーの比率が高いことになる．しかし，ブロワーなどによってガスの強制循環を伴うため共振器全体の振動は避けがたく，その影響を受けてビームの安定度は低速軸流型に比べればやや劣るが，溶接やシートメタルの一般的な切断加工にはさほど影響しない．

2.1.2.2　直交型レーザ発振器

直交型レーザ発振器には 2 軸直交型と 3 軸直交型とがあり，共振器の① 放電方向と，② ガスの流れの方向が同じ方向で，③ 光の取出し方向がそれらと直交している方式を 2 軸直交型（transverse gas flow）という．これに対して，すべての方向が互いに直交するものを 3 軸直交型（cross gas flow）という．これらは，同軸からくる欠点を改良したもので，ガスの流れる経路の断面積を大きくし，冷却能率を高めることができる．ガス流や放電むらを解消して安定放電領域を確保できることから，比較的大出力のレーザ共振器を構成することができる．

ガス流と放電方向の等しい 2 軸直交型では，放電断面に均一にガス流が分布されるように，この直前でガス流量の調整弁やメッシュなどの分散機構を設けることが多い．3 軸直交型では，電極板の間にガスを直交させて流入させるので，同様にガス循環用送風機から出てきたレーザガスを電極の直前で均一に広げたり，流速を整えたりする機構を設けるのが普通である．また，強制循環を行うシステムでは，放電電極を通過したガスは熱せられるので，循環の過程で熱交換器を通過させて冷却し，再度共振器内の放電領域に戻す．冷却されたガスのほうがより高出力を取り出せる．最近では，この直交タイプでは 3 軸直交型が主流となっている．

2.1.2.3 不安定型共振器

不安定型共振器は，ビームを拡大するための凸面鏡と平行光にコリメートする凹面鏡と，中央をくり抜いた平面鏡のカップリングミラーとで構成され，図 2.7 のように，中心部のレーザ光を拡大してリング状のビームとして取り出す構造になっている共振器をいう．このように取り出されたレーザビームはリング状（輪状）であるが，この輪の外径 D_1 に対する内径 D_2 との比（拡大率）を M 値（magnification）といい，集光性の目安にも用いられる．ちなみに溶接用には $M = 2\sim3$ が用いられる．なお，このリング状のビーム強度（リングモードという）は，長い伝搬距離（遠視野）においてみた場合や，いったん集光レンズを通過した場合には，中央部に高いピークをもち，その周辺にいくつかのリング状のやや低いピークをもつ，変形された近似的なシングルモードになる．ただし，集

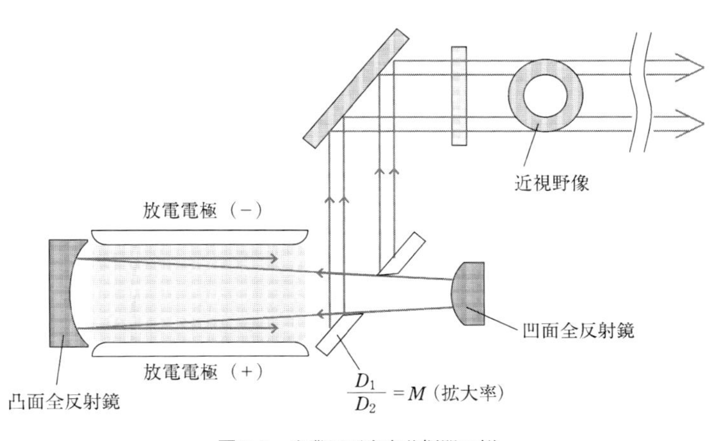

図 2.7 産業用不安定共振器の例

光特性はやや劣るので，切断用というよりは溶接や表面改質に用いられることが多い．この形式の発振器は5kW以上であり，特に10kWクラス以上の産業用高出力レーザに多用されている．

2.1.2.4　スラブ型共振器

① 板状スラブ CO_2 レーザ[4,5]

スラブ（slab）とは，英語で板状のものを指すが，このスラブ CO_2 レーザでは放電部が板状の平行平板構造を呈していることから，特に，スラブ CO_2 レーザと称している．歴史的には1960年代から，放電部の単位面積あたりの注入電力を比較的大きくとれる導波路型レーザというものが存在していた．この出力は比較的小さく数Wの出力レベルであるが，主に計測や研究用に用いられていた．スラブ CO_2 レーザは導波路型レーザが発展したもので，電極ギャップを小さくとれ，電極面積の広い構造を呈している．そのため，高密度の大電力を注入することができ，電極間距離が数mmと狭いので，放電で上昇した熱はただちに電極部に拡散される．このことから，スラブ CO_2 レーザは正式には拡散冷却型（diffusion-cooled laser）とも称される．この結果，高出力レーザで用いられている，ガス冷却のための熱交換器や送風機とそれに付随する風洞などのガス循環系が不要になり，装置全体のコンパクト化につなげる可能性をもたらした（図2.8）．

しかし，一方で狭い電極間から取り出される光のエネルギー分布が細長い矩形を呈しているという短所がある．その大きさは x 方向で20～40mm，y 方向で1～2mmである．したがって，光の伝搬定数（発散角，モード）などがほかのレーザとは大きく異なる．加工システムに採り入れるためには，使い勝手のために，ビーム整形光学系により円形ビームに変換する必要があるだろう．

② 同軸円筒状スラブ共振器

この点を考慮して，同じ原理のスラブ CO_2 レーザを改良したものとして，同軸円筒状スラブ共振器がある．2枚の平行平板の代わりに二重円筒を同軸状に配置し，この間に狭い電極ギャップをとって放電させて光を取り出す．この方式でも二重円筒の電極間距離が数mmと狭いので，放電により上昇した熱はそのまま両電極の円筒部に拡散されて冷却される．同軸型の拡散冷却型の

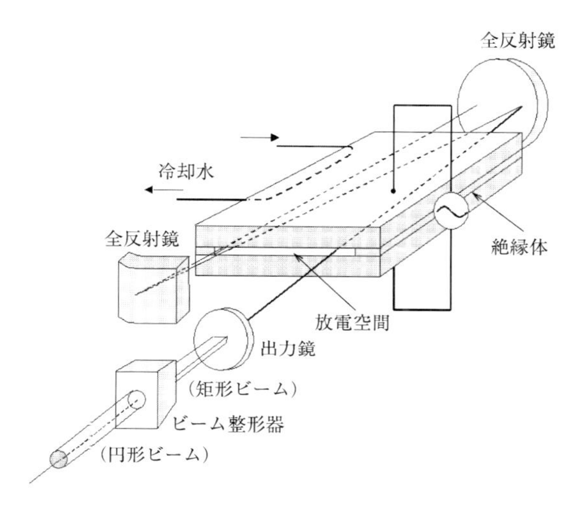

図 2.8　拡散冷却型（平行平板形）CO_2 レーザ[8)]

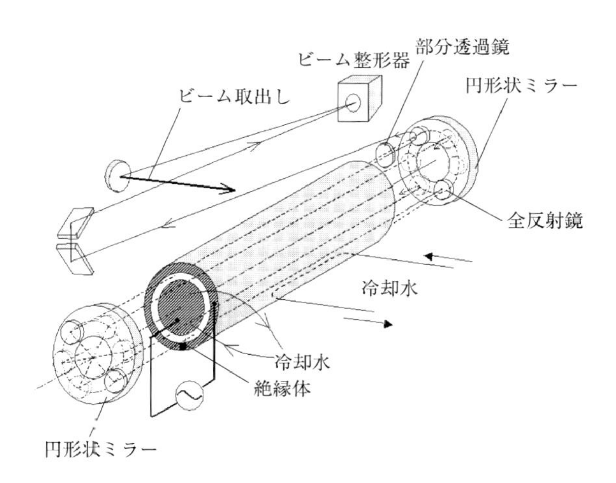

図 2.9　拡散冷却型（同軸型）CO_2 レーザ[8)]

スラブ CO_2 レーザである．電極が円形であるため，原理的にはレーザ光をほぼドーナツ状に取り出すこともできるが，この円形のギャップの間に鏡を配し，1本のビームを幾重にも通過させて増幅しビームを取り出す．取り出されたビームは整形器にかけて円形ビームに変換する方法もとられている（図

2.9)．ドーナツ状の円環ビームに比べて，1本のモードのほうがモード純化は簡単である．また，ガス消費量がきわめて少なく，市販のものでも1年以上ガスの交換なしで，連続操作が可能である．出力の割には装置全体がコンパクトになっている．

2.2　YAGレーザ

YAG（ヤグ）レーザは，1964年にアメリカのベル研究所でGeusicらによって発明されたもので，Nd^{3+}（ネオジムイオン）を活性イオンとして含むYAG結晶（$Y_3Al_5O_{12}$：Yttrium Aluminum Garnet）が，光励起によって得られる波長1.064 μmのもっとも強力な近赤外光を発振する固体レーザである．

2.2.1　YAGレーザと発振

2.2.1.1　YAGレーザの結晶

YAG結晶は立方晶の結晶構造をもち，融点は1950°Cと高い．硬さはモース硬度8-8.5と高く，屈折率も$n=1.8$と高い無色透明の結晶である．YAGの結晶を成長させてつくった小さな棒状のものをYAGロッドと称する．YAGレーザは，このYAGロッドにネオジムの3価イオン（Nd^{3+}）を少量（質量%で，約0.75%）ドープ（微量添加）したものをレーザ媒質として用いている．ドープしたYAG結晶は薄紫色を呈している．通常，YAGロッドとしては直径3～8 mm，長さ50～80mmの円柱状のものが用いられている．両端は波長λの10分の1（$\lambda/10$）程度に鏡面研磨して，そのうえに無反射のコーティングを施す．励起光がロッド全体に吸収されるように側面はすりガラス状にしてある．YAGの結晶は通常，原料をイリジウム製のルツボに入れて溶かし，種結晶を回転させながら0.5～0.6mm/hというきわめてゆっくりした速度で引き上げる方法（チョコラルスキー法）でつくられる．YAGレーザは，正式にはNd^{3+}:YAGレーザと書くが，一般にはYAGレーザと称されている．

2.2.1.2　基本構造としくみ

YAGレーザは，Nd^{3+}（ネオジムイオン）などを活性イオンとして，そのエネルギー準位を利用してレーザ作用を行わせるものである．共振器の基本構成は，

図2.10に示すように，YAGロッド，励起ランプ，全反射鏡と出力鏡（部分透過鏡）の一対の光学系，励起光を効率よくYAGロッドに集光するための集光器の反射板およびランプ励起用の電源で構成されている．最近ではこの励起ランプに代わってLD（レーザダイオード）励起を行うようになってきたが，安定性と実績の点からランプ励起も多用されている．また，YAGロッドは通常では丸棒状のロッドであるが，板状のロッドも出現した．これが後述するスラブYAGレーザの結晶である．

ランプから発せられた光を効率よくYAGロッドに照射するために，焦点を2つもつ楕円筒形，あるいは1つの焦点を共有する二重楕円筒形のYAG共振器がある．いったん発せられたランプの励起光は必ずもう一方の焦点位置に集まるという性質を利用したものである（図2.11）．

(a) 発振の原理

YAGレーザは光励起方式によって発振する．YAGロッドの励起光に対する

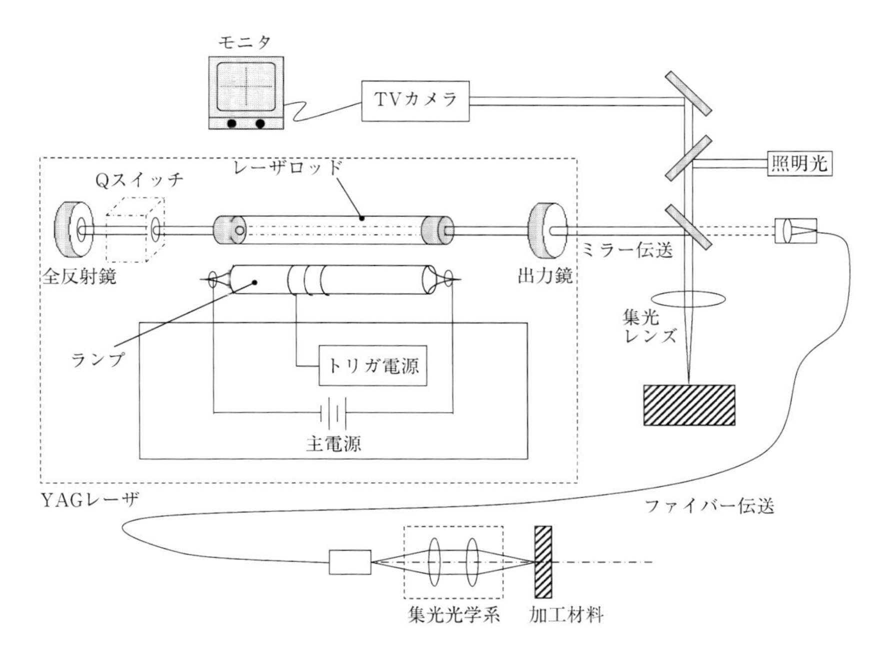

図2.10 YAGレーザの基本構成

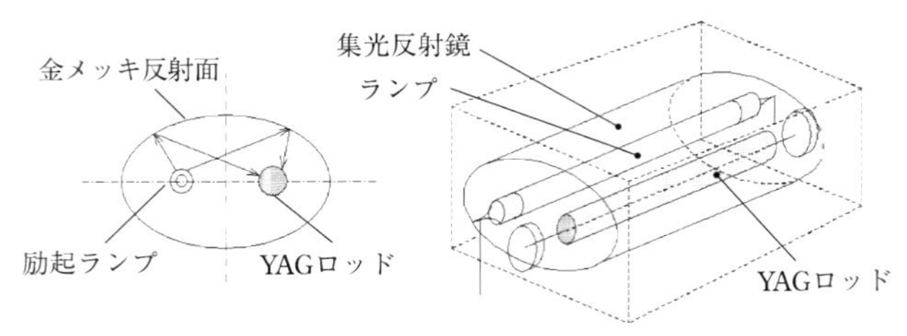

(a) 楕円筒形 YAG レーザ共振器

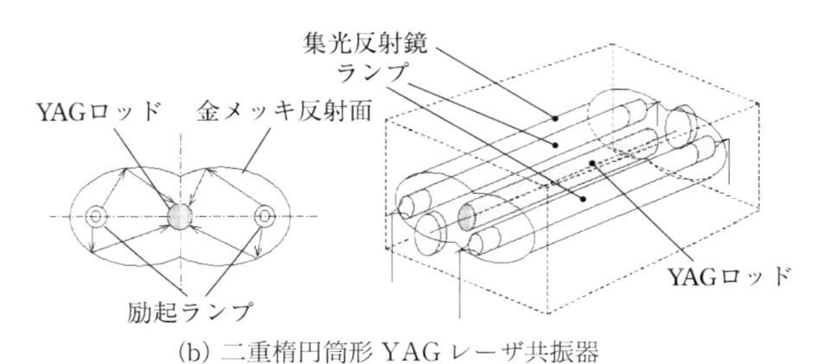

(b) 二重楕円筒形 YAG レーザ共振器

図 2.11　YAG レーザ共振器の代表例

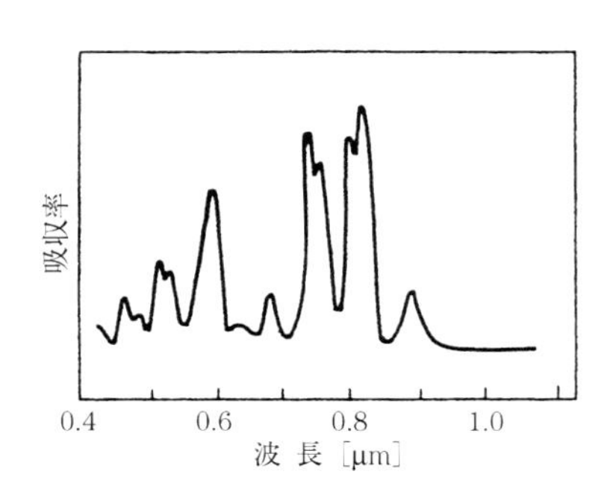

図 2.12　YAG ロッドの励起光に対する吸収スペクトル

吸収帯は，図 2.12 のように 0.6 μm の可視域と，とりわけ 0.75 μm，0.81 μm 付近の近赤外域帯で強いピークを示す．

YAG ロッドの励起用光源には，以下のものがある．

① ヨウ素サイクルタングステンランプ（I-W ランプ）

② カリウム水銀ランプ（K-Hg ランプ）
③ キセノンフラッシュランプ
④ クリプトンアークランプ
⑤ $GaAsP_{1-x}$ 半導体レーザ

このうち，クリプトンアークランプが比較的長寿命で高輝度発光が可能であることからよく用いられている．基本的にランプの点灯の形態によって，パルス点灯の場合にはパルス励起レーザ，連続点灯の場合には CW 励起レーザとに区分することができる．

もっとも基本的な YAG レーザは，励起ランプと YAG ロッドがともに平行に置かれ，断面が楕円形の筒状の集光器内の 2 つの焦点位置にくるようにそれぞれ設置されている．また，集光器の内面は高反射コーティングされていて，励起用ランプより発光された励起光は楕円の一方の焦点位置にあるため，他方の焦点位置にある YAG ロッドに集中照射されるしくみになっている．光が集光してロッドに照射されるとロッド内の Nd^{3+} イオンが励起され，鏡面研磨された両端面の方向に光が取り出される．

集光器には，① 球面形集光方式，② 楕円筒形集光方式，③ 円筒形集光方式，④ 二重楕円筒形集光方式，⑤ 回転楕円体形集光方式など，いくつかの種類があり，それぞれ集光効率を上げるために考案された方式である．

また，最近ではスラブ型 YAG レーザのように，平行平板状の YAG ロッドに平行に挟むように，励起ランプを設置するか，ランプ自身を走査させる方法などもある．

(b) 発振のしくみ[6)]

Nd^{3+} イオンが 4 つのエネルギー準位の間を遷移するため，Nd^{3+}:YAG レーザは 4 準位レーザに属する．励起光を吸収して，基底状態から 20000 cm^{-1} 前後の上方にある強い吸収帯［E_3］に励起されると，光を放出しないで急速に $^4F_{3/2}$ 準位［E_2］に落ちてくる．この間の滞留時間は約 0.23 ms と比較的長い．これに対してレーザ遷移の下位のレベルである $^4I_{11/2}$ 準位［E_1］は，基底状態 $^4I_{9/2}$ 準位［E_0］から約 2000 cm^{-1} の高さにあり，室温状態では下の準位で励起されることはほとんどなく空の状態となるので，上位の準位の原子数と下の準位の原子数の熱平衡状態が逆転し，$^4F_{3/2}$ 準位と $^4I_{11/2}$ 準位との間で反転分布が生じる．その結果，1.064 μm の強い近赤外光を発生する．これは上の $^4F_{3/2}$ 準位［E_2］から下の準位 $^4I_{11/2}$ 準位［E_1］へ遷移するとき，この間のエネルギー差［E_2-E_1］による自然放出と反転分布による誘導放出の両方によるレーザである（図2.13 および図2.14）．

$^4I_{11/2}$ 準位は基底状態 $^4I_{9/2}$ 準位から十分な距離があるうえに，光を放出しない非放射遷移があるため，Nd^{3+} イオンの分布は少ない．そのため，基底状態からの励起がわずかでも準位間に反転分布を形成しやすい．4 準位である YAG レーザの発振効率がそれでも比較的高いのはこの理由による．

特殊な方法を用いれば，$^4F_{3/2} \rightarrow {}^4I_{11/2}$ 準位間での遷移に対応する波長 1.35 μm および $^4F_{3/2} \rightarrow {}^4I_{9/2}$ 準位間での遷移に対応する 0.914 μm のレーザ発振が可能であり，この性質を利用して一台の装置で多数の波長を切り替えて使用する YAG レーザも一部にはある．特に，波長 1.3 μm の発振線は光ファイバーに対する損失と分散が少ない波長域であるため，通信用に期待されている．

しかし，電気入力からレーザ出力までの変換効率はたかだか 2～3 %で，加工

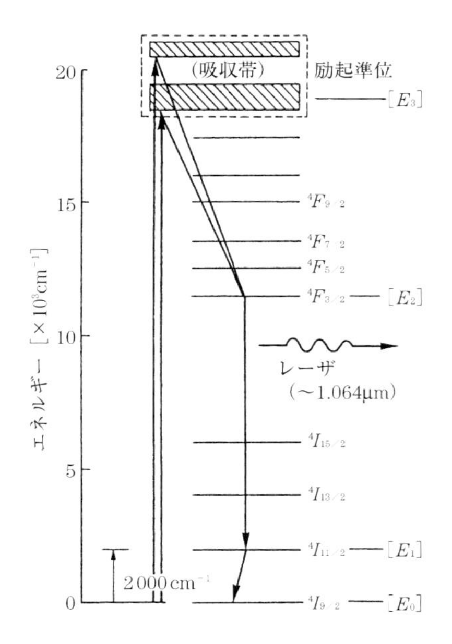

図 2.13　YAG レーザのエネルギー準位とレーザ遷移[9)]

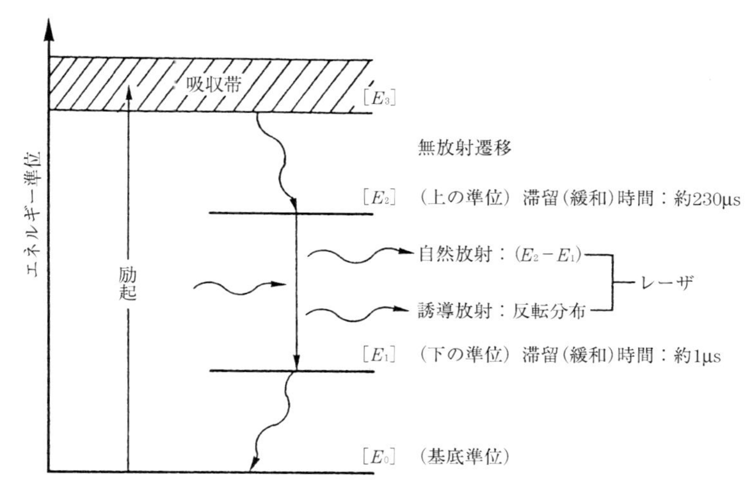

図 2.14 4準位系としての YAG レーザ励起機構のレーザ遷移

用の YAG レーザは電源容量が数kW から数十kW になり，この変換効率の低い分だけ熱に変換される量が増加することから，それに見合う冷却器と大きな電源が必要となる．そのため，かなりコンパクトなレーザヘッドを有するにもかかわらず，ヘッドを分離した型で装置化していることが多い．

YAG レーザは波長の関係から，金属表面での反射率も小さく，CO_2 レーザでは比較的困難とされていた銅，アルミニウムなどの高反射材料の加工にも威力を発揮している．また，短波長のため集光性に優れ，微細加工に適しており，電子部品の小型化に伴う高密度化，高集積化に対応したマイクロ加工の需要と相まって，従来法に替わる新加工法として注目されている．非金属材料の加工は一般に困難であるが，近年高出力でのファイバー伝送が可能となり，よりフレキシブルな自動化プロセスに適した加工手段として YAG レーザが期待されている．

2.2.2 YAG レーザの種類

YAG レーザの共振器は発振形態による分類法もあるが，主に YAG レーザでは，YAG 結晶タイプによって① ロッド型，② LD 型，③ スラブ型，④ ディスク型の 4 種類に分類される．また，励起方法による違いによって，① ランプ励

表 2.2　YAG レーザ発振器の形態

タイプ	構成	励起方法	高出力化
ロッド型	単ロッド型 複数ロッド型	ランプ励起	大径ロッド カスケード型
LD 型	端面励起方式 側面励起方式	LD 励起	直列複数ユニット 多方向励起
スラブ型 (平行平板)	ワンパス型 マルチパス型	LD 励起	片方向励起 多方向均一励起 複数平行平板
ディスク型	シングルディスク マルチディスク	LD 励起	ディスク枚数

起型，② LD（laser diode）励起型に分けられる．これらの分類を表 2.2 に示す．

2.2.2.1　ランプ励起 YAG レーザ

現在，産業用 YAG レーザのほとんどはランプ励起型である．YAG レーザの発振は励起ランプの照射形式や状態に依存するため，連続発振（CW）を行うときは，アークランプとして Kr（クリプトン）アークランプがもっぱら用いられている．同様に，パルス発振を行うときは速い繰返し照射が必要なため，Xe フラッシュランプや Kr フラッシュランプが用いられる．一般に，Kr フラッシュランプの励起光は YAG 結晶の吸収スペクトルにより合うため，YAG の発振効率が 20 %程度高くなる．しかしその分，フルパワーで用いた場合の寿命はやや低下する．また，Xe フラッシュランプでの発振効率は前者よりやや低いが，寿命においては 2～3 倍延びる．

このほかに，CW レーザに Q スイッチ技術を組合せて Q スイッチパルス発振を行うことができる．Q スイッチとは，瞬間的にきわめて高いピーク出力を得るためのもので，一般にはレーザロッドと共振用の鏡の間に何らかのスイッチを設け，発振を貯めて短時間で一挙に放出させるものである．このときのピーク出力は CW 時の 10^3～10^4 倍に達し，繰返し周波数は現在 50 kHz まで可能で，穴加工などの実加工でも威力を発揮している．代表的な Q スイッチには，回転ミラー方式，電気光学効果式（EOQ），音響光学効果式（AOQ）などがある．

なお，ランプ励起方式は，励起源として用いられるランプの放電管の発光スペクトルが広く，吸収される特定の波長以外の光はほとんど熱となるために，発振効率は数%と低くなる．

(a) ロッド型 YAG レーザ

YAG レーザロッドは，YAG 結晶の育成装置で長時間かけて種結晶から成長させた育成結晶から切り出される．YAG ロッドは直径で長さが 50〜80 mm の円柱であるが，取り出される光の強度分布を表すビームモードは，基本的に中心強度が高く全体としてガウス（Gaussian），またはそれに類似した強度分布のシングルモードを呈している．商業的装置では，1 ロッドあたりで 600 W 程度が得られるようになり，このような 1 ロッドずつを単位としたポンピングモジュールを連結することで，光学的に直列に結合することができる．これによって，4 kW または 6 kW クラスというように，YAG レーザの高出力化が計られている（図 2.15）．

ロッド型ではレーザ媒質（YAG 結晶）に蓄積された熱によりロッドが膨張するので，ロッドが長さ方向に中太りの熱変形を起こす．これをロッドの熱レンズ効果といい，ビーム径の変化やファイバー結合の集光にも影響する．しかし，現在ではこの熱変形を最小に抑えるようにし，熱的変形を予測して平衡状態を計算に含んだ端面加工も施されるなど，技術改良や変形を相殺する工夫も進んでいる．

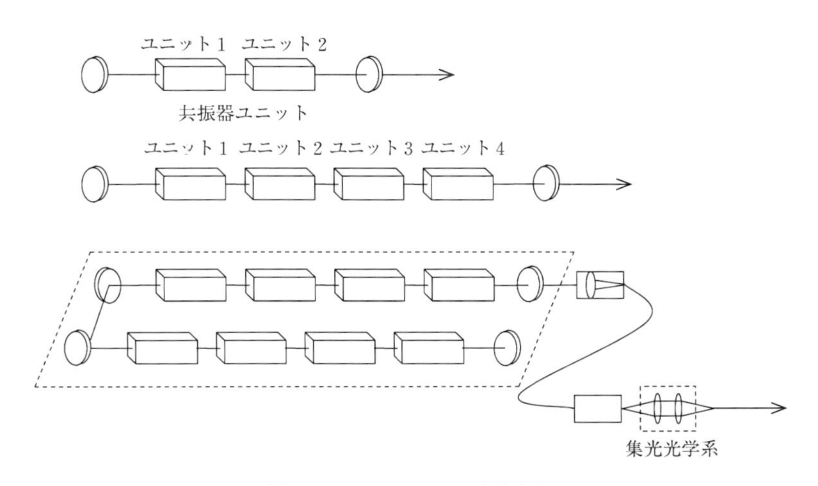

図 2.15 YAG レーザの高出力化

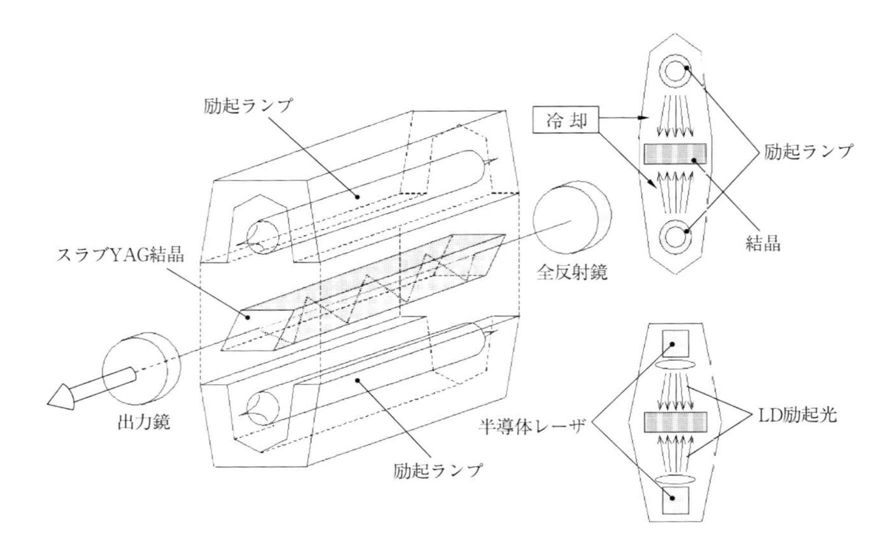

図 2.16　スラブ型 YAG レーザ

(b) スラブ型 YAG レーザ

スラブ型 YAG レーザの場合は，CO_2 レーザの場合の放電部（電極）に板状の工夫があるのではなく，YAG の結晶自身が板状（平行平板）構造であることから来ている．図 2.16 に示すように，結晶内部で光が折り返しながら進行するので結晶の長さ以上に光路パスを長くとれ，また，板の全面をまんべんなく冷却することができるなど構造として熱的負荷に強いことから，高出力に耐えられる特徴を有する．ただし，この構造から取り出されるビームはやや矩形で，用途によってはビーム整形で円形に変換することが必要になってくる．1 つのスラブ YAG 結晶で得られる出力は 500 W 程度で，光学的な直列接続によって数 kW までの高出力化を図れる．

2.2.2.2　LD 励起 YAG レーザ

YAG レーザにおける励起源として，ランプの代わりにレーザダイオード (LD) を用いたものを，特に LD 励起 YAG レーザとよぶ（図 2.17）．上述したように，ランプ励起の場合はランプの放電管の発光スペクトルが広く，吸収される特定の波長以外の光はほとんど熱となるために，きわめて発振効率が低い．こ

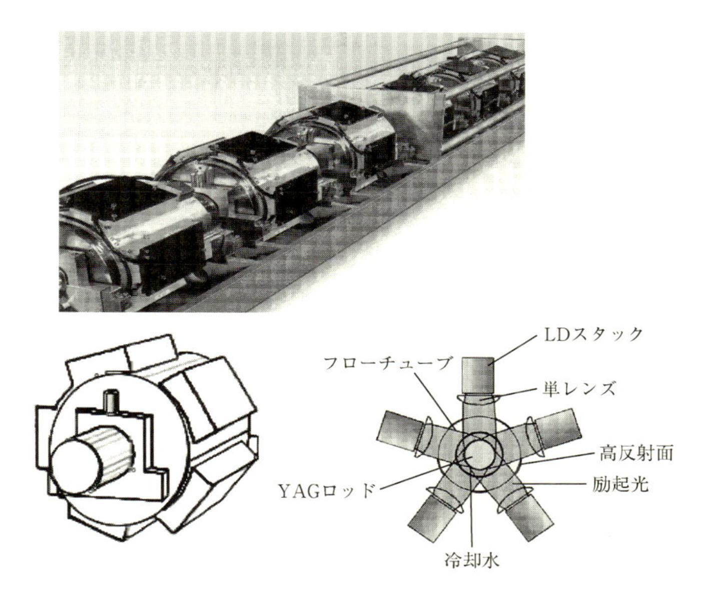

図 2.17 LD励起 YAG レーザ[10,11]

のため，結晶の吸収は波長が近い LD を励起源として用いる．図中のレンズは効率よく集光することを意図したものであるが，用いない場合もある．

主に固体レーザ（Nd:YAG 結晶，Nd:YLF 結晶，Er:Glass）において，レーザダイオード（LD）を用いて励起する方法で，大出力の固体レーザ励起用 LD の製作が可能となったことから，現在は数 kW の装置開発がなされている．LD 励起固体レーザで使用される LD は固体レーザ結晶によって異なる．すなわち，レーザ結晶の吸収波長（たとえば，Nd:YAG 結晶の場合には 810 nm，Nd:YLF 結晶の場合には 798 nm など）に合った LD が選ばれる．

LD レーザは構成上 2 つのタイプがある（図 2.18）．一方は，同軸上でセルフォックレンズなどにより固体レーザ結晶の端面に集光して励起する方式で，純粋なビームモードが得やすい．もう一方は，バータイプやシリンドリカルレンズ（線状ビームが取り出される）の LD を用いて固体レーザ結晶の側面から励起する方式で，たとえば，1×200 μm のバータイプの LD 発光面を，約 1 mm 間隔で直線上に 10 数個並べることで，大出力の励起光を得ている．このように，使用する LD の個数によって大出力を得ることができる．

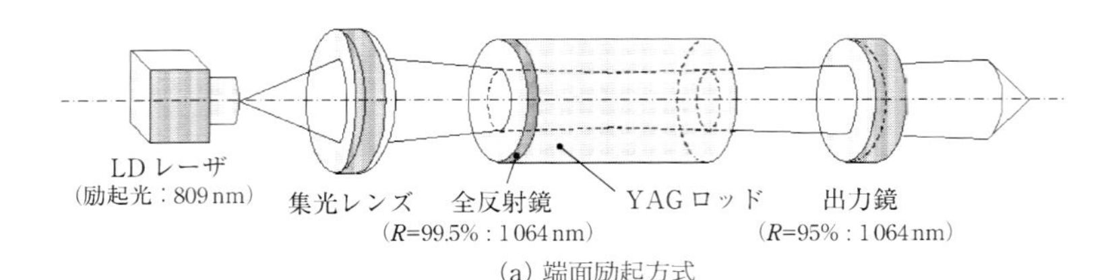

(a) 端面励起方式

YAG ロッド
全反射鏡
(R=95%：1 064 nm)
出力鏡
(R=99.5%：1 064 nm)
集光レンズ
LD アレイ
(励起光：809 nm)

(b) 側面励起方式

図 2.18　LD 励起固体レーザの構成例

YAG レーザは急速に LD による励起化が進み，4～5 kW の LD 励起 YAG レーザが開発されて励起方法やレーザ媒質の多様化，ビーム品質の向上が図られたてきた．全体で光から光への変換効率（光源効率）は 30～40%であるが，電気から光への変換効率（総合効率）は 12～15%であったが，その後に向上して，光源効率は 40～60%，総合効率は 14～30%まで達成している[1]．ただし，ファイバーレーザの普及でシェアが減少しつつある．

2.3　エキシマレーザ

エキシマレーザは 1966 年に Basov らによって提案され，1970 年に波長 $\lambda = 179$ nm の希ガスダイマー系である Xe_2 の発振に成功したのであるが，産業用に使用されているレーザとしては，1976 年に希ガスハライド系のエキシマレーザである，XeF エキシマレーザ（波長 $\lambda = 351$ nm）の発振に成功し，その後に続くエキシマレーザの発振線を発見する先駆的な役割を果たした．エキシマレーザには種々の組合せがあるが，希ガスハライド系が現在もっとも広く用いられている．

2.3.1 エキシマレーザと発振

2.3.1.1 エキシマについて

エキシマ（excimer）とは，基底状態の原子と励起状態の原子からなる分子のことで，エキシマダイマー（excimer dimer）の略である．ダイマー（dimer）は2個の原子が重合して生じる分子（2量体という）のことで，特に励起によってつくり出されるということを意味している．Ar，Krなどの希ガスは基底状態では不安定だが，励起状態では安定な2原子分子で，ArF，KrFなどのようにハロゲン化された励起状態においてだけ存在することができる．このような状態をエキシマという．この希ガスは本来それ自体安定な原子で，通常の状態では分子をつくらない．

2.3.1.2 発振のしくみ

安定ということはほかの原子や分子と結合しにくいことを示している．希ガスはこの状態では反応することはないものの，放電や電子ビームなどにより外部から強い電界が加わると，励起されてイオン化する．その結果，反応性が増大し，ハロゲン原子や分子と結合してハロゲン化する．励起状態で安定な2原子分子が励起状態からいったん分子が基底状態に落ちると，2つの分子は解離して急速にもとに戻る．このときレーザ光を放出する．エキシマ準位の寿命は5〜30nsとおおむね短いが，もともと基底状態が不安定なため分布が少ない．したがって，エキシマをつくり出せばそのまま反転分布となるので反転分布が容易に実現でき，希ガスとハロゲンの混合ガスをパルス放電で励起すれば，比較的ピークの高い紫外領域の短パルス光を発振させることができる．現在産業用に用いられている主なエキシマレーザは希ガスハライド系エキシマレーザで，代表的なものにArF（193nm），KrF（248nm），XeF（351nm），XeCl（308nm）などがある．準位の寿命が短いので連続発振はできないが，1パルスあたりのエネルギーは約100〜500mJで，パルス幅が数十ns（10^{-12} s）ときわめて短いという特徴をもっている．

図2.19にエキシマレーザにおけるエネルギー準位を示す．ここで，たとえば希ガスハライド系でKrFの場合には，A＝Kr，B＝Fとに置き換えられる．ま

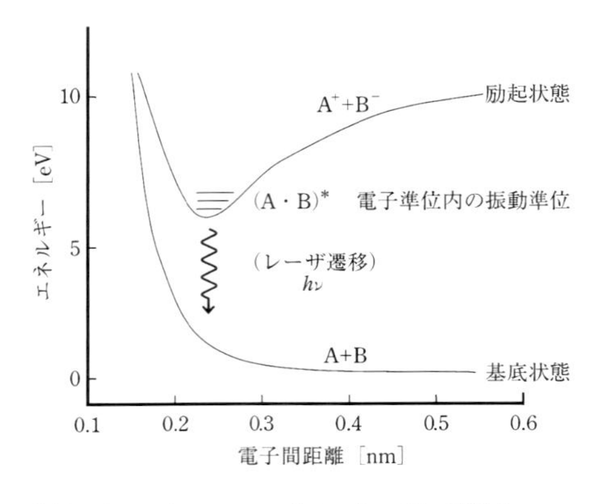

図 2.19　エキシマレーザのエネルギー準位とレーザ遷移の概念図

表 2.3　代表的な希ガスハライド系エキシマレーザ

媒質ガス (A, B)	波長 [nm]	光子エネルギー	
		[eV]	[kcal/mol]
ArF	193.0	6.4	147.2
KrF	248.0	5.0	114.1
XeCl	308.0	4.0	92.2

た，代表的な希ガスハライド系エキシマレーザと発振線を表 2.3 に示す．

2.3.1.3　エキシマ発振器

エキシマレーザの励起方法には電子ビーム励起と放電励起がある．エキシマレーザの代表的なものとして，紫外線予備電離方式エキシマレーザの概要を図 2.20 に示す．構成は光の取出し方向，放電の方向，ガス流の方向がそれぞれ直交している．構造図から，ガスは一対のかまぼこ状の電極間に直交するように流れ，予備放電ピンによるアーク放電で紫外光を発生させ，電極から光電効果によってエキシマが発生し，短パルスのレーザ発振が起こることがわかる．エキシマレーザは，コンデンサに加えたエネルギーを急峻に電極間に転送することによって励起状態をつくり出している．実際のレーザガスは希ガスおよびバッファーガスとして He や Ne の混合ガスが用いられる．これにわずかにハロゲンガスを混合させて 3〜4 気圧に加圧して詰めると，ガスは主放電部に移動した後熱交換しながら循環する．安定的な放電を得るためにはガスを高速に循環する必要がある．

具体的なエキシマレーザの反応として KrF レーザを例にとる[12]．バッファーガスには，Kr または Ne ガスに He 2〜5 % と F_2 0.1〜0.3 % を混入した混合ガス (F_2-Kr-He) を用いる．

電子ビーム励起において，Kr（励起状態の Kr*）は F と結合し，

$$\mathrm{Kr}+\mathrm{e}\rightarrow\mathrm{Kr}^{+}+\mathrm{e}$$

$$\mathrm{F}_2+\mathrm{e}\rightarrow\mathrm{F}^{-}+\mathrm{F}$$

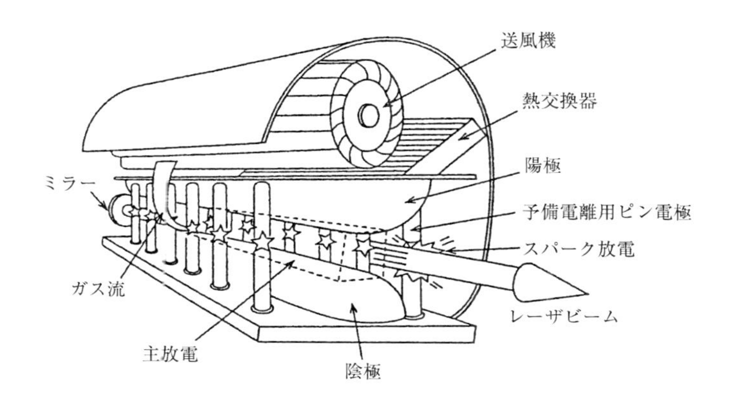

図 2.20　紫外線予備電離式エキシマレーザ装置[12)]

また，イオン化した F^- も，さらに Kr^* と結合し，

$$Kr^+ + F^- + He \rightarrow KrF^* + He$$

となって，KrF^* が生成される．

また，放電励起では，以下の反応が起きる．

$$Kr + e \rightarrow Kr^* + e$$

励起された Kr^* と F_2 との反応で，

$$Kr^* + F_2 \rightarrow KrF^* + F$$

となって，KrF^* が生成される．

このとき発生するフッ素およびフッ素化合物は有毒であるため，ガス供給・排気系にはガス再生器やハロゲン除去装置が用いられる．

エキシマレーザの放電回路には，① 容量移行形回路，② 磁気飽和スイッチング回路，③ LC 反転回路などさまざまな方式があるが，一例として容量移行形励起方式を図 2.21 に示す．エキシマレーザでは高密度電力の励起が必要であるために，高圧直流電源によってあらかじめコンデンサ C_1 に充電しておくと，電荷はスイッチング素子のサイラトロンを点灯させることにより予備電離ピンを通過し，コンデンサ C_2 に移る．このとき予備電離ピンでの放電により紫外線予備電

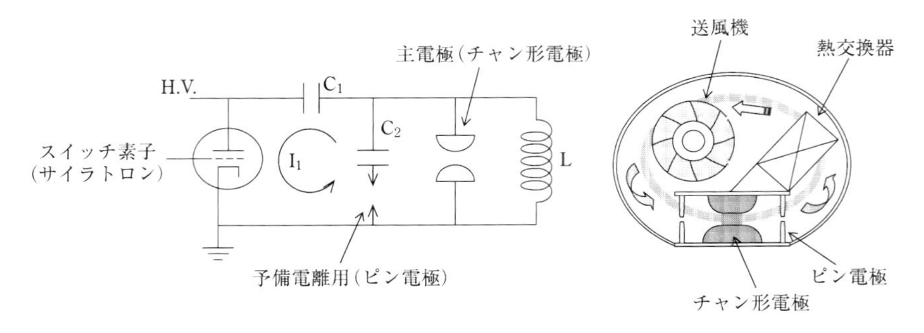

図 2.21　容量移行型回路と装置断面

離が起こるため，主電極間のインピーダンスが低下し，絶縁破壊電圧を超えると主放電が起こる．レーザパルス幅は，10〜100 ns 程度で，パルス繰返し数は kHz オーダ，パルス出力が 1 mJ〜2 J，平均出力は数 W〜200 W 程度である．このほかの放電には，コロナ放電によるコロナ予備電離方式やレーザガスに X 線を照射して電離を行わせる X 線予備電離方式などがある．

概してビームの広がり角が大きく，可干渉性に劣ることが多い．レーザの動作としては，高繰返しが可能で，平均出力は高く，短パルスで大エネルギーである．具体例としては，高分子材料の微細化学加工や樹脂，ガラス，セラミックスのマーキングなどに利用されており，半導体のリソグラフィやアニーリングなどにもっぱら用いられるようになってきた．

2.4　高出力ファイバーレーザ

ファイバーレーザ（fiber laser）は 1961 年に American Optical Company の E. Snitzer らによって開発された．その後，1996 年から 2000 年に掛けて世界的に高出力化の研究開発が行われた．1996 年から高出力化が始まり，2002 年には IPG 社が 1 kW 級のファイバーレーザを開発し，販売に乗り出したのをきっかけに急速に市場に出回り普及した．

ファイバーレーザはファイバーそのものを増幅器にしたレーザ発振器である．歴史的には信号増幅用のファイバー増幅器のように，類似した概念はあった．光通信用の石英系ファイバーに Yb^{3+}（ytterbium），Er^{3+}（erbium）などをドープして発振元素としたもので，コア部をレーザ媒質としてファイバー長の両端にミラー面やグレーティングを設けて増幅器とし，ファイバー内を光が進行するにつれてさらに増幅する．その増幅光を加工用レーザ光として取り出せるように改良したものである．いわば，ファイバー状の形態をとるガラスレーザの一種ともいえる．

構造は，いわゆるファイバー化が可能なガラス質に希土類（Yb，Erなど）を適量添加し，励起光には半導体レーザ（LD）やチューナブル（波長可変）チタンサファイアレーザが用いられる．発振は端面励起もあるが，二重クラッドファイバーの内側に位置する第1クラッドに全反射伝送させた励起光を，伝送中にレーザ媒質である中心コアに吸収させて，このファイバーコアの先端で出力させる．ファイバーの側面から励起光を照射し吸収させる方法もある．いずれにせよ，冷却効率を高める工夫を施せば高出力化が可能で，ファイバーをループにしたリング状の構造体形ファイバーレーザが高出力用に考案されている[1]．このレーザは，① 光の空間モードの制御ができる，② 共振器の調整が不要，③ きわめて低損失である，などの特徴を有する．また，いったん励起光を吸収して発振する過程を経るので，ビームの品質は大幅に改善される．図2.22に日本で開発されたリング状のファイバーレーザの例を示す．

また，高出力のファイバーレーザとしては，IPG社の Yb^{3+}:fiberレーザが特出しており，その構成は図2.23に示すとおりである．構造は二重のクラッドで構成されており，中心は100 μm径のコア部があり，第1クラッドは励起光用である．通常のクラッドの機能は最外部に位置する第2クラッドが担っている．励起用には波長が915 nm，936 nm，975 nmの3種類のLDレーザが用いられていて，マルチカプラーで合成されて波長 $\lambda=1070\sim1090$ nmの光を放出している．増幅のファイバー両端にはファイバーブラッグ・グレーティング（fiber Bragg gratings）があり，フレネル回折のキャビティミラーによって構成され，共振器の役割を担っている．回折格子によって特定の波長に対して全反射や部分透過が生じることから波長選択され，たとえば，$\lambda=1070$ nmが取り出される．

2 kWクラスまではモード係数が $M^2=1.2\sim1.3$ のニアシングルの良質モードをもち，LD励起の発振効率は20 %である．高出力化のために，ファイバー径を大きくすることで，マルチモードですでに数十kWの出力を得ている．ファ

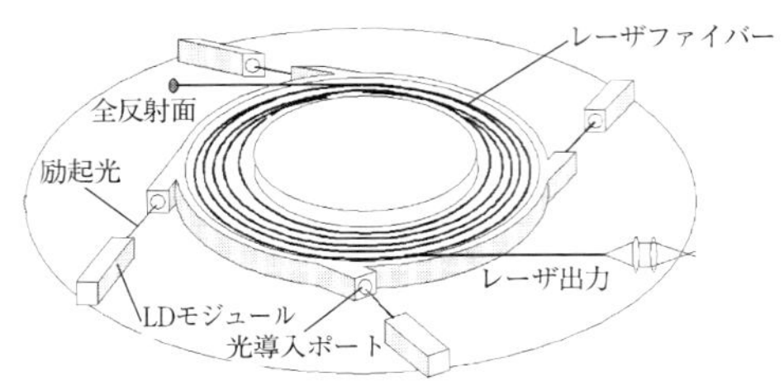

図 2.22　ファイバーレーザと概念構造図[13)]

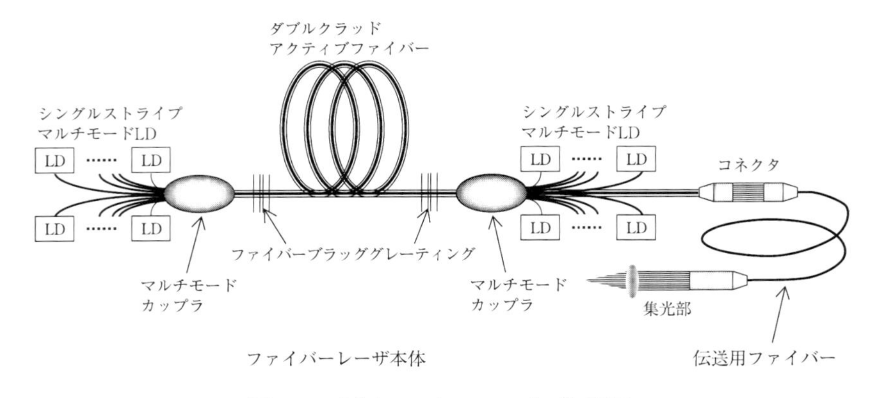

図 2.23　高出力ファイバーレーザの構成例[14)]

イバーレーザの励起光源は，スタックタイプの半導体レーザではなく，通信用のLD レーザモジュールを使用している場合が多い．ファイバーレーザは装置サイズの小型化，長寿命，省エネルギー，ビーム品質などが利点として挙げられている．次世代型のフレキシブルなレーザとして，すでに数 10 kW～100 kW 級のファイバーレーザ（fiber laser）が実現している．

2.5 ディスクレーザ

ディスクレーザ（disk laser，または disc laser）は1998年頃にドイツ Stuttgart 大学レーザ加工研究所（ISFW）の Giesen らによって発明され，その後，ドイツの TRUMPF 社によって高出力化され商品として装置化されたものである．YAG レーザの一種であるがレーザ媒質がごく薄い円板（ディスク）状で構成されているタイプで，LD 励起ディスク型（thin-disc）YAG レーザとよぶこともある．ディスクは背面が反射鏡になっているヒートシンクに取り付けている．また，レーザ光の吸収はこく表層であるうえにディスクが全面で接触している．そのため，熱拡散や冷却が均一となり発振固体が光吸収による熱レンズ効果を起らないとされている．ディスクレーザでは YAG 結晶に Yb^{3+} がドープされている．分類では Yb^{3+}：YAG レーザである．

ディスク状の薄い YAG 結晶（Yb^{3+}:YAG）はヒートシンクの円板上に置かれている．円環状またはアレイ状に配置されたレーザダイオード（LD）から取り出された励起光束を，コリメーションまたはカライドスコープで誘導し，複数回パラボリックミラーを介してレーザ光を取り出すように工夫されている．レーザ光は光路上の終端に配した全反射鏡と部分透過鏡（出力鏡）の間を往復することにより増幅される．すなわち，ディスクを何回も通過することで発振効率を高めている．YAG 結晶のディスクは直径約 8 mm で厚さが約 100～200 μm のディスク状の薄い YAG 結晶を用いている．ディスク 1 枚あたり 0.5～1kW の出力を得られるように改良されてきた．複数のディスクユニットを組み合わせて発振器の高出力化を図っている．最近の改良では，モード重視の観点から，ファイバーのコア径を φ0.2mm にして集光性を高めることで，加工板厚を 3mm 程度の薄板に絞り，高速で加工することにターゲットをおいている．切断幅は非常に細く，材料の歩留りが向上することが期待されている．図 2.24 にディスクレーザの概念構造図と外観写真を示す．

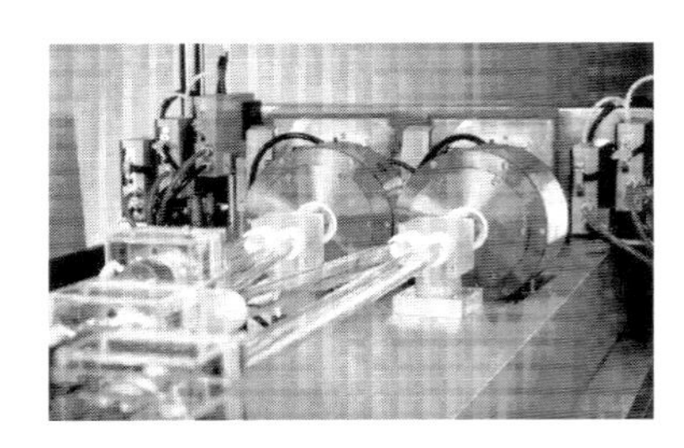

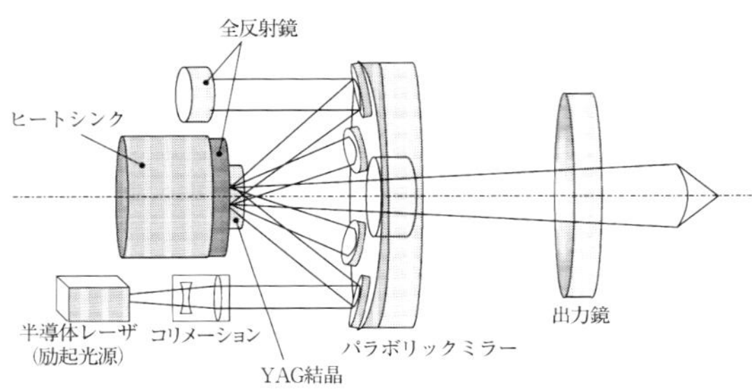

図 2.24　ディスクレーザと概念構造図[15-17]（口絵参照）

2.6　半導体レーザ

2.6.1　高出力半導体レーザ

半導体レーザ（semiconductor laser）はダイオードを用いたレーザであるが，レーザダイオード（LD；laser diode）ともよばれる．半導体レーザは共振器を半導体基板と平行につくり，へき開面（活性層）から光を出射する構造で，励起は数ボルトの電圧を印加することで電子を注入する方式が一般的である．半導体であることから，原理的に pn 接合の端面から電子と正孔を加え，これらを再結合するときに光子の形でバンドギャップに相当するエネルギーを放出する．厚さが nm オーダの薄膜をバンドギャップ（禁制帯；band gap）に挟むなどして，電子が 1 次元の厚さ方向に量子化（quantization）されてエネルギーは離散化する．このように電子の移動方向を束縛した活性層（量子井戸；quantum well）構造を用いて電子（electron）と価電子帯中の正孔（electron hole）を接合部の狭い領域に高密度に注入することで，最初の小規模に放出された光は順次光量を増し，次々と誘導放出を起こす．電圧をかけない状態では正孔と電子はほぼ同じエネルギーを有しそれぞれの層にとどまるものの，順方向に電圧をかけると正孔と電子は中心層に流れ込み，電子は伝導帯から禁制帯を隔てた価電子帯に落ちて正孔と再結合する．それにより継続的な発光現象を生じる（図2.25）．

誘導放出によって増幅された光は，共振器構造を取ることでその活性領域（活性層）内で反射を繰返し，光は同相状態で増幅されて定常的に発振し，位相の揃った光がハーフミラーで構成された端面から放射される．このような構造の半導体レーザを端面発光レーザ（EEL；edge emitting laser）ともよんでいる．LDは結晶の組成や構造により0.8～1.0 μm 帯まで波長を変化させることができる．半導体レーザとしては光が半導体基板と垂直に出射する構造のレーザを面発光レーザ（SEL；surface emitting laser）もあるが，加工用にはもっぱら端面発光レーザが用いられている．半導体レーザは効率が高く，光から光への変換効率は30～40%であったが，現在ではこの光源効率は40～60%とされる．また，電気から光への全体の変換効率は以前12～15%であったが，現在ではこの総合効率は14～30%とされている[18]．

歴史的に，1962年米国のGE，MITなどの複数の研究機関の共同により半導体レーザによる可視光の発振に成功した．また，1970年米国のベル研究所，ソ連アカデミーによって，AlGaAs/GaAsなどの2種類の材料系からなる層を交

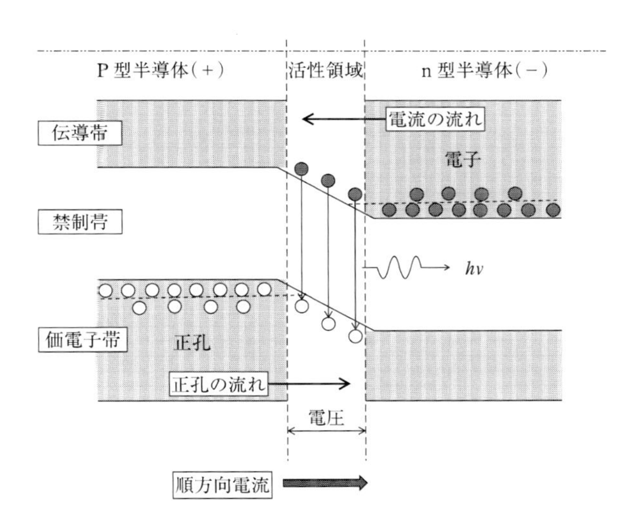

図2.25 半導体レーザの発振原理

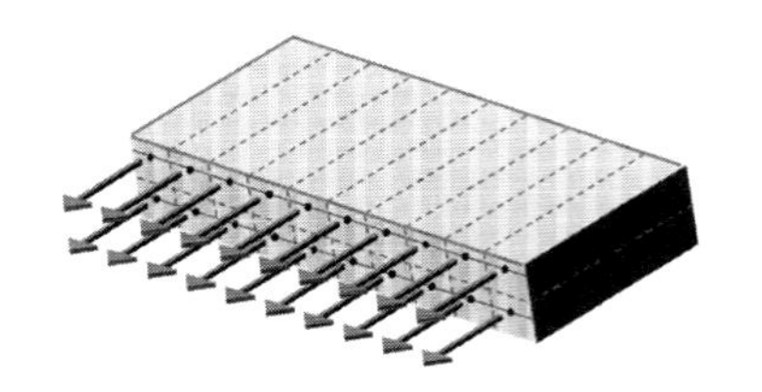

図 2.26　アレー化とスタック化

互に三層の構造としたダブルヘテロ接合構造の半導体レーザの連続発振に成功した．半導体レーザのもっとも一般的なものをシングルエミッタ（single emitter）とよばれ，単一の小さなファセットからレーザ光を発生する．低パワーのレーザの励起用などに使われている．

図 2.26 にはダブルヘテロ接合構造の半導体レーザの概略図を示す．この活性領域のギャップはせいぜい μm 程度である．図において奥行が共振器長となる．活性層とクラッド層で異なる半導体をサンドイッチで挟み込み，結晶を接合していることから半導体ヘテロ（hetero；異なる）構造といい，これがバリアになって電子も正孔も活性層に閉じ込められ，反転分布をつくり出すことができる．

2.6.2　直接加工用半導体レーザ

半導体レーザを高出力化し直接加工用に転用する試みが 1990 年頃ドイツの Aachen にある Fraunhofer レーザ技術研究所（ILT），生産技術研究所（IPT）で研究され，その後に 2000 年頃から世界各社で措置化され工業的に用いられるようになってきた．

半導体レーザは，注入された電気が光に変換される効率（電気→光変換効率）が約 50% と非常に高く，寿命が長くコンパクト性が優位点とされている．しかし，当初の半導体レーザ自身は，個々にはせいぜい 5 W 程度と出力はさほど大きくない．そのため半導体レーザは YAG レーザの励起用光源として長く用いられてきた．その後，高出力化の模索が続き解決法の 1 つとして，いくつかの半導体を横に並べてアレー（array；バー配列）化することで出力を増し，さらに横に並べた幾重にも重ねてスタック（stacks；積層）化することで二次元の配置した半導体群で十分に数十 W から数百 W 出力を稼ぐことができることから，直接加工に用いられるようになってきた．

出力増加で加工に直接用いることができることから，このようなレーザを直接加工用半導体レーザ（DDL；direct diode laser），あるいは，直接集光型高出力半導体レーザなどと称することもある．構造が単純な場合，半導体レーザバーは40～50個程度の半導体レーザエミッタの線形アレイから構成されていて，これらのバーはスタック状に数層に重ねてより高いパワーを得ている，出力された光は従来の光学系またはファイバーに結合することで集光を可能にしている．

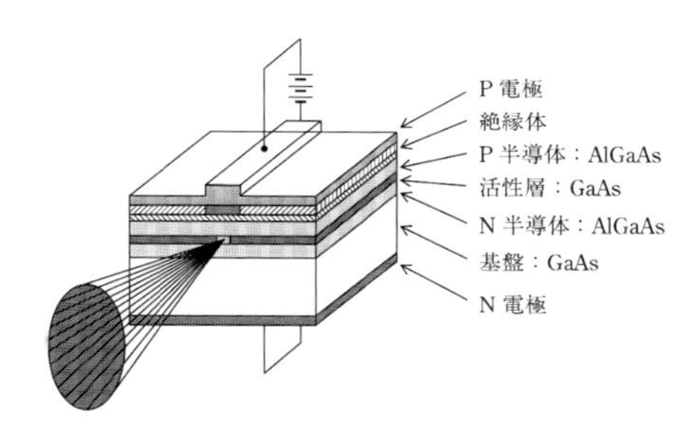

図2.27　高出力LD結晶構造

現在の単一半導体レーザバーのパワーレベルは100 Wにまで到達し，数kWのアレイの構成が可能となったことから，輝度化して加工機への実機搭載ができるようになった．また，装置に組み込んだ半導体レーザの標準寿命は2万時間と伸びたために，多くの産業用のレーザ熱源として用いることができるようになってきた．高出力化に伴い小面積への電流集中による発熱が生じるため放熱特性の高いヒートシンク構造としている．LDのヒートシンク（冷却部）の冷媒を純水に替えてフッ素系不活性液体を用いることで，システム化した高出力半導体レーザでは，780～980 nmまでの幅広い波長域で，高出力のものは4～8 kWの加工用レーザシステムが市販されている．一般的な発振波長として，GaAlAsの808 nm，InGaAsの940 nm，980 nmが用いられる．なお，半導体レーザの媒質は固体であるが，励起方法とエネルギー準位が他の固体レーザと原理的に異なるため，普通の固体レーザと分けて考えることもある．

2.6.3　半導体レーザ加工装置

LD加工ヘッドの構造は，アレイ化あるいはスタック化された集光体のLD群から発せられる光をいったんコリメーションさせてその後に集光レンズで絞り込む構造である．細長い矩形のライン熱源が得られる．また，複数のLDスタックを用いて発せられる光をダイクロイックミラーで特定な波長を選択して，その光をいったんコリメーションさせてその後に集光レンズで絞り込む構造で円形スポットを得るものもある．この高出力半導体レーザの構造の例を図2.28に示す．

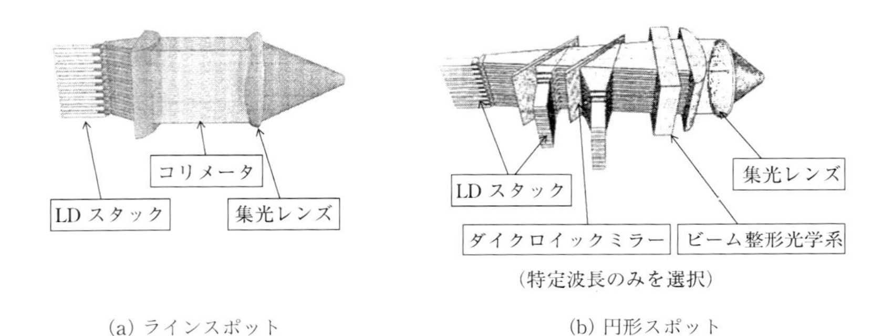

図2.28　高出力半導体レーザの構造-1

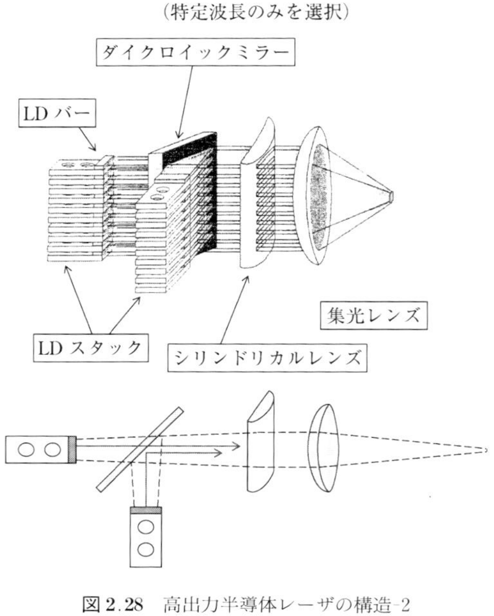

(特定波長のみを選択)
ダイクロイックミラー
LDバー
集光レンズ
LDスタック
シリンドリカルレンズ

図2.28　高出力半導体レーザの構造-2

図 2.29 半導体レーザ加工ヘッド（コヒレント社製）

また，組み込まれた加工ヘッドを図 2.29 に示す．高出力半導体レーザでは幅広い熱源と効率の良さが特徴である．

2.7 その他のレーザ

2.7.1 高調波レーザ

YAG レーザの高調波は，特に Nd^{3+}:YAG の基本波（1064 nm）から変換素子を用いて波長変換することで得ることができる．高調波とは，周波数 ω のレーザ光と原子・分子・固体などの物質との非線形相互作用によって，ω の整数倍である $n\omega\,(n>2)$ の光が放出される現象で，たとえば，2 次の非線形効果に基づいて媒質に入射した光がもとの光（基本波）の 2 倍の振動数の光，すなわち第 2 高調波が発生する現象をいう．$f=c/\lambda$ より，2 倍の振動数をもつことから波長は約 1/2 の値になる．このような方法で，第 2 高調波（SHG：532 nm），第 3 高調波（THG：355 nm），および第 4 高調波（4 HG：266 nm）など，赤外領域から紫外領域のレーザを取り出す技術が開発され，結果的に短波長化に成功した．ここで，SHG は second harmonic generation，THG は third harmonic generation を指す．この関係を図 2.30 に示す．なお，Nd^{3+}:YAG および Nd^{3+}：YVO_4，

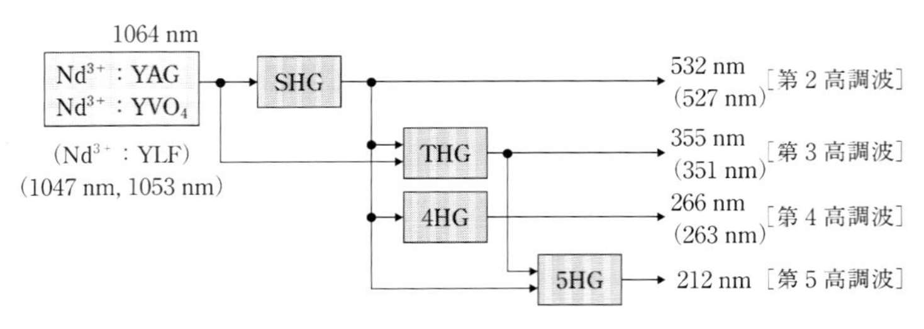

図 2.30　YAG 高調波の取り出し

さらに波長の近いNd^{3+}:YLF（1047 nm）もほとんど同様に波長変換が可能で，実際に用いられている．これを図中に併記した．

高調波発生のメカニズムを式で示す．たとえば，Nd^{3+}:YAG の場合，波長変換は図から波長 $\lambda=1064$ nm の逆数を ω_1 とすると，以下の式で示される．ただし，波長の逆数は波数とよばれ $\omega=1/\lambda$ の関係にある．順番に，

SHG の場合は ω_2 で，SHG：$\omega_2=\omega_1+\omega_1$ となることから，

$$9398\,\mathrm{cm}^{-1}+9398\,\mathrm{cm}^{-1}=18796\,\mathrm{cm}^{-1}$$
$$18796\,\mathrm{cm}^{-1}=532.028\,\mathrm{nm}\fallingdotseq 532\,\mathrm{nm}$$

THG の場合は ω_3 で，THG：$\omega_3=\omega_1+\omega_2$ となることから，

$$9398\,\mathrm{cm}^{-1}+18796\,\mathrm{cm}^{-1}=28194\,\mathrm{cm}^{-1}$$
$$28194\,\mathrm{cm}^{-1}=354.46\,\mathrm{nm}\fallingdotseq 355\,\mathrm{nm}$$

4 HG の場合は ω_4 で，4 HG：$\omega_4=\omega_2+\omega_2$ となることから，

$$18796\,\mathrm{cm}^{-1}+18796\,\mathrm{cm}^{-1}=37592\,\mathrm{cm}^{-1}$$
$$37592\,\mathrm{cm}^{-1}=266.041\,\mathrm{nm}\fallingdotseq 266\,\mathrm{nm}$$

5 HG の場合は ω_5 で，5 HG：$\omega_5=\omega_1+\omega_4$ となることから，

$$9398\,\mathrm{cm}^{-1}+37592\,\mathrm{cm}^{-1}=46990\,\mathrm{cm}^{-1}$$
$$46990\,\mathrm{cm}^{-1}=212.81\,\mathrm{nm}\fallingdotseq 212\,\mathrm{nm}$$

以上のように求めることができる．

変換効率の向上と高出力化が課題であるが，この種の波長変換による紫外領域のレーザは波長が短いことから微細加工用に期待されている．また，ディスクレーザ用 YAG 結晶や，ファイバーレーザのガラス質ファイバーに固体中にドープ

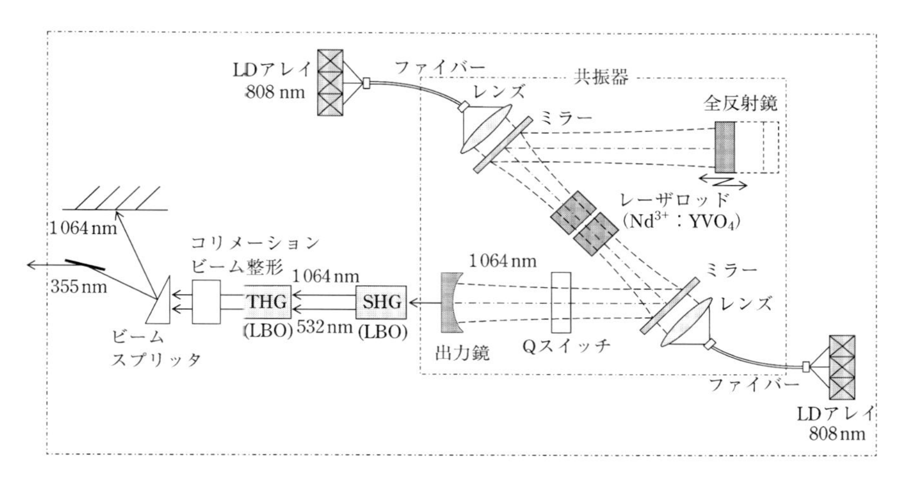

図 2.31 YAG 第 3 高調波の発生原理図[19)]

される希土類として，Yb^{3+}（イッテルビウム（ytterbium）3 価イオン）が用いられる．

次に，高調波発生の例として，第 3 高調波発生を例に具体的な構造を図 2.31 に示す．共振器は中心に Nd^{3+}:YVO_4（バナデート）結晶のロッドが置かれ，その両側に励起用の LD（半導体レーザ）を配置し，レンズで絞って光軸上で入射させる．この励起用の LD の波長には，結晶 YVO_4 の吸収線波長が近い波長として $\lambda = 808$ nm が用いられている．LD による励起光の取入口にはこの波長を透過して，発生波長の $\lambda = 1064$ nm を反射するミラーで両端を挟む．結晶から取り出された赤外線波長だけを Z 形で構成した共振器の全反射鏡（refracting mirror）と出力鏡（output mirror）の 2 つのミラー間で増幅させて，一定しきい値以上のものが出力鏡から取り出される．ここで発生した波長 $\lambda = 1064$ nm の光から，第 2 高調波（SHG）を取り出すための変換素子（LBO）によって，波長 $\lambda = 532$ nm が取り出される．その後さらに第 3 高調波（THG）への変換素子（LBO）を通過すると，波長 $\lambda = 355$ nm を得ることができる．この際，この系の基本波長 $\lambda = 1064$ nm も同時に発生するが，ビームスプリッタで分割して赤外線を分離して最終的に第 3 高調波のみを抽出するようにしている．ただし，変換効率は 30 数% と低いために，絶対出力が比較的低い．現在では最大出力が 30 W 程度まで得られるようになってきた．

使用している結晶 YVO_4 は，YAG 結晶より高繰返しの発振に適している．また，パルス幅も小さく高いピーク値を得られている．本共振器系ではビームの発生効率を高めるために中心の結晶ロッド位置にビームウエストがくるように設計されているが，ダイオードの出力変化や Q スイッチなどの繰返しにより，ロッドが熱膨張によって変形するためにビームウエスト位置が変化する．この熱膨張による共振系のビームウエストの位置補正用に，共振器長さを微調整するサーマルトラック（thermal track）機構を有している[18)]．

2.7.2　超短パルスレーザ

短波長化に対して，もう 1 つの技術革新に短パルス化がある．短パルス化が進み非常に短いパルス幅のレーザが開発されてきた．パルス幅とは正式にはパルス持続時間（pulse duration）のことで，レーザが発振している時間の幅をいう．したがって，パルス幅は時間そのものである．その幅はピコ秒（10^{-12} 秒），フェムト秒（10^{-15} 秒）というごく短い幅（時間）で，最近ではアト秒（10^{-18} 秒）のパルス幅をもつレーザも出現しているが，これらを特に超短パルスレーザと称している．微小時間の発振が可能となってきた．これが時間の微細化であるが，この結果，パルスの尖頭（せんとう）値が非常に高くなり，これを用いて時間の微細化や空間の微細化への応用が実現できるようになった．パルス時間を短くする技術として Q スイッチ（Q-switch）やモードロック（mode-loch）の短パルス化技術が使用される．

2.7.2.1　ピコ秒レーザ

ピコ秒レーザで種光となるレーザにはほとんどモードロックレーザ（mode-locked laser）を用いているが，その種類は Nd^{3+}：YAG レーザ，Nd^{3+}：YVO_4 レーザ，チタンサファイアレーザなど多様である．基本的に，レーザはいくつかの波長のレーザ光が混ざり合った多モード発振をしているが，その間隔は必ずしも等間隔でなく干渉し合ってピークが不規則になる．そのため，共振器の間を光が一往復する時間に合わせて，適当に種光の強度を変えると波長の間隔が一定になり，干渉して強くなった増幅光のみを発振させて位相の揃った尖頭値の高い瞬間のパルスピークを取り出すことができる．

超短パルスレーザに用いるレーザ物質（媒質）としては，広帯域利得であることが必要とされる．縦モードの全体帯域幅を表すパルスの幅が利得帯域幅であるが，利得帯域幅（gain bandwidth）は増幅が得られる波長幅のことで広帯域はレーザ発振する上位の準位の幅が広く発振寿命が短いことを意味する．波長幅が広いほど干渉し合い速い速度で減衰・消滅するので，ごく短いピコ秒，フェムト秒オーダのパルス幅が得られる．現在では種々のレーザが種光に用いられており，最終的に得られるパルス幅や波長もさまざまであるため，すべてを代表して記述するのは難しい．一例として，図 2.32 にピコ秒レーザの発生原理を概略図で示す．ピコ秒，フェムト秒の原理的にはあまり差異はない．たとえば，種光を取り出すチタンサファイア（Ti^{3+}：Al_2O_3）レーザのバンド幅（利得帯域幅）が 100 fs のときに 12～13 nm であるのに対して，ピコ秒レーザの場合はこれをカットして数～1 nm 程度に小さくすることによってピコ秒（picosecond：ps＝10^{-12} 秒）のパルス幅を得ている．種光から出た光はいったんパルス伸延器（pulse stretcher）にかけてピークを低くした後に，出力増幅器を通して増幅しパルス圧縮器（pulse compressor）でパルス幅を小さくして数ピコ秒（2 ps）を取り出している．この手法をチャープ増幅器（CPA；charped pulse amplification）といい，短パルスの増幅に用いられる．

現在，産業用全固体ピコ秒発振レーザとしては，波長は 1064 nm の他にも 355 nm，532 nm の 15 ピコ秒以下のレーザ光を得ている．出力は数 W 以下とあまり

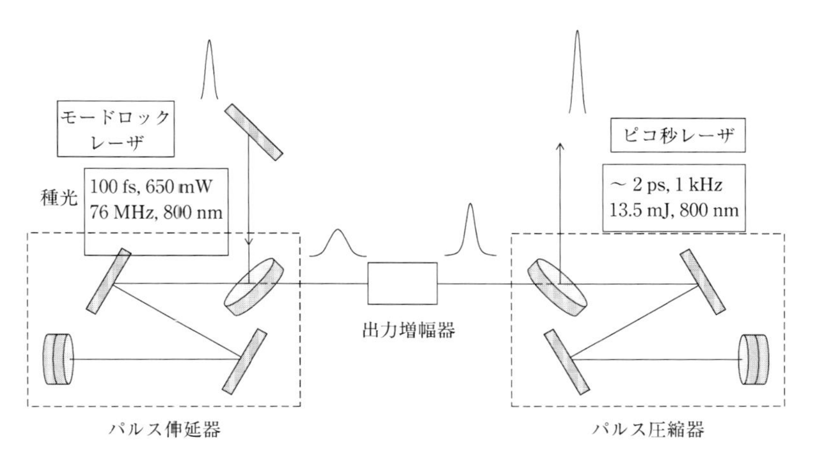

図 2.32 ピコ秒レーザの発振

大きくはない．種光レーザとしてはLD励起モードロック Nd^{3+}：YVO_4 レーザ（1064 nm）などもあり，増幅するためにLDをスタック化することで高出力を得ているものもある．

2.7.2.2　フェムト秒レーザ

フェムト秒（femtosecond：fs）は 10^{-15} 秒のことである．現在では約100 fs程度が得られているが，1 fsという速さは光速（$c=2.99725\times10^{10}$ cm/sec）と比較して，その光が0.3 μm進む程度の超短時間である．このように発振持続時間をミリ秒からピコ秒，フェムト秒へとごく微小時間の発振が可能となってきた．これが時間の微細化である．もともとのレーザ出力が小さくても，このパルス幅はきわめて小さいので極端に大きなパルスピーク出力を得ることができる．この結果，現在ではフェムト秒の発振が可能となりパルスの尖頭値はTW（terawatt）クラスが得られ，空間的にはナノメートル（nm）オーダの分解能が実現できるようになった．そのため，光の計測や瞬間の化学的反応過程の観察が可能となり，加工では熱拡散の抑制が可能となった．

超短パルスのフェムト秒を得る方法として，その代表的な例を図2.33に示す．比較的小型のフェムト秒発生装置を用いて増幅する方法が取られている．波長 $\lambda=800$ nm，周波数76 MHzで，出力650 mW，パルス幅が100 fsのレーザ種

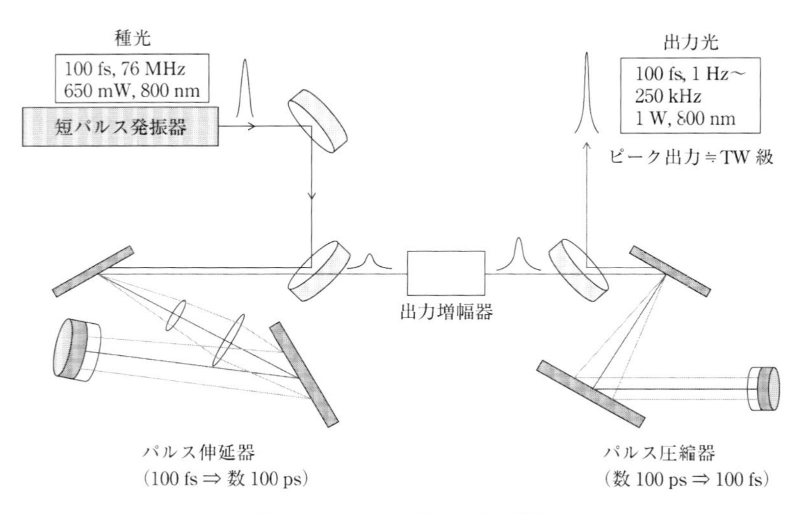

図2.33　フェムト秒レーザの発振

光に，一対のグレーティングで構成されたパルス伸延器で，100 fs を，いったん数 100 ps に変換する．このように幅を広げた光を増幅して，その後に同様に一対のグレーティングで構成されたパルス圧縮器で，パルス幅の数 100 ps を 100 fs に戻すのである．そうすると，パルス幅がフェムト秒でピーク（尖頭）出力のきわめて高い増幅された光を得ることができる．すでに述べたように，本方式は固体レーザによる超短パルス増幅技術はとして広く知られている．縦モードの間隔を各スペクトル周波数とモード間の位相差を適当に選んでレーザ出力のスペクトルを同期するモードロック技術を用いたものである．レーザ媒質にはサファイアにチタンをドープしたチタンサファイア（Ti^{3+}：Al_2O_3）結晶を Ar イオンレーザ，または YAG の第 2 高調波で励起するチタンサファイアレーザによって超短パルス光を発生させている．

フェムト秒レーザの装置の配置図を図 2.34 に示す．①には種光を取り出すためのチタンサファイアレーザが，②にはエネルギー増幅のための，チタンサファイアレーザが置かれている．その周辺の③と④には，チタンサファイア結晶の励起源となる波長 λ=532 nm のグリーンレーザ（green emitting laser）が配置されている．チタンサファイアレーザはチタンサファイア（Ti^{3+}：Al_2O_3）の結晶からなるが，この結晶は 400～600 nm の広い吸収体をもつことから，一般にはグリーン光（λ=532 nm）で励起する．これによって波長 λ=800 nm のフェムト秒のレーザ光が取り出される．取り出された光はアンプを通してエネルギーを増

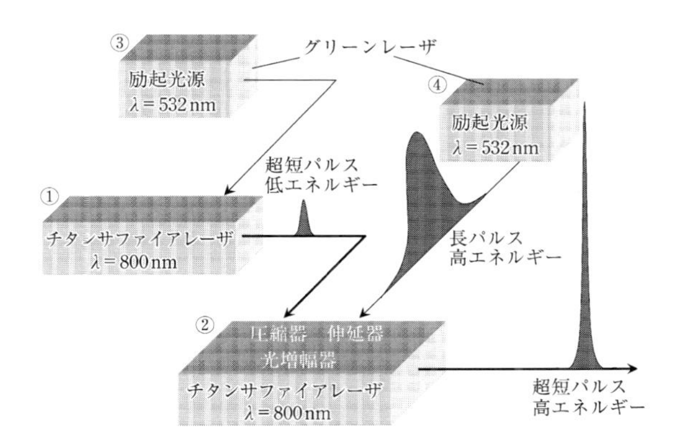

図 2.34　フェムト秒レーザ発生のための装置配置図[20)]

幅させる．ただし，このレーザで増幅を行う場合，高い尖頭強度と平均出力を保ったままでは結晶や光学素子の損傷や非線形現象をもたらし兼ねないので，これを避ける目的で増幅過程ではあらかじめパルス伸延器とよばれる遅延分散路を通してパルス幅を 10^3〜10^4 倍に引き伸ばし，尖頭出力を抑えた状態で増幅する．その後にパルス圧縮器とよばれる遅延分散路により再びパルス幅を圧縮して高出力超短パルスを得る CPA 法がとられている．このことについては前ですでに述べた．

増幅のためのアンプもチタンサファイアの結晶であるため，励起源としてグリーン光（λ=532 nm）を用いている．このアンプ内にパルス伸延器およびパルス圧縮器が内蔵されている．最近では上記のすべてを筐体（きょうたい）内に収めた一体型もある．現在超短パルスレーザとしてチタンサファイアレーザは非常に広い利得帯域幅を有するが，励起光源に Nd^{3+}：YAG や Nd^{3+}：YVO_4 の第 2 高調波を用いることが多く非効率のため，チタンサファイアレーザの Ti^{3+} に代わる Nd^{3+}，Yb^{3+} 添加レーザ材料の開発が行われている．非常に短いパルス幅，高いピークパワーを利用し，計測や医療，加工，さらには高強度物理までさまざまな分野での応用が広がっている．

参考文献

1) Patel, C.K.N.: Continuous-wave laser action on vibrational-rotational transition of CO_2, *Phys. Rev.*, **136**-54, pp. A1187-1193 (1964)
2) Patel, C.K.N.: Interpretation of CO_2, optical maser experiments, *Phys. Rev. Letters*, **12**-21, p. 588 (1964)
3) 新井武二，宮本　勇：レーザー加工の基礎，上巻，マシニスト出版，p. 50 (1997)
4) 島川正憲，小林　昭監修：レーザー加工技術講座（第 1 分冊），工学研究社，p. 18 (1972)
5) Hilton, P.: Material Processing tomorrow new technology, *TWI Bulletin*, July/August, p. 65 (1998)
6) （財）機械進行協会経済研究所：レーザー加工技術，調査研究［II］(1972)
7) Geusic, J.E., Marcos, H.M. and Van Vitert, L.G.: Laser oscillatior in Nd-doped yttrium aluminum, yttrium gallium and gadolium garnets, *Appl. Rhys.Letters*, **4**, pp. 182-184 (1964)
8) Hall, R.D. and Baker, H.J.: Slab waveguide carbon Diode Laser, Prepared for Society of Laser technology, p. 31 (1995)
9) 新井武二：スラブ CO_2 レーザについて，レーザ協会誌，**20**-4，p. 27 (1995)
10) 藤川周一：1 kW 高集光・高効率 LD 励起固体レーザの開発，「フォトン計測・加工技術」プロジェクト成果報告会講演集，p. 43 (2003)
11) トルンプ株式会社 カタログ：Diode-Pumped Solid-State Lasers, *TRUMPF Laser GmbH*, (2003)
12) 豊田浩一，村原正隆監修：エキシマレーザー最先端応用技術，シーエムシー (1986)
13) 関口　宏ほか：ファイバーレーザーの研究開発，「フォトン計測・加工技術」プロジェクト成果報

告会講演集，p. 161（2003）
14）IPG Photonics 社：技術資料
15）トルンプ株式会社：カタログ，The Disk Laser, *TRUMPF Laser GmbH*, E/06/03/3/st (2003)
16）Erhard, S., *et al.*: Novel Pump Design of Yb: YAG Thin Disc Laser for Operation at Room Temperature with Improve Efficiency, *Laser Research Report of Universität Stuttgart*（内部資料）
17）Giesen, A., *et al.*: 'Advanced Tunability and High-Power TEM_{00}-Operation of the Yb: YAG Thin Disc Laser" in *OSA Trans*., Optics and Photonics on Advanced Solid State Lasers, Pollock, C.R. and Bosenberg, W.R. (ed.) **10**., pp. 280-283 (1997)
18）秋山靖裕，湯浅広士：10 kW 級レーザダイオード励起 Nd：YAG レーザ，東芝レビュー Vol. 57，No. 4，pp 51-55 (2002)
19）Coherent 社：AVIA 355-7000 カタログ
20）Coherent 社：カタログ

3 レーザ加工の光学

レーザは光なのでレーザ加工機システムを構成する場合に，必然的に多くの光学部品が用いられる．発振器の内部，外部および伝送系，集光系など，発振器から材料の加工地点までのすべての光路で用いられる．これら光学系はレーザの透過・反射特性にもっとも適した素材が用いられる．したがって，ほかの光学機器に用いられるガラス材とは異なる材質のものが利用される．本章では，加工用光学材料の名称と構造を理解したうえで，レーザ加工に用いられる基本的な光学理論を駆使して，ビームの空間伝搬およびファイバー伝送，さらにレーザ光の偏光および集光の限界と特性などについて述べる．

（写真：レーザ用光学部品）

3.1 光学部品材料

共振器内で増幅されたレーザ光は一定の条件下で外部に放出されるが，その際に比較的小さな出力鏡を通過するために断面積の限られた光として発振器から取り出される．このため，レーザ光はビーム（beam；光束）として取り扱われる．このレーザビームは空間や媒質の中を伝搬して，目的とする加工点まで到達する．この間に光の性質を維持したまま中継するために種々の光学系材料が用いられる．CO_2 レーザでは主にミラー系とレンズ系が，YAG レーザではそのほかにファイバーを含めた光学系が用いられる．これら光学系はレーザの波長に適した素材が用いられる関係から，ほかの光学機器に用いられるガラス材とは異なる材質のものが利用される．ここでは，まずレーザ加工に用いられる光学系を理解するために，その分類，光学膜の構造，偏光および焦点距離などについての基礎的事項を述べる．

3.1.1 加工に用いる光学系

レーザ作用または発振を司る共振器内での光学系には，光の増幅作用や光取出しに大きな役割をする全反射鏡（リアミラー，コーナーミラーなど）や，出力鏡に用いる部分透過鏡（アウトプットカプラーまたはアウトプットウィンドウ）がある．これらは発振器内部に配置される光学部品であるため，**内部光学系**とよばれている．これに対して，いったん，発振器より外部に出た光を加工ステーション（加工を施す場所．加工テーブルともいう）まで伝送し，集光するまでの一連の光学部品を**外部光学系**という．これらの光学系は，光の透過性を主目的としたレンズ系と，光反射および伝送を主目的にしたミラー系に分けられる．また，加工ステーションの直前や加工ヘッドで光を集光する目的で，レンズなどの**集光光学系**が用いられる（表3.1）．

表3.1 レーザ加工機に用いる光学部品（CO_2 レーザの場合）

光学系名称		使用光学部品と特性	構成（基盤＋コート）
内部光学系	出力鏡 （アウトプットカプラー）	部分透過鏡　$T=35\sim60\%$	ZnSe（＋誘電体多層膜）
内部光学系	コーナーミラー	全反射鏡　$R=99.5\sim99.7\%$	Si＋誘電体多層膜
内部光学系	リアミラー	全反射鏡　$R=99.5\sim99.7\%$ $T=0.5\%$	Si＋誘電体多層膜 モニター用（漏れ光）
外部光学系	伝送光学系		
外部光学系	コーナーミラー	全反射鏡　$R=99.5\sim99.9\%$ （45° S 偏光成分）	Si＋誘電体多層膜 Cu＋Au，Ag コート
外部光学系	リターダ	円偏光鏡　$R=98.5\%$	Si＋誘電体多層膜
外部光学系	拡大・平行光学系		
外部光学系	テレスコープ・コリメータ	全反射鏡　$R=99.5\sim99.9\%$ 凹面鏡　$R=99.0\sim99.5\%$ 凸面鏡　$R=99.0\sim99.5\%$	Si＋誘電体多層膜 Cu＋Au，Ag コート Cu＋Au，Ag コート
外部光学系	エキスパンダー	凹レンズ　$T=99.7\%$，$A=0.2\%$ 凸レンズ　$T=99.7\%$，$A=0.2\%$	ZnSe（＋誘電体多層膜） ZnSe（＋誘電体多層膜）
外部光学系	集光系光学部品		
外部光学系	レンズ系	レンズ　$T=99.7\%$，$A=0.2\%$ $R=0.03\%$（2面あたり）	ZnSe，GaAs，Ge ＋誘電体多層膜
外部光学系	ミラー系	パラボラミラー　$R=99.0\sim99.5\%$ ＋ 全反射鏡　$R=99.5\sim99.9\%$	Cu＋Au コート （Ag，Mo） Si＋誘電体多層膜

A：吸収率，R：反射率，T：透過率

3.1.1.1　内部光学系部品

共振器を構成する光学系としては，レーザ物質（媒質）から光を増幅し部分的に透過させて取り出すための出力鏡と，全反射鏡からなるリアミラーとがあり，その中間には共振器長をかせぐ目的で折返しする際に用いる折返し鏡（ベンドミラー，またはコーナーミラー）がある．内部光学系は一般に外部で用いるものよりクリーンな環境であり，いったん封入した後に再度表面を清掃する頻度は少ない．そのため，誘電体多層膜で構成されている表面コーティングの強度にあまり神経を使う必要はないが，放電時に発生する紫外線によるミラー面の黒色化や，温度上昇による膜間の熱膨張を防ぐ工夫が特になされている場合もある．全反射鏡の反射率は $R = 99.5〜99.7$ %であり，部分透過鏡は取り出し得るレーザ出力や利得との関係もあるが，概して，透過率 $T = 35〜60$ %である．

3.1.1.2　外部光学系部品

これに対して，外部光学系では大気中に置かれ光学部品の表面クリーニング（表面清掃）を頻繁に行うので，コーティング強度を増す工夫がなされている場合が多い．特に，外部光学系では円偏光鏡を用いた後の光伝送経路で，位相がずれないようにゼロシフト（入射光が鏡を経て出射光となるとき位相の遅れを起こさない）用のコートを使用する．従来，基板には銅を用いて金（Au）や銀（Ag）コートを施していたが，近年ではコーティング技術が発達してきたことを背景に，シリコン（Si）基板に金メッキや銀メッキを施し，その上に誘電体多層膜をコートして反射率を向上させたエンハンスドゴールド（enhanced gold；EG コート）やエンハンスドシルバー（enhanced silver；ES コート）などが用いられるようになった．その反射率は $R = 99.6〜99.7$ %であり，特に選び抜かれたものでは $R = 99.8〜99.9$ %と高反射率のものもある．図 3.1 に光学部品の代表である反射光学系（ミラー）と透過光学系（レンズ）の写真を示す．

3.1.2　伝送光学系部品

3.1.2.1　反射鏡と光学膜

光反射を目的としたミラーでは，一般に基板（Cu，Si など）表面に高反射材による蒸着層を置き，その上に誘電体を順に加熱蒸着させて多層の膜の層がつくられる．簡単のために，単層の場合を例に説明をする（図 3.2）．この光学膜に

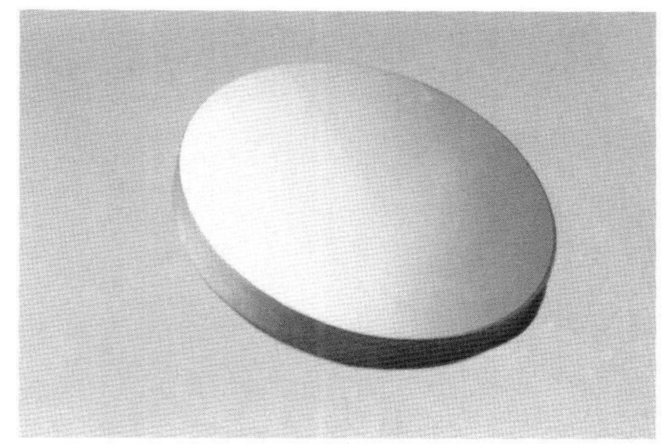

図 3.1 CO_2 レーザ用光学部品（ZnSe レンズ（左），Si 基板 Cu コートミラー（右））

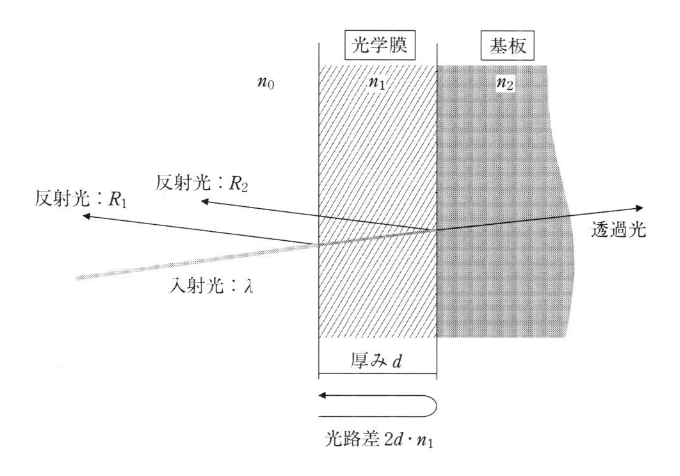

図 3.2 光学膜と位相遅れ

波長 λ のレーザ光が直角に入射したとき，一部は光学膜の表面で反射光 R_1 として反射され，この膜にごく微量吸収されるのを除くと，残りのさらに一部は光学膜と基板の境界面で反射光 R_2 として反射される．

光学膜の厚みを d とすると，2 つの反射光の間に $(2d \cdot n/\lambda) \times 360°$ の位相差が生じる．屈折率 n が高い層 n_h から低い層 n_l へ入射するときには反射光に位相のずれはなく，低い層から高い層へ入射するときに 180° の位相がずれる．このため，多層膜の場合に境界面で反射する光は 1 つ手前の境界面で反射する光との間で光路差による 180° の位相差が生じ，これに反射による位相差を合わせると

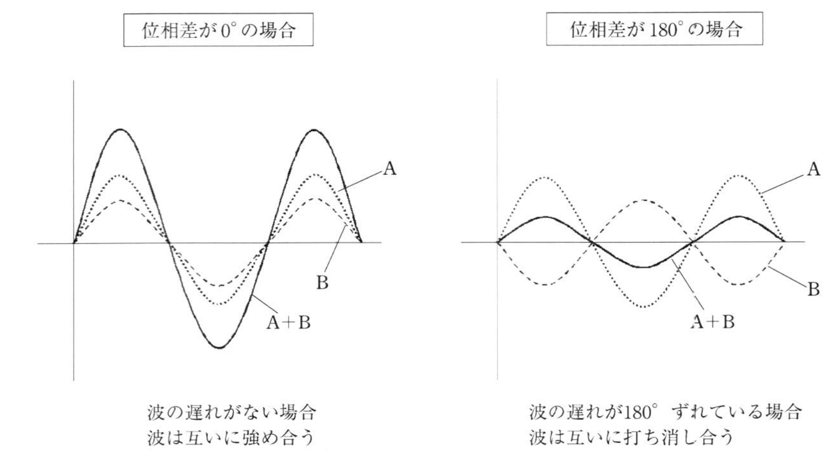

図 3.3 位相遅れの影響

位相が揃うようになる．このことが各境界面で生じるように調整すると，反射光はすべて位相の揃った状態で強め合うことができ，層数に比例して光の損失をなくすことで，限りなく入射光に近い反射光を得ることができる（図 3.3）．すなわち，各層は光学的厚みである $\lambda_m/4$（4 分のラムダ：λ_m は光学膜の材料内における波長で，この材料屈折率で除した値，λ/n で示す）で，多層膜は高い屈折率 n_h の層から低い屈折率 n_l の層の境界で反射光の位相が反転し，次に n_l から n_h に入射する境界で反射光の位相が同位相となるので，この繰返しにより結果的に高い反射率を得ることができる．この多層膜をなす誘電体薄膜材料には，たとえば ZnSe と ThF_4 とを交互に重ね多層膜を形成したものなどがある．その膜厚は数μm から数十 μm 程度である．図 3.4 に高反射ミラーの表面構造を示す．

3.1.2.2　入射角と反射率

外部光学系での反射鏡は，入射角および反射角が 45° となる直角折返しに用いられる場合が大半を占める．レーザ光は基本的に電磁波で，光の進行方向に直角の平面内で電界の波と磁界の波が振動しながら進行していて，その両ベクトルは互いに直交している．電気ベクトルの入射面内を p 偏光成分といい，それと垂直な成分を s 偏光成分というが，それぞれの成分は入射角が異なると振幅反射率が異なる．p 成分の振幅反射率を R_p，s 成分の振幅反射率を R_s とすると，た

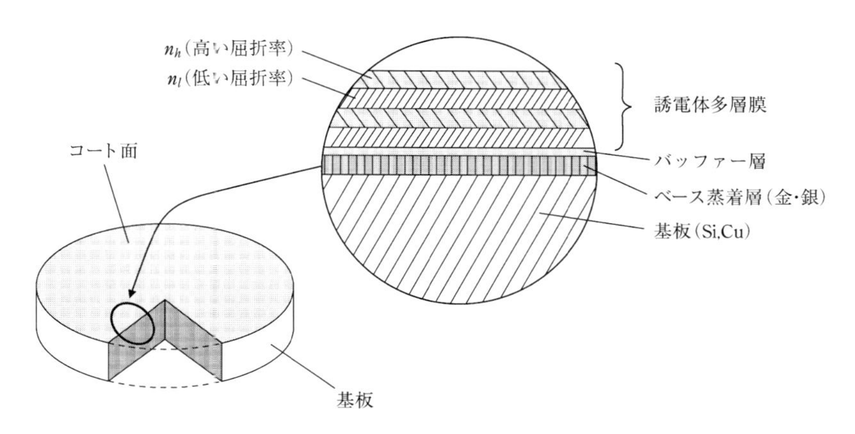

図 3.4　高反射ミラーの表面構造

とえば，ES コートでは誘電体の 2 層コートの場合，垂直入射時（共振器内のリアミラーなど）はともに $R_p = R_s = 99.6\%$ であるが，入射角が 45° をなす場合（折返しのコーナーミラーなど）には，$R_p = 99.8\%$ であるのに対して，$R_s = 99.2\%$ となるため，平均で 99.5 %となってしまう．

実際に，基板が無酸素銅でダイヤモンドカッティング仕上げによって得られた表面は，垂直入射時（ビーム入射角＝0°）は反射率 $R_s = 98.6\%$ であるが，これが入射角の変化に応じて R_p は減少し，反対に R_s は上昇する．しかし，反射に伴う損失は非常に大きい．この面に ES コートを施すと図 3.5 に示すように，表面反射率が垂直入射持では 99.6 %以上に向上し，入射角の変化に対しても全体に損失はきわめて小さく改善される．したがって，反射率は反射方向（水平，垂直）と入射角によって異なり，光の方向を変える偏向用の鏡として用いる場合には高い値を示すことができる．各ミラーが固定された同一平面になく，回転を伴うミラー伝送のレーザロボットなどにおいては，厳密に高い偏光成分での反射率を用いることは困難で，平均値を用いる必要がある．一方，発振器の構造から，出力鏡から出たレーザは一般に直線偏光の光であり，特殊な場合を除いて通常の加工用には適さない．したがって，少なくとも集光系に至る前の加工直前には円偏光に直しておく必要があり，これを生じさせる光学素子を円偏光鏡（リターダ）という．なお，光学部品における反射率表示では入射角の影響を加味しない場合が多いので，用途によっては注意を要する．

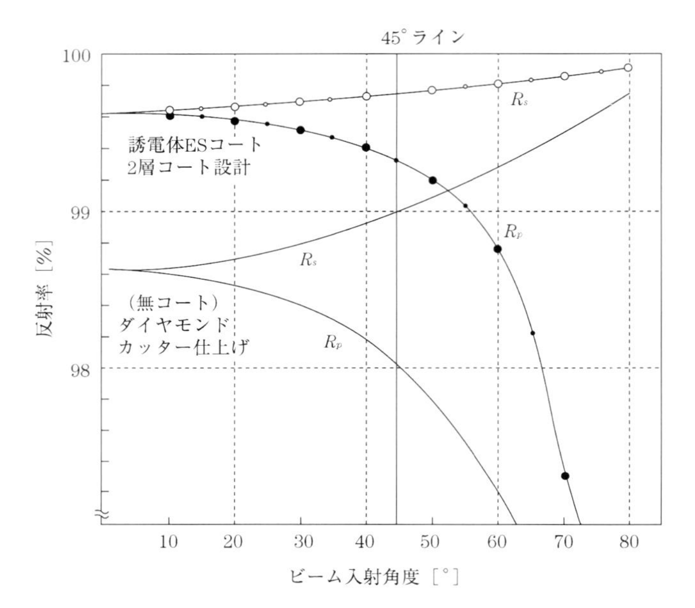

図 3.5　入射角度によるミラーの反射率の違い

3.1.3　集光光学系部品

3.1.3.1　集　光　光　学　系

レーザ発振器の出力鏡から取り出されるレーザ光は，光学部品の耐光性と安定化のために一定の面積を有するビームとして取り出される．すなわち，パワー密度の比較的低い状態で取り出され伝送している．しかし，加工のためにはビームを集光し，パワー密度を高めるための光学素子である集光光学系を必要とする．レーザ光はこれらの集光光学系部品を通過した後に，加工材料面に照射される．主な集光系（結像光学系）にはレンズ系とミラー系がある．場合によっては，収差特性の改善のために集光系は2枚以上の組合せレンズで集光するか，入射面を非球面に加工した無収差レンズを用いることもあるが，一般に産業用レーザでは波長の関係から材質が制約されるうえ，コスト的にも材質的な加工性もよくないこと，およびエネルギーの吸収や光学的な問題を伴うことから単レンズを用いることが多い．

集光系の光学材料としては，CO_2 レーザでは ZnSe（セレン化亜鉛；ジンクセ

表 3.2 CO_2 レーザ用光学部品の主な物性値

定数 / 物質	吸収係数 A [cm^{-1}]	熱伝導度 K [W/cm・K]	熱膨張係数 α [10^{-6}/°C]	屈折率 n	ヤング率 E [10^{11}dyn/cm^2]	抗張力 δ_e [10^8dyn/cm^2]	熱ひずみ破砕 $\frac{\delta_e \cdot K}{\alpha \cdot \beta \cdot E}$	光収差劣化 $\frac{K}{\beta \cdot x}$
ZnSe	1×10^{-3}	0.18	8.5	2.40	6.72	5.52	2.1	16.3
GaAs	5×10^{-3}	0.48	5.7	3.30	8.48	13.8	2.1	2.3
Ge	1.2×10^{-2}	0.59	5.7	4.02	10.3	9.31	1.0	1.0

レナイド，通称ジンクセレン)，GaAs（ガリウムヒ素；ガリウムアーセナイド，通称ガリウムアーセン)，Ge（ゲルマニウム）が用いられる（表 3.2)．また，YAG レーザではガラスの一種である溶融石英（SiO_2；フューズドシリカ）やBK 7（boro-silicate crown glass；ホウケイ酸クラウンガラス）などが用いられる．これらは化学的に安定した材料で不純物が少なく，材質が硬く研磨が容易である．レンズとしては，この基板に両面反射防止用コーティングを施し使用する．BK 7 は全反射コーティングを施し反射鏡にする場合もある．

CO_2 レーザのためのレンズ用光学系素材は一般に比較的高い屈折率 n を有するものが多い．ビームの重畳（アライメント）のために用いる He-Ne の光を透過するため，加工機システムの光調整が容易になるとの理由から ZnSe（$n=2.40$）が主流を占めているが，そのほかにも GaAs（$n=3.30$）や Ge（$n=4.02$）などが使われている．脆さおよび潮解性（水に溶けやすい性質）のために現在ではあまり用いられていないが，KCl（$n=1.49$）などもある．ただし，基板材料となる素材は $R=[(n-1)/(n+1)]^2$ の反射率をもつ．たとえば，上記の ZnSe の場合，$R=0.168$，すなわち，16.8 %の反射率を素材自身がもっているので，この素材表面に誘導体多層膜の無反射コーティング（AR コート；anti reflection coating）を施して透過率を 99 %以上に上げている．

3.1.3.2 レンズ各部の名称

典型的な加工用レンズの 1 つである両凸レンズの場合を例に，各部の名称を図 3.6 に示す．レンズには主点があり，焦点距離を決定する規準となる．対称形（両凸，両凹）レンズの主点はレンズ頂点間の光軸をほぼ 3 等分し，プラノレンズ（平凸，平凹）の一方の主点はレンズ曲面の頂点に位置し，ほかの主点はレンズ平面から約 1/3 のところに位置する（図 3.7)．加工用レンズには両凸レンズ，平凸レンズ，凸メニスカスなどがあり，それぞれ用いられている．理解のため

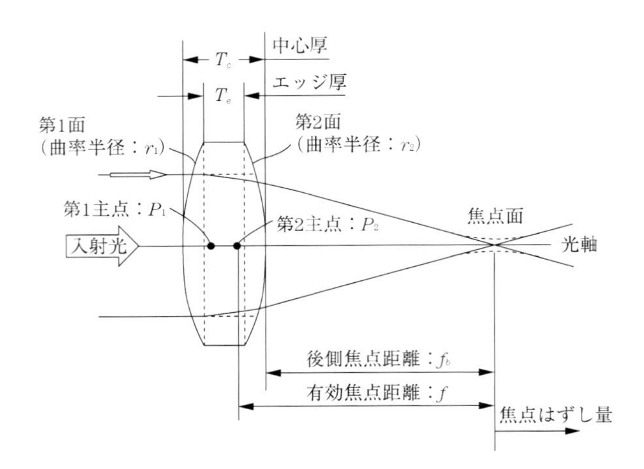

図 3.6　レンズの各部名称

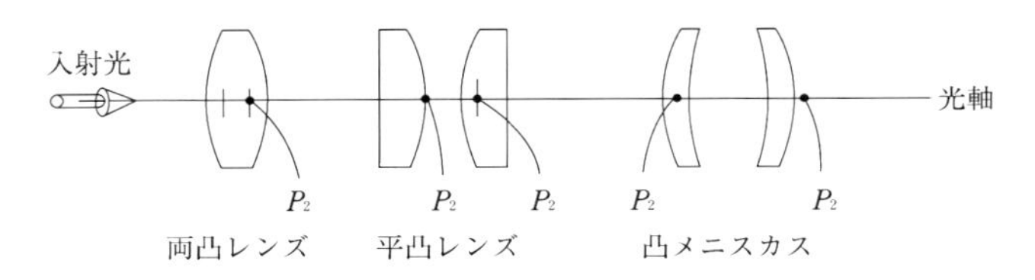

図 3.7　主なレンズの主点位置

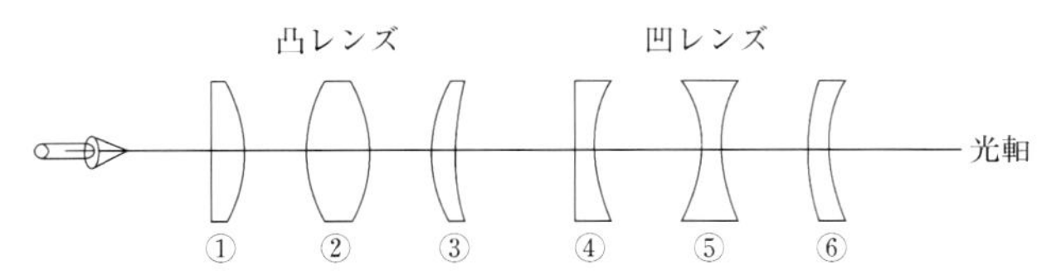

① 平凸レンズ（$r_1=\infty$，$r_2<0$）
② 両凸レンズ（$r_1>0$，$r_2<0$）
③ 凸メニスカス（$r_1>0$，$r_2>0$，$r_1<r_2$）
④ 平凹レンズ（$r_1=\infty$，$r_2>0$）
⑤ 両凹レンズ（$r_1<0$，$r_2>0$）
⑥ 凹メニスカス（$r_1>0$，$r_2>0$，$|r_1|>|r_2|$）

図 3.8　レーザ加工で用いられる主なレンズの種類

に，産業用レーザで用いられる主なレンズの名称と形状を図 3.8 に示す．

また，反射型集光系であるパラボラ集光ミラーは，ミラー焦点距離と偏向する角度で曲率が定義される．角度は 90° に折り曲げる 90° オフアクシャル（off-axial；直角パラボラと称す）が一般的で，もう一枚の平面の全反射鏡と対で用

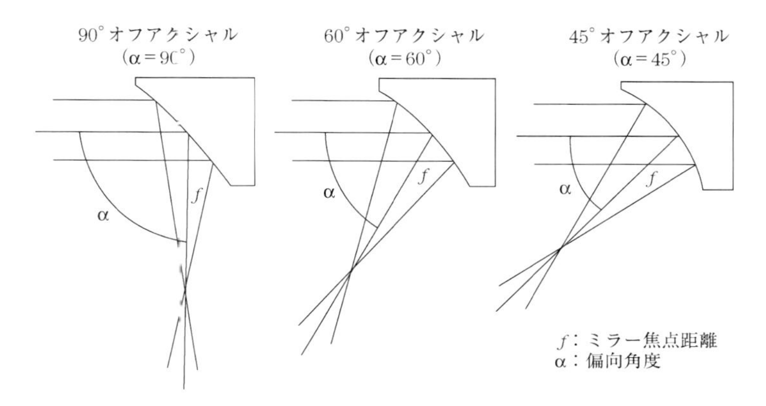

図3.9 パラボラ集光ミラー

いる場合が多い．通常では高出力レーザでの溶接加工などに多用される（図3.9)．

3.2 ビームの伝搬

レーザシステムの光学系は，大きく分類して共振器，外部光学系，集光系からなる．レーザビームの伝搬特性および集光特性は，これらのシステム全体の光学系によって決まるものである．特に，集光特性はレンズなどの集光光学系に入ってくるビームの特性に大きく依存する．したがって，昨今の加工の高精度化や微細化に絡んで，これら全体の系を考慮したビーム特性を把握することが重要となってきた．参考値ではあるが，ビーム伝搬・集光の式を用いて実加工機の設計数値に基づいて実ビームの計算を行う．

3.2.1 共振器

共振器から取り出されるレーザビームの性質は，共振器を構成する内部ミラーによって，また，集光ビームの特性は取り出されたビームの性質と用いる集光系によって決まる．CO_2 レーザの安定型共振器の場合は，曲率を有する全反射鏡と出力鏡の，2枚の対向するミラーによって構成されるが，出力鏡は部分反射(透過）鏡であるため一定割合で外部に光を放出することができる．取り出され

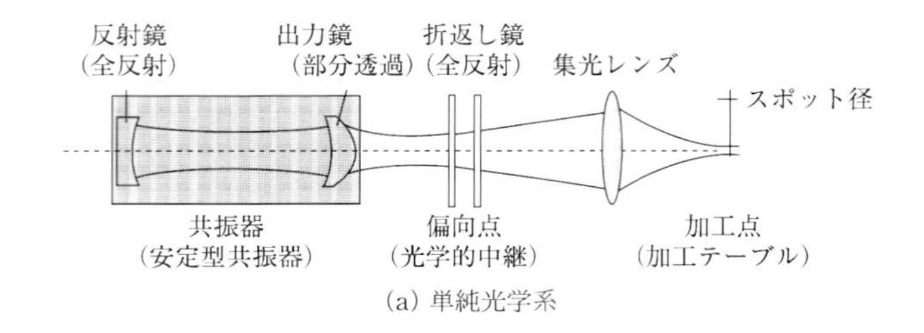

(a) 単純光学系

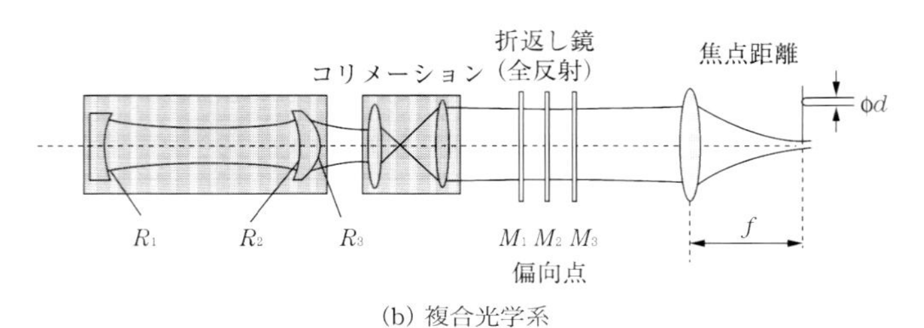

(b) 複合光学系

図 3.10　典型的なレーザ光学系の構成

たビームは外部光学系によって所定の場所まで伝送され，これを集光することで加工に供している．このようにレーザビームの特性は，構成されたシステム全体の光学系によって決まる性格のものであり，加工はこれらの系によって定められた伝搬ビーム光路の途中を，集光して部分的に利用しているにすぎないことを理解する必要がある．

レーザ加工機で構成される光学系は，おおむね 2 つに分類される．1 つめは，共振器の出力鏡から取り出されたビームをそのまま加工に用いる単純光学系で，加工テーブルのサイズが比較的小さい場合などに用いられる．2 つめは，共振器から取り出されたビームの広がりを中間にコリメーションを介することで抑え，ほぼ平行光で伝送させる複合光学系で，特に，光路の長い大型加工システム，あるいはサイズの大きい加工テーブルの場合などに主に用いられる．図 3.10 に典型的な加工システムの光学系を示す．また，図 3.11 に産業用高出力レーザで用いられているコリメーションの典型的な 2 つの例を示す．図 3.11 中の(a)はレンズ式のコリメーションで，透過型コリメーションという．一方(b)はミラーによるコリメーションで，反射型コリメーションという．

なお，共振器の出力鏡と集光系との間に，円偏光ユニットを含めて，3～8 枚の折返しミラー（全反射鏡）を用いるが，これらは向きを変えるための中継点で

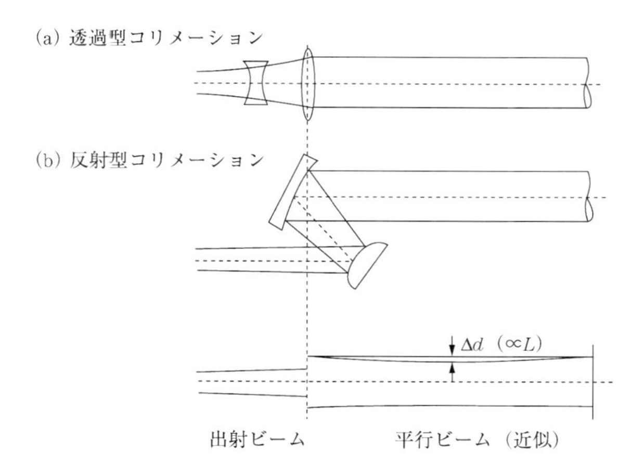

図 3.11 実機の産業用レーザのコリメーション

あって光学的に直線であることから距離のみを扱い，エネルギーの吸収や減衰などを特に扱う場合を除いて計算上では無視される．

3.2.2 ビーム伝搬の理論

共振器内部光学系を含んだガウスビームにおける伝搬の基礎方程式は，それぞれ以下のような式で与えられる．

CO_2 レーザの安定型共振器において，対向する鏡の曲率の関係は次の式で示される[1)]．

$$R_n(Z) = Z_n\left[1+\left(\frac{\pi w_0^{\,2}}{\lambda Z_n}\right)^2\right] \qquad \text{ただし，} n=1,\ 2 \tag{3.1}$$

$$L_R = Z_1 + Z_2 \tag{3.2}$$

ここで，w_0 は共振器内のビームウエスト半径，Z はビームウエストからの鏡の距離で，Z_1 は反射鏡側，Z_2 は出力鏡側を示す．また，R は曲率半径を示し，R_1 および R_2 の添字は，それぞれ Z_1，Z_2 と同様の側にあることを示す．さらに，L_R は両鏡の間の距離で共振器長を示す．実際の計算において用いる全システムの光学系の諸元は図 3.12 に示すとおりである．f はレンズの焦点距離を示す．また，出力鏡から出射したレーザ光の集光レンズまでの距離を光路長と称する．

次に，出力鏡から集光レンズ間の伝搬による距離 z におけるビーム半径 $w(z)$

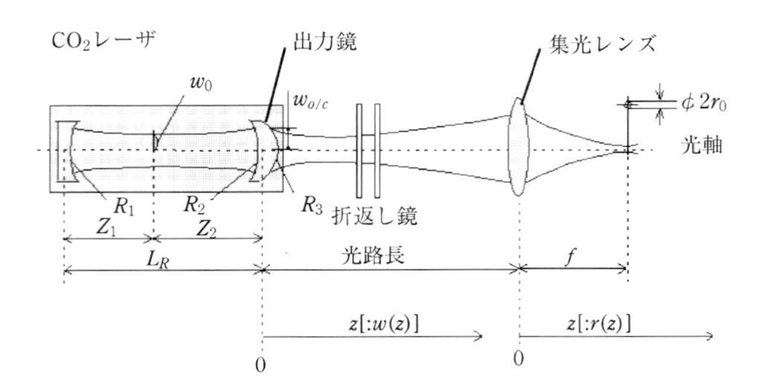

図 3.12　加工システムにおける全光学系の計算諸元

は次式で示される[2)].

$$w(z)=\frac{\lambda}{\pi w_{o/c}}\left\{z^2+\left(\frac{\pi w_{o/c}}{\lambda}\right)^2\left[1-z\left((n-1)\left(\frac{1}{R_3}-\frac{1}{R_2}\right)-\frac{1}{R_2}\right)\right]^2\right\}^{\frac{1}{2}} \tag{3.3}$$

ただし，$w_{o/c}$ は出力鏡におけるビーム半径を示す．ここで，共振器内の出力鏡位置でのビーム半径，すなわち，伝搬ビームの半径は次の式で示される．

$$w_{o/c}=\left(\frac{\lambda}{\pi}\right)^{\frac{1}{2}}\left[\frac{L_R(R_1-L_R)R_2^2}{(R_2-L_R)(R_1+R_2-L_R)}\right]^{\frac{1}{4}} \tag{3.4}$$

式（3.3）および式（3.4）に諸元を代入することによってビーム伝搬の計算を行うことができる．さらに，集光レンズ以降のビーム半径 $r(z)$ は次式で与えられる．

$$r(z)=r_0\left[1+\left(\frac{\lambda z}{\pi r_0^2}\right)^2\right]^{\frac{1}{2}} \tag{3.5}$$

ここで，r_0 は集光点でのビーム半径で入射ビーム径によって決まるもので，式（3.5）は，集光レンズを通過したビームが z 方向（光軸方向）に伝搬されて結像点に至る前後のビーム半径を示す．

上記の式を用いる場合の前提条件は以下のとおりである．

① ビームの強度分布は基本モードのガウス分布である．
② ビームの波面は理想的な球面を有し，維持する．したがって無収差である．
③ ビーム径は強度の e^{-2} となる半径の 2 倍（全強度の 86.5 %の径）となる径である．

④ 伝搬距離に対してレンズの厚み（肉厚）は無視し得ると考える．したがって，レンズ内の屈折は無視する．

これらの式は理想的なガウス分布のビームを想定しているが，ビームの強度分布が理想分布であるケースは一般に稀で，理想的な単一のモードが崩れ，より高次の成分が混在するモードの伝搬の場合には，高次分の比例定数ともいえる M^2 値を考慮する必要がある．現在，高次を含むビームモードについては，測定器によって実測が可能になってきた．また，レンズなどによる集光ビームについては，モード次数 M を乗じることで補正・換算される[3)]．

3.3 レーザビームの伝搬[3)]

3.3.1 ビーム伝搬特性

以上の式を用いて，R_2 の曲率半径を 10 m に，R_3 の曲率半径を 5 m に固定し，全反射鏡の内側の曲率半径 R_1 をパラメータとして変化させた場合の伝搬特性を図 3.13 に示す．

共振器の諸量は，共振器長 $L_R = 3.4$ m，共振器内のビームウエスト $w_0 = 4.29$ mm，出力鏡位置でのビーム半径 $w_{o/c} = 4.37$ m である．この構成による共振器の R_1 の曲率半径を変化させても取り出されるビームの伝搬特性には大きな変化はみられない．次に，同じ条件で出力鏡の外側 R_3 の曲率半径を 5 m から 20 m に変えた場合について比較検討した．R_3 が 20 m の場合のほうがビームの広がり

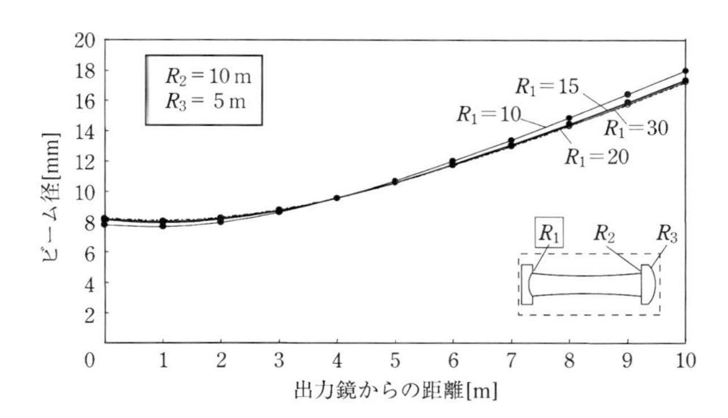

図 3.13 共振器の全反射鏡 R_1 を変化させた場合
（R_2=10，R_3=5 で R_1 変化）

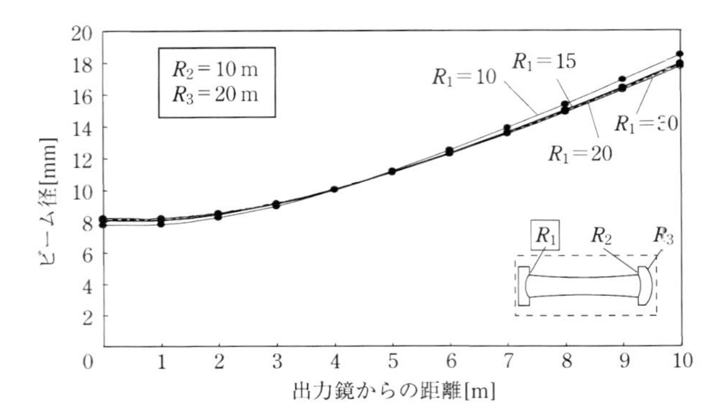

図 3.14　R_3 の曲率半径を 20 m とした場合
（$R_2=10$，$R_3=20$ で R_1 変化）

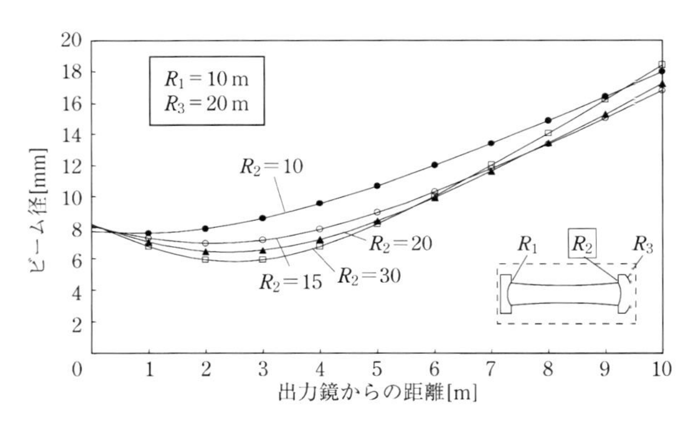

図 3.15　共振器の全反射鏡 R_2 を変化させた場合

はやや大きいものの，ほとんど変化はなかった．この結果を図 3.14 に示す．

また，R_1 の曲率半径を 10 m，R_3 の曲率半径を 20 m に固定し，R_2 を変化させた場合について図 3.15 に示す．その結果，$R_2=10$ m を除いて全体的に 2～3 m 先でビームウエストを有して広がっていく傾向を示した．ビームウエストは，R_2 の曲率半径が大きいほど絞られ小さくなる．さらに，図 3.16 に，R_1 の曲率半径を 15 m，R_2 の曲率半径を 30 m に固定し，出力鏡の外側 R_3 を変化させた場合を示す．

ビームの伝搬は，R_3 の曲率半径を小さくすると，ビームウエストが小さく，

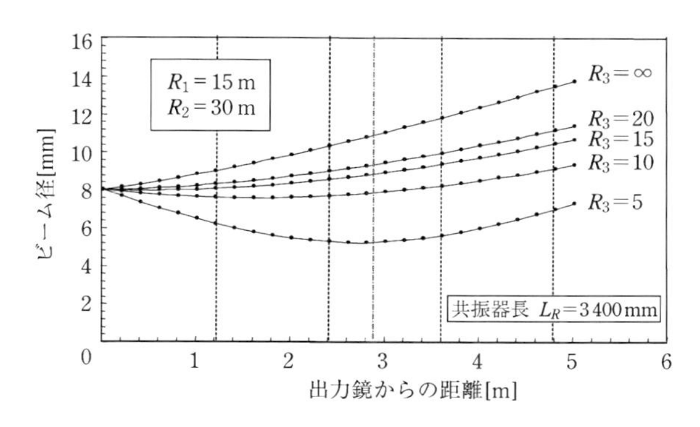

図 3.16 出力鏡（R_3）の曲率変化

R_3 を大きくすると最初から直線的に広がっていく傾向を示した．その結果，この R_3 を小さくとることで，加工機システムが大きい場合やビーム移動距離の長い場合に，伝搬ビームの広がりを抑えることができるため，長い光路長を有する加工機システムの伝搬の場合には R_3 の曲率半径を小さくとるようにすればよいことがわかる．

3.3.2 一定伝搬距離での集光

出力鏡から一定距離伝搬した光路長 $z=3.5$ m のところでの集光特性を，R_3 をパラメータに図 3.17 と図 3.18 に示す．ともに，焦点距離が $f=127$ mm のレンズを使用しているが，図 3.17 はビームコリメーションを用いない場合の単純光学系における集光特性であり，図 3.18 はコリメーションを用いた場合の集光特性である．両方とも，R_3 の曲率半径が大きいほど焦点距離近傍でより小さく集光する．

しかし，ビームコリメーションを用いた場合には，ほぼレンズの焦点距離付近で集光するのに対して，コリメーションを用いない単純光学系においては．その集光位置は R_3 の曲率半径が小さいほど短く，大きいほどビームの開き角も大きくなるため，結像する集光位置は遠方に遠ざかる．このことは同じ集光レンズを用いた場合においても，加工システムの共振器における光学系の構成によって，加工時のレンズの集光位置が異なることを意味する．

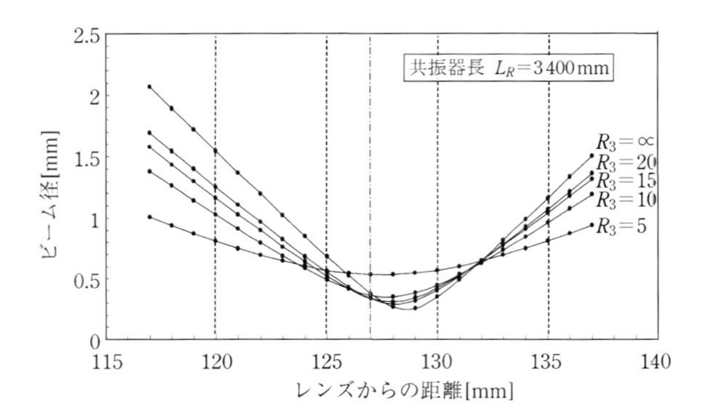

図 3.17　単純光学系における集光特性

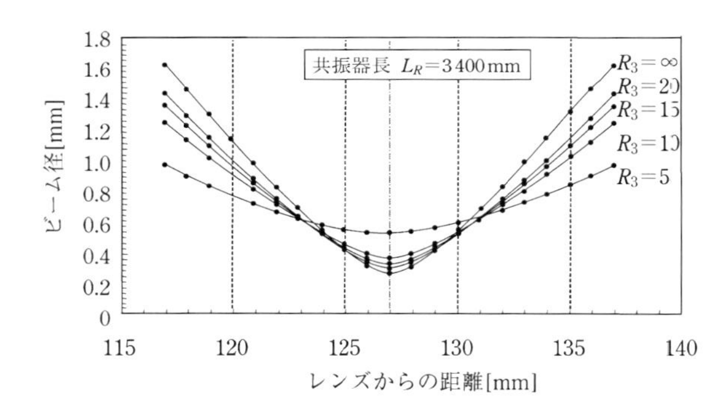

図 3.18　複合光学系における集光特性

3.3.3　ビーム伝搬に伴う集光特性

中規模の加工システムにおいては，小規模加工機システム同様に，コリメーションを用いないで，ビームにウエストをもたせて広がりを抑制する単純光学系を用いることが多い．その理由はコリメーションを取り付けるとコストの上昇と，光軸調整などのメンテナンスの複雑さをもたらすためである．このような一般に多用されている単純光学系の中・小型機について，その集光特性を考察する．

例として，焦点距離が5インチ（127 mm）である市販のレンズを用いて集光する場合について示す．図 3.19 は，レンズに入射するビーム径が変わることによって，変化する集光特性をみたものである．ビームウエストの位置を 0 として

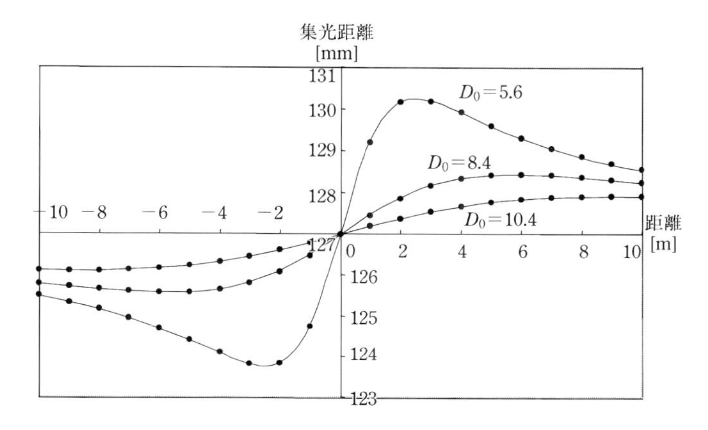

図 3.19 入射ビーム径の変化によるビームウエスト近傍での集光特性の影響

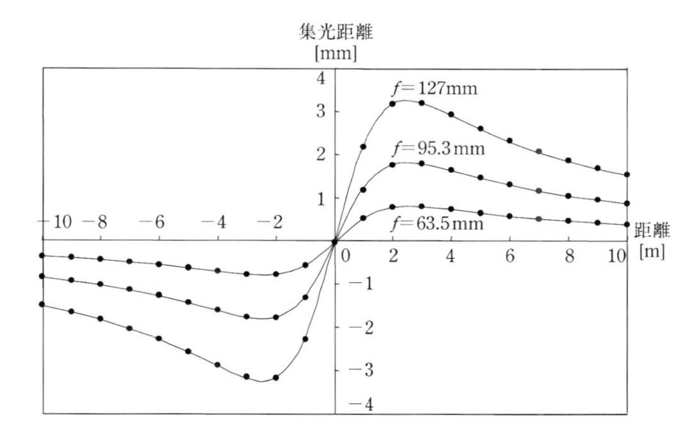

図 3.20 レンズ焦点距離の変化によるビームウエスト近傍での集光特性の影響

前後に距離をとるとビームウエストの位置を境に集光位置の長さが反転し，ビームウエスト位置より前ではみかけの焦点位置（集光点または結像点）は短く，同位置の後では反転してみかけの焦点位置は長めになる．この傾向は，レンズに入射されるビーム径 D_0 が小さいほど顕著になる．

また図 3.20 は，使用する市販の集光レンズの焦点距離が変わることによって変化する集光特性をみたもので，上と同様に，ビームウエストの位置を境に集光位置の長さが反転し，ビームウエスト位置より前では，みかけの焦点位置は短く

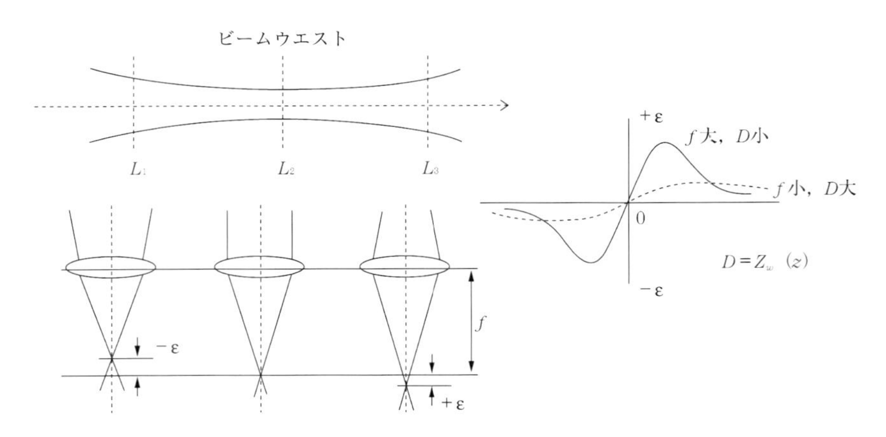

図3.21　ビームウエスト近傍での集光特性の変化

なり，同位置の後では反転してみかけの焦点位置は長めになる．この傾向は，集光レンズの焦点距離が長いほど大きくなる．

以上のように，ビームウエストの近傍での集光は，その前後において異なり，入射ビーム径，および実質の焦点距離が変動する．これらの結果を図3.21に模式的に示す．ビームウエストの前方（共振器側）では，ビームの入射はレンズに向かって徐々に閉じられる角度で入射する．これに対してビームウエストの後方では，ビームは広がる角度で集光レンズに入射する．これが集光点の距離を変化させる原因となる．

3.4　実加工機での伝搬と集光

3.4.1　実機の伝搬ビーム特性

共振器から取り出される実伝搬ビームを実測した．共振器長が $L_R = 3400\,\mathrm{mm}$ の CO_2 レーザで，構成するミラーの曲率半径をそれぞれ $R_1 = 15\,\mathrm{m}$，$R_2 = 30\,\mathrm{m}$ とし，R_3 の曲率半径はビームの広がりを大きく左右するので，特徴的なビームの広がりをもつビームが得られるように，R_3 を $5\,\mathrm{m}$ と $20\,\mathrm{m}$ に設定した．図3.22にその結果を示す．なお，伝送ビームおよび集光スポット径の計測にはPROMTEC社の測定器UFF 100が用いられた．プロット点は実測点を示す．ただし，測定での半径は中心強度の e^{-2} となる距離で定義される．

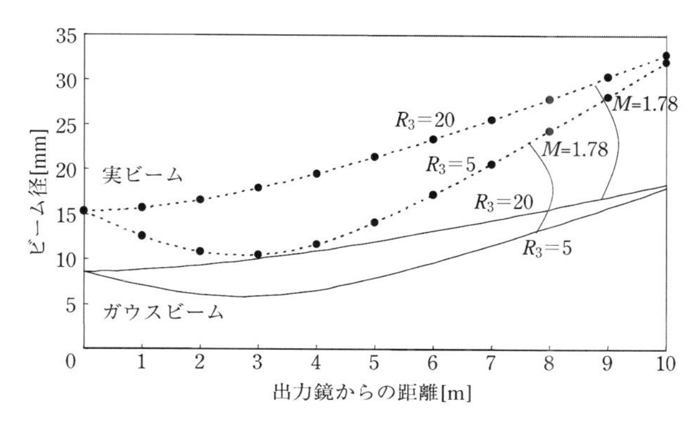

図 3.22 実機によるビームの伝搬特性

実線は理想的なガウスビームに対して計算された理論値であるが，R_3 の曲率半径が 5 m の場合には約 3 m 先でビームウエストをもち，使用した実機による伝搬ビームの測定でもそのまま $M=1.78$ のビーム径が得られた．同様に，R_3 の曲率半径が 20 m の場合には，出射の最初からほぼ広がるビームであるが，伝搬における各地点の M 値を実測した結果，$M=1.78$ となった．ともにガウスビームに対して M 値が 1.78 であった．

3.4.2 実機の集光特性

理想的なビーム（シングルモード）に対して，それ以外のビームをマルチモードと称する，実機にみられるこのようなモード集光ビームに対しては，M^2 を乗じた値が用いられる[4)]．

上と同様の共振器によるビームで，構成するミラーの曲率半径がそれぞれ $R_1=15$ m，$R_2=30$ m，$R_3=5$ m の場合で，焦点距離が 127 mm のレンズを用いたときの集光特性を実測した．レンズから集光点までの間を図 3.23 に示す．集光点位置で，集光ビーム径（スポット径）の微増がみられる．

同様の条件で，コリメーションを有した複合光学系の場合を例に，ビーム集光部の拡大図を図 3.24 に示す．実測での集光ビームスポットは，ほぼレンズの焦点距離付近で集光し，その光学的なぼけである集光の広がりは，理想的なガウスモードに比べて，$M^2 \fallingdotseq 3.1$ に匹敵する値を得た．この結果，高次モードを考慮

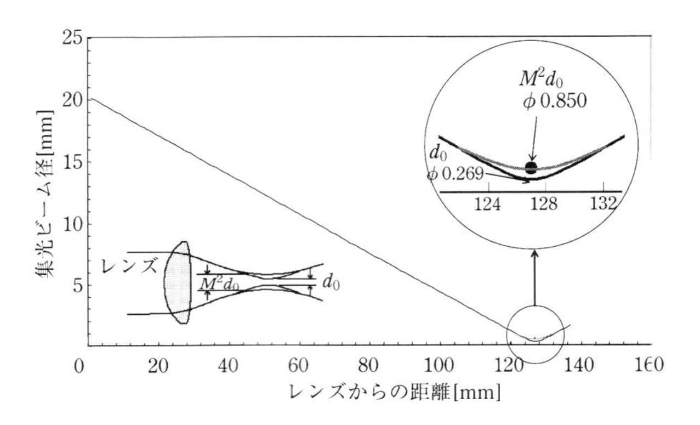

図 3.23　実機による集光特性

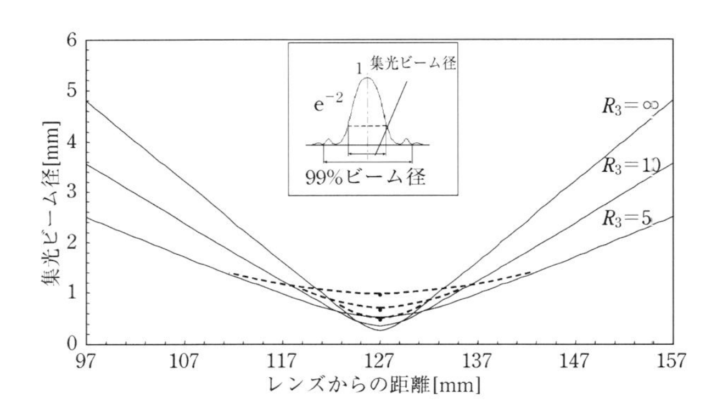

図 3.24　複合光学系を有したビームの集光特性

した M（エム）値，ならびに M^2（エム・スクエア）値は，実際のビーム特性と高い整合性があることが確認された．

以上のように，一般の産業用レーザ加工機で用いている加工用レーザビームは光路長の影響によって変化する．特に，伝搬ビームの外部にビームウエストを有するビームについては，その前後で集光させた場合，集光距離の長さはビームウエストを境にマイナス（減少）からプラス（増大）に反転する．その程度は用いるレンズの焦点距離に比例し，入射ビーム径に反比例する．

3.5 ビームの集光

3.5.1 レンズの焦点距離

3.5.1.1 単レンズの焦点距離

集光レンズ系において，第1面（光の入射側），第2面（光の出射側）の曲率半径が r_1，r_2 となるレンズが肉厚 t をもつとき，この単レンズの焦点距離は，屈折率を n とすると，

$$\frac{1}{f}=(n-1)\left(\frac{1}{r_1}-\frac{1}{r_2}\right)+\frac{(n-1)^2 t}{n r_1 r_2} \tag{3.6}$$

ただし，レンズは数学的な意味で十分薄いと考えると（実際に，厚さ 10mm 以下では厚みにほとんど影響されない），$t\approx 0$ とすることができるので，上式は

$$\frac{1}{f}=(n-1)\left(\frac{1}{r_1}-\frac{1}{r_2}\right) \tag{3.7}$$

となる．これらの関係から，この f，n，r_1，r_2 のうち3つが既知であれば，ほかの1つを求めることができる．たとえば，ZnSe（$n=2.4$）の素材を用いて焦点距離を5インチ（127mm）としたとき，

① 平凸レンズの場合

$$r_1=178\,\mathrm{mm},\qquad r_2=\infty\ \text{（既知）}$$

② メニスカスレンズの場合

$$r_1=113\,\mathrm{mm},\qquad r_2=300\,\mathrm{mm}\ \text{（既知とする）}$$

などとなる．

3.5.1.2 2枚レンズの焦点距離

非球面レンズを用いないで収差を小さくする方法として，2枚レンズを用いる場合がある．この場合における焦点位置の計算を示す．焦点距離が f_1 のレンズと f_2 のレンズを，距離 d だけ隔てて同じ光軸上に置いたとき，この合成光学系（組合せレンズ）の焦点距離 f は，

$$\frac{1}{f}=\frac{1}{f_1}+\frac{1}{f_2}-\frac{d}{f_1 f_2} \tag{3.8}$$

したがって，

$$\therefore f=\frac{f_1 f_2}{f_1+f_2-d} \tag{3.9}$$

の式で表される．

3.5.2　単レンズの集光

レーザビームの伝搬を扱う理論においてはレンズの厚み，収差の影響，およびレンズ内の屈折を無視して扱った．伝搬ビーム全体の傾向をみる場合にはそれで十分説明し得る．しかし，集光特性を考える場合には，本来詳細な光学的因子を考慮する必要がある．ここでは実際のレーザビームの集光性について，屈折率や収差を考慮し，同時に回折の影響を含めて検討する．

3.5.2.1　レンズの収差

加工用レーザにおけるレンズ集光によるビーム強度は，レンズによる収差があるため焦点の内側と外側とでは非対称となり，ビームエネルギーがもっとも高くなるのは，いわゆる焦点位置（有効焦点距離）よりやや内側になる．レーザビームの集光性を上げることは，焦点距離の短い短焦点レンズを用いてある程度実現することができる．しかし，短焦点レンズの場合には球面収差の増大をもたらし，かえって集光性は悪化する．また，短焦点レンズはワークディスタンス（レンズ端面から結像点までの距離）が短いために，発生蒸気やスパッタの影響を直接受けやすく，レンズの維持管理のうえからも問題が生じる．

屈折率 n の薄肉レンズにおける球面収差係数は半径 r_1 として，一般に以下の式で表される．ここで簡単のために，球面収差を一次収差のみ（$\Delta s'=A_1h^2+A_2h^4+\cdots$のうちの h^2 の項のみ）とすると，収差係数 A は以下の式で与えられる[4)]．

$$A=-\left(\frac{n}{n-1}\right)^2\frac{1}{2f}+\frac{2n-1}{2(n-1)}\cdot\frac{1}{r_1}-\frac{n+2}{2n}\cdot\frac{f}{{r_1}^2} \tag{3.10}$$

ここで，f はレンズの焦点距離とする．

最小となる球面収差は $\partial A/\partial r_1=0$ のときに得られるため，式（3.10）から，最小となる収差係数 A_{min} は，

$$A_{\mathrm{min}}=\left|-\frac{n(4n-1)}{8(n-1)^2(n+2)f}\right| \tag{3.11}$$

レンズに入る入射ビームの半径を b とし，直径を D とすると，収差のある光学系を用いた集光において，スポット径がもっとも小さくなる最小錯乱円（circle of least confusion）の直径 d_a は

$$d_a=\frac{1}{2}\left(\frac{A_{\min}b^3}{f}\right)=K\frac{D^3}{f^2} \tag{3.12}$$

$$\text{ここで，}\ K=\left|-\frac{n(4n-1)}{16(n-1)^2(n+2)}\right|$$

上記の式で，f を除いた屈折率 n の部分を係数 K で示した．式（3.12）は収差によるスポット径の広がりである．なお，収差は基本的に平面波などの光線追跡の計算により求められるものである．したがって，その扱いは幾何光学的である．

3.5.2.2 回折限界

一方，光の集光にはレンズの回折像が影響する．ここで，平面波（マルチモードに相当）で強度が均一（一様分布）のビームの場合，半径が b，直径が D であるビームを集光した場合のスポット径 d_0 は，Airy の公式により次式で与えられる．

$$d_0=1.22\frac{\lambda f}{b}=2.44\frac{\lambda f}{D} \tag{3.13}$$

これに対して，ガウス分布のビーム（ガウスビーム）の場合には以下のようになる．レンズの口径に対して入射ビームの直径が小さく，トランケーションが無視できる場合（$a\geqq 2.15w_0$）には，観測面の振幅 u は次の回折積分で与えられる[5]．

$$u=\frac{C_0}{z}\int_0^\infty \exp\left\{-\left[\frac{1}{{w_0}^2}-\frac{\mathrm{i}\pi}{\lambda}\left(\frac{1}{z}+\frac{1}{R}-\frac{1}{f}\right)\right]r^2\right\}J_0(br)r\,\mathrm{d}r \tag{3.14}$$

以上の積分は Weber の積分公式[3] により次のようになる．

$$u=\frac{C_0}{z}\cdot\frac{1}{2w^2}\cdot\exp\left(-\frac{b^2}{4w^2}\right)$$

したがって，強度は次式で求められる．

$$I=u\cdot u^*=\frac{C_0C_0{}^*\mathrm{e}^{-\frac{b^2}{4}\left(\frac{1}{w^2}+\frac{1}{w^{*2}}\right)}}{4z^2\cdot w^2w^{*2}} \tag{3.15}$$

ここで，$b^*=b$，$z=z^*$ とすると，

$$\omega^2=\frac{1}{{w_0}^2}-\frac{\mathrm{i}\pi}{\lambda}\left(\frac{1}{z}+\frac{1}{R}-\frac{1}{f}\right)\quad ;\qquad \omega^{*2}=\frac{1}{{w_0}^2}+\frac{\mathrm{i}\pi}{\lambda}\left(\frac{1}{z}+\frac{1}{R}-\frac{1}{f}\right)$$

$$\omega^2+\omega^{*2}=\frac{2}{{w_0}^2}\quad ;\qquad \omega^2\cdot\omega^{*2}=\frac{1}{{w_0}^4}+\frac{\pi^2}{\lambda^2}\left(\frac{1}{z}+\frac{1}{R}-\frac{1}{f}\right)^2$$

これを代入すると，

$$I=\frac{C_0C_0{}^*\mathrm{e}^{-\frac{\left(\frac{2\pi s}{\lambda z}\right)^2}{2{w_0}^2\left[\frac{1}{{w_0}^4}+\frac{\pi^2}{\lambda^2}\left(\frac{1}{z}+\frac{1}{R}-\frac{1}{f}\right)^2\right]}}}{4z^2\left[\frac{1}{{w_0}^4}+\frac{\pi^2}{\lambda^2}\left(\frac{1}{z}+\frac{1}{R}-\frac{1}{f}\right)^2\right]}\tag{3.16}$$

焦点位置におけるビームスポット径は，$1/z+1/R=1/f$ から，

$$I=\frac{C_0C_0{}^*}{4z^2\left(\frac{1}{{w_0}^2}\right)}\exp\left[-2\left(\frac{\pi s}{\lambda z}\right)^2{w_0}^2\right]\tag{3.17}$$

ガウス分布の中心強度 I_0 の $1/\mathrm{e}^2$ に相当する s の値がスポット半径であるから，$(\pi s/\lambda z)^2{w_0}^2=1$ となる．したがって，$s=\lambda z/\pi w_0$ となる．

$$\therefore d_0=2s=\frac{2}{\pi}\cdot\frac{\lambda z}{w_0}$$

ここで，焦点距離を考えて，$z=f$ として，$w_0=D$ に置き換えると，

$$d_0=\frac{4}{\pi}\cdot\frac{\lambda f}{D}=1.27\frac{\lambda f}{D}\tag{3.18}$$

これによりレーザ光がガウスビームの場合の回折限界による集光径が求められる．ただし，理想的な光学系があるにしても，最小スポットには限界があり，ここで求めた径以下にはならない．

実際のビームは高次成分を含んでおり，その回折においてはビーム品質による定数（モード補正係数）C_m を乗じることによって表現することができる．したがって，一般の回折による集光径は次式で示される．

$$d_m=C_md_0=1.27C_m\frac{\lambda f}{D}\tag{3.19}$$

ここで，モード補正係数は $C_m\geqq 1$ であり，この $C_m=1$ は，特別な場合で理想的なガウス分布を示す．

実用的にはレーザの集光系には単レンズが用いられている．標準状態で焦点距

離をもったレンズで集光する場合には，一般に回折によるスポット径（d_m）の広がりと，収差によるスポット径（d_a）の広がり（または，ぼけ）の和として表される[5]．

$$d_G = d_m + d_a = 1.27 C_m \frac{\lambda f}{D} + K \frac{D^3}{f^2} \tag{3.20}$$

ただし，ここで求めたビーム径は，両者の物理的な意味の異なるものであるから，このように単純に加えることは，理論的には厳密に正確とはいえないが，一般に，集光スポット径を把握する方法として用いることができる．

ただし，この解は，すべての場合に当てはまるとは限らない．一般に，焦点から内側（レンズ側）に行くほど収差の影響が大きく表れ，反対に，焦点から遠ざかると回折の影響を強く受けることが光学的によく知られている事実である．したがって，元のビーム径が小さい場合と焦点距離が長い場合には，収差の影響が非常に少ないことから，このような場合には収差による項を無視できることがある．たとえば，元ビームが非常に小さく，レンズには比較的長焦点のものを用いるファイバーレーザ集光径などの場合がこれに属する．

また，簡易的には式（3.18）で表すことがある．

$$d = \frac{4f}{\pi D} C_m \lambda$$

ここで，C_m はモード補正係数であるが，この代わりに M^2 を用いることがある．ただし，メーカなどから与えられた M^2 が必ずしも実態を表していない場合があり，測定値との整合で調整を要することがあることから，ここでは広くモード補正係数で表示する．

3.5.3 集光限界光学系

3.5.3.1 無収差レンズの製作

レーザで用いる通常の単レンズの場合，入射高さの違いからくる球面収差をもつ．このため，もっとも小さくなるスポット位置はレンズ焦点距離の内側で発生する．また，収差が発生することで，理想とする集光特性は得られない．しかし，少なくとも一面が球面以外の屈折面をもつ非球面レンズを作製することによって，結果的にレンズによる収差の生じない状態にすることができる．

標準レンズの焦点距離相当の間隔をワークディスタンスとして維持したまま集

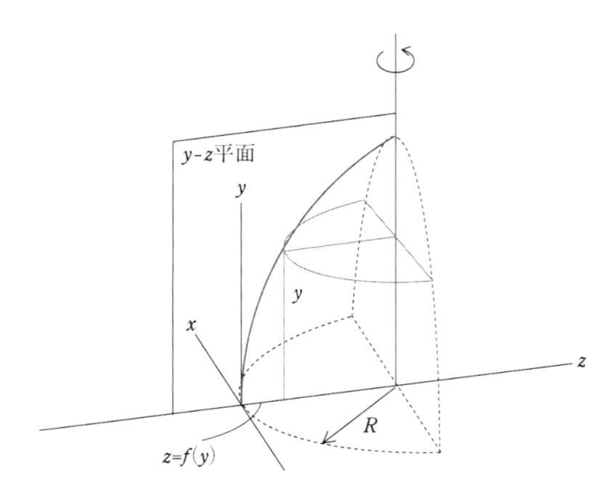

図 3.25　非球面の座標系

光を実現しようとする場合には，理論上，ビームを拡大して，そのうえで非球面レンズを用いて球面収差をなくすほかはなく，少なくとも 2 枚の構成部材による光学系を組むことで最小の集光性を実現することができる．

レーザ加工用の単レンズを想定した非球面（aspherical surface）は，図 3.25 のように光軸を z 軸にとり，y-z 平面内に非球面の曲線で定義する．z 軸上で原点から R の距離の点を通り，図のように回転軸をとって回転して得られる面で表示される．式は一般に次式で与えられる[6]．

$$\left.\begin{aligned} z=f(y)&=\frac{Cy^2}{1+\sqrt{1-(K+1)C^2y^2}}+A_1y^4+A_2y^6+A_3y^8\cdots \\ x^2+(z-R)^2&=[R-f(y)]^2 \end{aligned}\right\} \tag{3.21}$$

ここで，K の値によって曲面は異なるが，放物線の場合は $K=-1$ で，球面の場合は $K=0$ となる．したがって，ここで求める非球面は，式（3.21）において $K=0$ の場合である．なお，本光学系に用いたレンズ材料はセレン化亜鉛（ZnSe：屈折率 $n=2.4$）である．また，C は y 方向の曲率で定数，A_1，A_2，A_3 はそれぞれ係数である．これらは焦点距離，有効径などの非球面の設計諸元が決まれば計算機によって求められる．この実験光学系で得られた各係数は以下のとおりである[7]．

$$C = 0.61542 \times 10^{-2}$$
$$A_1 = -0.13026 \times 10^{-6}$$
$$A_2 = 0.11976 \times 10^{-11}$$
$$A_3 = 0.16856 \times 10^{-15}$$

さらに集光性を上げるためには，回折の影響を低減する必要がある．すなわち，式（3.20）の右辺の第1項にある f/D はFナンバーと称するが，一定の集光（結像）距離を確保したうえで，Fナンバーをできるだけ小さくすることにより集光性の向上を図ることができる．

3.5.3.2 光学系の構築

実機による無収差光学系を構築するために，出力変動の少ない1kWの CO_2 レーザで，モードが比較的基本モード（TEM_{00}）に近い低速軸流型発振器を用いて光学系を組み上げた．図3.26にその構成を示す．

実際の産業用のレーザビームを用いて無収差光学系を構築するためには，種々の精度上の制限がある．光軸からの許容偏芯量，設置されたレンズのサイズや傾き，また，所定のレンズによる結像点の位置などがそれである．

光学でのレンズの焦点距離は，厳密には主点位置から結像点までの距離であるが，本研究では実測が可能なワークディスタンスを用いる．その距離は産業用加工機で多用されている焦点距離5インチレンズ相当の127mmとした．なお，ここでは入射光は平行光を仮定している．

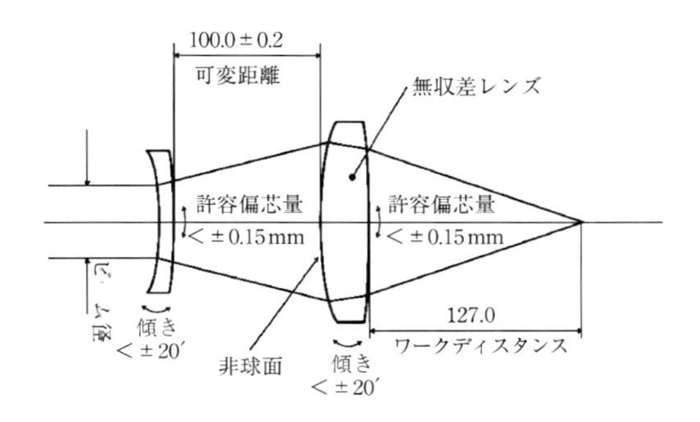

図3.26 集光限界のための光学系

3.5.4　入射ビームと集光特性

3.5.4.1　入射ビームが平行の場合

図3.27に入射角度が理想的に平行（無限遠方光源）となる場合の焦点位置の関係を示す．ここで t/n は，レンズの第2主点の位置であるので，この場合 x がレンズの焦点距離となる．式（3.20）をもとに，入射ビーム径を $D=9$mm，16mm，20mmとそれぞれ変化させた場合のスポット径を求めたグラフを以下の図3.28に示す．

その結果，ワークディスタンス127mmで比較すると，入射ビーム径が大きいほど収差は大きくなるが，回折の影響が合成されるため，最小スポット径は小さくなるか，その後はあまり変わらない．なお，図3.27中のE.F.L.（effective focal length）は光学上の正式な有効焦点距離で，通常の焦点距離を示す．

3.5.4.2　入射ビームが角度をもつ場合

以上では理想的な平行ビームがレンズに入射する場合を想定したが，実際のビームは入射角度をもっている．入射ビームが一定の角度をもって入射した場合を図3.29に示す．レンズの厚みは $t=5$mmである．レンズ入射角度は光軸に対して角度 θ を有するものとする．これを光線追跡法によってその変化を求める．

① $a=500$mm

② $a=1000$mm

③ $a=\infty$

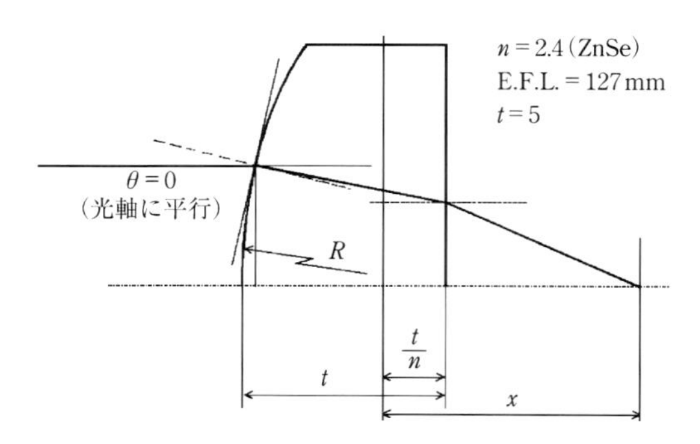

図3.27　入射角が平行の場合の集光位置

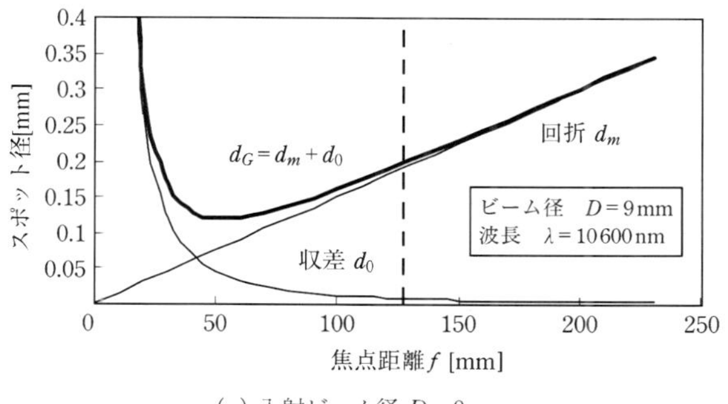

(a) 入射ビーム径 $D = 9$ mm

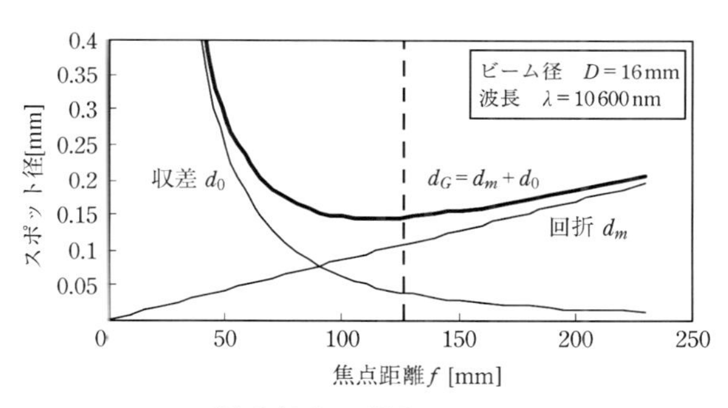

(b) 入射ビーム径 $D = 16$ mm

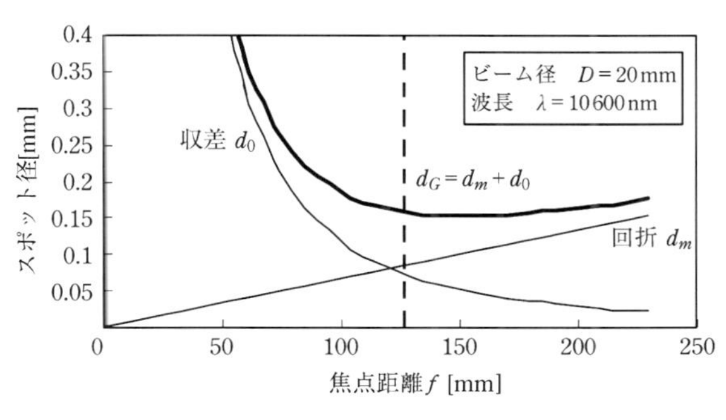

(c) 入射ビーム径 $D = 20$ mm

図 3.28 入射ビーム径に対する集光スポット径

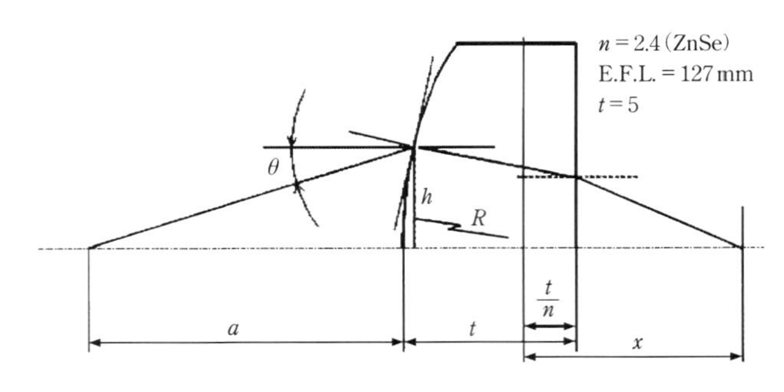

図 3.29　入射ビームが角度をもつ場合

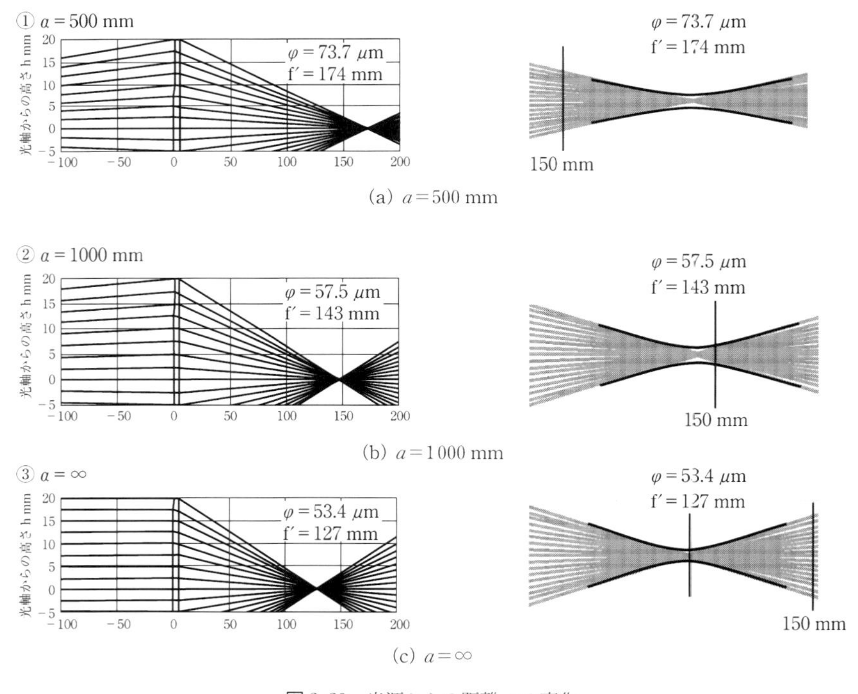

(a)$a = 500$ mm

(b)$a = 1000$ mm

(c)$a = \infty$

図 3.30　光源からの距離 a の変化

一例として光源からの距離 a を $a = 500$ mm，$a = 1000$ mm，および $a = \infty$ とした場合の集光点の変化をみる（図 3.30）．a が短いほど，実際の集光位置 f' はレンズの焦点距離よりやや先のほうで結像する．集光位置の距離と集光スポット径を図中に示した.

入射ビームが平行光（$a=\infty$）の場合には，ほぼレンズ固有の焦点距離で結像（集光）するが，光源からの距離が短くなるにつれて結像する位置が遠方に遠ざかり，上記の計算範囲でも集光距離の約40％近い誤差をもたらす．また，光源からの距離が $a=\infty$ の場合，ビーム径がもっとも小さくなるスポット径の値が約53.4 μmであったのに対して，光源からの距離 $a=500$ mmの場合においては最小となるスポット径の値は73.7 μmであった．すなわち角度をもってレンズに入射する場合，光源からの距離が近くなると，集光位置の距離が伸びてスポット径がやや大きくなる傾向を示す．図3.30の右の図は焦点近傍を拡大し最小錯乱円（スポット径）を光の包絡線としての火線（caustic line）で表示した.

実際のビームは厳密には入射角度をもってレンズに入る．その場合は，光は平行平面波ではなく波面を有して入射することになるため，波面収差となって幾何光学から外れることになる．したがって，この集光距離の変化に対応して収差を求めることは現在のところ難しいが，ここでは同じ幾何光学で入射ビームが角度をもつことによる集光特性の変化を考える.

図3.31に示すように，レンズの入射ビーム径 D が与えられ，光源からの距離 a が決まると，これによってレンズ入射角度 θ が定まる．ここで，光路長 L を距離 a に置き換えると，伝送ビーム半径 w は距離 a の関数として以下の式で表される[5].

$$w=w_0\sqrt{1+\left(\frac{a}{\pi w_0{}^2/\lambda}\right)^2}=w_0\sqrt{1+\left(\frac{a\lambda}{\pi w_0{}^2}\right)^2} \tag{3.22}$$

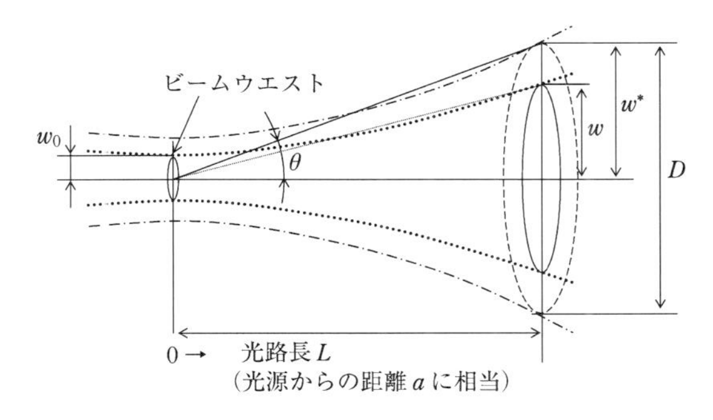

図3.31　ビーム径の広がり

ここで λ は波長，w_0 は出力鏡またはウエスト位置でのビーム半径を示す．なお最初の式のルート内にある分母（$\pi w_0{}^2/\lambda$）はレイリー長さ（Rayleigh length）とよばれる量である．

また，実際のビームはガウスビームでないためモード補正係数 C_m を乗じた伝搬ビーム半径を求める必要がある．したがって，式（3.22）は以下のようになる[6)]．

$$w^* = C_m \times w \tag{3.23}$$

よって求める光源からの距離 a と入射角度 θ との関係は

$$\theta = \arctan\left(\frac{w^*}{a}\right) \tag{3.24}$$

として表される．

伝搬ビームの広がりに対するレンズ位置での入射ビームの広がりの関係を図3.32に示す．ビームの広がりが大きい場合にはレンズ位置での入射ビーム径は大きくなるが，レンズ位置でのビーム径を規定すると，光源からの位置が同じでも，広がり角は異なってくる．

また，ビーム角度の相対的な変化を求めるために，平行ビーム（広がり角 $\theta=0$）のときを1とした場合，広がり角が変化する割合（光源からの距離 a が変化）を数値化としておくと便利である．これを集光の角度係数として，角度の関

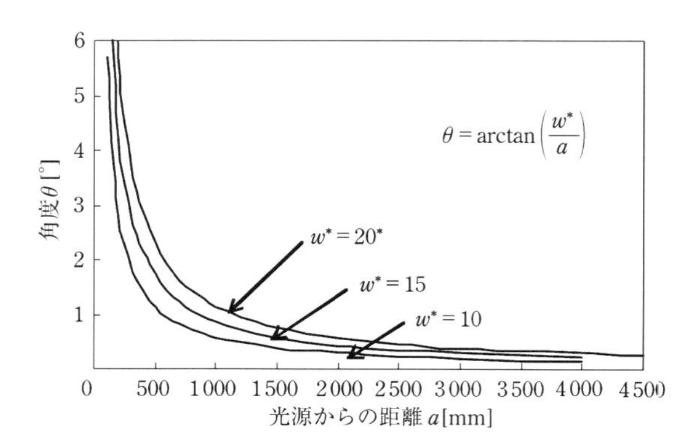

図 3.32　ビーム広がり角とレンズ入射ビーム径

数で表す．

$$\zeta(\theta) = 0.079\theta^2 + 1 \quad \text{ただし，}(0° \leqq \theta < 3°) \tag{3.25}$$

このことから式（3.20）は，収差の項に集光の際の角度係数を付加することで，最終的に以下の式で表される．

$$d_G = 1.27 C_m \frac{\lambda f}{D} + \zeta(\theta) \cdot K \frac{D^3}{f^2} \tag{3.26}$$

たとえば，直径 $D = 15$ mm（半径 $w_0 = 7.5$ mm）のガウスビームの場合，距離 $a = 8$ m となる光の伝搬位置におけるビーム半径は，モード補正係数 $C_m = 1.6$（計算値による）とすると $w^* = 13.5$ mm となって，直径の変化は 8 m 先においては 15 mm から 27 mm に拡大する．この場合角度換算では $\theta = 0.013°$ となってきわめて小さい．また実際の製品加工の範囲が限られていて，その駆動範囲（光路移動距離）が小さい場合はビームの入射角度の変化は無視できる．

光源からの距離 a が異なることによる収差の影響は，距離 a に反比例し，入射角度に比例する．また，集光点の位置（集光距離）の変化は，同じ焦点距離 127 mm の集光レンズを用いた場合でも光源からの距離（入射角度の変化）によって異なる．

以上のように，単レンズを用いたレーザの集光は，ビームの入射角度，レンズ位置での入射ビーム径などによって変化する．拡大率など光学系の組み方によっては，角度係数は小さくない．

3.5.5 実機によるスポット径の計算

回折限界は f の一次関数であるために，直線的に増加する．また，収差は，強度の一様な平面波として計算すると，f^2 の反比例の式で表される．

このことから，D を大きくとり，f を小さくとるほど集光性がよいことがわかる．産業用レーザの実機による集光スポット径を図 3.33 に示す．式（3.26）で，$D = 14.0$ mm，焦点距離 $f = 127$ mm の場合で，回折によるモード補正係数 $C_m = 1.6$，および収差による角度係数を考慮した．その結果，集光スポット径 ϕ 220.8 μm を得た．

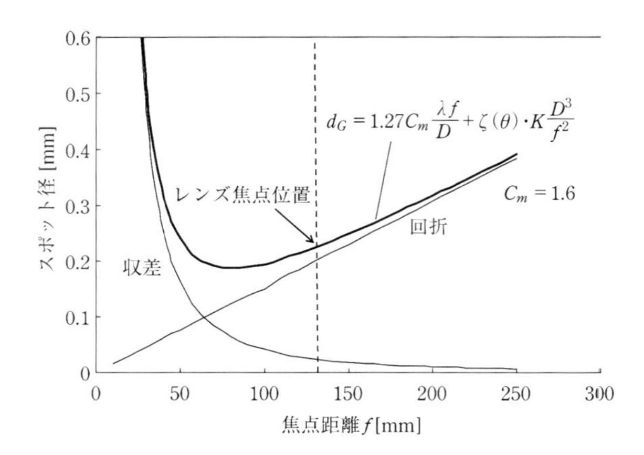

図 3.33　角度係数およびモード係数を考慮した集光

3.5.6　集　光　限　界

3.5.6.1　無収差光学系による集光

構築された無収差光学系の諸元は図 3.34 に示すとおりである．加工で用いるレンズの焦点距離は，長短さまざまであるが，最近では薄板から厚板（〜16 mm）までの厚板をカバーできることを理由に，前述のように，レンズの焦点距離を 127 mm（5 インチ）に固定するようになってきた．この距離を実用的なワークディスタンスとして一定に保ち，そのうえで最小となる集光径を得るための無収差光学系による集光限界を求めた．

実際のビームはガウスビームの 99 %のエネルギー径[7]にあたる ϕ21 mm であるが，拡大して ϕ46.5 mm 径でレンズに入射するようにして，無収差レンズを設計した．無収差の曲面は式（3.21）によって計算され，製作された．図 3.35 には得られた無収差曲線を示す．図は無収差加工面で，光軸に対して対称となるので，レンズの上半分のみを示した．また図中には，この開口径で球面をなす場合の曲線を参考に図示する．その差は非常に小さい．また，無収差光学系を用いた場合の集光スポットは，収差の影響がなくなるため，回折だけを考慮すればよく，モード補正係数を乗じた回折分だけで決まると考えられる．

収差がないと考えた場合を式（3.26）に基づいて計算した．その結果，約 ϕ88. 4 μm の集光径を得た．

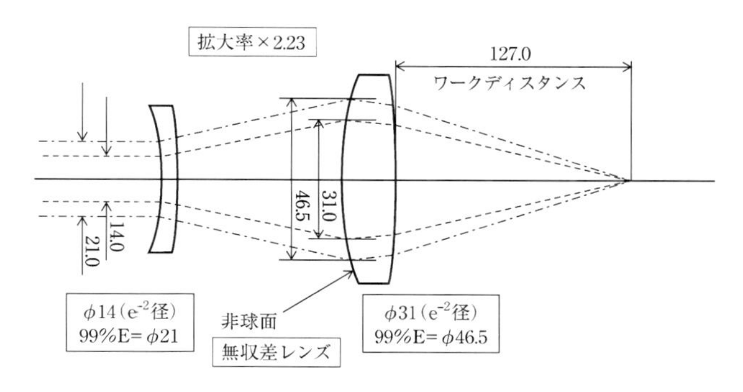

図 3.34 無収差光学系の緒元

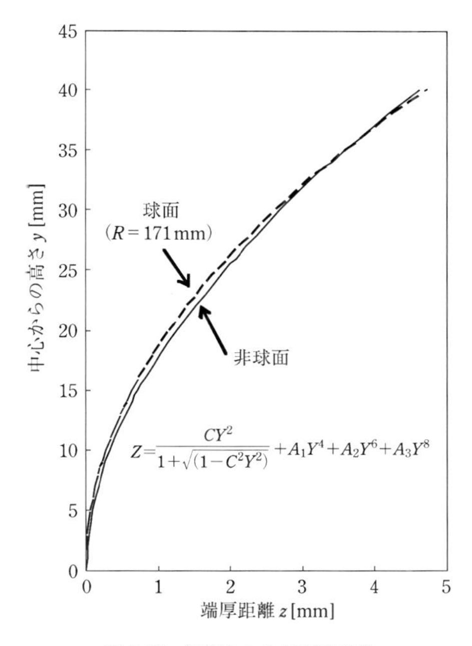

図 3.35 製作された無収差曲線

3.5.6.2 集光限界の測定

無収差光学系を構築するために非球面レンズを製作し，これを用いてビームを集光した．比較のために，市販している焦点距離 127 mm（5 インチ）のレンズ

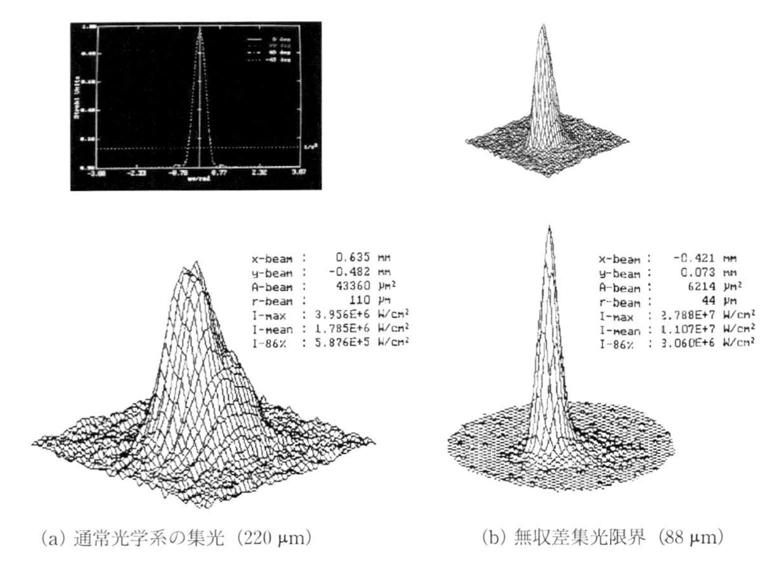

(a) 通常光学系の集光（220 μm）　　(b) 無収差集光限界（88 μm）

図 3.36　集光特性の比較

を用いて集光させた場合のスポット径と，本実験の無収差光学系によるスポット径の測定結果を示す．測定器は PROMTECH 社のレーザスコープ UFF 100 を用いた．本測定器はピンホールを有する回転ニードルによって，集光点近傍のビーム中に投入してビームウエストおよびビームプロファイルの測定，および集光スポット径の測定が可能である．

その結果，市販のレンズによる集光径は実測値 ϕ220μm を得た．また，ワークディスタンス 127mm を維持した無収差光学系の非球面レンズによる集光径の場合は ϕ88μm の集光限界を得た．これらの光学系で得られたビームの集光特性の測定結果を図 3.36 に示す．

3.5.7　切断加工実験

一般に，同じレーザ出力に対してスポット径が小さいほどそのパワー密度は大きくなるが，レーザのパワー密度が高いほど切断加工速度が向上することはよく知られている．しかし具体的に，与えられた材料の切断板厚に対するスポット径の最適値や，その限界についてはあまり知られていない．

製作された集光限界のための光学系を用いて，図3.26にある可変のレンズ間距離（可変距離）を変化させ，集光スポットを一定範囲で変えることで，板厚1.2mmの軟鋼に対する切断実験を試み，加工速度が最速となるスポット径を求めた．実験条件は，アシストガスに酸素ガスを用い，ガス圧は0.2MPa，ノズルとワーク間の距離（ギャップ）は1mm一定とし，出力1kWで切断できる速度範囲を求めた．その結果，板厚1.2mmについて最速となるスポット径は170μmであった．得られたグラフを図3.37に示す．レンズによる焦点深度を無視すれば，図3.26の拡大用メニスカスレンズと非球面レンズの間隔（可変距離）を変えることによって任意のスポット径を得ることができる．この関係を利用して，集光スポット径をx軸に，y軸には板厚$t=1.2$mmの軟鋼を高速に切断できる最大切断速度を求めた．ここでの最大切断速度とは，同じ加工条件下でスポット径のみ変えて切断した場合，良好に切断できる最速の切断速度を示す．

高速に切断できる要因の1つに，切断溝内におけるアシストガスの流れがある．そのため，溝内のアシストガス噴流の挙動をCFD（computer fluid dynamics）によるシミュレーションで比較した．

切断速度は高速になるほど切断幅は狭まる．特に，最大切断速度においては，切断溝の幅（切断溝）はスポット径により近づく．ただし，スポット径はガウスビームを仮定した中心強度のe^{-2}となる径で定義されているため，計算上のスポット径と材料反応によってできる切断幅とは必ずしも一致しないが，切断速度やレーザ出力を加減することによって数値上で合わせるか，あるいは近似させることは可能である．このことから，スポット径が最速の切断速度時の切断幅に相当

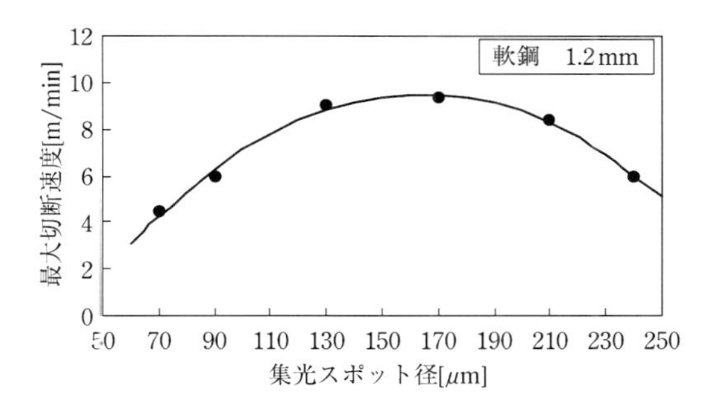

図3.37 薄板の切断特性

することを仮定し，ガス噴流の高速化は高速切断につながるのでいくつかのスポット径相当の切断幅を選んで，溝内のアシストガスの流れをみる．

その結果を図 3.38 に示す．切断幅 90 μm，170 μm，240 μm の 3 つを例にした．ノズル出口でのアシストガスの圧力は 0.1 MPa，流速は 300 m/s として噴射すると，切断溝幅は 170 μm のときに，流速 280 m/s の最大噴流速度が溝中央入口で観測された．それより大きい切断溝幅の 320 μm では切断溝の入口付近では，流速 290 m/s とやや低下し，同様に，小さい切断溝幅の 90 μm では，ガス噴流によって切断溝の入口付近では高い圧力が発生し，これが入口を覆うために，かえって切断溝を通過するガス噴流速度が低下する．ただし，ガス圧力を増すと切断幅の大きいほうに最適点はシフトする．いいかえれば，材料の板厚に応じて最適な出力と切断溝幅（スポット径）が存在することを意味する．

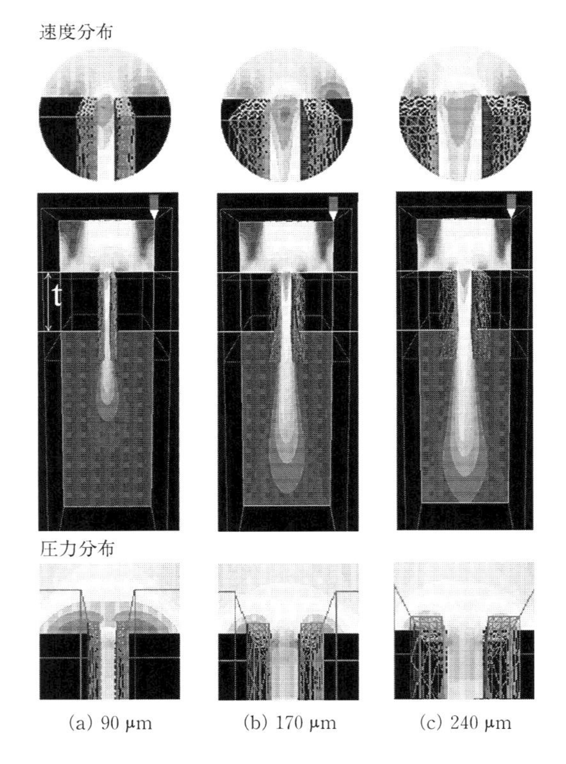

図 3.38　切断溝内のガス噴流の流れ（口絵参照）

3.6 ビームの偏光

3.6.1 偏光とは

光の性質は波動的で，時間的に変化しながら空間を伝搬する電界と磁界の組合せであるが，光は振動電界で方向性をもっている．電界の振動方向がある方向に偏りをもつ現象を偏光という．自然光の場合には，振動方向がランダムでいろいろ混ざっているので偏光はしない．このような場合を無偏光またはランダム偏光という．偏光には直線偏光と楕円偏光があり，楕円偏光の特別な場合を円偏光という．

3.6.2 発振器と偏光

2枚の反射鏡（全反射と部分透過）を対向させた基本構成の共振器からの発振ビームは無偏光すなわちランダム偏光である．レーザ光が反射面（ミラー）などにぶつかると，金属表面で自由電子（free electron）を刺激して電磁波を発生する．これが物理学的記述の反射であるが，この反射率は入射角度によって変化する．偏光には振動方向の異なる2つの偏光成分がある．進行方向に金属表面（反射面）がある場合，反射面に対して直角に振動する垂直波（P波）と平行に振動する水平波（S波）がある．その2つは同時に進行するが，反射と吸収に対する性格が異なる．直角に振動する垂直波（P波）は反射面に吸収されるためその面からの反射率が低くなり，平行に振動する水平波（S波）は反射面でほとんどが反射する．表現と理解の便利のために，吸収する垂直波（P波）を面に対して突きさされる縦方向振動に，反射する水平波（S波）はバネのように反発する横方向振動で表示する．図3.39にその概念図を示す[7]．振動方向が金属表面（反射面）に対して直角に振動する垂直波（P波）の場合は，吸収されるため反射率が低くなる．また，平行に振動する水平波（S波）の場合には，ほとんどが反射する．入射角が$\theta=0$の場合は変化がないので，対向する2枚の鏡の間でともに存在し，無偏光となる．しかし，産業用として高出力化したレーザ共振器の場合には，一般に出力は共振器長に比例する．そのため，出力の割に長さをコンパクトにするために全体を「コ」の字に折り返した共振器を用いる．このことによって共振器の内部のコーナー部で偏光が起こる．

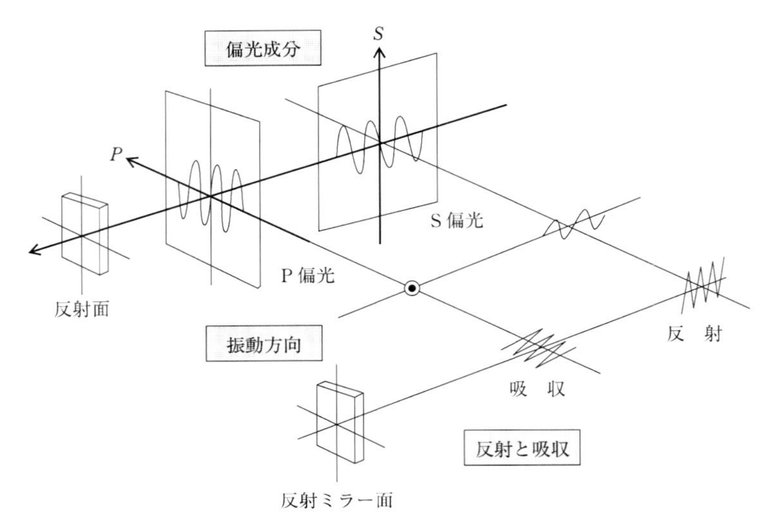

図 3.39　偏光成分と金属ミラー面での反射

図 3.40 のように，仮に，最端の全反射鏡と折返し鏡の間で，レーザ種光が発現したとすると，最初発生したレーザ光はランダム偏光のままミラー間を直進する．直進した光は 90° の折返し鏡に至る．この鏡面に対して垂直をなす方向の P 波の振動ベクトルは，金属面で吸収されるため損失が大きく減衰する．一方，鏡面に対して平行をなす方向の S 波の振動ベクトルは，損失が小さくほとんど反射される．したがって，出力鏡と全反射鏡の間を往復する間に S 波だけが増幅されることから，結果的に後者の鏡面に平行となる S 波の振動ベクトルが勝り，反射率の高い水平波（S 波）のみが折り曲げられた共振器内に存在することになる．したがって，このような共振器からは向きが下向きの直線偏光（s 偏光）のみが強調されて残る．直線偏光は反射や吸収に偏りをもつことから，加工に不都合の多い場合があり，最終的に取り出された光を円偏光に変換してから用いることが多い．図 3.41 には代表的な偏光を図示する．上の図は 45° 方向の直線偏光の場合を示す．直線偏光の電界の振動ベクトルは，電界 E_x と電界 E_y に分解される．逆に，この電界 E_x と電界 E_y の合成ベクトルの各点は，光の進行方向から観測すると 45° 方向をなす平面上に集中し，原点を挟んであたかもその間を振動しているようにみえる．これが 45° 直線偏光である．これに対して，たとえば

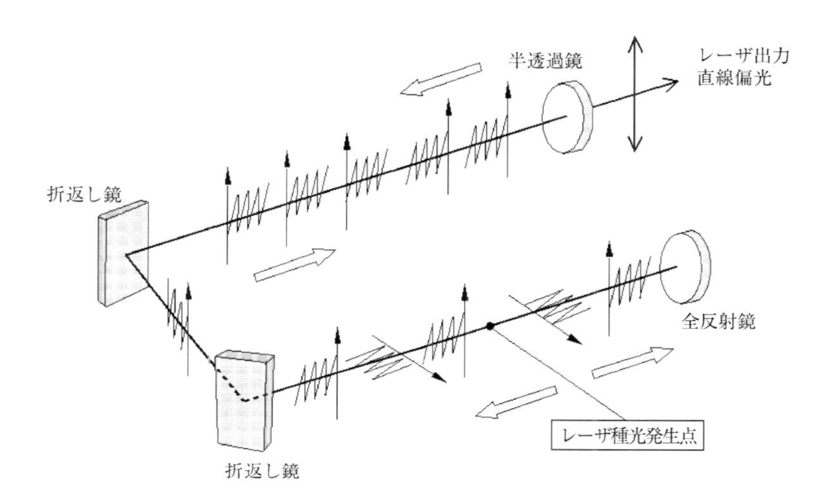

図 3.40　共振器内における偏光

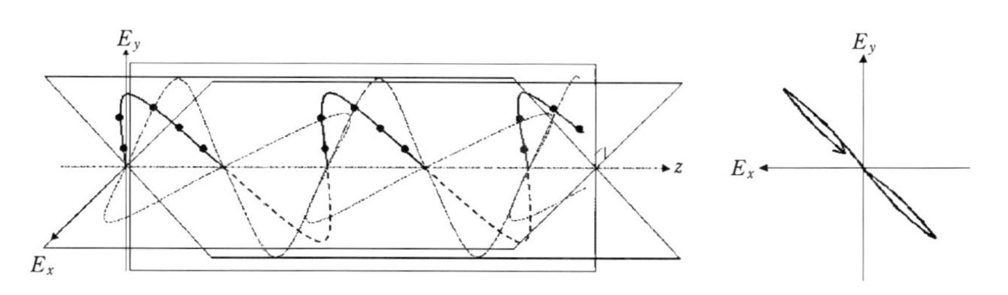

(a) 直線偏光（E_y と E_x の位相が一致した場合）

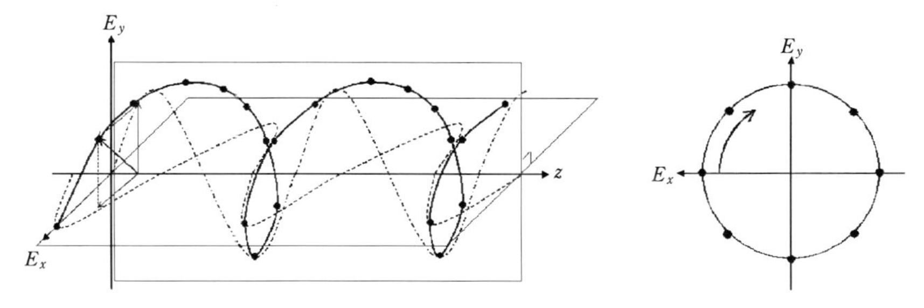

(b) 円偏光（E_y の位相が 1/4 波長先に進んだ場合）

図 3.41　直線偏光と円偏光

電界 E_x の位相を1/4波長だけ早める方向にずらすと円偏光（右回り）に，ここから1/4波長早める（1/2波長）ともとの直線偏光に直角な方向となる直線偏光に，さらに1/4波長早める（3/4波長）と円偏光（左回り）となる．位相のずれが整数倍でない場合は楕円偏光となる．円偏光は楕円偏光の特殊な場合に相当する．

3.6.3 偏光の変換

共振器の出力鏡から出た光を円偏光に変換する光学素子を円偏光鏡（リターダ）というが，通常は円偏光鏡だけではなく，平面鏡と円偏光鏡の組合せユニットによって変換する（図3.42）．直線偏光の光が入射される場合，入射面では位相が等しいが，$\lambda/4$（4分のラムダ：波長の1/4）板を通過し反射面での出射光は，$\lambda/4$ 板の x 方向と y 方向の屈折の違いによって，$\lambda/4$ だけ位相差（伝搬の遅れ）が生じる．出射端（面）で両成分は再び合成されて，偏光の振動ベクトルは回転しながら伝搬して円偏光に変換される．

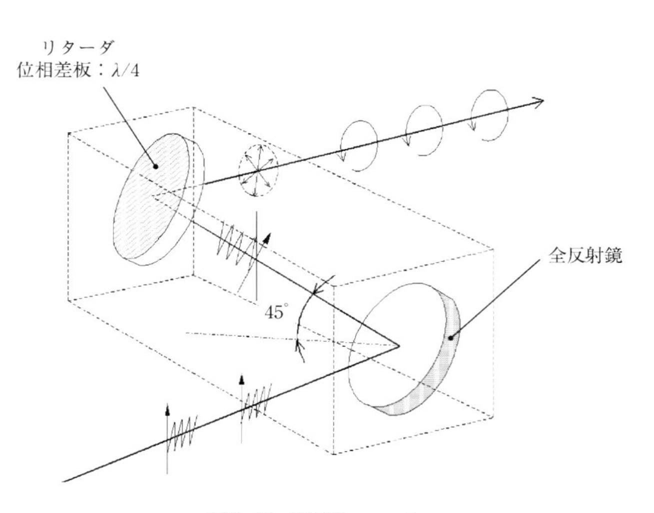

図3.42　円偏光ユニット

3.7　ファイバー伝送

3.7.1　光ファイバー

YAG レーザは近赤外光であることから，ファイバーなどのガラス系光学部品を用いることができる．一部のファイバーは，波長領域の関係で通信用にもともと開発されたものが転用されたものであるが，YAG レーザエネルギー伝送を可能にする大口径の光ファイバーが開発されるに至り，加工用 YAG レーザでの光ファイバーの利用がはじまった．現在，YAG レーザにおいては，モードを重視する切断などではミラーによる伝送を行うこともあるが，ファイバーによる伝送が一般的である．きわめて特殊な場合を除き，溶接ではモードをある程度犠牲にしても十分機能するので，溶融石英系ファイバーが用いられている．また，最近ではファイバーを用いた切断でも，径が 0.1〜0.2 mm の極細ファイバーで高い出力を伝送させることによって，パワー密度を高めファイバー伝送でモードが劣化する分を補うことができるようになってきた．

光ファイバーは一般に細いガラス繊維でできており，コアとよばれる光が伝搬する部分とその外周のクラッドとよばれる部分とで構成され，コア材はクラッド材より高い屈折率を有している．その周囲は保護被覆や補強繊維で材料的な強度を維持するようにできている（図 3.43）．ファイバー径（コア径）は 0.3〜0.8 mm までのものが大半で，高出力用（数 kW 連続出力用）に大量のエネルギー伝達が可能な 1.0〜1.2 mm のものも出現している．

産業用に用いられている YAG レーザ用のファイバーには，主として SI（step

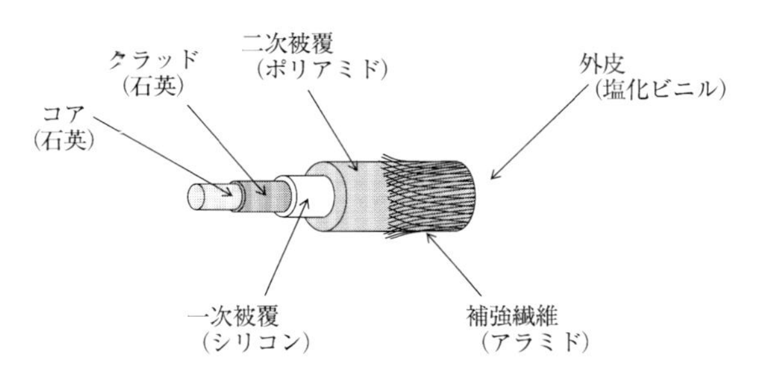

図 3.43　光ファイバーの構造図

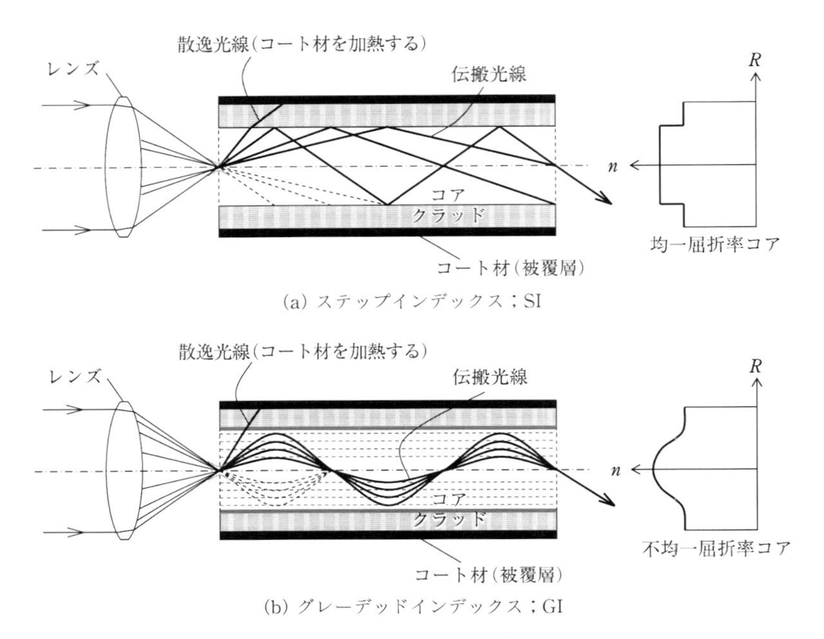

図 3.44　SI 系ファイバーと GI 系ファイバー

index) 系ファイバーと GI (graded index) 系ファイバーとがある．SI 系ファイバーでは，コア部とクラッド部の屈折率がそれぞれ均一で，コア径以下に集光されたビームはコア内に入射されるが，各光線は，屈折率の異なる境界で光の反射に関する Snell の法則に従って，直線的に反射を繰り返して伝搬する．一般の高出力用ファイバーはこれを用いている．一方，GI 系ファイバーでは，同様に，コア径以下に集光されたビームはコア内に入射されて伝搬する．しかし，このファイバーはコア内の屈折率分布が不均一で放物線状に変化しているため，その傾向に沿ってサイン波のような伝搬をする．したがって，ファイバー通過後に取り出されるビームはやや中央部が強い山形の強度分布をもつ．あまり高出力ではなく，ファイバーの耐光強度の関係で比較的出力の低い場合に用いられる (図 3.44)．

3.7.2　ファイバー伝送

屈折率が高い媒質 n_1 (コア部分) から屈折率の低い媒質 n_2 (クラッド部分)

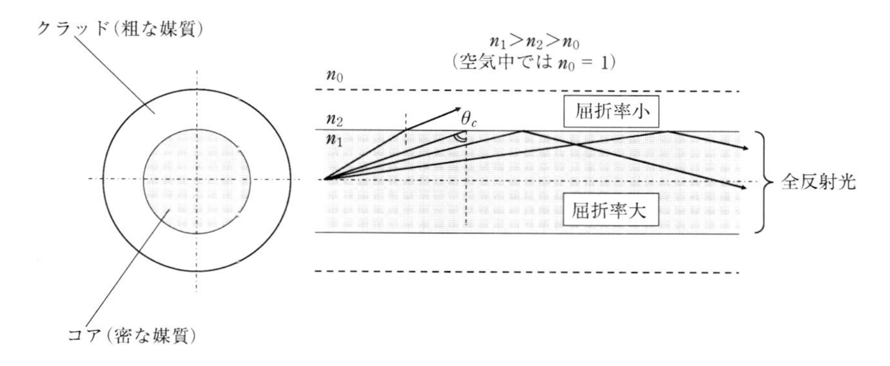

図3.45 光ファイバーによる光の伝送（YAG レーザ用）

に向かう光は，一部は透過し一部は反射するが，臨界角 $\theta_c=\sin^{-1}(n_2/n_1)$ より大きい角度で境界面に入射すると全反射される．すなわち，ファイバー光軸のなす角がある値以下の場合に，光はコア内を伝搬する．なお，伝送可能な最大角度の正弦値を，その光ファイバーの開口数（NA；numerical aperture）とよんでいる（図 3.45）．

$$\mathrm{NA}=n_0\sqrt{{n_1}^2-{n_2}^2}=\sin\theta \quad (3.27)$$
$$(n_1>n_2>n_0,\ \text{空気中では}\ n_0=1)$$

通常では NA＝0.2〜0.3 をとることが多い．

ファイバー光学系を用いることによって，以下のことが期待される．

① レーザの外部加工光学系に簡略化が計れる
② 自由度が高く，操作性および自在性に優れている
③ 遠距離伝送（遠隔操作）が確実になされ自動化が容易である
④ 装置の小型化につながり，安全性が増大する

YAG レーザ用ファイバーの実例を図 3.46 に示す．発振器から出た光はいったん広げられた後に，集光光学系によってコア径以下に集光されて入射する．ファイバー内を多重反射により通過した光は，出口で広がるがコリメータなどで平行にされて再び集光する．その外観を図 3.47 に示す．ファイバー部は保護被覆に包まれていて，両先端には出射光学系および入射光学系が装着されている．

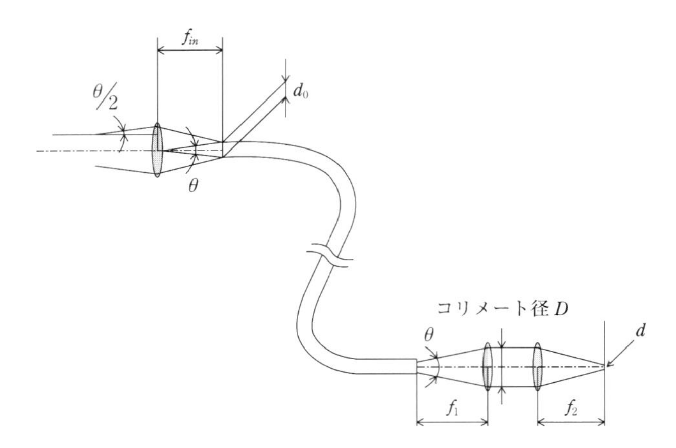

図 3.46　YAG レーザ用のファイバーの実例

図 3.47　YAG ファイバーの外観

3.7.3　ファイバーレーザの集光

YAG レーザにおける伝送用ファイバーを通した集光や，ファイバーレーザにおける伝送用ファイバーを介した集光では特有の光学系を組むのが一般的である．ここではファイバー伝送の際の集光の光学を扱う．一般に，ファイバーの最終端は鏡面仕上げされたファイバー端面が露出している，その端面を出た光は広がりをもつ．

最終のレンズで集光するためにはレーザ光は平行であることが望ましい．平行でない場合の影響はすでに前述の入射ビームと集光特性の項（3.5.4）で述べた．そのため，少なくとも 2 枚のレンズの組合せによって平行光をつくり，レンズを

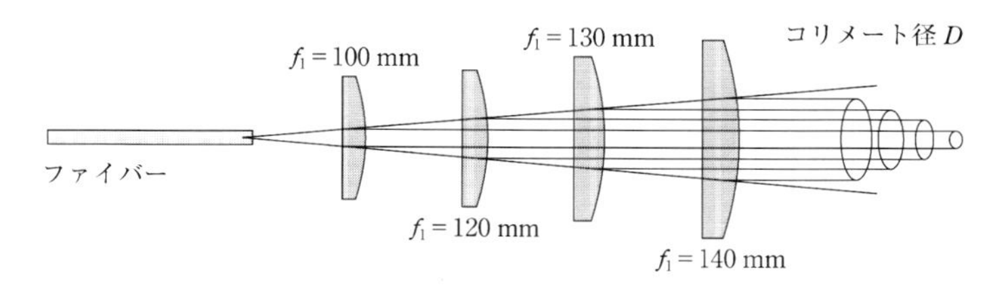

図 3.48　f_1 レンズの焦点距離に伴うビーム瞳孔の変化

介して結像させる．いわゆるコリメーションさせるのである．拡大するコリメーションの径は f_1 によって決まる．その例を図 3.48 に示す．この f_1 という焦点距離をもつレンズの設置位置によって広がるビーム径は変化する．すなわち，ビーム瞳径が変化することになる．コリメートされた径は次の位置する焦点距離 f_2 をもつレンズによって集光する．

スポット径は基本的に 2 つの焦点距離 f_1 と f_2 によって決められる．なお，光学的な剛性と収差を取る目的でそれぞれ 2 枚組みレンズなどを用いる場合もあるが，各レンズは 1 枚として計算は扱われる．その関係は次式で示される．

$$\frac{1}{f_1}=(n-1)\left(\frac{1}{r_1}+\frac{1}{r_2}\right)$$
$$\frac{1}{f_2}=(n-1)\left(\frac{1}{r_1'}+\frac{1}{r_2'}\right) \tag{3.28}$$

これらのことから，最終のスポット径は以下のように比例で与えられる．

$$d=\frac{f_2}{f_1}\times d_0 \tag{3.29}$$

ここで，d_0 は元ビーム［μm → mm］，d_0 はスポット径［μm → mm］，で f_1，f_2，f_1'，f_2' はレンズの焦点距離［mm］，r_1，r_2，r_1'，r_2' はそれぞれレンズの局率半径［mm］である．なお，単位の統一には注意が必要である．

ファイバーレーザにおける基本的な結合関係を図 3.49 に示す．なお，ファイバーレーザのビームモードはファイバーのコア径に依存することが多い．ガスレーザとは異なり，取り出されるビーム径はコア部とクラッド部に拘束されて細くすることでシングルモードのような形状を得ている．実機でのファイバーコア径はほぼ 10 μm 前後（8〜12 μm）でシングルモードが取り出されている．また，高出力のマルチモードの場合は一桁異なる 50〜200 μm で出射している．コア径

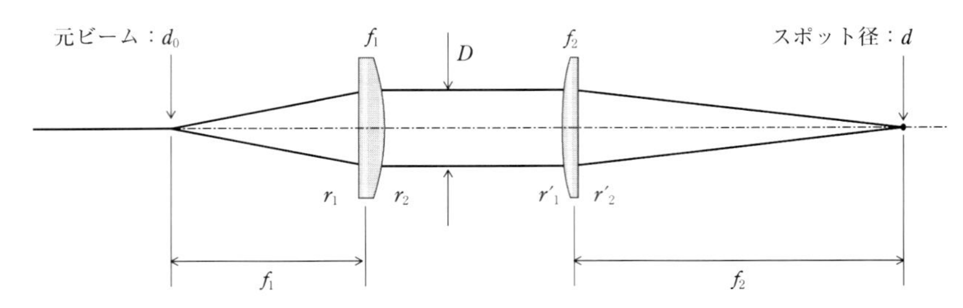

図 3.49　集光スポット比計算基本式の諸元

を小さくしてシングルモードが発振しやすいような工夫がされている．この発振器からのファイバーをフィーディングファイバー（feeding fiber）と称し，その後の加工先端まで伝送するプロセスファイバー（processing fiber）と区別している．その後にコリメートされたビームはいったん拡大されてから集光するという加工光学系を構成する．加工用レンズの先端ではスポット径が 0.3 mm～0.6 mm，場合によっては 1 mm 前後が用いられている．

波長については，ファイバーにドープされる 3 価イオンは同じでも，一般のミラーに相当するグレーティングにおける微妙な波長選択で取り出される波長も数 10 nm 程度異なる場合もある．最終端で取り出されたビームモードは応用編で示す．シングルモードとマルチモードの例を示す．裾野がほとんどカットされた弾丸のような形状が特徴で，これが細く深い加工を実現している．

参考文献

1）Kogelnik, H. and Li, T.: Laser Beam and Resonators, *Proceedings of IEEE*, **54**-10, p. 1312 (1966)
2）Dickson, L.D.: Characteristics of a Propagating Gaussian Beam, *Appl. Optics*, **9**-8, p. 1854 (1988)
3）新井武二：レーザ加工光学系に関する研究，第 1 報：全光学系を考慮した伝播と切断特性，砥粒加工学会誌，**50**-7, pp. 30-36（2006）
4）久保田広：光学，岩波書店，p. 88（1975）
5）川澄博通，新井武二：レーザスポット径と焦点近傍におけるエネルギ分布，昭和 54 年度精機学会秋季大会講演論文集，p. 259（1979）
6）たとえば，岸川利郎：光学入門，オプトロニクス社，p. 72（1990）
7）中央大学新井研究室資料
8）新井武二：高出力レーザプロセス技術，マシニスト出版，p. 68（2004）

4 レーザと物質の相互作用

レーザ加工は，レーザが材料に照射されることによって生じる物理的変化や化学的変化の事象を利用したものであるが，レーザを集光して照射すると材料表面ではレーザと物質の複雑な相互作用が起こる．レーザ加工のほとんどは発熱による熱加工現象である．これらの現象やメカニズムを理解することは，レーザ加工を学ぶうえで重要である．照射直後の光の吸収・反射，材料の吸収現象，レーザのパワー密度，プラズマ現象など，すべてが解明されたわけではないが，これらの現象のうちで加工にとってもっとも基本となる事項に絞って説明する．

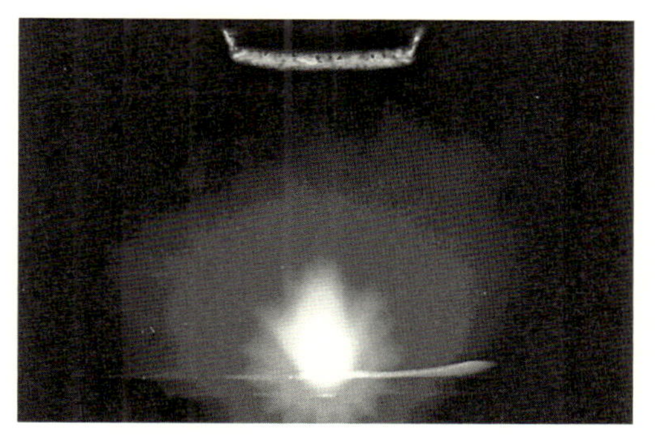

（写真：レーザプラズマの発生）

4.1 光　の　反　射

4.1.1 光　の　反　射

大気中で幅をもった光を材料面に照射すると，境界面で一部分は反射し元の空間に戻り，一部分は屈折して材料（媒質）に入っていく．また材料によっては一部透過する（図 4.1）．ここで反射率を R，吸収率を A，透過率を T とすると，この間には，

$$R+A+T=1$$

の関係がある．ただし，一般に金属などのようなレーザ加工用材料に用いる固体では，透過率はほとんどないか無視できるので，吸収と反射だけを考えればよい．反射には正反射および乱反射（散乱）を含める．この光の反射について，電磁波による若干の説明を加える．なお，散乱は媒質を透過中に起こり，乱反射は

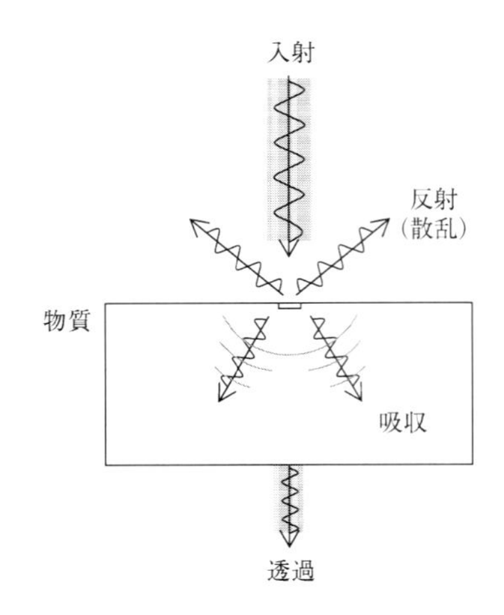

図 4.1　物質による光吸収

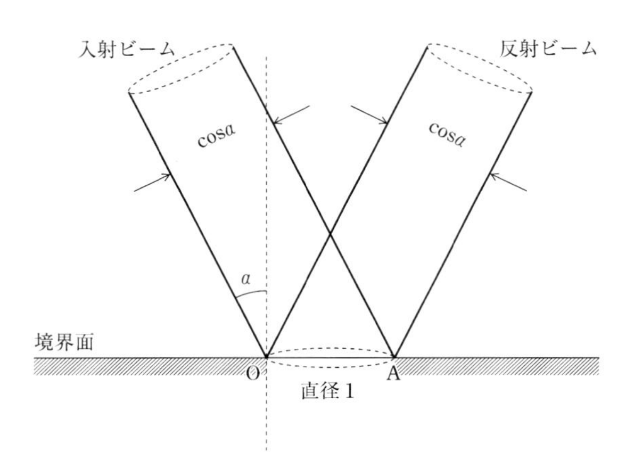

図 4.2　入射ビームと反射ビーム

境界面で発生する．

金属材料表面にレーザを入射したときのエネルギー反射率は，垂直入射だけを考える．いま，図 4.2 のようにレーザビーム（光束）が表面で反射屈折して反射ビームができた場合，入射ビームに対する反射ビームの割合を反射率（reflectivity）という．

単位断面積を単位時間に通過するエネルギー s は電場ベクトルと磁場ベクト

ルの積で与えられ，$s=E\times H$ の時間平均で表される．また，媒質中の光速 c_m と誘電率 ε，透磁率 μ，真空中の光速 c，誘電率 ε_0，透磁率 μ_0 とすると，これらの間には，次のような関係にある．

$$\frac{1}{{c_m}^2}=c\mu \tag{4.1}$$

媒質中の屈折率 n は，真空中の光速と媒質中の光速の比で定義され，

$$n=\frac{c}{c_m}=\sqrt{\frac{\varepsilon\mu}{\varepsilon_0\mu_0}}=\sqrt{\varepsilon_r\mu_r}\approx\sqrt{\varepsilon_r} \tag{4.2}$$

ただし，$\varepsilon_r=\varepsilon/\varepsilon_0$ は比誘電率，$\mu_r=\mu/\mu_0$ は比透磁率であり，ほとんどの透磁率は$\mu_r\approx 1$ であるから，屈折率は比誘電率の平方根に等しいことになる．

電場と磁場の大きさの比から，

$$E_0=-\eta H_0 \tag{4.3}$$

ここで，$\eta=\sqrt{\dfrac{\mu}{\varepsilon}}$ の関係にあることから，同時に，真空中のでは $\eta_0=\sqrt{\dfrac{\mu_0}{\varepsilon_0}}$ の関係にある．η は波動インピーダンス（wave impedance）を表す．単位断面積を単位時間に通過するエネルギー，すなわち，平面波の光強度 $|s|$ は垂直方向で，式（4.2）の変形 $\varepsilon_r=n^2/\mu_r$ の関係を用いて，

$$|\bar{s}|=s_z=|E\times H|=(0,0,s_z)=\frac{|E_0|^2}{2\eta}=\frac{1}{2\eta_0}\cdot\frac{n}{\mu_r}|E_0|^2 \tag{4.4}$$

と表現することができる．ここで，n は単位ベクトル，E は電磁場の強度である．s は Poynting ベクトル（Poyinting vector）といい，電磁場のベクトルを通して外部へ流れるエネルギーを示す．これにより強度は電場の 2 乗と屈折率に比例し，比透磁率に反比例することが分かる．

境界面でビームの断面積を 1 とすると、入射ビームと反射ビームはそれぞれ図 4.3 から，三角形△ OAB において、$\angle\mathrm{OAB}=\left(\dfrac{\pi}{2}-\alpha\right)$ から

$$\sin\left(\frac{\pi}{2}-\alpha\right)=\mathrm{OB}=\cos\alpha$$

同様に，△ OAC において、$\angle\mathrm{OAC}=\left(\dfrac{\pi}{2}-\alpha\right)$

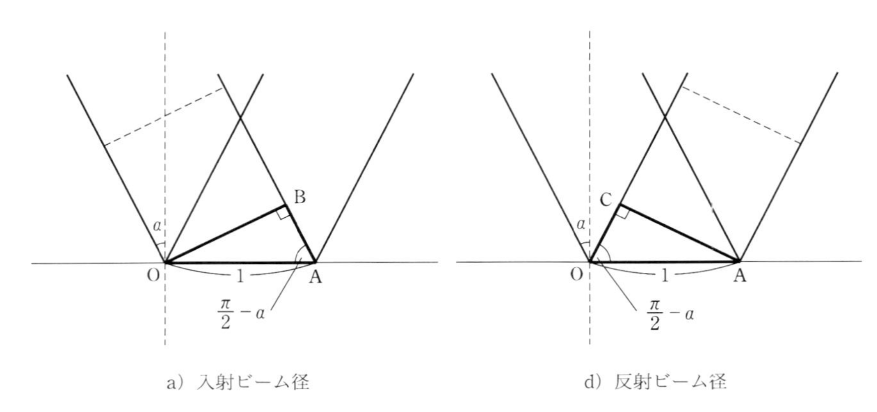

図 4.3　入射ビームと反射ビームの直径

$$\sin\left(\frac{\pi}{2}-\alpha\right)=\mathrm{AC}=\cos\alpha \tag{4.5}$$

したがって，入射ビームと反射ビームの垂直断面積はともに $\cos\alpha$ である．

ここで，J^e を入射ビームのエネルギーの流れ，J^T を反射ビームのエネルギーの流れとすると，

$$J^e=|s^e|\cos\alpha=\frac{cn_0}{4\pi}|A|^2\cos\alpha$$

$$J^T=|s^T|\cos\alpha=\frac{cn_0}{4\pi}|R|^2\cos\alpha$$

n_0 は真空中に対する屈折率を示す。ただし，$|A|^2=A_h{}^2+A_v{}^2$ である．

したがって，エネルギーの反射率 R は入射エネルギーに対する反射エネルギーであるから、

$$R=\frac{J^T}{J^e}\left|\frac{R_h}{A_h}\right|^2=\left|\frac{R_v}{A_v}\right|^2 \tag{4.6}$$

垂直入射であるから，屈折率 n を複素数 $\bar{n}=n+\mathrm{i}k$ を用いて書き換えると，

$$R=\left|\frac{\bar{n}-1}{\bar{n}+1}\right|^2=\frac{(n-1)^2+n^2k^2}{(n+1)^2+n^2k^2} \tag{4.7}$$

ここで，

$$
\begin{aligned}
n^2 &= \frac{1}{2}\left(\sqrt{\mu^2\varepsilon^2+\frac{4\mu^2\sigma^2}{\nu^2}}+\mu\varepsilon\right)\\
n^2k^2 &= \frac{1}{2}\left(\sqrt{\mu^2\varepsilon^2+\frac{4\mu^2\sigma^2}{\nu^2}}-\mu\varepsilon\right)
\end{aligned}
\qquad (4.8)
$$

を代入すると，右辺は電気的な量 ε，μ と振動数 ν で表すことができる．

ここで，ε は誘電率，μ は透磁率で物質固有の値，ν は光の振動数（$\nu = c/\lambda$）で，σ は電気伝導度である．ただし，可視領域や赤外領域の場合には，ν は小さくなり $\mu \approx 1$ なので，

$$\frac{\mu\sigma}{\nu} = n^2k \gg \mu\varepsilon$$

したがって，式（4.8）は

$$n \approx nk = \sqrt{\frac{\mu\sigma}{\nu}} \qquad (4.9)$$

これを式（4.7）に代入すると，

$$R = \frac{2\dfrac{\sigma}{\nu}+1-2\sqrt{\dfrac{\sigma}{\nu}}}{2\dfrac{\sigma}{\nu}+1+2\sqrt{\dfrac{\sigma}{\nu}}}$$

σ/ν が十分大きければ 1 を省略して，$\sqrt{\nu/\sigma}$ について展開すれば，

$$R \approx \frac{\dfrac{\sigma}{\nu}-\sqrt{\dfrac{\sigma}{\nu}}}{\dfrac{\sigma}{\nu}+\sqrt{\dfrac{\sigma}{\nu}}} = \frac{1-\sqrt{\dfrac{\nu}{\sigma}}}{1+\sqrt{\dfrac{\nu}{\sigma}}} \approx 1-2\sqrt{\frac{\nu}{\sigma}} \qquad (4.10)$$

となり，Hagen–Rubens の公式が導かれる[1)]．

上の式によれば，振動数 ν は式（1.2）より波長 λ に反比例するので，主な金属は波長が長いほど反射率は高く，反対に，波長が短いほど反射率は低くなる．また，反射率は電気伝導度の平方根に比例することから，電気伝導度が大きいほど金属の反射は大きくなる．

4.1.2 材料の反射率

実際の材料に対する反射率は測定によって調べるほかはない．それは材料の表

面状態によるからである．一例として波長 10.6 μm の CO_2 レーザを用いて測定を行った例を図 4.4 に示す．一定出力のレーザ光を試料表面にあて，反射光を 45° に折り返される側でパワーディテクタで受けて，熱量換算された入射光に対する反射光の割合から反射率を測定した．試料は研磨面仕上げ，フライス面仕上げなど実際に即した表面で比較した．その結果，FC 20 の材料ではバフ研磨面では 85 %以上が反射され，フライス仕上面では 55 %の反射を示した．同様に，SKH 5 ではやはりバフ研磨面が 85 %以上，シェーパ仕上面で 40 %の反射率を示した．また，SUJ 2 の研削面では 70 %の反射率を示した．表面をルブライトの黒化処理した面では，反対に 5 %の反射でしかなかった（表 4.1）．

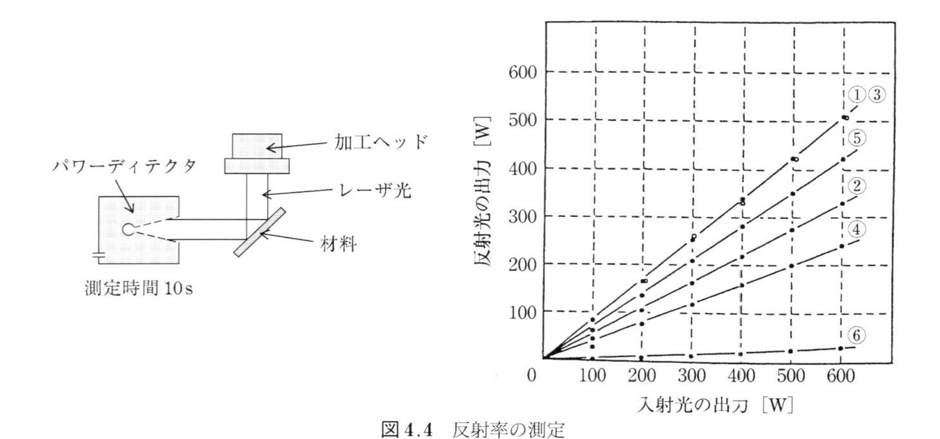

図 4.4　反射率の測定

表 4.1　各種金属表面の反射率

材種	区分	表面状態	反射率 R[%]
FC 20	①	バフ仕上げ	85
	②	フライス仕上げ （R_{max} 24 μm）	55
SKH 5	③	バフ仕上げ	85
	④	シェーパ仕上げ （R_{max} 24 μm）	40
SUJ 2	⑤	研　削 （R_{max} 5 μm）	70
	⑥	ルブライト処理	5

4.2 光 の 吸 収

4.2.1 材料の光吸収

材料にレーザ光が照射されたときの材料表面での光の振舞いは，一部は反射して残りは材料内に吸収される．このことは，程度の差はあるがほとんどの材料に当てはまる．光が吸収されるメカニズムには，格子欠陥や自由電子による吸収，格子振動による共鳴吸収などがある．また，材料による光の吸収は波長にも依存するばかりか材料の面あらさなどの面性状や材内不純物にも影響される．CO_2 レーザのような赤外光による金属加工の場合，材料内への吸収は自由電子の伝導吸収が支配的であるとされている．材料内に吸収される割合を吸収率という．ある波長に対して，光の吸収率（または反射率）は材料によってそれぞれ異なる．

ここで，金属の電気伝導度 σ[*1] の代わりに，電気抵抗 r（断面積 $1\,\mathrm{m}^2\times$ 長さ 1 m の試料での直流の値 Ω）と書くと，$1/\sigma=9\times10^{15}r$，波長を μm 単位で表示し，$\lambda_{(\mu\mathrm{m})}$ を用いると式（4.10）は，

$$\frac{1-R}{\sqrt{r}}=\frac{36.5}{\sqrt{\lambda_{(\mu\mathrm{m})}}}$$

これより，次式を得る．

$$A=1-R=1-\left(1-36.5\frac{\sqrt{r}}{\sqrt{\lambda_{(\mu\mathrm{m})}}}\right)=11.21\sqrt{r} \qquad (4.11)$$

CO_2 レーザのように 10 μm 以上と波長が十分長い場合には，かなり正確な値をとることが実験的にも確かめられている．このことから，主な金属は波長が短いほど吸収率は高く，反対に波長が長いほど吸収率は低いことがわかる．

ちなみに，ほとんどの固体や金属では透過率は無視できるので，式（4.11）の関係から反射率または吸収率のどちらか一方が既知であれば，他方を求めることができる．ただし，吸収率が電気抵抗に比例するので，赤外波長のように長波長

＊1 電気伝導度（伝導率）σ(electrical conductivity）とは電気抵抗率の逆数で $\sigma=1/r\,[\Omega^{-1}\cdot\mathrm{m}^{-1}]$ である．電気抵抗率 r(specific resistance）は比抵抗[Ω・m] といい，電気抵抗の大きさを表す．電気抵抗は印加された電界で物質中の荷電粒子（電子・イオン）を加速することによる電荷の流れ（電流）に抵抗する働きで，その主な原因は格子振動や不純物などによる散乱などとされる．

の領域においても，温度が高くなると金属の電気抵抗は温度に依存して大きくなるために，結果的に吸収率は大きくなる．レーザ加工プロセスは，材料表面で波長吸収が起こることにより，これがトリガーとなって熱加工現象を起こすのである．

いま，強さ I_0 のレーザ光が材料表面に照射されたとすると，材料表面での吸収率を A，材料内部の吸収係数を α とした場合，表面からの深さ z での強度 I は，

$$I = AI_0 \mathrm{e}^{-\alpha z} \tag{4.12}$$

で与えられることが一般に知られている．すなわち，材料内部で光の強度あるいはエネルギーは指数関数的に減衰することになる．また，材料物質以外の空気や水分などがある，真空ではない空間を伝搬する光についても式（4.12）が適用される．このように媒質中を伝搬する光は，一部が吸収され，一部は塵や微粒子などによって散乱し減衰する．このように用いる場合には，係数 α は減衰係数といわれる．

光が物質に吸収される過程は次のようになる．図 4.5 のように，入射光の強度を I とし，ある媒質（材料）中の単位面積内を深さ $\mathrm{d}z$ 通過すると，その変化分 $\mathrm{d}I(z)$ は次のように表すことができる．

$$\mathrm{d}I(z) = -\alpha I(z)\mathrm{d}z \tag{4.13}$$

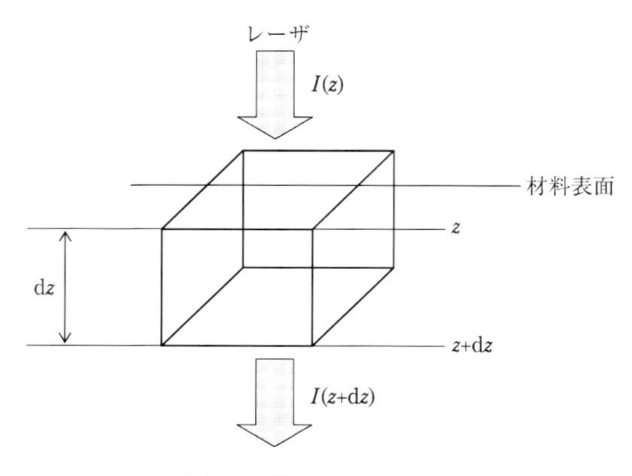

図 4.5　物質による光吸収

ここで，α は吸収係数という．式（4.13）から

$$\frac{1}{I(z)}\,\mathrm{d}I(z) = -\alpha \mathrm{d}z$$

この両辺を積分すると，

$$\log|I(z)| = -\alpha z + C$$

となって，両辺の指数をとると，

$$|I(z)| = \mathrm{e}^{-\alpha z + C} = \mathrm{e}^{C}\mathrm{e}^{-\alpha z}$$

よって，

$$I(z) = \pm \mathrm{e}^{C}\mathrm{e}^{-\alpha z}$$

となる．ただし，C は定数であることから，定数の光強度 I_0 に置き換えると，

$$I(z) = I_0\,\mathrm{e}^{-\alpha z} \tag{4.14}$$

が得られる．ここで，I_0 は材料表面（$z=0$）での強度である．また α の負の記号は，正の量として吸収することによる光強度の減少を意味する．

式（4.14）から材料内の距離 z での光強度（パワーあるいはエネルギー，またはパワー密度）がわかるが，距離 $z=z_1$ における材料の全光吸収量（I_0 からは減衰）A_z は次式で与えられる．

$$A_z = I_0[1-\exp(-\alpha z)]$$

このときの α を，ω：角速度，c：光速，λ_0：真空中での波長として，

$$\alpha = \frac{2\omega\kappa}{c}$$

と置き換えると，さらに式（4.14）は，

$$\begin{aligned} I(z) &= I_0 \exp\left[-\left(\frac{2\omega\kappa}{c}\right)z\right] \\ I(z) &= I_0 \exp\left[-\left(\frac{4\pi\kappa}{\lambda_0}\right)z\right] \end{aligned} \tag{4.15}$$

吸収係数 α の逆数は浸透深さとよばれ，光の強度が 1/e に減衰する深さに対応していて，浸透深さを表している[2)]．これによると，浸透深さは波長が 10 μm 付近では，アルミニウム（Al）の場合で 11.8 nm，銅（Cu）の場合で 13.4 nm で

あるという[3]．金属におけるレーザの吸収の深さは波長にもよるが，せいぜいサブミクロン（<1μm），またはそれ以下であり，ごく表面に限られることが知られている．

なお，ここで扱っている用語の吸収率（absorption）A は材料物質にレーザ光が吸収される割合であり，吸収係数（absorption coefficient）α は，光が材料物質にどれだけ浸透していくかを表す量である．

4.2.2　ビーム走行と吸収率

実際のレーザ加工プロセスでは，短時間一定の場所にとどまる穴加工を除いては，レーザ光は材料の表面を移動する．いままで光の吸収はすべて静止した状態での熱量換算などによる議論であったが，移動する場合を扱う必要がある．レーザ光は移動速度に応じて材料表面で吸収される割合が異なる．光が走行する場合は減衰を伴うのが普通である．しかし，移動するレーザ光の吸収率の割合を求めることは一般に難しい．

理解のために，筆者らが求めた走行による吸収率の変化の割合を図4.6に示す．レーザビームが材料表面上を一方向に直線走行するとき，関与する熱量の速度に応じた変化と，シミュレーションによって求めた走行時の吸収の割合変化の双方から換算したものである．その結果，以下のような実験式を得た[4]．

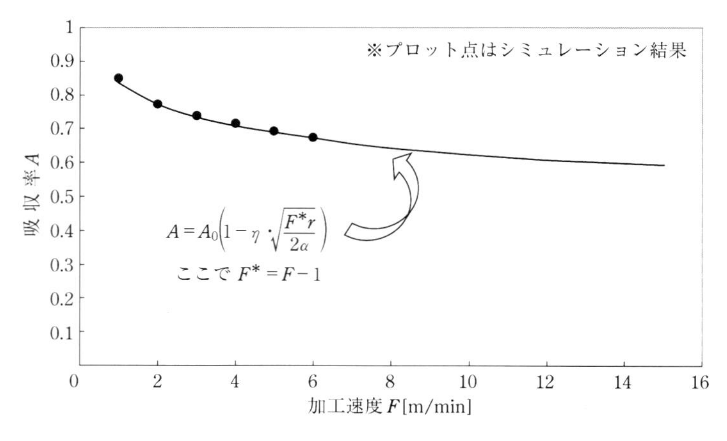

図4.6　送り速度に伴う吸収率の変化

$$A = A_0\left(1 - \eta \cdot \sqrt{\frac{F^* r}{2\alpha}}\right) \tag{4.16}$$

ただし，$F^* = F - 1$ であり，$\sqrt{F^* r/2\alpha}$ は移動熱源の無次元半径とする．ここで，A_0 は走行前（停止状態）の材料の吸収率，F は材料の送り速度［m/min］で，また，η は表面状態などによる補正係数（たとえば，軟鋼の場合 $\eta = 0.02$）で，α は材料の熱拡散率，r は熱源のスポット半径を示す．

その結果，吸収率は移動速度が増すにつれて図 4.6 中に示す実験式（4.16）のように減衰する．加工速度が速まるにつれて，材料の一点にとどまる時間が短くなることから，材料の表面反応も低下する．

4.2.3 材料の吸収率

材料の吸収は波長の領域によっても異なるが，波長領域は広範囲にわたるため，測定を必要とする．レーザに該当する波長領域は紫外線領域から遠赤外線領域の範囲で，この波長領域における各種材料のレーザ波長と吸収率の関係を図 4.7 に示す．これらは，種々の試料から得たデータをもとに作成したものである．ここに示したように，金属の多くは波長が長くなるにつれて吸収率は低下する．ガラス材料については変則的な吸収ピークをもつものの，ガラスの透過限界波長は，不純物吸収などによる外的な要因を除けば，一般にガラス構造物質のバ

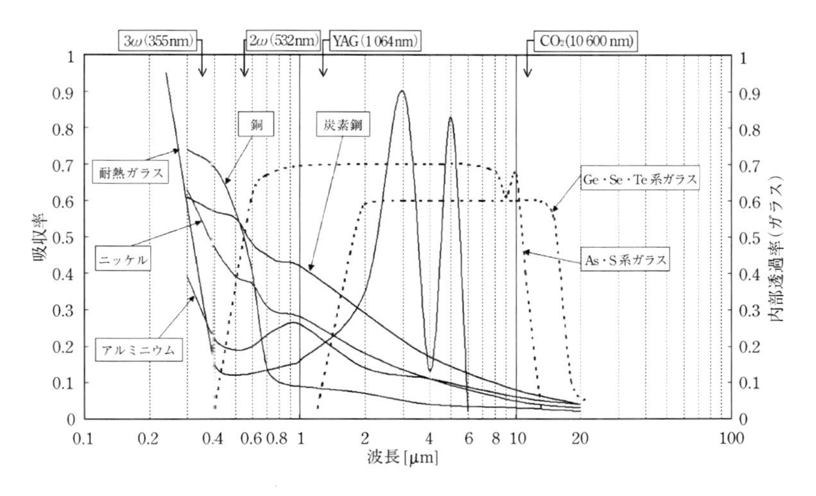

図 4.7　材料の吸収特性

ンドと格子振動に基づくマルチフォトン吸収によって決まる．ガラスの場合には内部に酸化物があって，特に，長波長側ではこの吸収によって光は減衰し透過しない．したがって，吸収されるが測定ができないのである．表面反射率を除いた内部反射率が一般の吸収率に相当する．ただし，特殊な成分を含むガラス材料は長波長でも吸収する．また，理解のために，各波長に該当するレーザをグラフの上側に記入した．材料の吸収は，材料の面あらさや被膜などによる表面状態，および材料成分や組成によっても変化する．

4.3　エネルギーパワー密度

4.3.1　ガウス分布とパワー密度

① パルス発振ビームのエネルギー密度

パルス発振によるエネルギー密度（またはパワー密度）はビームの広がりを θ，パルス幅（発振持続時間）を t，パルスあたりのエネルギーを E，焦点距離を f とすると，集光点でのパワー密度 P_i は次式で与えられる．

$$P_i=\frac{4E}{\pi f^2\theta^2 t}=\frac{4E}{\pi\cdot a^2 t} \tag{4.17}$$

右辺はビーム直径が a で与えられた場合に用いることができる．また，ビームが移動しており，走行速度が F [cm/s] で与えられる走行ビームの場合で，パルス幅が十分長いときは $t=a/F$ で計算される．

② ガウスビームの数学的記述

一般に理想的なレーザビームの強度分布がガウス分布で近似できるものと仮定し，そのピーク値を I_0，レーザのビーム半径を中心強度 I_0 の $1/\mathrm{e}^2$ で定義すると，パワー密度分布は次式で与えられる．

$$P(r)=I_0\exp\left(-\frac{2r^2}{b^2}\right) \tag{4.18}$$

ビームの単位時間あたりのエネルギーすなわちレーザ出力を P_0[W] とすると，

$$P_0=\int_0^\infty I_0\exp\left(-\frac{2r^2}{b^2}\right)2\pi r\,\mathrm{d}r=\frac{\pi I_0 r^2}{2} \tag{4.19}$$

となる．したがって，I_0 は次のようになる．

$$I_0=\frac{2P_0}{\pi b^2} \tag{4.20}$$

これを式（4.18）に代入すると，

$$P(r)=\frac{2P_0}{\pi b^2}\exp\left(-\frac{2r^2}{b^2}\right) \tag{4.21}$$

がエネルギー強度分布，すなわちパワー密度として与えられる．

ガウスモードのレーザビームが投入された場合，数学的にはガウス分布は x 軸（ここでは r 軸）に対して $-\infty$ と $+\infty$ で漸近する．このため，使用されるエネルギーは次のような近似によって求められる（図 4.8）．

指数関数の前項に I_0 をおくと，投入される全エネルギー W_0 は，半径 $r=0\sim\infty$ として次式で与えられる．

$$W_0=\int_0^\infty I_0\exp\left(-\frac{2r^2}{b^2}\right)2\pi r\,\mathrm{d}r=\frac{I_0\pi r}{2} \tag{4.22}$$

また，一定半径 r の間に投入されるエネルギーを W' とすると，

$$\begin{aligned}W'&=\int_0^r I_0\exp\left(-\frac{2r^2}{b^2}\right)2\pi r\,\mathrm{d}r\\&=\frac{I_0\pi r}{2}\left[1-\exp\left(-\frac{2r^2}{b^2}\right)\right]\end{aligned} \tag{4.23}$$

これより，

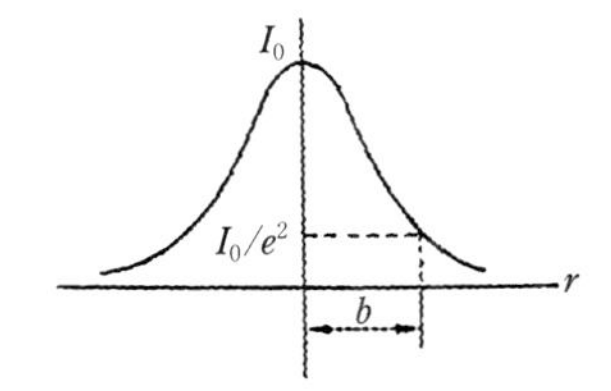

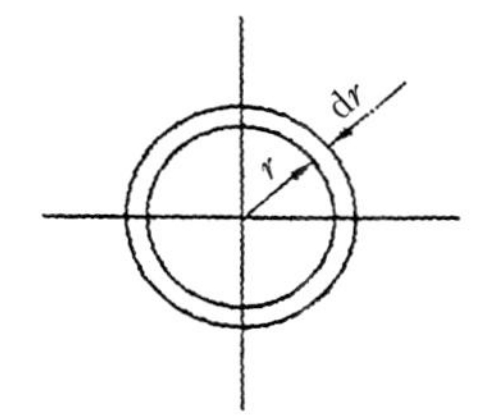

図 4.8　ガウスビームのエネルギー分布

$$\frac{W'}{W_0}=1-\exp\left(-\frac{2r^2}{b^2}\right) \tag{4.24}$$

したがって，投入される全エネルギーの 99 %以上を用いるためには，上式の式（4.23）が $W'/W_0=0.99$ となるビーム半径（中心強度の $1/e^2$ となる半径）b に対する有効半径 r を求めればよい．それによれば，

$$r=1.5474b \tag{4.25}$$

という結果となる．これは，99 %以上のエネルギーを全反射ミラーで受けるためには，レーザビーム半径の少なくとも 1.5 倍以上のミラー半径が必要なことを意味する．

4.3.2　ガウスビームのパワー密度

ガウスビームの場合，パワー密度は式（4.21）で表される．これに基づいて解かれたグラフを図 4.9 に示す．出力をパラメータに焦点距離 $f=127$ mm のレン

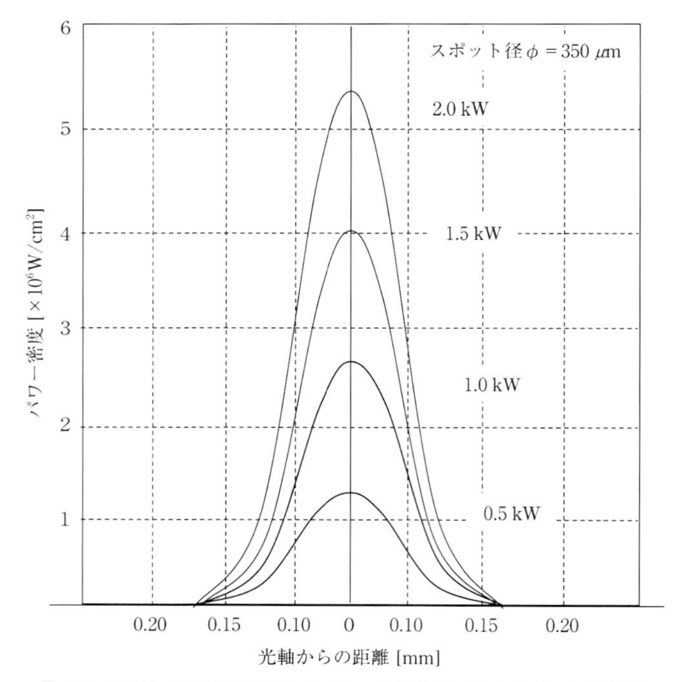

図 4.9　集光した場合焦点付近のパワー密度分布（ガウスビームの場合）

ズを用いて集光した場合の結果で，分布曲線の底の部分はほとんど変化せず中心密度が出力に比例して高くなっている．図4.9ではパワー密度分布の片半分を示している．

レーザビームは基本的に広がりながら伝搬するが，ビームの広がりに応じて熱源としてのレーザのパワー密度も変化する．レンズで集光した場合，焦点位置で最小のスポット径を得るが，焦点位置を過ぎるとビームは必然的に広がりをみせる．この集光点（焦点）以降におけるビームの広がりの程度をスポット径の大きさで表すと，図4.10に示すようなパワー密度の変化をみることができる．すなわち，ビームが広がるにつれてスポット径は増すが，それに応じて中心強度のピークが下がるとともに裾が横方向（半径方向）に広がる．その結果，中心ピークが低く幅の広い熱源を得ることができる．その反対に，焦点位置近傍のようにスポット径を小さくすると，中心ピークが鋭く尖って強いパワー密度を得ることができるが，極端に幅の狭い熱源となるのである．レーザ出力が大きくなると，この傾向のままでピークのパワー密度は比例して高くなる．

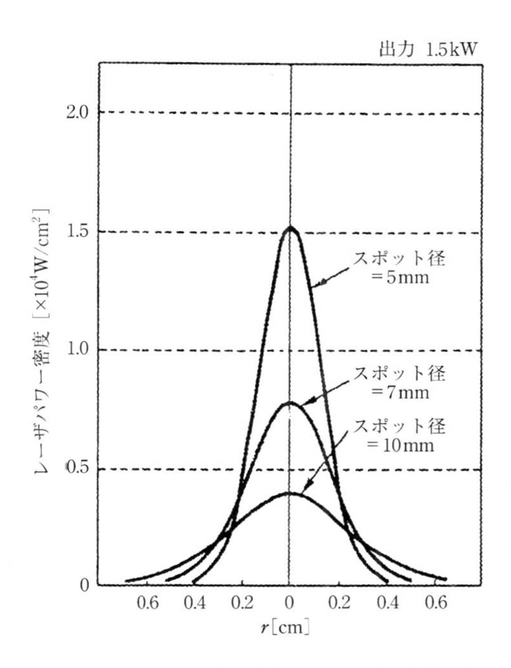

図4.10 スポット径の変化によるパワー密度分布

4.3.3　デフォーカスと熱源幅

レンズを装着した加工ヘッドはノズル先端に焦点位置が置かれている．この焦点（結像点）位置からより遠ざけることを焦点はずし，またはデフォーカス（defocus）という．ビームの焦点位置から遠ざかることによりスポット径が大きくなり，パワー密度を低く抑えることができる．焦点位置の近傍では熱源幅が狭く中心ピークが高い熱源となるため，一般には切断や高速で処理する溶接の場合に適している．反対に，熱源幅を広くすることにより，表面処理などの幅の必要な加熱用熱源として用いることができる．このように，レーザ加工ではエネルギー密度を変えることによって種々の加工に用いている．

材料表面で熱源幅を変化させ，パワー密度の変化が材料表面の反応幅に及ぼす影響をみた．影響の出やすい材料として，ここでは組織の緻密な広葉樹の木材（板目面）を選択する．材質はカツラ（桂）材（KATSURA；*Cercidiphyllum japonicaum* Sieb. et Zucc.）でビードオンプレートを行い，材料表面での材質の炭化による熱反応幅の変化を観察する．実験はGaAs（ガリウムヒ素）のレンズを用い，焦点距離 $f=130\,\mathrm{mm}$ で行った．

焦点位置が材料表面にくる場合を $z=0$ として，そこから上方に遠ざかることを焦点はずしという．その量にマイナス記号をつけて上方に遠ざかる量を示すことにする．その結果の一例を図4.11 に示す．光の広がりは，焦点位置を過ぎてからは一定の角度で直線的に広がる．木材が燃焼し炭化した熱影響層の幅（炭化幅）は，焦点位置から遠ざかるに従っていったんは拡大するが，その後は範囲が狭まり萎んでいき，パワー密度が低下したところで熱的な反応は止まる．レーザ出力が50 W の場合で，送り速度をパラメータに，焦点はずし量と熱影響幅の変化をみた例を図4.12 に示す．送り速度が速いほど炭化幅は小さくなっている．また，図4.13 には出力変化に伴う熱影響幅の変化の様子を示した．焦点はずし量に対する幅の拡大とその後の減少傾向は同様であるが，熱影響の幅は出力に比例している．レーザ光による材料反応は，パワー密度のしきい値があることがわかる．斜めの直線は，幾何学的な光の広がりを示す．

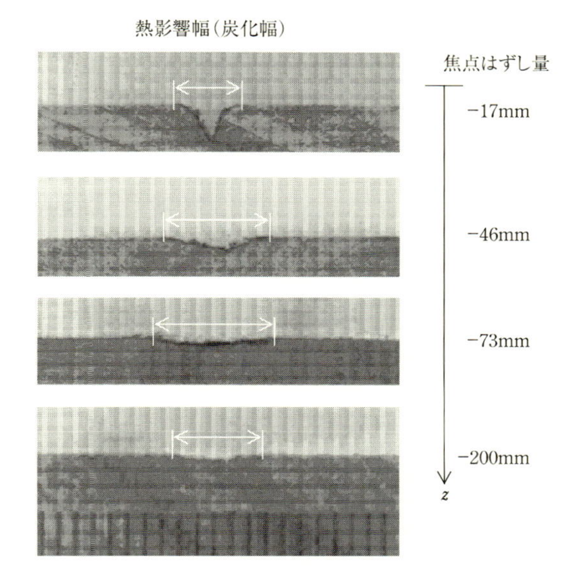

図 4.11 焦点はずしと炭化幅（出力：50 W，材料：カツラ材）

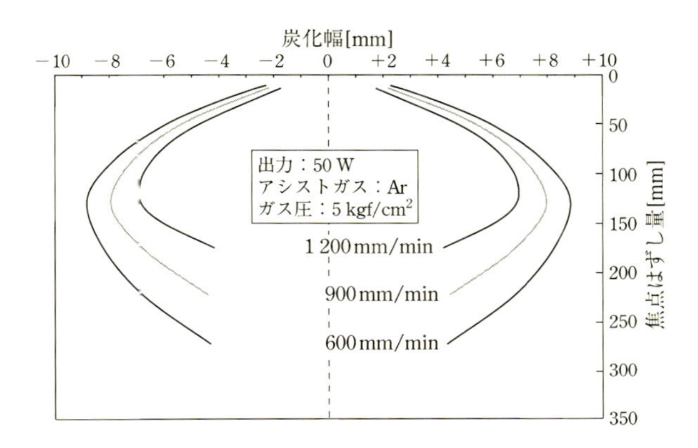

図 4.12 送り速度をパラメータにしたデフォーカス量と熱影響幅の変化

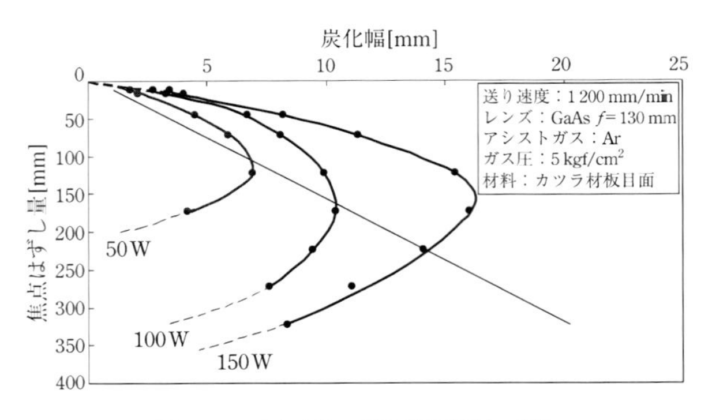

図 4.13　出力変化に伴う熱影響幅の変化

4.3.4　ビームの収束性

加工に及ぼすビームの品質には，ビームモードやエムスクエア（M^2）のほかに集光光学系が影響し，レーザビームは用いる集光光学系によって異なる収束性を示す．特にレンズで集光する場合，入射ビーム径，集光角度，焦点深度が重要となる．焦点深度はレンズの焦点距離に関係する値でもあるが，同じスポット径を得られる場合でも，光の入射角度が加工特性には大きな影響を与える．このような光の集光の状態（収束性）を表すものに，ビームパラメータ積および光の輝度がある．これらによってもビーム品質を定量化することができる．

① ビームパラメータ積

レーザビームの広がりおよび収束において，ガウスビームのレンズ伝搬に対する保存量を定義したもので，ビームパラメータ積（BPP；beam parameter product）という値がある．仮に，スポット径が同じでも集光する角度（収束性）が異なると，これらは加工特性に大きな影響を与える．光の伝搬はビームウエストの半径とビームの発散角の半値全幅で表される．同じように，集光レンズで収束させた場合には，ビームウエストの広がり角とレンズ集光点を境にした集光ビームの広がり角との間に $\omega_1\theta_1=\omega_2\theta_2=$const. の関係があることに基づくもので，その関係式は，

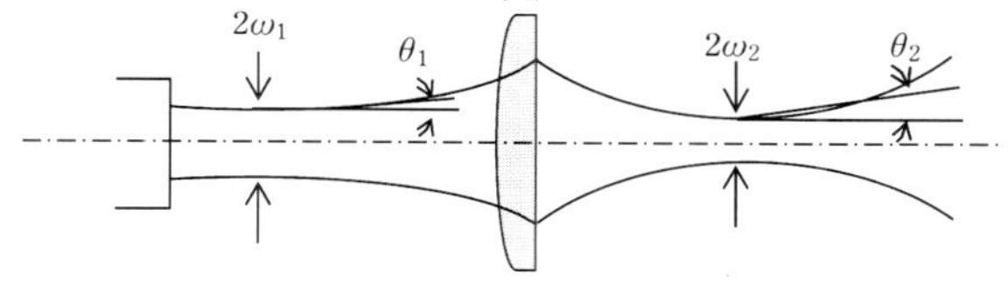

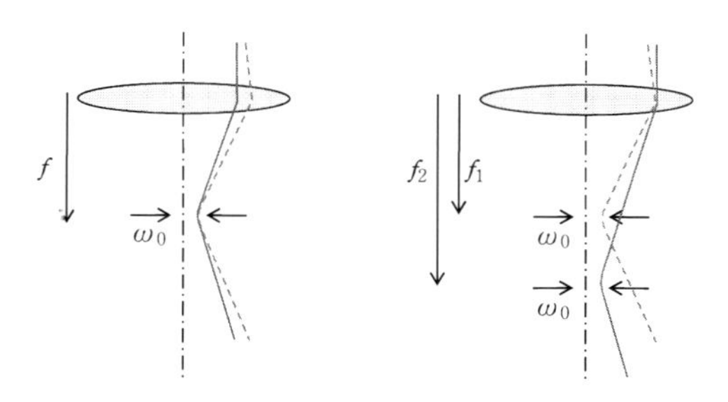

図 4.14　ビームパラメータ積の概念

$$\mathrm{BPP} = \omega_0 \times \theta = M^2 \times \frac{\lambda}{\pi} \tag{4.26}$$

で表される．なお，BPP の単位は［mm･mrad］となる．

ビームパラメータ積の概念を図 4.14 に示す．

② レーザビームの輝度

レーザビームの輝度（brightness）とは，出力をレーザの収束性で割ったものであり，集光の度合いを示す収束性は，高い値ほどよいこととなる．ここで，収束性 Ω とは，スポットの面積 $\pi{\omega_0}^2$ にビームの立体角 $\pi\theta^2$ を掛けて定義される．したがって，出力が高くビームが細く収束した場合のほうが輝度は高い．その関係は，

$$B = \frac{P}{\Omega} = \frac{P}{\pi{\omega_0}^2 \times \pi\theta^2} = \frac{P}{\pi^2 \omega_0 \left(\dfrac{\lambda}{\pi\omega_0}\right)^2} \tag{4.27}$$

で表される．なお，輝度 B の単位は［kW/mm²･sr］となる．

レーザビームの輝度の概念を図 4.15 に示す．

概念的には両方ともに，パワー密度（エネルギー密度）やビームの収束性を問

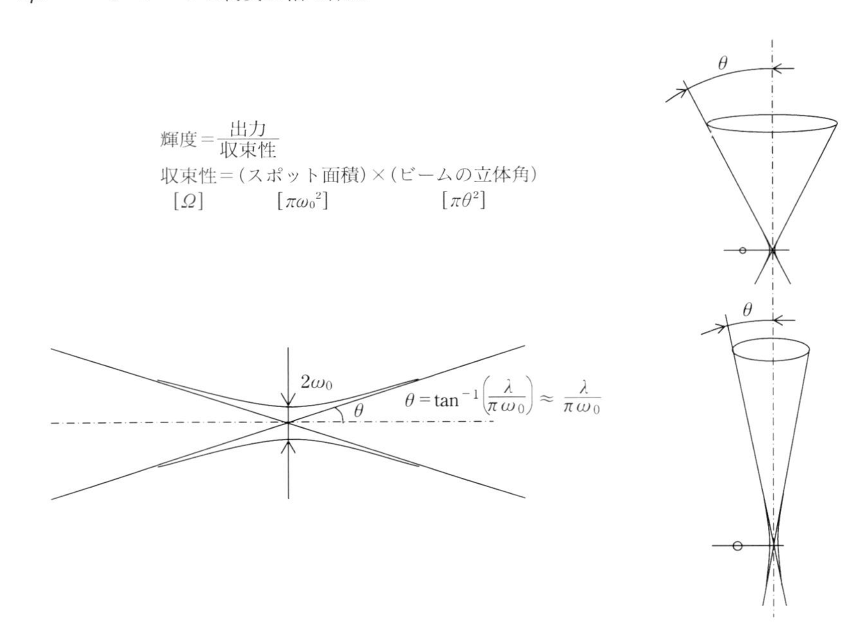

図 4.15　レーザ光の輝度の概念

題にしている点で類似している．加工では単にパワー密度だけで論じないことが必要である．特に，溶接加工においてBPPとの関係は重要で，スポット径を小さくしてBPPの値を小さくとった場合のほうが，溶込み深さは増大し，加工速度は速くなることが知られている．

4.4　プラズマの発生

一般にガスレーザでは放電により反転分布を実現している．放電はガスレーザにおけるもっとも一般的な方法であるが，ガスレーザは放電プラズマ中で，励起，緩和，電離などの作用を行う．またこれとは別に，取り出された高エネルギー密度のレーザ光が集光されて金属の表面に照射されると，レーザ誘起のプラズマが発生する．このような現象は，焦点位置を材料表面に合わせて走査する切断や一般の金属材料の溶接加工時などに発生する．ここではレーザプラズマの発生と，特に，溶接プロセスなどのレーザ加工に及ぼすプラズマの影響について考える．

4.4.1 レーザ照射とプラズマ発生

高出力のレーザパルスのような強力なレーザ光を集光すると大気中で火花放電を生じるが，さらにターゲット材料に向けて集光し照射したときには照射面から電子，イオンが放出されて光によってプラズマが発生する．このレーザ誘起プラズマは，電磁波（光）によってエネルギーの注入が行われるので，外部の影響を受けずに任意の場所でプラズマを発生させることができ，しかも得られたプラズマに不純物が含まれる可能性が少ないとされている．また，レーザは電子ビームのようにX線を発生することなく，大気中で溶接などのレーザ加工を行うことが可能である．しかし，レーザを大気中または特定のシールドガス雰囲気中で集光し照射すると，材料表面でのレーザプラズマの発生は，レーザビームの透過（浸透）の割合を減衰させる．一部は吸収され，また一部は光散乱が起こる．レーザ光の透過のしやすさはプラズマ周波数との関係によって決まる．割合は別として，プラズマ周波数に比較してより低い周波数（長い波長）のレーザはプラズマに吸収されやすい．したがって，赤外レーザ光のほうが紫外レーザ光より吸収されやすい．

プラズマを観察するための測定装置の概略を図4.16に示す．プラズマは数十μsから数百μsの間で発生と消滅を繰り返す．したがってプラズマの発生は間欠的であることが報告されている．

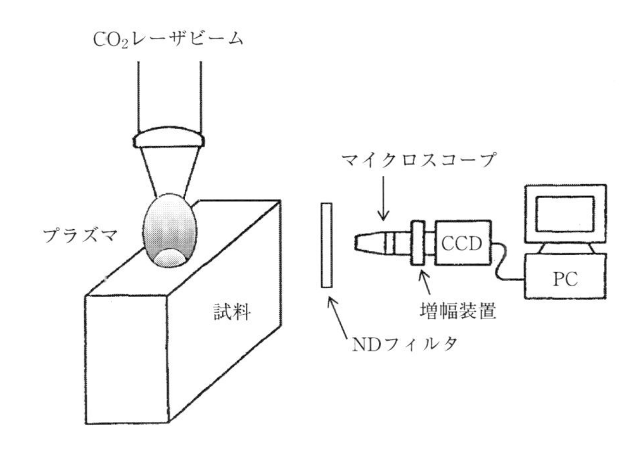

図4.16 プラズマの観察

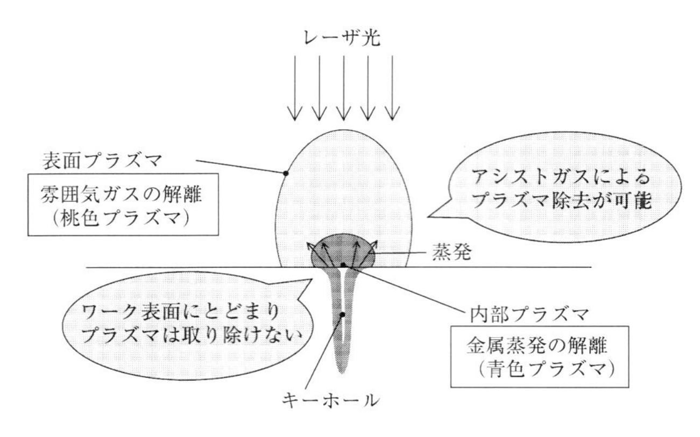

図 4.17　レーザプラズマの種類

切断や溶接加工におけるレーザプラズマは，表面プラズマと内部プラズマの 2 種類が誘起される．図 4.17 に，レーザにより誘起されるプラズマの種類を模式的に示す．前者の表面プラズマは，雰囲気ガスが解離した桃色のプラズマである．これは斜め 40〜60° のサイドからのアシストガスによりほとんど取り除くことが可能である．また，後者の内部プラズマは金属蒸気の解離により誘起されるもので，発光色は青色のプラズマである．これは内部から加工中に連続的に放出される蒸気によるものであることから，一般に取り除くことは難しく，このプラズマはワーク表面にとどまる．プラズマはレーザが高出力であるほど大きい．

4.4.2　プラズマと加工[7)]

レーザ加工では，レーザプラズマの積極的利用法と消極的利用法とがある．積極的利用は発生する高温のプラズマを加工熱源に転用するもので，厚板の切断加工などにおいて強力な噴射ガスによりプラズマを切断溝内に押し込むことで切断効率を高める方法である．一方，消極的な利用法としては，プラズマがレーザ光を吸収または散乱させる効果があるため，溶接加工などでは発生する表面プラズマを除去することで，加工に必要なレーザエネルギーを奥深い箇所へ到達させて深溶込みを実現する方法である．表面プラズマをサイドガスによって強力に吹き飛ばすことで，レーザの進行を妨げるのを防ぐことで達成される．

アシストガスでは Ar ＞ N_2 ＞ He の順で電離の度合いが高く，プラズマ化しやすい．プラズマによってレーザエネルギーが効果的にワークに到達せずに吸収されるため，蒸発，溶融の割合が減少し，溶込み深さが減少する．このとき減少分のエネルギーは表面付近のビード幅の増加に使われる．そのため，幅が広く首が短いワインカップ状の溶接ビードが形成される．また，内部プラズマの発生はキャビティ内のレーザエネルギーの吸収挙動に関係している．したがって，キーホール内の逆制動ふく射*2 によってキーホールは大きくなったり，小さくなったりする変動を繰り返す現象がみられる．

図4.18には軟鋼（SS41）とステンレス鋼（SUS304）の材料を用いて，アルゴン（Ar）とヘリウム（He）のガス雰囲気に変えた場合の影響を観察したものを示す．

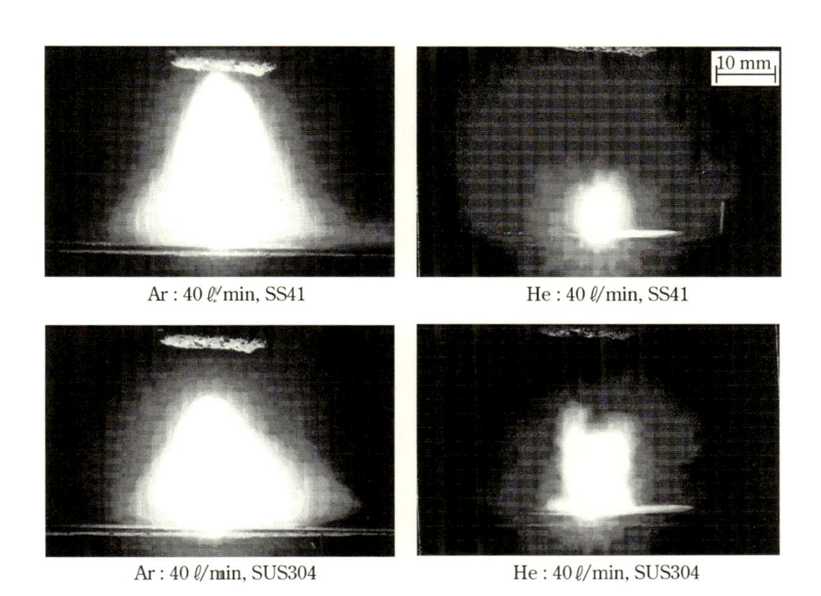

図4.18　材料の違いによるプラズマ発生現象[7]

＊2　制動ふく射とは，荷電粒子が加速度をもつときに放射される電磁波またはその放射機構で，普通，電子核のクーロン電界による散乱に伴うものである．また，自由電子による光エネルギーの吸収を逆制動ふく射という．光の振動数がプラズマ振動数以上になると反射されるが，CO_2 レーザなどでの加工では，金属表面でのレーザ誘起中の電子密度はこの値より比較的低く，この場合には逆制動ふく射による吸収が支配的になる．

おおむねレーザによる材料加工の場合には，レーザ光の吸収散乱によりレーザエネルギーが減衰することから，レーザ誘起プラズマを消極的に利用しているが，これは上述のキーホール内の現象には役立っている．レーザ誘起プラズマ中の光吸収，ならびに反射のメカニズムはプラズマ振動と逆制動ふく射が考えられる．

プラズマの性質は温度と電子密度で表される．プラズマ中の電子密度が高くなるとレーザビームは吸収されやすくなり，逆制動ふく射が起こる．電子密度が低下し逆制動ふく射により吸収が小さくなると，溶込み深さは増す．

宮本らの基礎的実験[7]によって，2kW クラスのレーザによる金属材料面への照射では，中心温度は半径 0.5mm で 11000K，周辺半径 2.5mm で 9000K の高い励起温度（時間平均）を得ている．レーザ誘起プラズマは，レーザ加工を行ううえで材料表面や内部に発生することが避けられない現象でもある．プラズマ発生の程度は材料や波長および雰囲気ガスにもよるが，サイドガスの斜め 45°からの噴射などで低減することができる[8]．

4.4.3　プラズマとレーザ光

4.4.3.1　逆制動放射におけるレーザ光の吸収

レーザのパワー密度が非常に高いとアシストガスなどの雰囲気ガスは絶縁破壊を起こして電離する．その際にプラズマを発生する．絶縁破壊の限界パワー密度は乾燥空気中で 10^9 W/cm^2 程度で，ほこり蒸気金属などが含まれるとオーダはそれ以下に低下するといわれている．パルス幅が短いかパワー密度が 10^9 W/cm^2 以上に高い領域で，レーザ光を材料表面に照射した場合にプラズマが瞬間に発生する．このプラズマとレーザの相互作用では逆制動輻射で吸収が起こることが知られている．

プラズマ中の電子密度が高くなるとレーザ光（電磁波）は電子を加速してプラズマに吸収される．このような吸収機構は逆制動放射とよばれる．制動輻射（または制動輻射）が電場の中で電子が急に減速した際に発生する電磁波放射をいうのに対して，逆制動放射（inverse Bremsstrahlung）は，電子が進行方向を変えられるときに光を吸収し加速する過程をいう．この吸収の強さは吸収係数で表わされる[9]．レーザ誘起プラズマ中のレーザ光の吸収と反射のメカニズムはプラズマ振動と逆制動輻射が考えられる．以下に逆制動輻射による吸収と電子密度について述べる．

プラズマ振動の周波数は次のように導かれる．まず，電子プラズマ振動（electron plasma oscillation）の変位の伴う電界 $E\,[V/m]$ は，

$$E=\frac{n_e}{\varepsilon_0} \tag{4.28}$$

電子の運動方程式はイオンが静止していると仮定すると，

$$m_e\frac{d^2x}{dt^2}=-eE=-\frac{n_e e^2}{\varepsilon_0}=-m_e{\omega_{pe}}^2 x \tag{4.29}$$

となる．

ここで，ω_{pe} は電子プラズマ周波数（electron plasma frequency）とよばれ，その値は次式のようになる．

$$\omega_{pe}=\frac{e^2 n_e}{m_e\varepsilon_0} \tag{4.30}$$

ここで，ε_0 は真空中の誘電率，e は素電荷，m_e は電子の質量，n_e である．

吸収は逆制動輻射の過程で生じ，自由電子が光子の吸収によって加速されイオンや電子が過熱される．その時の電子プラズマ周波数 f_{pe} [Hz] は式(4.30)を代入して，

$$f_{pe}=\frac{\omega_{pe}}{2\pi}=8.98\sqrt{n_e} \tag{4.31}$$

となる[10]．ここで電子密度 n_e の単位は $[\mathrm{m}^{-3}]$ である．

このときの吸収係数 K_γ は

$$\begin{aligned}K_\gamma&=\frac{4}{3}\cdot\left(\frac{2\pi}{3\kappa T}\right)^{\frac{1}{2}}\frac{n_e n_i Z^2 e^6}{hcm^{3/2}\lambda^3}\{1-\exp(-h\gamma/\kappa T)\}\\&=3.69\times10^6\frac{Z^3 ni^2}{T^{1/2}\gamma^3}\{1-\exp(-h\gamma/\kappa T)\}\end{aligned} \tag{4.32}$$

となる[11]．ここで，Z は平均的電荷，h は Plank 定数，κ は Boltzmann 定数，ν は光の周波数，T は温度，n_i はイオン密度である．

さらに，$Z=1$，$n_e=n_i$ とするとる通常のプラズマで，$h\nu/\kappa T\ll 1$ のとき

$$\kappa_\gamma=0.0177\frac{{n_e}^2}{T^{3/2}\nu^2} \tag{4.33}$$

となる．ここで，$\nu=c/\lambda$ であるから，それぞれの

YAG基本波：$\nu=2.28\times10^{14}$ [Hz]，第 2 高調波：$\nu=5.64\times10^{14}$ [Hz]，
第 3 高調波：$\nu=8.45\times10^{14}$ [Hz]，第 4 高調波：$\nu=11.1\times10^{14}$ [Hz]，
CO_2 レーザ：$\nu=2.83\times10^{13}$ [Hz]

となり，これから，たとえば CO_2 レーザおよび第 3 高調波の場合を例にとると，式(4.33)は次のようにそれぞれ近似される．

CO_2 レーザの場合の吸収係数は

$$K\gamma=2.21\times10^{-29}\frac{{n_e}^2}{T^{3/2}} \tag{4.34}$$

また，第 3 高調波の場合の吸収係数は

$$K\gamma=2.48\times10^{-32}\frac{{n_e}^2}{T^{3/2}} \tag{4.35}$$

となる．ここでは cgs 単位として，κ_λ [cm^{-1}]，T [K]，n_e [cm^{-1}] である．

これに基づいた計算し作成した CO_2 レーザと第 3 高調波の場合の吸収係数を図 4.19 に示す．

これが，CO_2 レーザ（λ=10600 nm）の光の振動数（2.83×10^{12} Hz），あるいは第三高調波（λ=355 nm）の光の振動数（8.4×10^{13} Hz）と一致するとレーザ光は反射される．特に，CO_2 レーザの場合，材料表面光でのレーザ誘起プラズマ中の電子密度は 10^{14}～10^{17} W/cm^2 でこれよりオーダが低いため，逆制動による吸収が支配的になるとされている．

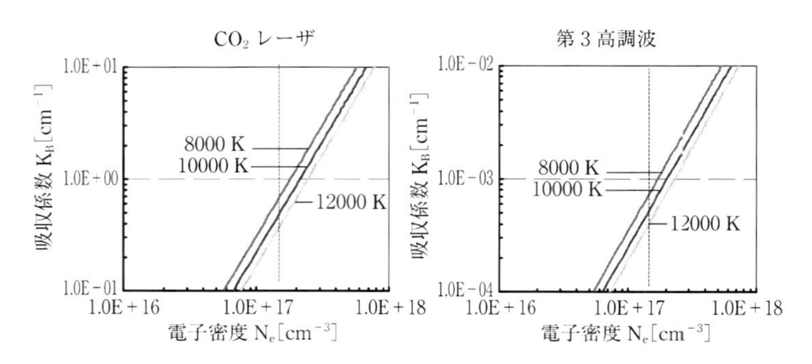

図 4.19　CO_2 レーザと第 3 高調波の吸収係数

式(4.33)から，逆制動輻射によるレーザ光の吸収係数はプラズマの電子密度の2乗に比例し，プラズマ密度が高い方がレーザ光はよく吸収されることがわかる．そのため，電磁波であるレーザ光は周波数が電子プラズマ周波数以下となる領域（低プラズマ密度領域）でのみ伝搬することを意味する．レーザ波長が短いほど高い密度領域まで進入することができ，より多くのエネルギーが吸収されることになる．

4.4.3.2 ワンショットの微細穴加工時でのプラズマ挙動

プラズマは高温下で気体を構成している原子同士が衝突して，一部電子が飛び出した状態でもある．さらに分子や原子が飛び交いながら衝突を繰り返し，次第に速度が速くなって衝突の衝撃も大きくなる．これにより分子が原子に解離したり，原子がプラス電荷のイオンになりプラズマ化する．気体の種類によってプラズマ開始温度は異なる．前に述べたように，超高温状態で気体が電離・解離することによりプラズマが生じるが，この際，分子あるいは原子から電子が離れ電子が単体で存在し，その数密度をプラズマ電子密度（free electron number density）と呼ぶ．電子密度の単位は［個/cm^3］などで示される．

エネルギー吸収機構としては次の二通りがある

1. 電子の衝突吸収：レーザ電界での加速による衝突で吸収する．
2. 非線形共鳴吸収：電子プラズマ振動数とレーザの振動数の一致による局所電界の発生．

プラズマの比誘電率を ε_r とすると，比誘電率が0となる点で電磁波・光の強い吸収（古典吸収）が起こることになる．ここで比誘電率 ε_r（relative permittivity）は真空の誘電率 ε_0 と各物質の誘電率 ε の比で定義され，

$$\varepsilon_r = \varepsilon / \varepsilon_0 \tag{4.36}$$

で示される．したがって，比誘電率は無次元量である．

また，角振動数との関係においては，

$$\varepsilon_r = 1 - \frac{{\omega_p}^2}{{\omega_L}^2} \tag{4.37}$$

ここで，ω_p はプラズマの角振動数 [rad/s]，ω_L はレーザの角振動数 [rad/s] である．

$\omega_p < \omega_L$ すなわちプラズマ角振動数よりも高い角振動数の波は進行（材料を突き抜ける）し，$\omega_p > \omega_L$ の場合プラズマ角振動数より低い角振動数の波のため進行せずに反射される．また，プラズマ角振動数は単純な調和運動の式として次式で表せる．

$$\omega_p = \left(\frac{e^2 n_0}{\varepsilon_0 m_e}\right)^{\frac{1}{2}} \tag{4.38}$$

ここで，e [C] は電荷素量，n_0 [m^{-3}] は電子密度，m_e [kg] は電子の質量である．プラズマ振動数 ν_p [Hz] とプラズマ角振動数 ω_p との関係は

$$\nu_p = \frac{\omega_p}{2\pi} \tag{4.39}$$

で表せる．光速を c [m/s]，波長を λ [m] とする．$c = \nu\lambda$ より

$$\frac{c}{\lambda} = \frac{\omega_p}{2\pi} \tag{4.40}$$

両辺を 2 乗し，式（4.38）を代入して n_0 について解くと

$$n_0 = \left(\frac{2\pi c}{\lambda}\right)^2 \frac{m_e \varepsilon_0}{e^2} \tag{4.41}$$

となる．

上式（4.41）に，例として第 3 高調波（波長 $\lambda = 355$ nm）で石英の材料に照射してプラズマが発生した場合にあて込むと，

$$n_0 = \left(\frac{2\pi c}{\lambda}\right)^2 \frac{m_e \varepsilon_0}{e^2} = \left(2\pi \frac{3\times 10^8}{355\times 10^{-9}}\right)^2 \frac{8.85\times 10^{-12}\times 9.11\times 10^{-31}}{1.6^2\times 10^{-38}}$$
$$= 8.87\times 10^{27}\ (\mathrm{m}^{-3}) = 8.87\times 10^{21}\ (\mathrm{cm}^{-3})$$

となる．

第 3 高調波の波長 $\lambda = 355$ nm の場合，共鳴のプラズマ振動数を与える電子密度は $8\times 10^{21}\ \mathrm{cm}^{-3}$ となり，プラズマがこのように高密度に達していなければ，レーザ光はプラズマを通り抜けて材料表面に達する．上記の計算によるプラズマの電子密度は $8.878\times 10^{-21}\ \mathrm{cm}^{-3}$ なので，ほぼ同じ値を示し，高密度状態で吸収されることになる．すなわち，レーザ周波数（電磁波周波数）とプラズマ振動数が等しくなる条件で電磁波の吸収が起こる．但し，ワンショット（single shot）の場合，レーザ光がターゲットに到着後に材料の気化によりプラズマが発生する

ので，穴加工などは達成されることになる．

なお，非線形吸収などはやや複雑となるが，レーザプロセスでのプラズマはかなり高温であるので，このように古典吸収で十分扱えるとした．なお，主な物質の比誘電率は石英（SiO_2）3.8，ガラス 5.4～9.9，アルミナ（Al_2O_3）8.5，空気 1.00059 などである．

4.5　加工の要素と相互関係

4.5.1　レーザ加工の 4 要素

レーザを材料に照射することで，光と材料の間の相互作用として種々の物理的あるいは化学的な変化を誘発する．レーザ加工はそれらの現象の結果を利用して，材料の溶融，分離，接合，表面剥離，蒸発などの加工処理を行うものである．

レーザ加工には主な要素が 4 つある．

① レーザのもつ波長：レーザ加工での波長は光子エネルギーであるが，電磁波のもつ波長領域を示すもので，波長の種類によって材料の光吸収や反応が異なってくる．

② レーザのもつエネルギー密度またはパワー密度：一定面積内にどれだけのエネルギーが投入されたかを示すもので，このエネルギー強度によって材料の加工状態，すなわち反応の程度が異なる．

③ 作用時間：レーザが材料にどれだけの時間関与したかによって，やはり材料の反応や作用が異なる．

④ 材料独自の性質の材料物性：材料は独自の原子・分子の結合状態や熱的な特性を有している．そのため熱加工の場合には，材料特有の吸収率や熱定数（比熱，熱伝導率，熱拡散率）によって生起される反応や加工特性が異なる．また材料の面あらさや表面の前処理などの表面性状はこれに含まれる．

これらの関係を図 4.20 に示す．ほかに，加工雰囲気なども重要な要素ではあるが，これは人為的に整えられる二次的な条件なので除外し，本質的な要因に限定する．なお，特にパルス発振においてのパワー密度［W/cm^2］については，パワー密度にパルス幅を乗じてエネルギー密度［J/cm^2］として，これをフルーエ

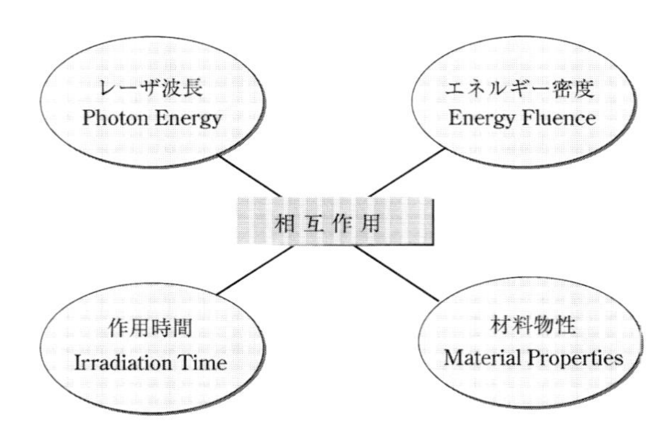

図 4.20 レーザ加工における基本要素

ンス（fluence）と称する場合がある．レーザ加工にはこれら 4 つの主要な因子があり，これをレーザ加工の基本要素という．

4.5.2 加工のエネルギー配分

産業用の高出力レーザとして多用されているレーザのほとんどは赤外線レーザであるが，この赤外領域のレーザ光が材料表面に照射されると光はごく表層の自由電子によって吸収される．吸収された材料表層の原子・分子は振動して発熱し，さらに共鳴振動によって熱伝導する．材料は急速に加熱されて相変態を起こす．光の強度と作用時間が十分である場合には材料の沸点まで容易に到達する．

このようにレーザ光から誘起されるエネルギーによって種々の現象を起こすのであるが，そのエネルギーの配分を図 4.21～図 4.25 に示す．図 4.21 は切断加工におけるエネルギーの配分であるが，発熱によってレーザ光の直下材料は溶融を起こし，そこから一部は蒸発しほかは 3 次元的に材料内へ熱拡散する．ビームと材料が接し加工が進行する「切断フロント」ではガスの噴流があって材料とガスの反応が起こり，光との接点で溶融層の薄膜が形成されその内側（母材側）へは熱的な侵食がある．切断フロントにガス噴流の運動エネルギーが加わることで溶融金属は強制除去される．その結果，一部は切断溝からドロスとなって排出される．

また，図 4.22 に示した溶接加工では，同様に発熱によってレーザ光の直下材料は溶融を起こし溶融池が形成される．キーホール溶接では溶融池内に空洞ができる．その中は光が入り込むために蒸発とそれに伴う蒸気圧の発生などで流動的な挙動をする．ビームが通過後に溶融金属が空洞を回り込むように埋め戻されて溶融ビードが形成される．図 4.23 は，低融点材料のときのエネルギー配分であるが，発熱によって一部は蒸発し，素材は熱分解や劣化の現象を伴いながら熱が拡散する．低融点材料や有機質材料のレーザ加工では，ほとんど瞬時に発熱して熱分解し，蒸発に至る．

基本的にレーザ加工の多くは熱加工であるが，熱の影響のきわめて少ない加工がある．これはアブレーション（ablation）加工とよばれるもので，そのエネルギー配分を図 4.24 に示す．図 4.25 に示したように，超短パルスレーザなどを用いてごく短時間で材料表面に光を照射すると，材料は光を吸収したとたんに爆発的に蒸発して除去される．あまりに短時間であるために，熱的な影響をほとんど周辺に与えることはないとされているため，微細な穴加工や溝加工に用いられている．エキシマレーザのような紫外線レーザによる高分子材料の場合には，光化学的な分解加工によるアブレーション加工が支配的である．エキシマレーザは，主に高分子材料に用いられるが，稀に，ごく薄い金属材料にも適用される．

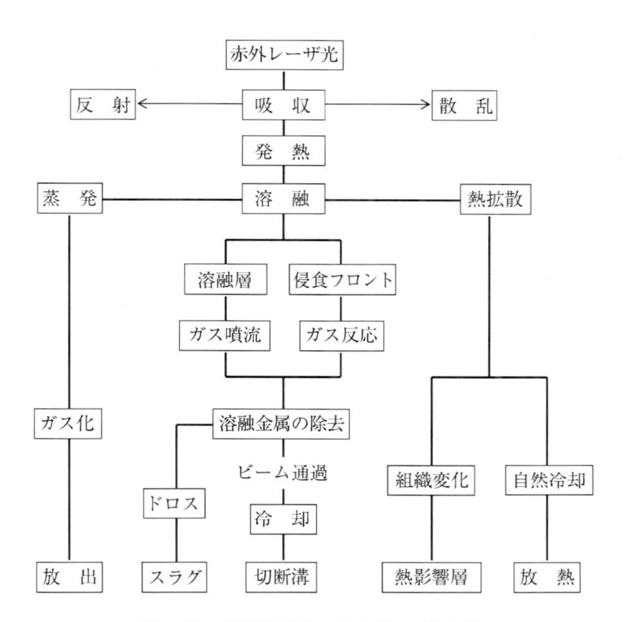

図 4.21 切断加工のエネルギーバランス

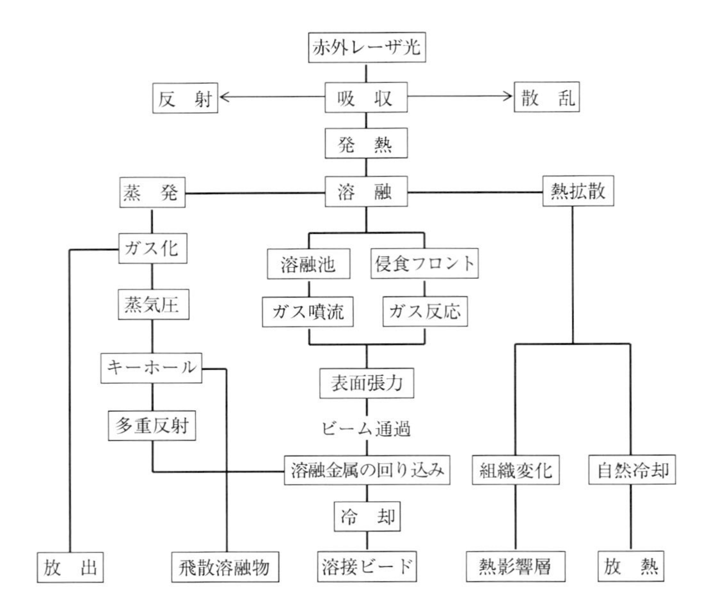

図 4.22　溶接加工のエネルギーバランス

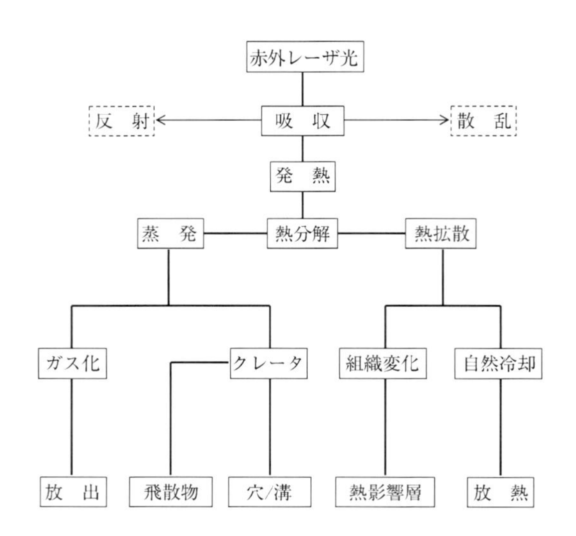

図 4.23　低融点材料加工のエネルギーバランス

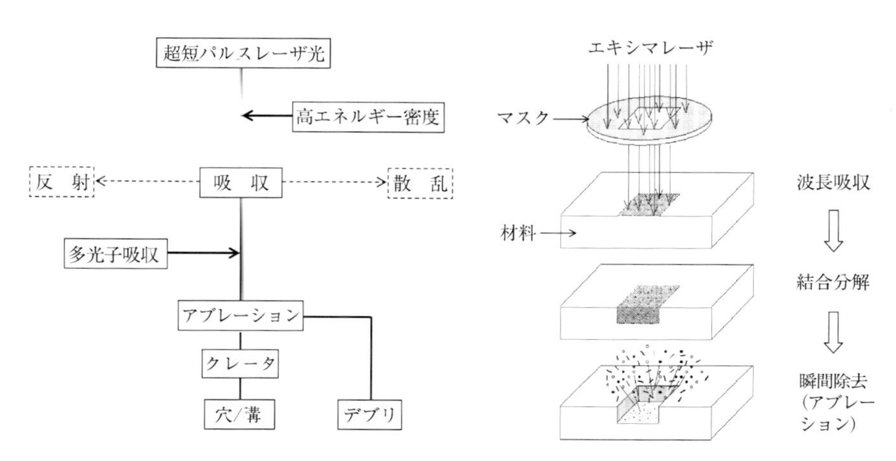

図 4.24　アブレーション加工のエネルギーバランス

図 4.25　高分子材料のエキシマレーザによるアブレーション加工の概念図

このように，アブレーションには短波長レーザによるものと，超短パルスレーザによるものがある．これらのすべては加工の過程でエネルギーを消耗するために，加工のエネルギー配分は加工のメカニズムを考える際に参考となる．

参考文献

1) 吉原邦夫：物理光学，共立出版，p. 235（1974）
2) Charschan, S.S.: Laser Industry, *Van Nostrand Rein-hold Co.*, pp. 105-108（1972）
3) レーザ学会編：レーザプロセッシング，日経技術図書，p. 218（1990）
4) 新井武二：はじめてのレーザプロセス，工業調査会，p. 91（2004）
5) Arata, Y., *et al.*: Fundamental Phenomena in High Power CO_2 Laser Welding（Report I）——Atmospheric Laser Welding——, *Trans. of JWRI*, **14**-1, pp. 5-11（1985）
6) 新井武二，宮本　勇，沓名宗春：レーザー溶接加工，マシニスト出版，p. 13（1996）
7) 宮本　勇：株式会社アマダ・大阪大学共同研究成果報告書（1993-1995）
8) Herziger, G.: The Influence of Laser-Induced Plasma on Laser Material Processing The Industrial Laser Annual Handbook, *Penn Well Books*, pp. 108-115（1986）
9) 新井武二，沓名宗春，宮本　勇：レーザー溶接加工，マシニスト出版，pp. 6-8（1996）
10) 赤崎正則，村岡克紀，渡辺征夫，蛯原健治：プラズマ工学の基礎（改訂版），産業図書，pp. 103（2001）
11) Ready, J.F.: Effects of High Power Laser Radiation, Academic Press, pp. 187-188（1971）
12) Miyamoto, I., Uchino, T., Maruo, H. and Arai, T.: Mechanism of Soot Deposition in Laser Welding, *Proc. of ICALEO '94*, p. 406（1994）
13) Poynting, J.H.：電磁場中のエネルギーの流れを証明（1884-1885 の論文）
14) Chen F.F. 著，内田岱二郎訳：プラズマ物理入門，丸善，p. 274（1977）
15) 田中和夫：レーザー光とプラズマの非線形相互作用，プラズマ核融合学会誌，Vol. 81, pp. 11-18（2005）

5 加工の予備知識

レーザは1960年，Maimanが最初のルビーレーザ発振に成功したことに端を発する．その直後から材料への作用が模索された．これがレーザ加工のはじまりであるともいえるが，あくまでレーザ発振の模索が主であった．わが国における加工の本格的な研究は1980年前後の産業用CO_2レーザの高出力化が大きな契機となった．歴史はほかの加工法に比べて浅いが，応用技術の発展は目覚ましい．ここではレーザ加工を学ぶうえで必要な予備知識として，応用加工を分類し，加工パラメータ，ビームの発振形態やモードなどについて説明する．

（写真：ビームモードのパターン）

5.1 加工の形態

5.1.1 レーザプロセス

レーザ加工は，機械加工の代替から広範囲な技術に適用されるにつれてレーザプロセス(processing)と称されるようになってきた．レーザプロセス技術はレーザを用いて物質を処理し加工することの総称で，材料に対するレーザの適用技術を意味し，英語でもlaser processingあるいはlaser materials processingといわれている．レーザ切断やレーザ溶接などの従来からのレーザ加工はもとより，レーザ光化学反応，レーザで材料表面処理，レーザマーキングや表面加飾，写真や印刷にも匹敵する画像のレーザ点描画，光を透過させて内部の加工を施す材内加工や，ほかの加工をアシストするレーザ援用加工など，レーザでなし得るすべての物質の処理法や加工手法を含んでいる．現在ではレーザプロセスという用語が一般的に用いられるようになってきた．

processing という言葉にはもともと「加工」の意味はあるものの，「化学処理」や「食品に手を加える」といった意味合いが強かった．レーザによる加工は，従来から用いられている英語のレーザマシニング（laser machining）から直訳されて「レーザ加工」と称していた．これはマシニングセンターなどにみられるように，切る，削るなどで代表される機械加工の延長にある技術や代替技術としてイメージされたものである．そのためレーザ加工といえば，主にレーザ切断や穴あけ加工，さらにはレーザ溶接を表す言葉として扱われてきた．しかし，レーザでの応用が熱加工だけでなく非熱加工も出現し，必ずしも従来の機械加工の概念だけでは捉えられない材料処理方法が出現してきたことに対応して，processing が用いられるようになったものと思われる．

5.1.2 レーザ加工の種類

日本におけるレーザ加工の研究はおよそ 40 余年の歴史をもつ．赤外領域の CO_2 レーザや YAG レーザの発見と，発振装置の高出力化への努力が金属加工業や一般産業への応用を可能にし，「レーザ加工」の歴史をつくってきた．現在の主なレーザによる加二技術には図 5.1 に示すようなものがある．従来からのものを含めて，応用は多岐にわたっている．従来の高温プロセスには，切断加工や穴加工に代表される除去プロセス，溶接加工やはんだ付けなどの接合プロセス，表面改質や曲げ加工などの加熱プロセスなどがあり，中間に位置する中温プロセスにはマーキングや彫刻加工，乾燥などごく表層を加熱する表面加飾，低温プロセスには化学反応，透明体の材内加工やアブレーション加工などがある．これらはほぼ歴史的な時系列でもある．これらはレーザ発生装置の発展と深く結びついていることはいうまでもないが，レーザ加工技術の新しい潮流が生まれつつあることもうかがい知れる．

5.1.3 レーザ発生装置の技術的推移

レーザを発振させる装置を一般にレーザ発生装置と総称しているが，産業界を中心とした生産現場で多用されているレーザ発生装置は，主に CO_2 レーザ，YAG レーザ，エキシマレーザである．しかし，最近では YAG の高調波など波長変換レーザによる短波長レーザも盛んに用いられるようになってきた．図 5.2

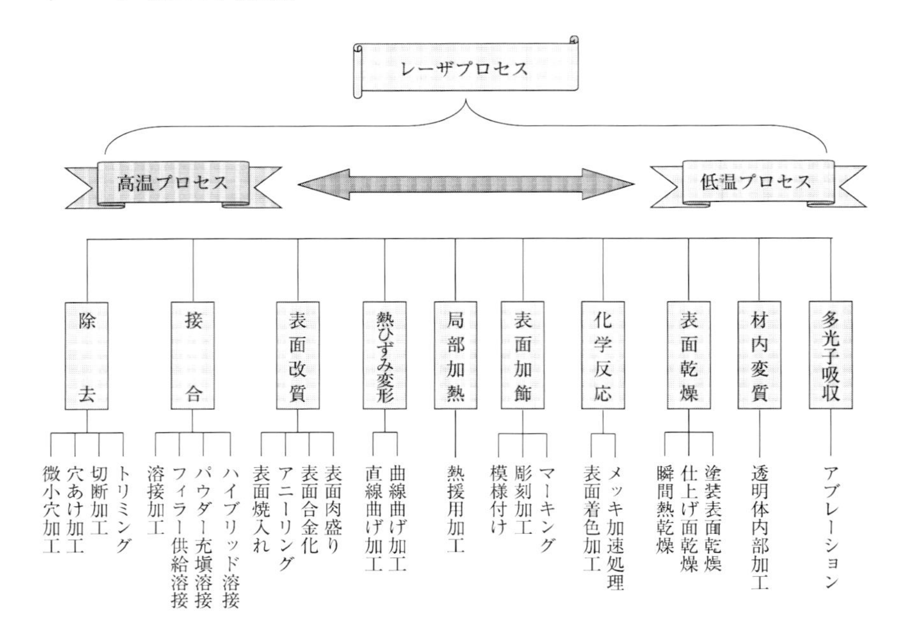

図5.1　レーザ加工技術の分類

には，ここ20数年で行われた産業用レーザ発生装置の開発における技術動向と課題を示した．そのうち，主なものとして，多用されているCO_2レーザは高出力化，高効率化が課題であったことから，新しいガスを常に高速で循環して発振効率を高めることを目的に高速軸流方式の開発がなされてきた．循環するレーザガスを少なくとも100 m/s以上に高くとり，放電長1 mあたりのレーザ出力を数100 W～1 kWまで増大させている．また，従来の放電管の内部電極を外部に設置することで，放電部の汚染や劣化と内部循環を防ぐ方式である高周波放電励起も，国内はもとより，外国でも主流となってきた．ただし，この方式でも発振効率はたかだか10数%と高くない．

一般の金属加工用レーザ加工機としての出力は，主に切断用には1～6 kW，溶接用には5～10 kWが開発されている．実験用大型加工機には20 kWや40 kWなどもあるが，その主な目的は厚板の溶接実験である．CO_2レーザは高出力化が可能で，早くから熱加工用熱源として威力を発揮してきた．10 kWを超える高出力装置は，信頼性，コスト，床面積に限界があり，用途が特殊でない限

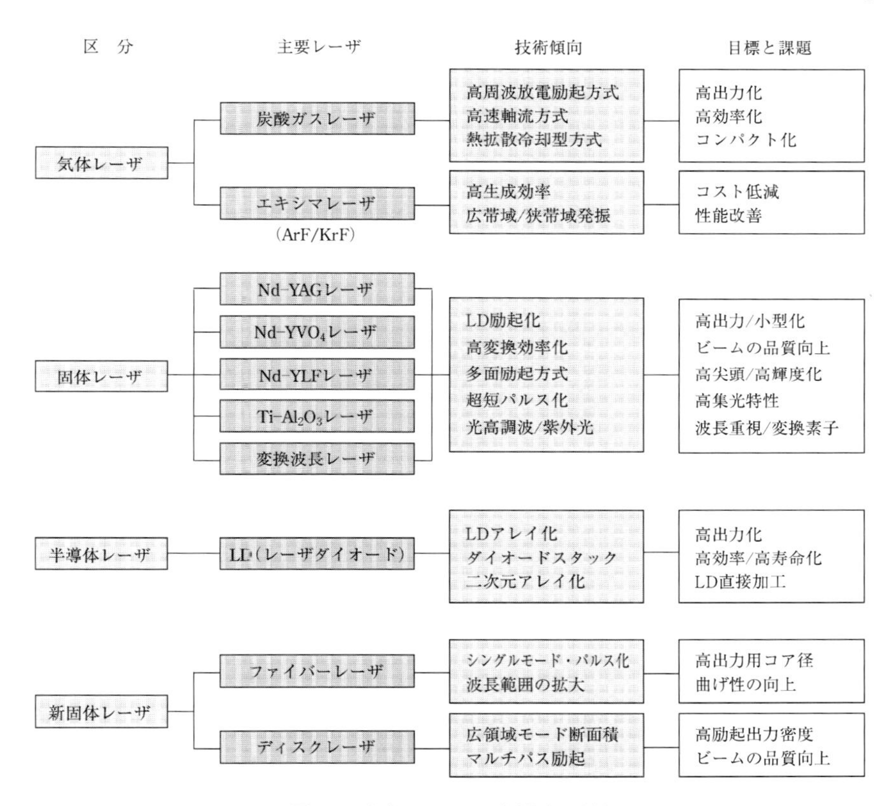

図5.2 産業用レーザ発生装置の分類

り，産業用としては旧来からの安価な競合技術に対する優位性を必ずしも見出せないのが現状である．最近では，コンパクト性やランニングコストを重視して，拡散冷却方式を採用した CO_2 レーザが出現してきた．特に高品位のビームモードを意識し，薄板高速加工用に目標を絞っている．

固体レーザでは，図5.2に挙げた5種類が最近注目されているものである．特に，YAGレーザにおいては顕著で，従来のランプ励起に対抗した形で，高出力のLD(laser diode)励起化が近年になって大きく発展してきた．6〜8kWオーダのLD励起YAGレーザも開発されている．励起方式やレーザ媒質の多様化，ビーム品質の向上などが図られているが，全体で，光から光への変換効率は30〜40％であるが，電気から光への変換効率は依然として12〜15％である．今後は効率の向上，ならびに長寿命化と信頼性の向上が課題である[1)].

半導体レーザは，LD の高出力化が進み，直接加工に用いる方向に展開しつつある．技術的には 1 個の LD には限界があるため，並列に複数の LD を並べてアレイ化するか，あるいは，LD を積み重ねてスタック化することで「2 次元アレイ化」するなどして，産業用の用途に応えるようますます高出力化が図られている．

5.1.4　レーザ加工の特徴

レーザ光を用いた加工は，以下のような特徴をもつ．

① レーザ光は光であることから空間伝送が可能であり，発振器と離れた加工場所であってもワークステーション（加工テーブル）を設置できるなど自在性を有する．
② レーザ加工は加工手段が光であるため幾何光学や波動光学の一般的な光の原理が当てはまる．したがって，光の直進や反射・散乱ならびに吸収などは材料表面状態と相互の作用時間に左右される．
③ レーザ光は集光性がきわめてよいので，レンズなどの集光光学系を用いればほとんど回折限界近くまで絞り込むことができ，材料表面で溶融から蒸発温度までの高パワー密度熱源をつくることができる．
④ レーザ光はほかの加工法とは異なり非接触で加工することができ，材料の溶融による熱放射エネルギーや蒸発・飛散などによるエネルギー反力を除き，一般的にはツールによる材料の加工反力はない．

5.2　パワー密度と加工

5.2.1　レーザ加工と照射時間

レーザ加工は光と材料の相互作用によるもので，照射時間とパワー密度によって加工の種類が異なる．図 5.3 は照射時間とパワー密度とによって異なる加工の適応範囲を示した．パワー密度［W/cm^2］は，単位時間に単位面積あたりの材料に関与するエネルギーである．各プロセスの示す範囲はあくまで代表的な領域を示している．（たとえば，溶融接合は時間をかければもっと右下でも可能では

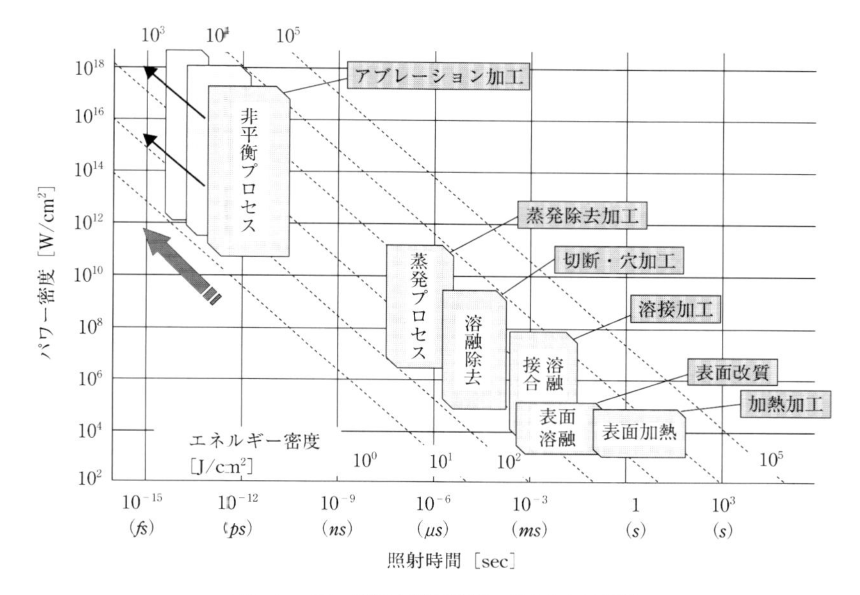

図 5.3 パワー密度と照射時間に対する加工領域

ある.）図 5.3 は現状での最適な推奨値をもとに検討されたものであるが，この領域については，装置の発展と高度化とも相まって常に流動的であり，現在でも範囲が上方に拡大しつつある．特に，発振するパルス幅（パルス持続時間）がさらに狭く高出力化することで，ファムト秒でなくても材料表面でプラズマが発生し，瞬時に材料が剥離するアブレーションの加工現象がみられるようになった．したがって，非平衡プロセスについてはもちろんのこと，ほとんどの従来のプロセスにおいて高出力で高速加工ができるようになってきたことから，従来に比べてパルス幅が狭くなり，パワー密度もきわめて高くなってきた．以上より，全体的に概して左上にシフトしている．この傾向は今後とも続くとみられているので，現状の加工能力と傾向を知るうえでの目安とされたい．

5.2.2 加工領域の分類

ここでは産業用レーザで利用されている高出力レーザの場合の材料と，レーザ光の相互作用によって生起される加工現象の概略を述べる．レーザ加工は熱加工の一種である．分類上の非平衡プロセスは，アブレーション加工にみられるよう

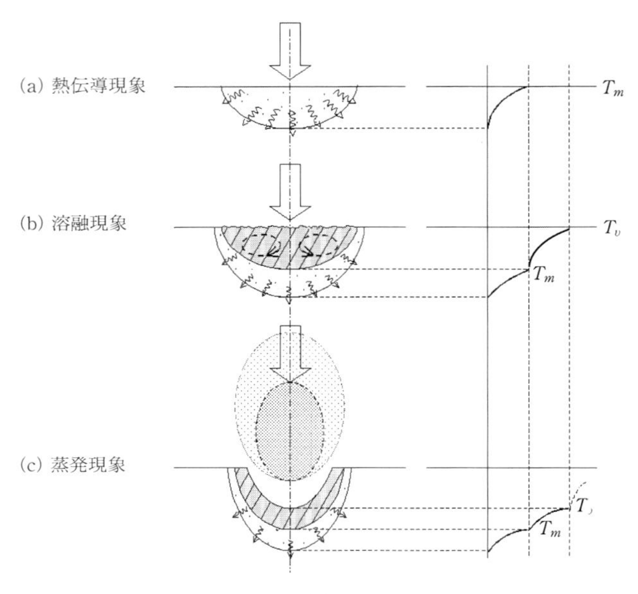

図 5.4　熱加工の形態

にきわめて短時間の照射であるために熱伝導が起こる前に加工が終了し，物質の明確な相変化過程を経ないで爆発的に剥離除去されたことによるものである．このような過程から種々の非線形現象が起こり，新しい加工の可能性が出てきているが，高出力の産業用レーザでは，ほとんどが熱平衡プロセスの過程にあるものと推測される．この見地から，図 5.4 では熱加工特有の加工時の熱現象について示す．温度の推移に伴う相変化の物理現象と，その代表的は加工モデルを図示した．レーザ加工は，波長，照射パワー，パワー密度，照射時間が重要であることがわかる．

5.3　レーザの発振形態

レーザビームの発振には連続波とパルス波がある．現在，CO_2 レーザは高周波放電励起が主流となっているが，高周波は工業周波数帯である 100 kHz，2 MHz，13.56 MHz などに利用が限られている．CO_2 レーザのパルス発振はこの基本周波数で発振しているが，この発振周波数をベースに発振時間の長さ（パルス幅）を決めている．これに対して YAG レーザではランプの点灯形態による．連続点灯（アークランプ）の場合には連続発振となり，このようなレーザを連続励起 YAG レーザという．また，パルス点灯（フラッシュランプ）による場合にはパルス発振となり，このようなレーザをパルス励起 YAG レーザという．

5.3.1　レーザの連続発振

① 連続発振（CW 発振）

連続発振とは発振形態が連続的であることを意味するが，電気的にオン（ON）の時に発振が連続的に継続され，オフ（OFF）時に遮断される制御系において，オン時間に光（電磁波）が連続的に発振することから連続波（continuous wave）の意味で CW 発振と称している．連続波発振には，ベース発振（放電）は連続的で，エネルギーを溜め込んで一挙に発振させることで擬似的なパルス発振をつくり出すものがある．たとえば，Q スイッチ発振によるパルスも，変調によるパルスも基本的に連続して発振しているのであるが，パルスのような擬似的な発振を行わせることができる．

最近では，1 秒あたりの発振繰返し数が増大して，レーザの高繰返しパルス発振ができるようになってきた．たとえば，半導体励起の Nd^{3+}：YVO_4 のレーザ発振では，AC（acoustic optics；音響光学素子）を用いた Q スイッチで 1〜100 kHz の高繰返しで発振できている．

② Q スイッチパルス発振

通常のパルス（ノーマルパルス）よりパルス幅（パルス・オン時間；pulse on time）を短くし，その分ピークパワーのきわめて高いレーザを発振させる方法として Q スイッチレーザがある．

レーザ共振器の Q 値というのは，蓄積されたエネルギーに対する周期ごとに消費されるエネルギーの割合のことで，次の式で示される．

$$Q\text{ 値} = \frac{2\pi \times \text{蓄積エネルギー}}{\text{周期ごとの消費エネルギー}} \tag{5.1}$$

レーザ物質がポンピングされている間，共振器の損失を大きく（Q 値を小さく）してレーザは発振を抑えると，励起粒子が蓄えられた大きな反転分布が形成される．このとき，急に共振器の損失を小さく（Q 値を大きく）すると，蓄えられたエネルギーは瞬時（数 ns から 100 ns）に放出される．このように，Q 値をスイッチングすることにより得られる発振をQスイッチパルス発振といい，そのピークパワーは 10^6～10^{10} オーダの大きい値になるので，ジャイアントパルスともよばれる．また，このようなレーザをQスイッチレーザという．Qスイッチを行う方法には，音響光学的，電気光学的Qスイッチ，あるいは回転ミラーによるQスイッチの方法などがある．Qスイッチは比較的低出力の固体レーザにおいて行われる．

③ パルス変調

レーザ光の光強度，波長または位相を自由にコントロールする技術を光変調という．変調には，発振器の励起エネルギーや共振器内での Q 値を変化させるなど，レーザ発振器の内部で変調する内部変調と，発振器から放射されたレーザ光を外部的に変調する外部変調の2つの方法がある．たとえば，基本を連続発振において，変調機能を用いてサイン波や矩形波に変換することで，みかけ上はパルス発振，または類似の発振形態をなすものをいう．

現在では，任意の形状を生成できる「パルス波形制御」として一般化されつつある．これは主に，材料加工と入熱の関係から最適な波形が検討され，溶接などではレーザによる急速加熱・急冷の過程で起こる凝固割れなどを防止する目的で導入されるようになった．

5.3.2　レーザのパルス発振

① ノーマルパルス発振

パルス発振のための励起ランプには，キセノン(Xe)フラッシュランプがもっぱら用いられる．スポット溶接を意識したスポット的な出力形態からなる低速パルスは1～100 pps以下のものを指し，高速パルスは10～数百ppsまでのものをいう場合もある．

② モード同期パルス発振

CO_2 レーザのようなガスレーザでは，たとえば単一モード（横モード）とよばれる場合であっても，多数の縦モードで発振している．その結果，この各モードの結合波による入り乱れた雑音の成分が発生する．これを何らかの方法で，それぞれの縦モード間隔のみを各スペクトルの周波数とモード間の位相差で選ぶと，多モードのレーザ出力のスペクトルを同期することができる．このように各モード間の相対的な位相関係が固定された出力は，雑音が

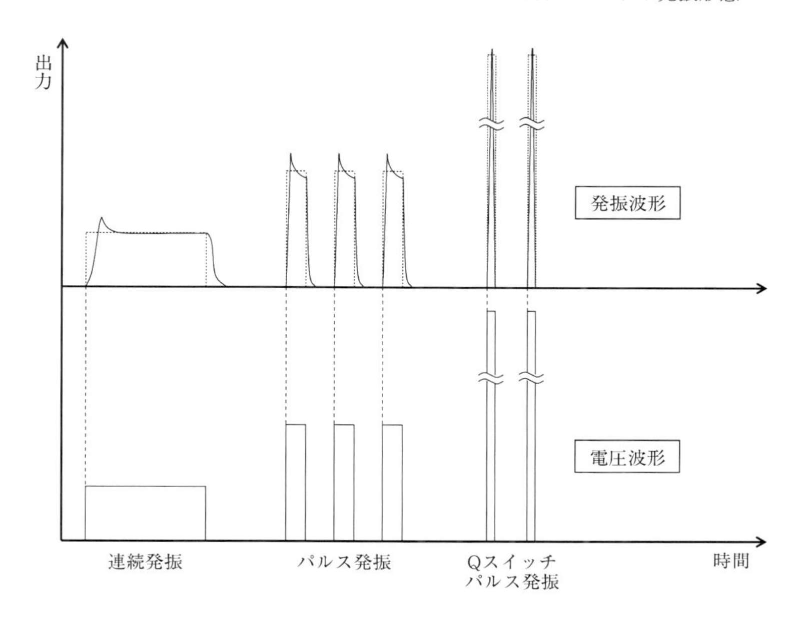

図 5.5　連続発振とパルス発振波形

なく，規則的な超高速パルスや，１つの周波数変調波になっている．これをモード同期パルスといい，このようなレーザをモード同期レーザという．モード同期を実現するには，共振器内に変調器を置き，縦モード間隔に等しい周波数で変調するこの外部信号で共振器損失を変調する強制同期と，レーザ媒質は本来的に非線形性があるので，励起条件や共振器の特性を調整してやることから自発的に生じる自己同期の方法とがある．図 5.5 に典型的なパルスの発振形態を示す．

5.3.3　パルス発振と波形

レーザの発振には，オン時間(on time)からオフ時間(off time)までの間を，一定の出力を維持する連続波と，間欠的に発振するパルス波があることはすでに述べた．共振器を構成する光学系のリア鏡を通して，0.5％の漏れ光で出力をモニターし，パワーフィードバック制御を行っているので，出力安定度は短時間，長時間運転とも変動幅は±2％以内である．パルス波の場合は出力制御を行っていない場合が多いが，その場合でも，特にピーク値を高く上げたものを除けば，

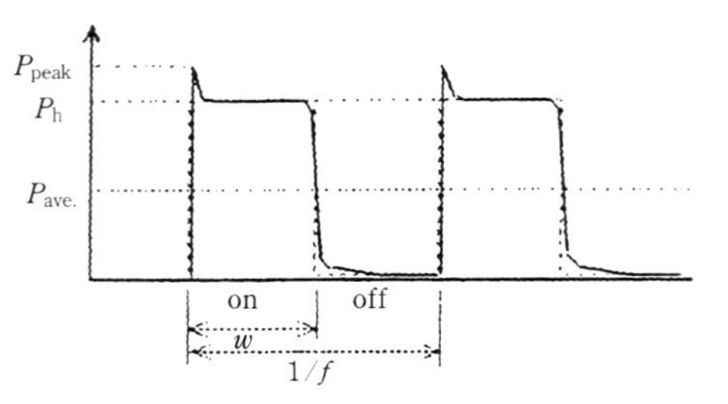

(a) 低繰返しの場合

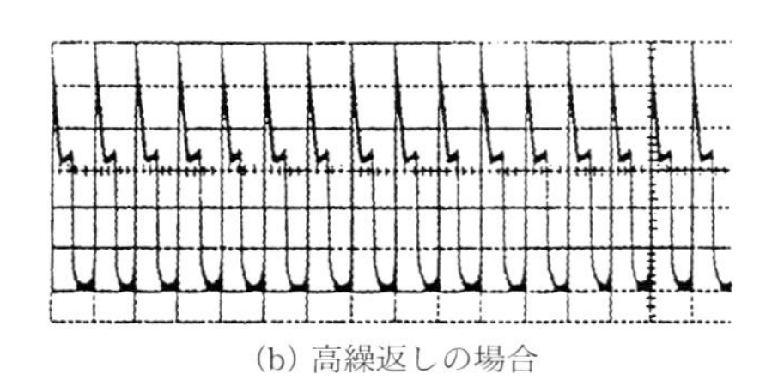

(b) 高繰返しの場合

図 5.6　パルス波形と名称

変動幅は±1.5〜2％以内に収まっている．

特に YAG レーザで用いられているパルス幅での典型的な波形とその名称を図 5.6 に示す．パルス・オン時間(pulse on time)をパルス幅(pulse length, pulse width；発振の持続時間)という．この周期は一定時間（1 s）に繰り返される数を，繰返し数［pps］，または周波数［Hz］で表示する．パルス加工では実測により出力を平均出力として表示することが多く，発振器の出力の大きさを示す表示は，パルス励起 YAG レーザ（通称，パルス YAG）では，この平均出力を用いるのが通例である．また，パルス・オン時間に対するパルス発振間隔（周期）をデューティ(duty)比と称する．

また，高調波などパルス発振のレーザでは高繰返しのパルス列（pulse line）で構成され，パルスの群として一定時間加工する場合と，単パルスだけを取り出してワンショットで加工する場合とがある．したがって，パルス加工という場合には，これらを区分して考える必要がある．この種のレーザは Doppler 分布（ガウス分布）の高繰返しパルス発振であるため，以下のような簡易計算をすることができる．

1) 連続するパルス列の場合：

平均出力は単位時間あたりのエネルギー放出量なので，1秒間のパルスエネルギーをすべて積分した値で示す必要がある．連続するパルス群で限られた時間内に n 回繰り返されるパルスの単パルスあたりの平均エネルギーは，

$$E_p = (E_1 + E_2 + E_3 + \cdots\cdots E_n)/n \tag{5.2}$$

としても求められる．

① ピーク出力：

パルスあたりのエネルギーを E_p，パルス幅を ω とすると，ピーク出力 P_{peak} は，

$$P_{peak} = E_p \div \omega \tag{5.3}$$

ピーク出力はパルスの尖頭値を示すもので，パルス持続時間内に放出するエネルギーに相当する．なお，簡易計算でのパルス幅は，半値全幅（FWHM : full width at half maximum）で定義される．図5.7にパルスに模式的にその関係を図示する．

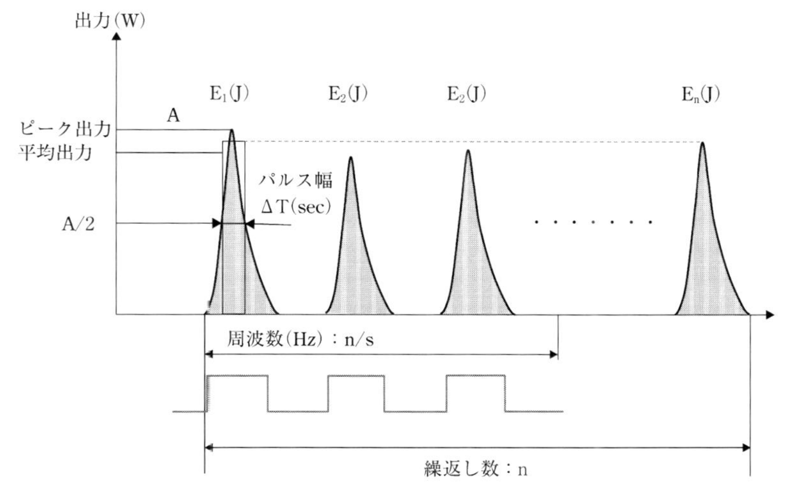

図5.7 パルス列の模式図

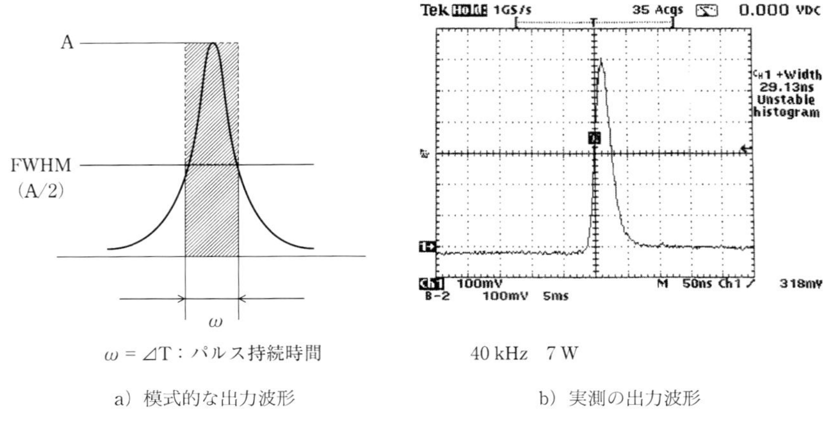

a）模式的な出力波形　　　b）実測の出力波形

図5.8　ピーク出力の模式図

② 平均出力：

平均出力は連続するパルス発振における時間あたりのエネルギー放出量なので，平均のパルスあたりのエネルギー E_p を用いて，パルス周波数を f とすると，平均出力 P_{ave} は，

$$P_{ave} = E_p \times f \tag{5.4}$$

のようになる．これは単位時間あたりの平均のエネルギーに相当する．

図5.8にパルスの関係を模式的に示す．

なお，上記の式でワン・パルスあたりのエネルギーの単位は，J，mJ，μJで表され，パルス幅はs，ms，μsなどで表される．

たとえば，パルスエネルギーが100 μJで，パルス幅が25 msの場合のピーク出力は，

$$\begin{aligned} P_{peak} &= 100\ \mu\text{J} \div 25\ \text{ms} = 100 \times 10^{-6}\ \text{J}/25\ 10^{-9}\ \text{s} \\ &= 4\,000\ \text{J/s} = 4\ \text{kW} \end{aligned}$$

同様に，パルスエネルギーが100 μJで，パルス周波数が30 kHzの場合の平均出力は，

$$\begin{aligned} P_{ave} &= 100\ \mu\text{J} \times 30\ \text{kHz} = 100 \times 10^{-6}\ \text{J} \times 30 \times 10^{-3}\ \text{J/s} \\ &= 3\ \text{J/s} = 3\ \text{W} \end{aligned}$$

となる.

2) 単パルスの場合

単パルス (single pulse) の場合は，連続するパルス列の中からQスイッチやモードロックによって単発のパルスを発するようにしている.

① ピーク出力：

同様に，パルスあたりのエネルギーを E_p，パルス幅を ω とすると，ピーク出力 P_{peak} は，上記の式 (5.3) に一致する.

② 平均出力

また，単パルスは最初に発する瞬時のワン・パルスなので周波数に無関係で，平均出力に相当する出力は，

$$P_{ave} = E_p \tag{5.5}$$

で表示される.

この場合平均出力はパルスあたりのエネルギーと式の上では同じであるが，個々のパルスには変動があり，ワンショットの単パルス発振では初期パルスがオーバシュートすることが多くパルス幅に揺らぎもあることから，厳密の意味で瞬時の平均的なパルスあたりのエネルギーとは一致しない.

前述 (図5.5) のように，CO_2 レーザやYAGレーザなどの高出力レーザと，高調波レーザなどの低出力レーザのパルスとでは発振波形がまったく異なる. そのため，上に示した簡易計算がそのまま高出力レーザに適用できる訳ではない. 発振波形が異なるために，適用できるのは比較的低出力の高調波レーザや短波長レーザのQスイッチパルスなどの場合に限られる.

パルスレーザでは周波数 (1秒間の繰返数) という用語が用いられることからもわかるように、照射時間がほとんど1秒以下でそれぞれの発振は瞬時である. ワンショットで用いる　単パルスのようなごく短時間のパルスに対するピーク出力は，仮に，ピコ秒やフェムト秒の場合，パルス幅 $\Delta t = 10^{-12}$ (ps)，10^{-15} (fs) と非常に短いため，ワン・パルスのエネルギーが1mJでもピコ秒の場合，ワット換算で 10^6 W となり，ファムト秒の場合には 10^{12} W 相当の非常に大きなパワーとなってしまう. しかし，このきわめて高いピーク値は，先端の幅がほとんどないひげ (髭) のような波形の結果である. ごく短いパスル幅でもたらされるピーク出力は単なるピークの目安であってこの値がすべて直接材料加工に寄与

する訳ではないことに注意を要する．非線形過程を伴う超微細加工のような場合を除いて、熱加工を中心としたほとんどの材料加工では個々のパルスの実質の投入エネルギー（または熱量）の値が重要となる．なお、非線形過程については，15.6のアブレーション加工で扱う．

パルス加工の場合にはパルスの重なりが問題となる．パルスの重なりは，加工点に作用する熱の関与時間に大きな影響を与えることから，パルス波による加工(通称，パルス加工）では個々の単パルスの重なりである重なり率，またはオーバラップ(over lapping)率が重要になる．

パルス加工を知るうえでの予備知識として，以下の図をもとに説明を加える．簡便のために，1パルスを1Jとし，熱源を円形と仮定した場合に1つのスポット径内に入ってくるみかけの投入エネルギーと，その重なり率の関係を図5.9に

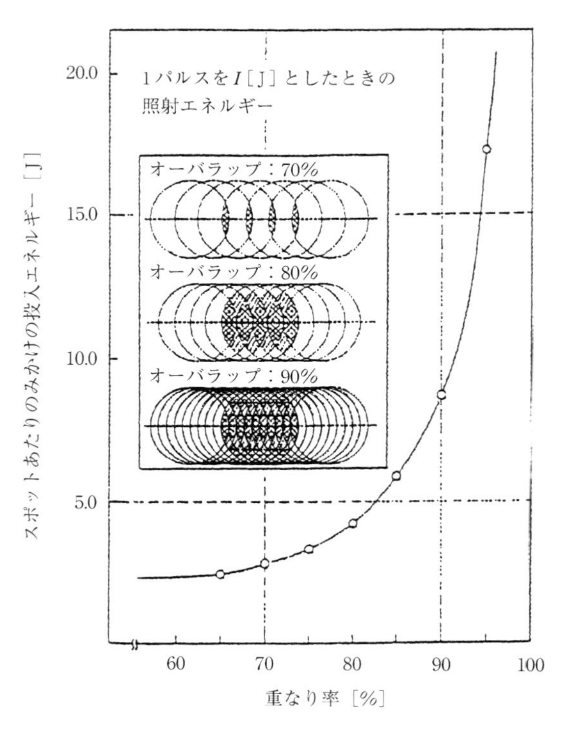

図5.9　スポットの重なり率と投入エネルギーの関係

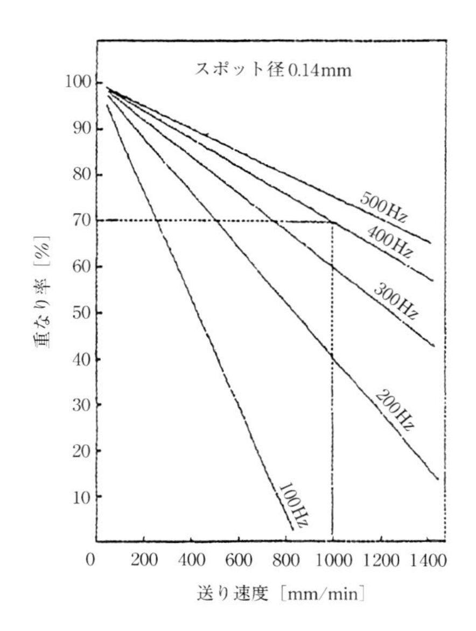

図5.10　送り速度と重なり率

示す．レーザのみかけの投入エネルギーは重なり率に比例して増加する．

実際に即して，レーザ光の集光スポット径を0.14mmと仮定した場合，周波数をパラメータにした重なり率［%］と送り速度（切断や溶接の加工速度）の関係を図5.10に示した．重なり率は周波数に比例し，送り速度に反比例する．ここで，重なり率0%は網点模様などのマーキング加工に相当し，100%は穴加工に相当することになる．

また，周波数を100Hzに固定して，送り速度をパラメータに，パルス幅［ms］とみかけの投入エネルギーの関係を図5.11に示す．投入エネルギーはパルス幅に比例し，送り速度にほぼ比例する．さらに，周波数を変化させた場合のパルス幅［ms］と平均出力の関係を，図5.12に示す．平均出力はパルス幅と周波数にともに比例する．

なお，これらの出力特性は，発振器の出力レベル，メーカやそのモデルによっても数値は多少異なるが，特性は同様の傾向をもつ．

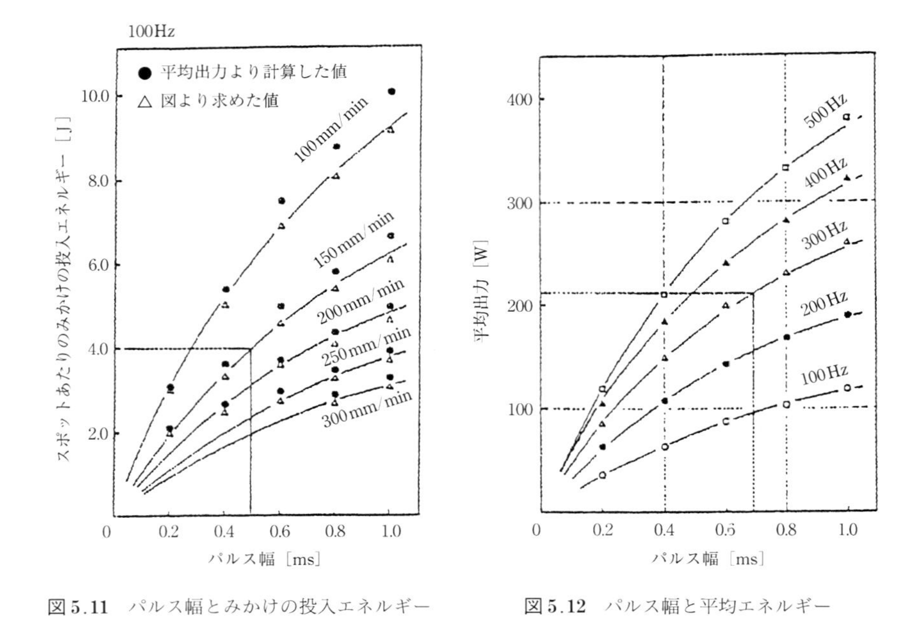

図5.11　パルス幅とみかけの投入エネルギー

図5.12　パルス幅と平均エネルギー

5.3.4　単パルスの詳細な検討

パルスの簡易計算を示したが，ここで短パルスおよび超短パルス加工における単パルス発振の場合を例に検討する．単パルスの出力は通常，半値幅（時間）に平均出力を掛けたもので表わされる．しかし，この慣習的な計算の精度は不明であるので，微細な加工ほど出力の値の正確さが要求されると思われるので，実際に単パルス波形の測定を行った．単パルスの応答特性の測定は高速ディテクター（Thorlabo：Model DET 210）を用いた．その測定結果は図5.8に示した．レーザは $\lambda = 355$ nm の第3高調波で，周波数60 Hzで平均出力7 Wが得られる場合の例である．このパルス幅は20 ns，短パルスあたりのエネルギーは116 mJである．

その結果，実際のパルス発振するレーザ光は，明らかにハルス持続時間（パルス幅）内にエネルギーが変動している．精度は測定器のディテクターにもよるが，実ビームは必ず立ち上がり時間と立ち下りの時間を有するため，on/offの

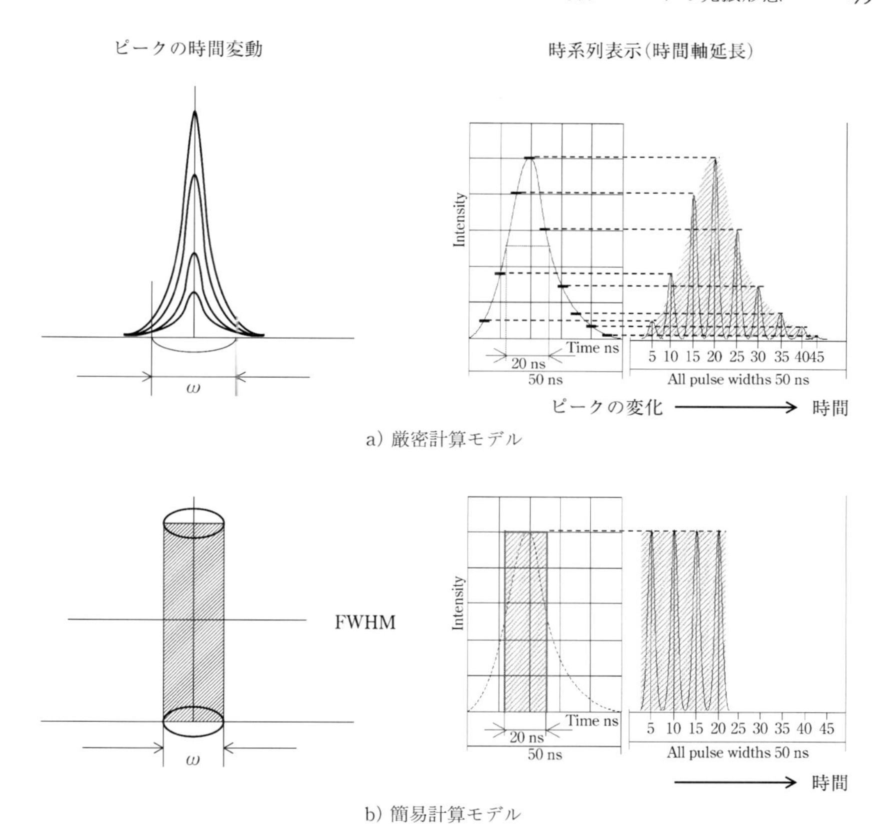

図 5.13　波形の時系列表示

指令とは異なる．短パルスなどの短い時間の発振波形はガウス波形に近似されるが，ごく短時間の発振ではガウス形状がよりシャープな形状となる．

比較のために，習慣的な簡易計算と測定に基づくパルスを比較検討した．図 5.13 にその結果を示す．実際の波形では，時間経過に伴いエネルギーが逐次変化している．そのため慣習的な矩形パルス形状によるエネルギー積分値とは明らかに異なる．このエネルギーは単純面積比でも矩形パルス形状：実測パルスの積分値では 1：0.73 程度も差がみられる．この違いは実際の加工にも影響する．アルミ表面にそれぞれの単パルスを照射した時の蒸発時間を計算すると図 5.14 のように矩形波パルスによる方が実測波形によるものよりエネルギーが過多で、蒸

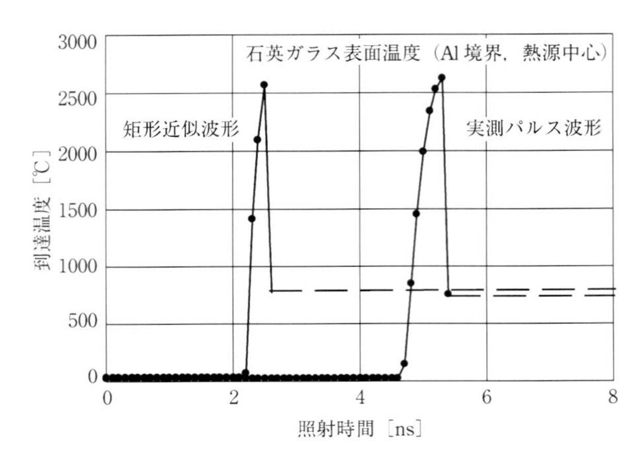

図 5.14　発振形態による Al 薄膜層の蒸発時間

発に至る時間が速いことが確認できる．簡易計算で矩形波に仮定する場合に注意を要する．このわずかな違いは，短パルスの微細レーザ加工では無視することができないこともあると思われるので，今後の研究の参考にされたい．

5.4　加工パラメータ

レーザによる熱加工は，レーザエネルギー（出力，パワー密度）と関与時間(照射時間，送り速度）に支配される．しかし，意図する良好な加工は光を集光するだけではできない．

その理由はレーザ加工が多くの加工パラメータをもつためである．そのためには加工システムの関係を知る必要がある．加工機はレーザ発振器（光発生装置）と加工機械（機械駆動系）およびその間の伝送技術や集光技術によって，最終的に材料上で光と材料の相互作用がなされる．これらの相関関係が加工性能に現れるのがレーザ加工でもある．図 5.15 にはその関係図を示す．特徴的なパラメータを理解するうえで，特に，切断加工と溶接加工について述べる．

5.4.1　レーザ切断の加工因子

レーザ切断の品質は，加工機械の剛性や振動などシステム全体に直接的に影響される．レーザのもつ切断ツールとしての性能を発揮させるためには，バランス

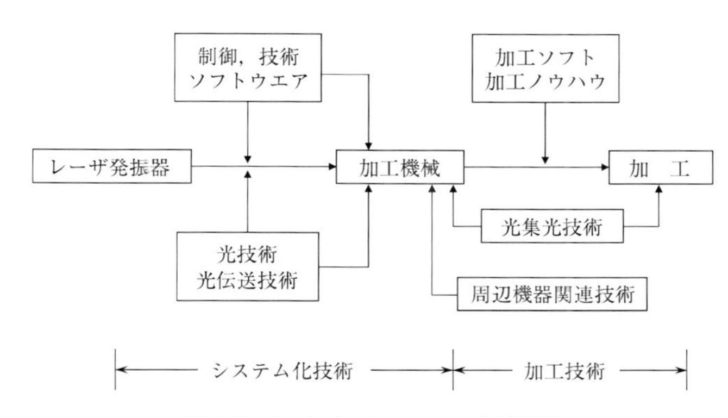

図 5.15　加工と加工システムの相関関係

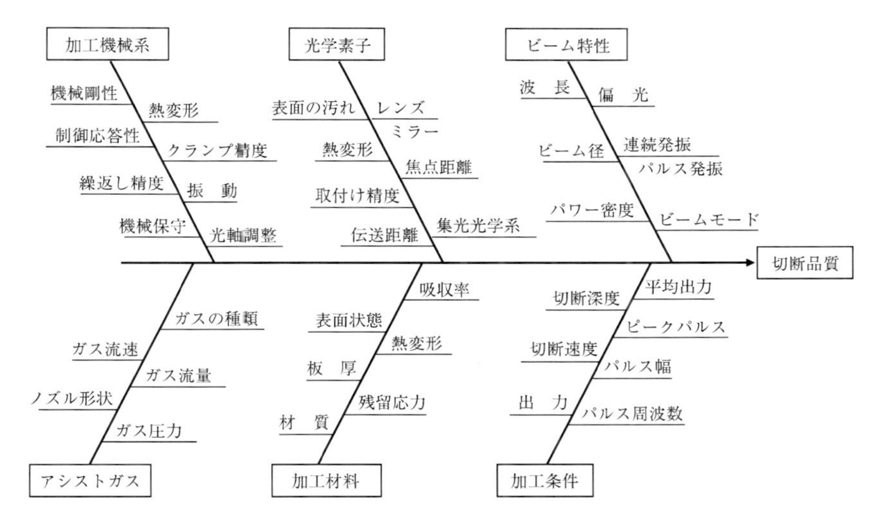

図 5.16　切断品質に及ぼす特性要因

されたトータル技術が重要である．図 5.16 にはレーザ切断における切断品質に影響を与える諸因子を示す．レーザ切断品質に及ぼす加工因子（パラメータ）は非常に多い．最近の切断には，焦点位置や光の適正な入射角と径（F ナンバー），または焦点深度など光技術の側面から技術的改良が加えられている．

5.4.2　レーザ溶接の加工因子

溶接は接合すべき相手があるため，それに伴う新たなパラメータが発生する．

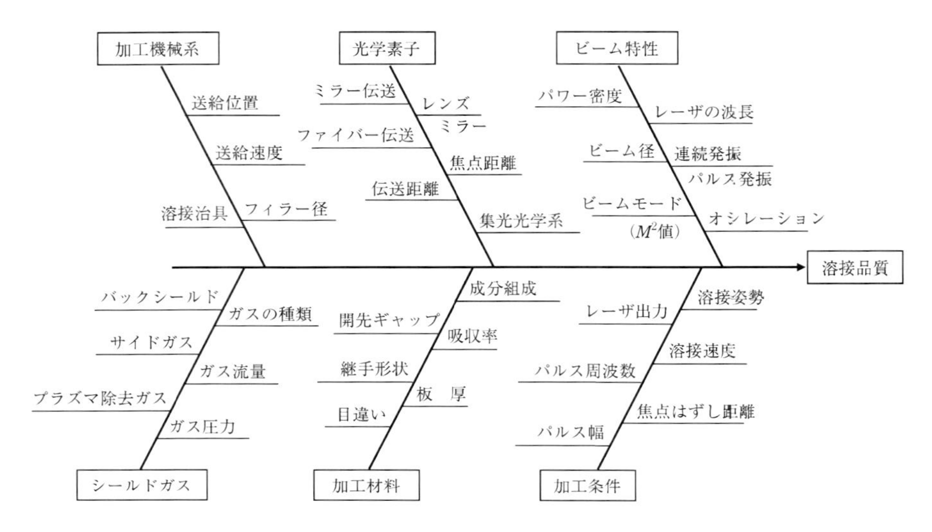

図 5.17　溶接品質に及ぼす特性要因

その代表が加工材料における開先ギャップや目違いなどであり，溶接性を高めるためには加工材料を固定する拘束治具，または溶接姿勢を合わせるための治具などが重要な要因となる．また，シールドガスの用い方にも，たとえば，センターガス，サイドガス，バックシールドなど独特のものがあり，レーザ溶接におけるパラメータの特徴となっている．レーザ溶接の特性要因を図 5.17 に示す．この諸因子の選択が正しい場合には，継手品質（溶接品質）が良好となる．反対に不適切である場合には，欠陥が生じ溶接性を維持できない．溶接パラメータとして主なものを挙げる．

5.5　ビームモードと加工

ここで，ビームモードの切断加工への影響を実験結果に基づいて解説する．以下では，産業用に広く用いられているシングルモード（擬似シングルモードを含む)，マルチモード，ならびに擬似的なドーナツモードの 3 種類を比較のために用いた．

5.5.1　切断とビームモード[2)]

5.5.1.1　安定加工領域の比較

(a) ドロスフリー領域

切断加工においてもっとも大切な要因の１つに，加工条件を変えた場合のドロスフリー（dross free）領域の広いことが挙げられる．このことは加工の安定性と加工能率の向上につながる．すなわち，加工が選択肢のある広範な条件で安定して行えることを意味している．また，加工の難しい材料に対しても，条件の設定が容易となり安定した加工を施すことができる．図 5.18 には 3 種類のモードで比較したドロスフリー領域を示す．同一の条件下では，高次モードになるほど加工の範囲が狭まり，広い領域では安定加工ができない．この点において，明らかに TEM_{00} モードがほかの 2 つのモードより優れていることがわかる．このうち，面あらさが比較的よいとされる領域は，やや低出力側で下から 1/3 程度の加工速度の範囲に存在する．たとえば，図における 1 kW の場合で面あらさがもっともよい範囲は，出力が 400〜700 W で切断速度が 1.5〜2.5 m/min 内に存在する．

(b) 加工深度の許容値

レンズには焦点深度がある．その定義は必ずしも正確なものではないが，集光

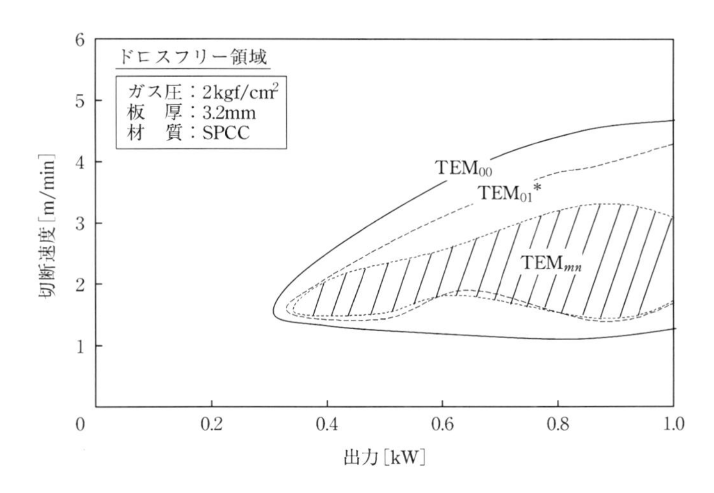

図 5.18　各種モードとドロスフリー領域の比較

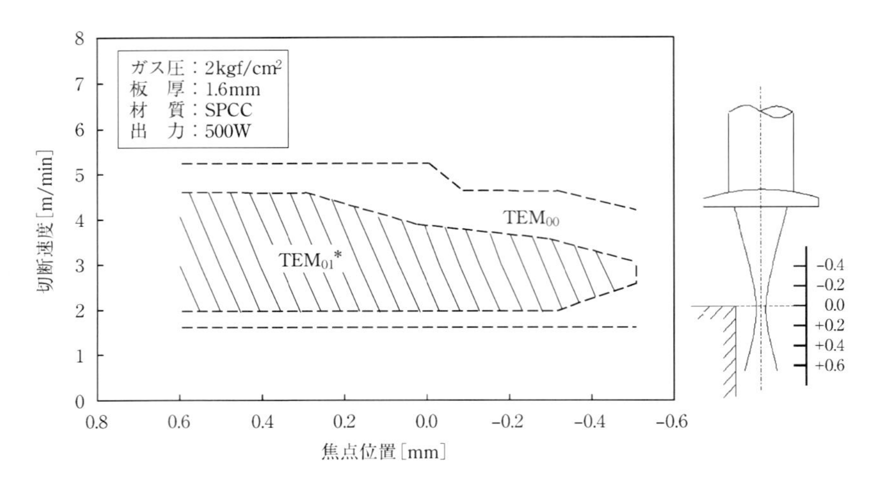

図 5.19　モードと焦点深度の比較

されたビームウエスト位置を基準に，① ビーム径が 5％増加するまでの範囲とする方法，② 単にスポット径の $\sqrt{2}$ 倍までを考慮する方法とがある．しかし，これらの値は微小で加工には適用できない．加工において，焦点位置を上下に外してもドロスフリーで良好な加工が行える範囲を“加工深度”とすると，実際の切断加工において，光軸方向（z 方向）に許容される切断深度ははるかに大きい．したがって，加工においては加工深度のほうが重要である．この値もシングルモードまたはそれに類似の $\mathrm{TEM_{00}}$ モードのほうが優れていて，数十％はその値が向上する（図 5.19）．

(c) 板厚と加工速度

板厚を増すと良好な加工のできる範囲が一般に狭くなる．この範囲を 3 種類のモードで比較した．出力 1kW のレーザ発振器を用いて板厚 9mm までの範囲で良好に切断できる速度範囲を求めた．その結果は図 5.20 に示すように，範囲を広くとれるのもシングルモードであり，マルチモードの場合にはその曲線は変動が多く不安定で，かつ板厚が増すにつれて良好な加工条件はピンポイントとなり，6mm 以上では加工が難しくなる傾向を示す．

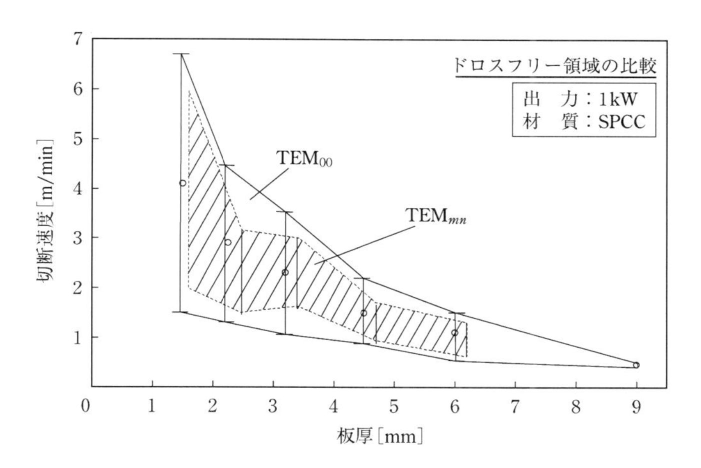

図 5.20 板厚の変化と加工速度範囲の比較

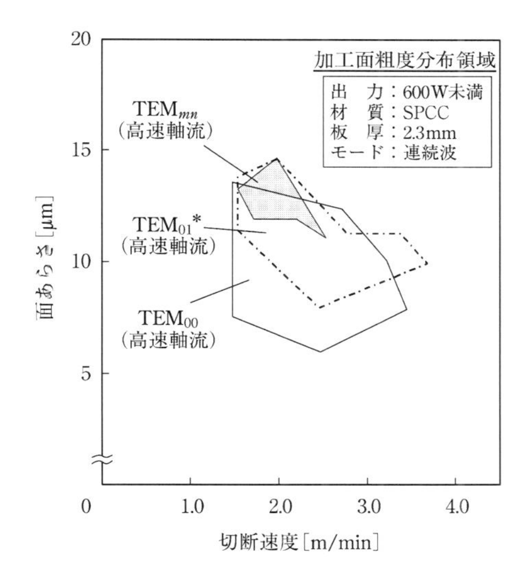

図 5.21 各種モードと面あらさ領域の比較

5.5.1.2 面あらさの比較

面あらさは主にビーム振れなどの安定性に大きく依存する．ビームの安定性を示す指標にポインティングスタビリティ（pointing stability）があるが，これが優れていることが基本である．したがって，高速軸流と低速軸流では，後者のほうが一般的に加工面粗度（面あらさ）においては勝っているといえる．しかし，低速軸流は高出力化に限界がある．

板厚 2.3 mm の軟鋼の切断において，同じ高速軸流レーザで実験的につくったモード比較では，明らかに TEM_{00} のほうが，面あらさが小さいほうに集中する．その結果の一例を図 5.21 に示す．面あらさは，切断速度が増すに従ってやや良好になっていくが，加工速度の限界付近ではかえって悪化しはじめる傾向をもつ．図 5.21 は，出力 600 W の CW 切断の場合で，速度別に実測して集計したデータをもとにそれぞれのモードを範囲で示したものである．シングルモードの TEM_{00} のほうが最大面あらさの範囲が小さい領域に存在することがわかる．

5.5.1.3　切断幅の比較

薄板切断においては，切断幅を小さくできることは歩留りをよくし，熱影響層

シングルモード：（TEM_{00}）

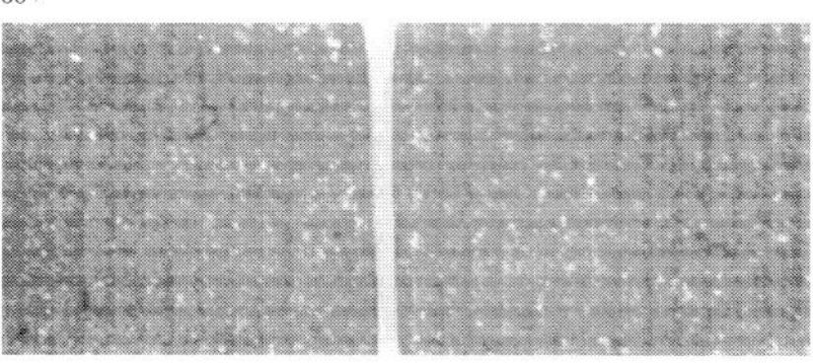

マルチモード：（$TEM_{00}+TEM_{01}+TEM_{10}$）

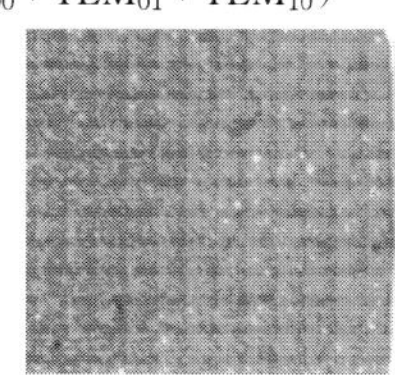

0.5 mm

$P=300$W，$F=2.5$ m/min

	面あらさ（上/下）	切断幅（上/下）
シングルモード	4.70 / 8.03	188 / 95
マルチモード	9.65 / 11.6	253 / 140

〔μm〕

図 5.22　モードによる切断特性の比較

を小さく抑えられるため，必然的に加工精度を上げることができるので，きわめて重要な要素である．ビームモードが切断溝幅にどのような影響を与えるかを検討するために，同一の発振器で2種類のモードを取り出し比較した．加工条件は TEM_{00} で板厚が1.6mmの軟鋼(SPCC)の場合に最適に加工できる条件を選択して，同一条件でモードのみを変えて実験した．ここでは一例として，出力300Wで切断速度が2.5m/minの場合で比較した．この場合，マルチモードは，外観は“ニアガウス（near Gaussian)”に近いミックスモードである．加工幅は，全体にマルチモードのほうがシングルモードに比較して40～50％増大した．図5.22に断面写真を示す．そのほかにも，直角度，平行度，面だれなど，加工精度に大きな差がみられる．

以上のように，切断加工ではシングルモードのほうがあらゆる面で優れていることが理解できる．このことは，今日のレーザ切断加工機の良し悪しを決める判断基準の1つになっていることも見逃せない．

5.5.2　溶接とビームモード[3)]

前述のように，溶接用の高出力レーザにおける発振器固有の典型的なビームモードには，シングルモード（低次モードを含む)，マルチモードならびにリングモードなどがある．溶接に対するビームモードの影響を以下に考察する．

5.5.2.1　ビードオンプレート

(a) ビード幅の比較

板上にほぼ焦点を含わせてレーザビームを走行させて，ビード幅や溶込み深さを観察する方法にビードオンプレート(bead-on-plate)法がある．この方法で，まず，厚板6mmの歌鋼（SPC材）を用いて各モードによる溶接のビード幅を比較する．

レーザ出力は2kWで一定にした．マルチモードの場合，溶接速度は2m/minが限界であったので，参考のために3kWでの溶接ビード幅も書き入れた（図5.23)．

溶接幅については，ほかに比べてマルチモードがやや大きい．しかしその場合でも，その値は最大で0.5mm以内であった．また，マルチモードは材料表面での初期貫通力が弱いので，速度が増すにつれて溶込みができなくなってしまい，

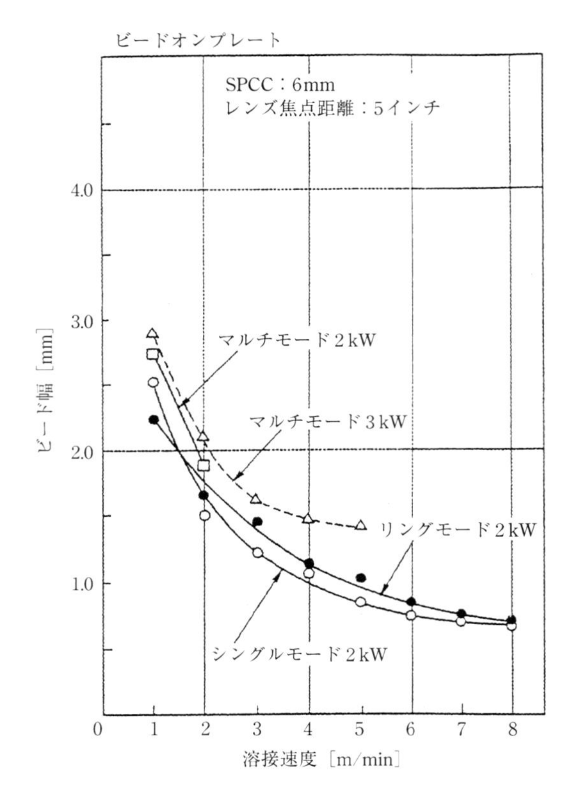

図5.23　各種ビームモードでの表面ビード幅の比較

その加工限界速度*1は小さい．ほかのシングルモードやリングモードの場合には8m/minまでが可能で，ほぼ同等の値を示した．

(b) 溶込み深さの比較

同様に，ビードオンプレートで得られた結果をもとに，溶込み深さを比較する．図5.24に，各モードでの溶接速度と溶込み深さの関係を示した．リングモードでレンズを通過し結像したときは，干渉効果によって結果的に中心が高いファーフィールドのようなビームモードになることから，シングルモードと同等の

＊1　この場合は，材料表面が溶融されて健全な溶接ビードを形成するのに必要な限界速度を指す．

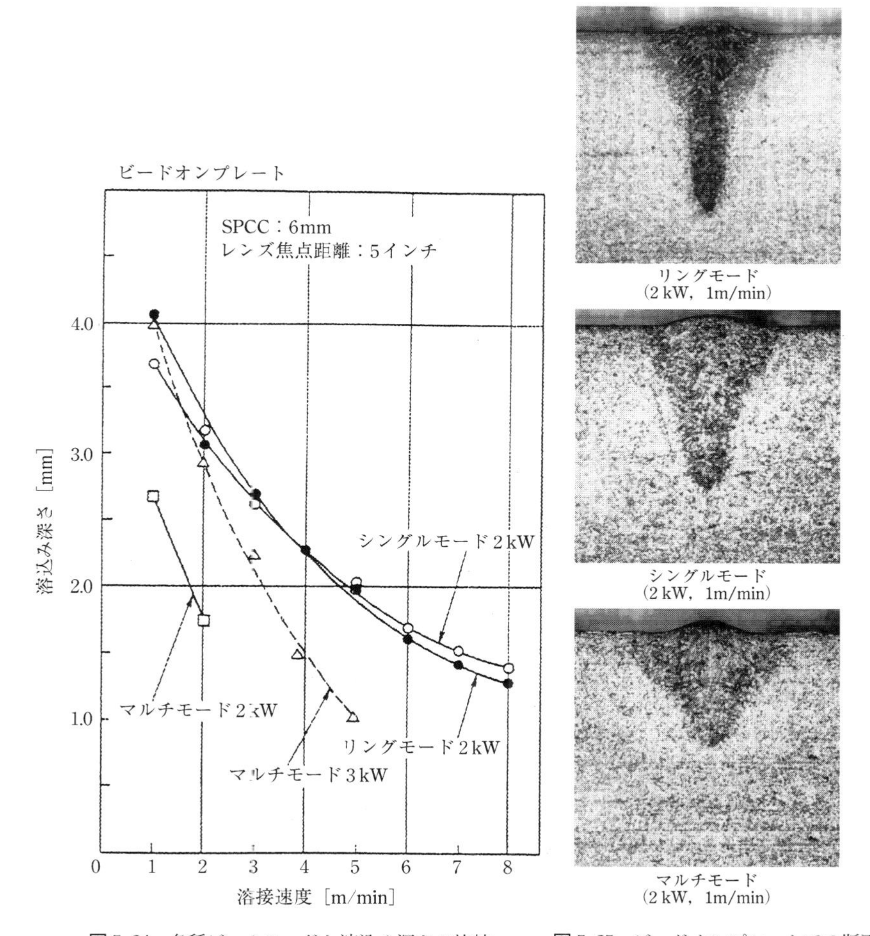

図5.24 各種ビームモードと溶込み深さの比較

図5.25 ビードオンプレートでの断面写真（SPCC：6mm）

溶接性が期待される．マルチモードは表面のビード幅は広いが，溶込み深さが小さく，浅めの逆三角の断面形状を呈していることがわかる．この比較においては，シングルモードとリングモードの溶込み深さはほぼ同等な値を示した．マルチモードは集光性が悪く，モード内の強度分布が変動しやすいため，いわゆるモード管理が難しい．ここでも参考のために，マルチモードでは3kWの結果を併記した．1～2m/minの低速側ではあまり差はないが，速度が増すにつれて，ほかのシングルモードやリングモードほどには溶込み深さは得られない．

図5.25には，出力2kW，溶接速度1m/minの場合で，各ビームモードに，ビームが進行する溶接方向に垂直となる面での断面写真を示す．初期ブレークの強いリングモードとシングルモードの場合には，z方向で深い溶融部形状を呈しており，マルチモードの場合にはその深さがあまりない．

このように，溶込み深さにおいても，シングルモードもしくは低次モードがより有利であることがわかる．溶接には比較的大出力が必要であるが，逆に大出力装置においてはモードのシングル化が難しいというジレンマがある．

5.5.2.2　重ね溶接での比較

(a) ビード幅の比較

重ね溶接でのビームモードの違いをあきらかにするため，板厚1mmの軟鋼（SPCC材）を用いて比較実験を行った．実験は2枚の材料を重ねて，拘束治具を用いて十分に固定し，焦点位置を材料表面に合わせて，異なる3種類のビームモードのレーザを照射した．

加工速度は出力2kWで，溶接速度を変化させた．アシストガスはArを同軸から噴射し，貫通速度（裏波が出る溶接）を条件に行った．

マルチモードでは，板厚2mmを貫通することのできる最大速度（裏波発生限界速度）は2m/minであったが，シングルモードとリングモードは同じ出力で5m/minまで可能で，2倍以上の加工能率を示す．

表面でのビード幅は，マルチモード，リングモード，シングルモードの順である．ただし，リングモードは限界速度がほぼ4m/minで，それ以上は不完全ビードである．裏面でのビード幅はほぼ同じであるが，貫通溶接での限界速度はマルチモード（2m/min），リングモード（4m/min），シングルモード（5m/min）の順である．

重ね溶接では，2枚の中間接合面の幅が重要で，せん断強度などはこれによって決まる．図5.26では，接合面でのビード幅の比較を示した．中間の接合ビードが1mm前後のビード幅を得られるのは溶接速度が2m/min以内で，リングモードはシングルモードよりこの幅は小さい．マルチモードは，低速では表面ビードが荒れて，ビードの両サイドにアンダーカットが生じる．それらの断面を図5.27に示す．このように，ビームモードと溶接特性は大きな相関関係にある．

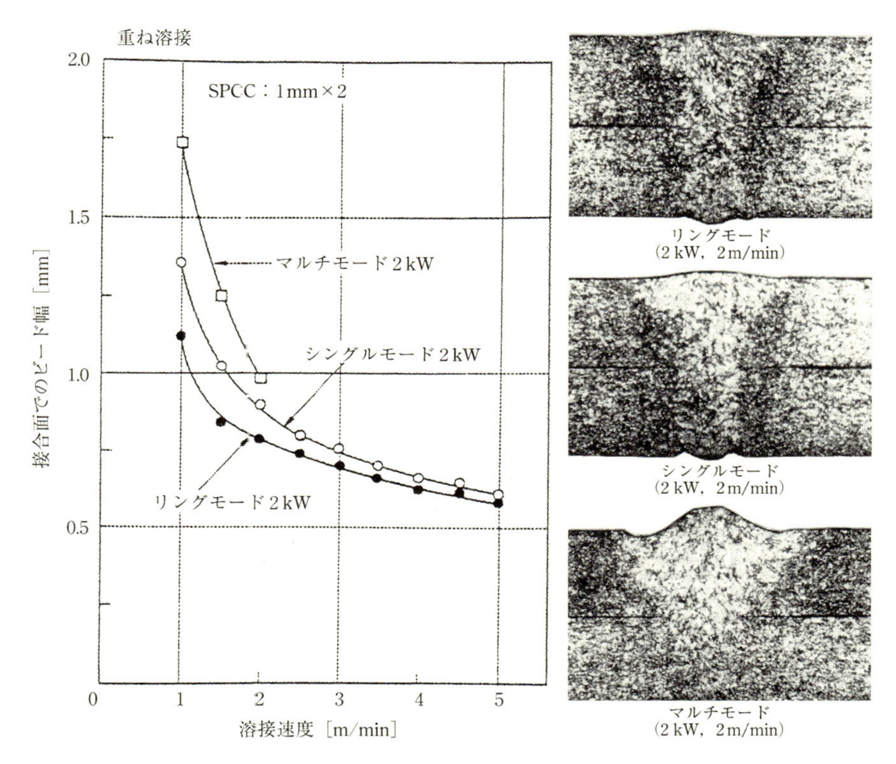

図5.26　重ね溶接における中間接合ビード幅の比較

図5.27　重ね溶接の断面写真
(SPCC：1mm×2)

それぞれのモードによって，低次シングルモードの場合はビード幅が狭く，かつ溶込み深さが得られることを特徴とし，マルチモードの場合にはビード幅が広く，かつ溶融される深さが浅いことを特徴としている．このことから，比較的板厚があり，貫通溶接を必要とする場合には，低次シングルモードが有効であり，一方，中間接合ビードが広く，溶込み深さを必要としないスポット溶接のような場合には，マルチモー゛が有効である．最近の溶接では，後処理を極力なくすことはもちろんのこと，強度と外観が同時に重視されるようになってきた．

5.6　加工の品質と評価

レーザ加工による加工品質とその評価法は，現在あまり明確ではない．したがって，その基準が多少あいまいではあるが，現実には機械加工における加工面の評価法や熱加工に絡む材料の組織的な評価法の転用，あるいはすでに制定されているガス切断の評価法である品質基準（WES 2801）に準じて慣習的に行われていることが多い．したがって，業界間の評価の違いはもとより，企業間によっても解釈が違うことがある．このようにまちまちであった評価方法を共通の方式に改める努力がなされている．EU 諸国では標準化の機関である ISO（国際標準化機構）を巻き込んだレーザ加工における品質評価基準の制定を行っていて，世界的に注目を集めている．ここではレーザ特有の品質の評価について述べる．

5.6.1　レーザ切断の品質

レーザ切断した加工品における一般的品質の評価は，おおむね従来の加工法と比較してどれだけ劣るか，あるいは勝るかであった．もちろん，これも評価法といえるかもしれないが，定量的評価にはならない．その理由は評価となる基準や評価の方法が明確でないからである．また，目視や感触（この方法を官能検査と

表 5.1　レーザ切断における評価項目の分類（金属材料）

項目	英文対照	評価手段
① 切断面性状にかかわる評価項目		
(a) 面あらさ（面粗度）	Surface Roughness	計測（数値化）
(b) ドロス	Dross	写真，計測（高さ）
(c) ドラグ	Drag（Drag Line）	写真，計測（線/長さ）
(d) 変　色	Coloration	写真，計測
② 切断形状・精度にかかわる評価		
(e) 切断幅（カーフ幅）	Kerf Width	計測（数値化）
(f) テーパ	Taper	計測（数値化）
(g) プロファイル（精度）	Profile	計測（数値化）
(h) 平面度，端面だれ	Flatness & Sqareness	計測（数値化）
③ 金属組織・強度にかかわる評価項目		
(i) 熱影響層	Heat Affected Zone	拡大写真，計測
(j) 酸化の程度	Oxidation level	拡大写真，計測
(k) 再凝固の程度	Recast level	拡大写真
(l) クラック	Cracking	拡大写真

いう）には個人差があり，レーザでは一般的な基準になり得ない．

一般に，レーザ切断で用いることができる品質の評価項目は，次の３項目に大別することができる．

① 切断面性状にかかわる項目
② 切断形状および精度にかかわる項目
③ 金属組織および熱影響度にかかわる項目

その分類を表 5.1 に示す．検査にあたりすべての項目にわたって実施できるか，あるいは実施しているかどうかは別問題である．実際，特別な用途以外には必要最小限の評価項目があれば十分である場合が多い．また，加工品質は基本的に，切断時の諸条件を考慮に入れずに切断面そのものについてのみ扱うことに注意を要する．すなわち，過程を問題にしているのではなく，切断した結果（切断サンプル）についてのみを評価しているのである．いかにして，よりよい結果に到達するかというのは，加工条件の最適な選定とノウハウの問題でもある．

5.6.1.1　外観評価と分析評価

品質の評価項目のうちで，①の切断面性状と，②の切断形状・精度については多かれ少なかれ，目視で確認できる外観評価である．一方③は，顕微鏡または X 線分析などによる内部組織の観察および測定を必要とする分析評価の項目である．

外観の中でももっとも一般的になっているのは，加工面あらさ，ドロスなどであり，分析評価では，熱影響層，ミクロな内部クラックなどがその中心である．なお，マクロのクラックは目視での検査が可能であるので，外観検査項目に属することができるが，内部におけるミクロのクラックは顕微鏡的な観察を必要とする．これらの項目のうちから説明を加える必要があるものについてのみ，さらに詳細に述べる．

(a) 加工面評価と分析

面あらさ（表面あらさ，または面粗度）は，「機械加工品の表面あらさの測定規格（JIS B 0601）」をそのまま転用している．手法は触針法で，針を被検面の上に軽く接触させ，針または被検面を測定面に平行に移動させることで表面の凹凸に基づく針の動きを電気的に拡大記録させるもので，タリサーフ表面検査器が

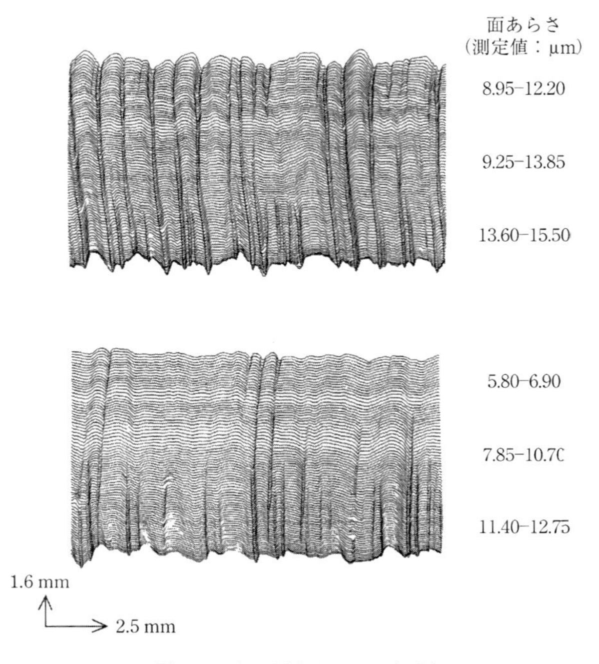

図 5.28　加工面あらさの三次元表示

用いられている．しかし，レーザでは切断表面が一様ではなく，ビーム照射点から下方（*z* 方向）に進むに従って，面あらさは低下するのが一般的である．その度合いは薄板の場合は小さいが，厚板になるほど顕著である．しかし，その値がミクロン(μm)オーダであるため，薄板でも無視できない．レーザ用に面あらさの検査器を改良し，コンピュータに連動させて加工面を立体的に表示した例を図 5.28 に示した．材料は軟鋼(SPCC)の 1.6 mm で切断面を上から 3 等分してその間を針で走査し，各 20 測定ラインの平均値をもとに最大と最小を範囲で表示できるようにした．これからもわかるように，下方に行くにつれて面あらさは変化する．したがって，レーザ切断で面あらさを扱うときには，面で表示する以外は，どの位置で測定したかを記載する必要がある．国際的には，たとえば DIN（ドイツ工業規格）などでは，薄板材料では板厚の 1/3 の位置での測定値を，また，厚板材料では中央部の測定値を簡易的に表現することがある．また，日本では上面（上から 0.5 mm 入ったところ），中央面（板厚の中央位置），下面（下から0.5mm入ったところ）の測定値を面あらさとして表示することがある．ちなみに，平均的な薄板レーザでの面あらさは，一例として1.6mm厚の軟鋼の場合で上面での測定の場合，最大面あらさ $R_{\max}$ は5〜7 μmを得ることができる．これはビームの安定性や発振器の種類などによって多少異なるので，目安にとどめたい．

(b) ドロスの発生

ガス溶断ではスラグとよぶ，切断時に材料下面に付着する溶融物を，レーザ加工ではドロスということはすでに述べた．レーザ切断では特別にドロスの付着のない切断が良質，または良好な切断と認識されていて，特にドロスフリー切断(dross-free cutting）とよばれる．ドロスは切断直後の溶融物の付着状態をいい，その程度にも① 顆粒状のドロスが点々と付着していて，痕跡を残さないで自然に剥離する（はがれる）もの，② 何かで軽くたたくか，少し力を入れて引

(a) ドロス付着大

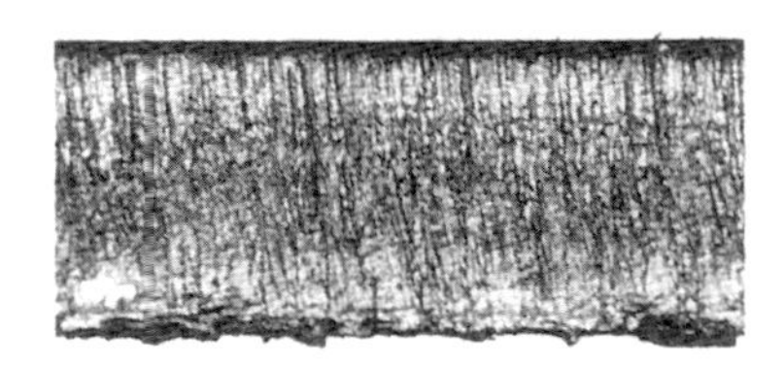
(b) ドロス付着小

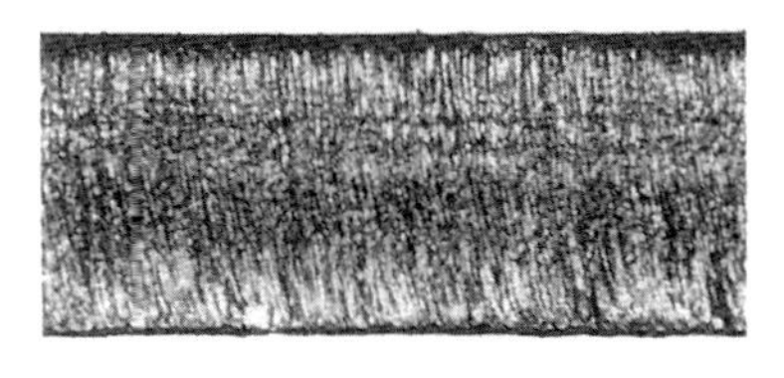
(c) ドロスフリー

図5.29 切断におけるドロス付着状態（SPCC：1.6mm）

っかくと剥離するもの，③よほどの力を加えないと剥離しないか，しても遊離鉄を伴うなど剥離性が悪く痕跡を残すもの，などの段階がある．ドロスは，適切な切断速度範囲にない場合，ガス流速がマッチしていない場合，あるいは速度が速すぎる場合などに発生する．ドロスは溶融金属の流れで，ドロスとして下面に発生するのは，アシストガス噴流によって押し流される溶融金属が切断溝内から排出・除去されにくいときである．したがって，溝内からの排出や除去に関係するので，たとえば，軟鋼以外のステンレス鋼(SUS)やアルミニウムなどのように溶融金属に粘性抵抗のある金属材料では相対的にドロスが剥離しにくい場合には，高圧ガスを用いて強制除去する方法がとられる．

ドロスの大小を1つの目安として“高さ”で表示することもあるが，付着状況が必ずしも均一でないので，写真による総合判定が望ましいと思われる．図5.29にはドロスの付着状況を示す．写真の一番上の(a)はドロス付着の大きい状態で，(b)はドロス付着が小さい場合，(c)はドロスフリーとよばれる良好切断の状況である．精密板金製品やプレス代替技術としてのレーザ加工を行う場合には，ドロスフリーは絶対条件であり，重要な品質評価の条件となっている．

5.6.1.2　熱　影　響　層

レーザ切断を行った後の加工サンプルをみると，材料表面と裏面の両方の溝付近に溶融した跡と変色部分とが観測される．変色した跡も明らかに内部金属の組織の変態を伴ったものと，表面層のみが変色した状態とに分けられる．現場的な目視検査ではこれらをすべて熱影響層とよんでいる場合がある．最近の切断技術の加工ノウハウの向上により，変色を含めてもこの幅は小さいので，どちらをとっても誤差は少ないため現場では十分受け入れられているとしても，両者の意味合いは多少異なる．レーザを吸収した金属は表層で激しい分子振動が起こり発熱する．この急激な昇温と，それにより誘起された酸素反応と，材料の発熱反応などの化学反応で発生する大量の反応熱により金属組織が影響を受ける．熱影響層は広い意味では，この影響を受けた層の大きさ（表面からの深さ）と解釈されるが，厳密には金属が変態したところ（変態域）あるいは軟化したところ（軟化域）までの何らかの形で組織の変化した部分をいい，健全な母材組織とは異なる層である．

たとえば，溶接での溶融金属はHAZ（熱影響層；heat affected zone）に含まれず，これと変態域との境界との境界に半溶融帯などがあった場合には熱影響層に含まれる．しかし，レーザ切断では切断面表層の溶融部はきわめて微小であり，通常では区別できない場合が多い．したがって，金属組織からみた熱影響層に溶融部（層）を含んだものを，切断における熱影響層とよぶことにする．また，変色域までを含んだ範囲を熱影響域（熱影響部）という．

レーザ切断では，切断溝の端面から母材までの熱的な変化の度合いを示す温度勾配がきわめて急であるので，熱影響層は微小な幅内に存在する．主に，出力に比例し切断速度に反比例して熱影響層は増大する．また出力と切断速度は切断する材料の板厚によって変化する．すなわち，板厚の増加は出力の増大と加工速度の低下を招くことになる．その結果は，必然的に熱影響層を増大させることになる．

切断における熱影響層（断面の金属組織的変化）の測定結果の一例を図5.30に示す．熱影響層の大きさは，実際に現場で通常加工されている加工条件のもとでは，1.2 mm の軟鋼の場合で，切断面の中央部における熱影響層の大きさはほ

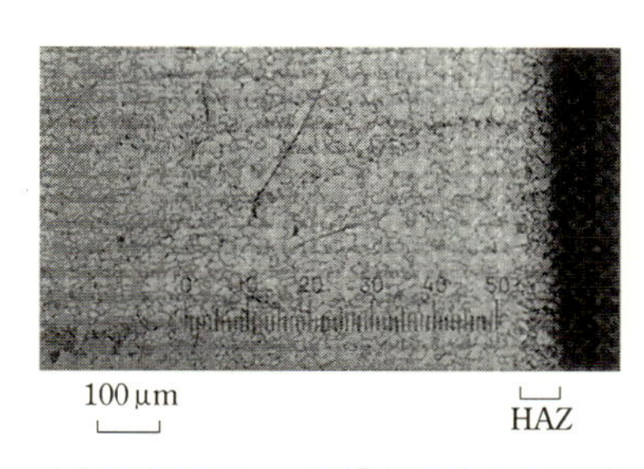

(a) SPCC 1.2 mm（腐食液：ナイタル液）

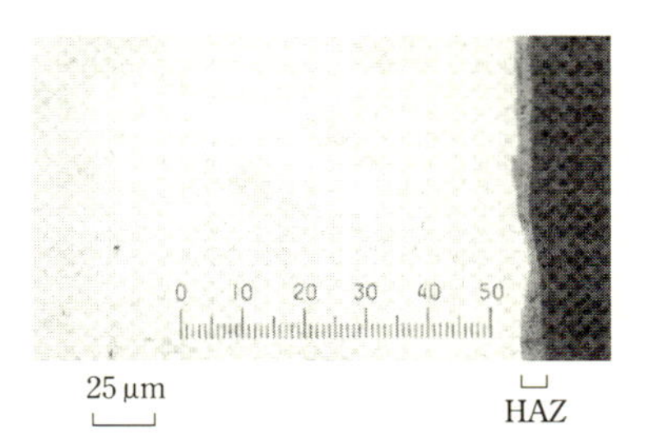

(b) SUS 1.0 mm（腐食液：マーブル液）

図5.30　熱影響層（HAZ）の測定例

ぼ0.03〜0.12mm程度ときわめて小さい．切断速度が4m/minの場合では板厚に対する熱影響層の割合はたかだか3〜4％であった．

5.6.1.3　熱影響域の測定

切断表面を目視で観察すると，熱影響層と変色(coloration)とを含んだ縦横対で熱影響域（熱影響部）が存在する．また，この熱影響層は顕微鏡を用いた金属組織的な測定においても，切断面での熱影響層の深さ(A′)と表面での熱影響層の幅(A)とでは，Aのほうが20％程度大きい場合が多い．図5.31に実際に即し

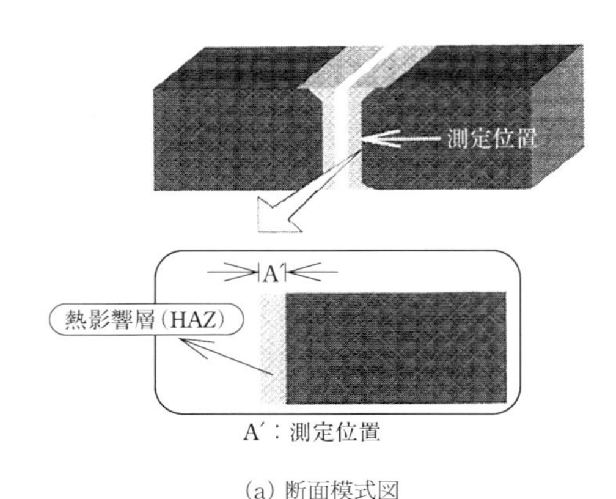

(a) 断面模式図

熱影響域(熱影響層+変色域)の測定

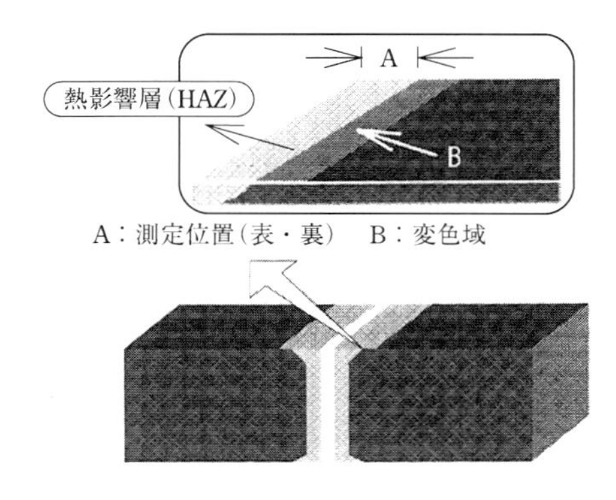

(b) 熱影響域の模式図

図5.31　熱影響域の測定模式図

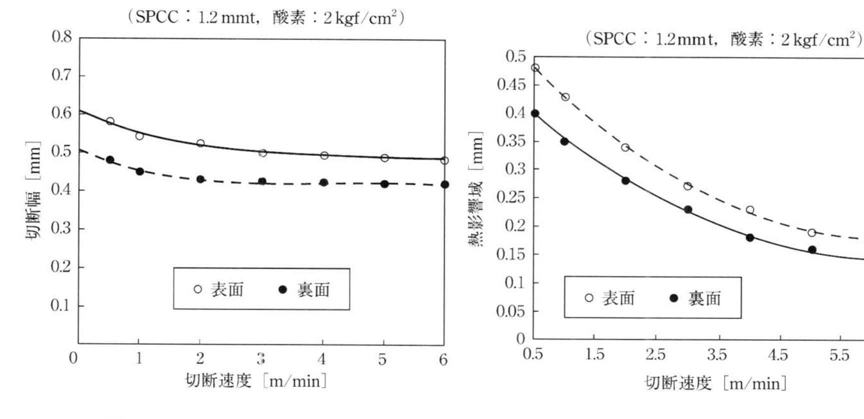

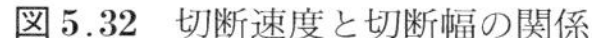

図 5.32 切断速度と切断幅の関係

図 5.33 材料面の熱影響域の測定

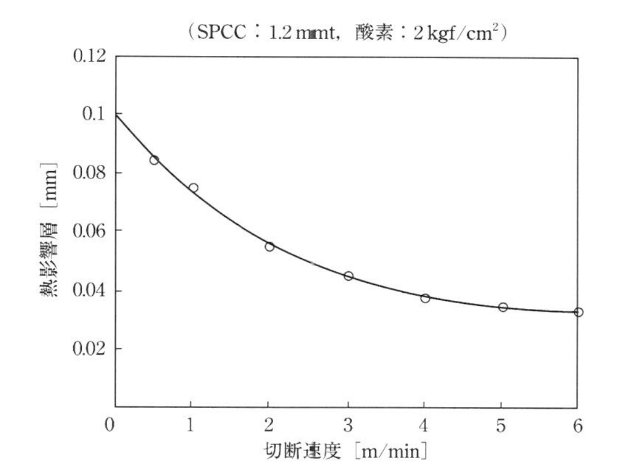

図 5.34 切断速度と断面の熱影響層の関係

た模式図と測定位置を示す．

この測定基準に従って，軟鋼(SPCC)1.2mm 厚のシート材で行った切断速度に対する切断幅，材料面に熱影響域，断面の熱影響層の測定結果をそれぞれ図 5.32，図 5.33，図 5.34 に示す．切断幅は通常の状態では裏面より表面のほうがやや小さい．熱影響域の測定は，熱影響層と変色域を含んだ値である．断面の熱影響層は金属組織を測定したもので，その値はほとんど数 μm 程度であった．

同じレーザ切断面の評価でも，現場的な簡易な評価と厳密な評価との間には，評価法においても精密さにおいても差がある．また，即座にその場で対処できない分析を伴う評価項目が存在し，混乱することもあるが，要は熱影響層を少なくする加工を行えば，ほかの熱影響層も変色も連動して少なくなるのである．加工技術の今後の展開によっては画期的に改善がなされるかもしれないが，現実には評価の基準は加工製品または半製品で，そのレベルが要求されるかによって決定されるべきものであって，評価は絶対的なものではなく，相対的なものであることを知っておく必要がある．

5.6.1.4　その他の評価項目

加工現場で比較的に馴染みの少ない品質評価項目としては，強度や金属組織に絡む事項として以下のものがある．

(a) 酸化と酸化膜

鉄鋼が空気中に酸素と化合して酸化鉄をつくる現象を酸化(oxidation)といい，レーザ切断のように高温で起こる酸化を，特に高温酸化という．酸化によって生じた被膜をスケールという．酸化速度が炭素の拡散速度より大きいとスケールを生じ，小さいと脱炭*2 が起こる．したがって，酸化膜(oxide film)の発生は酸素供給が過多のときに生じやすい．その大きさは通常のレーザ切断では0.2〜0.3 μm から数 μm までの幅がある．

時間の経過とともに表面に生じた酸化膜が剥離する現象が観察される．これが酸化膜の剥離現象である．酸化膜に亀裂が生じ，そこから膜片が剥離するのである．部分剥離によって空気層ができるが，塗装時にこの空気層を閉じ込めてしまうと，塗装膜に亀裂を生じさせ，その結果，塗装面がはがれる現象を引き起こす．レーザ切断で切断面に生成された酸化膜と，膜表面の亀裂の発生と膜片の剥離現象を観察した写真を図5.35に示す．これは加工の直後には発生せず時間を経てから現れるもので，加工中目視では判断しがたいという難点をもっている．また，酸化の程度を分析するのは実際には難しく，熱影響層に含まれるものとして考えたほうが認識しやすいようである．一般には，ガスの過剰供給と切断速度の遅い場合に注意を要する．

＊2　高温酸化するとき鋼表面の炭素分も酸化し，ガスとして逃げる現象．

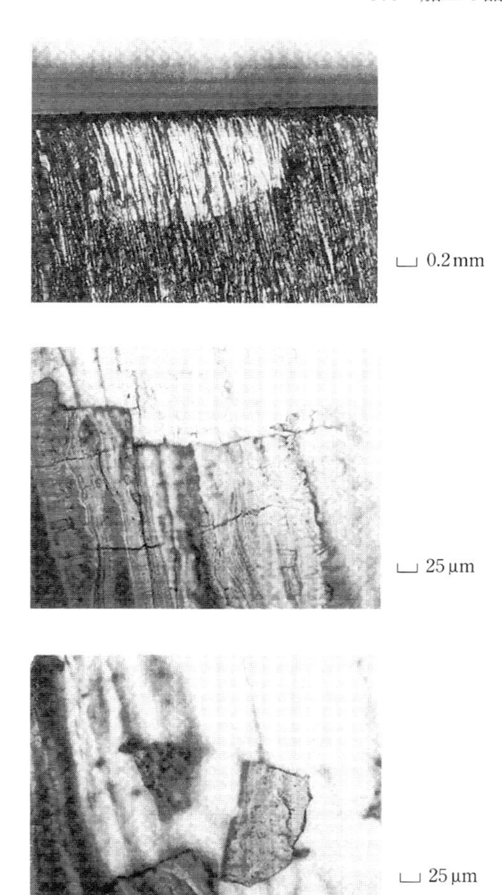

図 5.35　酸化膜の生成と膜片の剥離

(b) 再　凝　固

レーザ切断は鉄（鋼）と酸素のアシストガスの相互作用によって行われる加工法で，その加工原理から，レーザガス切断(laser gas cutting)ともいわれている．ビームを照射することにより金属表面が加熱されると，酸素の作用により激しく燃焼現象を引き起こす．この部分は酸化鉄となって溶け，酸素ガスジェットにより吹き飛ばされる．切断溝はこのように形成されるが，溶融物は酸素ガスのジェット噴流によって狭い切断溝の壁を高速で洗い流すように通過する．その結果，滑らかな切断面を形成する．これがレーザ切断のしくみであるが，この溝形成の過程で，切断溝の両脇に溶融物が押し流されて表面に付着し，切断溝の側に溶融酸化鉄が凝固酸化鉄の層を，その内側（母材側）の溶融母材が再凝固母材層をそれぞれ凝固・生成して切断面を形成する．この現象を再凝固(recast)と称している．この層は，比較的大きいといわれているガス切断の場合でも 0.5mm 程度のもので，レーザではきわめて小さく，さらに数桁小さいコンマ数 μm 程度と想定されるが，この層は炭素の表面集中で固くなる．したがって，ミクロな内部クラックが発生しやすく，再凝固の程度(recast level)は熱影響層とともに溶接などの後工程があるときには注意を要する．また，航空部品などの厳密な製品管理を要するところでは，再加熱で取り去るか，研磨などの加工を施す必要がある．

5.6.2　レーザ溶接の品質

5.6.2.1　溶 接 の 欠 陥

レーザ溶接は，レーザ光の焦点近傍を用いた高エネルギー密度加工であり，加工の過程でキャビティを形成するなどの特異な現象を呈することから，多くの長所がある反面，欠陥も起きやすい．図 5.36 に代表的な溶接欠陥を示す．

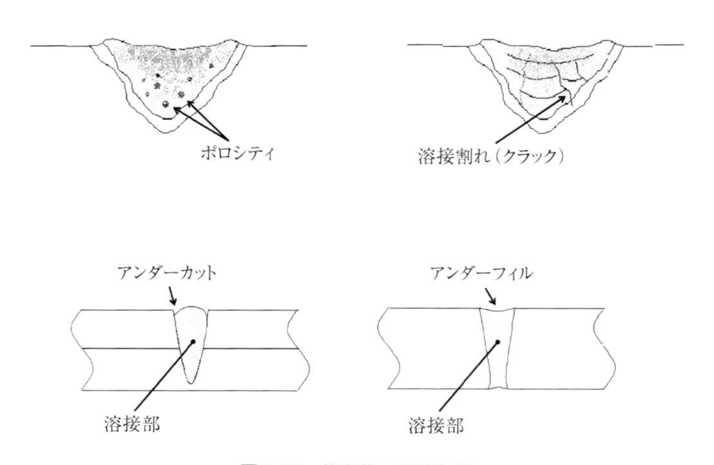

図 5.36　代表的な溶接欠陥

(a) ポロシティ

レーザ溶接では狭い空洞であるキーホールが溶融池につくられて，そこをレーザ光が奥深くまで通過することによって深溶込みの溶接を行うことができるのであるが，熱源が通過したあと溶融金属がキーホールに覆いかぶさるように回り込む際に，キーホール内の金属蒸気や金属母材内のガス成分を巻き込むこととなる．これによって大小さまざまな気泡を閉じ込める．溶接部に残ったこれらの空孔をポロシティ（porosity）という．金属母材中には CO_2，N_2，H_2 などのガス成分があり，これにキーホール内の金属蒸気や外気などのガス成分を巻き込むのである．ポロシティがキーホール内のどこの溶接部で発現するかは定かでない．すなわち，ランダム現象であるので低減するか小さくすることは可能であっても，完全に消滅することはできないとされている[4)]．

(b) 溶接割れ

溶融割れは，温度の上昇や冷却過程で発生する溶融部の熱ひずみ応力によりクラックが発生する現象で，接合強度や溶接品質に大きな影響を与える．溶接割れは，冷却による凝固割れや高温割れなどもある．合金鋼や超合金，アルミニウム合金で冷却凝固の段階で溶接部や熱影響部に生じる．また，炭素含有量の多い鋼材の場合には凝固割れが発生することもある．

(c) ビードの欠陥

① アンダーカット

熱源のエネルギー密度が高く，小さいスポットで急速加熱冷却された溶融金属は，凝固の過程で材料成分，溶接速度などの条件によっては熱的なバランスを欠き，その結果ビード外観上で欠陥を引き起こす．このようなビードの欠陥の1つとして，溶融部を熱影響層の間にくさび状のへこみが発生することがある．これをアンダーカットという．この境界には応力集中などが起こりやすいとされている．

② アンダーフィル

突合せ溶接などでギャップが広すぎる場合などに，ビードの溶融部が盛り上がらず母材厚みより内側にへこむ現象がみられる．これをアンダーフィルという．このアンダーフィルがあると溶接強度が低下することから，板厚の20％以内に抑えることが望まれる．

③ 溶接変形

レーザビームの照射により，材料局部で加熱溶融時には引張応力が発生し，ビームの通過後には冷却がはじまり圧縮応力が作用する．そのうえ，冷却開始時間が一定ではない．したがって，溶接ビードに沿って変形が起こる．また，溶接ビードが不均一となり，表面で波打つハンピングビードを生じる場合がある．レーザ溶接は，基本的に自らの材料を溶融して結合するので，溶融ビードの終端では埋め戻す溶融金属が不足してへこみ（クレータ）ができる．

参考文献

1) 新井武二：最近のレーザ先端加工技術について，電気加工学会，**37**-86，p. 10-18（2003）
2) 新井武二：高出力レーザプロセス技術，マシニスト出版，p. 161（2004）
3) 新井武二，宮本　勇，沓名宗春：レーザー切断加工，マシニスト出版，p. 80（1996）
4) 塚本　進：大出力レーザ溶接現象の解析と欠陥の制御，新しいレーザプロセッシング技術に関する調査・研究分科会資料，精密工学会，p. 67（2004）

6 加工の基礎現象

各種加工の詳細に入る前に，加工に伴う基礎的な現象について取り上げる．加工を学ぶにあたって知っておくべき項目は多岐にわたるが，特に，産業用高出力レーザでの熱加工における現象は重要であり，これらの正しい理解なくして高度の加工は望めない．レーザは光であるので，発生するレーザ光自体の偏光とともに材料内で偏光現象が起こる．また，同時に噴射するアシストガスの役割や材料内での挙動，光吸収による発熱による材料の溶融や酸化，熱ひずみによる変形などの共通事項について述べる．

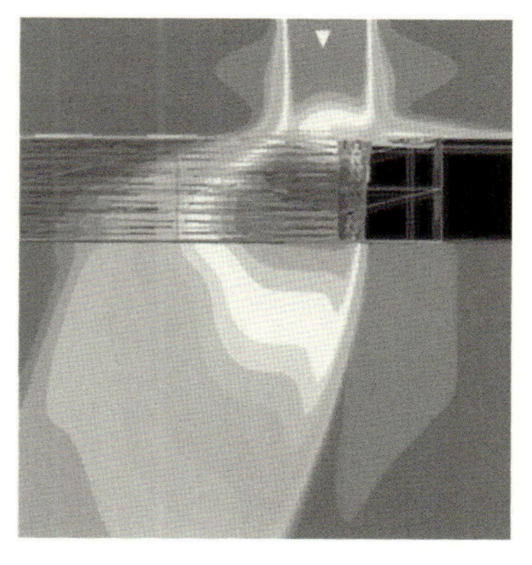

（写真：切断溝内のガス噴流，口絵参照）

6.1 加工と偏光

6.1.1 偏光の状態[1)]

光は電磁波であり，電界と磁界は直交していることは述べた．光の偏光は電界に関係する．したがって，時間的に正弦的に変化し光の伝搬する z 方向の電磁波の電界ベクトル $\boldsymbol{E}$ は，初期状態（$z=0$，$t=0$）で位相が一定の大きさ δ をもつ場合，

$$\boldsymbol{E}(z,\ t)=A\cos(\omega t-kz+\delta) \tag{6.1}$$

で表される．なお式中で，$(\omega t-kz)$ は振動中の位置を示す位相であり，δ は初期位相である．ここで，A は振幅，ω は角振動数［rad/s］，波動ベクトル $\boldsymbol{k}=2\pi/\lambda$，$\lambda$ は波長である．

式（6.1）から，互いに直交している直線偏光は，電界ベクトルの成分 $E_x(z,$

t) と $E_y(z, t)$ として表すと，

$$E_x = A_x \cos(\omega t - kz + \delta_x) \tag{6.2}$$

$$E_y = A_y \cos(\omega t - kz + \delta_y) \tag{6.3}$$

z が一定の平面内で電界ベクトルの先端が時間経過とともに描く光波の軌跡を偏光という．ここで，上式から位相の項（$\omega t - kz$）を消去して合成すると，

$$\left[\frac{E_x(z, t)}{A_x}\right]^2 + \left[\frac{E_y(z, t)}{A_y}\right]^2 - 2\left[\frac{E_x(z, t)}{A_x}\right]\left[\frac{E_y(z, t)}{A_y}\right]\cos\delta = \sin^2\delta \tag{6.4}$$

ただし，

$$\delta = \delta_y - \delta_x \tag{6.5}$$

式（6.4）は．2 つの光波の位相差が δ であるときの楕円偏光の式となる．

楕円偏光の特別の場合として，

$$A = A_x = A_y$$

$$\delta = \delta_y - \delta_x = \frac{n\pi}{2} \qquad (n = \pm 1, \pm 3, \cdots)$$

のとき，式（6.4）は

$$E_x(z, t)^2 + E_y(z, t)^2 = A^2 \tag{6.6}$$

となって円偏光となる．なお，円偏光にはベクトルが右方向に回る右回り円偏光（$\sin\delta > 0$ のとき）と，ベクトルが左方向に回る左回り円偏光（$\sin\delta < 0$ のとき）がある．また，電界ベクトルの方向が一定で時間によって変化せず，振幅のみが変化する場合を直線偏光という．この関係を図 6.1 に示す．

6.1.2　切断加工への影響

光は進行方向に向かって垂直に電界ベクトルが振動しており，電界ベクトルの方向に偏光が生じることは述べた．光が媒質（材料）の境界面に入射すると材料表面で光は反射するが，この状況は偏光によって異なる[2]．一般に滑らかな面に斜めに入射すると反射面での反射光線は部分的に直線偏光になる．屈折率 n の材料に直線偏光のレーザ光を入射する場合を考える．図 6.2 のように，入射光を I，反射光を R とし，入射角を ϕ，屈折角を φ とする．また，入射光，反射光の振動方向を入射面に平行にした成分をそれぞれ I_p および R_p，垂直にした成分

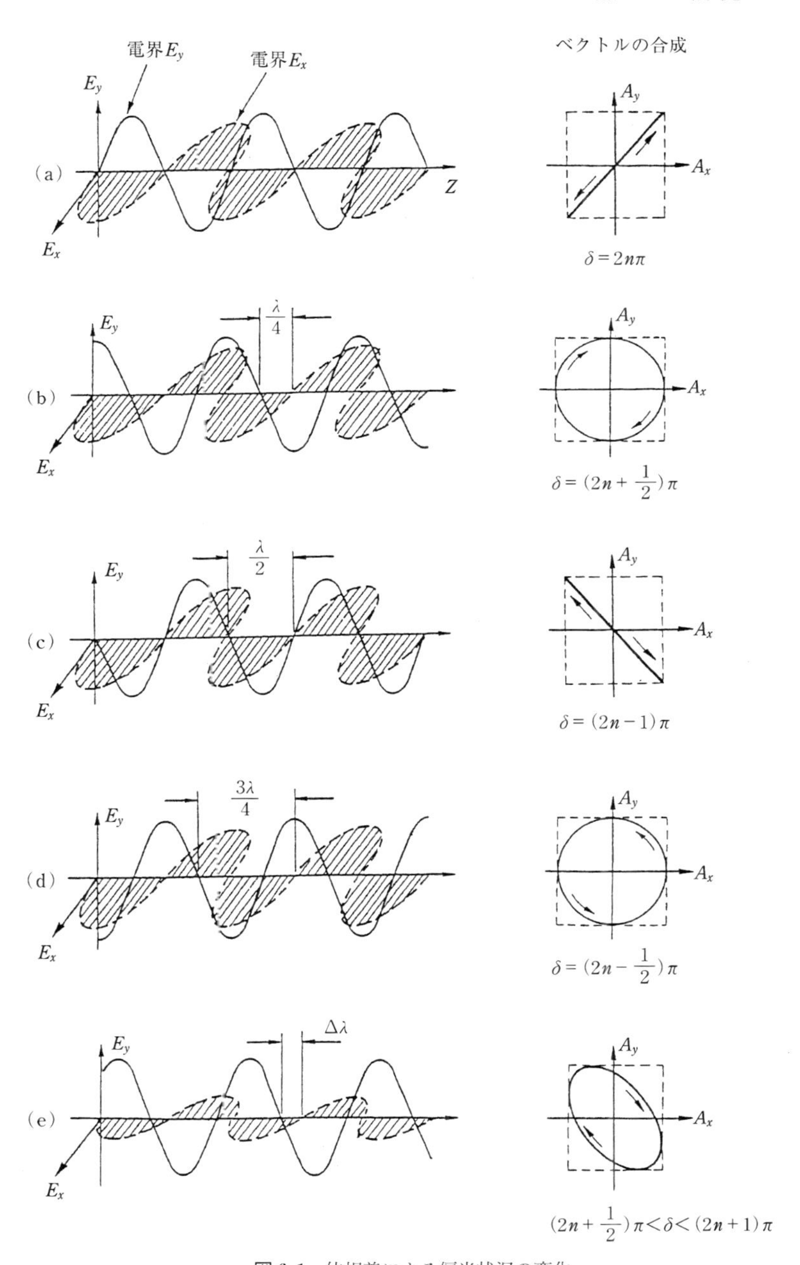

図 6.1　位相差による偏光状況の変化

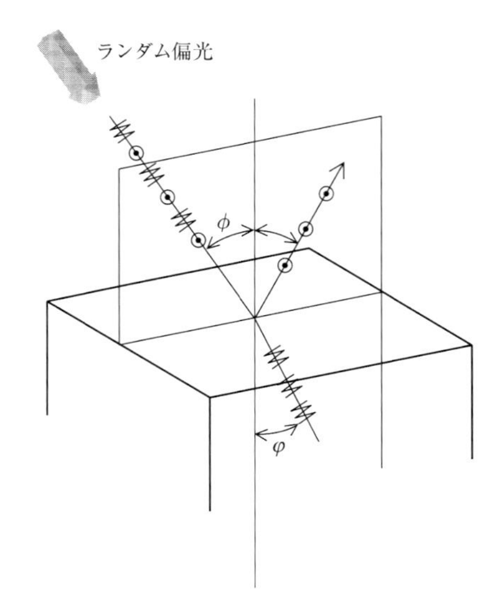

図 6.2　物質に対する光の反射と屈折

を I_s および R_s とすると，反射光束のエネルギーとしての反射率はそれぞれ，一般に以下のように与えられる．

$$R_p=\frac{|R_p|^2}{|I_p|^2}=\frac{\tan^2(\varphi-\phi)}{\tan^2(\varphi+\phi)} \qquad (\angle) \tag{6.7}$$

$$R_s=\frac{|R_s|^2}{|I_s|^2}=\frac{\sin^2(\varphi-\phi)}{\sin^2(\varphi+\phi)} \qquad (\perp) \tag{6.8}$$

ここで，加工に及ぼす影響を考える．図 6.3 に示すような切断フロントのモデルを考え，レーザ光の入射面に平行となる反射率成分を $R_p=R_x$ とし，垂直となる反射率成分を $R_s=R_y$ とすると，入射角と屈折角はスネルの法則から，

$$\sin\varphi=\tilde{n}\sin\phi$$

の関係にあることから，

$$R_x=\frac{\tan^2[\sin^{-1}(\tilde{n}\sin\phi)-\phi]}{\tan^2[\sin^{-1}(\tilde{n}\sin\phi)+\phi]} \tag{6.9}$$

$$R_y=\frac{\sin^2[\sin^{-1}(\tilde{n}\sin\phi)-\phi]}{\sin^2[\sin^{-1}(\tilde{n}\sin\phi)+\phi]} \tag{6.10}$$

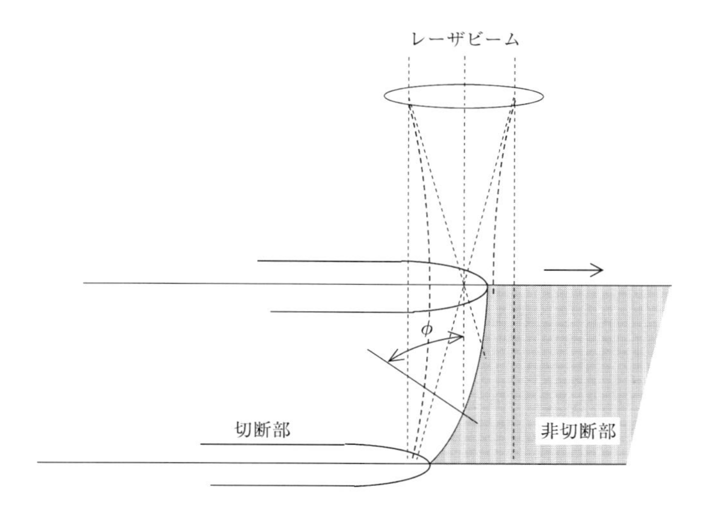

図 6.3 切断における入射角

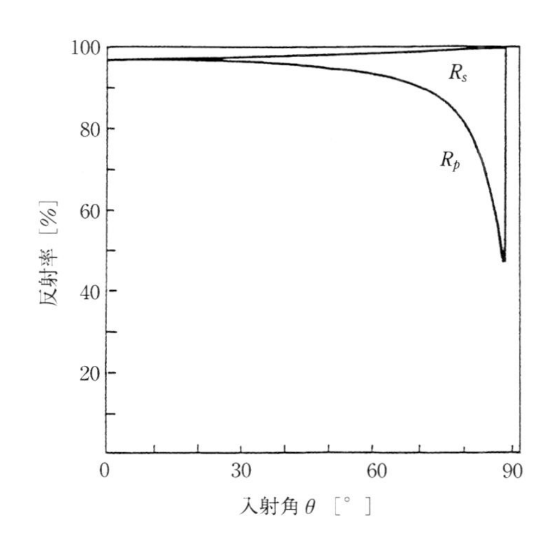

図 6.4 反射率の偏光依存

として，フロント断面での入射角 ϕ だけに関する式で与えられる．

偏光が及ぼす切断加工への影響は Olsen によって提起された．そして特に切断での影響について論議が高まった．この結果を図 6.4 に示す．横軸は入射角度で縦軸は反射率の割合である．この結果，入射角 ϕ が $\pi/2$ に近づくほど反射率に差が生じ，平行となる偏光成分の R_x が吸収されることが理解される．ここで，添字 p は p 偏光を示し，添字 s は s 偏光を意味する．

なお，偏光が影響するのは主に金属材料などの光が反射する物質である．したがって，木材やプラスチックなど非金属では偏光の影響は顕著ではない．偏光は加工のなかでも特に切断において影響が大きいとされている．ここでは切断中の金属蒸発の蒸気やプラズマが偏光に与える影響は考慮されていない．

金属の切断のように，光がほぼ垂直に入射する場合でも，集光した光を用いることや切断フロントの曲がりや溝内の反射などによって偏光の影響を受ける．

一例を挙げると，図 6.5(a)のように電界のベクトルが切断方向と左 45°（10 時半の方向）をなすような場合には，p 偏光成分 R_p が溝内の最初の部分 a_1 に当たるために，反射率が少なく，やや弱くなったレーザ強度が次の反射面 a_2 に到達する．一方，s 偏光成分 R_s が照射される部分 b_1 では，反射率が高いために強力なエネルギーを維持したまま，次の b_2 地点に到達する．このように切断溝内で左右の壁面で光エネルギーの受ける割合にアンバランスができるため，やや b_2 側に湾曲する．

切断方向が変わり，(b)のように電界のベクトルが切断方向と右 45°（1 時半の

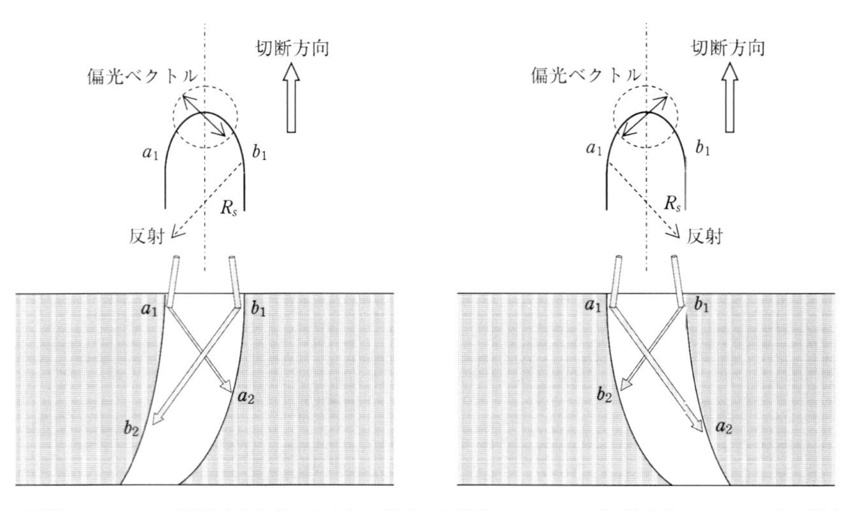

(a) 電界のベクトルが切断方向と左 45° をなす場合　(b) 電界のベクトルが切断方向と右 45° をなす場合

図 6.5　切断加工に及ぼす偏光の影響

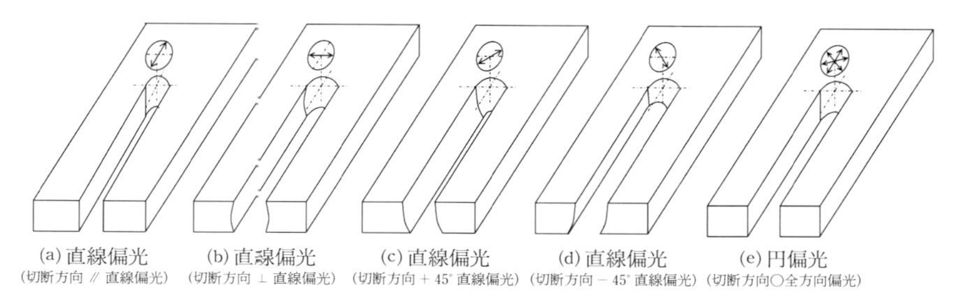

図 6.6 偏光による切断面の状態

方向）をなすような場合には，溝内の反射面 a_1 では s 偏光成分 R_s が照射され，反射面 b_1 では p 偏光成分 R_p が来るために，カーブは反対の方向に湾曲する．この結果，上面と下面の切断溝がずれることになる．これが切断における偏光の影響である[4)]．これらの結果として切断加工での偏光による切断面の状態を図 6.6 に示す．この影響は板厚が厚いほど大きく現れる．

円偏光の場合にはこのような切断における方向性は現れない．したがって，前述のように現在の切断加工システムでは円偏光のビームが取り出されるように工夫されている．ただし，稀には直線偏光によって一方向に高速でかつ切断幅の狭い加工を施す場合があり，特に，長尺のシート材の直線板取り切断ではこのような方法を用いる場合がある．

6.2 加工とアシストガス

6.2.1 アシストガスの役割

レーザ加工では，光と同軸でアシストガスを同時噴射する．加工物はガスの種類と圧力，流量などの設定条件に大きく影響される．このアシストガスには以下に示すような役割がある．

穴あけ加工，切断加工などの除去加工では，

① レーザ照射で生じた溶融物や蒸発ガスをすみやかに除去し，切断溝を形成するとともに下面の溶融付着物を取り除く．

② 酸素（O_2）ガスをアシストガスに用いた溶融切断のような反応切断では，酸化反応によって生起される酸化反応熱とレーザエネルギーの相乗作用とによ

って，切断の高速化と切断面品質の向上をもたらす．反面，不活性ガスを用いた場合には切断可能な板厚や速度は制限されるが，切断面の酸化が防止される．

③ 切断溝を形成するその外側を冷却し，熱影響部を抑える効果があり，同時に切断によって生じる溶融物や飛散物（スパッタ）から加工レンズ（集光光学系）を保護する役割がある．

溶接加工，はんだ付けなどの接合加工では，

① アシストガスはレーザ照射により生じる蒸発ガスを除去し，あるいは冷却しながら溶融金属と表面でガスが化学反応し，適度のガス圧でビード形状を形成する．

② 不活性ガスを用いた溶融接合では，キーホールがビーム移動して溶融金属により穴が埋め合わされた後に，表面溶融部の盛上りや溶融形状を整える．

③ ノズルチャンバーを用いる場合，チャンバー内をガスによって充満させることにより，溶融によって生じる金属蒸気や飛散物から加工レンズを保護する役割をもつ．

なお，ノズルチャンバーを用いないで，むき出しの長焦点レンズやミラーホルダーから直接ビームを空間で集光させて材料に照射することがあるが，パイプなどで照射部にアシストガスを導く場合がある．この場合も基本的なガスの役割は変わらない．

6.2.2　アシストガス噴流

レーザ加工は基本的にアシストガスを用いる．また，アシストガスはノズルを通して流出される．ノズルから噴射されるアシストガスの強さは加工の種類によって異なる．表面改質や溶接加工ではノズル径を大きくして比較的弱いガス圧力で十分な流量を確保するが，反対に切断加工や穴あけ加工などではノズル径を小さくして亜音速や音速に近い流速をもつ強力なガス噴流を用いる．したがって，加工の種類によって使い分ける必要があるが，ここではその基礎となるノズルからの流出時の速度，温度あるいは単位時間あたりに流れ出る質量流量などについて述べる．

6.2.2.1　アシストガスの流速計算

一般の流体力学に基づいて，ノズルを用いたアシストガス噴流の流体計算を示す．通常のレーザ加工用ノズルからのガス噴流は，高速気体の流れとしての圧縮性流体として取り扱われる．また，普通気体は粘性や熱伝導率が小さいので，ノズル内壁との摩擦による発熱や温度変化による熱伝導率を無視しても差し支えない．このような条件のもとでは，外部との熱量の授受はないとみなすことができるので，断熱流れを想定し等エントロピー変化と仮定することができる．

出口開口部でのガス噴流の圧力は次式で与えられ，臨界値まで高めることができることが知られている．ここで，図6.7のように，外気圧を P_{ex}，ノズルの内圧を P_i とすると次式を得る．

$$\left(\frac{P_{ex}}{P_i}\right)_{cr}=\left(\frac{2}{\kappa+1}\right)^{\frac{\kappa}{\kappa-1}} \tag{6.11}$$

ここで，κ は比熱比（ratio of specific heats）で，たとえば，酸素のような2原子ガスの場合は $\kappa=1.4$ であるから，式（6.11）で酸素ガスに関して0.528を得る．比較的小さな圧力ではガスはノズル出口で最大速度に達する．この値 $V_{\max}$ は，R を気体定数として次式を得る．

$$V_{\max}=\sqrt{\kappa\cdot R\cdot T_a} \tag{6.12}$$

一般の先細ノズルを用いる場合，上述のようにノズル内の流れは等エントロピーの流れであるから，このときノズル出口における速度 V_{ex} は，

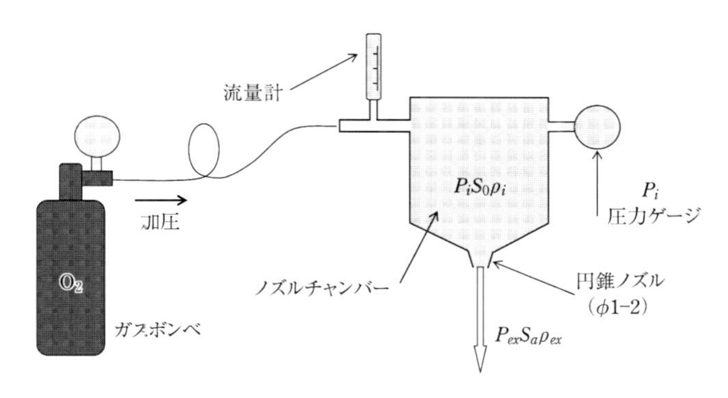

図6.7　アシストガス噴流の模式図

$$V_{ex}=\varphi\sqrt{\frac{2\kappa}{\kappa-1}\frac{P_i}{\rho_i}\left[1-\left(\frac{P_{ex}}{P_i}\right)^{\frac{\kappa-1}{\kappa}}\right]} \tag{6.13}$$

ここで，φ は経験値から決まる速度係数で，滑らかに変化している一般のレーザ用ノズルの場合には $\varphi=0.9$ をとることができる．

6.2.2.2　ノズル出口の温度

ここで，ノズルチャンバー内のガスがノズルを通過してガス噴流となって流出する場合を考える．このとき，ノズルチャンバー内における場合と流出出口における場合とではガス温度は変化する．出口温度 T_a に対するノズル内温度 T_i の関係は次式となる．

$$\frac{T_a}{T_i}=\left(\frac{P_{ex}}{P_i}\right)^{\frac{\kappa-1}{\kappa}} \tag{6.14}$$

また，P_{ex}/P_i が臨界のときの速度を V_{cr} とすると，

$$V_{cr}=\sqrt{\kappa\cdot R\cdot T_i\left(\frac{P_{ex}}{P_i}\right)_{cr}^{\frac{\kappa-1}{\kappa}}} \tag{6.15}$$

また，熱力学第1法則から，Δh をエンタルピーの差とすると，以下の関係が成立する．

$$\varphi\sqrt{2\Delta h_s}=\sqrt{2\Delta h}$$

ここで，速度係数 φ は，1より小さく経験的な値（$\varphi\approx0.6\sim0.9$）として求められる．これから，

$$\varphi^2(T_i-T_a)=(T_i-T_a) \tag{6.16}$$

これをもとに展開すると，

$$\frac{T_a}{T_i}=1-\varphi^2\left[1-\left(\frac{P_{ex}}{P_i}\right)^{\frac{\kappa-1}{\kappa}}\right] \tag{6.17}$$

ここから出口（吐出）温度 T_a を求めることができる．

常温下で，式（6.15）から V_{cr} を求め，式（6.17）で φ の値を入れて T_a を計算し，式（6.12）から速度を求める．図6.8に示すように，この2つを比較すると誤差は数%以内であることから，ノズル内摩擦の吐出速度（あるいは，流出速度）への影響は小さく，無視し得る（図6.9）．これにより，後出のシミュレーションに用いるガス噴流速度は，亜音速から音速近傍の範囲とする．

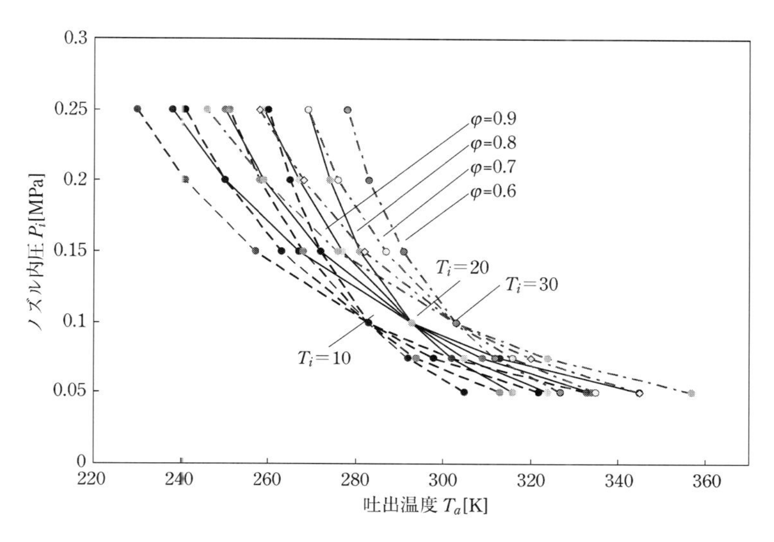

図 6.8 ノズル内圧に対する吐出温度

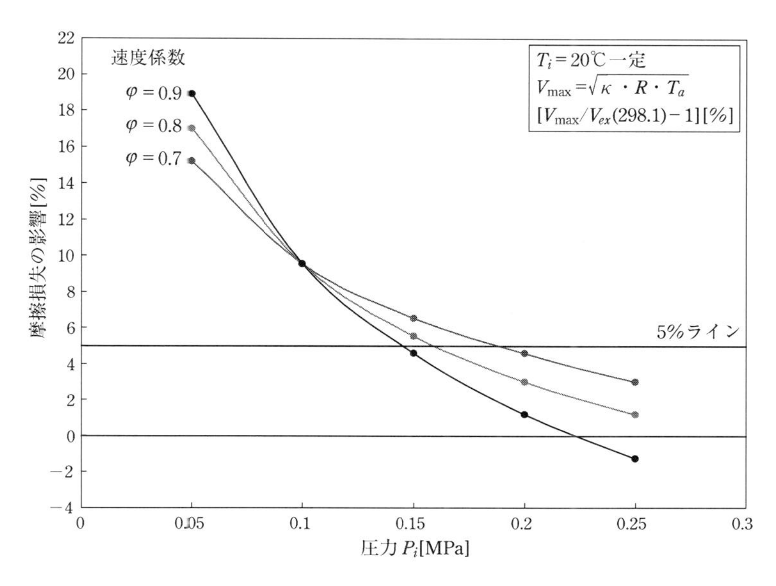

図 6.9 ノズル内壁の摩擦損失

6.2.2.3　質量流量の計算

ノズル内の流れは一般に等エントロピー変化とみなすことができることから，ノズル出口における密度 ρ_{ex} は，次式で示される．

$$\frac{\rho_{ex}}{\rho_i}=\left(\frac{P_{ex}}{P_i}\right)^{\frac{1}{\kappa}} \tag{6.18}$$

また，ノズル出口の断面積を S_a とすれば，ノズルの単位時間あたりの質量流量 m は，$m=\rho VS$ であるから，式（6.13）と式（6.18），また，$\rho_i=P_i/RT_i$ の関係を用いて，以下のように表現することができる．

$$m=\varepsilon\varphi\frac{S_aP_i}{\sqrt{RT_i}}\sqrt{\frac{2\kappa}{\kappa-1}\left[\left(\frac{P_{ex}}{P_i}\right)^{\frac{2}{\gamma}}-\left(\frac{P_{ex}}{P_i}\right)^{\frac{\kappa+1}{\kappa}}\right]} \tag{6.19}$$

ここで，R は気体定数，T_i はノズル内の絶対温度，ε は補正係数とする．

構築した実験系は実際に近いものであるが，質量流量の計測については用いた流量計による実験誤差（配管系，測定位置および圧力の設計値と実測範囲など）を含むために，一般には補正係数 ε を設ける必要がある．

なお，式（6.19）は，ノズルチャンバー内の圧力 P_i が 0.089 MPa（ゲージ圧）まで上昇した場合に用いられる．その後の質量流量は，次式で近似される[8]．

$$m_{noz}=0.5P_i\cdot S_a^{\,2} \tag{6.20}$$

ここで，流量 m_{noz} は単位時間あたりの流量［m^3/h］であるが，図では［g/s］に換算されている．S_a はノズル口径［mm］である．また，P_i［kgf/cm^2］は［MPa］で表示する．

また，この径における質量流量には限界があり，ノズルから噴出される m_{noz} の最大値は以下のように示される．

$$(m_{noz})_{\max}=\varepsilon\phi\frac{S_aP_i}{\sqrt{RT_i}}\sqrt{\kappa\left[\frac{2}{(\kappa+1)^{\frac{\kappa+1}{\kappa-1}}}\right]} \tag{6.21}$$

レーザ用ノズルを用いた場合の質量流量の計算は，ほとんど上記の式に従う．

6.2.2.4　実際の流量計測

実機に基づく実験系において，ガス流量および質量流量を求めた．実験は直径の異なるノズルを作製し，各ノズル径について圧力を変化させながら質量流量を測定した．作製された実験系の外観を図 6.10 に示す．流れの可視化のためにキ

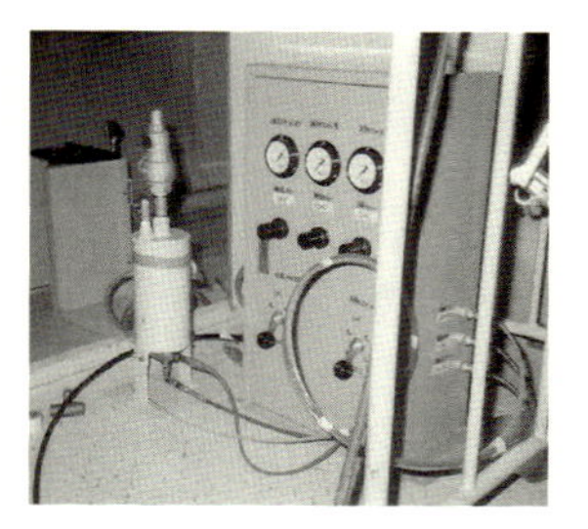

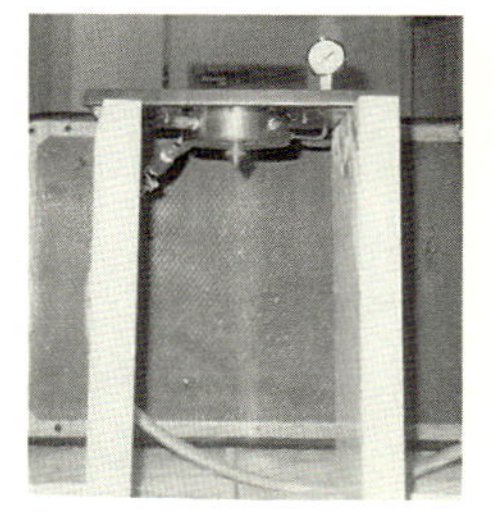

(a) 質量流量の測定　変数：ガス圧力，ノズル径

(b) 噴射状況

図 6.10　ガス噴流を可視化した実験装置

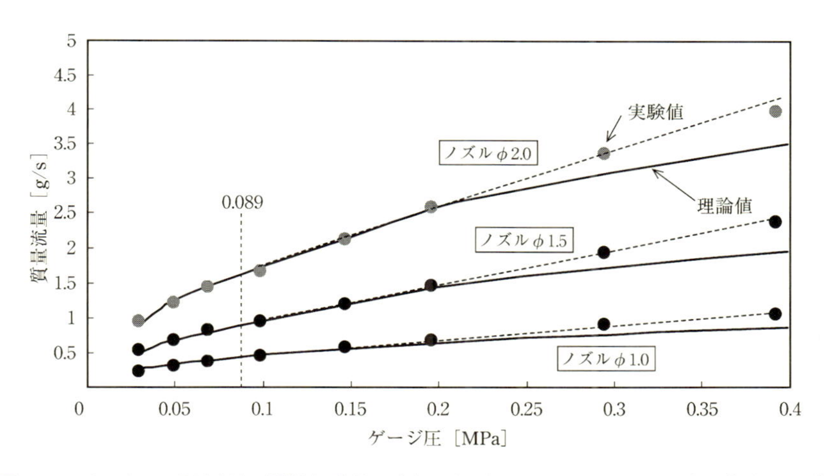

図 6.11　ゲージ圧と質量流量の関係（理論値は式(6.19)に従ったもので，プロット点は実験による）

ャリアガスを空気や酸素とし，これに粉体塗料のアイボリーホワイト系ポリエステル樹脂（粒径 35〜45 μm）を混入粉体として用いた．

この実験系で得られた結果として，ノズル径をパラメータに質量流量とガス圧力の関係を図 6.11 に示す．ここでの実験系においては，ϕ1.0 のときに補正係数は $\varepsilon = 1.26$ であるが，ϕ0.9 のときには，補正係数は $\varepsilon = 1.4$ を得ている．その結果，ゲージ圧力を増していくと質量流量は 2 次関数的に増大する．この曲線は式(6.19) で得られたものであるが，この式はノズルチャンバー内の圧力 $P_i =$ 0.089 MPa（絶対圧力 $P_i = 0.189$ MPa）までが有効である．それ以降はこの曲線

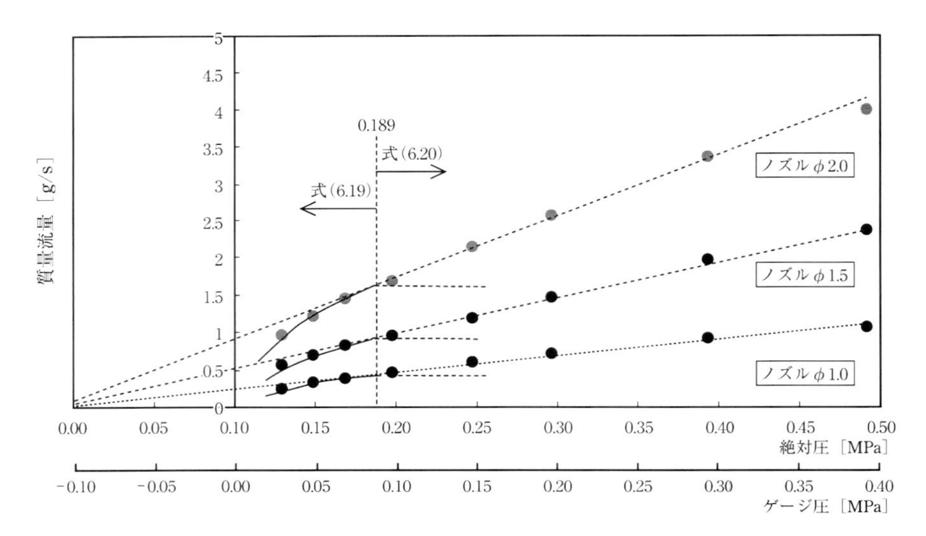

図 6.12　ノズル径をパラメータとした高圧領域までのガス圧力と質量流量の関係

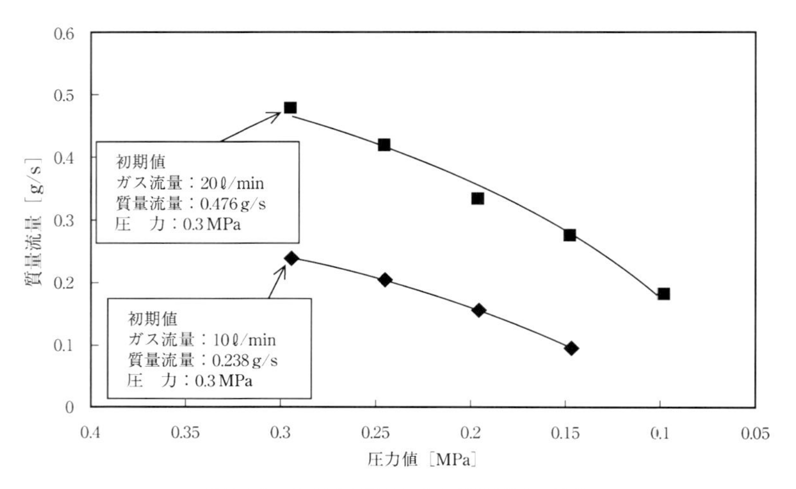

図 6.13　ガス圧力減少による質量流量の変化

から外れ，ノズルから噴出するガスの質量はガスチャンバー内の圧力に比例する．したがって，式（6.20）に従う．なお，式（6.20）は理論的にも導くことができる．その関係を図 6.12 に示す．図 6.13 にはガス流量の初期値を 10 ℓ/min

と 20ℓ/min とした場合，それぞれについてゲージ圧の値を減少させていった場合の質量流量の変化を示した．毎分あたりのガス流量の初期値が高いほど全体に流量は高いが，圧力が減少すると流量は同様に減少傾向を示す．

6.3　溶融と酸化現象

6.3.1　材料の温度上昇

レーザによる熱加工を考えるうえで，レーザ光（熱源）により生起される温度は重要である．温度解析は加工法によって適応が異なる．現在でも加工の傾向を探り，シミュレーション計算の確認や補助計算をするのに有効な手段として用いられている．図 6.14 には，すべてを網羅できているわけではないが，レーザによる加工法における熱解析のための熱伝導理論の主な適応事例を示す．また，適切な計算モデルは加工法によって異なるため，その詳細は各論で述べる．

ここでは一般的な説明のために材料表面にレーザ光が照射された場合の温度上昇を扱う．レーザ光を十分厚い材料表面へ照射することにより発熱することを，半無限体表面にレーザ光が照射することによる温度の発現という．半無限体とは熱源の材料内への影響に対して十分厚い板厚を有する場合を意味する．

温度上昇の一例を挙げる．図 6.15 に示すような円形で一様な分布を有する熱

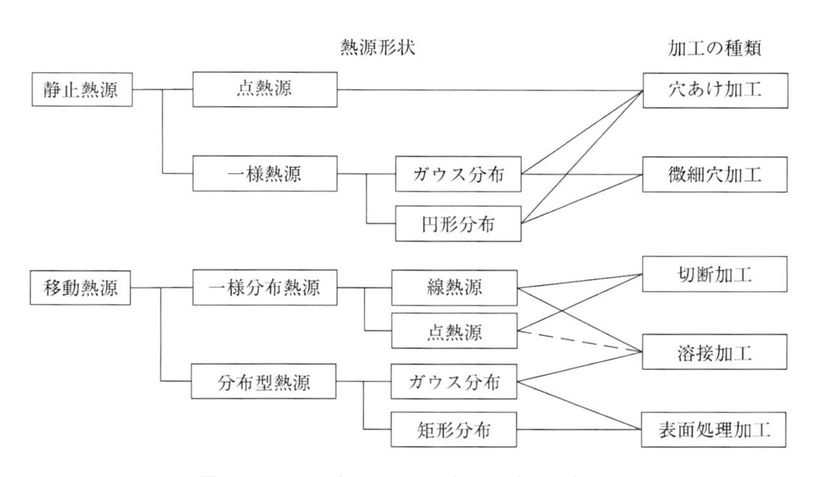

図 6.14　レーザ加工における熱伝導計算の適用例

源が半無限体の材料表面に発現するとき，ビーム出力 P，スポット半径 b のレーザビームの点（r，z）における温度上昇は，表面からの熱損失はないとすれば次のような式で与えられる[9]．

$$T(r,\ z,\ t)=\frac{AP}{2\pi bK}\int_0^\infty J_0(\lambda r)J_1(\lambda b)\left[\mathrm{e}^{-\lambda z}\mathrm{erfc}\left(\frac{z}{2\sqrt{\alpha t}}-\lambda\sqrt{\alpha t}\right)-\mathrm{e}^{\lambda z}\mathrm{erfc}\left(\frac{z}{2\sqrt{\alpha t}}+\lambda\sqrt{\alpha t}\right)\right]\frac{\mathrm{d}\lambda}{\lambda} \tag{6.22}$$

ただし，A は表面での吸収率，α は熱拡散率で，$\alpha=K/\rho C$ で表される．ここで K は熱伝導率，ρ は密度，C は比熱，t は時間である．また，r は半径方向の距離を示す．J_0 と J_1 は，それぞれ 0 次および 1 次の第 1 種 Bessel 関数である．このとき材料表面から材料内に至る z 軸上での温度は，

$$T(0,\ z,\ t)=\frac{2AP\sqrt{\alpha t}}{\pi b^2K}\left(\mathrm{ierfc}\,\frac{z}{2\sqrt{\alpha t}}-\mathrm{ierfc}\,\frac{\sqrt{z^2+b^2}}{2\sqrt{\alpha t}}\right) \tag{6.23}$$

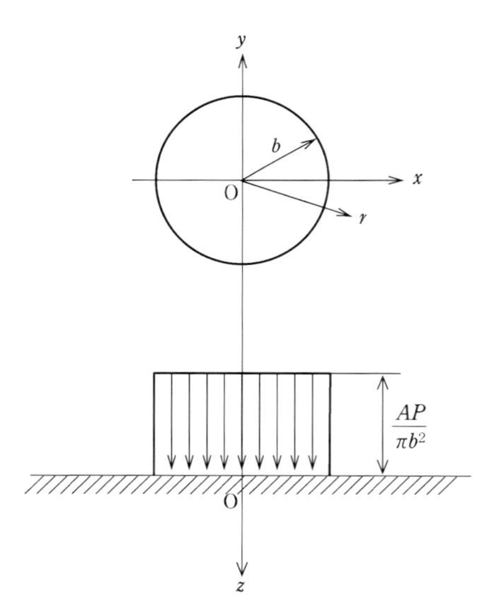

図 6.15　円形一様分布熱源

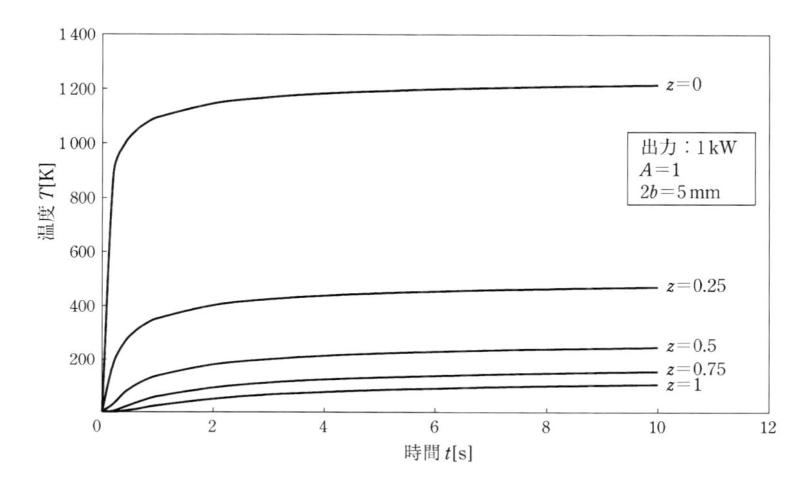

図 6.16　円形一様分布熱源による時間と温度の関係

となる．ここで式中の相補誤差関数は，

$$\mathrm{erfc}\, x = 1 - \frac{2}{\sqrt{\pi}}\int_0^x \mathrm{e}^{-y^2}\mathrm{d}y, \qquad \mathrm{ierfc}\, x = \frac{1}{\sqrt{\pi}}\mathrm{e}^{-x^2} - x\,\mathrm{erfc}\, x$$

となる．

式（6.23）を用いて，時間 t を変化させた場合の材料の表面 $z=0$ から深さ方向に順次入った場所での到達温度の関係を図 6.16 に示す．グラフは出力が 1 kW で，半径 $b=2.5$ mm，吸収率 $A=1$ の場合の計算例である．

これにより材料の深さをパラメータにして，照射時間に対する温度の関係を知ることができる．温度上昇は出力 P に比例し，スポット半径 b に反比例するが，照射時間とともに増加し，数秒後にほぼ一定値に近づくことがわかる．

6.3.2　加 工 の 熱 量

6.3.2.1　レ ー ザ 入 熱 量

レーザは光であることから，材料表面の性状によって吸収の割合が変化することはすでに述べた．実際はそれだけでなく，レーザは溶融液面での反射や蒸発による損失が発生する．具体的には，母材への熱伝導による熱損失，液体の自由表面での対流による熱損失，固体と液体表面からの熱損失などがある．そのためレーザ加工では光による入熱量の一定の値しか寄与しないと考えられる．

ほとんどの金属材料におけるレーザ切断は、レーザ光が照射される加工前面、すなわち、切断フロントで営まれる．切断フロントで生起される溶融金属に向かって噴射されるアシストガス噴流の運動エネルギーによって溶融金属は溝の外部に強制除去されるというメカニズムをとるため，レーザ切断の定常状態では熱源が関わる切断フロントで三日月状の溶融加工面のみで切断が営まれているのである．

金属のレーザ切断時におけるエネルギーバランスは次のように表される[10)]．

$$E_{lp}+E_{cr}=\{(E_{th}+E_{lm})+(E_{tv}+E_{lv})\}+E_{loss} \tag{6.24}$$

ここで，E_{lp} はレーザ入熱によるエネルギー

E_{cr} は酸化反応によるエネルギー

E_{th} は室温から溶融までの昇温に要するエネルギー

E_{lm} は溶融潜熱

E_{tv} は溶融から蒸発までの昇温に要するエネルギー

E_{lv} は気化潜熱

E_{loss} はエネルギー損失

である．

材料によるが，実際の金属切断においては右辺の蒸発にかかわる量 $E_{tv}+E_{lv}$ はさほど大きくないと考えられている．すなわち，溶融金属が発生するや否や，ほとんどはアシストガス噴流の運動エネルギーによって溝の外部に強制除去されるためである．ただし、非金属や高分子材料などは、熱劣化や熱分解によるもので、蒸発の割合は大きい．

6.3.2.2　加工時の熱量

① レーザエネルギー

レーザは光であることから切断速度や材料表面の性状や入射角度によって吸収が変化する．また，レーザは溶融液面での反射や蒸発により損失が発生する．具体的には，母材への熱伝導による熱損失，液体の自由表面での対流による熱損失，固体と液体表面からの熱損失などがある．そのため実際のレーザ切断では光による入熱量の一部しか寄与しないと考えられる．レーザ光のエネルギーをP_0，材料に対するレーザ光の吸収率を A，加工に対する寄与率を η とすると，レー

ザ入熱によるエネルギー E_{lp} は以下の式で与えられる．

$$E_{lp} = A \cdot \eta \cdot P_0 \tag{6.25}$$

これが実際の加工で，レーザ入熱によるエネルギーである．

② 酸化反応による発熱量

アシストガスに酸素ガスを用いて鉄系の材料を加工するとき，レーザによる熱量のほかに酸化による化学反応とそれに伴う発熱量が追加される[10]．たとえば，レーザによる軟鋼の切断加工のような場合，移動しているレーザ光と酸素ガス噴流によって溶融金属が酸化・燃焼し除去されるが，酸素が溶融金属中に拡散して燃焼反応をしているとすると，その反応は以下の式で与えられる．

$$\begin{aligned} &\mathrm{Fe} + \frac{1}{2}\mathrm{O_2} \rightarrow \mathrm{FeO} + \Delta E_1 \\ &2\mathrm{Fe} + \frac{3}{2}\mathrm{O_2} \rightarrow \mathrm{Fe_2O_3} + \Delta E_2 \\ &3\mathrm{Fe} + 2\mathrm{O_2} \rightarrow \mathrm{Fe_3O_4} + \Delta E_3 \end{aligned} \tag{6.26}$$

ここで，ΔE_n は1mol あたりの熱量で，高温ではマイナス（−）が熱の放出を意味し，反応プロセスは発熱反応として進行する．

アシストガスに酸素を使用したレーザ加工の場合には，切断フロントや加工反応前面で，短時間のうちに次々と新生面に加熱される．溶融金属と酸素ガスとの2つの境界層で鉄と酸素の反応が表層で瞬時に起こると考えられる．したがって，加工途中の主な反応は FeO の生成であることから，大半を次の式が占めるようになる．

$$\mathrm{Fe} + \frac{1}{2}\mathrm{O_2} \rightarrow \mathrm{FeO} + 257\mathrm{kJ/mol} \tag{6.27}$$

酸化による発熱量は，単位時間にレーザ光の照射を受けて溶融・発熱する部分であって，単位時間あたりの発熱量は Q_0 [kJ/s]，反応が起こっている時間を t [s] とすると，

$$\{(V \cdot \rho)/M_{m\text{-}Fe}\} \cdot \Delta E_1 / t = Q_0 \tag{6.28}$$

ここで，V は切断フロントでの除去体積 [mm³]，ρ は密度 [g/mm³]，$M_{m\text{-}Fe}$ は鉄の原子量 [g/mol]，ΔE_1 は1 mol あたりの熱量である．また，C を FeO 変換率（酸化の割合）$0 \leq C < 1$ とし，ε は寄与率とすると，

$$E_{cr} = C \cdot \varepsilon \cdot Q_0 \tag{6.29}$$

で与えられる．

寄与率は計算モデルにもよるが $\varepsilon = 0.5 \sim 0.8$ 程度で，切断過程では主に FeO のみを考えればよく、鉄の FeO への変換率を C とすると，C は $0 \leq C \leq 1$ であって平均的に $C = 0.447$ とされている[7]．単位時間あたりの酸化反応エネルギーを得る．したがって，金属などのレーザ熱加工における加工にかかわるエネルギーは式（6.25）と式（6.29）の和によって与えられる．

6.3.2.3　溶融現象と体積膨張

温度上昇に伴う金属の体積（容積）変化を考える．一般に温度上昇による体積変化は以下のように与えられる．初期の温度（一般に室温）における体積を V_0，体積膨張率を β とすると，温度変化後の体積は，

$$V' = V_0(1 + \beta \Delta t) \tag{6.30}$$

ここで，線膨張率 α は一般に $\alpha = 1.1 \times 10^{-5}$ [1/K または 1/°C] で，$\beta = 3\alpha$ である．金属の溶融に伴う体積変化は，ほぼ 4.4 %程度までとされている[11]．データ的にはばらつきがあるため，仮に 4.5 %とすると，$V' = 1.066\,V_0$ 程度の体積増加があることになる．

溶融体積 V' の溶融鉄が酸化（燃焼）して増加する体積膨張は，酸化の割合を溶融鉄 FeO への変換率 C で表すと，

$$V'' = V'(1 - C) + V' \cdot C \cdot \xi \cdot \left(\frac{V_{\mathrm{FeO(m)}}}{V_{\mathrm{Fe(m)}}}\right)$$

となる．それぞれ溶融酸化鉄は $\mathrm{FeO_{(m)}}$ を，また溶融鉄は $\mathrm{Fe_{(m)}}$ を添字とした．これを整理すると，

$$V = V_m \left\{1 + C \cdot \left[\xi \left(\frac{V_{\mathrm{FeO(m)}}}{V_{\mathrm{Fe(m)}}}\right) - 1\right]\right\} \tag{6.31}$$

で示される．ここで，ξ は蒸発や燃焼による質量の損失からくる実質体積率である．ほとんど質量の減少は無視し得るとしたら，$\xi \approx 1$ とすることができる．

また，式（6.31）中の体積膨張の割合は，M を質量，ρ を密度とすると，

$$\frac{V'_{\mathrm{FeO(m)}}}{V'_{\mathrm{Fe(m)}}}=\frac{\dfrac{M_{\mathrm{FeO(m)}}}{\rho_{\mathrm{FeO(m)}}}}{\dfrac{M_{\mathrm{Fe(m)}}}{\rho_{\mathrm{Fe(m)}}}}=\frac{M_{\mathrm{FeO(m)}}}{M_{\mathrm{Fe(m)}}}\cdot\frac{\rho_{\mathrm{Fe(m)}}}{\rho_{\mathrm{FeO(m)}}} \tag{6.32}$$

として与えられる．式（6.31）から，それぞれの値を，$M_{\mathrm{FeO(m)}}=71.85$ g/mol，$M_{\mathrm{Fe(m)}}=55.85$ g/mol，$\rho_{\mathrm{FeO(m)}}=4\,600$ kg/m³，$\rho_{\mathrm{Fe(m)}}=7000$ kg/m³ とすると，増加の割合は 1.957 を得る．ちなみに溶けてない鉄の密度は $\rho_{\mathrm{Fe(S)}}=7850$ kg/m³ である．

実験によって得られた一例を図 6.17 に示す．ここでは 3mm の軟鋼の表面をビームが通過する，いわゆるビードオンプレートであるが，まわりが拘束されて縦方向に溶融容積を伸ばしていて，貫通によって飛散する溶融金属の量などを加味しても体積が増加していることがわかる．また図 6.18 には，酸化の割合である FeO 変換率を横軸にして，体積膨張の割合をグラフに示した．蒸発や燃焼による質量損失を無視すれば，すべてが酸化した場合はもとの体積の 2 倍を超えることがわかる．

6.3.3　原子・分子の拡散

レーザ加工においては，レーザ光と酸素ガス噴流および溶融金属の関係は相対的でダイナミック過程である．溶融と伴う溶接加工や，切断フロントにおける溶融層の形成過程など，酸素ガス噴流による酸素分子の拡散，鉄原子の拡散過程を，切断フロントの例で検討する．実際のレーザ切断加工における加工部のビデオ観察によれば，ビームの進行とともに進む切断フロントの動きは，あたかもビーム移動に対して切断フロント自体が等速に移動をしているかのように，常に光軸と微小距離だけ先方に溶融金属膜の切断フロントを形成しながら切断は進行する．この等速運動のような切断の定常状態を，計算では一瞬止めて考える擬似静力学として扱う．その関係を図 6.19 に示す．

この項では現象を理解するための計算例を示す．

6.3.3.1　拡 散 方 程 式

一般に，最初の不純物分布の状態があきらかな場合の拡散は Fick の第 2 法則をある境界条件下で解くことができる．拡散しようとする不純物の物質中における濃度がゼロであり，拡散がはじまってからの表面不純物の濃度は一定，表面か

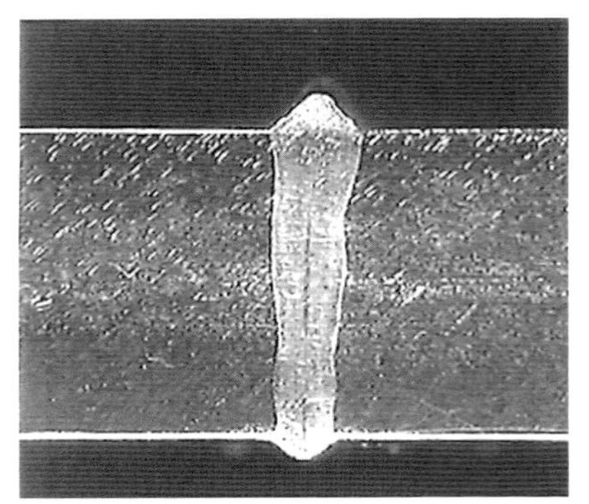

SUS304，$t=3$ mm，$F=1.2$ m/min

図 6.17　溶解に伴う体積膨張の例

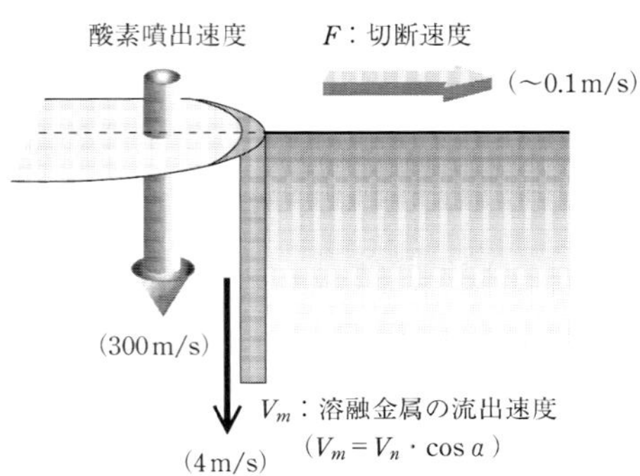

図 6.19　切断における相対速度

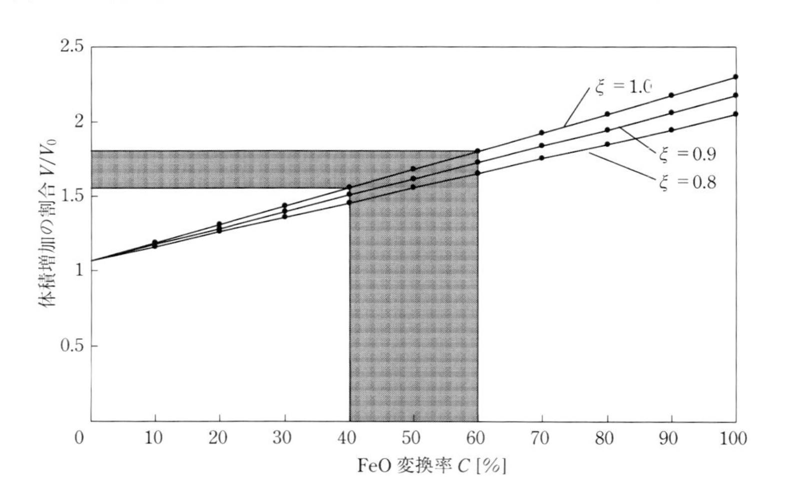

図 6.18　FeO 変換率と体積増加の割合

ら十分離れた場所での不純物濃度が常にゼロである境界条件のもとで方程式を解く．これは拡散方程式ともいわれ，以下のように与えられる[12]．

$$\frac{\partial C(x,\ t)}{\partial t}=D\frac{\partial^2 C(x,\ t)}{\partial x^2} \tag{6.33}$$

ここで表面の酸素濃度（不純物）を一定に保ちながら，材料内に拡散するレーザ加工の場合，境界条件は次のようになる．

$$T=0,\ x>0 \text{ のとき }\ C(x,\ t)=0 \tag{6.34}$$

$$T\geqq 0,\ x=0 \text{ のとき }\ C(x,\ t)=C_0 \tag{6.35}$$

$$T\geqq 0,\ x=\infty \text{ のとき }\ C(x,\ t)=0 \tag{6.36}$$

上の条件は，拡散前には拡散しようとする不純物の物質中における濃度がゼロであり，拡散がはじまる前の物質表面の不純物濃度は C_0（一定），表面から非常に遠い場所での不純物濃度は常にゼロであることを境界条件としている．

この条件で解くと，まず，$\int_0^\infty \mathrm{e}^{-st}\cdot C(x,\ t)\,\mathrm{d}t=\overline{C}(x,\ s)$ とおいて，式（6.33）を t に関してラプラス変換すると

$$s\overline{C}(x,\ s)-C(x,\ 0)=\frac{\partial^2\overline{C}(x,\ s)}{\partial x^2} \tag{6.37}$$

と書くことができる．境界条件が式（6.34）のとき

$$s\overline{C}(x,\ s)=D\frac{\partial^2\overline{C}(x,\ s)}{\partial x^2} \tag{6.38}$$

さらに $C(x,\ t)$ の x に関するラプラス変換を $\int_0^\infty \mathrm{e}^{-yt}\cdot C(x,\ s)\mathrm{d}t=\overline{C}(y,\ s)$ とすると，式（6.36）の x に関するラプラス変換は

$$s\overline{C}(y,\ s)=D[y^2\overline{C}(y,\ s)-y\overline{C}(0,\ s)-\overline{C}'(0,\ s)]$$

y の関数とみなして整理すると

$$\overline{C}(y,\ s)=\frac{\alpha(s)}{s}+\frac{\beta(s)}{y+\sqrt{\dfrac{s}{D}}}+\frac{\gamma(s)}{y-\sqrt{\dfrac{s}{D}}}$$

y を含まない $\alpha(s)$，$\beta(s)$，$\gamma(s)$ を用いて表せるので，この式を逆変換で x の関数に戻すと

$$\overline{C}(x,\ s)=\alpha(s)+\beta(s)\exp\left(-x\sqrt{\frac{s}{D}}\right)+\gamma(s)\exp\left(x\sqrt{\frac{s}{D}}\right) \tag{6.39}$$

となる．

ここで，初期条件（6.36），式（6.39）を比較することにより

$$\alpha(s)=0,\qquad \gamma(s)=0$$

式（6.35）を t に関してラプラス変換すると

$$\overline{C}(0,\ s)=\frac{C_0}{s}$$

この式を式（6.39）と比較すると

$$\beta(s)=\frac{C_0}{s}$$

となる．よって，

$$\overline{C}(x,\ s)=\frac{C_0}{s}\exp\left(-x\sqrt{\frac{s}{D}}\right)$$

が得られる．これを逆変換し s から t の式に戻すと

$$\begin{aligned}C(x,\ t)&=C_0\,\mathrm{erfc}\left(\frac{x}{2\sqrt{Dt}}\right)\\&=C_0\left[1-\mathrm{erf}\left(\frac{x}{2\sqrt{Dt}}\right)\right]\end{aligned} \tag{6.40}$$

が得られる．

以上のことから鉄-炭素（Fe-C）系材料においては，酸素の表面濃度 C_0 を一定として，時間 t 後の表面からの距離 x における不純物濃度 $C(x,\ t)$ は，あらかじめ均一に拡散する不純物がすでに C_a だけ含まれているとして D を拡散係数とすると，次式で与えられる．

$$C(x,\ t)=C_a+\zeta C_0\left[1-\mathrm{erf}\left(\frac{x}{2\sqrt{Dt}}\right)\right] \tag{6.41}$$

ここで，ζ は圧力，表面状態などによる初期濃度の拡散しにくさを示す係数とする．溶媒の物質が固体の鉄で溶質の拡散物質が酸素の場合には，その量の割合は無視し得る．また，レーザ切断に用いる酸素ガス純度は 99.5 ％となるため，$C_0=0.995$ が用いられた．

6.3.3.2　拡散係数の算出

拡散計算にあたっては，高温域での正確な拡散係数を求めることが重要となる．しかし，これらの物理定数を求めることは概して難しい．それというのは相対的にデータが少なく，高温域での適応可能な最適値が少ないからである．多くの文献には拡散定数 D_0 値が与えられる．拡散係数 D は以下の式で求められる．

$$D=D_0\,\mathrm{e}^{-\frac{E_a}{RT}} \tag{6.42}$$

表 6.1　拡散係数の計算例[13,14]

$O_2 \Rightarrow Fe_{(m)}$	$D=3.33\times10^{-7}\ m^2/s$
$O_2 \Rightarrow FeO$	$D=6.58\times10^{-7}\ m^2/s$
$Fe \Rightarrow FeO$	$D=5.30\times10^{-8}\ m^2/s$
$Fe \Rightarrow Fe_{(m)}$	$D=1.15\times10^{-8}\ m^2/s$

ここで，E_a は活性化エネルギー，R は気体定数，T は絶対温度である．

なお，この計算にあたっては，溶融鉄内への酸素分子の拡散（$O_2 \Rightarrow Fe_{(m)}$），酸化鉄中への酸素の拡散（$O_2 \Rightarrow FeO$），酸化鉄内への鉄原子の拡散（$Fe \Rightarrow FeO$），および溶融鉄内への鉄原子の拡散（$Fe \Rightarrow Fe_{(m)}$）の各反応における物性値をもとに，拡散係数を求める計算を必要とする．計算結果の例を表 6.1 に示す．

6.3.3.3　拡散の過程

拡散現象の計算は一瞬止めて考える擬似静力学として扱うとしたものの，アシストガス噴流と溶融金属との境界におけるガス分子の拡散はダイナミック過程である．酸素の境界での拡散固溶は，拡散がはじまった直後から，順次時間とともに以下のように進行する．

$$C(m)=\sum_{m=1}^{n} C_{m-1}+\frac{C_{n(O_2/FeO)}-C_{m-1}}{2} \qquad m=1,\ 2,\ \cdots\cdots n \tag{6.43}$$

ここで，$m=1$ は初期状態で $C(1)=(O_2 \Rightarrow Fe_{(m)})$ となり，溶融層に酸素が拡散しはじめる直前を示している，$C(2)=(O_2 \Rightarrow FeO^*)$ は，一定時間後のすでに酸素の拡散・固溶がはじまっている中間段階（FeO^*）を示し，そしてさらに十分な時間が経過すると $C(n)=(O_2 \Rightarrow FeO)$ となって，溶融層内の全域に酸素が 100 %固溶した状態を示す．ここでの m は任意の時間と考えてもよい．ただし，溶融金属はごく短時間にアシストガス噴流で次々と飛ばされるので，その過程での拡散は酸素分子が十分に固溶される時間はなく，中間の段階で排出されると考えられる．図 6.20 にその時間経過とともに拡散する様子を示した．したがって，このようなダイナミック過程を考慮して溶融層内の酸素分子や鉄原子の拡散・固溶が計算される．なお，溶融層については切断加工の章で扱う．

酸素分子と鉄原子の拡散・固溶はそれぞれの境界で起こると考えられる．その

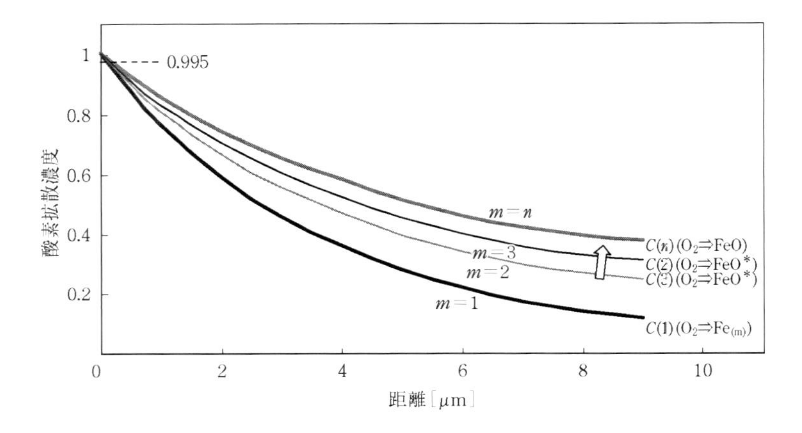

図 6.20　酸素分子の溶融層内の拡散過程

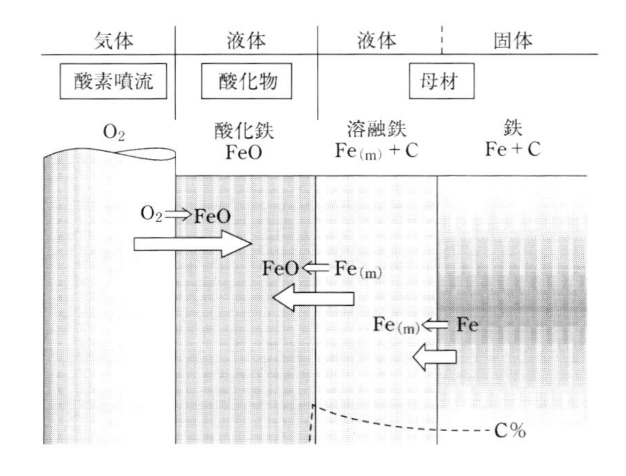

図 6.21　分子・原子の拡散モデル

ため図 6.21 のような拡散モデルを考える．酸素が溶融鉄に拡散・固溶する段階は O_2⇒FeO であり，溶融鉄が酸化鉄に拡散する過程は $Fe_{(m)}$⇒FeO であり，鉄原子が溶融鉄に拡散する過程は Fe⇒$Fe_{(m)}$ である．したがって，計算はそれぞれの境界でなされる．

6.3.3.4　拡散における時間の設定

アシストガスに用いる酸素ガスは，酸化反応を促進する一方で，ガス噴流のも

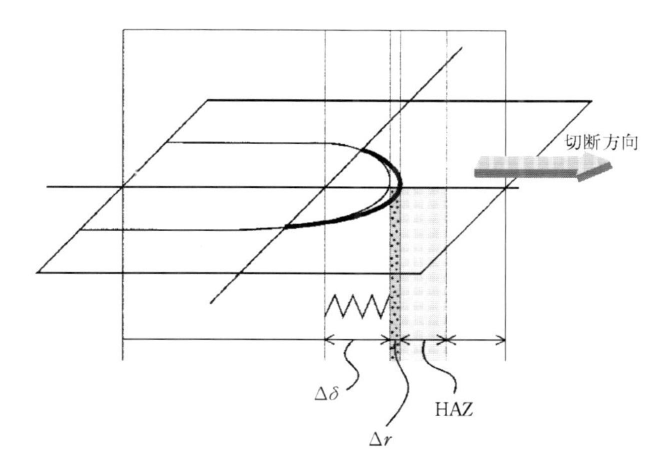

図 6.22　拡散時間の設定

つ強力な運動エネルギーによって溶融金属を強制的に排出する．この作用は瞬時に行われるとともに，切断が維持されるあいだ継続される．したがって，この動的な現象を時間分割して，個々の瞬間挙動として時系列的に扱う必要がある（図 6.22）．すなわち，ガスの瞬時の通過時間内に，溶融および拡散は溶融面と母材の境で反応を開始して反応フロントに到達する．これによって，その過程における拡散のための関与時間は，式（6.42）で示した時間配分に基づくと仮定し，τ_0 を下方に単位距離を通過する時間とする．

$$t = \tau_0 \times \frac{\Delta r}{\Delta\delta + \Delta r} \tag{6.44}$$

ここで $\Delta\delta$ は，光軸と同軸で流されるアシストガス噴流直下の溶融金属が切断溝外に排出される距離，Δr は溶融膜厚の厚み（距離）で，この割合で関与時間が決まると仮定している．

6.3.4　拡散モデル

計算に基づいて，切断フロントにおける溶融層内の拡散プロセスを模式的に示す（図 6.23）．気層（気体），液相（液体），固層（固体）という連続に接している相変化の中で，その境界付近で矢印方向にそれぞれの拡散が連続的に起こっている．また，鉄系（Fe-C）材料においては，C（炭素）は酸化鉄中で燃焼する．

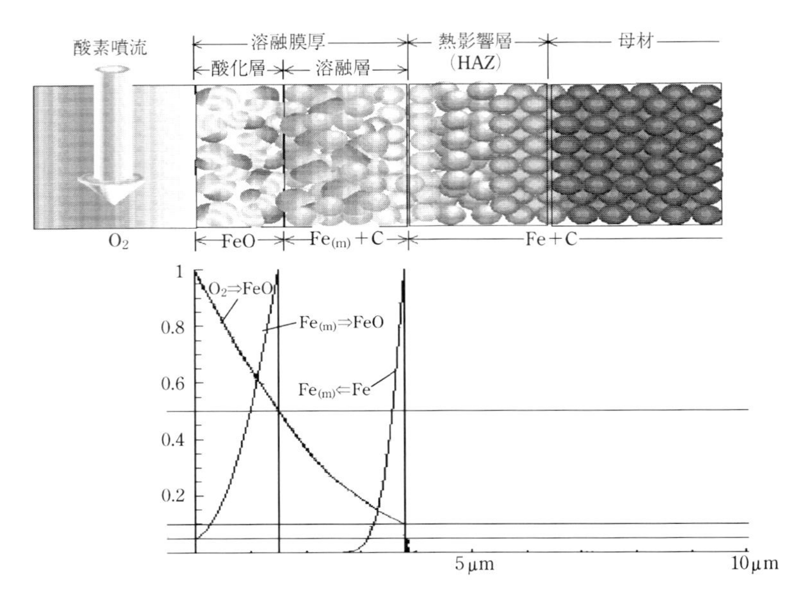

図 6.23　溶融膜厚内の原子・分子の拡散模式図

したがって，ここでの分子・原子の拡散計算においては，鉄原子，酸素分子，酸化鉄，溶融鉄を考えればよいことになる．

6.3.5　溶融膜厚内の拡散過程

図 6.23 に基づいた具体的な計算例として，切断速度が比較的遅い 2 m/min の場合と，比較的速い 5 m/min の場合を例に，溶融膜厚内の鉄原子・酸素分子の拡散の様子を図 6.24 に示した．切断速度が遅い場合には，ガス噴流が相対的に溝内の溶融層に長い時間関与することで，酸素を固溶しながら溶融金属は流出し，光軸からフロントまで距離が離れてしまうため溶融層の厚みは薄くなる．その結果，拡散は狭い膜厚の範囲で行われる．また，切断速度が速い場合には，反対に比較的溶融層は広く，やや長い関与時間で拡散するため十分な拡散が行われている．なお，本計算の溶融膜厚の詳細については 9.2.2 項で述べる．ただし膜厚の広い場合でも，拡散の深さはたかだか 10 数 μm 以内である．

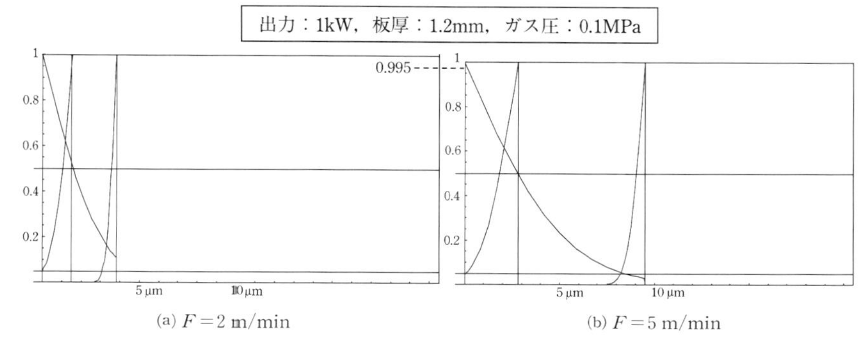

(a) $F=2$ m/min　(b) $F=5$ m/min

図 6.24 切断速度が異なる場合の拡散の様子

6.3.6 拡散される原子・分子の大きさ

拡散に関与している鉄原子と酸素分子の大きさを計算によって求める．計算では体積の仮定の仕方で係数に多少の差がみられる．分子・原子において，モル質量 M は，体積 V，比重 ρ，Avogadro 定数を A_V とすると，よく知られているようにその関係式は次式で示される．

$$M = V \cdot \rho \cdot A_V \tag{6.45}$$

ここで，$A_V = 6.022 \times 10^{23}\,\mathrm{mol}^{-1}$ とする．鉄原子の場合，体積を球と仮定すると，$V = \dfrac{4}{3}\pi r^3$ であり，したがって式（6.45）は

$$r_{\mathrm{Fe}} = 0.6\sqrt[3]{\frac{M_{\mathrm{Fe(m)}}}{\rho_{\mathrm{Fe}} A_V}} \tag{6.46}$$

酸素分子の場合，体積を立方体で仮定すると，$V = (2r)^3$ であり，したがって，式（6.45）は

$$r_{\mathrm{O_2}} = 0.5\sqrt[3]{\frac{M_{\mathrm{O_2}}}{\rho_{\mathrm{O_2}} A_V}} \tag{6.47}$$

この結果，以下のような分子・原子の半径を得る．

$$r_{\mathrm{Fe}} = 1.46 \times 10^{-10} \quad (0.14\,\mathrm{nm})$$
$$r_{\mathrm{O_2}} = 3.14 \times 10^{-9} \quad (3.1\,\mathrm{nm})$$

鉄の原子モデル

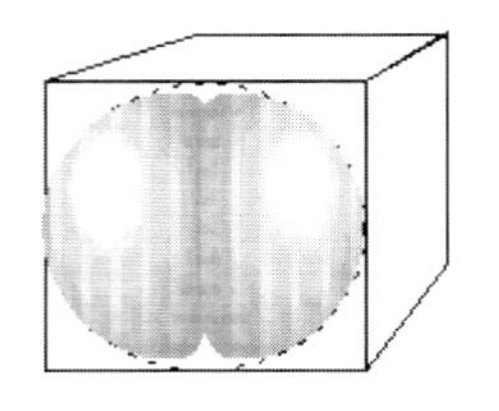

酸素分子モデル

図 6.25　原子・分子の計算モデル

図 6.25 にモデル図を示す．この結果，完全な球形と仮定した場合の鉄原子の直径は $d_a = 0.28\,\mathrm{nm}$ となり，酸素分子の体積を立方体で求めると分子の直径は $d_a = 6.2\,\mathrm{nm}$ となる．

6.4　加工における変形

レーザ加工はほかの熱源に比較して熱変形の少ない加工法であるといわれている．しかし，高出力化してきているうえに集中するエネルギーが高いため，レーザ加工でも変形は起こる．レーザ加工で起こる変形とそれに関連する事項について述べる．

物体に外部から何らかの拘束が加わり，温度上昇あるいは下降により物体が自由に膨張・収縮できない場合，あるいは外部から拘束は受けないが物体中で温度変化が一様でない場合で，物体内の各部分は温度変化量に対応して，それぞれ異なった量だけ膨張あるいは収縮しようとするが，物体は 1 つの連続体の状態を保持しようとして，自由な膨張あるいは収縮が抑制される．このような場合に物体内には熱応力が発生する．

複雑な熱応力に対しては，熱弾性論の基礎式も適用して解かなければならない．ここでは図 6.26 の図をもとに，直交座標系における熱弾性の基礎式のみを示す[15,16]．

6.4.1　平 衡 方 程 式

3 次元物体中の任意の点における応力状態は，3 個の垂直応力成分（σ_x，σ_y，σ_z）と 6 つのせん断応力成分（τ_{xy}，τ_{xz}，τ_{yx}，τ_{yz}，τ_{zx}，τ_{zy}）で表現できる．こ

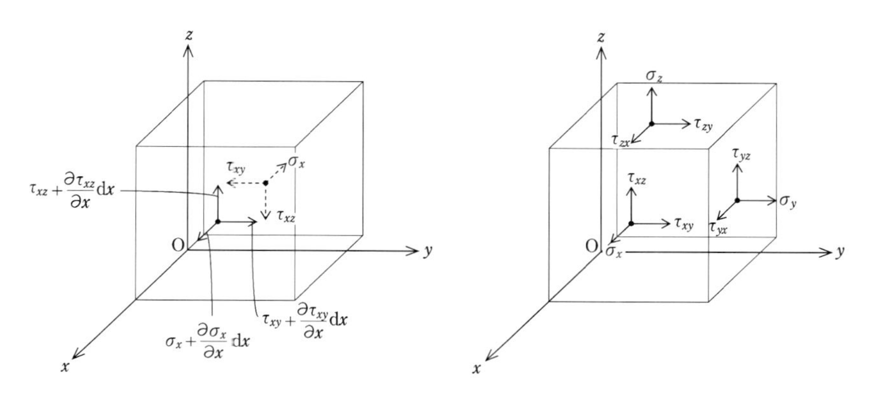

図 6.26 応力とひずみ

こで応力の対称条件 $\tau_{xy}=\tau_{yx}$，$\tau_{yz}=\tau_{zy}$，$\tau_{zx}=\tau_{xz}$ を考慮すると，応力の成分は 6 個になる．

応力に関する平衡方程式を求めるために一般に微小直方体が用いられる．そして，物体がつり合うためには合力が 0 となる必要がある．

ここで，x 方向，y 方向，z 方向の力を考え，平衡方程式は，応力の対称条件も考慮すれば次のようになる．

$$
\begin{aligned}
&\frac{\partial\sigma_x}{\partial x}+\frac{\partial\tau_{yx}}{\partial y}+\frac{\partial\tau_{zx}}{\partial z}+\bar{X}=0\\
&\frac{\partial\tau_{xy}}{\partial x}+\frac{\partial\sigma_y}{\partial y}+\frac{\partial\tau_{zy}}{\partial z}+\bar{Y}=0\\
&\frac{\partial\tau_{zx}}{\partial x}+\frac{\partial\tau_{yz}}{\partial y}+\frac{\partial\sigma_z}{\partial z}+\bar{Z}=0
\end{aligned}
\tag{6.48}
$$

物体内の任意の点の位置が変形によってシフトするとき，垂直ひずみ ε およびその成分と，せん断成分 γ およびその成分を考えると，ひずみ-変位関係式は以下のようになる．

$$
\varepsilon_x=\frac{\partial u}{\partial x},\quad \varepsilon_y=\frac{\partial v}{\partial y},\quad \varepsilon_z=\frac{\partial w}{\partial z} \tag{6.49}
$$

$$
\gamma_{xy}=\frac{\partial v}{\partial x}+\frac{\partial u}{\partial y},\quad \gamma_{yz}=\frac{\partial w}{\partial y}+\frac{\partial v}{\partial z},\quad \gamma_{zx}=\frac{\partial u}{\partial z}+\frac{\partial w}{\partial x} \tag{6.50}
$$

6.4.2　応力とひずみの関係

等方性材料の場合は全方向に同一の値をもつため，せん断ひずみ成分をもたない．一方，応力状態によるひずみは，等方弾性体のフックの法則(Hooke's law)を用いて表すことができる．このときの応力とひずみの関係は以下のように表される．

$$\sigma = E\varepsilon$$

ここで，E は縦弾性係数，またはヤング率(Young's modulus)という．

一般の応力状態で，σ_x，σ_y，σ_z が同時に存在する場合のひずみは σ_x，σ_y，σ_z のそれぞれが単独に作用する場合の結果を重ね合わせることによって求められる．したがって，以下のような式になる．

$$\varepsilon_x = \frac{1}{E}\sigma_x, \quad \varepsilon_y = -\nu\varepsilon_x = -\frac{\nu}{E}\sigma_x, \quad \varepsilon_z = -\nu\varepsilon_x = -\frac{\nu}{E}\sigma_x \tag{6.51}$$

$$\varepsilon_y = \frac{1}{E}\sigma_y, \quad \varepsilon_z = -\nu\varepsilon_y = -\frac{\nu}{E}\sigma_y, \quad \varepsilon_x = -\nu\varepsilon_y = -\frac{\nu}{E}\sigma_y \tag{6.52}$$

$$\varepsilon_z = \frac{1}{E}\sigma_z, \quad \varepsilon_x = -\nu\varepsilon_z = -\frac{\nu}{E}\sigma_z, \quad \varepsilon_y = -\nu\varepsilon_z = -\frac{\nu}{E}\sigma_z \tag{6.53}$$

ここで，ν は比例定数でポアソン比(Poisson's ratio)という．

上の 3 つの式を重ね合わせ，熱によるひずみ αT を加えると

$$\begin{aligned}
\varepsilon_x &= \frac{1}{E}[\sigma_x - \nu(\sigma_y + \sigma_z)] + \alpha T \\
\varepsilon_y &= \frac{1}{E}[\sigma_y - \nu(\sigma_z + \sigma_x)] + \alpha T \\
\varepsilon_z &= \frac{1}{E}[\sigma_z - \nu(\sigma_x + \sigma_y)] + \alpha T
\end{aligned} \tag{6.54}$$

となる．α は線膨張係数であり，温度が 1℃上昇するときに物体に生じる伸びをその全長で割った値である．このときせん断応力とせん断ひずみとの間には

$$\tau_{xy} = \frac{E}{2(1+\nu)}\gamma_{xy}, \quad \tau_{yz} = \frac{E}{2(1+\nu)}\gamma_{yz}, \quad \tau_{zx} = \frac{E}{2(1+\nu)}\gamma_{zx} \tag{6.55}$$

の関係が成立する．すなわち，せん断応力・せん断ひずみの関係と，垂直応力・垂直ひずみの関係との間には相関関係はなく，せん断ひずみとせん断応力の間に

は比例関係が成立する．

この比例定数 $E/2(1+\nu)$ を G として，これを横弾性係数（あるいはせん断弾性係数）という．したがって，

$$G=\frac{E}{2(1+\nu)}$$

とおくと，式（6.55）は次のように書ける．

$$\tau_{xy}=G\gamma_{xy},\quad \tau_{yz}=G\gamma_{yz},\quad \tau_{zx}=G\gamma_{zx} \tag{6.56}$$

熱弾性問題の解は，物体の表面における力学的境界条件と幾何学的境界条件を満足させるものでなくてはならない．また変形には，応力が小さい範囲で材料が弾性的な挙動をし，加える荷重を除くと応力も 0 となり，もとの状態にも戻る弾性変形と，応力がある限界を超えると変形は完全にはもとに戻らなくなり永久ひずみが残る塑性変形がある．

レーザ加工のように高温の条件では，一般に高温域での応力-ひずみ測定は事実上困難であり，有限要素法によるシミュレーションが有効である．

6.4.3 加工の変形

6.4.3.1 温度計算

シミュレーションの一例として，軟鋼 1mm の薄板上を出力 400W 相当のレーザ光を送り速度 1.5m/min で走行したビードオンプレート状態での計算を以下に示す．まず，ビードオンプレートを図 6.27 に示す．平板の仮想の溶接線に従って熱源が移動する状態であるが，この溶接線に 2 枚の板が突き合わせてある

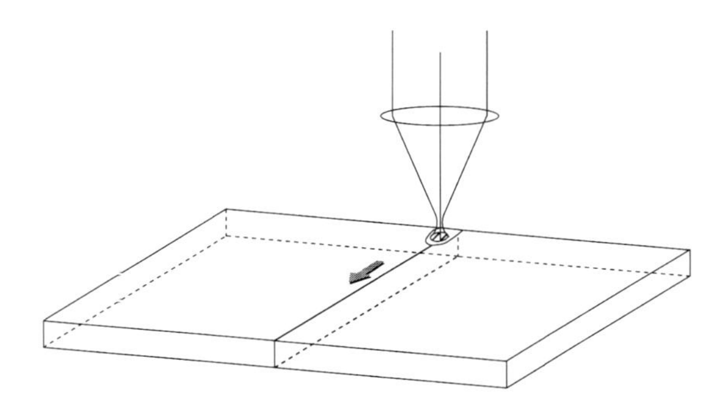

図 6.27　薄板溶接モデル

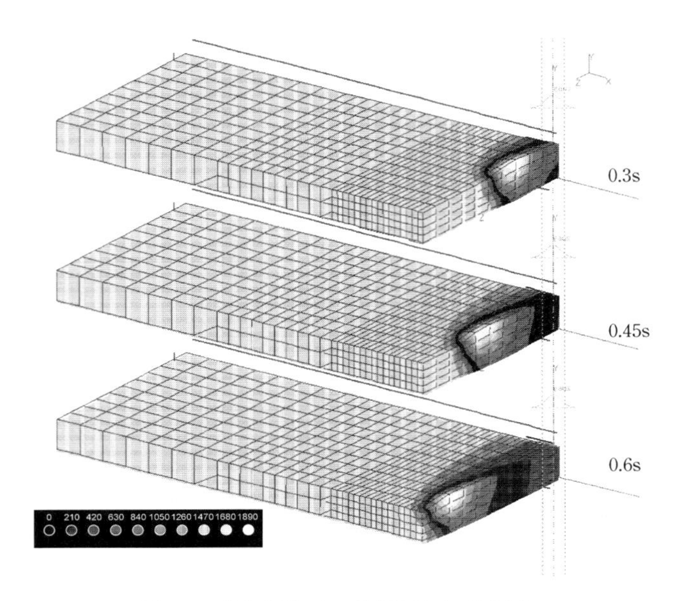

図 6.28　移動熱源による温度計算（口絵参照）

場合が突合せ溶接である．ここで，計算上の材料寸法は 400 (x：長さ)×100 (y：幅) mm であるが，表示は走行ビームの中心から片半分を示している．したがって，200 (x)×100 (y) mm の間の加工状況を示している，

図 6.28 では，y 方向にレーザ熱源が 25mm/s で連続的に移動しているとき，0.3s，0.45s，および 0.6s の時間での結果をサンプリングしたものである．ここでは各時間における熱の分布状態を示していて，熱による材料の変態などは含まない．単に，材料内部の各位置での時間経過と発熱による熱分布の移動を示した．実際の加工では溶接ビームの線に沿った材料内部はみえないが，シミュレーションでは視覚的な観察や必要な可視化が可能である．

6.4.3.2　応力とひずみ

同じモデルを用いて定常状態における変形を入れてみる．熱源の移動時間が端面から 0.5 s 経過した熱源位置における温度分布と変形状態の結果を図 6.29 と口絵に示した．温度は色彩によって温度範囲が指定されていて，中心の薄い黄色は1500°C以上で，そのまわりの黄色は 1200°C以上，橙色が 960°C，赤色が 840°C

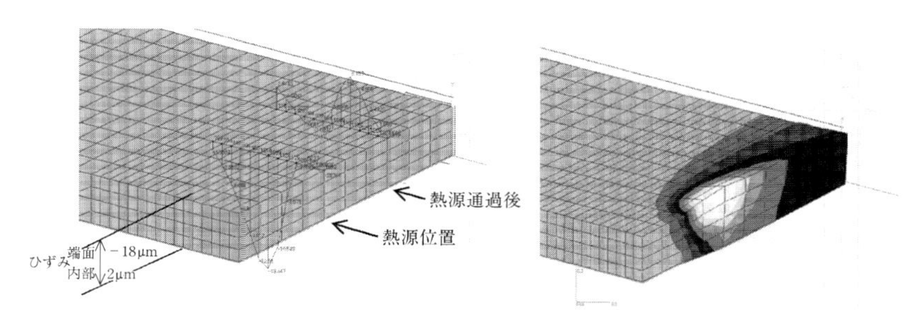

図 6.29 熱応力による変形（口絵参照）

などとなっている（口絵参照）．この例では中心熱源の熱膨張による変形は1 mm に対して 0.053mm（53μm）で 5.3％変形している．このときの熱源位置の応力状態をみることができる．熱源近傍ではやや引張応力が発生し，そこからやや離れた材料内では圧縮応力が生じている．熱源の通過直後には引張応力は増大し圧縮応力は低下していく．この熱源位置の状態で材料の端面では 18μm，内部では平均 2μm のひずみが発生したことになる．

6.4.3.3 加 工 変 形

レーザ光が紙面に向かって進んでいる場合の変形を図 6.30 に示す．(a)は加熱前の素材を，(b)はレーザビームが通過して熱源が材料表面に発生した状態を，(c)はレーザ光が通過後の状態を示す．これによると，最小の状態の時間 $t=0$[s] で材料はまったく変形していない．また，次の状態の $t=0.15$[s] が経過した状態ではレーザ熱源が溶接線に沿って中心を通過していて，熱源近傍で引張応力が発生している．その変形量は 4μm で上に凸となる．しかし，レーザ光が通過して十分時間が経過すると冷却されて，今度は熱源近傍で圧縮応力が発生して反対に反るようになる．その量は 35μm であった．

これらの変形量は材料の種類，板厚，レーザ出力の大きさ，熱源サイズ，さらには溶接速度（ビームの走行速度）によって異なる．したがって，ここでは変形の絶対量ではなく傾向を理解してもらえれば幸いである．現在の加工シミュレーションでは詳細にモデリング条件を合わせると，かなりの精度で計算することが可能である．

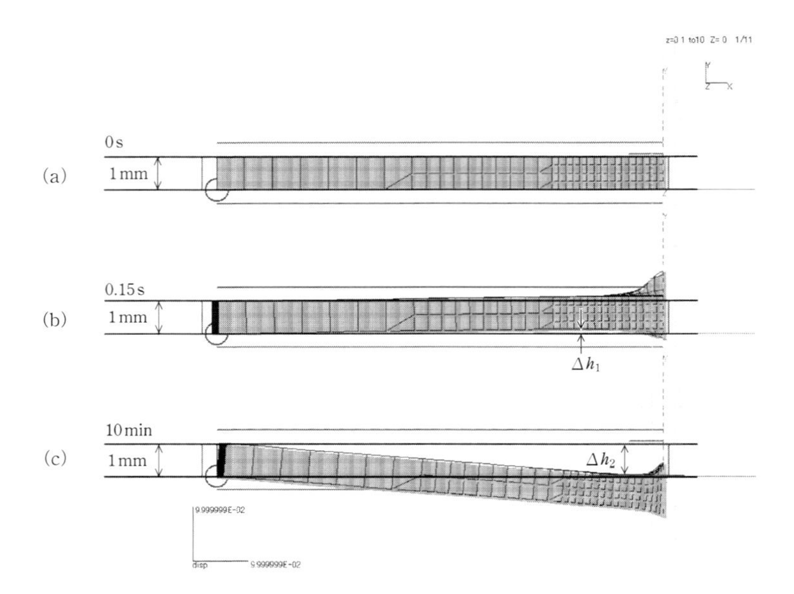

図 6.30　薄板材料の熱による変形．y 軸方向にひずみを 25 倍に拡大表示．

6.4.3.4　結 果 の 検 証

シミュレーションでは結果の検証が重要である．その前にまず，シミュレーションソフトと理論計算の限界と，実加工との格差の理解が必要である．そのうえで，シミュレーションによって計算したとき，計算結果が正しいかどうかの検証を要するときがある．特に実機による実験が不可能な場合の計算や，パラメータの範囲を極端に変化させた場合などに必要となる．一般には開発者でない限り，計算ソフトのアルゴリズムや内部計算方法などの詳細は未知であることが多い．また計算ソフトの内部を知ろうにも非公開であることが多く，結果の妥当性を証明することが難しいことがある．このような場合には以下の方法で確認する必要がある．

① 一般物理的法則に反していないことを条件に，結果の内容に対してほぼ妥当性のある定性的な説明を加えることができる．

② 一般的な経験則から受け入れられる内容であることを条件に，計算結果に対してそれなりの所見を述べることができる．

③ 計算結果と類似の条件による実験を試みるか，または測定器などによって実測が可能なものは計測し，計算結果と実験結果を照合し適合性が確認できる．
④ シミュレーション計算は多くの連関する場を複雑に解いているが，部分的でも検証可能なものについて簡略化された解析解で傾向を追って確認する．
⑤ ほかにインストールされた機種やほかの類似のソフトなどを用いて，複数の計算によっても同様な傾向を確認することができる．

以上のうちで，少なくとも 1 つまたはそれ以上の間接的な確認作業によって検証を行うことができれば，当該計算ソフトによって妥当な結果を得たといえるものと思われる．

6.5 加工シミュレーション

6.5.1 レーザ加工と数値解析

従来のレーザ加工の研究では，レーザを熱加工と捉え，熱伝導方程式を主体とした数値解析が行われてきた．温度によって金属組織が変化する相変態などは，そこでの厳密な考察が必要であるが，表面焼入れのように材料面に表面熱源を移動させるモデルの場合は，ほぼ解析的であり実態をよく説明することができる．しかし，熱伝導論での解析手法においては，数学的な適用に限界がある．固相（固体）から液相（溶融相：液体）に変わる溶接加工や，さらに，溶融による液相，蒸発による気相と切断加工にみられる相変化は，数学的にも解析的ではない．したがって，たとえば，レーザ除去加工（切断，穴あけ）現象で生じる溝や穴などの除去部分は数学的には連続でない非線形現象であるため，擬似的な溝があるものと仮定し，数学的に線形とみなしたうえで解を求めるといった作業を行ったり，あるいは，温度依存性をもった熱定数（熱伝導率，熱拡散率，比熱）や吸収率などを一定と仮定して計算することが多かった．その結果を受けて，全体を補正するための係数を設けることで，実際の加工状態に現実的に適応させている．これらの手法は，加工の定性的な説明や一般的解析目的に十分かなっているといえる．

6.5.2 加工における「場」

レーザ加工をより理解するうえで，加工における「場」を知る必要がある．レーザによる加工の「場」を図6.31に示す．これらの場は相互に依存するため「場の連成」または「連関」が存在する．レーザ加工の研究は，照射するレーザ光と被加工材料間の相互作用に起因する種々の「場の連成」を解くことでもある．その間には，レーザ光の吸収とこれによる発熱や熱伝導・拡散といった温度場，材料の熱的な反応速度や化学反応を伴う変性場，溶融金属の流れ，ガス流の挙動などの流れ場，さらには入熱による熱応力や熱ひずみなどにより変化する変位場，そのほかにもアシストガス噴流の速度場，圧力場といった種々の場がそれぞれ関連しているのである．このように複雑な場の連成を考慮した計算モデルを構築する場合には，コンピュータシミュレーションは有効な手段である．

6.5.3 加工シミュレーション手法

加工現象の理解，安定性などの加工予測をするうえで，シミュレーション技術の開発は避けて通れないものとなってきた．加工シミュレーションとは，加工の目的にマッチした形で加工物と被加工物および相互の状態などを計算によって記

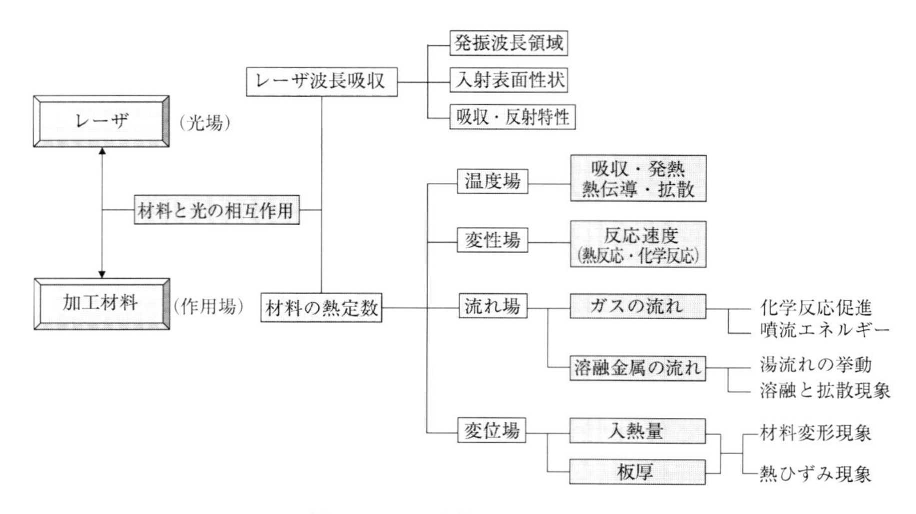

図6.31　レーザプロセスにおける場

述し描写する概念モデルでもあるが，それらはレーザの加工別にそれぞれ研究開発されていて，レーザ全体の統一的な標準のようなものは見当たらない．シミュレーションの数理モデルとしては，偏微分方程式などの熱の伝わりを連続体として扱う連続系モデルと，飛散したものや剥離していく現象を粒子として扱う粒子系モデルとに大別されるようである．

レーザにおけるほとんどの加工現象は熱伝導方程式などの偏微分方程式を解くことに帰着する．連続体モデルには，

- FEM（有限要素法）：偏微分方程式を離散化するが，そのものではなく，基礎関数を乗じて積分した弱形式を要素単位で離散化する
- FVM（有限体積法）：積分差分法ともいい，セル内部の生成・消滅とセル境界でのフラックスの出入りを，保存則を満たすように離散化する
- FDM（差分法）：微分演算子を差分演算子に代用する方法で，基本は構造格子であるが，直交格子，バリアブルメッシュ，境界適合格子，格子ネスティングなどがあり，差分形式にもいろいろある

などがある．また，粒子系モデルには，格子・粒子の混在する方法や，格子を用いずに粒子だけで計算する法もある．分子動力学はこのモデルに属する．

レーザによる金属溶融（熱流体）の解析としては，数値流体解析（CFD; computational fluid dynamics）と称される流体力学シミュレーションがある．この中で，① 粘性を考慮したニュートン流体を扱ったもの，② 弾性の性質を考慮したもので非ニュートン流体を扱ったもの，③ 小さな粒子で連続体とみなせないものを扱う非連続性希薄流体などがあり，ここで分子や粒子などを主に追い，粒子に動く力を計算し，それに従って粒子の座標を次々と更新していくと分子動力学などの計算モデルになる．

6.5.4 シミュレーション手順

加工シミュレーションの実施手順の例を図 6.32 に示す．加工シミュレーションでは，加工の対象によって目的がかなり異なるので，先に対象を決める必要がある．たとえば，金属のレーザ加工において，組織的変態のみを扱う表面処理と，溶融・蒸発までを扱う除去加工ではまったく解く対象が異なるのである．次に，そのためのデータ収集を行い整理する．どこまでデータが揃っているかによ

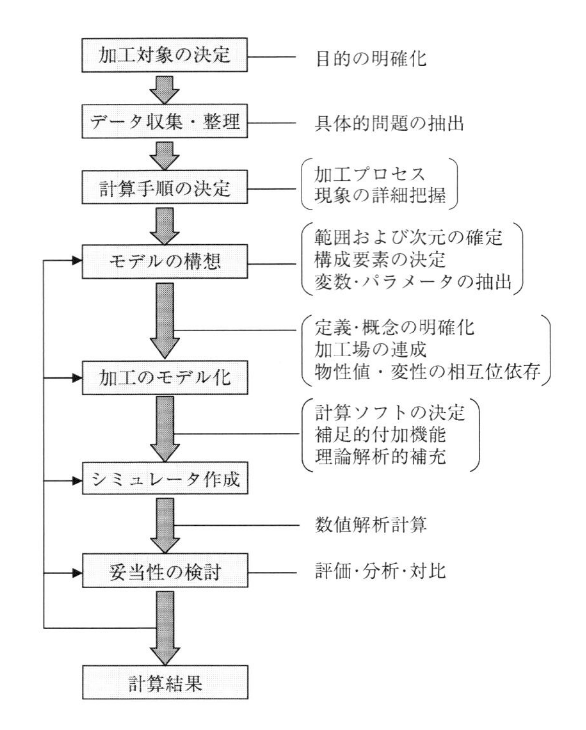

図 6.32　加工シミュレーションの実施手順

ってシミュレーションモデルのリアリティが異なってくる．計算手順はきわめて重要で，これが加工の専門家が行ったシミュレーションか，そうでないかの分かれ目になる場合が多い．この手順は加工プロセスを熟知してはじめて成り立つもので，認識や対応の誤りは結果の正確さやモデリング自体に大きな違いをもたらすものである．モデル構想は，ドメインの大きさ，座標系，次元などの確定，モデルに取り込むべき構成要素，変数やパラメータなどを抽出し決定する作業を行う．そしてモデリング（モデル化）をするのであるが，加工用語の言葉の定義や，概念を明確に行っておく必要がある．相手は計算機なので，たとえば，変態，溶融層，熱影響層などは，意味や定義とともに，温度範囲などを数値的に明確に定めておくことが求められる．

モデル化に際し，計算ソフトの決定，理論解析的な付加的計算機能の補充も計算精度の向上のためには欠かせない．また，熱伝導，層流流れ，単純な乱流境界層のように，数学的記述がなされているものもあるが，複雑な乱流，非ニュートン流体，二相流問題のように数学的記述がまだなされていないものもある．そのような場合には不確実性があるため実験による裏づけが必要となる．前者のように数学的記述が可能でも，場合によってはいくつもの補足的なサブルーチンを用いることもある．

シミュレーションの一例として，弾塑性応力変形解析の例を図6.33に示す．本モデルは基本的に有限要素法による熱解析シミュレーションであるが，放熱や対流・接触伝熱などを考慮した熱伝導方程式を解いて温度場を求め，温度から求まる熱ひずみを与えて弾塑性応力変形解析を行う．物性値は温度依存性を考慮し，溶融状態では溶融潜熱を考慮している．この方法は，レーザ溶接などの過程で生じる金属溶融による膨張・変形が時系列的に求められ，残留応力や変形は最終状態として求まるようになっている三次元非定常熱弾塑性力学モデルである．

レーザ加工は，発熱から溶融、溶融から蒸発といった相変化の現象もたらす．したがって、個相から気相までを扱うが，多くの場合は，個体、流体、気体の現象解析は個々に行われるようになっていて，個体から流体への境界面においてそ

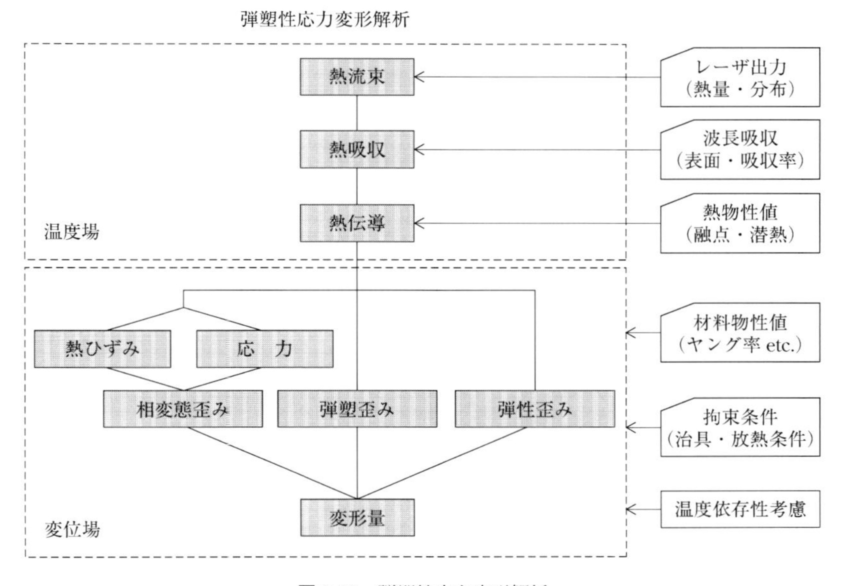

図6.33　弾塑性応力変形解析

の間の熱（温度）の授受が考慮されている．個体では，熱伝導計算に基づいた弾塑性応力解析が行われ変位場の計算がなされる．それによって，レーザ加工に伴う発熱と材料の変形を扱うことができる．熱応力の解析では，熱伝導との連成解析が行われる．

さらに，溶融金属の挙動については熱流体として扱う．計算は流体力学の連続式（equation of continuity），運動方程式（Navier-Stokes equation），さらにはエネルギー方程式（equation of energy）といった基礎方程式の連成からなる熱流体力学モデルにより解かれる．流体は内部エネルギーおよび運動エネルギー，熱の流入・流出に伴うエネルギーの変化量を扱う．これには重力成分，圧力成分，粘性や表面張力が考慮される．その熱流体力学計算モデルの概念図を図6.34に示す．熱流体解析では，エネルギー授受に関する熱伝導解析と流れの基礎式による流体解析の連成解析が行われる．レーザ加工現象では非圧縮性流体が仮定されることが多い．

熱流体では，有限体積法により質量，運動量，エネルギーなどの保存式を定常または非定常計算で3次元的にも解くことができる．流れ場の質量・運動量・エネルギーの保存方程式はチャートの下段に示した式で示され，流れ場の複雑さに

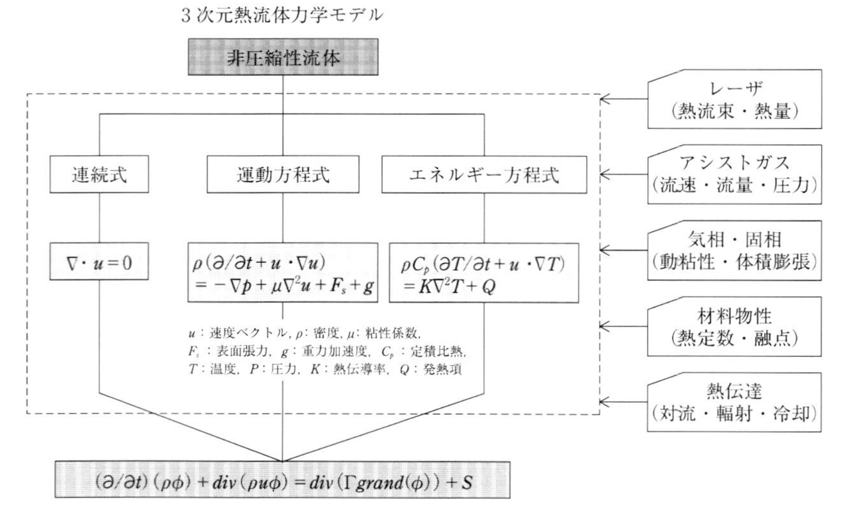

図6.34　3次元熱流体力学計算モデル

関わらず，この方程式を複数組み合わせることで解を得ることができる[3)]．

$$(\partial/\partial t)(\rho\phi)+div(\rho u\phi)=div(\Gamma garnd(\phi))+S \tag{6.57}$$

ここで，

ϕ：輸送量（従属変数），u：速度ベクトル，Γ：拡散係数，S：生成項

である．

2層を考慮した計算では，気体相では圧力，温度，速度が，また，固体相では熱伝導，温度が考慮される．温度は拘束されているが，上昇して設定した一定温度に達するとこの拘束が解かれ流れ出す方式をとっている．なお，シミュレーションに関する書物は多数あるので，詳しくは専門書を参考にされたい．

ある加工を想定した市販の加工用汎用シミュレーションソフトにおいても，加工学の立場から改良を行う必要がある．仮に，この改良を「専用ソフト化」と称すると，この専用ソフト化によって，はじめて独自のノウハウを含んだ高度な加工シミュレーションが可能となる．図6.35には，その専用化のためのプロセスの一例を示した．加工現象を観察や計測で補充し，構造決定を行ったあとに，技

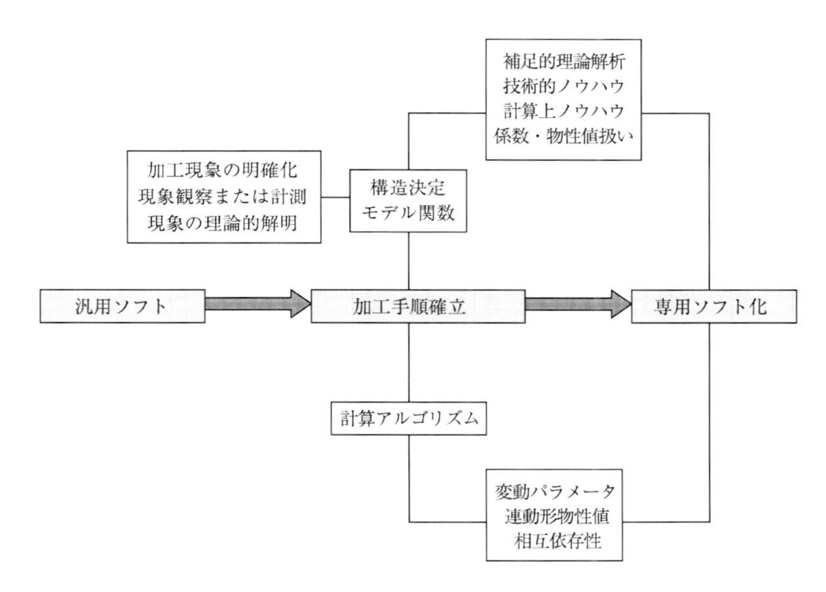

図6.35　加工用汎用ソフトの専用ソフト化

術的なノウハウや，計算上のノウハウ，物性値の扱いなどを独自に導入する．この専用ソフト化は非常に重要である．正確な加工手順を確立し，それにも基づいてアルゴリズムを作成する．まったく誤差の含まない数学的モデルを構成したとしても，計算機は数学的近似を行うため必然的に誤差を生じるものであるから，これをどこまで補足計算し正確に描写し得るかは，個々の加工現象の明確化と専用ソフト化にかかっているということができる．

コンピュータシミュレーションでは，複雑な計算を個々の微小位置や範囲で実行し，力学的収支保存則や，あるいは熱的な出入りを計算できることから，主に連続体のみを対象とした従来の古典的理論解析の欠陥を補うことができるようになってきた．しかし，シミュレーションのための解析ソフトが有限要素法をベースにしていようが，あるいは，熱流体解析ソフトをベースとしていようが，ベースとなっている基本ソフト自体による解法では限界があり，精度においてもリアルな加工を厳密に表現し，代表し得るものではない．したがって，メッシュなどの分割点の増加による計算分解能や，演算速度の改善はもちろんであるが，ここに，パラメータの変動傾向，相互の関連性，採用した個々の係数の正当性や加工メカニズムの理論的検証を行い，モデル化の修正をしつつ，それに基づいてシミュレーション精度を向上させる必要がある．現在，コンピュータを駆使した加工シミュレーション研究においては，これが研究テーマそのものになってきているのである．

6.5.5　シミュレーション技術における課題

加工現象にみられる物理現象や化学反応現象を正確に検証し，従来的な説明では取り入れられなかった新しい「解析要素」を付加し，計算精度を高めるためのニューモデルを構築することは一般にそれなりの困難を伴い，この試行錯誤に時間を要する．その理由は以下のとおりである．

① 物理モデルを伴う現象を説明するための計算に必要かつ不可欠である，適切な物性値がほとんど見当たらない．仮に存在しても，必要な計算領域に合致しなかったり，高温域における材料物性そのものの計測が難しく，不確実さをもっている．

② 材料表面に生起される光吸収現象や発熱現象に対する正確な学問的記述はま

だない．また，厳密な研究や理論が確立されていなく，吸収波長，光子吸収，分子振動，蒸発エネルギーの相関と，エネルギー収支に対する総合的な記述がない．

③ レーザにみられる加工現象は，温度，圧力，相変化の範囲が広くかつ複雑で，加工パラメータも多岐にわたっている．そのうえ，複合的に依存し相互に影響しあっている．したがって，これらの連関を根気よく解く必要がある．

④ レーザ加工を科学するためには，共振器理論，光学理論，熱伝導論，流体力学，材料科学，加工物理学（加工学）など学際的な知識が求められる．また，計算方法やオペレーションにもそれなりのノウハウの蓄積が必要となる．

シミュレーション以前に，加工という物理現象を学問的裏づけのもとで洞察する必要があり，そこから加工の主要なパラメータを探り，変動要因を明確にすることで因果関係を解き明かす必要がある．また，計算の高度化のためには，正確なモデル構築，その現象を支配している諸変数の値はもとより，ドメインの大きさ，縮小モデルと拡大（実際の大きさ）モデルとの適合性といった問題や，モデルのタイムステップの幅を変えて振動や変化を抑えるなどの計算ノウハウを積む必要がある．加工の正確な予測のためにはシミュレーション技術の開発がますます重要であるため，ソフト開発者も加工の専門家も一致協力して，さらなる機能付加と精度の向上が図られることが望ましい．

参考文献

1) レーザー学会編：レーザーハンドブック，オーム社，p. 57（1982）
2) Olsen, F.: Cutting with Polarized laser beams, *Lecture of International Beam Technology Conference*, p. 197（1980）
3) 吉原邦夫：物理光学，共立出版，p. 177（1966）
4) 新井武二，宮本　勇，沓名宗春：レーザー切断加工，マシニスト出版，p. 20（1993）
5) Streeter, V.L.: Fluid Mechanics, 4th ed., *McGraw-Hill*, p. 301（1966）
6) Bohl, W.: Technische Strëmungslechle, *Vogel-Buchverlag*, p. 317（2001）
7) 新井武二，浅野哲崇：精密工学会学術講演論文集，**3**，p. 1007（2004），および **3**，p. 563（2005）
8) 藤井俊英氏私信（元 株式会社田中製作所），および安藤弘平：抵抗溶接機の圧縮空気回路の基礎的動作特性の調査報告，日本溶接境界電気溶接機部会，p.7（1963）
9) Carslaw, H.S. and Jeager, J.C.: Conduction of Heat in Solids, 2nd ed., *Oxford Univ. Press*, p. 264（1959）
10) 新井武二，堀井英明，井原　透：レーザによる加工シミュレーション（第1報），2001年度精密工学会春季大会学術講演会論文集，C12（2001）
11) 日本金属学会編：金属便覧 改訂5版，丸善，p. 934（1990）
12) Byron, B.R, Warren, S.E. and Lightfoot, E.N.: Transport Phenomena, *A Wiley Interna-*

tional Edition（1960）
13）ASM International Handbook Commitee: Metals Handbook, Vol.1, 10th ed., ASM International（1990）
14）Kawai, Y. and Shiraishi, Y.: Handbook of Physicochemical Properties at high temperatures, *ISIJ*（1988）
15）鵜戸口英善：弾性学，力学講座 9，共立出版，p. 1，p. 17，p. 25（1971）
16）益田森治，室井忠雄：工業塑性力学，養賢堂，p. 77（1997）

7 パルス発振による加工

高出力パルスビームによる加工は，溶接，切断などに多用される．特に，薄板の精密なレーザ溶接，切断の場合にはしばしば連続波より頻繁に用いられる．相対的に入熱が少ないことから，溶接などでは薄板溶接の縦曲り変形や横曲り変形（角変形）など代表的な面外変形を大幅に低減することが期待される．レーザによる加工は，相対的に加工時間が短く，加工中の挙動は外部からほとんど観察することはできない．したがって，切断，溶接などの動的挙動を理解する上でシミュレーションは有効な手段である．そのため，敢えてここに高出力パルス加工の場合について別章を設けて説明する．

本章では，ワン・パルス（single shot）の照射で生じる現象と，移動する材料にパルス・ビームを断続的に照射するビード・オン・プレートの溶融挙動現象を通して，パルス加工の動的な現象を理解するように心掛けた．パルス・ビームによる加工状態は，切断や溶接などにおいても違いは一目瞭然であるが，パルスによって材料に生じる詳細な現象を理論的に理解する必要がある．また，溶融形状などにおける連続波による加工との違いを詳細に比較検証する．

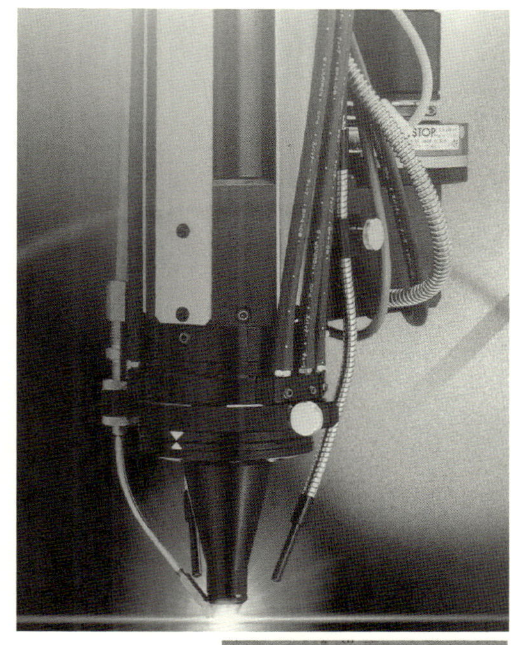

（写真：パルス溶接加工）

7.1　計算の前提条件

次のような前提条件の下で解析は行われた．

① レーザが照射された直後の材料表面では熱伝導現象が支配的である．したがって，熱伝導理論による表面温度は短時間の初期の段階で使用することができる．また，別途計算するシミュレーションの参考とすることができる．

② 溶接加工では熱伝導および溶融現象を伴うので，高出力レーザパルスが材料上に照射された場合，熱伝導理論のみによって溶接現象のすべてを説明するのは難しい．

③ 溶融金属の流体挙動は熱流体計算のシミュレーションによってなされた．

④ 熱源形状は熱伝導理論に基づく熱源モデルが用いられた．溶融形状および材料の内部温度がシミュレーションされた．

7.2　ワン・パルス加工時の温度解析

短時間にワン・パルスが材料表面に照射された場合の材料表面の計算モデルは前出の図 6.15 によることができる．この数学モデルは円形一様分布熱源であり，表面に生じる静止熱源であるが，理論計算による温度分布は，短時間のパルス照射で表面に生じる初期の温度に匹敵する．このことから，ごく短時間の中での温度上昇に関して参照することができる．

7.2.1　円形熱源による温度上昇

レーザ光がファイバー伝送された場合は，ほとんどトップハットのビーム熱源に平準化されるために，静止状態の表面温度が次の式で近似することができる．それゆえ，ワン・パルスの円形一様分布熱源による半無限体における瞬時の温度上昇を，円形熱源の式を用いて解析する．

パルス加工ではレーザエネルギーは平均出力を用いることにする．パルスの平均出力を $\bar{P}$，スポット径 a のレーザビームを半無限体表面に照射したとき，表面からの熱損失はないとすると，点 (r, z) における温度上昇は，次式のように表される[3,4]．

$$\theta=\frac{A\bar{P}}{2\pi aK}\int_0^\infty J_0(\lambda r)J_1(\lambda a)\times\left\{e^{-\lambda z}erfc\left[\frac{z}{2\sqrt{\alpha t}}-\lambda\sqrt{\alpha t}\right]\right.$$
$$\left.-e^{-\lambda z}erfc\left[\frac{z}{2\sqrt{\alpha t}}+\lambda\sqrt{\alpha t}\right]\right\}\frac{d\lambda}{\lambda} \tag{7.1}$$

ただし，A は表面での熱吸収率，J_0 と J_1 は，それぞれ 0 次および 1 次の第 1 種ベッセル関数である．また，パルス加工における P は平均出力である．
このとき z 軸上（ビーム中心）の温度は，

$$\theta(0,z,t)=\frac{2A\bar{P}\sqrt{\alpha t}}{\pi a^2 K}\left(ierfc\frac{z}{2\sqrt{\alpha t}}-ierfc\frac{\sqrt{z^2+a^2}}{2\sqrt{\alpha t}}\right) \tag{7.2}$$

となる．
ここで，吸収率 A，熱伝導率 K，熱拡散率 α，熱源半径 a，測定距離 r である．
また，

$$ierfc=\frac{1}{\sqrt{\pi}}e^{x^2}-xerfcx,\quad erfcx=1-\frac{1}{\sqrt{\pi}}\int_0^x e^{y^2}\,dy$$

パルス幅 t を，照射部半径 a とすると材料表面の温度 $\theta_{(0,t)}$ は，式（7.2）で $z=0$ とおいて

$$\theta_{(0,t)}=\frac{2\bar{P}}{\pi a^2}\cdot\frac{\sqrt{\alpha t}}{K}\left(\frac{1}{\sqrt{\pi}}-ierfc\frac{a}{2\sqrt{\alpha t}}\right) \tag{7.3}$$

となる．

7.2.2 円形一様分布熱源による冷却過程

冷却時の温度計算は加熱時間を t とし，経過時間を T とすると，$t<T$ における冷却温度は，次式で表される．

$$\theta=\frac{2Q\sqrt{\alpha}}{K}\left\{\sqrt{t}\times ierfc\left[\frac{z}{2\sqrt{\alpha t}}\right]-\sqrt{(T-t)}\times ierfc\left[\frac{z}{2\sqrt{\alpha(T-t)}}\right]\right\} \tag{7.4}$$

実際の計算は次式による．

$$\theta=\frac{2Q\sqrt{\alpha}}{K}\left\{\sqrt{t}\times ierfc\left[\frac{z}{2\sqrt{\alpha t}}\right]\right\}-\frac{2Q'\sqrt{\alpha}}{K}\left\{\sqrt{(T-t)}\times ierfc\left[\frac{z}{2\sqrt{\alpha(T-t)}}\right]\right\} \tag{7.5}$$

ここで，Q は熱量（J）であるが，加熱昇温時の熱量 Q と冷却降温時の熱量 Q' は若干異なるものとする．コンピュータシミュレーションでの計算によれば初期温度（ゼロまたは室温）にあった材料表面が ON 時間に昇温し，OFF 時間内にゼロとはならないことが確認されたためである．パルス時間は非常に短いが，自然冷却なので冷却時に若干の温度が残存する．このことを考慮すると Q が 1 に対して Q' はそれよりわずかに小さい値をとる必要がある．参考ではあるが，加熱時間が数ミリ秒オーダの場合では Q が 1 に対して Q' は 0.9〜0.95 であった．なお，熱伝導率 K は，温度依存性 $K(\theta)$ となる．この式(7.5)を用いて計算した静止状態での表面温度を図 7.1 に示す．

計算は熱源の中心での温度を示す．なお，パルス発振の持続時間をパルス幅(pulse width, pulse duration）とよぶが，1 つのパルス幅はごく短時間である．ここに示した計算モデルではパルス幅は 8 ms で，パルスデューティは 50%であるので ON/OFF のパルスのワンサイクルは 16 ms である．ON 時間の時にパルスが照射されるとともに材料温度は上昇し，パルスが OFF 時に温度は時間とともに減少する．前述のように本計算モデルは円形熱源であり表面静止熱源である．したがって，静止した材料上にワン・パルス照射した場合の計算には有効である．

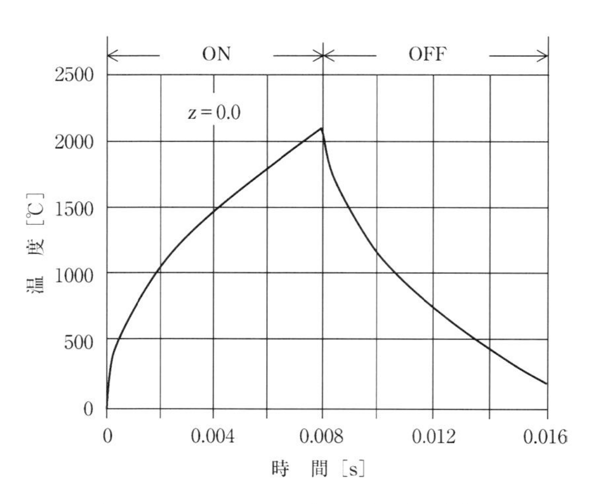

図 7.1　ワン・パルスの表面静止円形熱源の数学モデル

7.3　レーザ溶接と計算モデル

ほとんどの物理定数は温度依存性をもつため，厳密には計算の合間ごとに数値をその都度更新する必要がある．しかし，ミリ秒以下のきわめて短いパルス照射時間内でこれを考慮して計算するのは難しい．パルス発振ビームによる加工では，材料は基本的に一方向に移動する．パルス幅が非常に短い場合，材料は停止の状態とほぼ同じであるが，材料は移動する．この位置の差は非常に小さいが，計算は参照にとどめ，表面と内部を含む温度はシミュレーションによる．ワン・パルスの計算モデルは図 7.2 に示した．

実験モデルはビームが固定された材料の上を一定速度で通過した場合と等価であるため，ビード・オン・プレートで行った．ビード・オン・プレートは材料の溶融挙動や状態などを検証するためのものであるが，溶融状態を比較検討するに

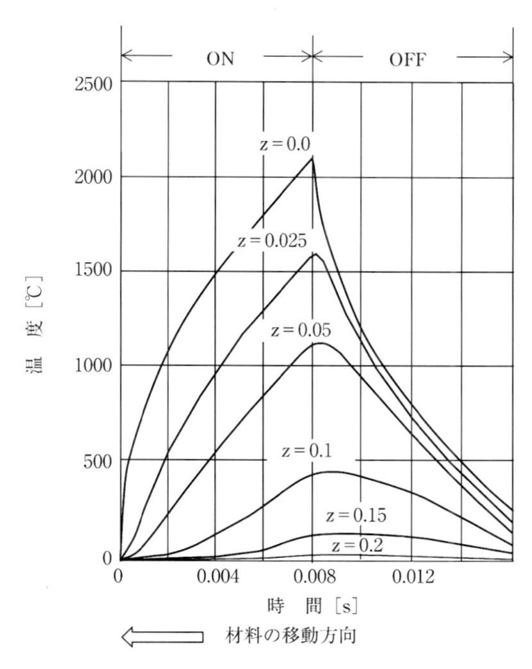

図 7.2　ワン・パルス熱源による走行時の表面および材料内の温度分布

は便利である．

モデルではビームは材料に一回だけ照射されるが，その間に材料は一定の速度で移動している．たとえば，ビームの走行（溶接）速度は F＝0.6 m/min で，溶接材料は右から左の方向に移動している．設定条件では，ワン・パルスの照射時間内に材料はわずかに 80 μm 移動する．このようにレーザ加工は基本的にダイナミック過程（動的現象）であるので，計算はすべてシミュレーションによってなされる．

7.4　パルスによるスポット径のオーバラップ

7.4.1　オーバラップの定義

レーザのパルス加工では，ビームは断続的または間欠的に照射される．一定の割合で断続的に照射されるパルスは，材料が移動するのでスポット径の重なる割合は異なる．材料表面上でスポット径の面積の重なる割合，すなわちオーバラップする割合をオーバラップ率とした．オーバラップ率は加工時の速度や発振周波数によって異なる．それはパーセンテージで表示される．このパーセンテージの変化は，材料に対する熱量の与えられる割合を意味することにもなる．オーバラップの概念図は前出の図 5.9 にも示した．

7.4.2　送り速度と表面温度の関係

溶接での送り速度と表面温度の間には相関関係がある．オーバラップ率は材料の送り速度により変化し，またそれによって最高到達温度も変化する．同一材料の表面上で送り速度（溶接速度）を変化させた場合のビード・オン・プレートでの計算を行った．

発振周波数が一定で，円形パルス熱源で照射した場合における送り速度と表面温度の関係を図 7.3 に示す．その結果，溶接速度が速くなると，ワン・パルスの照射時間内の走査距離は大きくなり，表面の最高到達温度は低くなることが示された．送り速度が F＝0.3 m/min の場合，スポット径のオーバラップ率は L＝86%であった．そのとき，最高の表面到達温度は 2500°Cが得られた．また，送り速度の 6 倍となる F＝1.8 m/min では L＝17%であった．そのとき，最高到達温度は 2500 から 2300°Cまで下がる．温度の差が約 200°Cと小さいが，この理

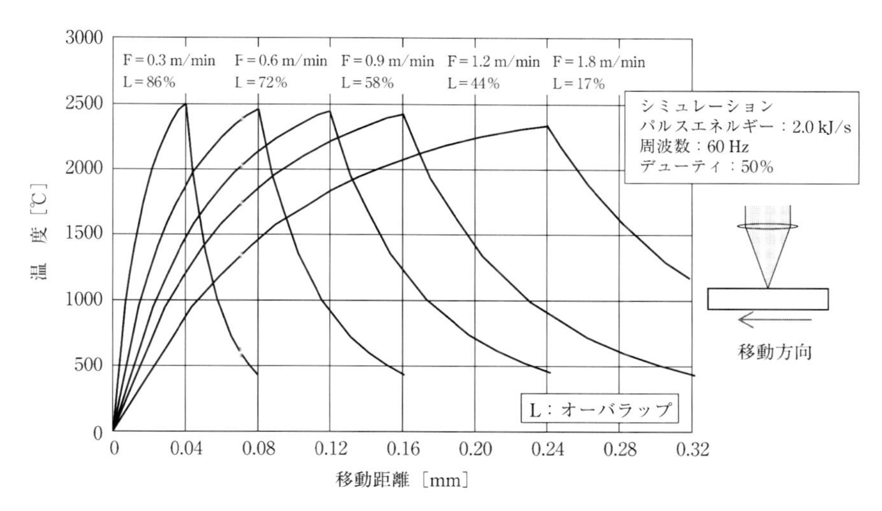

図 7.3　移動速度を変化させた場合のワン・パルス照射時のピーク温度の変化

由は，溶接速度が速くなるにつれて熱源が材料にかかわる時間が相対的に短くなることに起因する．

7.5 計 算 結 果

7.5.1 ワン・パルス照射による温度上昇

ここでは，産業用 YAG レーザによる典型的なパルス発振を仮定する．上述の計算モデルのように，ON 時間（パルス発振の時間）は 8 ms，また，OFF 時間も同じく 8 ms である．まず，円形熱源でワン・パルス照射による計算を示す．パルス周波数 f＝60 Hz，材料面にデューティ D＝50%で照射された時，熱源の中に設けた 5 つの観測点で温度が計算された．

選ばれた熱源の中の 5 つの観測点における温度上昇は，ポイントごとで異なっている．レーザ照射中に表面温度は 1 度上昇するが，照射が終わると温度は急激に低下する．それぞれの時間に対する熱源直下の材料の上昇温度が図に示された．材料内の深さ方向へ行くにつれて最高温度に到達する時間はやや遅れて生じる．これは熱伝導の遅れのためである．その計算結果は図 7.4 に示した．なお，このような動的挙動（dynamic behaviour）はシミュレーションによる計算が適

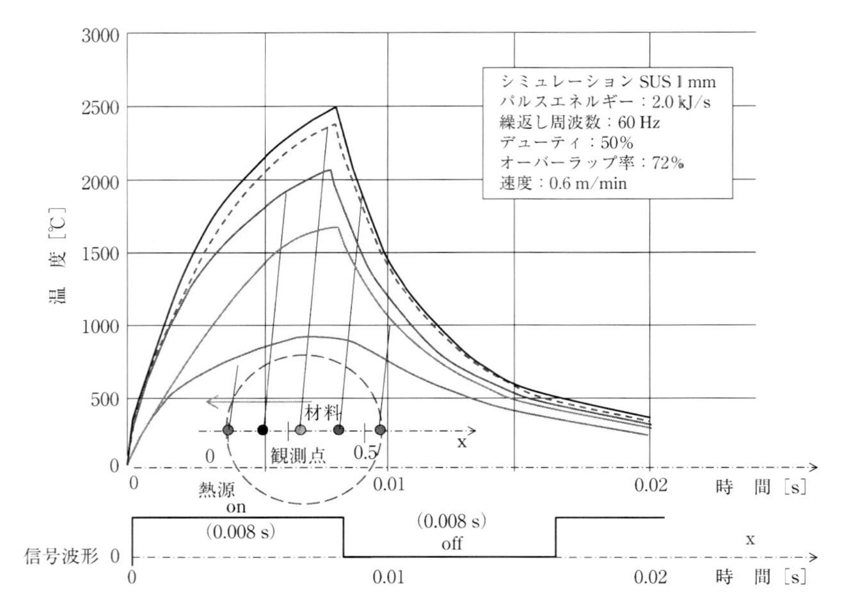

図 7.4　ワン・ショット（simple pulse）照射時の熱源内の 5 箇所の観測点における温度分布

当である．

7.5.2　連続パルス放射

いくつか連続してパルス照射した場合をみる．図 7.5 示されるように，最初のワン・パルス，第 2 番目のパルス，第 3 番目のパルスと，パルスによって材料表面に順番に照射された．パルス発振による加工は基本的に円形熱源での間欠的な加熱による重なりと考えられる．オーバラップ率を 72%としたとき，材料表面がパルスで継続的に照射された場合の温度変化が示された．最初の照射，2 パルス目あるいは 3 パルス目の照射では，熱による溶融領域は材料裏面に届かないが，照射パルスの数が増加するとともに表面温度は徐々に上昇し，溶けた領域は下部にまで達する．この理由は，直前のレーザ照射によっていったん上昇した余熱が加算されるためと考えられる．

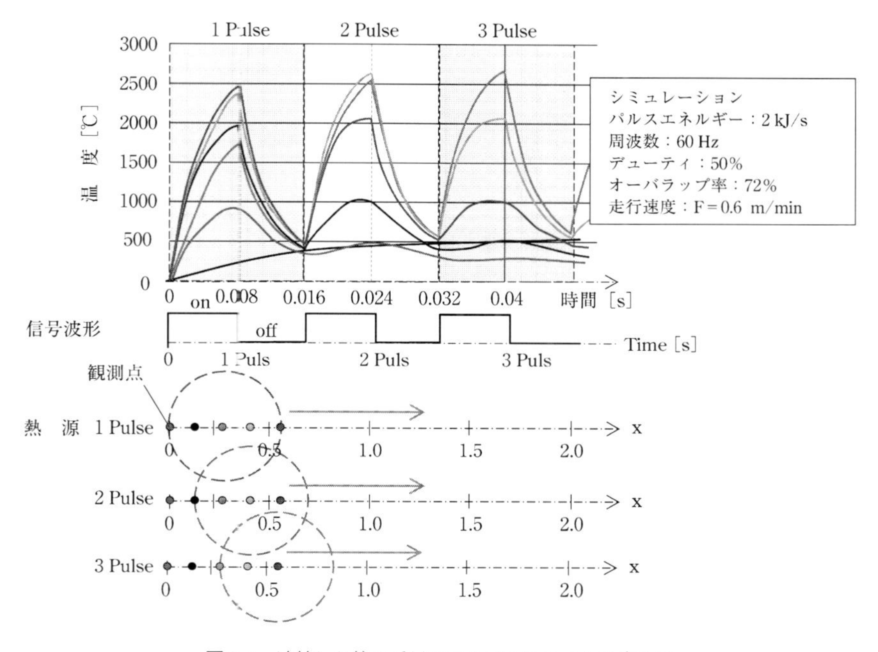

図 7.5 連続した第 3 番目までのパルスによる温度上昇

7.5.3 連続的なパルス列による照射

① マルチモード熱源による計算

次に，長時間の照射に伴う材料内の温度がシミュレーションされた．図 7.6 には溶接線上で 1.5 mm の間隔で 35 mm までの間で最高到達温度の変化が示された．最高到達温度は最初は次第に上昇するが，しばらく経つと温度上昇はほぼ飽和する．この計算におけるパルス・サイクルは 0.016 s で，照射時間は 0.008 s である．

② ガウスモード熱源による計算

発振器からでるオリジナルのビームモードがガウスモード（シングルモード）であってもファイバー伝送によってモードが崩れる場合がある．そのため，計算にはマルチモードのビームに近いものとして円形熱源を用いてきた．しかし，レーザ発振器からでる直接のパルス・ビームはガウスモードである場

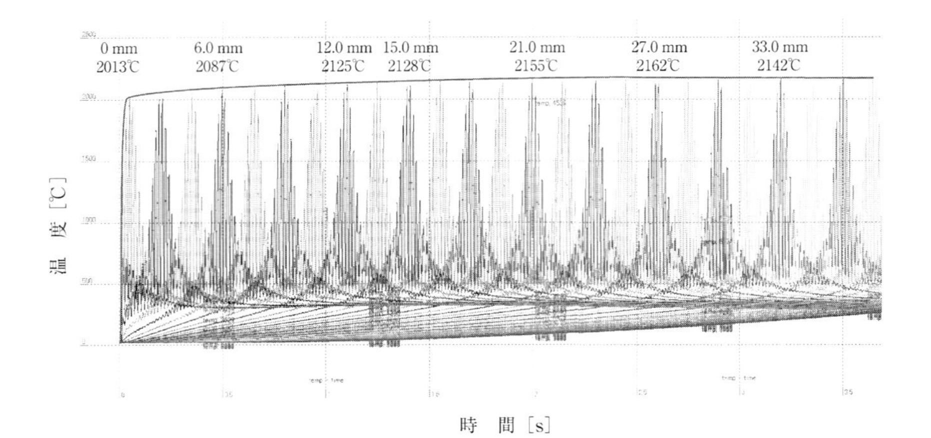

図 7.6　連続的なパルス列による長時間温度分布

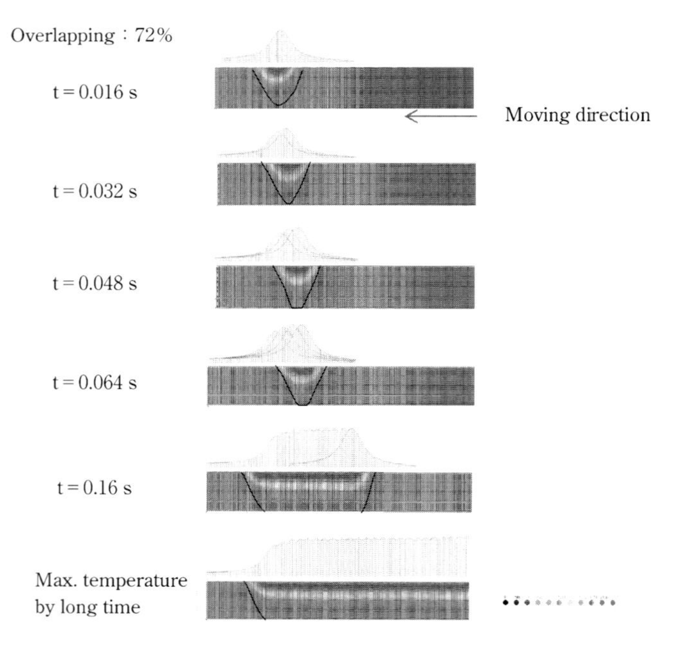

図 7.7　シミュレーションによる時系列的にみたパルス溶接の状態

合も多い．したがって，ここからの計算はガウスモードで行う．

図7.7.は，連続的に拡張された時間での計算結果を示す．溶接速度はF＝0.6 m/minである場合，材料は次のパルス照射の間に0.142 mmずつ移動する．図の中のラインは，金属が高温で溶けた境界を示す．同様に，最初と第2番目のパルスが照射されるまで材料の裏面が溶融してないこと示している．その後，第3番目のパルスから，溶ける領域は，裏面へ広がる．照射時間は64 msまでは瞬間の温度分布状態を，また，その後の160 ms以降では，長時間の最高到達温度の分布を示した．その結果，本計算ではシングルモード（ガウスモード）とマルチモード（円形熱源）の間での熱源として差は，マクロ的な視点からは顕著ではない．

7.6 パルス加工のシミュレーション

いくつかのパルスが材料上で断続的にパルス照射された内の1つの溶接加工シミュレーションを示した．パルス幅（パルス発振の持続時間）が非常に短いので，温度上昇は非常に急速であり，また，そのあとの冷却も迅速である．パルス・ビーム加工のシミュレーションに基づく動画で示された（図7.8）．紙面という性格上この動画を抜粋した図で示す．図は瞬間の温度分布として表現された．

加工の初期段階においては熱伝導が支配的であるが，照射部分およびその周囲はその後に溶融する．そして溶融池が形成される．レーザ溶接では，母材に対して溶融部分の体積ボリュームは十分に小さい．そのため，金属の溶融ナゲットと母材とは明確に区別することができる．レーザ出力が十分に大きい場合には，キーホールが瞬間に溶融池の内部で現われる．この場合はレーザパワー密度が 10^5 W/cm^2 より大きいので，溶融池内に瞬間ではあるがキーホールが形成される．キーホール内では圧力が外側に向けて生じるので，溶融池内の溶融金属は押し出される．その結果，前方へ移動する加工プロセスの中で溶融金属はナゲットの後部の方へ押し流されるようになる．溶かされた金属は後部で溢れて上昇するが，溶かされた塊が形成された部分で冷却が始まる．溶かされた金属の移動および冷却が交互に繰り返されるので，後部部分および「溶融ビード」が形成される．

このシミュレーションは薄板金属の高パワーレーザ溶接のために開発された．

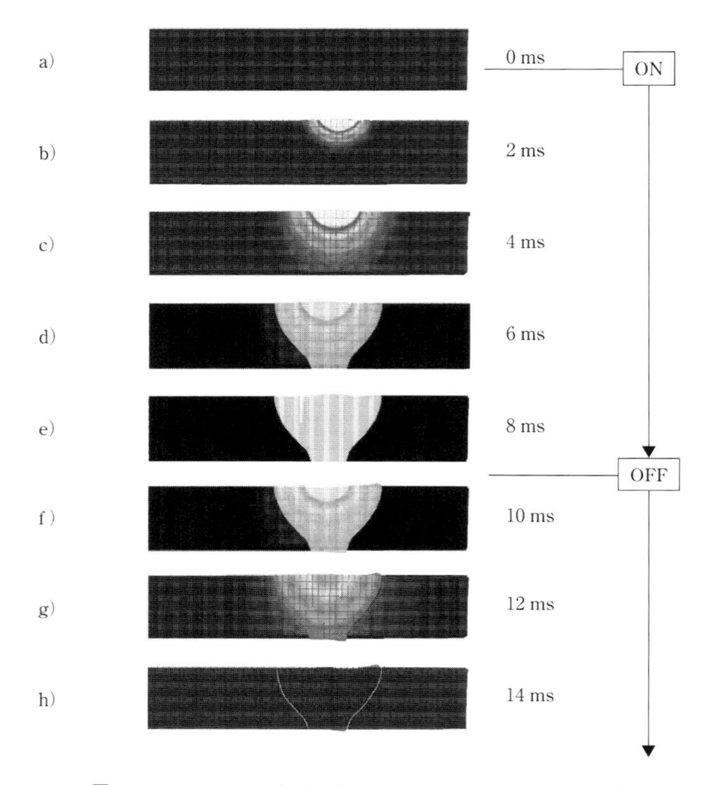

図 7.8　ワン・パルス加工の加工シミュレーション（口絵参照）

レーザビームはパルス化され，等速で移動するパルス熱源による材料の溶融の挙動が計算されるようになっている．断続的に材料上に照射されると，3D 非定常弾塑性解析によって熱伝導により解析される．計算では放射線と対流は要素の結節点で接触伝熱のために考慮に入れてある．また，金属が溶けた後の計算は流体解析がなされた．

7.7　実際の実験との比較

7.7.1　試　験　装　置

シミュレーションで生じたことを確認するために，実加工実験を行った．使用

図 7.9　パルスレーザによる実験風景

された設備は，ランプ励起のパルス発振の YAG レーザ（AMADA 社製：OYL-110 P）で最大の平均出力は 1 kW である．材料のサイズは 100×100 mm，板厚 1 mm でステンレス鋼（SUS 304）が実験に使用された．使用された平均出力は，700 W，デューティ D=50%および周波数 f=60 Hz で，オーバラップ率 72%とし，溶接速度は 0.6 m/min であった．伝送用ファイバーのスポット径は，ϕ=0.6 mm であった．これらの条件は計算と同じ条件である（図 7.9）．

7.7.2　実際の加工実験の結果

加工の結果の例を図 7.10 の中で示す．パルス発振ではトータルの出力が小さいので，溶接速度はやや遅くなる．しかし，溶接ビードは表面と裏面に形成される．いわゆる一種の裏波溶接である．参考のために CW 溶接とパルス溶接とが比較された．1 mm の厚さのステンレス鋼板の場合では，加工条件をまったく合わせることはできないが，このような比較でもパルス溶接の溶接幅が CW 溶接においてより小さいことは明白に理解される．結果は図 7.11 に示した．

材料：ステンレス(SUS 304)
平均出力：700 W
周波数：60 Hz　デューティ：50%
溶接速度：0.6 m/min　オーバラップ率：72%

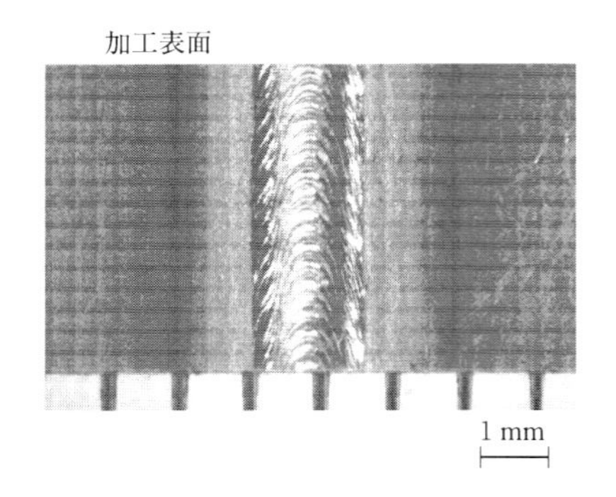

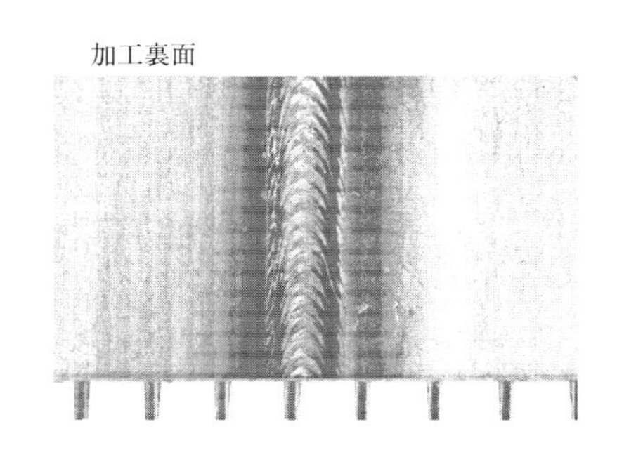

図 7.10　パルス溶接と連続波溶接の表面ビードの比較

材料：ステンレス(SUS 304)：1 mm

YAG 連続発振
レーザ出力：2 kW
溶接速度：3 m/min

YAG パルス発振
平均出力：700 W
溶接速度：0.6 m/min

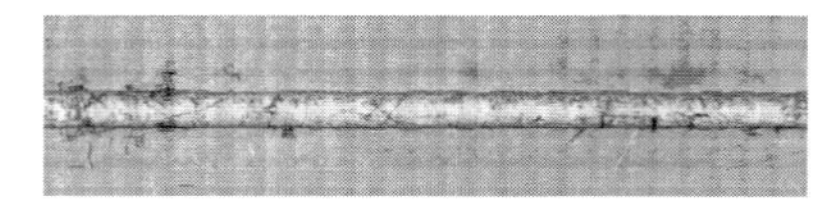

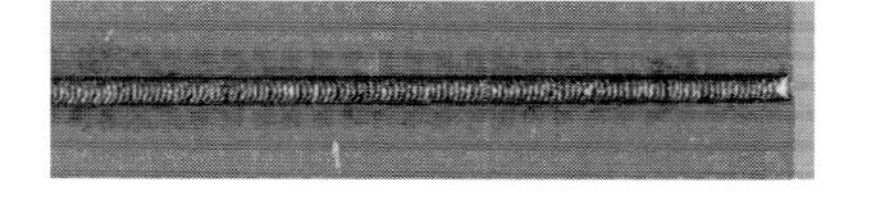

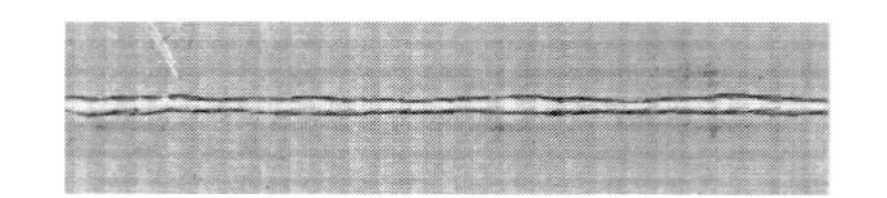

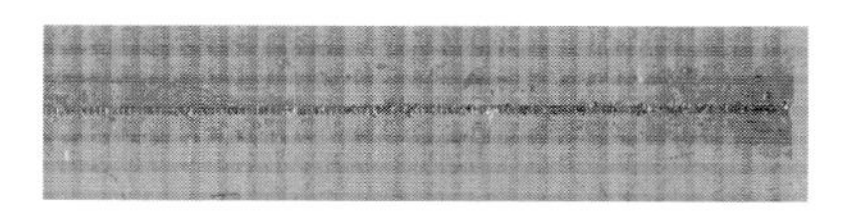

図 7.11　パルス溶接と連続波溶接の溶融ビードの比較

7.7.3　シミュレーションによる比較

円形熱源でビード・オン・プレートによるシミュレーションが溶融領域および加工性能の比較するために用いられた．特に，溶融領域の大きさやビード幅などを比較した．その結果は図 7.12 に示した．シミュレーションではパルス溶接が

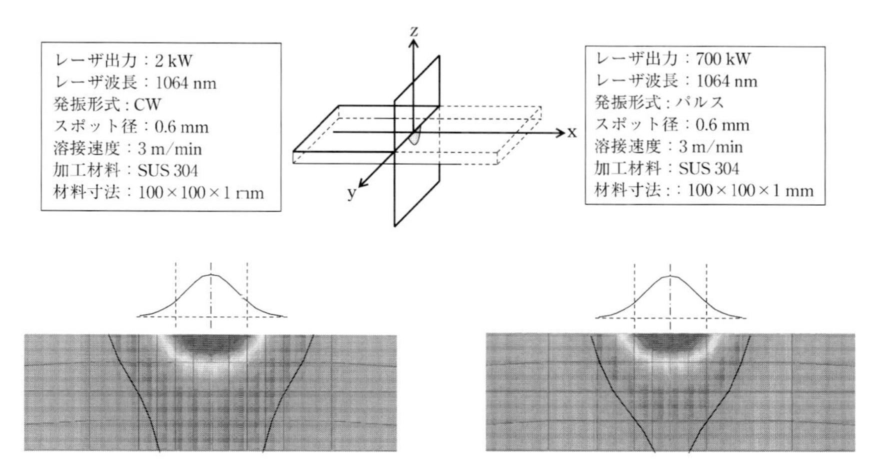

(a) 連続発振の溶融断面　　(b) パルス発振の溶融断面

図 7.12　シミュレーションによるパルス溶接と連続波溶接の断面比較

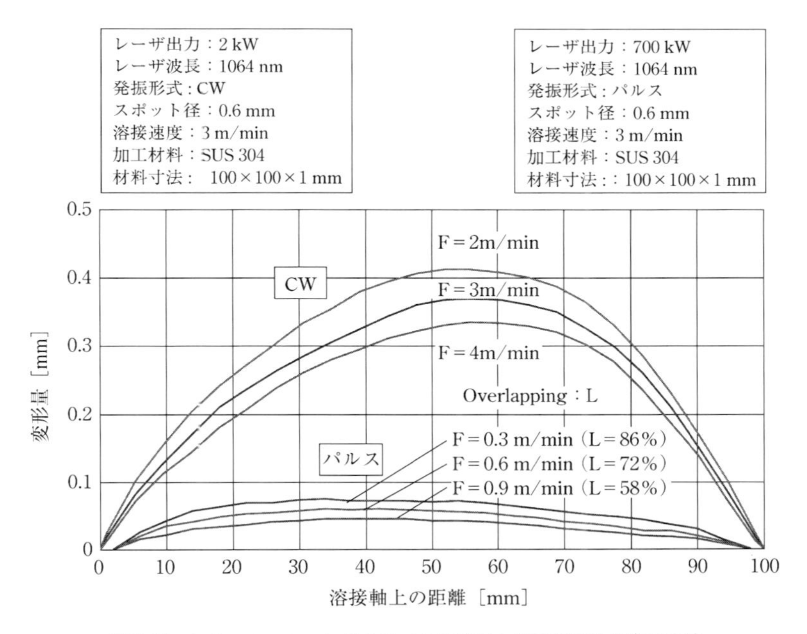

図 7.13　シミュレーションによるパルス溶接と連続波溶接の変形比較

小さな熱影響域（HAZ）をもたらすことを示した．さらに，レーザ溶接による材料の熱変形がパルス・ビームおよびCWの場合で比較された．発振形態や加工システムが異なるので，それらはまったく同じ条件の下で比較することができないが，グループ（群）としてそれぞれの集団を比較することは可能であるとした．その結果を図7.13に示す．図から，パルス溶接による板材の熱変形は，CW溶接よりはるかに小さい．これは，パルス波による溶接は連続波による溶接より入熱がはるかに少ないからであるが，この実験による比較では，パルスで溶接されたグループの変形量は，CW溶接のほとんど1/10の値であった．これらは一例であるが，シミュレーションによって変形の少ないことは定量的にも明らかにすることができる．

参考文献

1）新井武二，浅野哲崇：薄板レーザ溶接の熱変形に関する研究（第3報）2008年度精密工学会秋季大会―熱源の与熱条件が材料変形に及ぼす影響―，学術講演論文集M31，p. 979
2）Takeji, ARAI.: Simulation of pulse laser welding behavior of a thin metal and comparison with other heat sources, Journal of Materials Science and Engineering, E 2(8), (2012.8), pp. 471-481

■応用編■
レーザ加工各論

ここからはレーザによる主な熱加工法である穴あけ加工，切断加工，溶接加工，表面改質，微細加工などについて，それぞれの加工法を取り上げ具体的に述べる．扱う順番は主にパワー密度の順に並べた．また，各論に入る前にわが国の加工技術の変遷について述べる．

レーザは1960年に産声をあげた．その後，多くの産業用レーザの発明は1960年代から1970年代前半に集中した．応用技術の模索はレーザの誕生とともにはじまったともいえるが，レーザを応用した加工の研究は1970年代に研究機関や大学ではじめられた．わが国では1972年に産学官を網羅した研究会が発足し1978年には国家プロジェクトも組織されて本格的なレーザ加工技術開発や研究の夜明けとなった．また，1980年を境に国産のレーザ加工機が出現して産業界でも本格的なレーザ加工時代の到来となった．

切削，研削などほかの多くの生産加工技術が円熟期を迎えているのに比べて，レーザ加工技術は，従来の赤外波長域から紫外波長域まで光の波長の範囲をさらに広げるとともに，パルス発振時間のごく短時間化にも成功して，新たな応用の可能性がさらに拡大しはじめた．加工技術としての歴史は浅いが，可能性の拡大と継続的発展性から短期間に産業界において主要な加工技術として定着するに至っている．加工の立場からみて，学会や産業界で加工技術として顕著化した技術をもとにレーザ加工技術の変遷を図Aに示す．ただし，発振器の研究過程や装置の開発過程での試験的な加工へのトライなどは除いている．

従来の熱加工の延長上で高出力化に伴う多くの発展がみられるが，短波長化や短パルス化に伴う新しい加工技術の台頭によって，レーザ加工技術は，現在は「第三世代」に移行しているといえる．フェムト秒などの超短パルスレーザに代表される新しい加工プロセスについては現在も研究途上で，多くの研究がなされつつある．また関連する文献も多く，産業界への応用の模索がはじまっている．しかし，産業界での応用事例はまだ少なく，萌芽的研究の部分が多い．ここではあくまで研究の先端を紹介するのではなく，産業界で定着しつつある技術に限定して扱うことにする．

加工の各論については多くの文献があるが，ほとんどは実験中心であることが多く，また現在でも，すべてのレーザ加工法に対して深い学問的な説明がなされたとはいいがたいところがある．その意味ではレーザ加工としての理論は確立されたわけではなく，研究の余地はまだ十分あると思われる．理論解析を用いた計

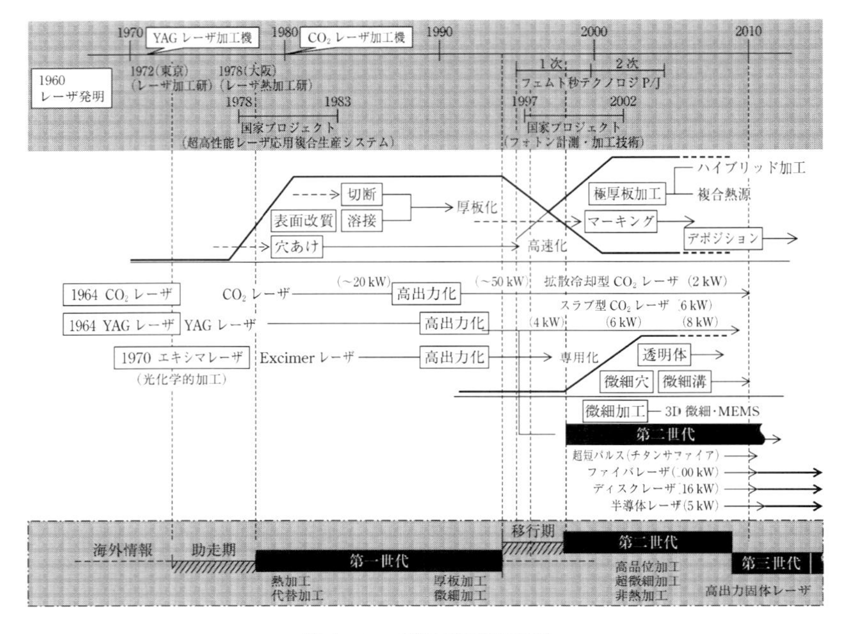

図 A レーザ加工技術の変遷

算は，パラメータの影響や実験ではみえてこない加工のメカニズムを知るうえでも適した方法の 1 つでもある．ここではあえて，代表的な数式については解析解を導出して最終の計算式を確認した．そのうえで具体的な加工に対して理論の適用を行い詳細な計算を試みた．加工の適応に対して，大胆な仮定に基づいた理論の展開や計算を行ったものも中にはある．また，最近，有限要素法や熱流体などのベーシック計算ソフトがレーザ加工用に転用され，計算精度を増しつつあるシミュレーションによる解析も多用した．これらは現状の計算法の 1 つとして理解されたい．また，加工事例を付け加えることで，加工現象の理論的説明と実際の加工結果を対比して検討できるようにした．

なお，需要の高まりと手法の多様化に伴い，マーキングや表面機能化なども新たな章や項を設けた．

8 レーザ穴あけ加工

集光したレーザビームを材料表面に照射すると，表面には瞬時にくぼみができる．これが穴あけ加工の初期段階であるが，穴はレーザの照射時間とともに拡大していき周囲にも熱の影響層が同時に広がる．このような現象は当初より知られていた．その後の研究で，熱の影響を少なくして深くきれいな穴あけ加工を行えるようになり，加工された穴の精度も向上した．本章ではレーザによる穴あけ加工の特徴や熱伝導論的な穴加工の理論を展開した．さらにレーザによる穴あけ加工の実例と，パルス波や連続波による加工事例を挙げて紹介する．なお，この章では，マクロの穴あけ加工を主に扱う．

（写真：レーザ穴あけ加工）

8.1 レーザ穴あけ加工の特徴

レーザによる穴あけ加工(laser drilling)は穴加工の一種であるが，前者はレーザビームとアシストガス噴流の作用のみによって穴をあけるのに対して，後者は穴の内部を加工するか，レーザ加工機の付加的機能によって空洞部（穴）を形成することによるもので用語の厳密な意味に相違がある．付加的機能とはCNC制御テーブルによる微小域回転や，偏心または回転機能を有するレンズなどの特殊光学系によるもので，回転半径を自由に選択し得るものである．また，CNC加工テーブルによる比較的大きな領域の穴加工（板厚によるが，薄板軟鋼では約ϕ 2mmより大きい穴）は輪郭・形状切断加工（円形状，穴加工）に属するために，穴あけ加工とはいわないのが普通である．したがって，本章で取り扱う加工は本来のビームによる穴あけ加工とし，回転ビームによる穴あけ加工は別途扱う．レーザによる穴あけ加工は種々の材料に適応され，CO_2 レーザはもとより，微細穴あけ加工には Nd^{3+}:YAG レーザ，Nd^{3+}:YLF レーザ，Nd^{3+}:YVO_4 レーザなどの固体レーザ，ならびに紫外域の YAG 高調波も広く用いられている．

ここで，レーザによる穴あけ加工の特徴を述べる．

① レーザ光を集光すると，スポット径をきわめて小さくすることができる．実際に，一般の産業用レーザにおいて，CO_2 レーザで約 120 μm，Nd^{3+}:YAG レーザでも約 40 μm 前後にまで絞ることができる．さらに，非球面レンズを用いれば CO_2 レーザでも 90 μm を切ることは可能である[1)]．したがって，短時間に，きわめて微細な穴あけ加工ができる．

② 上記の理由から，レーザ穴あけ加工に対して 10^6〜10^9 W/cm^2 程度にまでパワー密度を上げることができ，短い発振の時間制御が可能なことから，従来穴あけ加工が困難であった難加工材の W，Ti などの超硬合金，ダイヤモンドなどのモース硬度の高い宝石類，セラミックスなどへの加工も可能である．

③ レーザは光であることから非接触加工が可能であり，機械加工で用いているドリルなどのような工具の摩耗がなく，また，工具の径によって決められていた加工穴径の最小限界は外されて，鋼板でも従来加工が困難であった数十 μm 径の穴あけが可能である．

④ レーザによる穴あけ加工ではビームを斜めから入射して加工する斜め穴あけ加工が可能である．その角度は光が材料表面で全反射する臨界角に左右されるが，十分にこの角度以内であれば斜め穴あけ加工を実現することができる．また，光であるがゆえに光学系によって微小の回転穴加工も可能で穴径にはフレキシビリティを有する．

⑤ レーザ光とアシストガスの作用による穴あけ加工では，アスペクト比（穴径に対する穴深さの比）を 10 以上にとることができるが，穴の深さには限界があり，板厚が厚くなると特殊な工夫を行わない限り，穴の表と裏面では径が異なりテーパを有することになる．

穴あけ加工は，大板から部材や製品を切断して切り離すときにおいて，最初のスタート点を決めるためのピアス加工としても行われている．時間は長くなるものの軟鋼では板厚 20 mm 台の厚板まで穴あけ加工が可能である．穴あけ加工は通常はパルス波による断続的加工である．薄板の穴あけ加工には連続波（CW）を

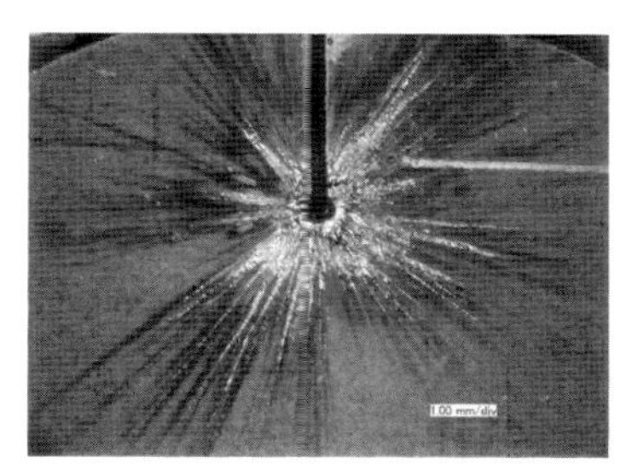

(a) SPHC　板厚 6 mm
パルス波によるピアシング

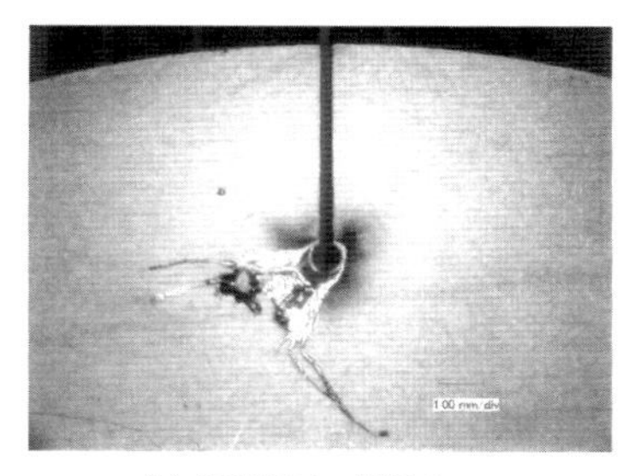

(b) SUS 304　板厚 2 mm
連続波によるピアシング

図 8.1　発振形態によるピアス加工の違い

用いる場合があるが，これはほとんど板厚が 9 mm 未満であって，極薄板や厚板の場合，あるいは穴加工をきれいに施す場合にはパルス波による加工（パルス加工）を行うのが普通である（図 8.1）．

ピアス加工(piercing)では，従来はパルス波を用いて少しずつ穴あけ加工を行っていたが，レーザ機器が高出力化してきた現在では，ややデフォーカス状態の連続波のビームをそのまま材料に照射して，一挙に溶融金属を吹き上げながら穴あけ加工を行う場合もある．表 8.1 には産業界で実際に行われている鉄系材料における発振形態と穴あけ加工の適用例を示す．また，図 8.2 には軟鋼(SPHC)6 mm の板材にパルス発振と連続発振での穴あけ加工の例を示す．連続波による加工では表面穴径は 10 倍以上あるが，加工時間は半分以下である．しかし，短時間に穴があきさえすれば，スパッタや溶融物が穴のまわりに付着してもかまわないといった従来の考えから，現在では後処理を考えて，時間がかかってもきれい

表 8.1　レーザ穴あけ加工の適用例

発振形態	板厚(mm)	アシストガス	備　考
CW	9>	非活性ガス 窒素，空気	瞬時に溶融飛散 表面に溶融金属付着
	9≦	活性ガス 酸素	高速で爆発的に飛散 ピアス径が大きい
パルス	9>	活性ガス 高圧酸素	一定の周波数で加工 穴加工表面がきれい
	9≦	活性ガス 酸素	周波数を段階的に変化 時間を要するがきれい

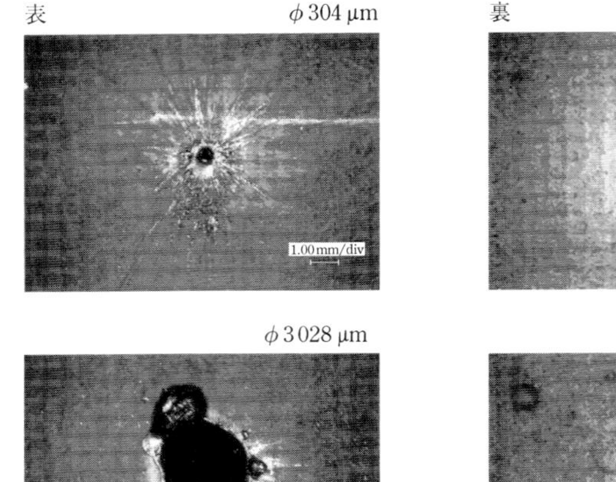

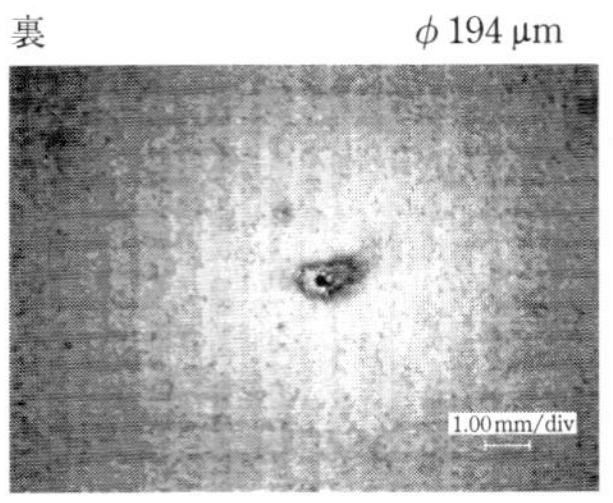

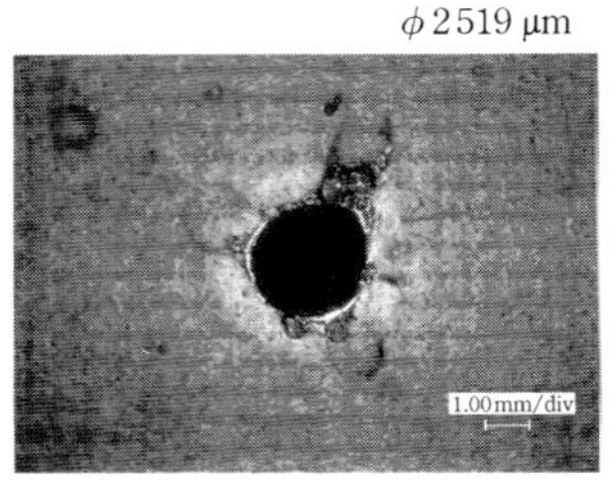

図8.2　パルス波と連続波による穴あけ加工（SPHC，板厚6 mm）

に加工するといった考え方が主流になってきた．それに伴って穴あけ加工技術も変化して，パルスによる穴あけ加工で周波数やデューティ比を段階的に変化させて飛散金属を細かくかつ少なく制御し，穴のまわりに溶融金属を多量に付着することなしに穴あけ加工ができるようになってきた．

8.2　レーザ穴あけの加工現象

CO_2 レーザや Nd^{3+}:YAG レーザなどのような赤外線領域のレーザによる加工は，材料表層での光吸収によって原子・分子が振動し，さらに共鳴振動によって熱伝導する．レーザ加工は材料がこの過程で急激に発熱することを用いた，いわゆる「熱加工」である．穴あけ加工はレーザ照射による焦点近傍で溶融・蒸発を起こすことによってなされる．金属の場合，ほとんど溶融状態に達したところにアシストガスの強力な噴射ガスが衝突して溶融金属が飛散・除去されるが，その後の新生面にレーザが照射されて，再び酸化・溶融が起こる．この繰返しで，ビーム強度の強い中心部から下方へと掘り進むプロセスをとる．これが一般的なレーザによる穴あけ加工である．穴あけ加工には連続波とパルス波のレーザ光が用

(a) 加工開始

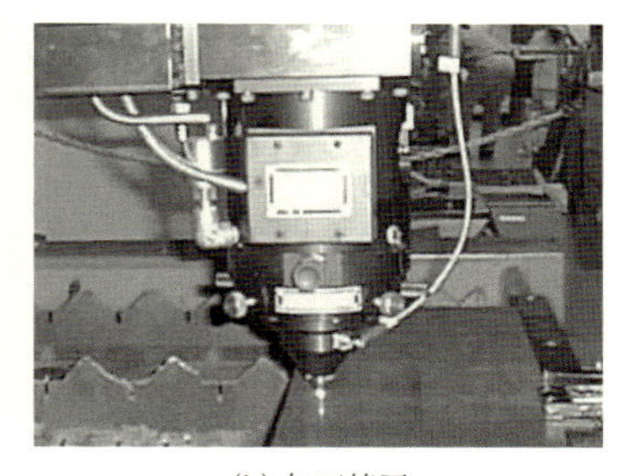
(b) 加工終了

図 8.3　軟鋼の穴あけ加工

いられる．図 8.3 には，実機による軟鋼 6 mm のパルス波による穴あけ加工の様子を示す．溶融飛散物が周辺に飛び散っている．

また，図 8.4 にはシミュレーションによる穴あけ加工の初期の状態を示す．想定は CO_2 レーザによる，出力 1 kW，板厚 1.2 mm の軟鋼の穴あけ加工を行った場合の加工初期の状態である．ノズルから噴出した 0.1 MPa のガス圧の酸素噴流が材料表面に衝突すると中心で圧力は 0.23 MPa と 2 倍以上の圧力となる．この状態で 4 ms 後に穴加工がはじまり，6 ms 後には表面に直径が ϕ190 μm で，深さが 30 μm のくぼみが生じる．その後 10 ms の時点には，直径が ϕ390 μm で，深さが 140 μm の穴が形成され，その後は横（直径）への広がりが抑えられて，下方（深さ）に進行する穴あけ加工が行われる．

中心部では圧力は非常に高くなるが，速度は急速に低下する．ガスの流れは中心から左右に分かれて穴のくぼみに沿って流出する．このような流れは貫通するまで続く．穴が貫通すると，ガスの流れは一変して側面より下方への強い流れとなる．シミュレーションによると，ほぼ連続波に近い穴あけ加工では，レーザ照射によって材料表面にできた溶融金属がアシストガスによって穴の周辺部分へと押し出されて盛り上がっていく様子がみてとれる．これはレーザ照射面で溶融した溶融金属は一部飛散し蒸発するが，溶融層の下面にある固体の母材に瞬間的に拘束されることによってガスとともに横方向に移動することによる．板厚が 1.2 mm 程度の軟鋼のパルス波による穴あけ加工の場合でも照射時間が 0.1 s 程度で貫通する．穴あけ加工時間は，出力やパルス幅，連続波などの加工条件によって異なる．穴あけ加工の様子を図 8.5 に模式的に示す．

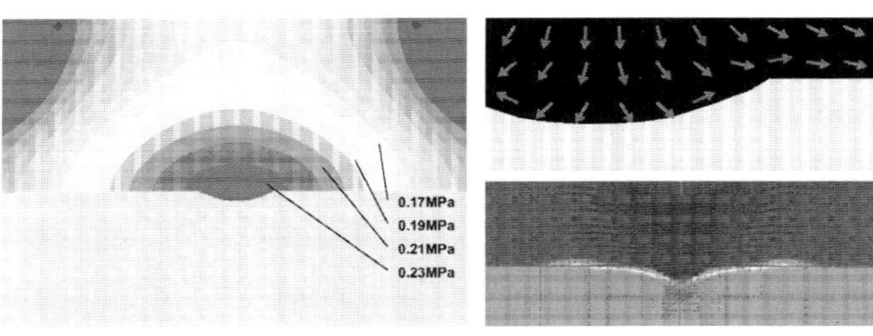

経過時間：0.006 s
加工穴深さ：0.03 mm
加工穴径：0.19 mm

(a) 0.006 s

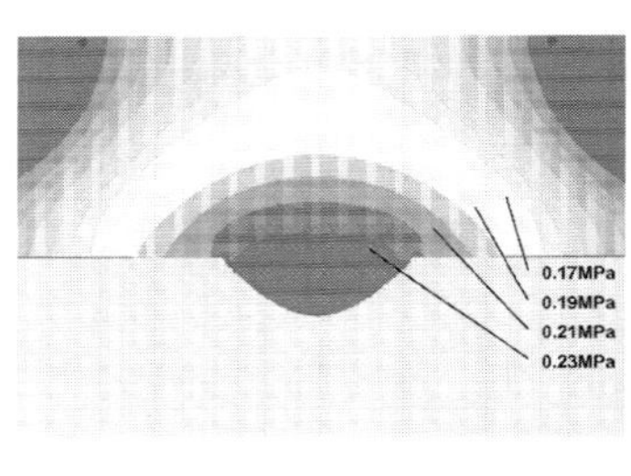

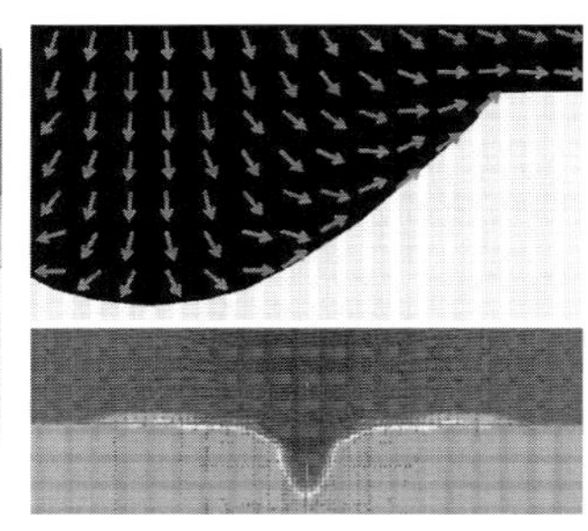

経過時間：0.010 s
加工穴深さ：0.14 mm
加工穴径：0.39 mm

(b) 0.010 s

図 8.4　穴あけ加工初期におけるガス噴流のシミュレーション（口絵参照）

低融点材料の穴あけ加工は，瞬時に溶融または燃焼し蒸発するか，非金属の場合には熱分解および熱劣化してアシストガスによって強制除去される．さらに，短パルス・超短パルスの穴あけ加工では，加工部近傍で光吸収によって蒸発気体によるプラズマ発生と急激な温度上昇による局部的な爆発と，これによる圧力波および溶融物，ガスの飛散などの物質作用によって穴が形成される．

8.2.1　厚板の穴あけ加工

比較的厚板の場合の穴あけ加工には，アシストガスを併用したパルス加工を行うことが多い．軟鋼の場合，板厚 9 mm 程度まではアシストガス噴流とともにレーザ光の発振周波数を固定して穴あけ加工を行うが，板厚がそれ以上になると周波数を段階的に上げていく手法をとる．デューティ比も同時に上げていく場合もある．いずれにしても，厚板に対してはパルス波レーザによって時間をかけて少しずつ溶融除去し，スパッタの飛散をより細かく抑えながら行うのが一般的であ

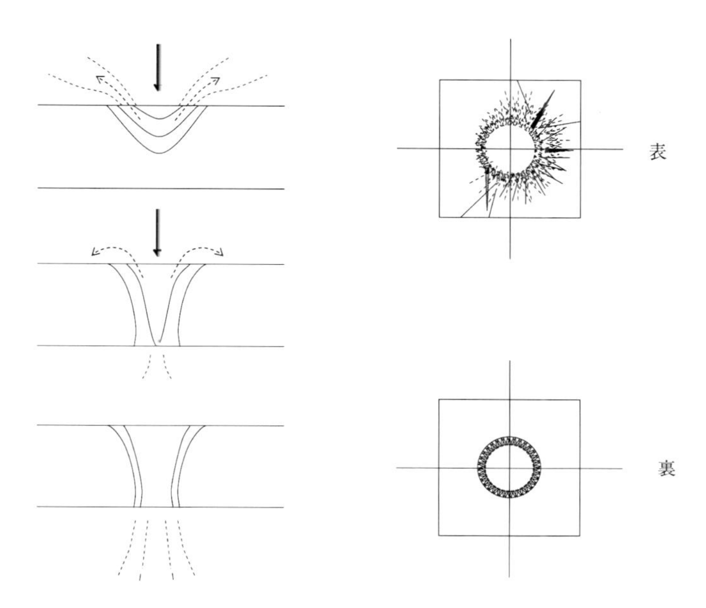

図 8.5　穴あけ加工の様子

る．

アシストガスに酸素を用いる場合においては，アシストガス自体が酸化反応を誘起しつつ，溶融金属を切断溝から強制除去するための力学的運動エネルギーにもなっている．しかし，集光したビームは焦点位置以降では徐々に広がっていき，レーザ光は壁面での反射と吸収によって減衰していくことから，板厚方向に進むにつれて深く狭い穴から溶融金属を外部に効率よく排除することが困難となり，さらにはレーザ光とアシストガスが効果的に下部へ到達しがたくなることで穴加工の進行が止まる．加工の途中の段階で内部に溶融物が残留する場合もある．したがって，集光ビームの結像点以降は深さ方向に進むにつれて光が広がり，パワー密度が低下することも影響するが，それ以上に，加工穴内で生起された溶融・飛散物を効率よく外部へ排除することが重要となる．低融点材料を除き，一般の金属材料の除去加工では，照射による瞬間的な蒸発の割合はさほど大きくはない[2)]．

8.2.2　薄板の穴あけ加工

極薄板や薄板のレーザによる穴あけ加工の場合は，レーザの集光ビームを照射すると，瞬間的で爆発的なプラズマ発光などを伴って穴があき，熱源中心近傍に位置する部分は瞬時に抜ける．さらに次の瞬間には熱源の裾の部分によって横方向へと熱拡散が起こり，穴径を拡大する．このように，きわめて短い照射時間内に 2 段階の過程を経て加工が行われる．したがって，投入された全レーザエネルギーが全照射時間を通して加工にかかわるのではない．

穴径が増大すると貫通するエネルギーも増えて，実際の関与エネルギーは減少する．このような加工プロセスはレーザ穴あけ加工特有のものである．

薄板の穴あけ加工の理論では，Nd^{3+}:ガラスレーザ Q スイッチによる単パルスあたりの加工深さ d を，熱的な解析で行った例がある[3)]．

$$d \approx \frac{E_d}{\rho(L+cT_v)} \tag{8.1}$$

ここで，E_d はエネルギー密度［J/cm^2］，ρ は被加工材の密度［g/cm^3］，L は被加工材の蒸発潜熱［cal/g］，c は被加工材の比熱［cal/g・℃］，T_v は沸点［℃］である．基本的に蒸発による除去深さを扱ったもので，その深さが理論的に求まり実験値とよく合うとしている．

しかし，厚みをもった材料の高出力複数パルスによる穴あけ加工ではそのメカニズムがもう少し複雑で，このようにシンプルな理論で定量的に求めることは難しく，まだ厚板における適応の妥当性を含めて十分に説明されているわけではない．その理由は以下のようである．高出力では，出力を増しても深さは単純比例しないこと，また，照射によって起こる溶融金属挙動，不純物成分，蒸発蒸気，スパッタ，プラズマなどにより光吸収と進行が妨げられる現象があり，その間隙を潜り抜けて届いた光によって再度加熱され溶融されるため，これらの穴あけ加工過程における内部の諸挙動はランダム現象の可能性があることなど，複雑な現象が表面と穴内部で生起されるために，純粋な理論式だけで記述するにはやや難があり，加工実験との完全一致には無理があると思われるからである．しかし，膨大な実験値の統計処理による実験式やシミュレーションなどでは，一定の範囲で定性的傾向の説明はつくものと思われる．

8.3　レーザ穴あけ加工の理論解析[4)]

8.3.1　ビーム照射による材料表面の温度分布

穴あけ加工の対象材料は多様であり，金属に限らない．ここでは，熱の影響の出やすい木材の穴あけ加工を例として述べる．

木材は，金属に比べて熱伝導率および熱拡散率が極端に小さく，ビームが照射されると熱エネルギーが局部にこもりやすい．レーザビームが材料表面に連続照射されると，その部分に急速に熱エネルギーが蓄積され発熱する．その結果，ビーム中心付近で木材は瞬間にガス化され穴があき，このビーム中心よりやや離れた部分の熱エネルギーにより，横方向にあまり大きくない範囲で熱伝導する．したがって，木材は横方向（x-y 平面）では中心の微小部分を除けばすべて熱伝導現象の起きる範囲であり，一方，深さ方向（z 方向）は熱伝導で取り扱いがたいといえる．しかし，少なくともビーム照射の初期において瞬時には全方向が熱伝導範囲であったと考えられることから，蒸発してしまう中心微小部分が蒸発せずにあるものとして，この部分を数学的にモデル化して考えると，木材の場合でも主として x-y 平面において熱伝導論的に取り扱うことができる．ただし，計算においては実験による穴の部分は除外して考える．このような場合においても，長時間レーザビームを照射したときは，ビーム近傍で炭化および劣化が激しく進み，伝熱作用に大きな変化をもたらすので，計算における有効な照射時間は数秒間までに限られる．

レーザ加工は，本質的には非定常の局部加工であり，厳密にはエネルギー密度が空間的にも時間的にも一定ではなく，材料は時間の経過とともに材質変化（熱分解，炭化および劣化）を伴う．しかし，数学的取扱いのために，一般に支障のない範囲で以下のような仮定を設ける．

① 熱定数は温度によらず一定とする．

② 加工材は，半無限体の多孔質均一材料とする．繊維の方向によって熱定数は変わるので，木材表面での温度を各方向について計算した後，式（8.16）により補正し，近似し得るものとする．

③ 加工物表面からの熱の損失はない．

④ 熱源はガウス分布熱源とする．

⑤ 熱伝導論的取扱いのために，レーザビーム照射時に穴があいて瞬時に除去される部分に仮想の木材があるものとする．

ビームが照射されている間は，熱エネルギーはこの部分からも熱伝導しているものとして方程式を解く．したがって，実際と対比する際は，照射されたみかけの総エネルギーに対する寄与した実際の熱エネルギーの割合を乗じて算出する必要があり，これを百分率で表し寄与率とする．

3次元物体における熱伝導の方程式は，一般に次のように表される．

$$\frac{\partial^2\theta}{\partial x^2}+\frac{\partial^2\theta}{\partial y^2}+\frac{\partial^2\theta}{\partial z^2}=\frac{1}{\alpha}\frac{\partial\theta}{\partial t} \tag{8.2}$$

もし，物体が均質で等方的であり，無限体中の（x'，y'，z'）に強さ Q の瞬間点熱源が発現した場合の温度分布は次式で与えられる[5]．

$$\theta=\frac{Q}{(2\sqrt{\pi\alpha t})^3}\exp\left[-\frac{(x-x')^2+(y-y')^2+(z-z')^2}{4\alpha t}\right] \tag{8.3}$$

ここで，α は熱拡散率，t は時間である．

式（8.3）で Q を $\varphi(t')\,\mathrm{d}t'$ で表し，t を（$t-t'$）と置き換えて0から t まで積分すると，

$$\theta=\frac{1}{(2\sqrt{\pi\alpha})^3}\int_0^t\frac{\varphi(t')}{(t-t')^{\frac{3}{2}}}\times\exp\left[-\frac{(x-x')^2+(y-y')^2+(z-z')^2}{4\alpha(t-t')}\right]\mathrm{d}t' \tag{8.4}$$

となる．さらに連続的に発現する強さ $\varphi(t')$ の点熱源の $t>0$ における温度分布を $\varphi(t')=q=\mathrm{const.}$ とすると，

$$\theta=\frac{q}{8(\sqrt{\pi\alpha})^3}\int_0^t\frac{1}{(t-t')^{\frac{3}{2}}}\times\exp\left[-\frac{(x-x')^2+(y-y')^2+(z-z')^2}{4\alpha(t-t')}\right]\mathrm{d}t' \tag{8.5}$$

となる．ここで $\tau=1/\sqrt{t-t'}$ とおくと $\mathrm{d}\tau=\mathrm{d}t'/2(t-t')^{3/2}$ より，

$$\theta=\frac{q}{4(\sqrt{\pi\alpha})^3}\int_{\frac{1}{\sqrt{t}}}^{\infty}\exp\left[-\tau^2\frac{(x-x')^2+(y-y')^2+(z-z')^2}{4\alpha}\right]\mathrm{d}\tau \tag{8.6}$$

となる．もし，$t=\infty$ とすれば，式（8.6）は，

$$\theta=\frac{q}{4\alpha R}$$

ただし，

$$R=\sqrt{(x-x')^2+(y-y')^2+(z-z')^2}$$

となり，点（x'，y'，z'）に熱源が置かれたときの，無限体中の温度分布を示す．

レーザ加工における数学的モデルとして，$z=0$-∞ まで広がっている固体（半無限体）の場合を考える．熱は表面（$z=0$）に流れるとする．z 軸方向（板厚方向）において，$z<0$（板の表面から上方）にも物体が広がっているものとして，$z=-z'$ に熱源の鏡像があるものと仮定する[5,6]．式（8.6）から，鏡像の温度を加算して，$z'=\mu$，$z'=-\mu$ とすると[6]，

$$\theta=\frac{q}{4(\sqrt{\pi\alpha})^3}\int_{\frac{1}{\sqrt{t}}}^{\infty}\exp\left[-\tau^2\frac{(x-x')^2+(y-y')^2}{4\alpha}\right]\times\left\{\exp\left[-\tau^2\frac{(z-\mu)^2}{4\alpha}\right]+\exp\left[-\tau^2\frac{(z+\mu)^2}{4\alpha}\right]\right\}\mathrm{d}\tau \tag{8.7}$$

となり，いまここで考えている熱源を完全な表面熱源とすれば，$z'=0$ であるから，

$$\theta=\frac{q}{2(\sqrt{\pi\alpha})^3}\int_{\frac{1}{\sqrt{t}}}^{\infty}\exp\left[-\tau^2\frac{(x-x')^2+(y-y')^2+z^2}{4\alpha}\right]\mathrm{d}\tau \tag{8.8}$$

となる．式（8.8）より，$R^2=(x-x')^2+(y-y')^2+z^2$，$\eta=(R/2\sqrt{\alpha})\tau$ とおくと，$\mathrm{d}\eta=(R/2\sqrt{\alpha})\,\mathrm{d}\tau$ であるから，

$$\theta=\frac{q}{2(\sqrt{\pi\alpha})^3}\cdot\frac{2\sqrt{\alpha}}{R}\int_{\frac{R}{2\sqrt{\alpha t}}}^{\infty}\exp(-\eta^2)\,\mathrm{d}\eta \tag{8.9}$$

となり，ここで相補誤差関数 $\mathrm{erfc}\,x=2/\sqrt{\pi}\int_x^{\infty}\mathrm{e}^{-\eta^2}\,\mathrm{d}\eta$ を用い R を円柱座標**1変換すると，

$$\theta=\frac{q}{2R\alpha\pi}\,\mathrm{erfc}\left(\frac{R}{2\sqrt{\alpha t}}\right) \tag{8.10}$$

ただし，$R^2=r'^2+r^2-2r'r\cos\varphi+z^2$ のように表される（図 8.6）．

z 軸を回転対称の中心として，任意の位置 r' における強度が $q_0(r')$ で表される表面分布熱源が $t=0$ より連続して発現した場合の温度分布は，原点を中心に輪状の熱源ができたとすると，$\mathrm{d}\varphi'$ あたりの強さは $q_0(r')r'\mathrm{d}\varphi'$ で表されることから（図 8.7），以下のようになる．

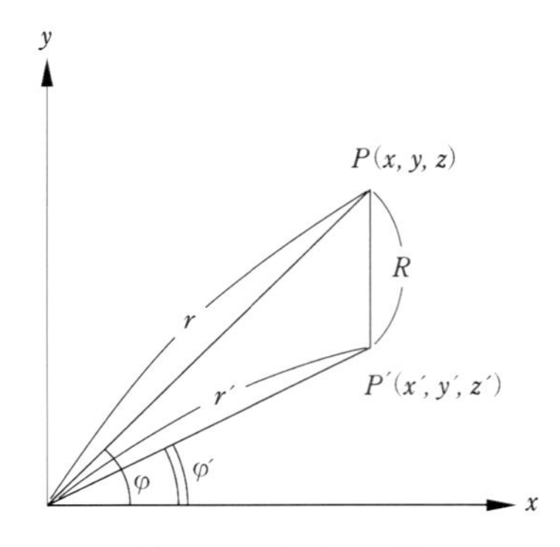

図 8.6　極座標への変換

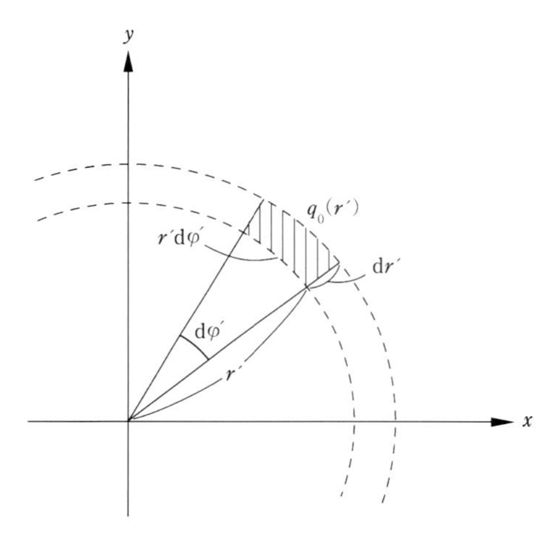

図 8.7　原点を中心に輪状の熱源ができた場合の数学的モデル

$$\begin{aligned}\theta &= \frac{q_0(r')}{2\pi\alpha}\int_0^{2\pi}\frac{1}{R}\,\mathrm{erfc}\left(\frac{R}{2\sqrt{\alpha t}}\right)r'\mathrm{d}\varphi' \\ &= \frac{q_0(r')}{\pi\alpha}\int_0^{\pi}\frac{1}{R}\,\mathrm{erfc}\left(\frac{R}{2\sqrt{\alpha t}}\right)r'\mathrm{d}\varphi'\end{aligned} \tag{8.11}$$

ここで，$q_0(r')$ は単位面積，単位時間あたりの熱源強度であり，$q = q_0(r')\,\mathrm{d}r'$ とおくと，式（8.11）は，

$$\theta = \frac{1}{\pi\alpha}\int_0^{\pi}\int_0^{\infty}\frac{q(r')}{R}\,\mathrm{erfc}\left(\frac{R}{2\sqrt{\alpha t}}\right)r'\mathrm{d}r'\mathrm{d}\varphi' \tag{8.12}$$

となる．

ここで ρ を密度とし，$P(r')$ を単位時間あたりのパワー密度，

$$P(r') = \rho C q(r')\ [\mathrm{cal/cm^3}]$$
$$= J\rho C q(r')\ [\mathrm{W/cm^2}]$$

として，これを用いると式（8.12）は，

$$\theta = \frac{1}{J\pi\alpha\rho C}\int_0^{\pi}\int_0^{\infty}\frac{P(r')}{R}\,\mathrm{erfc}\left(\frac{R}{2\sqrt{\alpha t}}\right)r'\mathrm{d}r'\mathrm{d}\varphi' \tag{8.13}$$

となる．また，ここで熱伝導率 $\lambda = \alpha\rho C$ [W/cm・K] として，これを用いて表すと以下のようになる．

$$\theta = \frac{1}{J\pi\lambda}\int_0^{\pi}\int_0^{\infty}\frac{P(r')}{R}\,\mathrm{erfc}\left(\frac{R}{2\sqrt{\alpha t}}\right)r'\mathrm{d}r'\mathrm{d}\varphi' \tag{8.14}$$

熱源をガウス分布熱源とすると，

$$P(r') = \frac{2P_0}{\pi w^2}\exp\left(-\frac{2r'^2}{w^2}\right)$$

で表される．ここで，P_0 は出力，w はスポット半径，r' は原点からの距離である．これを式（8.14）に代入し，初期温度 θ_0，熱エネルギーの寄与率を ε として書き改めると，

$$\Theta_n = \theta - \theta_0$$
$$= \frac{2\varepsilon P_0}{J\lambda_n w^2\pi^2}\int_0^{\pi}\int_0^{\infty}\frac{1}{R}\exp\left(-\frac{2r'}{w^2}\right)\times\mathrm{erfc}\left(\frac{R}{2\sqrt{\alpha_n t}}\right)r'\mathrm{d}r'\mathrm{d}\varphi' \tag{8.15}$$
$$n = 1.2$$

式（8.15）から，（r，φ，z）の温度分布が求められる．ただし木材の場合には，金属材料などに用いる吸収率 A とは意味合いを異にするため，ここでは区別して寄与率 ε を用いる．

木材の場合，照射時間が短くかつごく材料表面（板厚の小さい場合）の場合に式（8.15）は有効となる．したがって，本解析では，設定条件を（r，φ，z）における $0 < t \leqq 2$[s] の場合とする．

木材の熱の伝導は，繊維方向に平行となる場合と垂直となる場合とでは，その程度が異なる．正確に木取りされ，作製された試験片において，この傾向は顕著に現れる．そこで，$n = 1$ は $\Theta_1 = \Theta_x = \Theta_{/\!/}$ で繊維に対して平行な方向での熱定数（$\lambda_{/\!/}$，$\alpha_{/\!/}$）を用い計算した場合の温度を，また，$n = 2$ は $\Theta_2 = \Theta_y = \Theta_{\perp}$ で繊

維に対して垂直な方向での熱定数（$\lambda_\perp$，$a_\perp$）を用いて計算した場合の温度をそれぞれ示す．それぞれの方向での温度を求めた後，その値を用いて，木材表面（x-y 平面）の任意の方向（角度 φ）における温度分布は次式で近似することができる[4]．

$$\Theta_\varphi = \frac{\Theta_{/\!/} \cdot \Theta_\perp}{\Theta_{/\!/} \sin^2 \varphi + \Theta_\perp \cos^2 \varphi} \tag{8.16}$$

式（8.16）を用いて，2つの等温線を合成することにより，木材表面での温度分布を求めることができる．

なお，熱定数については，温度依存性をもつが，木材の場合その変化はあまり大きくなく[7]，計算には常温 $\theta = 20\,°\mathrm{C}$の値が用いられた．

＊＊1

熱源からの距離を R，測定位置を P，熱源の位置を P' とし，表面に熱源があるので $z' = 0$ とすると，

$$\begin{aligned} R^2 &= (x - x')^2 + (y - y')^2 + z^2 \\ &= (r \cos \varphi - r' \cos \varphi')^2 + (r \sin \varphi - r' \sin \varphi')^2 + z^2 \\ &= r'^2 + r^2 - 2r'r \cos(\varphi - \varphi') + z^2 \end{aligned}$$

z 軸に対して回転対称となるから，$\varphi = 0$ の場合を考えると，

$$R^2 = r'^2 + r^2 - 2r'r \cos \varphi' + z^2$$

となる．

8.3.2　計　算　結　果

計算例として，出力 200 W で数秒間穴あけ加工した場合について計算したものを図 8.8 および図 8.9 に示す．(b)は，実際にレーザ加工した場合の実験結果で，20 個のデータのばらつき範囲を示した．この際に，レーザ光とともに同軸噴射させているアシストガス(N_2)の圧力は 0.04 MPa（ゲージ圧）とし，熱による劣化部分がガス圧力によって飛散するのを極力抑えている．

図 8.8 では繊維に平行な方向での温度分布を，図 8.9 では繊維に垂直な方向での温度分布を，それぞれ照射時間のパラメータにとって図示した．対称となるため，中心から半分を図示した．照射時間が長くなるにつれて半径方向に著しく熱移動が生じることがわかる．

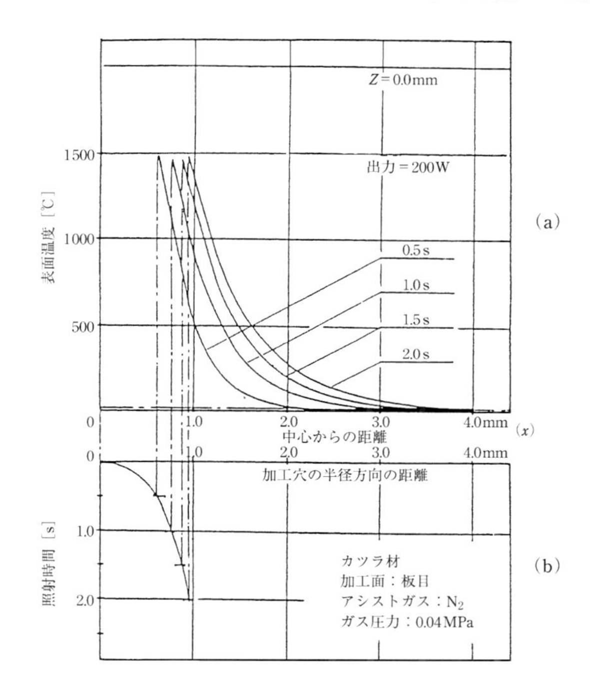

図8.8　照射時間を変数としたときの木材表面の温度分布［$\Theta_{/\!/}$］（繊維に平行な方向）

最高温度は材料がなくなっている部分，すなわち，穴径に対応させた．このビーム近傍での温度勾配がきわめて急で劣化などが激しいことから，これが蒸発温度に対応するかどうか正確に求めるのにはやや難があるが，計算では，1500°C前後でほぼ一定値を示した．

木材においては，繊維方向よりも，繊維に垂直方向のほうが熱の伝導性および拡散性が悪い．したがって，同一材料であってもレーザ照射による一定量の熱エネルギーが入射されると，繊維に垂直となる方向で熱がこもりやすく昇温しやすい．また，繊維に平行となる方向と垂直となる方向とでは熱定数の値が異なるので，熱伝導論的に取り扱う場合，熱的に材料が異なるのと同じである．一般に，木材は密度の高い材質ほど熱伝導はよく，熱の拡散も大きいが，その分だけ材料の昇温にはより多くの時間と熱エネルギーを必要とする．したがって，一定時間で一定量のエネルギーを供給した場合は，熱伝導性の悪い垂直方向のほうが昇温する．木材の蒸発温度は，同一材料内ではほぼ同じと考えられるため，厳密には

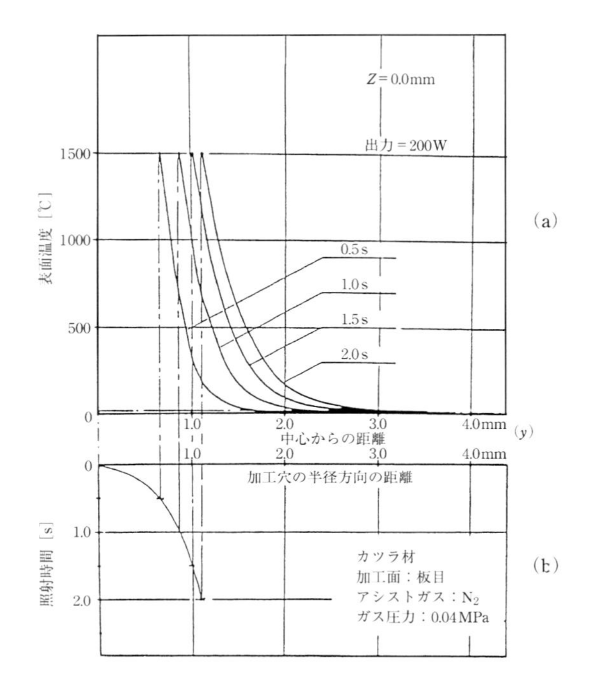

図 8.9　照射時間を変数としたときの木材表面の温度分布［$\Theta_\perp$］（繊維に垂直な方向）

繊維に垂直となる方向でやや大きな穴があく．すなわち，繊維垂直方向のほうが，繊維方向よりも穴径が大きく，また垂直方向よりも繊維方向のほうが熱の広がり幅が大きい．

図 8.10 と図 8.11 には，式（8.16）を用いて材料表面（x-y）平面での温度分布を求め，それを図示した．図 8.10 は，出力 200 W で照射時間 0.5s，図 8.11 では，同じ出力で照射時間 1.0s の場合を示した．一番外側の等温線は 100℃であり，これは実際には材料表面でその変化を視覚的に観察し得ないが，200℃以上では，その微妙な材質変化を材料表面で捉えることができる．300℃以上では炭化した状態で観察し得る．1000℃以上では劣化した部分で境界が正確でなく，また，等温線が重なってしまうので，図では温度範囲を 1000℃までにとどめた．

図 8.12 には，カツラ材を用いて実験的に得られた穴あけ加工の 2 例を示す．加工条件は，出力 200 W で照射時間は 2.0s である．繊維方向は写真では左右の

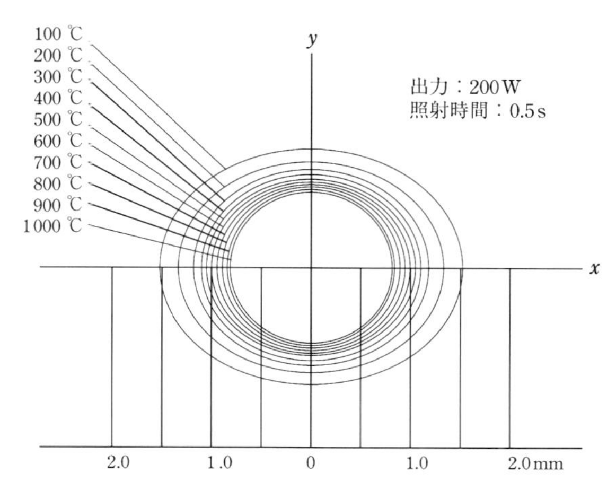

図 8.10　板目面での木材表面の等温線（出力 20 W，照射時間 0.5 s）

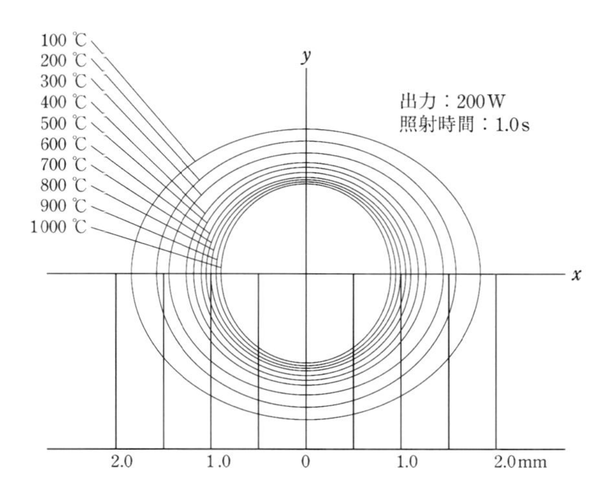

図 8.11　板目面での木材表面の等温線（出力 200 W，照射時間 1.0 s）

方向であり，熱の移動の仕方が一様でない木材の材料表面での温度分布状態を示している．この結果，レーザ照射による木材の材料表面における温度分布は，ほぼ楕円を呈し，中心の高温域に近づくにつれて温度勾配が急激に大きくなり，温度分布は円形となっていく傾向を示す．

穴のあいている高温部付近において，繊維方向より繊維垂直方向のほうが穴が

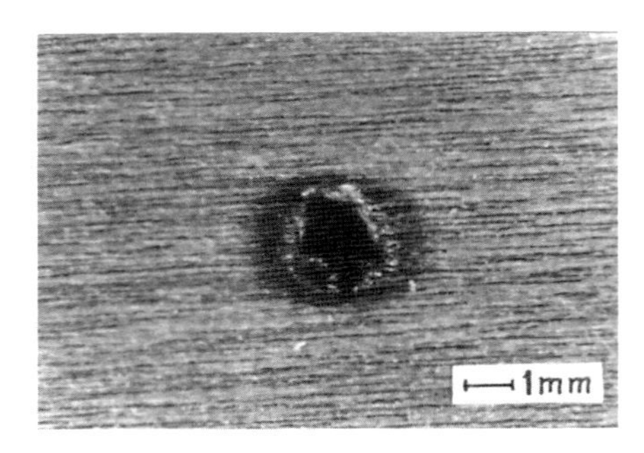

図 8.12　カツラ材表面の穴あけ加工例（CO_2 レーザ 出力 200 W，照射時間 2.0 s）

大きくみえる“温度の反転”のような現象が観察される．このことはさらに，繊維に垂直な方向では，繊維間の結合力が弱いので繊維方向より熱劣化が大きいことにもよるものと思われる．なお，金属などのように均質材料の場合の温度分布はほぼ円形を呈する．

8.4　穴あけ加工の理論と実際

式（8.15）による数値計算においては，レーザビームのスポット径（約 0.2 mm）以内または $R=0$ での解は除外する．したがって，計算は穴あけ加工によって得られた穴径（約 0.7 mm 以上）以上のところの材料表面についてなされた．また，このような場合，照射時間が短いほど理論的に正確な値を得るが，前項の熱定数の測定でも述べたように熱伝導率の測定に要する時間が，金属の数 ms に対して木材は数 s のオーダである．このように材料的に熱の伝導に要する時間のオーダが異なる．さらに材料の劣化による伝熱作用の急激な変化という点を考慮すると，木材の場合にはせいぜい 0.2〜2.0 s 間の照射時間が計算の有効範囲であると考えられる．

レーザ熱源によって材料が急激に昇温して炭化および劣化した後，熱の供給が途絶え熱的に冷却がはじまっても，木材はそれに伴い材質的にさらに変化することはほとんどなく，また，その瞬間でも上昇温度より低い温度域での熱分解状態に戻ることもない．すなわち，熱による材質変化（炭化の過程）は可逆的でない．このことから炭化の程度と温度はほぼ対応するとみることができる．

熱伝導に直接関与する熱エネルギーの寄与率 ε は，みかけの総エネルギーに対して，たかだか 3〜4 %にすぎなかった．この数%の熱エネルギーによって穴および周辺の熱影響層が形成される．これは，次のような理由からである．レーザビームが材料表面に照射されると中心部分の微小な範囲（約 0.3mm 程度）がほとんど瞬時に抜けてしまって，その部分（エネルギー密度のもっとも高い部分）が，その後の熱伝導にほとんど直接関与しなくなる．数学的取扱いのために，その部分にも木材があるものとして考えたが，このような考えのもとで得られるみかけの総エネルギーは，実際のものよりはるかに大きくなるためである．照射時間が長くなればその割合も多少変化するが，木材では 2s 程度の範囲においては $\varepsilon = 3$ %であった．なお，この寄与率 ε は熱影響層の測定や反応速度からみた材内温度の推定などの一連の実験結果に基づいて決定された[8]．

8.5　穴あけ加工の実際

8.5.1　穴あけ加工の種類

① 垂直穴あけ

一般的な金属材料の穴あけ加工は，前出の表 8.1 に示すような条件で行われる．主に軟鋼の場合を示したが，この場合でもアシストガスは必ずしも酸素ガスのみではない．特に軟鋼で板厚が 9mm 以下の板材においては，不活性ガスの窒素や，窒素が 3/4 を占める空気（工業用エアー）などを用いることもある．ただし，高出力レーザで加工する場合において加工穴径が 2mm を超えるような穴加工は，現在では CNC 加工テーブル駆動で切断の要領で行うことは十分に可能となってきた．図 8.13 は 3mm のステンレス鋼材にレーザを照射し穴あけ加工したものである．加工条件は平均出力 260W，周波数 200Hz，デューティ比 25 %，ガス圧力 0.1MPa，酸素ガスで 2s 間の照射であった．

材料表面はパルス波により照射された溶融部が爆発的に飛散し除去される．このような飛散物をスプラッシュ（splash）と称するが，このスプラッシュの飛散痕が材料表面の穴のまわりにみられる．一般に，板厚が厚いほど加工穴径が上面と下面の差が大きくなる．パルス波と連続波ビームの組合せ，あるいは周波数の組合せなどによって穴の内部を整形し径の平行度を得る方法もある．いわば研削加工における荒加工に対して仕上げ加工を施すようなものである．

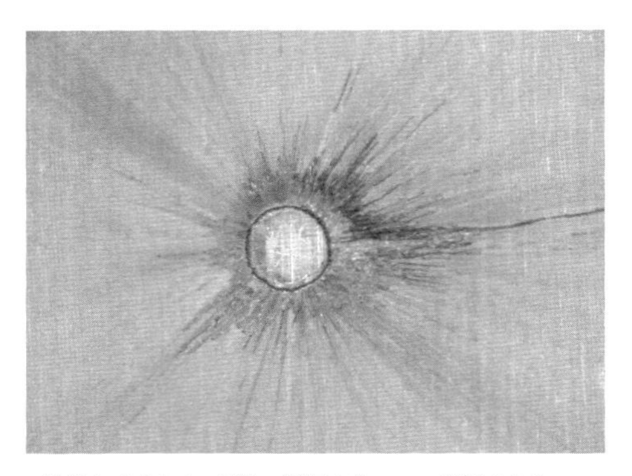

板材：ステンレス鋼，板厚：3 mm，穴径：0.6 mm

図 8.13　穴あけ加工の表面状態

② 傾斜穴あけ

任意の角度で斜めに穴をあけるメリットは大きいが，一般的な機械加工では難しいとされている．しかし，レーザではそれが可能である．特に，Nd^{3+}:YAG レーザは斜め入射が可能で，材料に対する入射角（垂線からみた入射角）は 60° までほぼ安定して傾斜穴あけ加工を実施することができる．材料面からみた場合には，入射角は材料に対して斜め 30° から加工することに匹敵する．これは Nd^{3+}:YAG レーザの波長（$\lambda = 1064$ nm）は金属に対する波長吸収がよいこともあるが，それ以上にピーク出力が 20 kW 以上というようなパルス尖頭（せんとう）値の高い発振機能を有していることによるところが大きいとされている．図 8.14 にその例を示す[9]．材料は板厚 3 mm のステンレス鋼（SUS 304）材で，(b) は角度のみを変化させてパルス発振で穴あけ加工を行った例，(a) はこのビームに光学的に微小な半径で回転を加えたものである．いずれも入射角が 30° から可能であることがわかる．このような方法を用いて実際に航空機でタービンブレードの穴加工を行っている．

③ 回転穴あけ

上の例でも挙げたが，レーザビームを何らかの方法で回転させて穴あけ加工を行う場合がある．同様に光学的にビームを偏心させて回転し，その回転ビームを用いて穴あけ加工を行うこともできる．図 8.15 にはその原理の一例を示す．こ

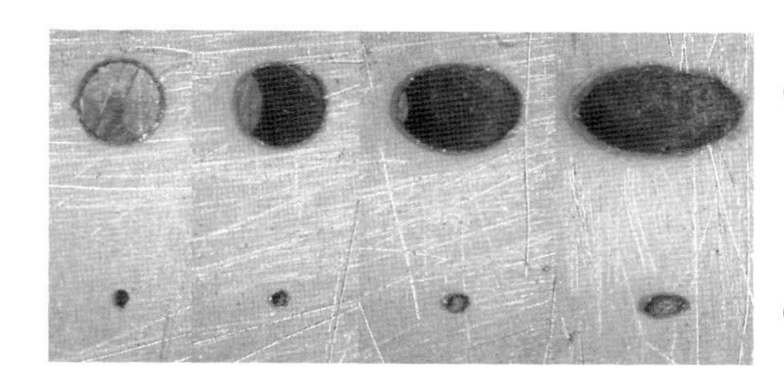

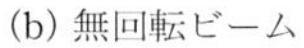

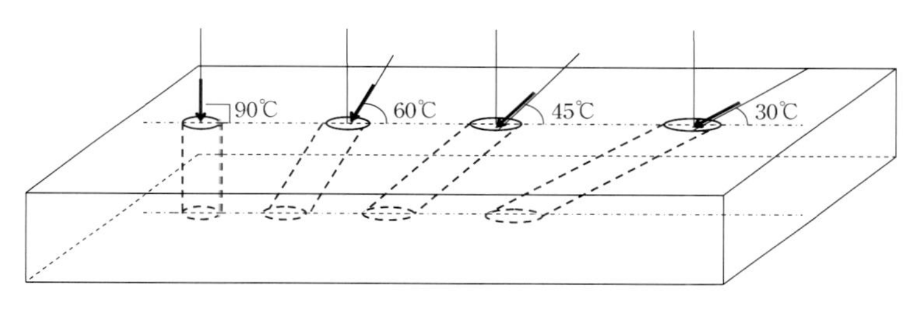

図 8.14　YAG レーザによる傾斜穴あけ加工

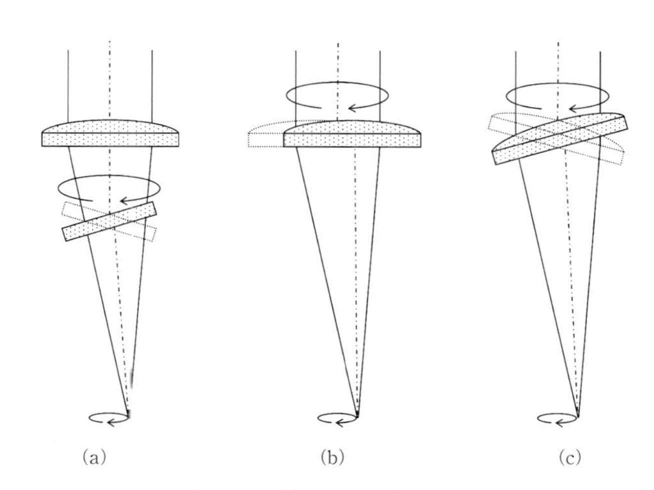

図 8.15　偏心による回転ビーム

のようにして得られた回転ビームによって加工を行えば，穴径は若干大きくはなるものの，入射穴径の真円度は向上し上下の穴径の差を低減することが可能である．図 8.16 には，通常のビームによる穴あけ加工と回転ビームによる穴あけ加工の実施例を示す．偏心量を増していくことで，たとえば，回転半径 $r=0.3$

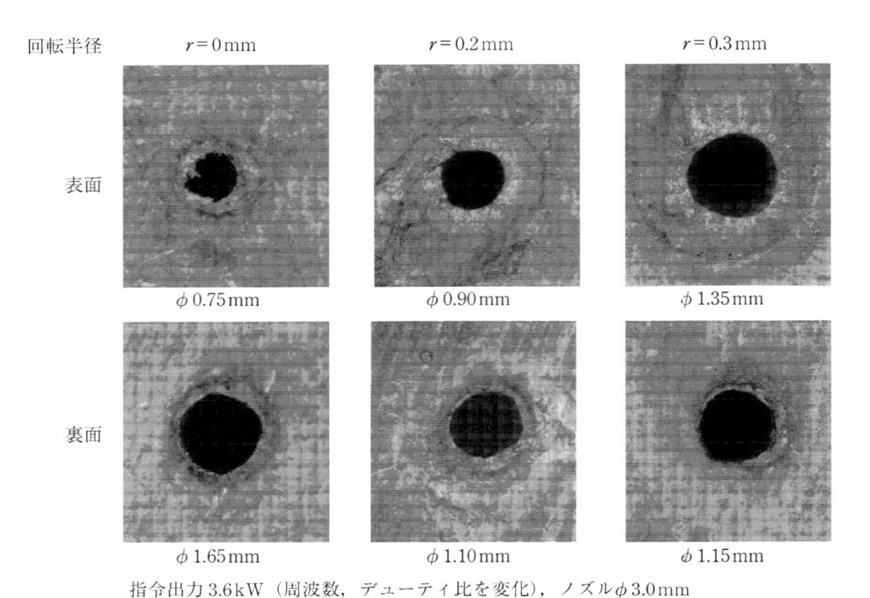

指令出力 3.6 kW（周波数，デューティ比を変化），ノズル ϕ 3.0 mm

図 8.16　回転穴あけ加工における偏心量の変化

mm 以上の条件下では加工材料の上面と下面の穴径がほぼ一致するようになり，ほぼ平行の穴加工が実現する[10]．

8.5.2　穴あけの加工パラメータ

① 焦点位置

一定の厚みを有する板材の場合，レンズの集光位置が穴形状や深さに影響を与える．レンズの焦点位置と材料の相対的な位置関係によって穴形状が異なる（図 8.17）．YAG レーザによってルビーに穴あけ加工をしたときの例によれば，焦点位置が材料の上にありデフォーカス状態にある場合には，穴の形状はやや上方に中太りの状態が生じる．焦点位置が材料表面にある場合には，ほぼ中央に中太りが生じ，加工物内部に焦点位置を移すと穴形状は円錐状となるとしている[11]．この度合いは同じ材料の場合でも用いるレンズの焦点距離によっても異なり，材料の種類によっても異なる．より深い穴あけ加工を行う場合や，より平行の穴形状を必要とする場合には，穴の深さが変化するにつれて焦点位置を移動させる方

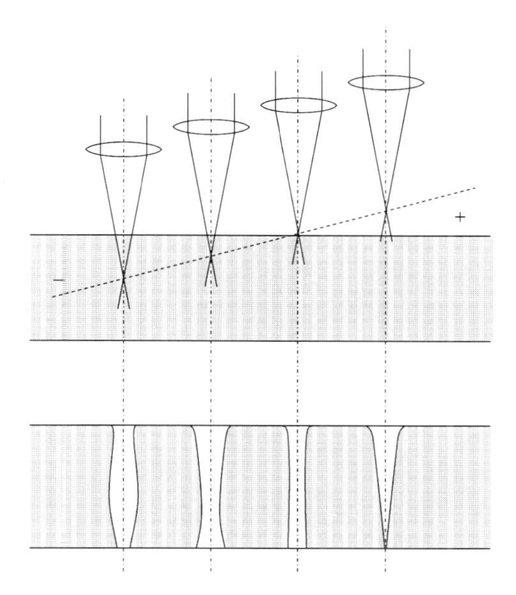

図 8.17　焦点位置の変化の穴形状[1]

法も現在では行われている．

② レンズの焦点距離

レンズの固有の値である有効焦点距離(EFL：これを通常，焦点距離という)は，焦点深度に関連して加工深さと穴径に関しては有効である．短い焦点距離のレンズを用いる場合は，穴径は小さく，1 パルスあたりの深さは大きいが，あまり長い深さを得ることはできない．穴径は多少大きくなるが，長く平行な穴あけ加工を行う場合には長焦点レンズが有利である．これらは光学的な事実そのものでもある．ただし，穴加工深さは焦点距離に単純比例するものではない．また，現在では加工深さを得るためにはパルスショット数を増す方法を用い，繰返し照射することで対応している．

③ 繰返し照射

レーザによる穴あけ加工は，加工に使われる出力やエネルギーに依存する．穴あけ加工については連続波もパルス波も用いられることは述べたが，特に一定の

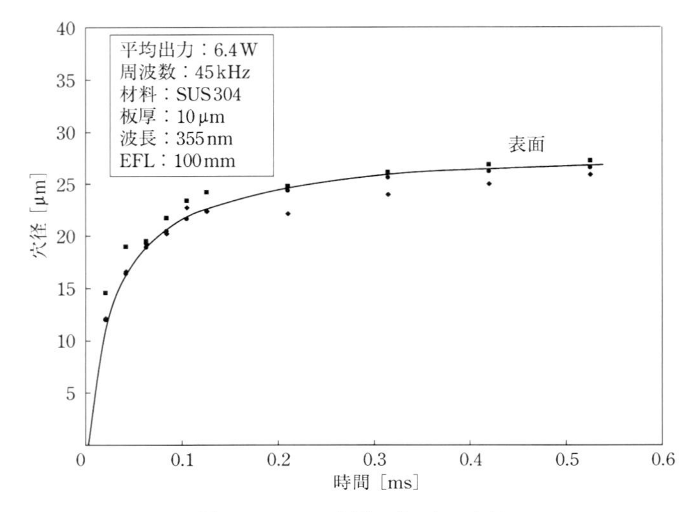

図 8.18　パルス照射回数と加工穴径

厚さを有する板材の場合には，パルス照射を繰り返すことにより深さを稼いでいる．パルス照射回数を増やすことは，断続的ではあるが照射時間を増やすことにつながる．図 8.18 にはパルス照射回数（時間）と加工穴径の関係を示す．また，厚板の穴あけ加工についてはパルス波でしかも周波数を徐々に段階的増加する方法がとられている．これによれば軟鋼の場合で，板厚 20 mm まで穴あけ加工を行うことができる．穴径は板厚にほぼ比例して増大する．これは板厚が増すことで穴あけに時間を要することから，付随して穴径も拡大することによる．

8.6　穴あけ加工の事例

ステンレス鋼材の穴あけ加工の例を図 8.19 に示す．同じ板厚が 2 mm の SUS 304 で発振形態を連続波(CW)発振とパルス発振で比較したものである．アシストガスは窒素(N_2)で圧力を 0.2 MPa とし，連続発振の場合は出力 2 kW，照射時間は 0.5 s で，パルス発振の場合は，ピーク出力が 2 kW，周波数 100 Hz，デューティ比 10 %で，照射時間は 1.5 s であった．連続発振での加工では加工時間が 3 倍速いが加工穴径は大きく（材料表面で ϕ 0.498 mm，裏面 ϕ 0.396 mm），パルス発振での加工では，加工時間は 3 倍であるが，パルス発振の

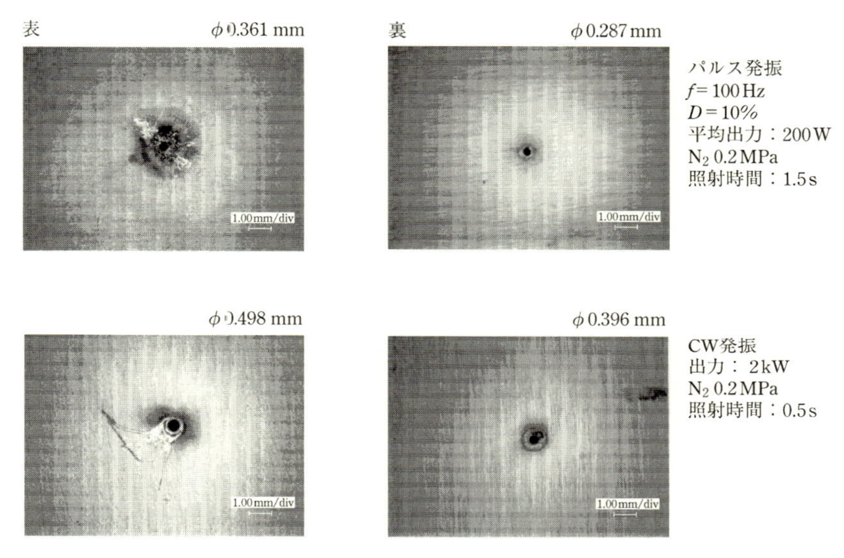

図 8.19 ステンレス鋼材の穴あけ加工例（SUS 304，板厚 2 mm）

場合の加工穴は小さくなる（材料表面で φ0.361 mm，裏面 φ0.287 mm）．これを連続波に比較すると 30 %以上小さい．表面と裏面の穴加工の状況も示す．表面に比べて裏面はそれより小さい径となっている．通常では，穴の内部をほぼ平行に仕上げる成形加工を行わない限り，材料表面の穴径のほうが裏面の穴径より大きい．

板厚 6 mm の軟鋼で同様の比較を行った．アシストガスは酸素(O_2)で，連続発振の場合は出力 2 kW，照射時間は 1.0 s で，ガス圧力を 0.05 MPa とし，ノズルギャップを 3 mm にとって加工した．パルス発振の場合は，ピーク出力が 2 kW，周波数 90 Hz，デューティ比 13〜18 %の段階的な変化で，照射時間は 2.5 s であった．連続発振では加工時間が短いが加工穴径は大きく（材料表面で φ3.028 mm，裏面 φ2.519 mm），パルス発振での加工では加工時間は長いが非常に小さくきれいな穴が得られている（材料表面で φ0.304 mm，裏面 φ0.194 mm）．

軟鋼の場合において，板厚と穴あけに要する時間の関係を図 8.20 に示す．材料は SPCC でピーク出力が 3.6 kW の CO_2 レーザを用い，パルス条件は周波数

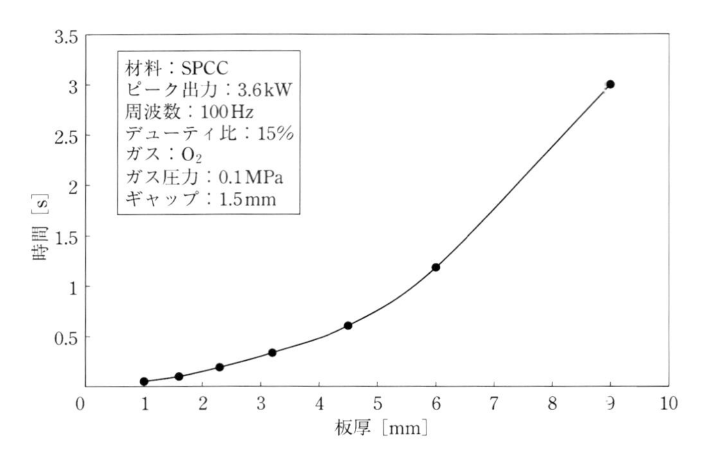

図 8.20　軟鋼材の板厚と穴あけ加工時間

100 Hz で，デューティ比は 15 %，アシストガスに酸素 0.1 MPa を用いた．その結果，板厚が増すにつれて貫通に要する加工時間が指数関数的に増大していく．

参考文献

1）新井武二：レーザによる加工シミュレーション（第 8 報），2004 年度精密工学会秋季大会講演論文集，**J**18，p. 521（2004）
2）新井武二，堀井英明，井原　透：レーザによる加工シミュレーション（第 1 報），2001 年度精密工学会春季大会講演論文集，**C**12，p. 103（2001）
3）金　弼鉉：レーザ加工技術講座，（第 1 分冊），工学研究社，p. 61（1971）
4）新井武二，川澄博通：レーザー加工における温度解析（その 2），木材学会誌，**25**-12，p. 463（1979）
5）Carslaw, H.S. and Jaeger, J.C.: Conduction of Heat in Solids, 2nd ed, *Oxford Univ. Press*（1959）
6）Paek, U.C. and Gagliano, F.P.: Thermal analysis of laser drilling processes, IEEE Quantum Elecron, QE-8, pp. 112-119（1972）
7）新井武二，川澄博通：カツラ熱の熱定数の測定，木材学会誌，**24**-3，p. 177（1978）
8）新井武二，川澄博通，林大九郎：レーザー加工における温度解析（その 1），木材学会誌，**25**-8，p. 543（1979）
9）写真提供（斜め穴あけ加工）：東成エレクトロビーム株式会社
10）写真提供（回転ビーム）：株式会社アマダ，旧 レーザ応用技術研究所
11）小林　昭：続レーザ加工，開発社，p. 104（1980）

9 レーザ切断加工

レーザ切断加工は，レーザ加工のなかでもっとも発展した加工法の１つであり，産業界に受け入れられた応用技術である．現在でも，レーザ切断加工はわが国ではもっとも普及している技術である．特に，板材の切断を主な作業の１つとする板金業でレーザ加工機はいち早く取り入れられ，数mmの薄板から数十mmの厚板までレーザで加工できるようになってきた．抜き型を必要とせず，加工の自在性に優れていて，現場での普及が先行したため事例は多いが，理論的な追求は遅れた感がある．本章では，レーザ切断加工の詳細と，切断フロントでの加工現象を理論的に扱い，同時に加工事例を紹介する．

（写真：レーザ切断加工，口絵参照）

9.1 レーザ切断加工の特徴

9.1.1 切断加工の特徴

レーザは加工のツールとして優れた性能を有している．その主な特徴を切断加工の立場から列挙すると以下のとおりである．

① 赤外線レーザによる切断は，比較的長波長の波長吸収による発熱のメカニズムを利用した熱加工である．このため，材料表面における熱の発現状態は被加工材によって異なる．また，レーザは光であり空間を減衰することなく伝搬できるので非接触切断が可能で，材料に対する力学的な負荷や直接の汚染はない．

② レーザビームは小さなスポットに絞ることができ，材料に照射された集光ビームは焦点近傍で 10^8～10^9 W/cm^2 というきわめて高いパワー密度を有する切

断熱源になり得る．それゆえに，集光ビーム中心部では瞬間的に溶融または蒸発するが，レーザスポットから横方向に少し離れると溶融，および熱反応は促進しないため，切断される材料の溶融・切断幅および熱影響層はきわめて小さい．

③ 高反射材料に対する切断ではレーザ光が材料にほとんど吸収されないので，吸収性を高めるために特殊な表面処理や尖頭値の高いパルスピークを用いない限り，一般には加工は困難であるが，切断される材料は脆さ，硬さ，剛性などによらず切断が可能で，NC プログラムとの連動によって，型を用いることなく高速で形状を切り出すことができる．

④ 材料表面に発生する熱はきわめて狭い範囲で高温になり，一般の鉄系材料では材料の溶融温度まで瞬時に昇温する．また，低融点材料においては瞬時に蒸発温度にまで昇温する．したがって，材料の加工特性は材料固有の熱的な物性値によって決まる．

⑤ レーザによる切断加工は一般に高速切断が可能で，単位距離または 1 点に関与する時間が短いために，材料に対する熱的な伝達は小さい．そのため，加工された材料の熱ひずみ，熱影響層はほかの熱加工法に比較して小さい．また，光であることから一般の機械加工のような工具の摩耗，振動，騒音などはない．

9.1.2　切断加工の種類

レーザ切断はその切断のメカニズムから，① 溶融切断，② 蒸発切断，③ 割断に大別することができる．このうち溶融切断はレーザ照射によって溶融現象を伴うもので，積極的な溶融切断と消極的な溶融切断とがあり，前者はアシストガスに活性ガスの酸素（O_2）ガスを用いる反応切断（酸化切断）であり，後者は不活性ガスのアルゴン(Ar)ガスまたは窒素(N_2)ガスを用いる非反応切断（無酸化切断）である．また，アシストガスに，窒素と酸素の割合が 3：1 である空気を用いて行う中間的反応切断もある．それぞれ切断面の光沢が異なり，酸素の多いものほど光沢は少ない．

蒸発切断は特に融点が低い材料や非金属に多い．赤外線のレーザ波長を吸収して発熱し，瞬時に熱分解および劣化を伴う蒸発現象によって切断されるものであ

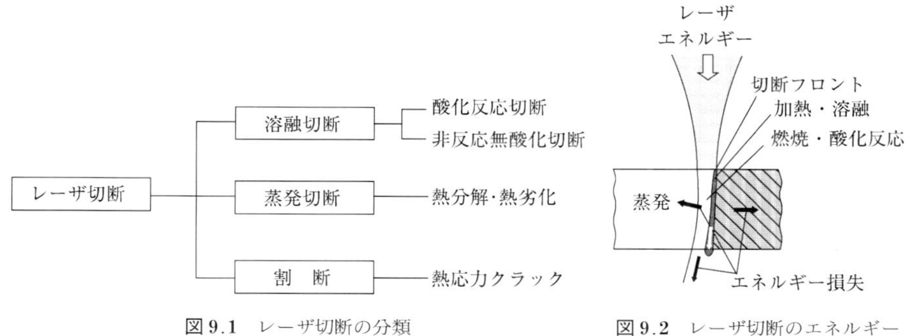

図 9.1　レーザ切断の分類

図 9.2　レーザ切断のエネルギー収支

る．この場合のアシストガスには通常，燃焼を防止し蒸発ガスを除去する目的で不活性ガスや空気を用いる．割断は熱伝導性が悪く脆い材料，たとえばガラスなどにおいて，レーザ照射したとき圧縮・引張応力によって生じるクラックを積極的に加工に利用したものである．これらの分類と要因の関係を図 9.1 に示す．

9.2　レーザ切断の加工現象

9.2.1　切断加工の原理

レーザ切断は，レーザ光が直接照射される切断フロント（加工前面）で行われる．切断加工のメカニズムは，切断フロントで生じる溶融金属の流れとアシストガス噴流の運動エネルギーとの相互の作用によって溶融金属が切断溝の外部へ強制除去されるということに尽きる．定常状態におけるレーザ切断では，熱源が直接的に関わる切断フロントの三日月状の溶解面で切断が営まれているのである．

すでに 6.3.2 で述べたが，金属のレーザ切断時におけるエネルギーバランスは次のように表される[1-3]．

$$E_{lp}+E_{cr}=\{(E_{th}+E_{lm})+(E_{tv}+E_{lv})\}+E_{loss} \qquad (6.24)$$

左辺は加工時のエネルギー（熱量）で，レーザと酸化反応による発熱量で，レーザ入熱によるレーザエネルギーは $E_{lp}=A\cdot\eta\cdot P_0$ となり，酸化反応により発生するエネルギー E_{cr} は $E_{cr}=C\cdot\varepsilon\cdot Q_0$ となる．式（6.24）の概念図を図 9.2 に示す．

材料によるが，実際の金属切断においては右辺の蒸発に関わる量 $E_{tv}+E_{lv}$ はさほど大きくないと考えられている．すなわち，溶融金属が発生するや否や，ほとんどはアシストガス噴流の運動エネルギーによって溝の外部に強制除去されるためである．ただし，非金属や高分子材料などは，熱劣化や熱分解によるもので，蒸発の割合は大きい．

レーザ切断[1-3]は，光吸収による発熱作用および噴射アシストガスによって材料の照射部分を強制的に除去し分離する加工法をいう．金属の場合を例にとれば，レンズまたはミラーなどの集光光学系によって集光されたレーザ光が材料表面に照射されると，材料のごく表層部（たとえば，金属によっては数 nm から数十 nm）で波長吸収され分子振動を誘起することから急激に発熱し昇温する．その結果，表面の照射部には溶融池または蒸発穴が瞬時に形成される．この状態でアシストガスを噴射しながらレーザビームまたは材料が相対的に移動すると，活性ガスの場合には酸化反応と噴射ガスの力学的な運動エネルギーによって，不活性ガスの場合には主に光照射による溶融金属の強制除去によって，連続的な切断溝（kerf；カーフ）が形成される．レーザ切断はこのような現象による溶融と排出除去のバランスを利用した加工法である．図 9.3 にレーザ切断のメカニズムをもとにした金属材料の切断モデルを示す．

金属切断では切断フロント（cutting front；切断前面）近傍の切断面で，集光スポットの高密度熱源による鉄の燃焼速度（または，溶融反応速度）はきわめて

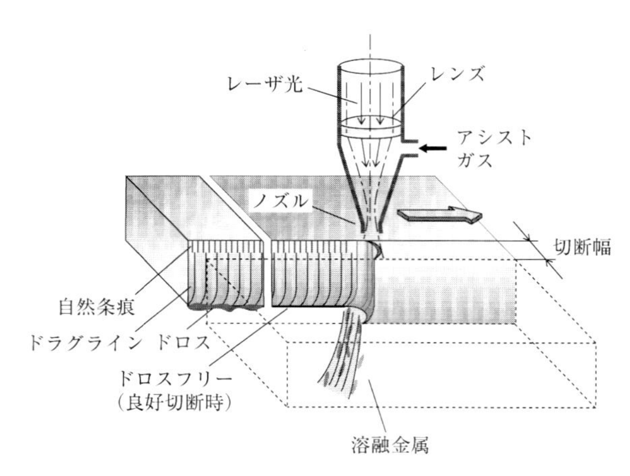

図 9.3　レーザ切断プロセスのモデル

速く，酸素分子の拡散速度（または，酸化反応速度）はそれより遅いとされている[4]．また，高速度カメラで観察した宮本らの報告によれば，1m/min 前後の比較的遅い速度ではビーム移動に伴う溶融速度と酸化速度は断続的になり，周期的な条痕ピッチを形成しているとしている[5]．さらに，それ以上の切断速度で連続的になるとしている．しかし，この速度範囲を超えた薄板・中厚板の切断速度でも，あるいは速度のより速い場合でも一定の規則性をもった条痕が生成されることや，厳密には間隔が必ずしも一定ではなく，アシストガスの圧力や酸素純度にも影響されることなどから，現在のところこのメカニズムはあきらかになっているとはいいがたいと思われる．とはいえ，レーザビームの出力変動（power ripple；パワーリップル）の影響がないとしても，低速時における溶融速度と酸化・燃焼速度の反応の時間差や溶融・凝固のヒートサイクルの周期的挙動を完全に無視するものではない．

薄板から厚板までを含めて，レーザ切断では低速から高速まで一定の規則性をもった縦方向のすじ（条痕）が切断面の上面で生成される．縦すじ状に盛り上がったこの間隔は厳密に一定でない場合もあるがほぼ揃っている．これに連動している面あらさはアシストガスの圧力や酸素純度にも影響されることが知られている．レーザ切断面の上面にはそれ相応の条痕が形成されるが，これらの間隔は板厚が厚く切断速度が遅いほど大きく，板厚が薄く速度が速いほど間隔は小さくなる傾向を示す．なお，切断面の上面の縦すじをストリエーション（striation）と呼びここでは条痕と称することにし，その下側の筋をドラグライン（drag line）と称する．ドラグラインは上部からのアシストガス噴流によって下方へ押し流されて形成されるラインで，ほぼ上部の条痕を引きずったように生じ，さらに下方では溶融金属の流れの遅れからラインが後方に尾を引くようにドラグラインの遅れが発生する．これらはアシストガス噴流と溶融金属の流れの時間毎の合成ベクトルに因る．典型的な切断面の断面写真を図 9.4 に示す．

著者らは[13]，高速度カメラを用いた観察から定常切断の条痕の形成過程について次のように考察している．アシストガス直下におけるフロントの溶融金属はその除去過程で同時に 2 つの流れに分かれるとし，進行するフロントの中心領域で上面から下面へ滝のように高速で流れ落ちる「下方への流れ」と，両サイドへの壁面へ流れ出る「側壁方向への流れ」が発生するとしている．下方へ急速に流れ落ちる表面では，流れが網状にクロスしてみえるが，これは流れ学でいうブライ

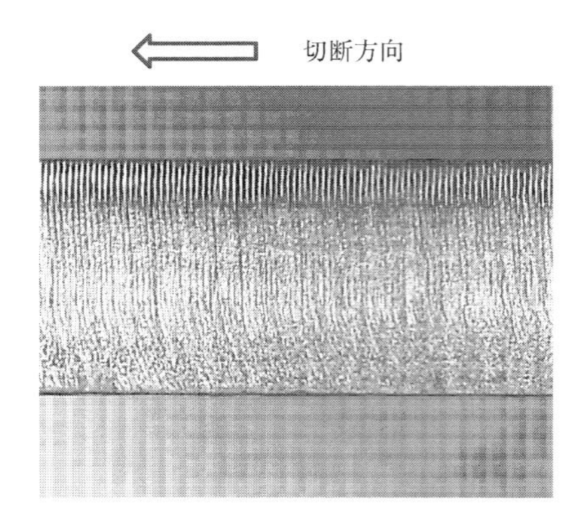

図 9.4　典型的なレーザ切断面

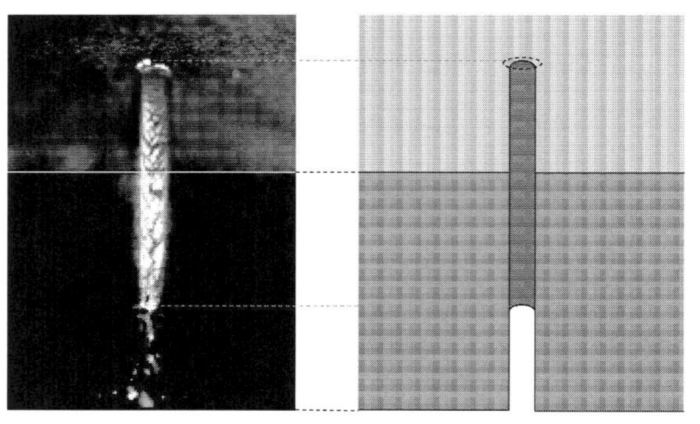

出力：2 kW，切断速度：1200 mm/min
ガス圧：0.08 MPa，撮影速度：250000 FPS

図 9.5　フロント正面での下方への流れ典型的なレーザ切断面

ディング（Braiding）とよばれる現象で，板厚やガス圧にもよるが，この流速は概ね数 m/s〜8 m/s である．切断フロントおける下方への流れを図 9.5 に示す．また，両サイドへの壁面へ流れでるこの領域では，熱源によって側壁で発生する溶融金属に加えてフロント近傍から側壁へ流れ出るのもある．この 2 つは合流して後方への溶融金属の湯の流れとなる．フロントの速度は切断速度であるが，側面への流れの流速はフロント形状に沿って迂回するためせいぜい数十 mm/s で，実験の切断範囲では側壁の流速は切断速度の 80〜85 %以下で進行方向に逆行する．

フロントでの急激で強力な下方向への流れは，側壁方向への流れとの間に大きな流速差が生じる．そのためこの2つの流れの境界近傍で溶融金属（湯）は側面に押されて後方へ流れる．この溶融金属の流れは微小振幅の波として伝播する一種の「造波」のような挙動を示すと考えられる．ただし，この波は条痕に一致するのではなく，単に移動の流れを生起する．溶融鉄の粘度は水の半分以下なので，溶融金属の流れは抵抗なく進行方向と逆方向にも流れる．壁面に沿った溶融金属の流れは粘性や表面張力をもつことから，側面へ流れる過程で一定の距離だけ離れた近傍では温度低下で冷却が始まり湯の流れに滞りが起こる．滞った溶融金属が一定量だけ堆積するとアシストガスの噴流によりその部分が下方に向かってもぎ取られるように剝離し流れ落ちる．この繰り返しの周期現象で一定間隔にくぼみのような凹部が形成される．溶融金属が成長し剝離し凝固する過程で縦方向のすじの条痕が確認できる．このサイクルで溶融膜はフロントと壁面の間を前後に成長・剝離で周期的に往復運動する．その様子を高速度カメラの抜粋画像を図9.6と図9.7に示す．図9.6には切断速度が F＝800 mm/min の場合を，また

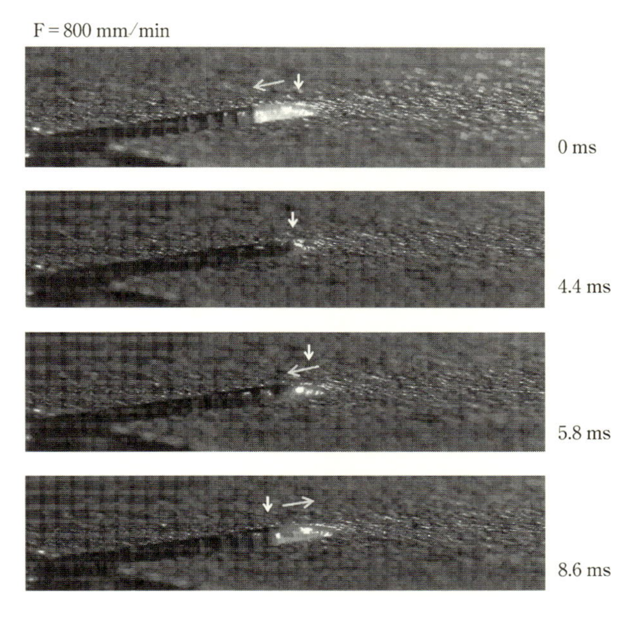

図9.6　不安定切断（低速）時の断続的なフロント挙動と条痕生成過程
不連続な溶融金属の側面への流れ（<1.0 m/min）

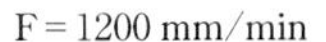

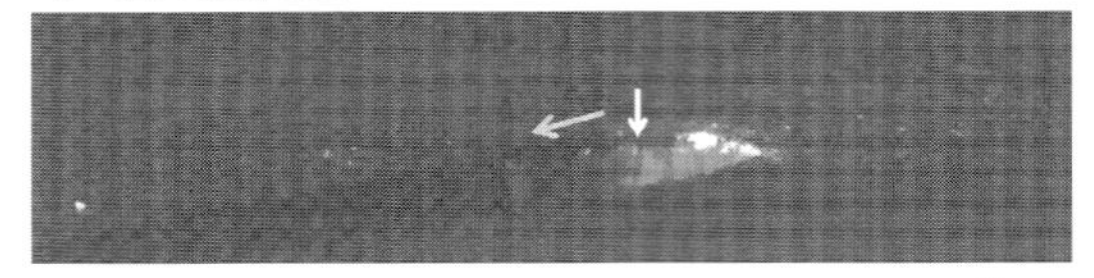

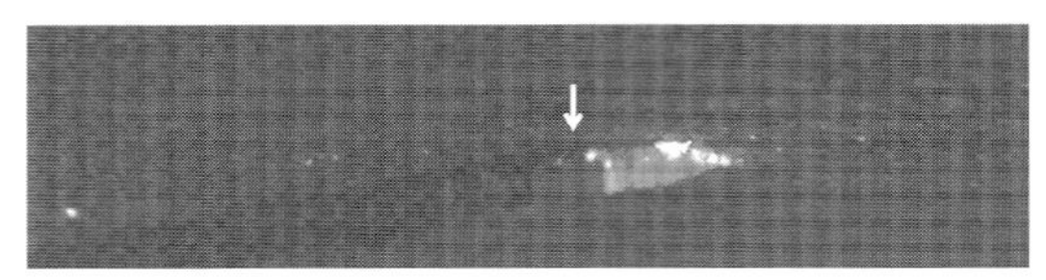

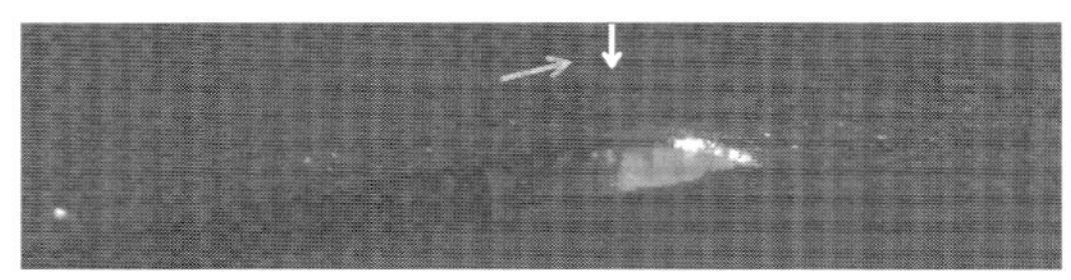

図 9.7　安定切断時の連続的なフロント挙動と条痕生成過程
（連続的な溶融金属の側面への流れ>1.0 m/min）

図 9.7 には F＝1200 mm/min の場合を示す．壁面での溶融金属の往復の幅は速度が遅いほど大きく，速いほど小さい．そのため細かい変化がみえにくくなる．

連続切断時における切断フロントの動きは，切断が良好に維持する間はそのまま切断速度と同じ速度で前進する．撮影コマ数が数十万 fps の超高速撮影の間にも振動は観測されなかったことから，切断時に溶融除去される三日月状のフロントの先端の動きは間欠的でないばかりか，振動を伴うことなくきわめて連続的に進行することが確認されている．

燃焼温度に達していれば燃焼反応ということができるが，切断の定常状態では燃焼・酸化反応は連続的であり一旦燃焼が生じると連続的に引き起こされる．若し，燃焼が連続的でなく反応停止温度（waiting time）に至るとすれば，その温度はそれより下の段階にある発火温度に達したことを意味する．したがって，燃焼停止などで燃焼が途切れるのは，発火点以下の温度にまで降温した場合である．発火点は諸条件下で異なり 700～1200°Cの範囲といわれる．それなので少なくとも数 100°C変化したことになり，連続照射で燃焼加工中にこのような急激な温度変化は考え難いものと思われる．さらに，融解温度（完全溶解の温度）以下になると，固体と液体の混合領域となり厳密にはすでにこの段階で固化がはじまるとみなすことができる．溶融開始温度と溶解温度に温度差はほぼ数十度僅かである．したがって，概ね，溶融温度から100°Cが低下するとすでに固化が始まると考えることができる．なお，現象的には類似するが，低速時に断続的にみえるのはフロントでの燃焼が過度に進みスポット径以上に溶融領域が大きいために，ガス噴流によってフロントでえぐれ現象が起きることから，一見，停止状態にみえることが確認された（図9.6参照）[13]．

一方，材料表面にレーザビームを走行させてできる温度分布のボリューム表現を仮に温度ボリュームとすると，同じ出力のガウスビームであっても走行速度によって材料面に誘起される温度ボリュームは異なる．その様子を図9.8に示す．切断幅に相当する箇所を断面で示した．これは材料上で切断速度によって発生する熱源形状が変化することを示している．また，切断速度の変化に応じて光軸と切断フロントの距離は変化し，切断速度が増すと切断フロントは光軸により近づく．さらに，ガス噴流で強制除去される体積も変化する．その関係を図9.9に示す．

連続切断時の条痕の発生は切断フロント上面で発生する溶融金属の下方への流れと側壁への流れの境界で発生する微小振幅波と，側面と側壁へ絶え間なく流れ続ける溶融金属の一定量の堆積にアシストガス噴流が作用して形成されるものと

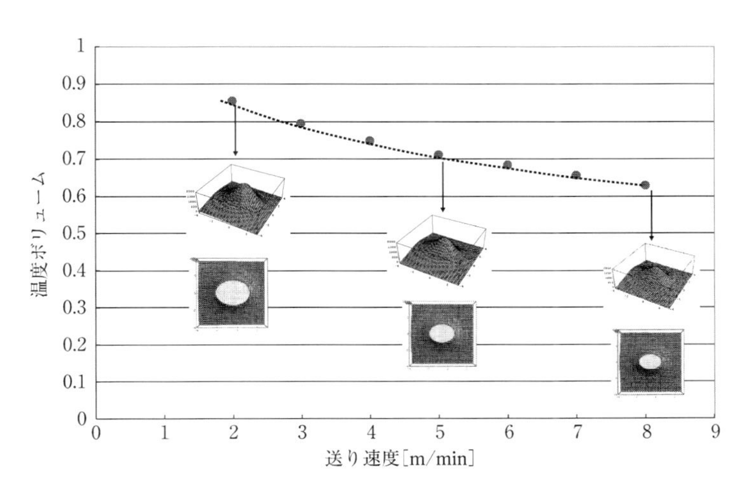

図9.8　切断速度に伴う温度ボリュームの変化

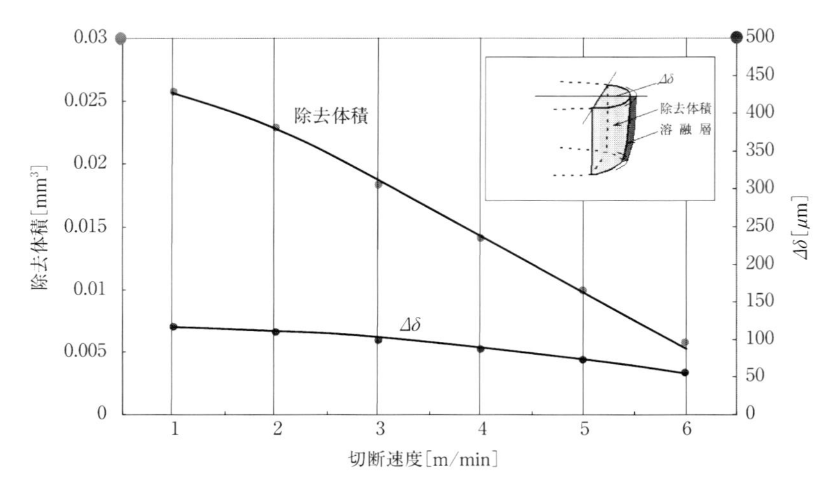

図 9.9　切断速度に伴う除去体積と光軸とフロントの位置関係

している．このように，少なくとも定常状態における切断での条痕は，溶融層の側壁への流れと，下方に向かうアシストガス噴流の相対運動から生じると解釈することができる．

パルス発振のレーザ切断では，条痕のピッチはパルス発振周波数に依存し，照射時間（ON 時間）のパルス持続時間に照射されてフロントの溶融が進行し，停止時間（OFF 時間）には燃焼が止まるという間欠的切断が行われる．その関係を図 9.10 に示す．パルス・オンで発光し瞬時にフロント周辺部は下方に流されるとともに，赤熱した溶融部分が残留し微小距離だけ側壁で移動するが，その後は冷却して酸化反応は止まる．パルス発振の例は，周波数 f＝1 000 Hz，Duty Ratio D＝40 %切断速度 F＝1 200 mm/min で，このパルスの繰り返し時間は約 2.2 ms である．発熱時の余熱と走行で溶融膜は多少シフトするが，パルスに関しては ON 時間にフロントが発光すると同時に加工され，OFF 時間は発光が停止し加工が止まる．すなわち，パルス・オン時間と OFF 時間で間欠的な加工となる．なお，撮影はいずれも高速度カメラ（㈱ナックイメージテクノロジー，high speed camera : Model : MEMRECAM HX-3）により観測されたものである．撮影条件はコマ数 2 500～10 000 fps でシャッタースピードは 20 k/s であった．

比較的遅い切断速度の場合や切断が定常状態に至る前の過渡的な現象をモデル

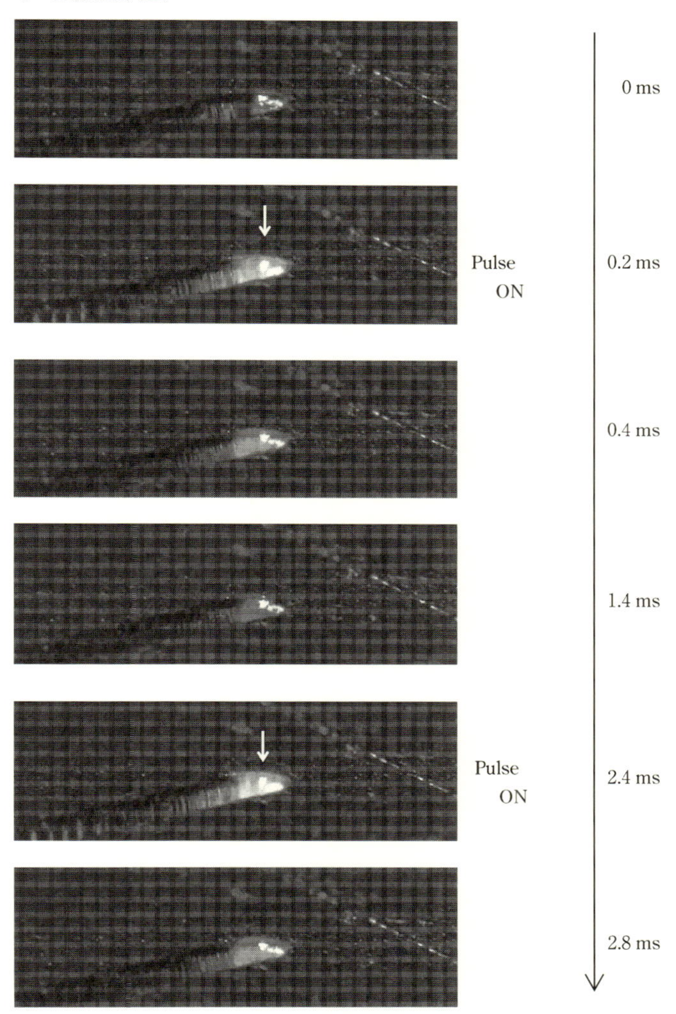

図 9.10　パルス切断時の間欠的な溶融・除去過程

化し分析した研究はあるが，良好な切断状態を形成する定常状態での切断時の説明は少ない．レーザ切断は高速事象な上に現象が複雑なことから，条痕の発生メカニズムに関する詳細な学問的記述は少ないが，測定や観測機器の発展と高度な解析が可能となってきたことから，より確度の高い解析や測定が期待される．

9.2.2　溶融膜厚の推算

切断加工や穴あけ加工などのレーザによる熱加工現象で主要な因子であり，もっとも重要な役割を演じていると思われる切断フロントでの溶融金属の膜厚を推算する．薄板のレーザ切断過程における溶融金属の酸化・燃焼に伴う諸現象を考慮して，溝内の質量と流出される質量とのバランスの式を誘導する[14]．

9.2.2.1　計 算 の 準 備

(a) 平均切断幅と体積

切断加工において熱源が移動する際に形成される切断溝の単位時間あたりの体積を算定する必要がある．ここで切断溝の体積をモデル化する．まず，熱源移動により溝内の任意の場所に形成された x-y 平面上での形状を考える．先端がレーザスポットの円形状熱源により一定の丸みを帯びた切断溝が形成されるが，先頭の丸みは後尾の丸みと一致するために，この面積は単に矩形で代行できる．また，側面で観察すると，この熱源は板厚の上面より下面でやや遅れをもつことから，任意の移動時間における側面積は平行四辺形で表示できる．したがって，一定速度で移動することによって形成される単位時間あたりの切断溝体積は，等価的に平均溝幅と，板厚および x 軸方向の移動距離による長さとで決まる立方体体積として簡略化される（図 9.11）．

実際の切断で板厚が 1～3mm までの薄板の場合には，左右の溝側壁はほぼ平

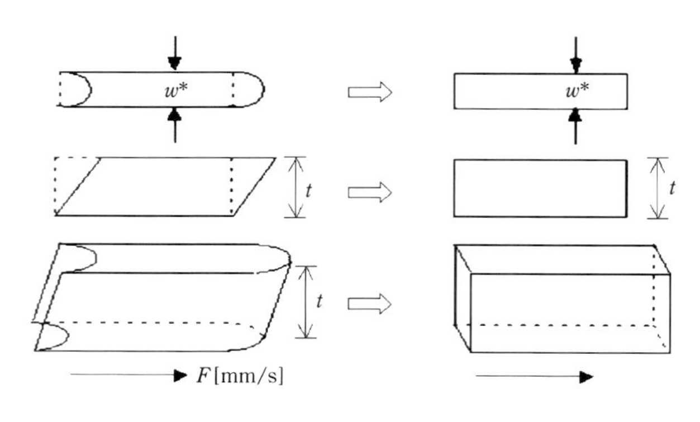

図 9.11　切断溝の単純化モデル

行とみなすことができ，容易に体積が求められる．そのうえ，上面と下面は実際に測定が可能であることから，便宜上，体積の表現は切断幅（溝幅）w^* や，板厚 t を用いて表すことができる．なお，ここに考えている切断溝のモデルは，切断によって形成された任意の場所における切断溝であって，形状の先端が熱源の位置する切断フロントに一致するものではない．

(b) 溶　融　周　長

ここで，切断フロントの溶融面の長さを求める．図9.12には実際の軟鋼1.2 mmの切断における表面フロントの写真を示す．これによれば，切断速度が比較的遅い範囲では，先端は半円形状になり，切断速度が増すと先端は楕円形になる．この変化は切断速度が増すにつれて漸次変化する．また，先端はレーザ光が直に接することによって常に溶融していると考えられる．平面からみた切断フロントにおける溶融層の長さを溶融周長 L^* とすると，L^* は一般に半楕円形状で近似できることから，式（9.1）のように表すことができる．

$$L^* = 2\int_0^{\frac{\pi}{2}} \sqrt{a^2-(a^2-b^2)\cos^2\theta}\,\mathrm{d}\theta \tag{9.1}$$

なお，実験によれば，良好な切断の範囲で，a の値は b の値の1.4倍を超えない．したがって，長径 a と短径 b との関係は $b \leqq a \leqq 1.4b$ となり，切断速度が遅いときに相当する $w^*/2 = b = a$ の場合，先端は半円形となることから $\pi \cdot w^*/2$ となり，式（9.1）は単純化される．

計算の前提となる切断幅，溶融膜厚および溶融周長の計算モデルを図9.13と

(a) 切断速度の遅い場合
($a=b$)

(b) 切断速度の速い場合
($a \leqq 1.4b$)

図9.12　材料表面（x-y 平面）からみた切断フロント形状（例：軟鋼(SPCC)1.2 mm）

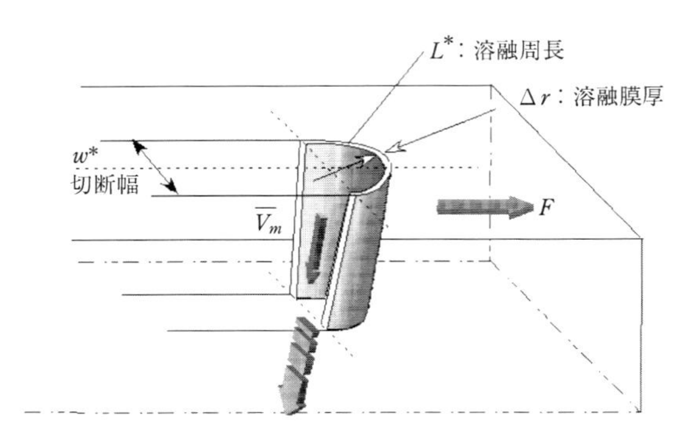

図 9.13　切断フロントでの下方流れモデル

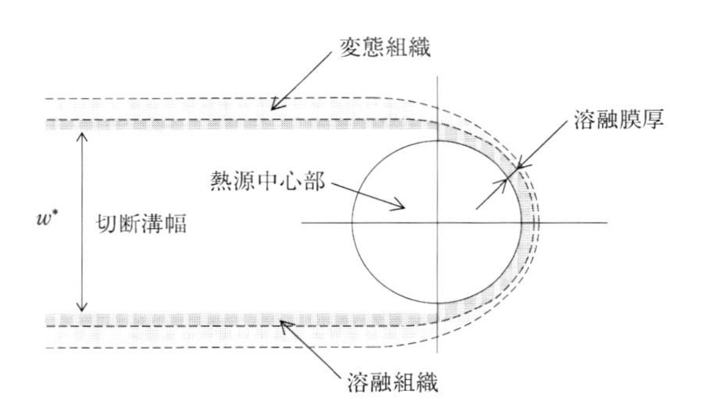

図 9.14　下方流れにおける溶融金属膜厚モデル

図 9.14 に示す．図 9.13 では厚みを誇張して描写したが，薄板を前提とした場合には上下のテーパは小さく，良好切断の範囲では切断フロントの後方への曲がりはほとんどない．また，図 9.14 は上からみた切断溝内の溶融層の位置関係であるが，流出する溶融層は形成される切断溝の内部にあって，流出後に溝が形成されると考えられる．ただし，実際は明確な区分のない連続的な動きである．

溶融金属の排出は，熱源の前面あるいは一部側面でなされるものであって，熱源後方では起こらないとされている[4]．また，厚板の場合には，溶融膜厚は上下の方向で観察すると厳密には切断上面から切断下面に向けてやや増加するが，薄板における溶融膜厚は，材料上面の切断溝幅または溶融周長に対してほぼ一定とみなすことができる．

9.2.2.2　レーザ発熱による酸化燃焼

レーザによる熱加工では，レーザの照射によって金属は発熱・溶融する．特に，切断加工などの除去加工ではアシストガスの噴流によって溶融金属が溝から強制的に排出されることにより切断溝が形成される．この溶融金属が切断フロントで強制除去される場合，均質な液状の溶融物が切断溝の外に押し出されるモデルと，切断時に燃焼過程を包含するが切断フロントでの溶融物には酸化していない溶融鉄($Fe_{(m)}$)と燃焼した酸化鉄(FeO)とが層流を成して切断溝の外に押し出されるとする切断モデルとが考えられる．

実際のレーザ切断加工現象で営まれている除去過程は，レーザビームと同軸の酸素噴流に接する切断フロント表層で酸化・燃焼が起こり，母材内で溶融されはじめる溶融反応の境界層では単に溶融鉄が生成されることが容易に推測される．このことから，ここでは現象的に後者のモデルを適当とみなし，これを仮定する．

レーザによる切断溝内で，酸化反応による鉄の相対的な質量増加は，鉄と酸素の分子量の比(M_{FeO}/M_{Fe})から決定される．レーザによる切断プロセスでは，切断フロントでの溶融金属は初期の段階で酸化のみが起こり，FeO が形成される．排出された後で Fe_2O_3 や Fe_3O_4 などへの反応がみられるが，溝内における燃焼切断の反応では，FeO が支配的であることが知られており[5,17]，鉄の燃焼切断においては，FeO が切断フロントにおける唯一安定した酸化物であるとされている．ここで，鉄の酸化の過程を考慮するために溶融鉄内の酸化比率，すなわち，FeO への変換効率を採用する．この割合を C で表す．特殊な場合を除き C は $0<C<1$ であるが，計算では Ivarson らによる分析の平均値 $C=0.447$ を採用する[17]．

(a) 質量のバランス

溶融して除去される体積に相当する切断溝幅内の単位時間あたりの総質量と，切断フロントで溝から溶融除去される過程における単位時間あたりに流れ出る総質量はバランスすると考える．その関係を図 9.15 に示す．また，一定時間に切断溝から排出される溶融質量は，溶融鉄の質量相当と酸化鉄の質量相当の和で表される．なお，この際に材料表面から失われる蒸発質量はごく微量であるとする．ただし，実際の溝内の体積は溶融によって膨張し，酸化によっても体積，質

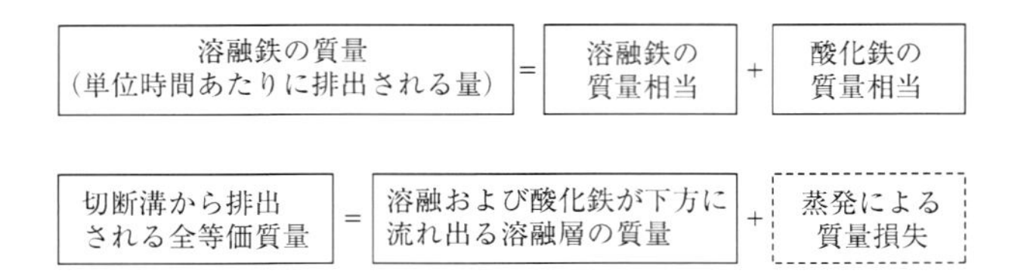

図 9.15　切断における質量バランス

量とも増大する．したがって，溶融した状態での量は正確に求めることは難しい．そのため，溶融前体積の質量の相当量から求める．

平均切断幅を $\overline{w}$，板厚を t，送り速度を F とすると，単位時間あたりに除去される切断溝の体積は，

$$V_{\mathrm{kerf}} = \overline{w}tF \tag{9.2}$$

である．一方，切断フロントでアシストガス噴流によって溶融金属が除去される単位時間あたりの体積 V_{down} は，溶融周長を L^*，平均溶融膜厚を Δr，溶融金属の平均流出速度を $\overline{V}_m$ とすると，

$$V_{down} = L^* \Delta r \overline{V}_m \tag{9.3}$$

と表される．切断加工時に酸化などの化学変化がなければ，単位時間あたりの除去体積は保存されるので，$V_{\mathrm{kerf}} = V_{down}$ が成り立ち，平均溶融膜厚は

$$\Delta r = \frac{\overline{w}tF}{L^* \overline{V}_m}$$

となる．しかし，鉄の切断の場合には Fe ⇒ FeO の酸化反応が生じるので，単純な体積保存 $V_{\mathrm{kerf}} = V_{down}$ は成り立たない．

ここで，式 (9.2) で与えられる単位時間あたりの除去体積 V_{kerf} のうち，体積比 $\widetilde{C}$ が酸化反応により Fe ⇒ FeO となり，残りの $1-\widetilde{C}$ が単に溶融鉄になるものとする．このときの単位時間あたりの除去質量 M_{kerf} は，鉄 Fe の固相の密度を ρ，固相の鉄に対する酸化鉄 FeO の質量増分を α とすれば，

$$M_{\mathrm{kerf}} = \rho(1-\widetilde{C})V_{\mathrm{kerf}} + \alpha\rho\widetilde{C}V_{\mathrm{kerf}} = [\rho(1-\widetilde{C}) + \alpha\rho\widetilde{C}]\overline{w}tF \tag{9.4}$$

と表される．一方，式 (9.3) で与えられた単位時間あたりの除去体積 V_{down} のうち，体積比 C が酸化鉄 FeO，残りの $1-C$ が溶融鉄であるとすると，このと

き，アシストガス噴流によって除去される単位時間あたりの除去質量 M_{down} は，溶融鉄の密度を ρ'，酸化鉄 FeO の密度を ρ'' とすれば，

$$M_{down}=\rho'(1-C)V_{down}+\rho''CV_{down}=[\rho'(1-C)+\rho''C]L^*\Delta r\bar{V}_m \tag{9.5}$$

となる．単位時間あたりの第1項は酸化しなかった鉄の質量であり，同じ第2項は酸化鉄の質量であることから，これらはそれぞれ等しくなければならない．すなわち，

$$\rho(1-\tilde{C})\bar{w}tF=\rho'(1-C)L^*\Delta r\bar{V}_m \tag{9.6}$$

$$\alpha\rho\tilde{C}\bar{w}tF=\rho''CL^*\Delta r\bar{V}_m \tag{9.7}$$

が成り立つ．両辺の比をとると

$$\frac{1-\tilde{C}}{\alpha\tilde{C}}=\frac{\rho'(1-C)}{\rho''C} \tag{9.8}$$

これより，

$$\tilde{C}=\frac{\rho''\mathrm{C}}{\alpha\rho'(1-C)+\rho''C} \tag{9.9}$$

式 (9.9) を式 (9.7) あるいは式 (9.8) に代入すると，結局，次式が得られる．

$$\Delta r=\frac{\alpha\rho}{\alpha\rho'(1-C)+\rho''C}\cdot\frac{\bar{w}tF}{L^*\bar{V}_m} \tag{9.10}$$

ここで，α は酸化による質量増分で，$\alpha=M_{\mathrm{FeO}}/M_{\mathrm{Fe}}$ で与えられる．

このように，溶融膜厚は板厚，切断速度および切断溝幅に比例し，切断フロントにおける溶融周長と溶融金属の平均流出速度に反比例する．

(b) 膜 厚 の 補 正

膜厚は板厚に対しても切断速度に対しても厳密には単純比例しない．ただし薄板ではその差は少ないと思われるが，一般的には切断速度の影響は大きいことが想定される．切断速度に対して溶融膜厚がどのように変化するかを探るために，その傾向を熱伝導論的に求める．

長さ l の板厚を有する平板上に，単位強度が Q の瞬間線熱源が x 軸に沿って，速度 v で移動するときの温度分布は次式で与えられる．

$$\theta(x,\ y)=\frac{Q}{2\pi\lambda}\mathrm{e}^{-\frac{vx}{2\alpha}}K_0\left(\frac{vr}{2\alpha}\right) \tag{9.11}$$

ここで，K_0 は 0 次の第 2 種変形 Bessel 関数である．さらに，熱源の吸収率を ε，レーザ出力を W，板厚を l とすると，$Q=\varepsilon W/l$ であることから，初期温度を θ_0 として，

$$\Theta=\theta-\theta_0=\frac{\varepsilon W}{2\pi\lambda l}\,\mathrm{e}^{-\frac{vx}{2\alpha}}K_0\left(\frac{vr}{2\alpha}\right) \tag{9.12}$$

の式が得られる[18)]．

なお，吸収率 ε をここでは熱源の切断への関与率とし，定常切断状態でのレーザ出力は，切断速度が遅いほど下面に抜け，切断に直接関与する熱源の割合は減少する．そのため速度に応じて $\varepsilon=0.4\sim1.0$ をとる．

式（9.12）の移動線熱源による熱伝導計算によれば，切断速度が速くなるとレーザビームのより中心部分がフロントに作用するために，切断フロントの到達温度は高くなる．

切断フロントの位置はシミュレーションの計算から算出される．切断フロントの位置を割り出すために，有限要素法に基づく汎用の熱伝導解析プログラムを用いた．このシミュレーション計算には蒸散法を用いている．蒸散法は熱伝導を基本としている．計算過程では溶融潜熱を考慮しているが，結果への影響は非常に小さい．ただし気化潜熱は考慮されておらず，1 つのメッシュでの四隅の格子温度が常に計算され，メッシュ中心の平均温度が蒸発設定温度に達したときに，取り除かれるように工夫されている．金属の場合，レーザ切断でのフロント位置は蒸発によって決まるのではなく，溶融した時点で，運動エネルギーを有するアシストガス噴流の同軸噴射によって除去される部分が大勢を占めることから，本モデルは現実により近いと推測される．

軟鋼（炭素鋼）の溶融温度は約 1400℃以上であるが，ほかの文献の推定値[5)]をもとに，計算ではそれよりやや高い仮の溶融温度 1500～1900℃の温度条件下で計算格子が蒸散するように設定している．計算はそれぞれの設定温度でなされた．また，レーザ熱源はガウス型の熱流束として与えている．熱流束はつぎつぎと除去されてできる新生面へ移動することができる．この計算結果から，切断速度を変化させた場合の切断フロント位置は，光軸中心からの距離として求められる．ただし，切断速度が遅い場合には切断フロントの角度がほぼ直角でフロント位置は容易に判明するが，切断速度が速くなるとフロントは下面が遅れて後方に

尾を引くように寝てくる．また，熱伝導計算の性質上，加工溝の上面がやや丸みをもつことから，実際の切断フロント形状に当てはめた場合の対比で，上部から板厚の20％の位置での交点を平均的なフロント位置と定義した．実測の切断フロント形状とは，実加工で得られた試料の切断溝中心を，切断方向に分割し，その内部形状を計測したものである．たとえば，板厚1.2mmで，出力1kW，切断速度3m/minの場合を例に当て込み，定義した切断フロントの位置関係を図9.16に示す．蒸散するメッシュ中心の設定温度を1500〜1900°Cに設定してそれぞれフロント位置を計算した結果，フロント位置の差はきわめて微小であった．これは蒸散温度条件が計算格子の四隅の平均温度から決まることと，高温域で等温線の幅が狭いことによるものと思われる．この結果，切断速度に応じた切断フロントの相対的な位置関係と到達温度は図9.17のようになる．

その結果，光軸とみなし得る熱源中心と切断フロントとの距離δは，切断速度が遅いと熱源およびガス噴流の関与時間が長くなることから，より多く溶融除去されて距離δは広がり，切断速度が速くなるにつれて，反対の理由で熱源中心と切断フロントの距離はより接近する結果となる．なお，切断フロントの距離δは，低速時を除いて設定温度によっては大きく違わないこと，および，反応速度的には，実際の溶融温度は低速側で高温とはならないので低い温度を選択できることから，設定温度1750°Cの平均的な値を用いることにする．

このような切断速度の変化に伴う微小な光軸と切断フロントとの位置関係自体

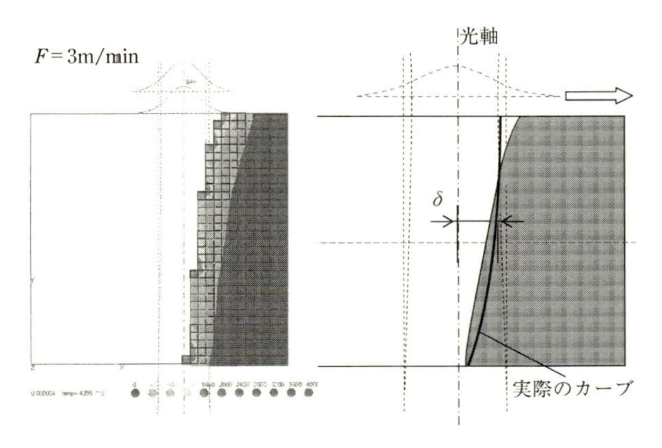

図9.16　切断フロントの位置

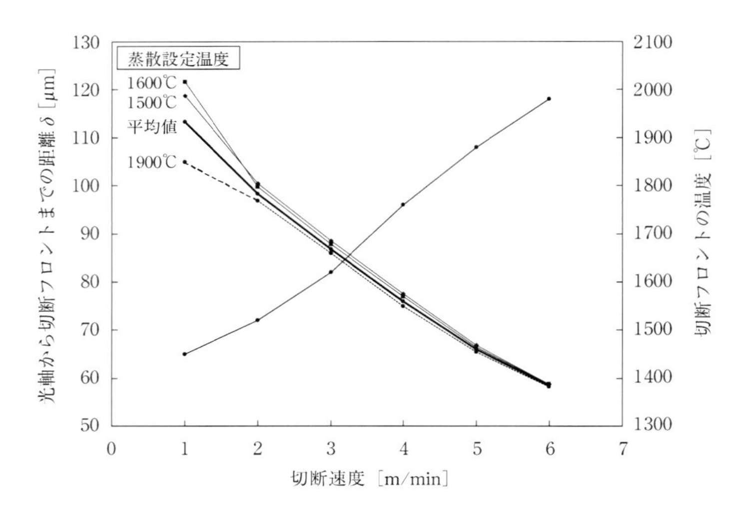

図 9.17　切断速度変化に伴う切断フロントの距離と到達速度

は，高速度カメラによる観察でも同様の傾向を確認することができるとされているが，そのような方法では，画面上で光軸相当の位置から微小領域を割り出すにはやや難があり，観測は精度の上からも問題があると思われる．

一方，熱源中心からの距離 δ における切断フロントの温度は熱源の関与する部分と割合が異なることから，一定でなく，切断速度が速くなるとともに上昇することが予想される．蒸散法によるシミュレーション解析と線熱源による熱伝導計算では計算モデルが異なるが，ここでは速度により変化する相対的なフロント位置には距離 δ を用い，切断フロント位置の上昇温度は熱伝導計算で求めるといった方法をとった．その結果，切断速度が速くなるにつれてフロント位置での温度は上昇するが，その曲線は緩やかなS字を描く．

さらに式（9.12）に基づく計算の一例として，切断速度の変化による材料表面（x-y 平面）での温度分布の計算を示した．出力が1kWの場合で，切断速度が2m/minの場合を図9.18に，また切断速度が5m/minの場合を図9.19に，それぞれ切断フロント部分を拡大して示した．

得られた切断フロントの等温線分布から，フロント境界での到達温度と溶融開始温度（たとえば，1400°C）*1 の範囲で溶融金属が生じる溶融膜厚であると仮定すると，切断フロントでの溶融膜厚部分に相当する厚みは，切断速度が増加する

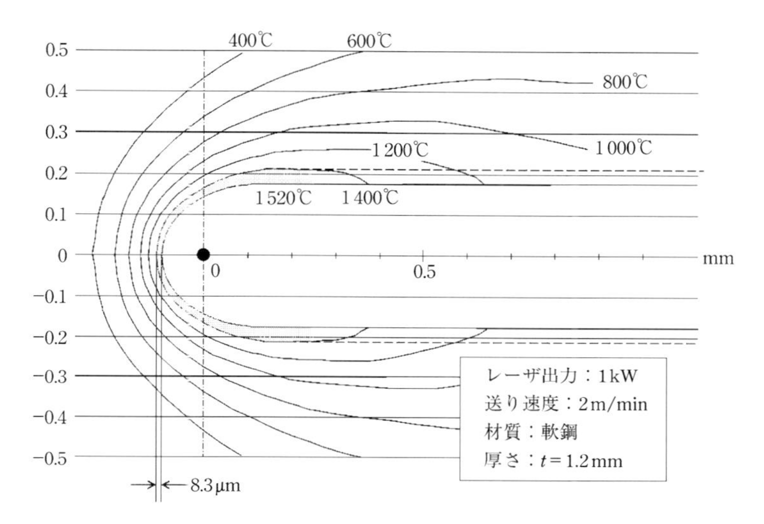

図 9.18　切断速度が 2m/min のときの x-y 平面の温度分布

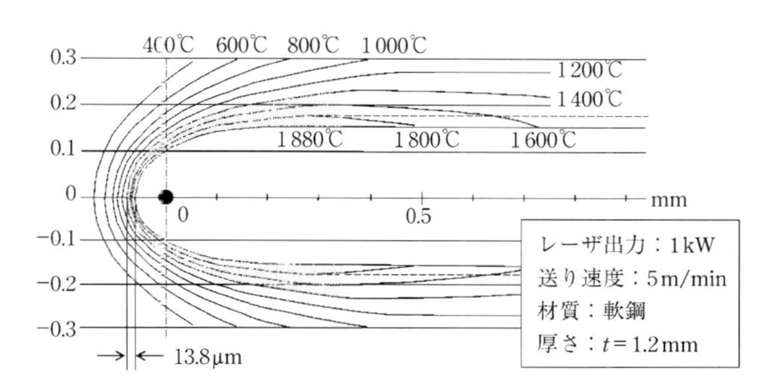

図 9.19　切断速度が 5m/min のときの x-y 平面の温度分布

につれて単純増加とにならない．

切断速度の変化に伴う溶融膜厚相当域の変化の割合は，切断速度が増加すると最初の増加の割合は少なく，途中から急増して最後にはなだらかに飽和するよう

＊1　レーザ加工のような比較的急速加熱では，金属材内の変態点および溶融点などが低速加熱時とは異なることが想定される．瞬時の加熱は通常よりも高い温度を要するためである．ただし，加工速度の限られた狭い範囲での切断加工では変動幅は少ないので，ここでは，ほぼ一定であると仮定する．

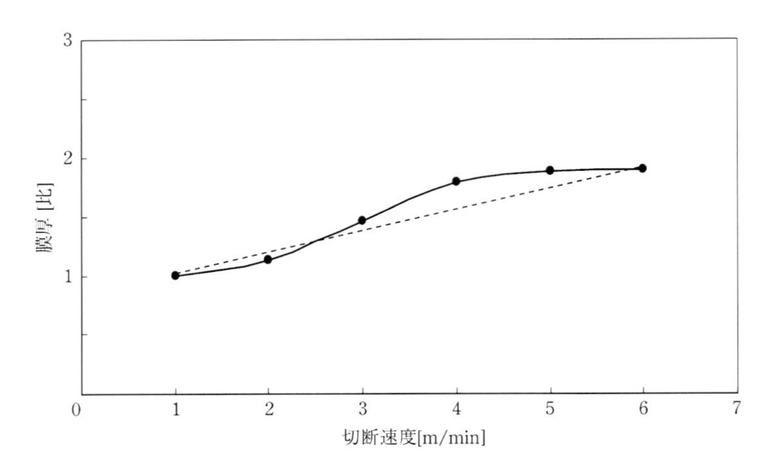

図 9.20　切断速度に対する理論的溶融膜厚の変化の割合

な曲線を描く．その結果として，増加の割合は実際の加工範囲で図 9.20 に示したような曲線となる．

ただし，移動線熱源で熱伝導論的に計算された温度分布はガス噴流の影響が考慮されていない．溶融膜厚が直線的に増加するとした式（9.10）による結果は，本実験の薄板の範囲で近似的には成り立つと思われるが，一定の厚み以上では溶融膜自体に自重による下方への流れが生じ，それ以上は増えなくなること，および切断速度の遅いときにガス噴流が上方より加われば，溶融層の下方への流れを助長する結果となることが容易に予想されることから厳密には単純増加でないことが想定され，膜厚の増加は，示されたような曲線的増加傾向をもつとするのが自然と思われる．実際に，より高速でレーザ切断を可能にするのは，フロントでの温度がより高温で，溶融膜厚が十分であることが必要であると思われ，結果は，レーザによる高速切断の実験的事実に矛盾しない．ここでは計算対象が薄板であることを考慮する．なお，計器類による実測として放射温度計や赤外線温度計による計測も，レーザ加工のように微小領域での急速な温度変化に対してはきわめて困難である．

計算結果から，溶融膜厚の増加の割合は切断速度に比例して生じると仮定して，本実験範囲でこの傾向を式（9.10）で得られた直線の溶融膜厚の結果に当てはめて，それぞれ最初と最後を一致させる．すなわち，式（9.10）から得られる平均流出速度ごとの溶融膜厚の直線に合わせて，曲線の変化の割合を膜厚の量に比例させて補正すると，図 9.20 の実線のように表すことができる．ここで点線は式（9.10）からの直線を示す．これを計算のしやすさのために数式化すると，切断速度によって変化する溶融膜厚の補正係数は切断速度 F の関数として，

$$\gamma(F)=0.007F^4-0.1182F^3+0.6493F^2-1.1052F+1.5689 \tag{9.13}$$

で表される．ただし，F の速度範囲は $1\leqq F\leqq 6$ [m/min] である．

したがって，$\gamma(F)\cdot\Delta r$ を新たに溶融膜厚 Δr とする．このことから，薄板の場合であっても，この係数を乗じることによってより正確な値を求めることができると考えられるが，ここでは，傾向を知るための参考値として求める．

9.2.2.3 溶融金属の流出速度測定

ここで，式（9.10）の平均流出速度を求める必要がある．流出速度は溶融金属の除去速度に相当するものであるが，溶融金属の流出速度は通常の目視や計算で値を求めるにはその速さと複雑さから不可能である．そのため，測定には高速度ビデオカメラによる流れの実測を試みる．用いた装置はナック社製の高速度ビデオカメラシステム HSV-1000 で，撮影速度は 500 frame/s である．ビデオ撮影の配置図は図 9.21 に示すとおりである．

トレシングペーパなどでやや減光させて平均化した参照光を両サイドから当てて，レーザ光が溝を形成する過程での溶融金属の流れを撮影し測定した．したがって，測定深度となる送り距離はせいぜい 10 数 mm 程度で，送り方向には測定上限度がある．この間で，測定のために金属の流れのなかに一定の標点を定め，

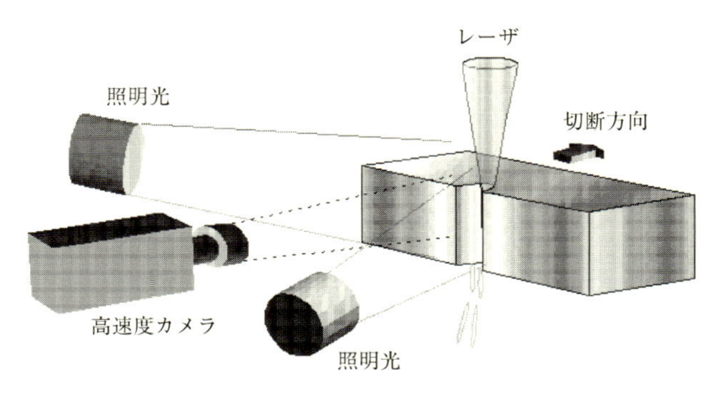

図 9.21 高速度ビデオカメラによる溶融金属の下方流れの測定模式図

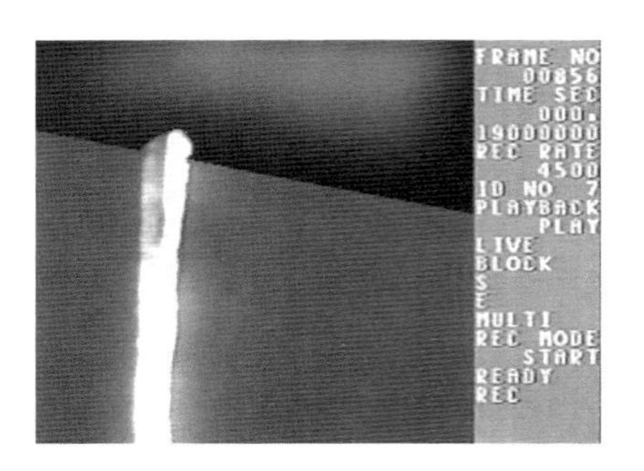

図 9.22　高速度ビデオカメラによる溶融金属の下方流れの実例データ

その動きを一定時間追いかけて単位時間あたりに画面上で移動した距離を求めることで流出速度を算出したものである．したがって，ここでの流出速度は近傍における複数回の測定の平均流出速度となる．測定は同様な条件で 5 回の平均値とした．実測データの一部を図 9.22 に示した．写真の画面の側面にフレーム数や時間の経過が表示される．このときの写真の分解能は 10^{-3}s である．なお，写真では動画の瞬間を固定したためやや不鮮明であるが，ビデオ画面による直接観察では動きを鮮明に観察できる．

排出される溶融金属の流出速度の測定は，傾向をみるために 6mm の軟鋼で行った．薄板の場合には挙動が瞬時であるために測定に困難を伴う．したがって測定しやすさのために，ここではやや厚い材料を用い，アシストガスは酸素を使用した．

測定結果の一例を図 9.23 に示す．板厚 6mm の軟鋼を 1kW で切断した例で，アシストガス噴流による溶融金属の軸方向流れの挙動を示したものである．

これによれば，材料の表面付近では溶融金属は急速に流れ，中央部や下面ではやや遅くなりよどみを生じるなど，その挙動は単純ではない．板厚が厚いほど下面での流出速度の平均値が低くなる．また，薄くなるほど下面での流れの滞留は少なかった．いくつかの実験から，これは溶融金属の典型的な軸方向流れの挙動を示しているものと思われる．

下面での流れの遅延は観測される．板厚が薄くなるに従って一定値に近づく傾向をもつ．しかし，薄いほど瞬時であることから測定には困難を伴う．実測例として，板厚 6mm の軟鋼を用いた流出速度の測定では，板厚 1.2mm 付近での軸

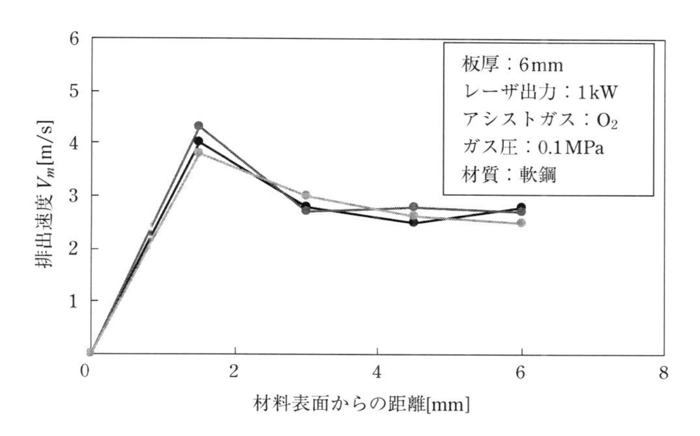

図 9.23　板厚 6mm の軟鋼(SPCC)での溶融金属の排出速度

方向における溶融金属の平均流出速度は $\overline{V}_m=4$ m/s を得た．実際でもこの前後と推測される．

9.2.2.4　計　算　結　果

軟鋼を用いた軸方向における溶融金属の平均流出速度の実測値から，膜厚は式(9.10) を用いて計算した．ただし溶融膜厚の値に関しては実験的な実測によって求めることはほとんど不可能であり正確な値は得にくいので，本実験では板厚に対する溶融膜厚の計算を，式 (9.10) による直線に近似した平均直線での表示と，式 (9.12) による膜厚変化の割合を考慮して補正で得られた計算結果を点線で表示し併記した．もともとの計算のモデルが異なるために，式 (9.10) による単純モデルで計算した場合と，式 (9.12) の線熱源による熱伝導計算を行った場合とでは傾向が若干異なる．

薄板においては計算法による違いは少なく各仮定が成立しやすいことから，計算は 1.2mm と 2.3mm の薄板に限定した．切断溝幅は実験値を用い，また切断速度の範囲は，実際に即した加工条件下で切断が可能な範囲に限定した．

図 9.24 には出力 1kW を想定して，該当するデータに基づいた板厚 1.2mm の軟鋼の場合での計算結果を示す．ここでの計算範囲は，板厚 1.2mm の場合のドロスフリー切断限界に合わせて $F=6$ m/min までとした．平均切断幅は，切断速度に依存することから $\overline{w}=0.36$〜0.32 mm の範囲であり，溶融周長は平均

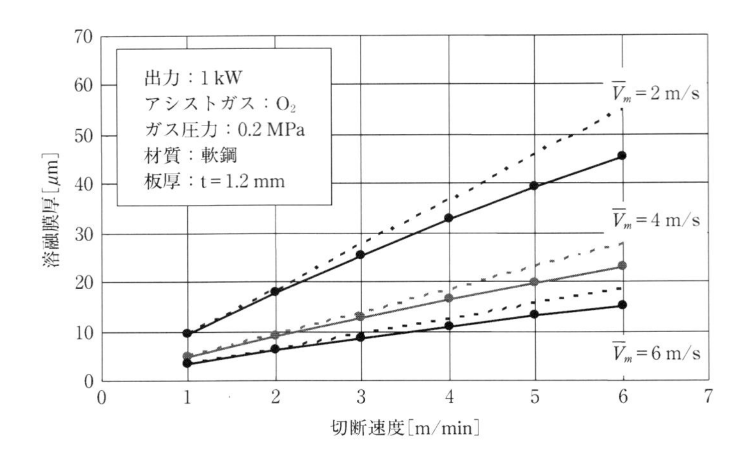

図 9.24　板厚 1.2 mm の軟鋼(SPCC)の場合の溶融膜厚

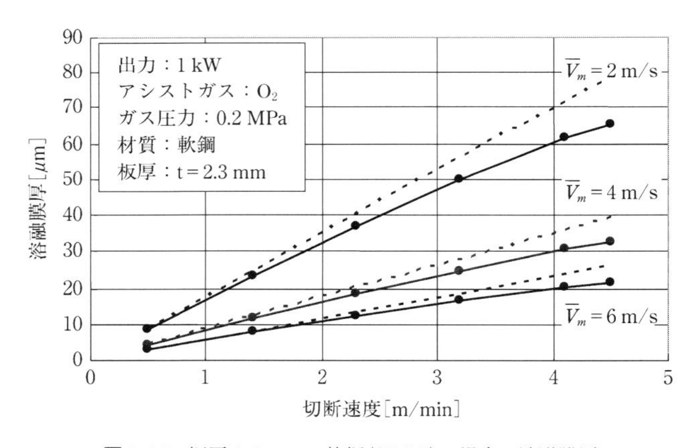

図 9.25　板厚 2.3 mm の軟鋼(SPCC)の場合の溶融膜厚

切断幅および切断速度に依存することから $L^* = 1.43 \sim 1.04$ mm の範囲であった．パラメータには平均流出速度を用いた．平均流出速度はガス圧力が高いと速く，圧力が低いと遅くなる場合を想定している．その結果，図から溶融膜厚は切断速度が増すにつれて増大するが，溶融金属の平均流出速度が速いほど薄くなる傾向を示した．

また，図 9.25 には，同じ出力で板厚 2.3 mm の軟鋼の場合での計算結果を示す．速度範囲は板厚 2.3 mm の場合のドロスフリー限界速度の 4.5 m/min とした．同様に $\overline{w} = 0.35 \sim 0.30$ mm の範囲であり，$L^* = 1.33 \sim 0.94$ mm の範囲であった．レーザ切断では，板厚ごとの良好な切断範囲における切断幅の変化をみると，板厚が増すと相対的に切断速度が遅くなることに対応して切断幅は増加する．しかし，薄板で同じ出力と切断速度範囲での比較では，板厚が薄いほど切断幅がかえって広がることが観測される．これは薄板に対しては熱的に過入力の状態となり，切断速度が板厚に比べて遅いことによる．

その結果，切断速度に比例して溶融膜厚は増大するが，その増加の割合は板厚に比例し，板厚 2.3 mm の場合のほうが板厚 1.2 mm に比べて大きい．なお，図 9.24，図 9.25 中のプロット点は切断速度による補正を考慮した値を示す．

さらに両者を比較した結果，平均流出速度が $\overline{V}_m = 4$ m/s で，板厚が 1.2 mm の場合で切断速度が 4 m/min のとき，溶融膜厚は約 18 μm であったのに対して，同じ条件で板厚が 2.3 mm のときは，溶融膜厚は約 34 μm となり約 2 倍であった．

切断速度が増すにつれて切断フロントでの膜厚が増大するのは，アシストガス噴流のフロントでの作用時間による．アシストガス噴流の圧力は一定でフロントに常時作用しているため，切断速度が遅い場合には噴流のこの点に作用する時間が長くなり，より多くの溶融金属を排出除去するのに対して，切断速度が速い場合には，溶融金属の排出時間が短くなることに対応している．ただし，切断速度に比べて溶融する反応速度は十分速いうえに，フロントの反応温度も高い．また，切断速度が遅いと熱影響層が増大することには変わりがない．

レーザ切断でもっとも重要なのは切断フロントの状態である．切断フロントにおける温度と溶融膜厚が切断速度を左右する．切断速度が速くなるにつれて切断フロントの位置が熱源の中心軸に近づくことから，切断フロントの最高到達温度は高くなる．また，一定ガス圧のアシストガス噴流のもとでは，切断速度が遅いとレーザ光の真下における切断溝が大きくなり，溝内で溶融金属は多く発生するものの，その分ガス噴流のフロントに滞留する時間が長くなることからガス運動量の影響をもろに受けて，直下の溶融金属膜は大量に強制除去される結果かえって薄くなる．反対に，切断速度が速いほどレーザ照射の位置とガス噴流の衝突箇所がすばやく移動することから，単位距離あたりの滞留時間が短くなる．その結果，フロントでの切断幅が小さくなり溶融金属の除去量がむしろ減少し，高熱が

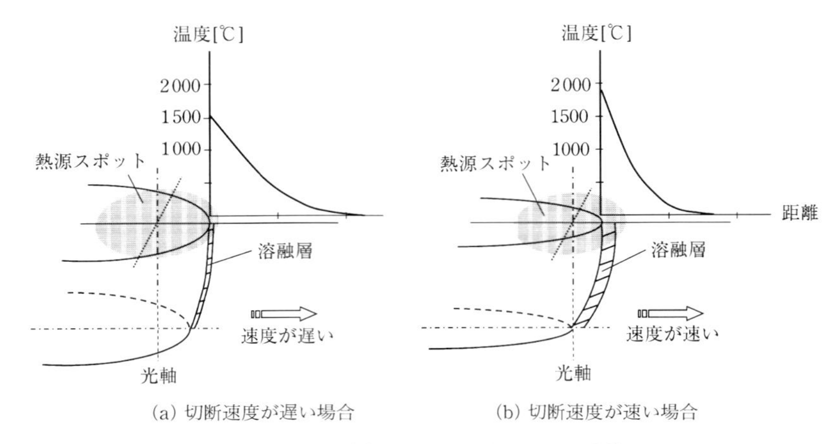

(a) 切断速度が遅い場合　　(b) 切断速度が速い場合

図 9.26　切断速度に対する切断フロントの状態

作用する熱反応フロントにおける溶融膜厚はかえって大きくなる．このことから，溶融膜厚は切断速度が高速になるほど厚くなる傾向がみられる．図 9.26 にその結果を図示する．このようにレーザ切断を司り，切断を維持するのは切断フロントに生じる温度と一定の溶融膜厚であり，これが切断時の加工速度を決定している．

この切断フロントの温度の推算で示したように，フロントでは切断速度は遅いほど溶融膜厚は薄く切断速度が速いほど溶融膜厚は厚いことをあきらかにした．それを別の視点から検証する．

一定時間内 t に拡散する粒子の平均距離は，拡散係数を D として次式で与えられる．

$$\bar{x} = \sqrt{2Dt} \tag{9.14}$$

ここで，主にレーザ熱源によって形成される溶融膜厚 Δr は，x 方向に進んだ拡散距離と考えられるので，$x = \Delta r$，$t = \tau$ とすると

$$\Delta r = \sqrt{2Dt}$$

$$\frac{d}{d\tau}(\Delta r) = \frac{d}{d\tau}\sqrt{2Dt} = \frac{1}{2}\sqrt{\frac{2D}{\tau}}$$

(9.14) 式より

$$\frac{d}{d\tau}(\Delta r) = V_x = \frac{D}{\Delta r}$$

$$D = \Delta r \cdot V_x \tag{9.15}$$

切断が維持されている場合，進行方向を x 軸にとると切断フロントでの溶融拡散速度 V_x は送り速度 F に等しくなければならないと考えられるので，

$$D = \Delta r \cdot F \tag{9.16}$$

(9.16) 式は一定の範囲で，拡散係数 D は切断速度と溶融膜厚の積で表される．また，拡散係数 D は定数でもある．その結果，レーザ切断速度が遅いときは溶融膜厚が大きく，切断速度が速いときは溶融膜厚が小さいことを示す．ただし，この場合はアシストガス噴流の影響を考慮していない．

進行方向となるフロントではアシストガス噴流の影響により切断速度が遅いほど溶融金属を除去するための関与時間が長いのでかえって薄くなってしまうのである．しかし，切断面（側壁）では，切断速度は遅いほど溶融除去量は大きく切断壁面での溶融層や熱影響層は大きく，切断速度は速いほど溶融除去量は小さく切断壁面で形成される溶融層や熱影響層は小さい．したがって，溶融除去量は切断速度に依存するが，切断速度が遅い場合にはフロントで両サイドに分かれて流

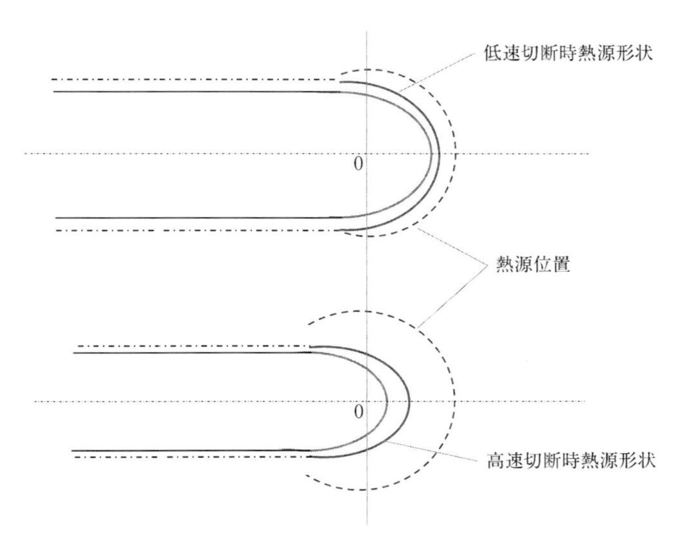

図 9.27　切断速度の変化と熱源中心・切断フロント・溶融膜の相対位置関係

れ出る溶融金属の量は多いことから先端の膜厚は薄いものの，両サイドの溶融金属で形成される膜厚は厚くなり，条痕のピッチも大きくなる傾向をもち，反対に，切断速度が速い場合には，フロントで両サイドに流れ出る溶融金属の量は少ないことから先端の膜厚は厚く，両サイドに流れ出る溶融金属で形成される膜厚は薄くなり，その条痕のピッチも小さくなる傾向をもつとしている[12]．なお，これまでの情報から切断加工におけるビームスポットと光軸およびフロントにおける変形熱源の位置関係を図 9.27 に示す．

9.2.2.5　切断の限界速度

レーザ切断を推進するために必要なエネルギーは，レーザ熱源による直接のレーザエネルギー E_{lp} と加工のアシストに同軸噴射される酸素ガスによって促進される燃焼（酸化）による反応エネルギー E_{cr} である．ただし，ここでのエネルギーは入熱エネルギーそのものではなく，切断フロントに直接関与するものとなる．また，酸化反応は厚板になるほどその割合は大きくなる．

酸化による反応熱は前出の式（6.27）から計算され，発熱量はレーザが照射され除去される溝部分の体積から 1mole あたりの発熱量として計算される．鉄の単位時間あたりの発熱量は約 1.232 kJ/sec 程度である．一定の条件下で，材料と板厚が決まり切断速度が固定されると，反応エネルギーの値は一定となる．

切断を行うためには切断フロントが少なくとも溶融温度以上に達する必要があるが，溶融温度 T_m に達するためのレーザエネルギー P は，ビームが一定の切断速度 F で材料の x 方向に移動した場合，以下の式で表せる[15]．

$$P=\frac{2\pi\lambda t^{*}T_m}{\mathrm{Exp}\left(-\dfrac{Fx}{2\alpha}\right)\cdot K_0\left(\dfrac{Fb}{2\alpha}\right)}-Q \tag{9.17}$$

ここで，λ：熱伝導率，α：熱拡散率，F：切断速度（m/min）b：切断溝幅（mm）K_0 は 0 次の第 2 種変形 Bessel 関数である．

前出のように，レーザエネルギー E_{lp} と酸化反応で発生するエネルギー E_{cr} で，Q_0 は酸化反応熱（W 換算）となるが，E_{lp} を任意の速度で切断している時に必要なエネルギー P にし，E_{cr} を任意の速度で切断しているときに鋼板から発生する反応エネルギー Q とした．式（9.13）における板厚は薄い場合に成立する．なお，薄板でない場合の板厚 t^{*} は単純比例ではなく，みかけの板厚など

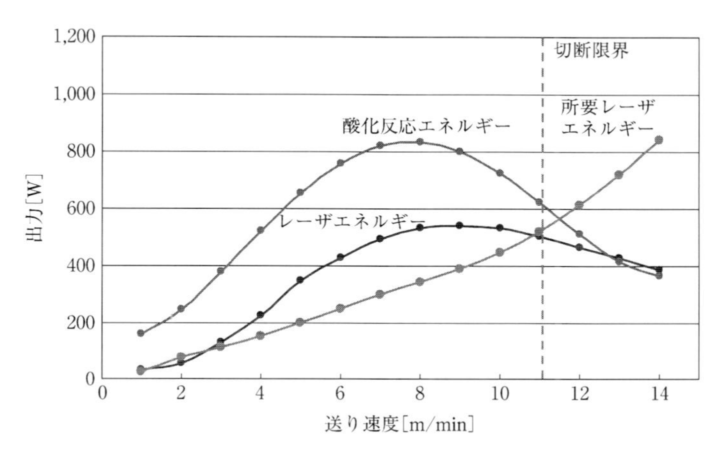

図 9.28　レーザ切断での各エネルギーの速度変化限界速度の計算例

を考慮する必要がでてくる．このようにして求めた計算の一例を図 9.28 に示す．

レーザによる入熱エネルギーは切断速度によって増加するが，速度が一定以上になってくると関与する割合が減少する．同様に酸化エネルギーは板の切断限界に近づくと溶融が十分行われなくなり減少する．しかし，式（9.17）の計算では，これを十分に溶かし溝から溶融除去して排出させるために必要なレーザエネルギーは速度が増すにしたがって指数関数的に増加する．板厚 1mm の軟鋼の場合，計算ではレーザ出力が切断速度 11m/min で必要エネルギー以下となった．この点は切断の限界速度に一致する．少なくとも切断に要する必要エネルギー以上にないと切断ができないことを示している．なお，実験ではアシストガスの酸素純度は 99.5 %を想定している．

9.3　レーザ切断と理論解析

9.3.1　切断時の材料表面の温度解析

レーザによる切断加工の温度解析を熱伝導論的に解くのは，加工中蒸発してなくなる“切断溝”のために，数学的取扱いが難しい．そのため，熱伝導論的展開および数値解析はあまり多くない．そのなかで，材料の表面温度に対する 1 つの方法をここに示す．熱伝導論では加工熱源のモデル化が重要なポイントになる．

単に既存の式を用いて解くこともできるが，解析精度を高める方法をとることが望まれる．ここでは，材料が繊維の方向性をもつが，熱の影響が顕著に現れやすいことから，木材を計算対象に選ぶことにする．

レーザビームを用いた木材ならびに木質材料などの加工を理論解析するために，切断加工現象を数学的にモデル化する．解析では虚熱源を考慮した一種の輪状の熱源から，切断溝に含まれる後方の輪の一部分を近似した熱源によって数学的に差し引く方法で，切断の定常状態における熱源形状の数学的モデルを設定し，熱伝導論的な温度解析を示す．

本節ではレーザ加工の中の“切断加工”に相当する条件を設定して，木材表面での温度分布状態を理論的に求め，さらに，実際に同一条件下での加工実験と対比させ，比較検討する．

9.3.2　解　析　方　法[19)]

切断における加工機構のモデル化と，その数学的取扱いのための仮定は8章の場合と同様とする．物質が均質（供試木材を多孔質均質材料と仮定）であるとし，熱が物体中に単位時間に単位体積あたり $Q(x,\ y,\ z)$ の割合で与えられる3次元物体の熱伝導は，一般に次式で与えられる．

$$\nabla^2\theta-\frac{1}{\alpha}\frac{\partial\theta}{\partial t}=-\frac{Q(x,\ y,\ z)}{\lambda} \tag{9.18}$$

この式を解くにあたり，図9.29に示すようにビームを固定し，加工物が x 軸

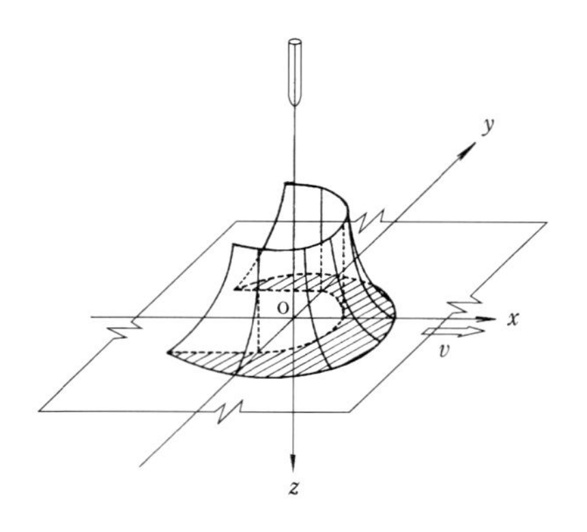

図9.29　切断加工のための熱源モデル

方向に送り速度 v で平行移動するものとし，ビームを基準にして座標を考えた場合，レーザビームは z 軸に平行で，時間 $t=0$ で表面 $z=0$ に衝突するものとする．

定常状態において点（x，y，z）における温度上昇は，材料表面からの熱損失がないものとすれば，次式で与えられる[20]．

$$\theta=\frac{\alpha}{4\lambda\sqrt{(\pi\alpha)^3}}\int_0^{\infty}\int_{-\infty}^{\infty}\int_{-\infty}^{\infty}\frac{w(x',\ y')}{\sqrt{t^3}}\times \mathrm{e}^{-\frac{(x-x'+vt)^2+(y-y')+z^2}{4\alpha t}}\mathrm{d}x'\mathrm{d}y'\mathrm{d}t \tag{9.19}$$

ここで，$w(x',\ y')$ は熱源のエネルギー分布を示す．

切断に最適なビームモードは通常シングルモードといわれ，このビームのエネルギー強度分布はガウス分布（TEM_{00} モード）である．物体を均質で等方的であるとして，エネルギー分布がガウス分布であるレーザビームが x 軸に平行に一定速度 v で移動したときの温度分布は，その熱源がほぼ真円であり，熱源中心に原点があるとき次式で表される**1．

$$\theta_G=\frac{\varepsilon W}{\lambda r\sqrt{\pi^3}}\int_0^{\infty}\frac{\mathrm{e}^{-\frac{(X+Up^2)^2+Y^2}{\Re^2+p^2}-\frac{Z_0{}^2}{p^2}}}{\Re^2+p^2}\mathrm{d}p \tag{9.20}$$

ただし，$X=\dfrac{x}{r}$，　$Y=\dfrac{y}{r}$，　$Z_0=\dfrac{z}{r}$，　$\Re=\dfrac{a}{r}$，　$U=\dfrac{vr}{4\alpha}$

ここで，ε は材料の熱吸収率に相当する実質寄与率で，金属材料の吸収率と区別した．α は熱拡散率，v はビームの走行速度，r はビームのスポット半径（中心強度の $1/\mathrm{e}^2$）で，また，a は熱源幅の半径を示す．なお，θ_G の試算式は後に出てくる θ_g と同じである．

＊＊1　ガウス分布熱源の θ_G の導出

ほぼ真円と仮定した場合のガウス分布熱源のエネルギー分布 $w(x',\ y')$ は次式で示される．

$$w(x',\ y')=\frac{W}{\pi a^2}\mathrm{e}^{-\frac{x'^2+y'^2}{a^2}} \tag{A.1}$$

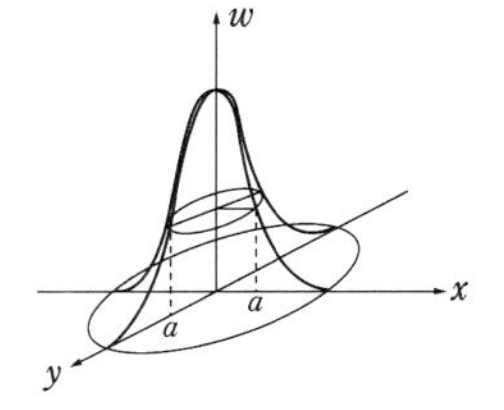

これを式（9.9）に代入すると

$$\theta=\frac{\varepsilon\alpha}{4\lambda\sqrt{(\pi\alpha)^3}}\int_0^{\infty}\int_{-\infty}^{\infty}\int_{-\infty}^{\infty}\frac{\frac{W}{\pi a^2}\,\mathrm{e}^{-\frac{x'^2+y'^2}{a^2}}}{\sqrt{t^3}}\,\mathrm{e}^{-\frac{(x-x'+vt)^2+(y-y')^2+z^2}{4\alpha t}}\,\mathrm{d}x'\mathrm{d}y'\mathrm{d}t \tag{A.2}$$

積分記号以下を I_0 として，次のように書き換える．

$$I_0=\frac{W}{\pi a^2}\int_{-\infty}^{\infty}\mathrm{e}^{-\frac{x'^2}{a^2}-\frac{(x-x'+vt)^2}{4\alpha t}}\,\mathrm{d}x'\int_{-\infty}^{\infty}\mathrm{e}^{-\frac{y'^2}{a^2}-\frac{(y-y')^2}{4\alpha t}}\,\mathrm{d}y'\int_0^{\infty}\frac{\mathrm{e}^{-\frac{z^2}{4\alpha t}}}{\sqrt{t^3}}\,\mathrm{d}t \tag{A.3}$$

ここで，

$$I_x=\int_{-\infty}^{\infty}\mathrm{e}^{-\left(\frac{x'^2}{a^2}+\frac{(x-x'+vt)^2}{4\alpha t}\right)}\,\mathrm{d}x',\ I_y=\int_{-\infty}^{\infty}\mathrm{e}^{-\left(\frac{y'^2}{a^2}+\frac{(y-y')^2}{4\alpha t}\right)}\,\mathrm{d}y',\ I_z=\int_0^{\infty}\frac{\mathrm{e}^{-\frac{z^2}{4\alpha t}}}{\sqrt{t^3}}\,\mathrm{d}t \tag{A.4}$$

とおいて，それぞれについて解く．

$$I_y=\int_{-\infty}^{\infty}\mathrm{e}^{-\left(\frac{y'^2}{a^2}+\frac{y^2-2yy'+y'^2}{4\alpha t}\right)}\,\mathrm{d}y'=\mathrm{e}^{-\frac{y^2}{4\alpha t}}\int_{-\infty}^{\infty}\mathrm{e}^{-\left\{\left(\frac{a^2+4\alpha t}{4a^2\alpha t}\right)y'^2-\left(\frac{y}{2\alpha t}\right)y'\right\}}\,\mathrm{d}y' \tag{A.5}$$

ここで，次のように置き換える．

$$A_y=\sqrt{\frac{a^2+4\alpha t}{4a^2\alpha t}}\,(=A_x),\qquad B_y=\frac{ay}{\sqrt{4\alpha t(a^2+4\alpha t)}} \tag{A.6}$$

これを用いて表すと，式（A.5）は，

$$I_y=\mathrm{e}^{-\frac{y^2}{4\alpha t}}\int_{-\infty}^{\infty}\mathrm{e}^{-[(A_yy'-B_y)^2-B_y{}^2]}\,\mathrm{d}y'=\mathrm{e}^{B_y{}^2-\frac{y^2}{4\alpha t}}\int_{-\infty}^{\infty}\mathrm{e}^{-(A_yy'-B_y)^2}\,\mathrm{d}y' \tag{A.7}$$

ここで，$A_yy'-B_y=u$ とおくと，$\mathrm{d}y'=\mathrm{d}u/A_y$ となる．

さらに，$\int_{-\infty}^{\infty}\mathrm{e}^{-u^2}\,\mathrm{d}u=\sqrt{\pi}$ となる関係を用いると，

$$I_y=\mathrm{e}^{B_y{}^2-\frac{y^2}{4\alpha t}}\int_{-\infty}^{\infty}\mathrm{e}^{-u^2}\frac{\mathrm{d}u}{A_y}=\frac{\sqrt{\pi}}{A_y}\,\mathrm{e}^{B_y{}^2-\frac{y^2}{4\alpha t}}$$

ところで，$B_y{}^2-(y^2/4\alpha t)=-y^2/(a^2+4\alpha t)$ となることから，

$$I_y=\sqrt{\frac{4\pi a^2\alpha t}{a^2+4\alpha t}}\,\mathrm{e}^{-\frac{y^2}{a^2+4\alpha t}} \tag{A.8}$$

同様にして

$$
\begin{aligned}
I_y &= \mathrm{e}^{-\frac{(x+vt)^2}{4\alpha t}} \int_{-\infty}^{\infty} \mathrm{e}^{-\left\{\left(\frac{a^2+4\alpha t}{4a^2\alpha t}\right)x'^2-\left(\frac{x+vt}{4\alpha t}\right)x'\right\}} \mathrm{d}x' \\
&= \mathrm{e}^{Ex^2-\frac{(x+vt)^2}{4\alpha t}} \int_{-\infty}^{\infty} \mathrm{e}^{-(A_x x'-B_x)^2} \mathrm{d}x'
\end{aligned}
\tag{A.9}
$$

ここで，

$$
B_x = \frac{a(x+vt)}{\sqrt{4\alpha t(a^2+4\alpha t)}}
$$

式（A.4）の関係を用いて書き直すと，

$$
I_x = \sqrt{\frac{4\pi a^2 \alpha t}{a^2+4\alpha t}}\, \mathrm{e}^{-\frac{(x+vt)^2}{a^2+4\alpha t}} \tag{A.10}
$$

以上をまとめると，

$$
I_0 = \frac{W}{\pi a^2}\int_0^{\infty} I_x \times I_y \times \frac{\mathrm{e}^{-\frac{z^2}{4\alpha t}}}{\sqrt{t^3}}\,\mathrm{d}t = W\int_0^{\infty} \frac{4\alpha \mathrm{e}^{-\frac{(x+vt)^2+y^2}{a^2+4\alpha t}-\frac{z^2}{4\alpha t}}}{a^2+4\alpha t}\cdot\frac{\mathrm{d}t}{\sqrt{t}} \tag{A.11}
$$

無次元化のために，$4\alpha t = r^2 p^2$ とおくと，

$$
t = \frac{r^2}{4\alpha}p^2, \qquad \mathrm{d}t = \frac{r^2}{2\alpha}p\,\mathrm{d}p
$$

さらに，無次元化のために

$$
\frac{x}{r} = X, \quad \frac{y}{r} = Y, \quad \frac{z}{r} = Z_0, \quad \frac{a}{r} = \Re, \quad \frac{vr}{4\alpha} = U, \quad 4\alpha t = p^2 r^2
$$

とおくと，

$$
I_0 = \frac{4\sqrt{\alpha}\,W}{r}\int_0^{\infty} \frac{\mathrm{e}^{-\frac{(X+Up^2)^2+Y^2}{\Re^2+p^2}-\frac{{Z_0}^2}{p^2}}}{\Re^2+p^2}\,\mathrm{d}p
$$

したがって，もとの式（A.2）に代入すると，

$$
\theta_G = \frac{\varepsilon W}{\lambda r\sqrt{\pi^3}}\int_0^{\infty} \frac{\mathrm{e}^{-\frac{(X+Up^2)^2+Y^2}{\Re^2+p^2}-\frac{{Z_0}^2}{p^2}}}{\Re^2+p^2}\,\mathrm{d}p \tag{A.12}
$$

となり，本文の式（9.20）を得る．

方程式が線形であると仮定し，ビームのスポット径における定義同様に，温度の最大値の $1/e^2$ となる半径を温度分布のスポット半径と定義すれば，切断機溝を次のように近似することができる．図 9.30(b)に示すように，まず大きなガウス分布熱源 θ_G から，それより熱源底面積（スポット径）が小さく，切断溝幅に合わせて適当に選ばれたガウス分布熱源 θ_g を差し引き，空洞のガウス分布熱源をつくる．この際，負の部分にできる虚熱源は正の部分の切断溝内に入る部分と熱的に等しいとする．

この輪状の熱源が x 方向に移動して切断加工を行うのであるが，このとき，切断溝（切断幅）内に入ってしまう輪状熱源の後方の一部分を，式（9.21）で示す熱源の式で同値とみなして同一座標上で数学的に差し引いてやると，加工機構からみた実際の切断時の熱源に類似する（図 9.30(a)）．除去される熱源は，切断幅を $2b$ としたとき，次式で示される**2．

$$\theta_d = \frac{\varepsilon W}{8b\lambda\pi}\int_0^\infty \frac{\mathrm{e}^{-\frac{(X+Up^2)^2+Y^2}{\Re^2+p^2}-\frac{Z_0{}^2}{p^2}}}{\sqrt{\Re^2+p^2}}\left[\mathrm{erf}\left(\frac{Y+B}{p}\right)-\mathrm{erf}\left(\frac{Y-B}{p}\right)\right]$$
$$\times\left[1-\mathrm{erf}\left(\frac{\sqrt{\Re^2+p^2}}{\Re p}\right)\delta^* + \frac{(X+Up^2)}{\sqrt{\Re^2+p^2}}\cdot\frac{\Re}{p}\right]\mathrm{d}p \qquad (9.21)$$

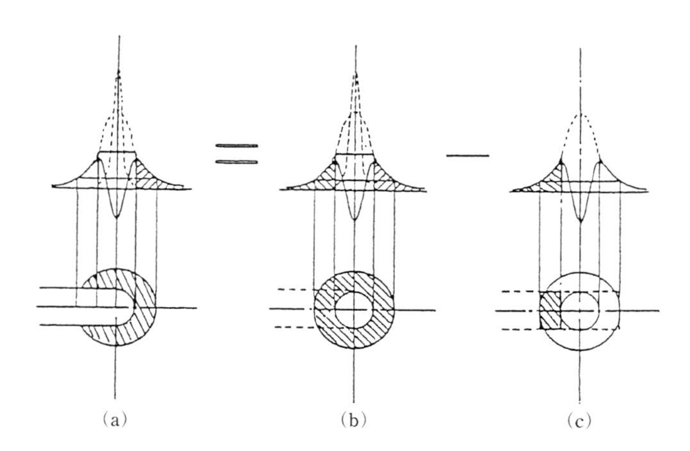

図 9.30　切断加工の数学的近似モデル．(b)は 2 つのガウス型熱源からつくり出された輪状熱源，(c)は溝内に入る後方のダミー熱源，(a)この 2 つの熱源モデルから導き出された切断用熱源モデル

ここで，$B=b/r$，$\delta^*=\delta/r$ で，ほかは式（9.20）に用いたものと同じである．したがって，求める温度分布は次のようになる．

$$\Theta_n=(\theta_G-\theta_g)-\theta_d \qquad n=1,\ 2 \tag{9.22}$$

式（9.22）において，熱源の幅が大きいガウス分布の熱源 θ_G より，幅が小さく径が切断溝相当のガウス分布熱源 θ_g を数学的に差し引くことによって，リング状の熱源を取り出すことができる．そこからさらに後方の溝内の熱源である θ_d を差し引くことにより，上式より点（x，y，z）の温度分布が求められる．

＊＊2　除去される熱源 $\boldsymbol{\theta_d}$ の導出

この熱源のエネルギー分布は，熱源幅 $2b$ とすると，

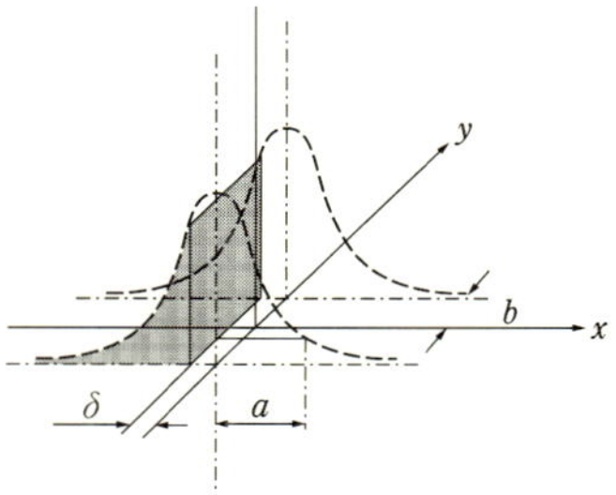

$$w(x',\ y')=\frac{W}{2ab\sqrt{\pi}}\,\mathrm{e}^{-\frac{x'^2}{a^2}}F(x',\ y')$$

$$F(x',\ y')=1\quad\begin{bmatrix}x'<-\delta\\ |y'|\leqq b\end{bmatrix} \tag{B.1}$$

$$F(x',\ y')=0\quad\begin{bmatrix}x'\geqq-\delta\\ |y'|>b\end{bmatrix}$$

これを式（9.19）に代入すると，

$$\theta=\frac{\alpha}{4\lambda\sqrt{(\pi\alpha)^3}}\int_0^{\infty}\int_{-\infty}^{\infty}\int_{-\infty}^{\infty}\frac{\frac{W}{2ab\sqrt{\pi}}\,\mathrm{e}^{-\frac{x'^2}{a^2}}}{\sqrt{t^3}}\,\mathrm{e}^{-\frac{(x-x'+vt)^2+(y-y')^2+z^2}{4\alpha t}}\,\mathrm{d}x'\mathrm{d}y'\mathrm{d}t \tag{B.2}$$

$$\theta=\frac{\alpha}{4\lambda\sqrt{(\pi\alpha)^3}}\times\frac{W}{2ab\sqrt{\pi}}\times J_0 \tag{B.3}$$

ここで，

$$J_0=\int_0^{\infty}\frac{\mathrm{e}^{-\frac{z^2}{4\alpha t}}}{\sqrt{t^3}}\,\mathrm{d}t\times\int_{-b}^{b}\mathrm{e}^{-\frac{(y-y')^2}{4\alpha t}}\,\mathrm{d}y'\times\int_{-\infty}^{-\delta}\mathrm{e}^{-\frac{x'^2}{a^2}-\frac{(x-x'+vt)^2}{4\alpha t}}\,\mathrm{d}x' \tag{B.4}$$

次に

$$J_z=\int_0^{\infty}\frac{\mathrm{e}^{-\frac{z^2}{4\alpha t}}}{\sqrt{t^3}}\,\mathrm{d}t,\quad J_y=\int_{-b}^{b}\mathrm{e}^{-\frac{(y-y')^2}{4\alpha t}}\,\mathrm{d}y',\quad J_x=\int_{-\infty}^{-\delta}\mathrm{e}^{-\frac{x'^2}{a^2}-\frac{(x-x'+vt)^2}{4\alpha t}}\,\mathrm{d}x' \tag{B.5}$$

とおいて，それぞれについて解く．

ここで，$4\alpha t = r^2p^2$ とおくと $\mathrm{d}t = (r^2/2\alpha)p\mathrm{d}p$ となるから，

$$J_z = \int_0^\infty \frac{\mathrm{e}^{-\frac{z^2}{4\alpha t}}}{\sqrt{t^3}}\,\mathrm{d}t = \int_0^\infty \frac{4\sqrt{\alpha}}{rp^2}\,\mathrm{e}^{-\frac{Z_0{}^2}{p^2}}\,\mathrm{d}p$$

ただし，$\dfrac{z}{r} = Z_0$，$4\alpha t = r^2p^2$ (B.6)

$$J_y = \int_{-b}^{b} \mathrm{e}^{-\frac{(y-y')^2}{4\alpha t}}\,\mathrm{d}y' = \int_{-b}^{b} \mathrm{e}^{-\frac{\left(\frac{y-y'}{r}\right)^2}{p^2}}\,\mathrm{d}y' \qquad \text{(B.7)}$$

ここで，$(y-y')/r = Y'$ とおけば，$\mathrm{d}y' = -r\mathrm{d}Y'$ となる．

また，

$$y' = +b \rightarrow Y' = \frac{y-b}{r}$$

$$y' = -b \rightarrow Y' = \frac{y+b}{r}$$

となるから式（B.7）は

$$J_y = \int_{\frac{y+b}{r}}^{\frac{y-b}{r}} \mathrm{e}^{-\frac{Y'^2}{p^2}}(-r\mathrm{d}Y') = r\int_{\frac{y-b}{r}}^{\frac{y+b}{r}} \mathrm{e}^{-\frac{Y'^2}{p^2}}\,\mathrm{d}Y' \qquad \text{(B.8)}$$

ここで，$y/r = Y$，$b/r = B$，$Y'/p = \eta$ とおけば $\mathrm{d}Y' = p\mathrm{d}\eta$

$$Y' = Y+B \rightarrow \eta = \frac{Y+B}{p}$$

$$Y' = Y-B \rightarrow \eta = \frac{Y-B}{p}$$

さらに，誤差関数 $\mathrm{erf}\,x = 2/\sqrt{\pi}\int_0^x \mathrm{e}^{-\eta^2}\,\mathrm{d}\eta$ となる関数と $4\alpha t = r^2p^2$ を用いて書き換えると，

$$J_y = r\int_{\frac{Y-B}{p}}^{\frac{Y+B}{p}} \mathrm{e}^{-\eta^2}\,\mathrm{d}\eta = rp\frac{\sqrt{\pi}}{2}\left[\mathrm{erf}\left(\frac{Y+B}{p}\right) - \mathrm{erf}\left(\frac{Y-B}{p}\right)\right] \qquad \text{(B.9)}$$

同様にして，

$$J_x = \int_{-\infty}^{-\delta} \mathrm{e}^{-\left\{\frac{x'^2}{a^2} + \frac{(x-x'+vt)^2}{4\alpha t}\right\}}\,\mathrm{d}x'$$

ここで

$$A=\sqrt{\frac{a^2+4\alpha t}{4\alpha t a^2}},\quad B=\frac{a(x+vt)}{\sqrt{4\alpha t(a^2+4\alpha t)}},\quad C=\frac{(x+vt)^2}{a^2+4\alpha t} \tag{B.10}$$

とおくと，

$$J_x=\int_{-\infty}^{-\delta}\mathrm{e}^{-(Ax'-B)^2-C}\,\mathrm{d}x'=\mathrm{e}^{-C}\int_{-\infty}^{-\delta}\mathrm{e}^{-(Ax'-B)^2}\,\mathrm{d}x' \tag{B.11}$$

となる．さらに $Ax'-B=\eta$ とおくと $\mathrm{d}x'=\mathrm{d}\eta/A$

$$x'=-\delta \rightarrow \eta=-A\delta-B$$

$$x'=-\infty \rightarrow \eta=-\infty$$

変数変換すれば

$$J_x=\frac{\mathrm{e}^{-C}}{A}\int_{-\infty}^{-A\delta-B}\mathrm{e}^{-\eta^2}\,\mathrm{d}\eta=\frac{\sqrt{\pi}}{2}\frac{\mathrm{e}^{-C}}{A}[1-\mathrm{erf}\,(A\delta+B)] \tag{B.12}$$

式（B.10）の条件を代入すると，

$$J_x=\frac{\sqrt{\pi}}{2}\cdot\frac{\mathrm{e}^{-\frac{(x+vt)^2}{a^2+4\alpha t}}}{\sqrt{\frac{4\alpha t+a^2}{4\alpha t a}}}\left\{1-\mathrm{erf}\left[\sqrt{\frac{a^2+4\alpha t}{4\alpha t a^2}}\,\delta+\frac{a(x+vt)}{\sqrt{4\alpha t(a^2+4\alpha t)}}\right]\right\}$$

ここで

$$\frac{x}{r}=X,\quad \frac{a}{r}=\Re,\quad \frac{vr}{4\alpha}=U,\quad \frac{\delta}{r}=\delta^*,\quad 4\alpha t=r^2p^2$$

を代入して，書き換えると，

$$J_x=\frac{\sqrt{\pi}}{2}\frac{rp\Re}{\sqrt{\Re^2+p^2}}\,\mathrm{e}^{-\frac{(X+Up^2)^2}{\Re^2+p^2}}\left\{1-\mathrm{erf}\left[\frac{\sqrt{\Re^2+p^2}}{\Re p}\,\delta^*+\frac{X+Up^2}{\sqrt{\Re^2+p^2}}\cdot\frac{\Re}{p}\right]\right\} \tag{B.13}$$

最後に，式（B.6），（B.9），（B.13）を式（B.3）に代入すると，

$$\begin{aligned}\theta_d=&\frac{\varepsilon W}{8b\lambda\pi}\int_0^{\infty}\frac{\mathrm{e}^{-\frac{(X+Up^2)^2}{\Re^2+p^2}-\frac{Z_0{}^2}{p^2}}}{\sqrt{\Re^2+p^2}}\left[\mathrm{erf}\left(\frac{Y+B}{p}\right)-\mathrm{erf}\left(\frac{Y-B}{p}\right)\right]\\&\times\left\{1-\mathrm{erf}\left[\frac{\sqrt{\Re^2+p^2}}{\Re p}\,\delta^*+\frac{(X+Up^2)}{\sqrt{\Re^2+p^2}}\cdot\frac{\Re}{p}\right]\right\}\mathrm{d}p\end{aligned} \tag{B.14}$$

となり，本文の式（9.21）を得る．

木材の場合，深さ方向（z 方向）は熱伝導で取り扱いにくいことはすでに述べたが，ここで示した理論解析法では，表面のごく薄い層までなら 3 次元の温度分

布を求めることができる．しかし，一定の以上の厚さをもった材料で，深さ方向を考慮した一般的な拡張はできない．これは木材に限らず，レーザ除去加工（穴あけ，切断など）の場合における深さ方向への光の進行は，減衰とともに起こる反射および吸収の作用により，熱伝導論だけでは単純に説明できない現象を伴うことに起因する．したがって，本解析の場合でも加工時の材料表面での温度解析に限定している．

ここで，$n=1$ は $\Theta_1=\Theta_x=\Theta_{/\!/}$ で繊維に対して平行な方向での熱定数（$\lambda_{/\!/}$，$\alpha_{/\!/}$）を用いて計算した場合の温度分布を，また，$n=2$ は $\Theta_2=\Theta_y=\Theta_{\perp}$ で繊維に対して垂直な方向での熱定数（$\lambda_{\perp}$，$\alpha_{\perp}$）を用いて計算した場合の温度分布を示す．それぞれの方向でのものを計算したあと，その値を用いて木材表面（x-y 平面）での任意の方向（角度 φ）における温度分布は式（8.16）でほぼ近似することができる．すなわち8章で述べたように，繊維方向の異なる2つの等温線を合成することにより，切断時の温度分布を求めることができる．

9.3.3　数　値　解　析

熱的な側面からみた切断機構を図9.31に示す．材料が輪状熱源によって昇温する様子を図示した．材料はいったん昇温したあと，中間に熱源がないため冷却される．さらに，後の熱源によって温度が急激に立ち上がって，熱源が去ったあと自然に冷却される．材料は斜線部分で昇温しはじめ，一定温度以上になると蒸発し除去される．後方の山は，材料が蒸発しないものと仮定した場合に輪状の熱源でできる温度分布の山であるが，この部分は θ_d によって差し引かれるので現れない．すなわち，x-z 平面（$y=0$）における切断前面(cutting front)では，斜線部分のみの入熱によって材料が熱分解および蒸発し除去されていく．

式（9.22）で θ_G から θ_g を差し引いてできる火口状の山の頂点位置（図9.30参照）は，切断幅（除去熱源における $2b$)に一致するように選んだ．切断前面ではレーザ熱源に接しているため冷却されることはなく，ガウス曲線の延長上の点線で示したところまで昇温する．なお計算では，この位置がわかるようにプログラムされている．

木材の場合の計算では，もとの θ_G の入熱量を200 W にした場合，θ_g の入熱量は約170 W であった．すなわち，除去される θ_d の部分も考慮すると，切断溝内の材料を除去しその直後から損失とされる熱量は全熱量の88 %以上で，これ

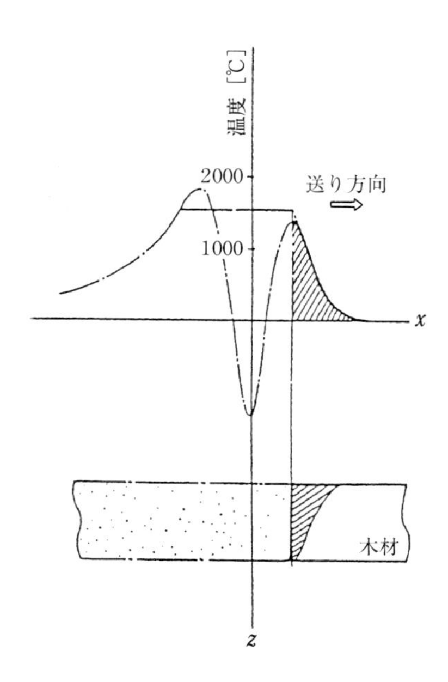

図 9.31 レーザ切断における計算のための切断機構モデル

に対して約 12 %程度が切断溝側面の熱影響層を形成に寄与していることになる．切断加工では熱源が移動する形式（実機では材料移動方式もある）をとるため，穴あけ加工に比べエネルギーの無駄が少ない．また，材料的に木材は熱伝導率が非常に小さく，そのため側面での材料の熱の吸収はきわめて少ない．擬似的切断溝を仮定した場合の実質寄与率 ε は 5 %であった．なお，計算に用いた熱定数は常温，$\theta = 20$℃の値を用いた．

9.3.4 計 算 結 果

計算例として，出力 200 W で材料の送り速度を変化させた場合の x-y 平面において，切断幅とそのまわりの熱影響層にあたる部分を計算したものを図 9.32 に示した．下方の図は実際にレーザで切断加工した場合の実験結果で，それぞれ 10 個のデータのばらつきを範囲として示した．図は繊維垂直方向に対する温度分布の場合であるが，送り速度が遅いほどまわりの熱影響部の広がりが大きい．

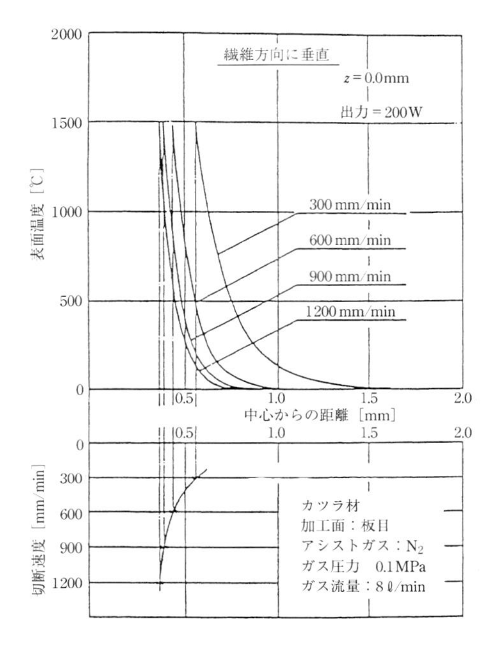

図 9.32　切断速度をパラメータとした計算により求められたカツラ材表面の繊維に垂直方向での温度分布［$\Theta_{\perp}$］

材料表面（x-y 平面）における温度分布をそれぞれ示す．図 9.33 では，繊維方向の熱定数を用いて計算したときのものを，また，図 9.34 には，繊維垂直方向の場合の熱定数を用いて計算した場合の温度分布の半分のみを示した．両方とも，200 W で送り速度が 300 mm/min のときの計算値であるが，蒸発温度が 1500℃と仮定した*2 場合に，温度分布の状態ならびに切断溝幅において，その広がりと大きさが異なっている．木材表面では繊維方向性を考慮に入れると式(8.16) によって等温線を合成する必要があるため，実際の木材表面での温度分布を示すと以下のようになる．図 9.35 は繊維方向と切断方向が同じとなる場合，図 9.36 は繊維方向が切断方向と垂直になる場合の材料表面における温度分布状

＊2　木材が健全に存在すると仮定して母材の熱影響層から換算した場合の計算で，実際は温度が 1500℃となると木材は材料的に劣化していることが多い．この場合は熱伝導的でなくなることも想定される．そのため，実際に木材が材料的に熱を伝えられる熱伝導的な温度の範囲は 1000℃程度と思われる[11]．

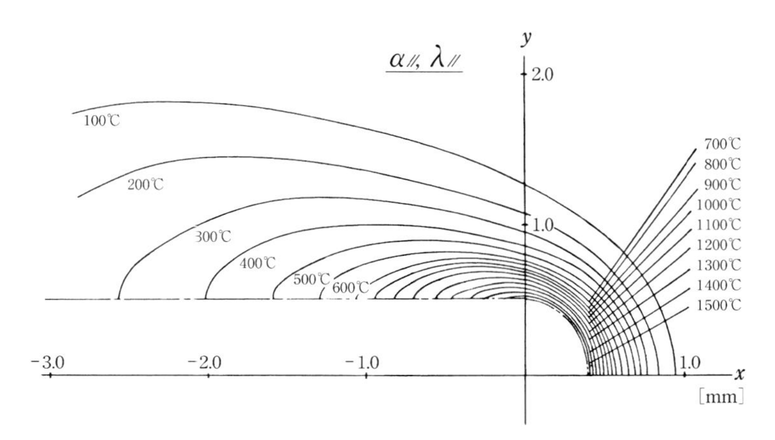

図 9.33　繊維方向の熱定数を用いて計算した場合で，繊維方向に進むときの温度分布

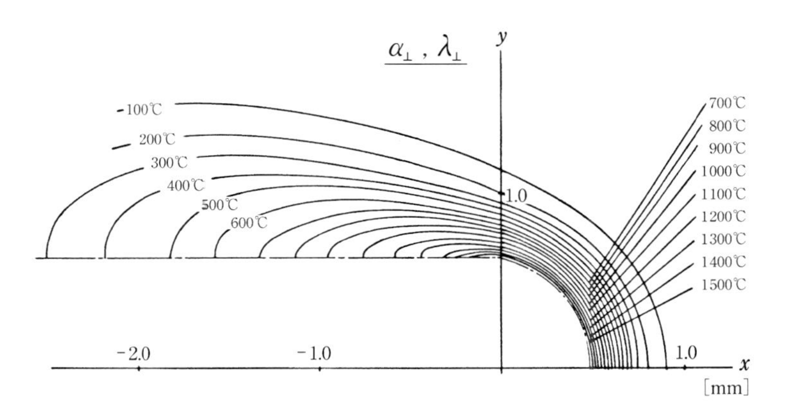

図 9.34　繊維に垂直方向の熱定数を用いて計算した場合で，繊維に垂直方向に進むときの温度分布

態を図示した．図 9.35 の場合のように繊維方向が切断方向と同じ x 方向となる場合は，進行方向に熱が広がりやすく，y 方向には熱が拡散しにくいために材料の局部温度が上昇し，その結果，切断溝となる部分は若干増加する．反対に，図 9.36 の場合のように繊維方向と垂直な方向に送るときは，x 方向に熱的な切断前線が伸びて温度勾配は急激になるが，y 方向には熱拡散が大きいので，温度勾配がやや緩やかとなるため切断前線は狭くなり，切断幅はやや小さくなる．

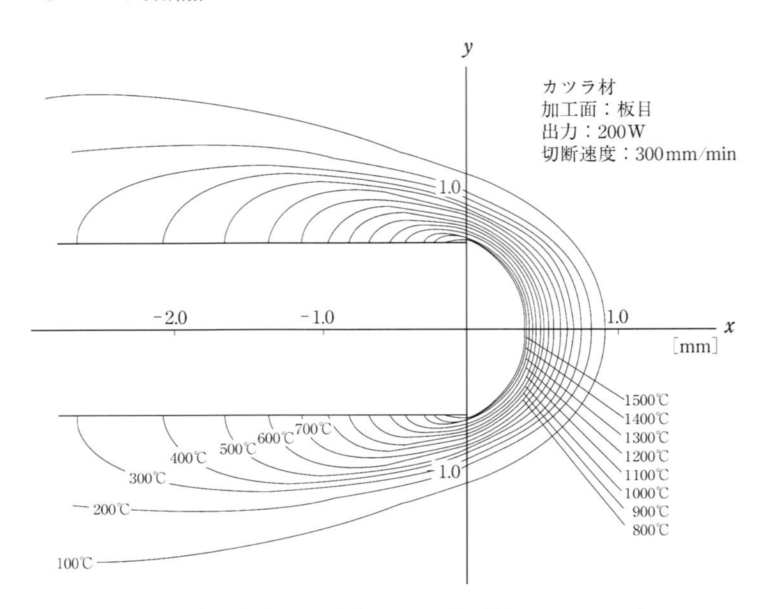

図 9.35　繊維方向と切断方向が同じ場合の材料表面の等温分布

300°C以上で視覚的に捉えられる部分は双方ともあまり大差はないが，送り方向と繊維方向とが一致する方向での切断のほうが結果的に切断幅はやや大きく，熱影響層は小さくなる傾向を示す．

図 9.37 に繊維方向に直交する方向に材料を送った場合のカツラ材の切断写真を示した．写真の上下の方向が繊維方向となる．加工条件は図 9.36 と同様である．繊維の方向性と温度分布の傾向をより明確にするために，出力を 250 W と大きくし，送り速度を 200 mm/min とやや遅くして熱影響の出やすい加工条件で比較した場合の，カツラ材表面で観察した熱影響とその切断幅を図 9.38 に示す．写真中の(a)は，上下方向が繊維方向で，(b)は左右方向が繊維方向である．アシストガスがほとんどないため，熱影響がそのまま形成され，理論値とよく類似している．なお，温度解析のための裏づけ実験では，理論を阻害する条件を排除し熱影響部が視覚的にあきらかに捉えられる条件で実験を行った．

その結果を整理すると，

① レーザ光の焦点をほぼ材料表面位置に結んで切断加工した場合，材料の送り

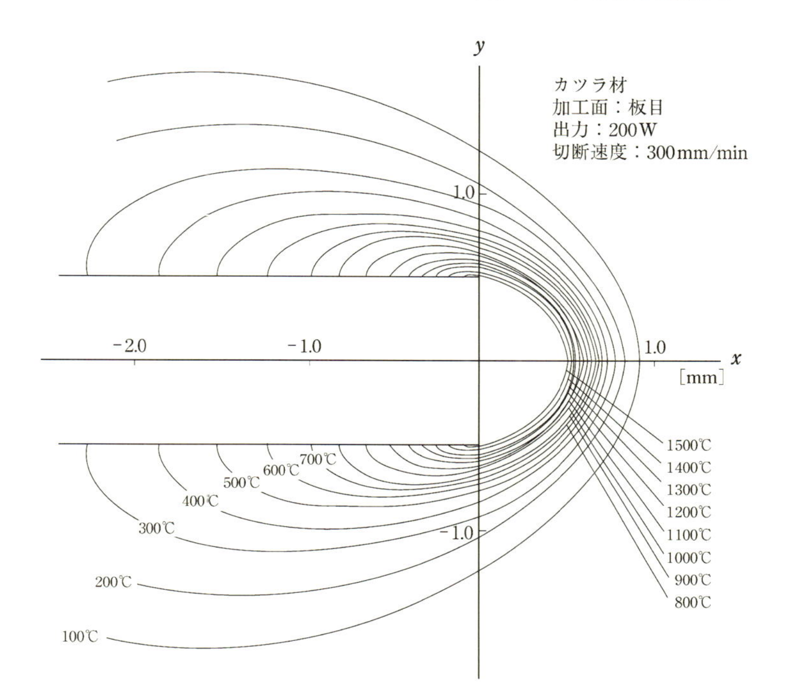

図 9.36　繊維方向と切断方向が直交する場合の等温分布

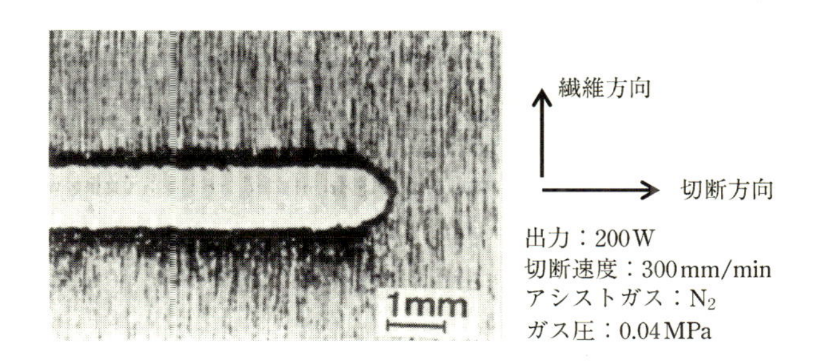

図 9.37　繊維方向に直交する方向に切断した場合のカツラ材表面写真

速度が遅ければそれだけ熱の関与時間が長くなるので，温度分布は横に広がる傾向をもつ．反対に，送り速度が速いときは温度分布の広がりは小さく，したがって，熱影響層も材料の送り速度にほぼ反比例する．

② 切断時の温度分布は熱源中心部付近で温度勾配が大きくなる．特に，ビーム

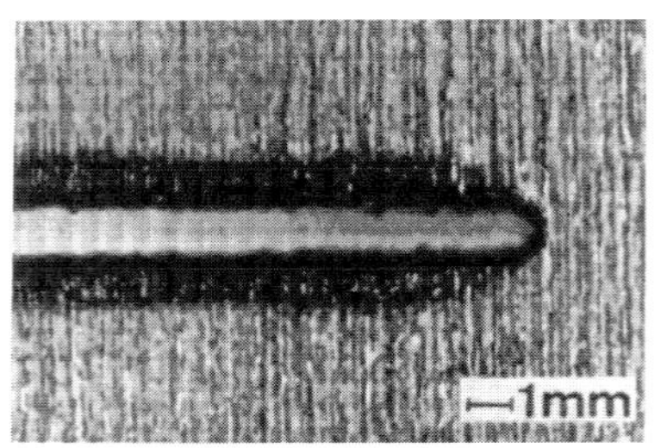

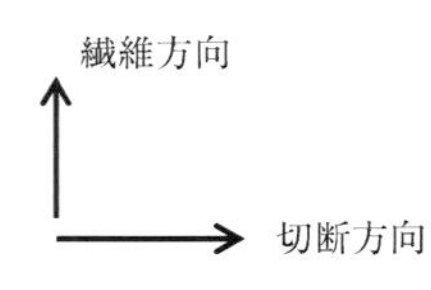

出力：250 W
切断速度：200 mm/min
アシストガス：N_2
ガス圧：0.04 MPa
ガス流量：-0～0 ℓ/min

(a) 繊維方向に垂直

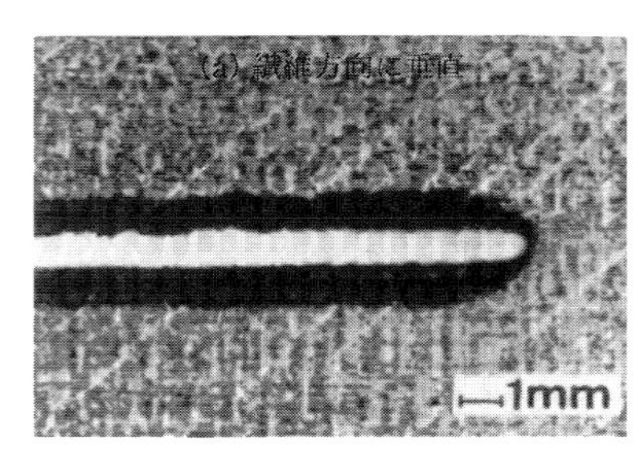

繊維方向
切断方向

(b) 繊維方向に平行

図 9.38　熱の影響がより鮮明に出る加工条件で繊維に直行する切断と平行となる切断

と材料の接点である切断フロントで急激になり，後方へ行くに従って緩やかに尾を引くように等温線が分布する．この等温線は後方の切断溝付近で冷却され，カーブがやや内側に入る．

③ 切断方向を繊維方向に平行にとった場合，表面温度分布は切断方向に広がり，横方向にはあまり広がりをもたない．その結果，切断溝となる横方向では，温度はあまり拡散せず熱がこもるためかえって切断幅が大きくなり，熱の影響部は小さくなる．また，切断方向が繊維方向に垂直となる場合は，温度が切断方向に広がらずに，むしろ横方向に広がりをもつ．その結果，切断幅はやや小さくなり，熱影響層が増大する．このような現象は出力が比較的大きく，送り速度の遅いときほど顕著である．送り速度が速くなると熱源のエネルギー密度の高い微小部分のみが短時間関与するため，繊維の方向性による差異はみられなくなってくる．

木材を切断加工する際は，材料の諸条件および切断溝との境界劣化部分の状態などによって多少の誤差は考えられるが，切断溝幅や熱影響層と対比させると，理論解析の蒸発温度を1500°Cと仮定したときの切断幅が実験値とよく一致した．木材は繊維の方向性があり，材料としてはより複雑である．しかし，複合材料のようなものを扱う場合の参考となり，繊維の方向性を考慮せずに温度分布の合成を考えなければ，一般の均一材料の温度分布を示すことになる．

また，切断面を含む切断方向や切断フロントについて解く場合に，移動線熱源を計算手法に用いることが多い．この手法は溶接加工でも用いられるので，重複を避けて，その解説については溶接加工の章（10章）に譲ることにする．

9.4 切断フロントとドロスの生成

9.4.1 切断フロントの形成

切断加工が工業的に広く応用されているわりには，基本的な現象に関する実際的で正確な記述は少ない．たとえば，レーザ切断におけるドロス生成のメカニズムはあまりあきらかではない．それは，切断フロントでの溶融金属の生成に伴って，その流れがアシストガス噴流にどのように影響されるのか明確でなかったことによる．また，材料面でも，膜厚となる溶融金属の温度，粘性係数，母材の剥離性，ガス噴流の速度，フロント形状など，関連因子が多様であるため，数学理論で一意的に定まるほどには簡単でない．したがって，シミュレーションによる解析方法に従う．

切断速度とともに変化する切断フロントの形状を得るために，実際に切断加工を行った．サンプルはCO_2レーザを用いて1.2mmの軟鋼を送り速度1～13m/minまでの間で切断し，途中で切断を止めてその断面を切断方向に分割し，形状を観測・測定した．加工条件は，出力1kW，ガス圧力0.1～0.3MPaで，1mmのワークディスタンス（work distance：材料とノズル間のギャップ）をとった．なお，切断フロントの断面は，速度が遅い場合には連続的でフロント曲線を得るが，切断速度が速くなると切断フロントの形状が素直なカーブ曲線を得られず，曲線は大きく波打っている（凸凹になる）．これは，加工機のレーザ発振を急に止めても，レンズを保護するために，数秒おいてからアシストガスが停止することにより，溶融面に強力なガス噴流が作用するために生じるものである．そのため実際の形状はラインで描いたようにカーブする．このことは，切断中のX線観察でも観察されており，すでに知られている．透過性のよい溶融石英をCO_2レーザで切断したときの切断写真を図9.39に示す．切断フロントが後方に湾曲している様子をみることができる．速度によってこの湾曲する割合は異なる．速度別の代表的な切断フロント形状を図9.40に示す．切断速度が遅いほど溶融金属はガス噴流によって流され，切断フロントの傾斜は切り立ってくるが，

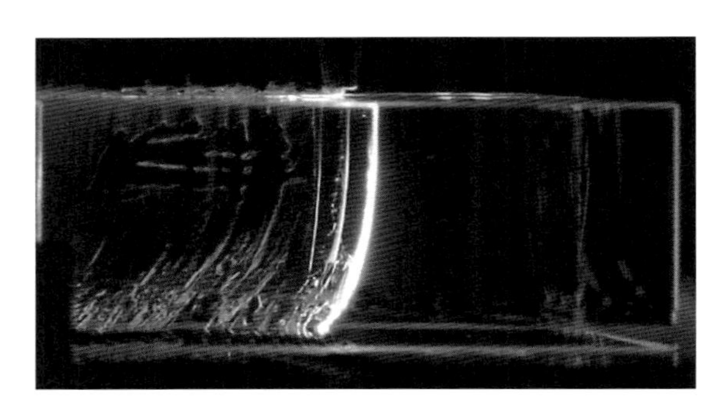

図9.39　溶融石英の切断時にみられる切断フロントの曲がり

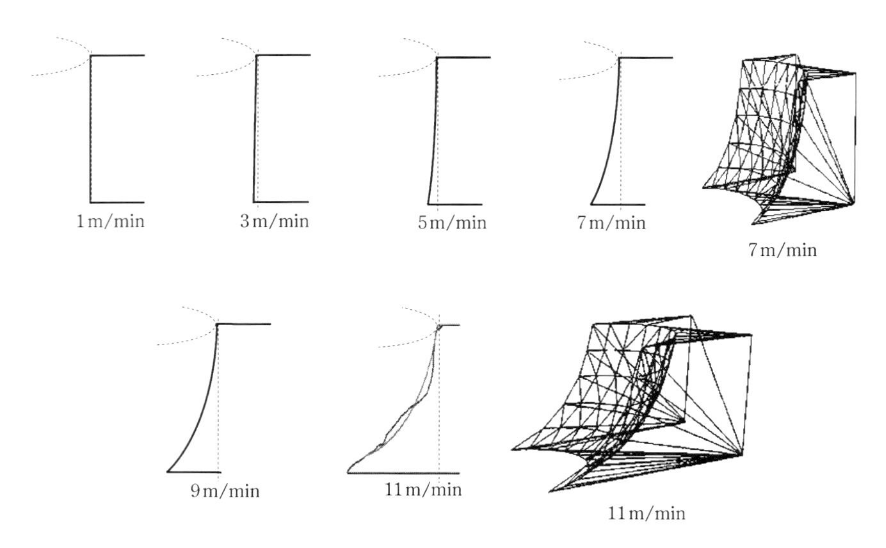

図9.40　速度変化に伴う代表的な切断フロント形状（材質：軟鋼，板厚：1mm）

その反対に切断速度が速くなるとフロント傾斜は大きく後方に流れる．

9.4.2 フロント形状のCAD化

実際に加工した板厚1.2mmの軟鋼のサンプルを切断方向に分割し，切断フロントの形状を観測・測定した．得られた切断フロントの形状に基づいて，3次元化したCAD図を作成し，シミュレーションの計算画面に挿入した．このようなモデルを作成して，溶融金属層を表面に設けて2層流計算を行い，ガス噴流と溶融金属の流れの関係を検証した．なお，溶融金属の層内における動粘性係数は一定ではない，溶融層内の酸化の度合いが異なることから，より実態に合わせてビームを接する面から母材側へと動粘性係数を$0.5\times10^{-2}\mathrm{cm^2/s}$から$0.5\mathrm{cm^2/s}$（溶融鉄から固体付近）まで連続的に変化させた．図9.41にはその代表的なCAD図とフロント角度を示す．計算は光の進行方向である切断フロント近傍で行った．

9.4.3 シミュレーション計算[22)]

アシストガスの流れと溶融金属流れの計算には，有限体積法の汎用解析コード

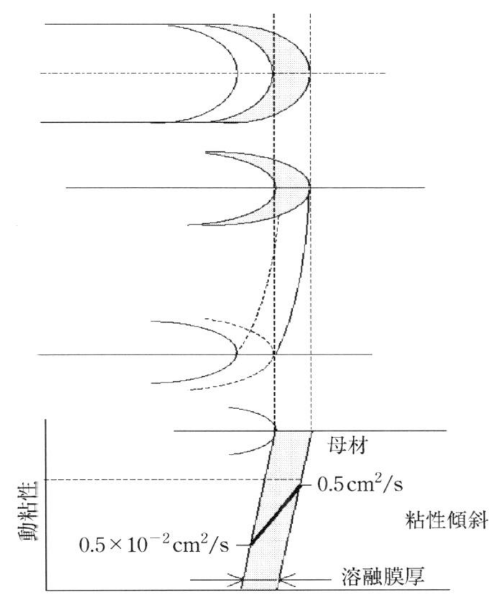

図9.41 溶融膜厚の計算モデル

を用いて計算を行った．この計算では，質量，運動量，エネルギーなどの保存式を，定常または非定常計算で基本的には3次元的にも解くことができる．したがって流れ場の質量・運動量・エネルギーなどの保存方程式を複数組み合わせて解くことも可能である．

9.4.3.1　切断速度に対するガスの流速分布

シミュレーション結果の一例を示す図9.42には，板厚1mmでの切断における代表的な切断速度とフロント形状を示す．このときの切断溝内におけるアシストガス噴流による速度分布を色の濃淡で示した．切断速度が比較的遅い場合にはフロント形状が切り立っているが，より高速になると角度がついてくる．これに

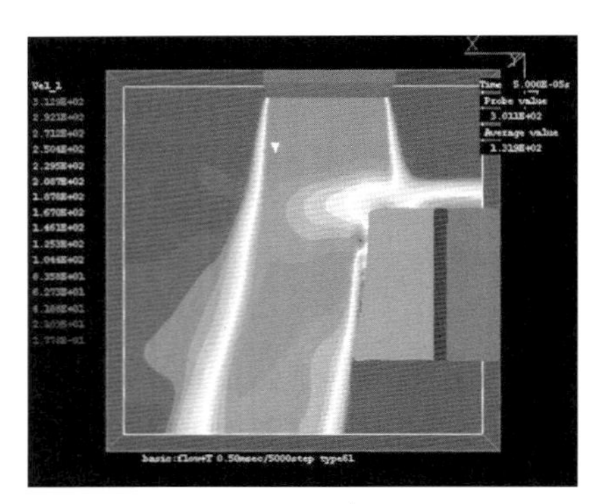

(a) $F=5\,\mathrm{m/min}$

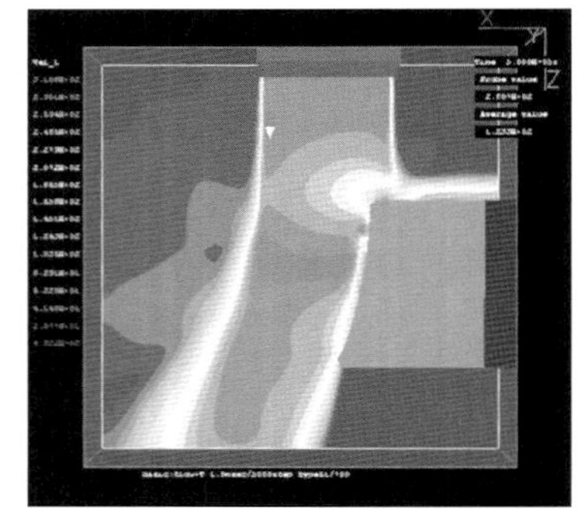

(b) $F=7\,\mathrm{m/min}$

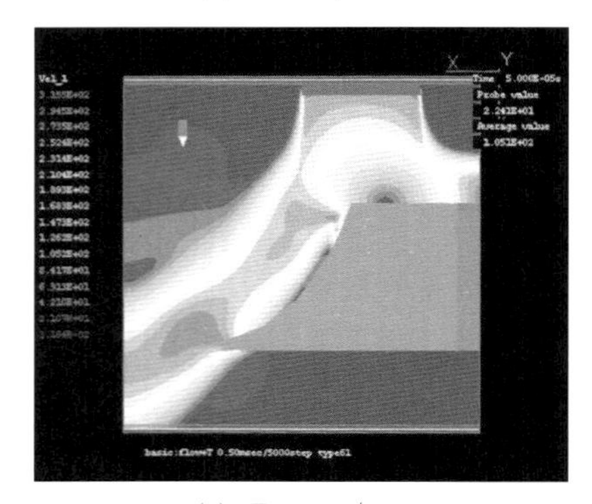

(c) $F=11\,\mathrm{m/min}$

図9.42　代表的な切断フロント形状とガス噴流速度

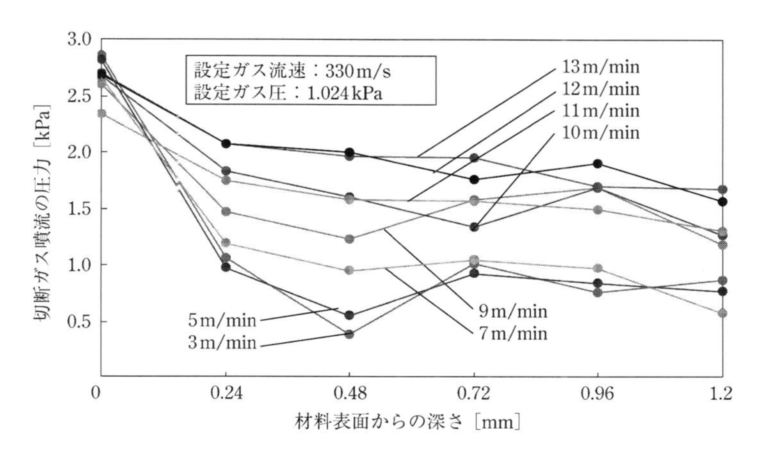

図 9.43 切断溝内のガス圧力分布

従って，フロントでの抵抗を受けて圧力は上昇し，ガス噴流の速度は高速から低速に推移している．光軸と同軸のアシストガスの中心は切断速度が高速になるに従って，より材料側に材料側にシフトするとともに，ガス圧力はフロントエッジの部分で高くなり，ガス噴流速度は低下する．

図 9.43 には，縦軸にガス噴流の圧力を，横軸に溝内における表面からの距離をとり，切断速度をパラメータにして，材料内の板厚方向（z 方向）に流れるときの圧力分布の変化を示した．切断溝の下面におけるフロントの平均圧力は，切断速度が 3〜7 m/min のグループは比較的圧力が低く速度は速いが，9 m/min は表面付近では中間的であり，10〜13 m/min は圧力が高く速度は遅いグループに属する．ここでは，ドロスフリーとなる限界速度は 10 m/min 近辺である．

9.4.3.2 溶融金属の流れ密度分布

図 9.44 には，定常のドロスフリー切断である切断速度が 7 m/min の場合と，ドロスが発生する切断速度である 11 m/min の場合で，溶融金属の流れの密度を比較した．図は下方に流れ出す溶融金属の時系列的な挙動の一部を示した．これによると，切断速度が遅くフロント形状が切り立っている切断速度が 7 m/min の場合は，流出速度は速く，通過時の密度は薄く，ほぼ均一な密度を保って流れる様子をみてとれるが，フロントの形状がなだらかに変化している切断速度が

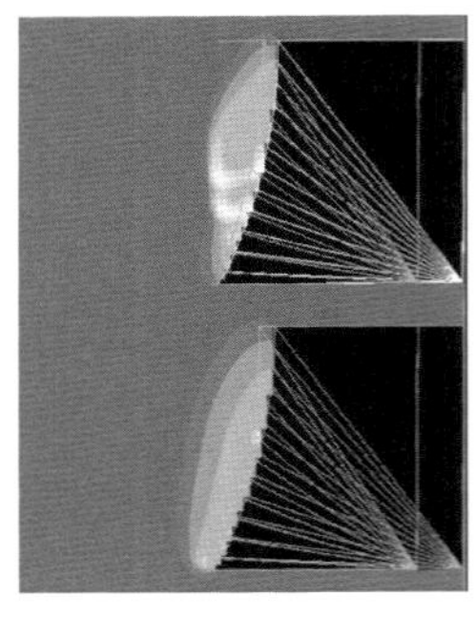

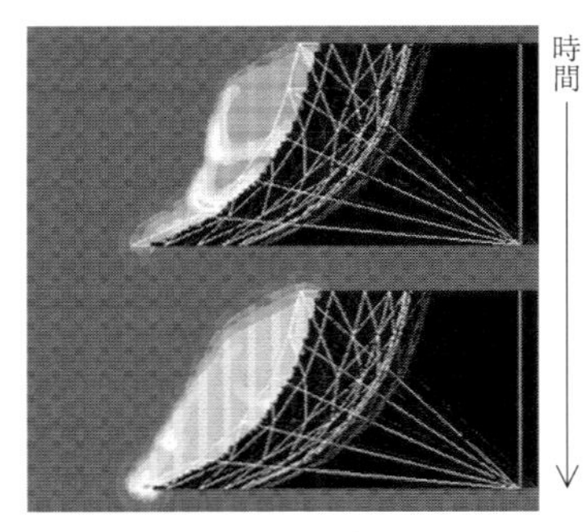

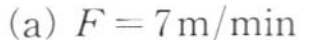

(a) $F=7\,\mathrm{m/min}$　　(b) $F=11\,\mathrm{m/min}$

図 9.44　溶融金属の流れ密度分布

11 m/min の場合には，流出速度が遅くなり，溶融金属の流れる滞留時間も長くなることから密度が高い箇所が発生し，溶融金属の堆積が起きていることを示している．このことは，ドロスの生成につながる．

9.4.3.3　溶融金属の通過時間

切断速度に応じて溶融金属膜がガス噴流の運動エネルギーによって下面に押し流され，板厚を通過する時間は，1 層の溶融膜厚が下面まで至る時間と等しい．切断速度に応じた板厚の通過時間は，切断速度 9 m/min 以下では，溶融膜厚が板厚を通過する時間（たとえば，$\bar{V}=4\,\mathrm{m/min}$）内に，ビームが切断方向に移動し 1 層の膜厚相当距離の移動がほぼ終わるが，それ以上の切断速度においては，溶融膜厚が下面に通過する前に，レーザビームは次の 2 層目の溶融膜にかかっていて，途中から次の溶融膜を下方に押し出していることを示している．これにより切断速度 11 m/min 以上では，溶融金属が下面で滞留する間に，次の溶融金属膜の流れが重なって堆積されることを意味する．図 9.45 にはその模様を模式的に示す．材料は板厚が 1.2 mm の場合の軟鋼で，上の数字は経過時間を示す．なお，実際のガスや溶融膜厚の流れは連続的であるが，計算上で連続的な定常状態の運動を一瞬止めて考える擬似静力学的な視点で示した．

さらに，ここで溶融金属膜の流れのベクトルを計算で示す．図 9.46 は，板厚方向のある平面で計算した溶融金属の流れベクトルを示す．図は切断面を上からみたものであるが，計算では左右対称なので，その片半分を示す．また，図

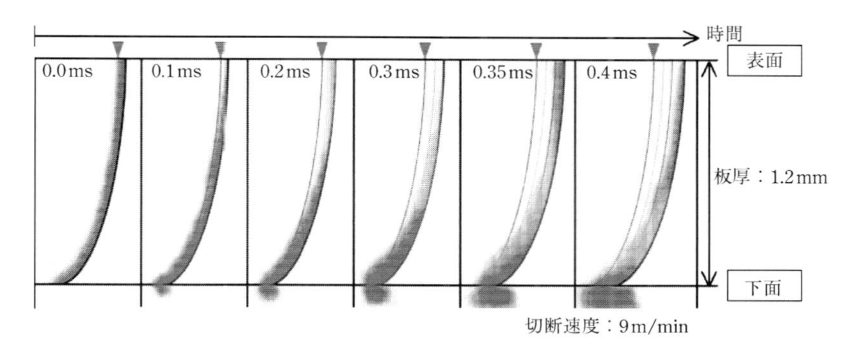

図 9.45　溶融金属の流れとドロス形成のモデル

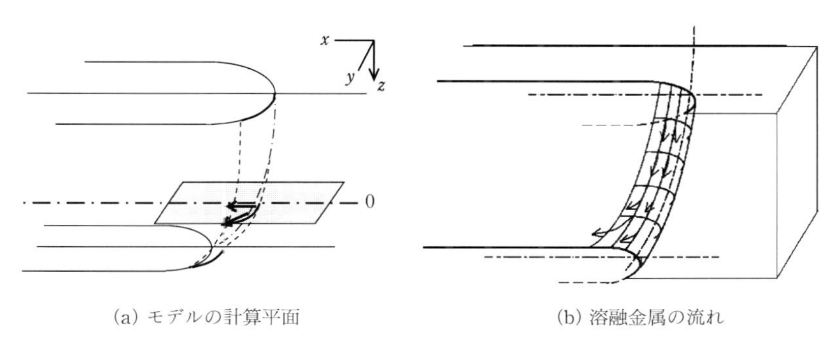

(a) モデルの計算平面　(b) 溶融金属の流れ

図 9.46　切断フロントにおける溶融金属の流れベクトル

9.47 では，ドロスの発生しない切断速度である 7 m/min の場合と，ドロスが発生する切断速度である 11 m/min の場合について，観察断面を変えて上から順に表現した．このことからドロスの発生のない 7 m/min の場合には，流れベクトルはほぼ内側か軸に平行に流れている．すなわち，溶融金属は下面に向かっている．ドロス発生の予想される切断速度 11 m/min の場合については，上面ではベクトルは軸に平行に向かっているが，下面でベクトルは左右に離れて回り込んでいる．このことは，下に向かうにつれて外側両サイドに流れることを意味する．溶融膜のまわりの長さである溶融長 L^* が，上面より下面のほうが 2〜3 %程度小さいことから，切断フロントの曲率が大きくなり流速が低下した上に，板の底面が拘束条件となって溶融金属が左右に逃げることに一致するものと思われる．

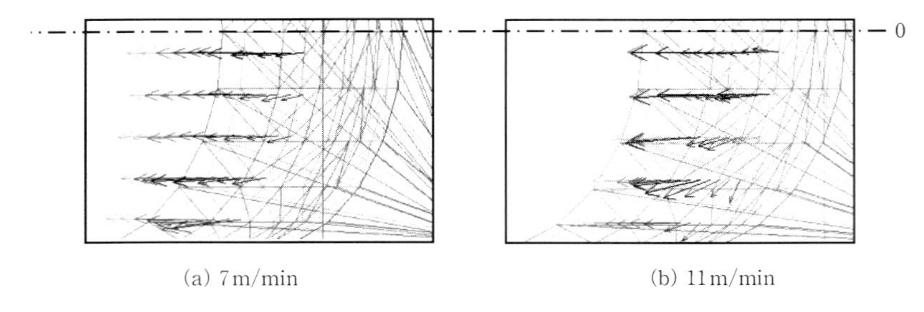

(a) 7m/min　　(b) 11m/min

図 9.47　溶融金属の切断速度による流れベクトルの比較

切断によって形成される切断溝の両サイドの側面傾斜（テーパ）からは，計算上は溶融金属の滞留がないためドロスが発生することはない．すなわち，ドロスの形成は，切断フロント近傍のドロスがビーム通過後に側面に回り込むことによる結果である．したがって，このフロント近傍でのドロス発生のメカニズムがドロスフリーを決める切断品質に大きな影響を与える．

9.4.3.4　端面切断の過渡現象

レーザ切断の現場用語として，材料の端から切りはじめる端面切りといわれる「端面切断」と，加工の起点付近に穴をあけて，ピアス加工(piercing)後にその地点からレーザビームを移動して形状切断に移行する「ピアス切断」とがある．端面切断は定尺材料を一定の小寸法にサイジングする場合，あるいは材料に厚みがありピアス加工が難しい場合に行われる．一方，ピアス切断は比較的薄い材料において部品形状を一枚のシート材から多数個取りするような場合に用いる一般的な手法である．これらの切断のいずれの場合でも，切断初期において，ともに材料端面からレーザ光が切断を開始することには変わりがない．したがって，材料端面での初期の過渡現象を知ることは大切である．

端面からレーザ切断が開始される場合の初期の過渡現象をシミュレーション計算で求めた例を図 9.48 に示す．材料端面に対してレーザ光が垂直に移動して行く場合を想定して，時間経過によって材料が加熱していく変化の過程を追った．切断速度は画面に対して 1.5m/min で移動しているが，過熱は 0.55ms で加熱されて 0.57ms で赤色と化し，約 0.60ms で溶融温度に達している．

レーザ光は移動するために，速度に応じて決まる角度で斜め上方から加熱が開

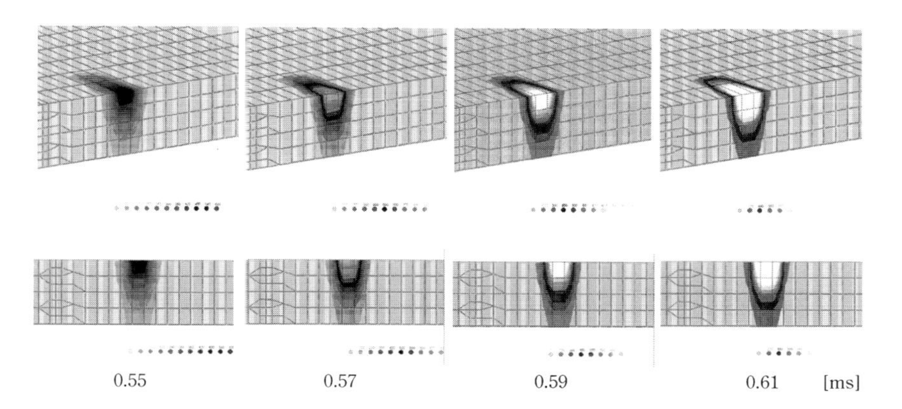

図 9.48　端面切断における初期の温度現象（材質：軟鋼，出力：1kW，切断速度：1.5m/min 相当）

始される．シミュレーションはその傾向を正確に再現することができる．ただし，この時間については後の多くのデータと正確な計測による整合を必要とするが，時系列的な熱反応の初期過程を理解することができる．

9.5　ドロスの飛散と粒径

9.5.1　ドロスの飛散

レーザ切断において切断フロントで生成される溶融金属は，溝から排出される際に粒状のドロスとなって飛散する．そのためドロスの飛散状態はモニタリング

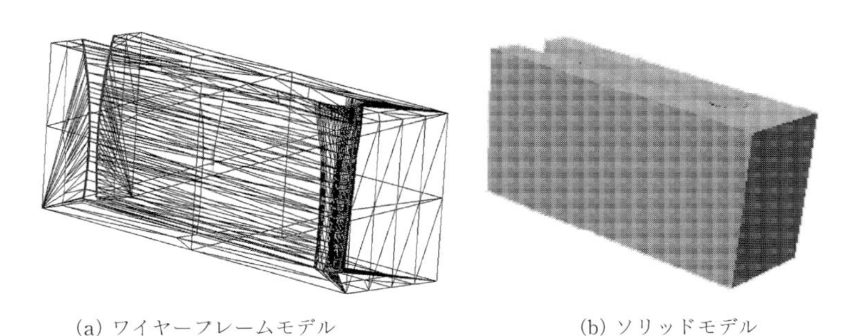

(a) ワイヤーフレームモデル　　(b) ソリッドモデル

図 9.49　切断溝の計算モデル

にも一部適用されている．溶融金属の強制排出はアシストガス噴流の状態（圧力・流速）などに影響されると思われる，ここでは，良好な切断状態における切断速度と噴流ガスの分布，およびドロス粒径との関係について述べる．

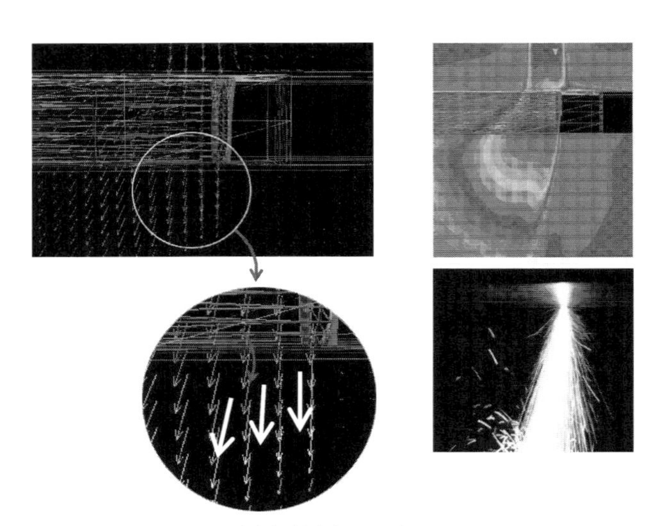

(a) 切断速度：3 m/min

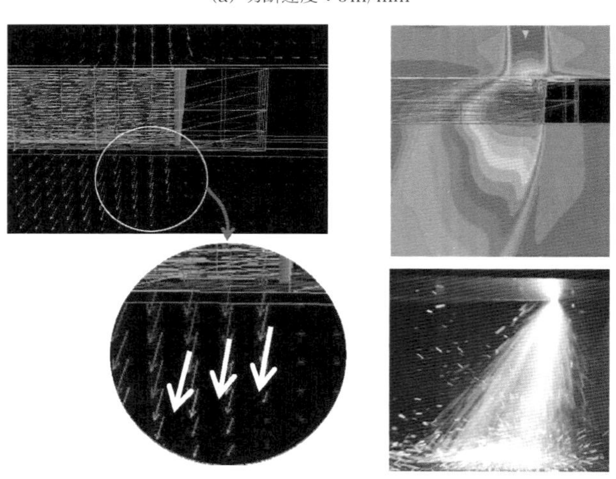

(b) 切断速度：6 m/min

図 9.50　ガス噴流の速度分布と速度ベクトル
（材質：軟鋼（SPCC），板厚：1.2 mm，出力：1 kW 連続波，口絵参照）

前項と同様の方法で，切断溝の実測値による正確なCADデータの断面形状をもとにした計算モデルを作成した．図9.49には計算モデルの基礎となるワイヤーフレームモデルを示す．これをもとに，コンピュータシミュレーションでは，3次元CAD図をCFD(computer fluid dynamics)に挿入して，ガス噴流の速度および速度分布の計算を行った．なお，計算機ではソリッドモデルとして計算される．

加工条件は，板厚が1.0mmとなる材料で，レーザ出力1kW，切断速度は2～7m/minの範囲と設定して計算した．ただし，切断速度の変化はフロント形状変化のほかに，切断溝幅，溝のスロート部，光軸中心，質量流量の変化をもたらす．これらの条件は計算に含んでいる．

図9.50の(a)は板厚1.2mmの軟鋼で切断速度が3m/minの場合を，また(b)は同じ材料で切断速度が6m/minの場合の例を示す．ガス噴流は切断速度が遅いときには切断溝直下に噴出するが，速くなるとガス流は斜め後方に流れる．ガスの流れ方向に速度ベクトルも対応している．ガス流分布は速度が速くなると幅

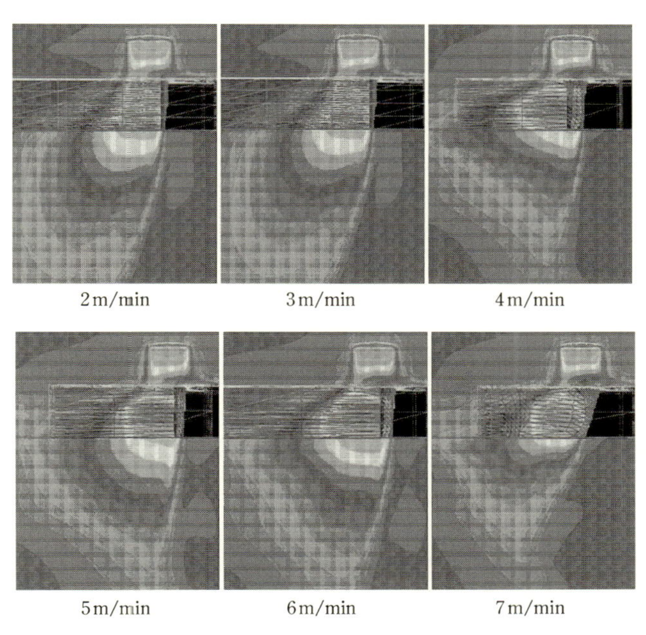

図9.51　切断速度変化による溝内部のガス分布（口絵参照）

が広がっている．実際の溶融金属の飛散状況もこれに対応している．

また図 9.51 には，切断実験の全速度範囲で切断溝内のガス噴流速度の分布を求めた．流速の速度変化が広範なため，結果は相対比較が可能な色彩濃度を上限に分布範囲を示してある．この結果，溝内で色が濃く流速の高い範囲が含まれるのは，切断速度が 5〜6 m/min の範囲である．

9.5.2　切断溝内の衝撃波の計算

切断速度が速くなるとドラグラインの遅れなどが生じるため，フロント形状は後方に尾を引くように曲がる．良好な切断が維持される切断速度条件の範囲（たとえば，2〜7 m/min）でも，フロント角度は小さいが変化するため，この湾曲化を斜め衝撃波の速度変化として計算する．

これまでの計算は，レーザ用の円錐型のノズルを想定して，主にノズル出口での速度は亜音速を扱ってきた．したがって切断溝内のガス噴流速度は，くびれができるスロート部でせいぜい音速（$M=1$）になる程度であったが，ここでは参考のために，比較的高圧の場合で，ダイバージェントノズルまたはラバールノズルを用いたガス噴流を想定し，切断溝内の流入速度は音速として扱う．

切断フロントを角度 θ で滑らかに曲がる曲線とし，壁面で角度だけ変化するものとする．角度 θ で曲がりはじめる点に達する前までは流れは変化を受けないが，この点においてわずかながら圧力が上がるために，微小な圧力上昇を伴うマッハ数，すなわち弱い圧縮波が発生する．このような衝撃波を斜め衝撃波という．切断速度が速い場合には，これらの角度はつぎつぎと変化し，角度変化から出る圧縮波は次第に収束して包絡面を形成するが．あまり角度が大きくない本計算の範囲では，1 つの転向角（流れの偏角）で扱うことができる（図 9.52）．

図に示すように，噴流の流れは，θ を流れの偏角として，流れの角度変化前を添字 1，変化後を添字 2 で表示すると，流れの偏角 θ と衝撃波角 β の関係は，マッハ数 M_1 が与えられれば求まる．その関係は次式で与えられる[23]．

$$\tan\theta = \frac{2\cot\beta\cdot(M_1^2\sin^2\beta-1)}{M_1^2(\kappa+\cos 2\beta)+2} \tag{9.23}$$

ここで，アシストガスに用いた酸素の比熱比は $\kappa=1.4$ である．また，θ と β の関係はマッハ数をパラメータとして図 9.53 に示す．θ（実測データ）と M_1（シミュレーション計算）は既知であるので，これらの関係より衝撃波角 β が求ま

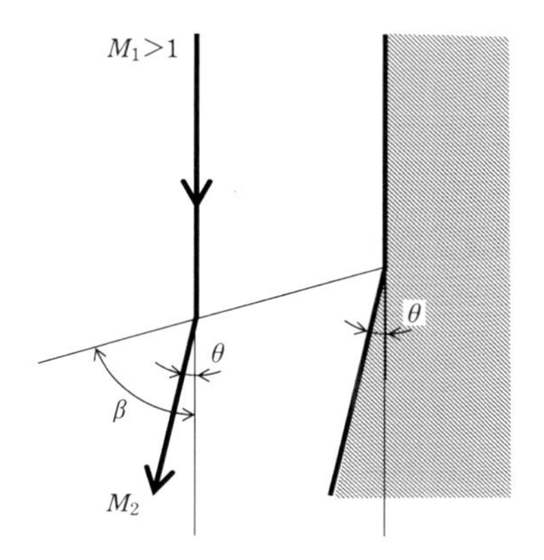

図 9.52　衝撃波の形成

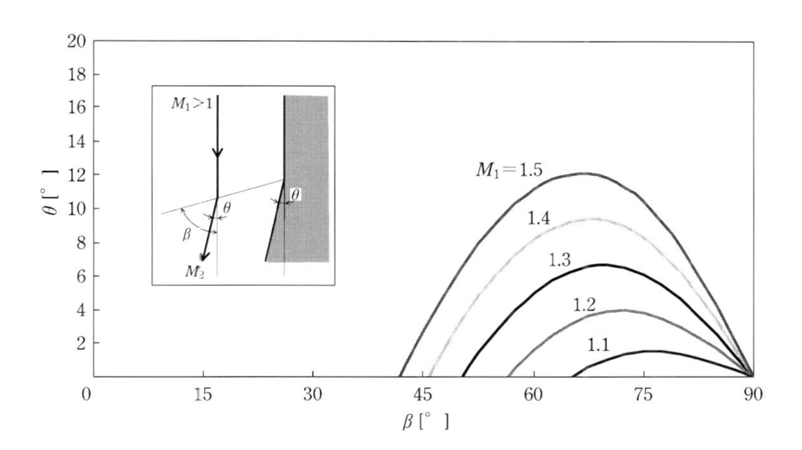

図 9.53　偏角 θ と衝撃波角 β の関係

る．

得られたこれらの数値をもとに，

$$M_2{}^2 \sin^2(\beta-\theta)=\frac{2+(\kappa-1)M_1{}^2\sin^2\beta}{2\kappa M_1{}^2\sin\beta-(\kappa-1)} \tag{9.24}$$

から変形して，

$$M_2=\left\{\frac{2+(\kappa-1)M_1{}^2\sin 2\beta}{2\kappa M_1{}^2\sin^2(\beta-\theta)\cdot[\sin\beta-(\kappa-1)]}\right\}^{\frac{1}{2}} \tag{9.25}$$

これにより，切断フロント面での角度である偏角 θ の変化に伴うアシストガスによる衝撃波マッハ噴流 M_1 の変化を求めることができる．

図 9.54 に，切断速度の変化に伴う θ と β の変化の傾向を示す．衝撃波角 β は 5〜6 m/min で最小になる．また，切断速度が 7 m/min 以上で衝撃波角 β が大きくなり，衝撃波以降の速度 M_2 は急激に減少する．角度 β が小さいとき，最

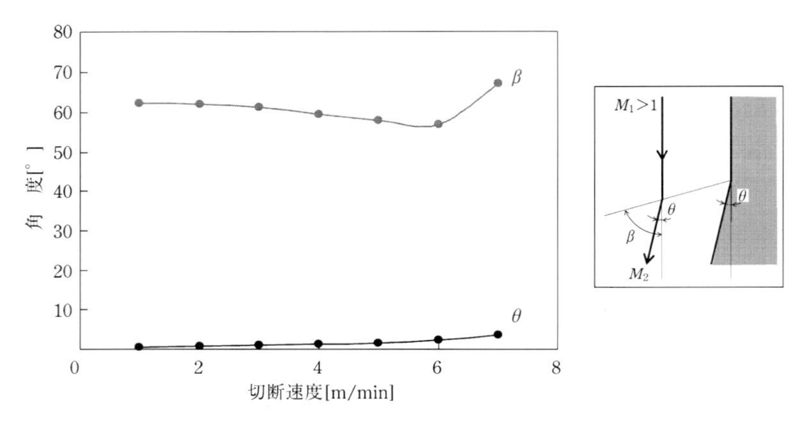

図 9.54　速度変化に伴う θ と β の変化

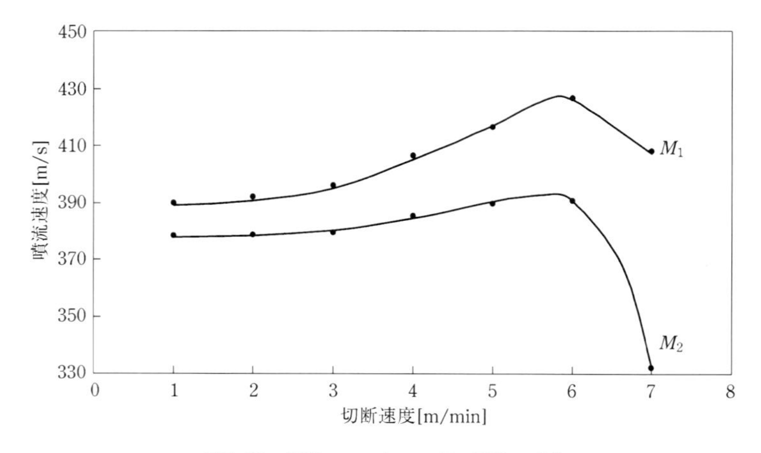

図 9.55　切断フロントでのガス噴流の変化

大速度を得るのは6m/minであった．その結果を図9.55に示す．

9.5.3　実験による検証[24)]

切断実験には，最大出力1.5kWのCO_2レーザ加工機を使用し，実験材料には軟鋼(SPCC)1.0mmを用いた．使用レンズは焦点距離が127mmで，出力は連続発振で材料表面に焦点位置がくるように設定し，アシストガスには酸素を用い，そのガス圧は0.12MPaとした．また，ノズル下面に設けた容器で切断時の飛散ドロスを速度ごとに収集し，ドロス粒径の計測には画像解析ソフト（三谷商事株式会社 WinROOF Ver.5.5）を用いた．また，これにより粒径分布も得られる．

シミュレーションに対応した切断実験の結果を示す．図9.56はその速度別の粒径分布を示す．以上のことから，内部のガス噴流速度が速いこの範囲で噴流の運動エネルギーによる飛散ドロスが微細化する可能性があることを示した．

図9.57には，収集されたドロスの飛散粒子群を写真で示す．その結果から，良好な切断時でガス噴流速度が速いとドロス粒径は微細化することが判明している．

加工シミュレーション結果と計算によって，切断速度とドロス粒径の関係を検討した．計算結果はシミュレーションの妥当性を裏づけるとともに，実験により

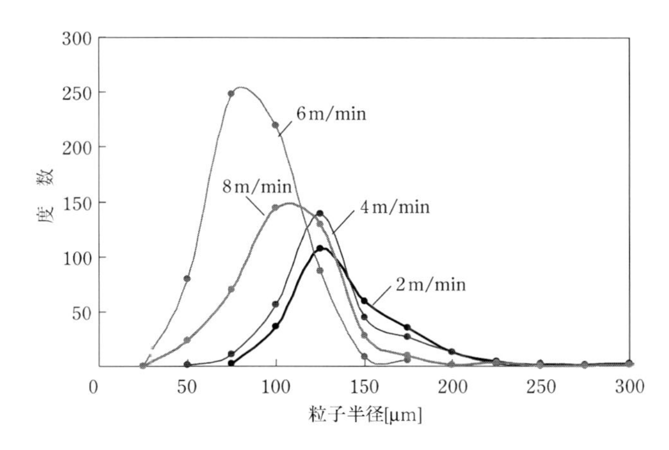

図9.56　切断速度による粒径分布．画像解析ソフト WinROOF Ver.5.5による．

図 9.57　収集された球状ドロス

ドロス粒径の分布が得られた．その結果．切断速度に起因する溝内のガス噴流速度と飛散ドロス粒径には一定の顕著な因果関係があることが理解される．

9.6　切断加工の実際

9.6.1　レーザ出力と切断特性

切断用に普及している産業用の CO_2 レーザは出力 4 kW までであるが，特に近年では厚板指向が一般化し高速化を追及する過程で，高出力化は進んで出力 6 kW クラスでも切断に用いられるようになってきた．図 9.58 には軟鋼の場合を例に，レーザ出力と切断加工板厚の関係を示した．

上の曲線は比較的小規模な加工機，もしくは実験室的に切断可能な値で，下の曲線は大型加工機やビーム伝送距離が長い場合の安定加工領域である．レーザ出力と切断能力の関係は，上図に示すように，直線的ではないが比例関係にある．また，その切断性能は現場環境や加工システムの大きさによって異なる．この主な原因は，ビーム伝送による光剛性や径の拡大，および折返しミラーなどの中継点による光の減衰などの影響で，結果的にビームの集光特性が異なることに起因

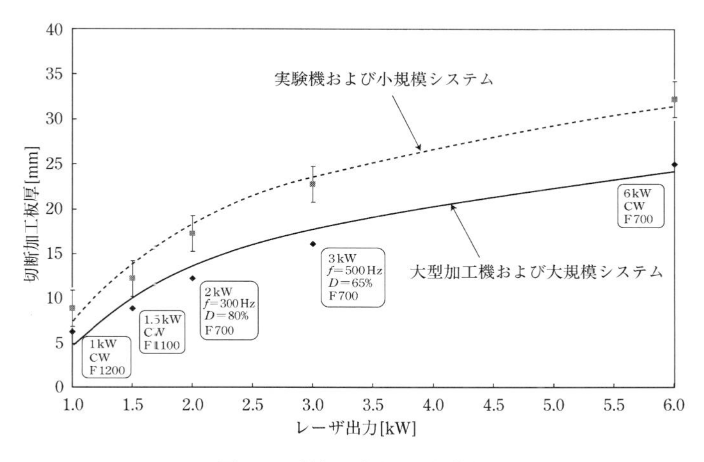

図 9.58 軟鋼の出力と切断特性

する.

9.6.2 加工の実際

レーザ切断は穴あけ加工と同様に除去加工に属する.レーザ除去加工は加工中に光軸中心近傍で材料が欠落する加工法であるため,解析においても多くの計算工夫やモデルが考案されてきた.説明のために加工の定常状態における板材の一般的切断モデルを図 9.59 に示す.

熱源スポットが切断フロントにかかる状態で切断が進行するが,一定の切断幅に相当する部分は抜け落ちる.また,切断幅の外側に熱影響層が形成される.熱が 3 次元的に拡散するため,切断溝幅は計算上の熱源スポット(e^{-2})以上になることが多い.

この現象を正確に計算したシミュレーションも開発され,速度に応じて材料に関与する切断エネルギーなどが理解されるようになってきた.計算の一例を図 9.60 に示す.切断速度が遅いと滞留時間も大きいために,より広い切断幅を溶融し除去するのに大半のエネルギーが用いられる.そのため除去された後の切断フロントに関与する熱量はみかけの上で結果的に少なくなる.このことは抜ける部分の広い切断幅に相当のエネルギーをロスしていることを示している.

一方,切断速度が速くなると切断幅は少なくなり,より多くのエネルギーが切

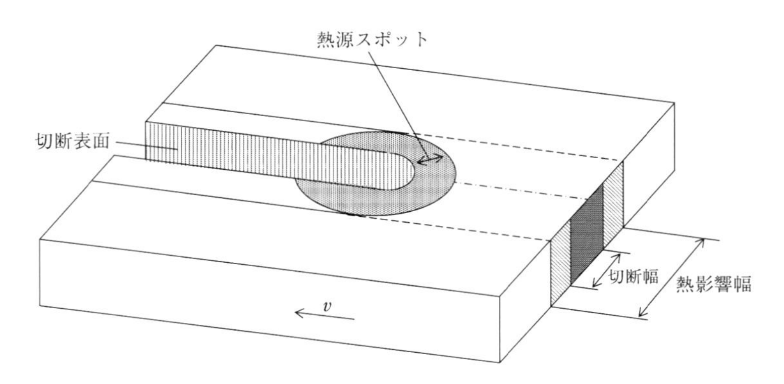

図 9.59 レーザ切断のモデル

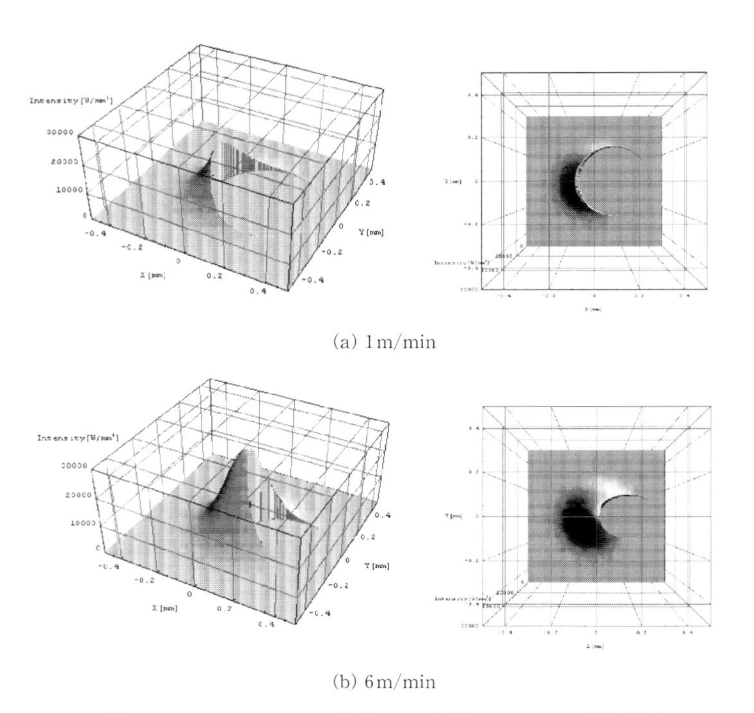

(a) 1m/min

(b) 6m/min

図 9.60 シミュレーション計算による切断フロントへの関与熱源

断フロントに関与する．その結果，高速の加工が実現する．このような加工のメカニズムがシミュレーションによってあきらかにされてきている．

レーザ切断された切断面の一例を図 9.61 に示す．出力 1kW の CO_2 レーザを用いて，実測の板厚 2.3mm の軟鋼(SPCC)を切断した．切断面には面あらさを決めるドラグラインが観察される．その切断面あらさは切断速度によって異なるが，やや遅い速度では荒くなり速度が増すにつれて緻密になり，さらに高速になるとドラグラインが後方に曲がり下面には溶融金属が付着する．このような経過をたどることから，最適な面を得る出力や切断速度が存在することがわかる．参考のために，出力 1kW で板厚 1.2mm の軟鋼を切断した場合の良好な切断状態の面と，過速度によりドロス付着した不良な切断状態面を図 9.62 に示す．

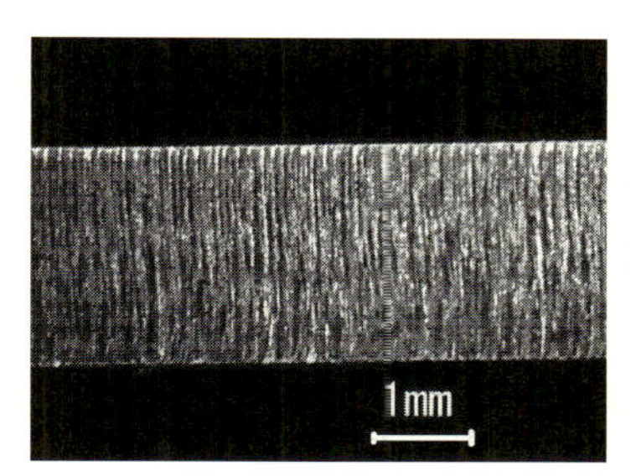

$F = 2.1\,\mathrm{m/min}$

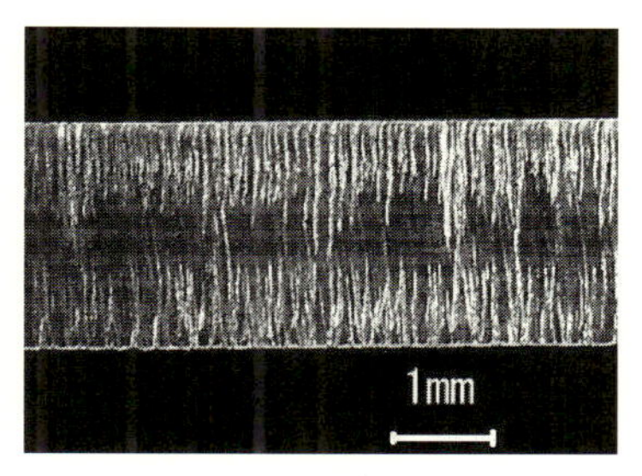

$F = 3.5\,\mathrm{m/min}$

$F = 4.9\,\mathrm{m/min}$

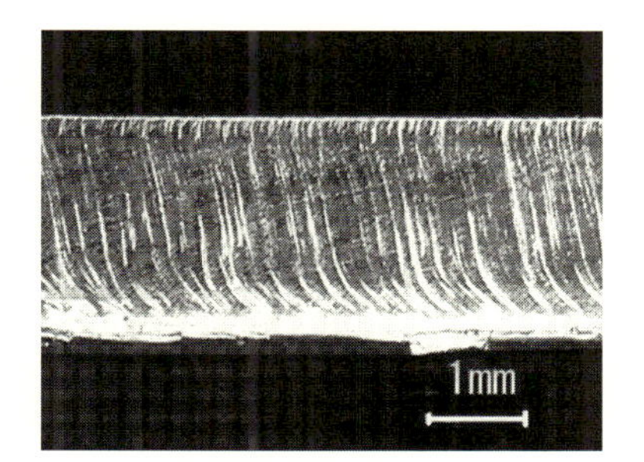

$F = 6.3\,\mathrm{m/min}$

図 9.61　レーザ切断速度による軟鋼断面の変化（材料：軟鋼（SPCC），板厚：2.3mm）

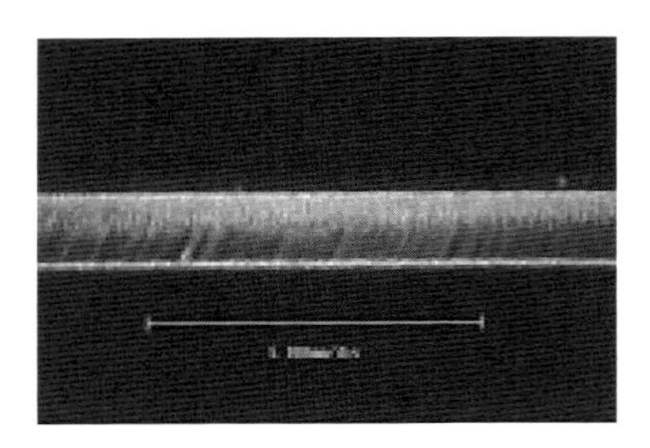

(a) 良好切断の限界
($F=7$ m/min)

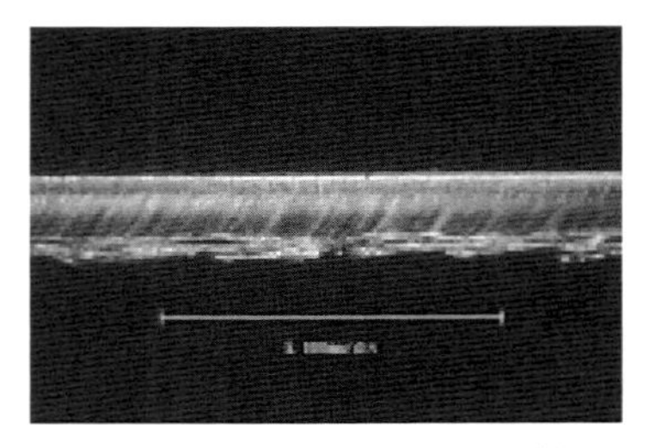

(b) 不良断面の状態（ドロス付着）
($F=9.5$ m/min)

図 9.62　レーザ切断限界と不良断面状態（出力：1kW，材質：軟鋼（SPCC），板厚：1.2mm）

9.7　レーザ切断と事例

9.7.1　金属材料の切断

金属材料のレーザ切断は板金関連業界で早くから普及した加工法である．材種はほとんど全種が対象で，切断可能な板厚も年々その範囲を伸ばしてきた．現在，厚板仕様のレーザは出力 6kW クラスまでが切断に用いられており，軟鋼で板厚は 1 インチ以上の切断が可能である．一般にレーザ切断は安定したドロスフリー切断が条件であり，ピンポイント条件で可能な切断は含めない．

レーザ切断の加工パラメータには，主に出力，板厚，切断速度（加工テーブルの送り速度）などがある．代表的な軟鋼材を用いた場合の切断速度と切断深さの関係を図 9.63 に示す．使用レンズの焦点距離は 127mm で，出力は 3kW まで 0.5kW ずつ変化させ，切断速度は 6m/min までを図示した．切断速度が遅いほど，またレーザ出力が大きいほど，切断深さは大きくなる．

切断速度と切断板厚の関係を図 9.64 に示した．切断板厚の限界は切断出力によって決まり，1kW では 12mm まで，また 2kW では 19mm まで，さらに 3kW では 25mm までが切断可能である．ただし，この値は機械の一般サイズ（材料的に約 1.5～3.0m の範囲）での保証値であって，システムが大きくなるとそれだけ光路長が増すので，この保証値も変化する．

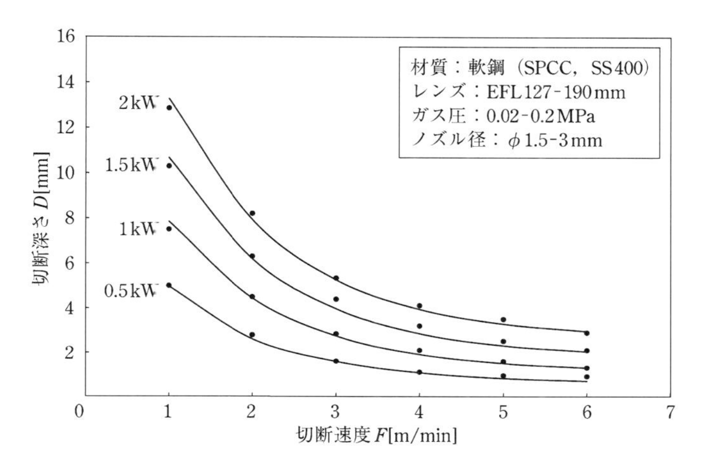

図 9.63　切断速度と切断深さの関係

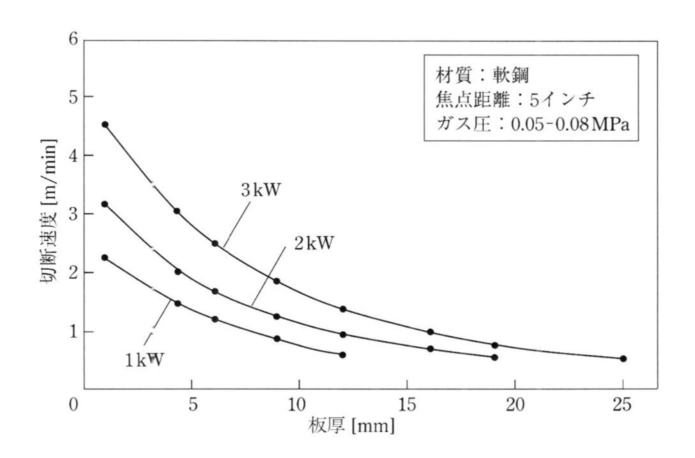

図 9.64　出力をパラメータとした場合の板厚と切断速度の関係

① 薄板切断加工

レーザの発振形態には連続波とパルス波があるが，CW 切断は被加工物の形状が大きい場合や高速切断の場合に多く用いられる．特に薄板での CW 切断面のドラグラインや条痕は緻密かつ滑らかで面あらさは比較的小さい．これに対して，パルス波切断は低入熱で，精度を要する精密加工に適しており，特に微細加

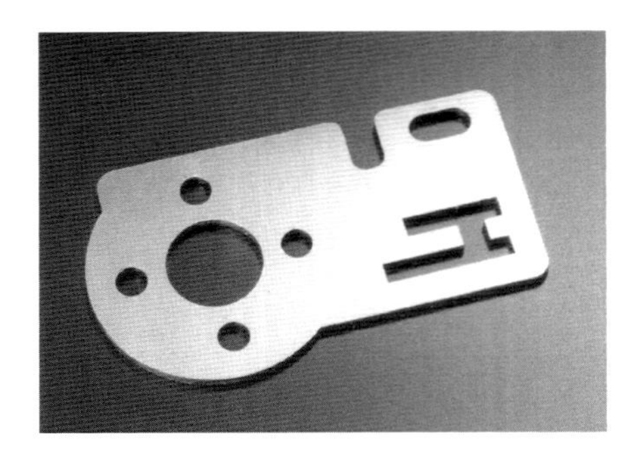

図 9.65　溝板切断の事例（CO_2 レーザ）．レーザ出力：1.5 kW，切断速度：2.0 m/min，ステンレス鋼，板厚：3 mm，$f = 500$ Hz，$D = 80$ %

工や高精度加工，または，厚板の小穴加工，コーナー部加工，シャープエッジ加工，切断開始に用いるピアシング加工などに用いられる．切断加工の例を図 9.65 に示す．アシストガスに窒素などを用いた無酸素雰囲気における薄板切断では，いわゆる酸化が少なく光沢のある「光切断」が実現する．この場合，酸素切断より速度は高速化する．また，高反射材料に対する切断では，吸収性を高めるための特殊な表面前処理や，尖頭値の高いパルスピークを用いる．レーザ切断では，切断される材料の脆さ，硬さ，剛性などによらず切断が可能である．

② 中厚板切断加工

厚い板材においては，酸化反応を主体とした切断現象が支配的になる．厚板切断では焦点深度の大きい長焦点レンズが用いられる．その結果，切断速度は比較的遅く，切断幅（カーフ幅）の広い切断が行われる．逆に，この幅がアシストガスの流れを下面にまで誘導する効果をもたらすが，酸化燃焼に伴う溶融金属を切断溝から除去することによって生じるスラグも多量に発生する．切断条件の範囲を超えると，ドロスが発生して切断溝裏面に付着するようになる．レーザ切断においては，板厚に応じた最適速度範囲が存在する．また，厚板切断では自然条痕を伴ったレーザ特有の面性状を呈する．鉄系の切断では純度の高い酸素の供給が重要で，噴射ガスの運動エネルギーが十分に切断溝の下面まで届かなくなったところで，切断限界になる．図 9.66 には，12 mm の軟鋼の中・厚板切断の事例を示す．

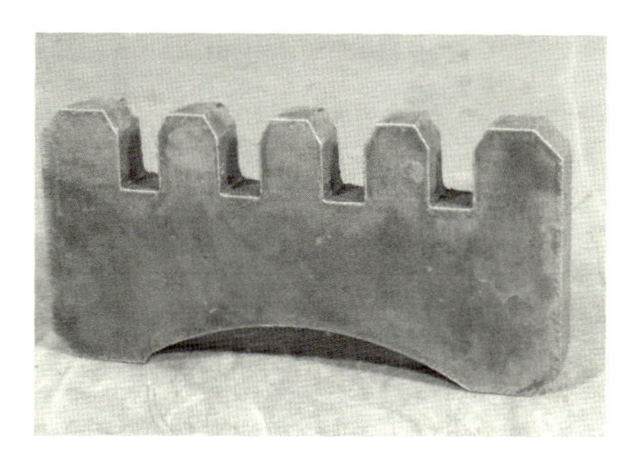

図 9.66　中厚板切断の事例（CO_2 レーザ）．レーザ出力：3kW，切断速度：1.2m/min，軟鋼，板厚：12mm

図 9.67　極厚板切断の事例（CO_2 レーザ）．レーザ出力：6kW，切断速度：0.4m/min，SUS 304，板厚：20mm

③ 厚板切断加工

厚板の例を示す．図 9.67 には，ステンレス鋼（SUS 304）で，板厚が 20mm の無酸化切断の例を示す．使用レーザは CO_2 レーザの 6kW で，ノズル ϕ6 mm，光路長 $L=7.5$m のところで切断を行った．周波数は 2kHz，CW-like 切断で，そのときのガスは窒素で圧力は1.8MPaであった．送り速度は$F=400$ mm/min，使用レンズの焦点距離はEFL：254mm（10インチ）である．

また図9.68には，軟鋼（SS 400）で，板厚が32mmの酸化反応切断の例を示す．使用レーザは，同じくCO_2レーザの6kWで，ノズルϕ6mmで光路長$L=8.0$mのところで切断を行った．周波数は1kHz，デューティ比70％の切断で，酸素ガスの圧力は0.2MPaであった．送り速度は$F=475$mm/min，使用レンズの焦点距離はEFL＝254mm（10インチ）である．なお，軟鋼は厚板になるほど鉄が自己燃焼で酸化反応が起こりやすく過酸素状態でバーニングを生じることがある．そのため，ガス圧力は薄板よりやや低く制限することがある．

高出力レーザによる切断では，加工精度と切断速度が飛躍的に向上している．ノズルの研究とともに光技術の研究も進みビームパラメータ積（BPP；Beam Product Parameter）の概念も導入され，板厚に最適なビームの集光状態も考えるようになった．軟鋼にはガスの流れを中心と周囲から二方向から吹き付ける“ダブルノズル”を，また，ステンレスやアルミにはガスを高速に噴射する“ダイバージェントノズル”を用い，薄板には焦点距離の短い集光ビームを，厚板に

表面

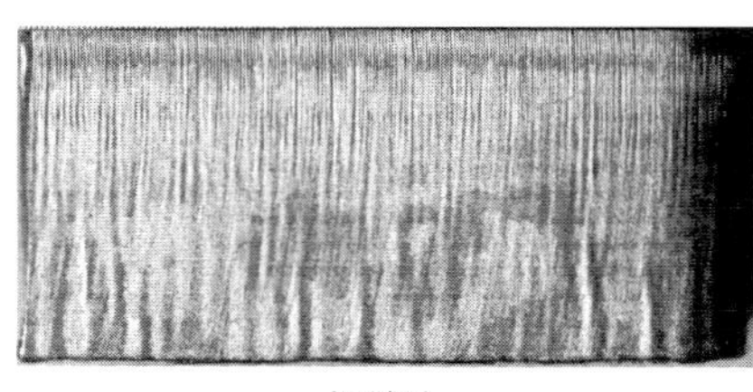
切断面

裏面

図9.68　厚板切断の事例（CO_2レーザ）．レーザ出力：6kW，切断速度：0.47m/min，SS 400，板厚：32mm

は焦点距離の長いスポット径のやや大きいビームを用いて切断する．切断の例として，軟鋼（SS 400）とステンレス鋼（SUS 304）の厚板切断を図 9.69 と図 9.70 に示した．それぞれ，金属の厚さは，6 kW の CO_2 レーザによる 25 mm と 40 mm である．ただし，この場合の 40 mm はほぼ加工の限界なので，これを以って安定的な切断とみなすことはできない．

レーザ出力：6 kW　CO_2 レーザ　パルス発振
材料：軟鋼（SS400）
アシストガス：O_2

t = 40 mm　F = 475 mm/min
t = 25 mm　F = 700 mm/min
t = 12 mm　F = 2000 mm/min

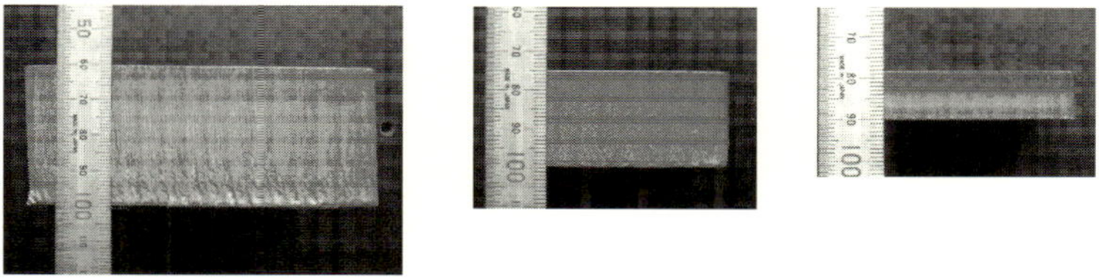

ガス圧：0.03 MPa ⟶ ガス圧：0.05 MPa
ノズル：ダブルノズル

図 9.69　軟鋼の板厚変化とアシストガスの力変化

レーザ出力：CO_2 レーザ　6 kW CW
材質：ステンレススチール（SUS304）
アシストガス：N_2

t = 40 mm　F = 70 mm/min
t = 25 mm　F = 220 mm/min
t = 12 mm　F = 1000 mm/min

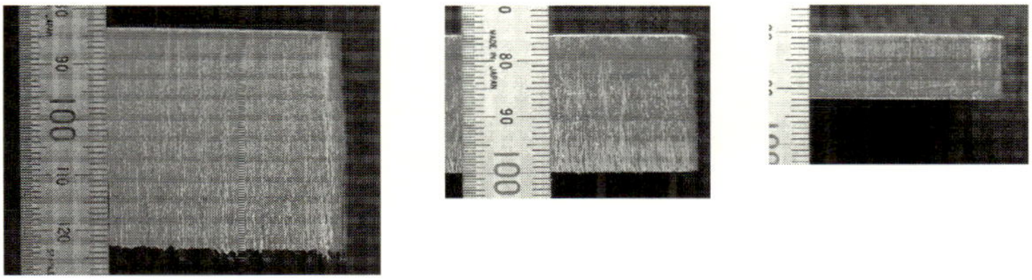

ガス圧：1.8 MPa ⟶ ガス圧：0.8 MPa
ノズル：ダイバージェントノズル

図 9.70　ステンレス鋼の板厚変化とアシストガスの力変化

9.7.2　特殊レーザ切断加工法[25)]

一般に切断できる板厚はレーザ出力にほぼ比例する．4〜6kW の高出力レーザによる厚板切断はそれなりのメリットをもつ．しかし，最大出力ではレーザ出力は不安定となりやすく，光学部品の耐久性や寿命が低下し，ランニングコストはより高いものになる．厚板を加工すると，切断精度は相対的に悪くなり熱影響層が大きくなるなどのデメリットもある．レーザの切断に伴う現象や加工メカニズムがあきらかになるにつれて，原理的な面から切断技術が見直されてきた．その結果，厚板を標準的な出力レベルである 2〜3kW クラスのレーザで 30mm 以上の切断が可能となった．特殊な方法で，厚板を 2kW のレーザで切る技術を紹介する．

① BS レーザ切断

レーザ光と高圧酸素ガス用いて，鉄の燃焼平衡に至らせることで切断する方法がある．この技術は燃焼平衡レーザガス切断（Burning Stabilized Laser gas cutting；略語 BS レーザ切断）と称されるもので，1990 年の初めに FhG　LIT（Aachen）で考案された．その後日本で著者らによって改良され 1997 年に同軸加工が可能となった新技術である[16)]．

BS 切断はレーザ光と特殊ノズルおよび高圧アシストガスの組合せからなる切断法で，レーザ照射により発火点に達した材料表面を，アシストガスの高圧酸素

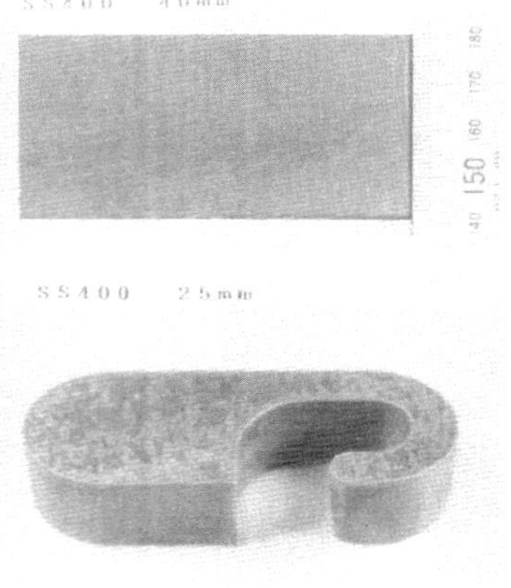

図 9.71　BS 切断の切断風景と加工例

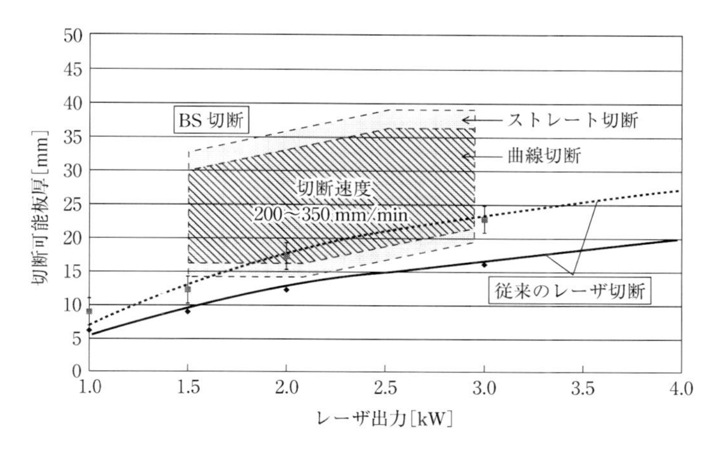

図 9.72 BS（燃焼平衡）切断の加工特性

噴流によって燃焼させ，材料の自己燃焼を伴う酸化反応によって生起される溶融拡散速度と，高圧ガス用に設計された特殊ノズルからの酸素ガスジェットの流速がバランスしたところで切断溝が形成される一種のレーザ・ガス切断である．これはレーザの熱源と高いガス圧力と特別に設計されたノズルの組合せがこれを可能にした特殊な方法である．この特別な方法を用いてドロスフリーまたは切断後にドロスを簡単に除去されることができ，2 kW のレーザでも同軸で最高厚板 40 mm をレーザ切断することができる．そのときの切断面の平均面粗さは 50 μm より少ない．酸素ガス噴流とレーザビームが達成された加工例を図 9.71 に示す．

また，出力 2〜3 kW の CO_2 レーザを用いて軟鋼を切断した場合の加工範囲を図 9.72 に示す．曲線切断に較べて直線切断では，さらに 5 mm 以上の切断性能が向上する．なお，使用レーザに限定はない．

② 回転ビーム

ビームに回転を与えて切断する切断方法が考案された．これは光学系を工夫して集光ビームに微小半径の回転を与えつつ切断する方法で，軟鋼の厚板やステンレスの厚板切断を可能にした．この方式を回転ビーム切断法（spinning beam cutting）と称している．集光レンズの直後に角度 α を有する傾斜ウインドまたは光学ウエッジ等を挿入すると，ビームがこの光学素子を通過する過程で屈折し，従来の光軸上の焦点からややシフトして集光する．この光学素子に回転を与

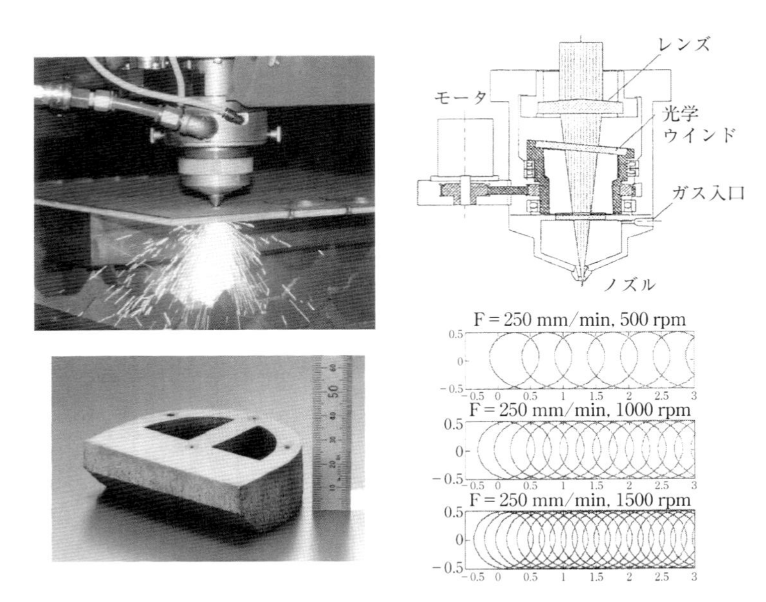

図 9.73　回転ビームの原理並びに切断風景と加工例

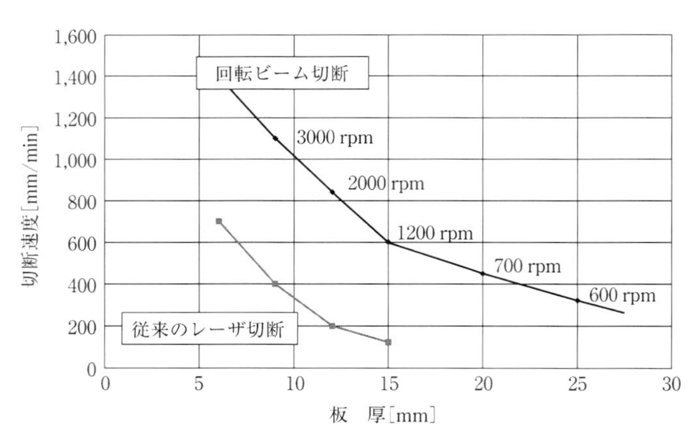

図 9.74　回転ビーム法による切断特性

えることで，微小のシフト量を半径とする回転ビームが形成される．回転ビームと材料移動によってビームはニブリング加工のように相対的に三日月状の間欠的な切断を行う．

この方法で，2kW クラスのレーザで板厚 30mm のステンレス鋼の切断と ϕ 1〜3mm の穴径の穴あけ加工も可能である．図 9.73 に原理図とステンレスの加工事例を示す．アシストガスにはガス圧を 0.1MPa の酸素を用い，回転数を毎分 1500rpm としたとき，板厚は 25mm で切断速度は 350mm/min であった．また，回転ビームによる切断加工の結果を図 9.74 に示す．その結果，切断できる最大板厚は飛躍的に増大する，特にステンレス鋼に対して切断速度が増大し，ガスの消費は大幅に減少し改善される．

9.8 非鉄金属の切断

9.8.1 木材の切断[26)]

木材の加工は切断が中心である．木材には切断面が柾目面，板目面，木口となる場合があり，また“繊維に平行”と“繊維に垂直”に区分されるうえ，含水率が異なり，年輪に春材，秋材による密度の変化があることから，木材の切断は複雑である．レーザ光が減衰する加工限界に近い部分では，この年輪界の影響が加工特性に影響する．材料の燃焼を防ぐために不活性ガスや空気をアシストガスに用いて加工する．図 9.75 に，比較的多孔質で均一材料のカツラ材の切断例を示す．切断幅は 1mm 未満であるが，薄板の広葉樹材では 0.3mm 前後のカーフ幅で切断が可能である．加工断面はやや黒ずんで炭化するが，最近の技術では，た

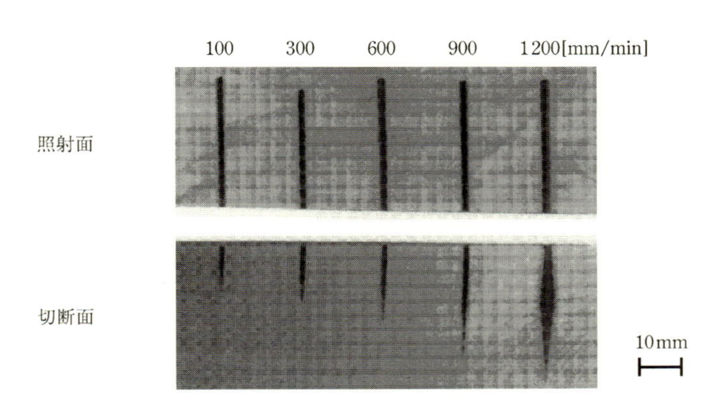

図 9.75　木材の切断（カツラ材板目面加工）
出力：150W，アシストガス：N_2，ガス流量：10ℓ/min

とえば，塩素系漂白剤などの薬品処理を施すことで，かなり制御できるようになってきた．

9.8.2　木質材料の切断

ファイバーボードやパーチクルボードなどの木質材料は木質のチップなどを圧縮して固めた木質系材料で，多くは建築材料として用いられている．しかし，繊維や木質チップを押し固めた製造上の性格から，天然材の自然の空隙率を有しない硬い材料である．ファイバーボードは，木材などの植物繊維質の粉砕片や切削片などの小片に合成接着剤を塗布して人工的に成板した板である．また，ファイバーボードは繊維束を含めてパルプ状にした繊維を水もしくは空気などを媒体にしてシート状に成形し，これを乾燥熱圧締して製板したものである．このような製法から，本質的には不均質・不連続であるため，熱の伝達は素材の細かさや密着度に左右される．したがって，小片の大きめの場合は切断幅や深さにムラができることがある．図 9.76 に木質材料の 1 つであるパーチクルボードのレーザ切断例を示す．連続出力の場合，出力は 350 W で加工，250 m/min である．材料は細かい不連続な木質繊維の圧縮材なので，パルス切断によって熱の関与時間を

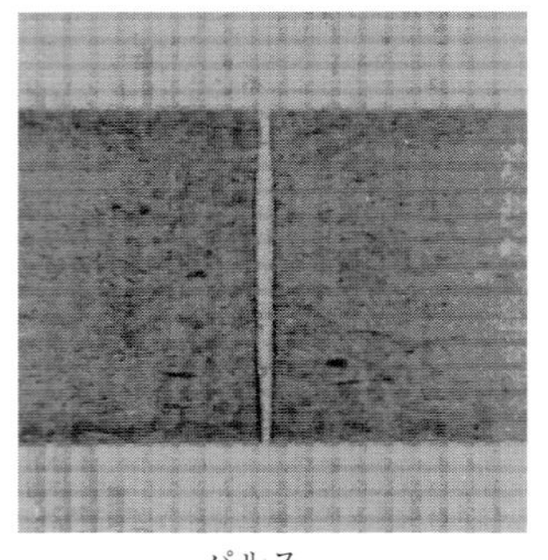

パルス

平均出力：75 W
パルス幅：0.2 ms
パルス周期：3.33 ms
焦点はずし量：0 mm
切断速度：250 mm/min
アシストガス：空気
ガス圧：0.5 MPa

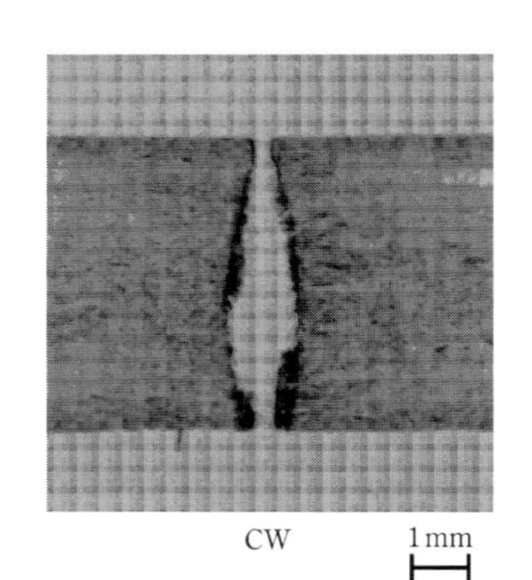

CW

レーザ出力：350 W
焦点はずし量：0 mm
切断速度：250 mm/min
アシストガス：空気
ガス圧：0.5 MPa

図 9.76　木質材料の切断（パーチクルボード（スターウッド），板厚：5.5 mm）

短くすることで熱影響層を小さくすることができる．

9.8.3　複合材料の切断

複合材料はプラスチック系，木質系などがある．いずれの複合材料も，材料中に熱的な性質や方向性が異なるものを含むため，熱加工を基本とするレーザ加工は一般に難しい．図 9.77 には，木質系複合材料の例として 11 層からなる板厚 18 mm の合板を例に挙げる．アシストガスに空気を用いて切断したもので，条件しだいではきれいに切断することができる．サンドされた材質の熱的性質の極端に異なる場合には，各層間の溝幅に差が生じる．現在では高出力で高速に加工することでかなり解消できるとされている．

プラスチック系複合材料においては，劣化や炭化が起こることに加え，カーボンファイバーなどを強化材に用いている場合の切断を得意とはしない．幾層にも交互に重ねる繊維と樹脂による繊維強化プラスチック(FRP)の場合は，異なる材料の積層においては熱の滞留や伝達が異なるため，ぎざぎざな面となるか，境界付近で両サイドに若干熱が広がるなどの影響が出ることがある．多かれ少なかれ切断面の炭化は免れない．したがって，精密な加工というよりは荒切断として

シナ合板　板厚：18mm

レーザ出力：200 W
焦点はずし量：0 mm
切断速度：250 mm/min
アシストガス：空気
ガス圧：0.5 MPa
1 mm

図 9.77　木質系複合材料（シナ合板）

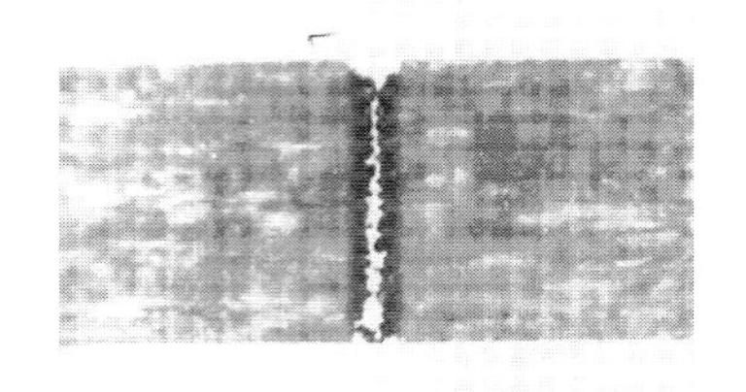

平均出力：230W
周波数：300Hz
パルス幅：0.8ms
切断速度：400mm/min

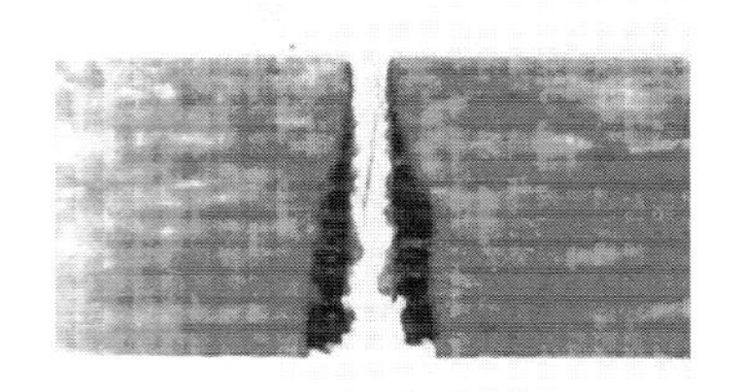

平均出力：230W
周波数：300Hz
パルス幅：0.8ms
切断速度：100mm/min

図 9.78　プラスチック系複合材料（ガラス繊維強化プラスチック（GFRP），板厚：3mm）

用いる場合が多い．図9.78にレーザによるガラス繊維強化プラスチック(GFRP)材料の切断面を示す．加工切断面を樹脂（エポキシ系）で固めて研磨によってスライスすることで得られるプレパラート（薄片）の写真を作成した．アシストガスは空気を用いて行った．加工はもっぱらパルス切断によるが，最適加工を行える条件の幅が狭く，加工速度が増すと良好な切断幅は得られない．切断面には表面に炭化がみられる．

9.9　加工ノウハウ

加工を精度よく，あるいはきれいに切断を試みる過程で多くの加工ノウハウが誕生した（表9.1）．これが今日の切断技術を飛躍的に発展させた．特に，ステ

表 9.1　各種切断加工ノウハウ

名　称	作　用	効　果
水シールド切断	切断周辺冷却 燃焼拡大防止	焼焦げ防止 熱影響層の減少
エアー切断	酸素希薄雰囲気 酸化反応の遅延化	焼焦げ減少 酸化膜を減少
無酸化切断	不活性ガス雰囲気 酸化反応の抑制	焼焦げ防止 酸化膜発生防止
アルミ切断	高反射材料用 反射光の遮断	反射光保護装置 発振器内部鏡保護

ンレス鋼切断における無酸化切断は，切断面も素材に近いか，あるいは金属光沢を有する新しい切断法として普及している．また，レーザ光に対する反射率がきわめて高くほとんど吸収しない高反射材料に対する切断加工は，いったん吸収すると反射率が低下することを利用して，初期のピーク値の高いパルス切断や，反射光防止装置との組合せによって良好な加工を実現している．

参考文献

1) Schuöcker, D. and Abel, W.: Theoretical model of reactive gas assisted laser cutting, High power Lasers and their industrial applications, *SPIE*, **650**, p. 210 (1986)
2) Schulz, W., Simon, G. and Vicanek, M.: Influence of the oxidation process in the gas cutting, High Power Lasers, *SPIE*, **801**, pp. 331-336 (1987)
3) Gropp, A., Hutfless, J., Schuberth, S. and Geiger, M: laser beam cutting, *Optical and Quantum Electronics*, **27**, pp. 1257-1271 (1995)
4) Olsen, O. F.: Fundamental mechanisms of cutting front formation in laser cutting, *SPIE*, **2207**, p. 402 (1994)
5) Miyamoto, I. and Maruo, H.: The mechanism of laser cutting, *Journal of the International Institute of Welding*, **29**-9/10, pp. 289-294 (1991)
6) Dayana, E. and Kar, A.: Thermochemical modeling of oxygen-assisted laser cutting, *Journal of Laser Application*, **12**-1, pp. 16-22 (2000)
7) 新井武二，堀井英明，井原透：2001 年度精密工学会春季大会学術講演論文集 C 12
8) 新井武二：レーザ切断，レーザ加工学会誌，**15**-4，pp. 29-35 (2008)
9) Miyamoto, I. and Maruo, H.: The mechanism of laser cutting, Weldin in the worls, Vol. 29. N 09/10 pp. 283-294 (1991)
10) Olsen, F. O.: Fundamental mechanism of cutting front formation in laser cutting, *SPIE*, Vol. 2207, pp. 402-413 (1994)
11) P. Di. Pietro & Y. L. Yao: A numerical investigation into cutting front mobility in CO2 laser cutting. Int. Mach. Tools Manufact. **35**-5 pp. 673-685 (1995)
12) Hirano and Fabbro: Experimental Observation of Hydrodynamics of Melt Layer and Striation Generation during Laser Cutting of Steel Physics Procedia, **12**, pp. 555-564 (2011)
13) Takeji ARAI: SOP Transaction on Applied Physics ISSN (Print): 2372-6229 pp. 81 (2014)
14) 新井武二，大村悦二：レーザ切断フロントにおける溶融膜厚とパワー密度の推算，レーザ加工学会誌，**14**-3，pp. 174-181 (2007)
15) 新井武二：レーザ切断，レーザ加工学会誌，**15**-4，pp. 29-35 (2008)
16) 1997 年 5 月 9 日付，日本経済新聞，日刊工業新聞，鉄鋼新聞
17) Ivarson, A., *et al.*: Laser Cutting of Steels; Analysis of the Particle ejected during Cutting, *Journal of Laser Application*, **13**-3, pp. 41-50 (1991)
18) Duley, W.: CO_2 Laser, Effects and Applications, *Academic Press*, p. 196 (1976)
19) Arai, T. and Kawasumi, H.: Thermal Analysis of Laser Machining in Wood III, *Mokuzai Gakkaishi*, **26**-12, pp. 773-783 (1980)
20) Carslaw, H.S. and Jaeger, J.C.: Heat Conduction in Solids, *Oxford Univ. Press.*, p.255 (1959)
21) 新井武二，川澄博通，林大九郎：レーザー加工における温度解析（その 1）——反応速度からみた材内温度の推定——，木材学会誌，**25**-8，pp. 543-548 (1999)
22) Arai, T. and Asano, N.: Mechanism of Dross Formation in Laser Cutting, *Proc. of*

ICALEO'04, pp. 46-54 (2004)
23) 須藤浩三，長谷川富市，白樫正高：流体の力学，コロナ社，p. 254 (1996)
24) 新井武二，浅野哲崇，町田　健：レーザ加工におけるシミュレーション（第11報），2006年精密工学会春季大会学術講演論文集，**P**63，p. 1265 (2006)
25) 新井武二（分担執筆），精密工学会編：レーザ切断加工，精密工学実用便覧，日刊工業新聞社，pp. 760-761 (2000)
26) 新井武二：木材および木質材料でのレーザ応用加工，木材工業，**40**-6，pp. 9-14 (1985)

10 レーザ溶接加工

レーザ溶接加工はほかの溶接用熱源に比べてエネルギー密度が高く，集光スポットの小さい分だけより速い溶接が可能で，結果的に熱ひずみの小さい溶接を実現することができる．装置の高出力化によって精密加工はもとより，最近では自動車などの高速溶接に多用されるようになってきた．溶接には対象となる多様な材料と継手形態があり，それに対応してレーザ溶接に関する報告の数は非常に多い．ここでは，レーザ溶接加工の理論と計算例を紹介し，レーザ溶接の品質と溶接欠陥などについて述べ，シミュレーションを用いて薄板を中心としたレーザ溶接の現象や変形など最近の新しい加工事例を紹介する．

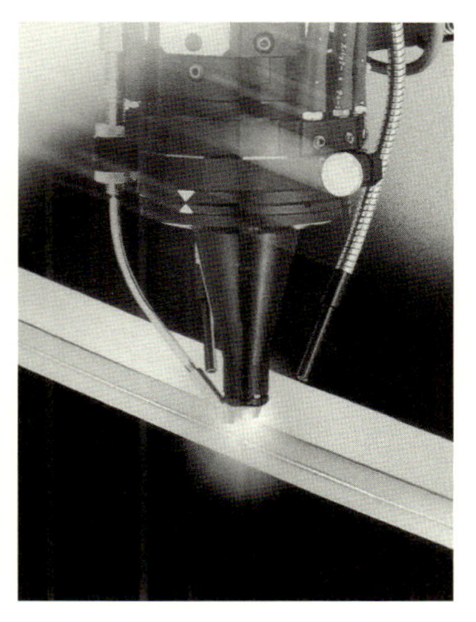

（写真：レーザ溶接加工，口絵参照）

10.1　レーザ溶接加工の特徴

10.1.1　溶接加工の特徴

レーザは加工用熱源として多くの利点を有している．また，溶接加工のための熱源としても，ほかの熱源に比較して多くの面で優れている．レーザ溶接加工には以下のような特徴がある．

① レーザ光はきわめて小さく絞り込める．それに伴いパワー密度，あるいはエネルギー密度の高密度化が図れる．そのため局所の溶接や融点の異なる異種材料間の溶接が可能である．

② 高速加工が可能でありビード幅を狭くすることが可能で，結果的に熱影響層やひずみの少ない溶接加工が実現できる．

③ レーザは非接触加工のため，加工反力をほとんど伴わない．そのうえ，エネ

ルギーの集中性が高いため，レーザ溶接は溶接部の性状や品質において優れている．

④ レーザ光は大気中を自由に伝送でき，集光した材料で吸収されるので，溶接のフレキシビリティが高く制御性に優れている．このため，タイムシェアリング溶接やビームスキャン溶接などライン対応の溶接加工が可能である．

その反面，次のような留意すべき欠点もある．

① エネルギーの集中性や光の収束性がきわめてよいので，小さいスポット径を得ることができるが，その分，密集させて溶接の接触面を広く保つための前加工が必要であり，溶接時には厳重なギャップ管理を要する．

② 電気から光へのエネルギー変換効率はあまり高くない．CO_2 レーザの場合でもたかだか 10 %前後と溶接用装置としては低いほうである．したがって，システム装置が大型化することは避けられない．また，産業用としては発振出力の限界があるうえ，システム装置の価格においてコスト高である．

③ レーザ光は材料表面での反射率が高く，溶接用として用いる場合にはより高いエネルギーを要する．したがって，トータルのエネルギー効率が低いために，用途と場合によってはコスト高になりかねない．

以上の特徴を理解したうえで，なおメリットを見出せる用途への適用が必要である．

10.1.2　レーザ溶接の分類

金属加工業において用いられている薄板の溶接方法には，従来からアーク溶接，ガス溶接，プラズマアーク溶接，および電子ビーム溶接などがある．そのうち，薄板を中心としたシートメタル加工現場においては，主に，TIG 溶接（tungsten inert gas welding；タングステンと不活性ガスによる溶接）と MIG 溶接（metal inert gas welding；金属溶接棒と不活性ガスによる溶接），およびスポット溶接などが多用されている．図 10.1 にはシートメタル（板金）加工で用いられている主な溶接法を示した．レーザ溶接の位置づけは，高エネルギービーム溶接に含まれる．主に CO_2 レーザと YAG レーザが使われてきたが，最近ではビームの価値と出力の向上に伴って，高出力固体レーザや半導体の大出力レーザが用いられるようになってきた．

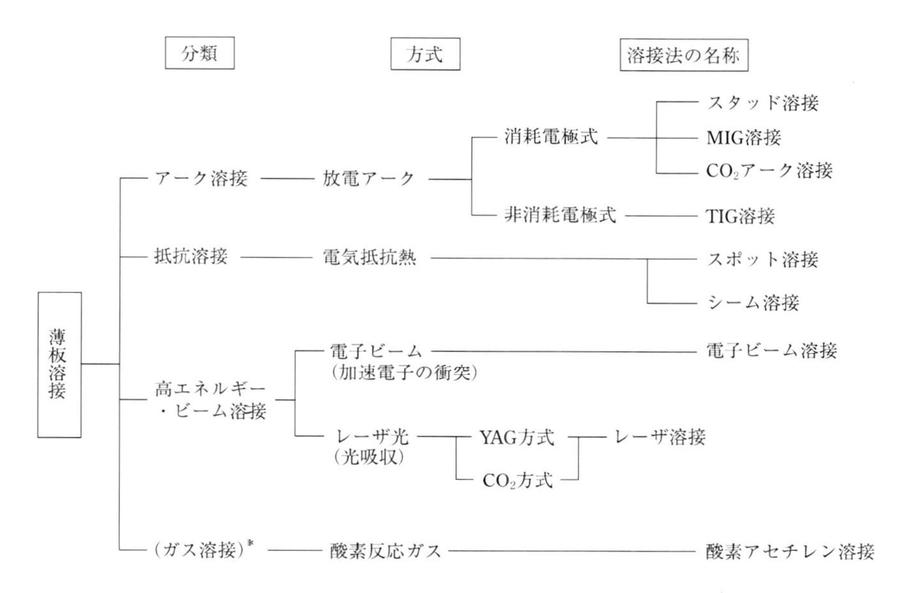

＊　薄板溶接の補修用に一部用いられる場合がある．

図 10.1　シートメタル加工での溶接法

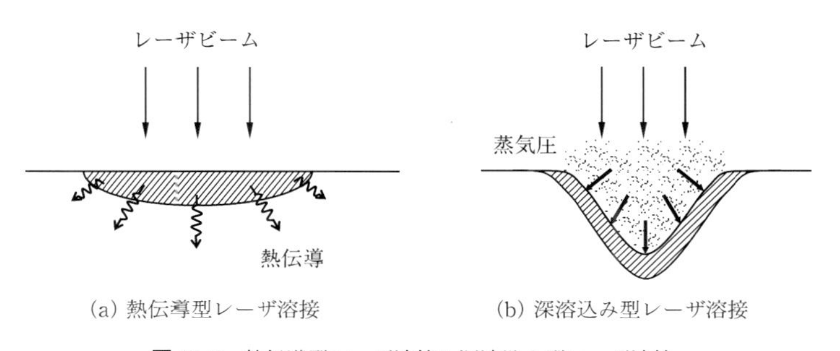

図 10.2　熱伝導型レーザ溶接と深溶込み型レーザ溶接

レーザ熱源を用いた溶接加工には，熱伝導型と深溶込み型（キーホール型）がある[1]．図 10.2 にレーザと溶接における 2 つのタイプを模式的に示す．

レーザ溶接は，材料表面で吸収された光が熱に変換され，熱エネルギーとなって材料内に熱伝達して溶融するものであるが，この溶融の過程で溶融池の形状があまりへこまず，深さより幅が広いタイプの溶接を熱伝導型レーザ溶接という．

パワー密度が 10^5 W/cm^2 以下と低いときに起こる現象である．したがって，反射損失が大きく加工能率があまり高くない．熱伝導型溶接は主に材料どうしの溶着や接合に用いられる．

これに対して，パワー密度が 10^5 W/cm^2 以上と高い場合で，溶融池で蒸発がはじまり，蒸発によって材料表面に反発力が生じるため溶融池にくぼみができる場合がある．これが深くなってキャビティを形成する．キャビティは，その内部で発生するプラズマの逆制動ふく射（プラズマ中の電子密度が高くなることでレーザ光が吸収される現象）というメカニズムによって維持される．このキャビティのことをキーホールという．これによってビームが材料内部に届くようになる．このようなタイプの溶接を深溶込み型レーザ溶接という．このキーホールは中空円筒状を呈していて，加工中に壁面への熱移動によって，連動して閉じ込められたプラズマ温度が変動するためにキーホールの径が周期変動することが，X線による高速度リアルタイムの観察などによって観察されている[2)]．

溶接を，接合するための溶接継手の形状からみた分類がある．このうち，2枚の板で，板の側断面どうしを突き合わせて接合する溶接法を突合せ溶接(butt welding)といい，また厚み方向に2枚以上の板を上下に重ね合わせて溶接する方法を重ね溶接(lap welding)という．そのほかにもレーザ溶接に用いられる継手として，重ねすみ肉継手，T字貫通継手，へり継手などがある．代表的な溶

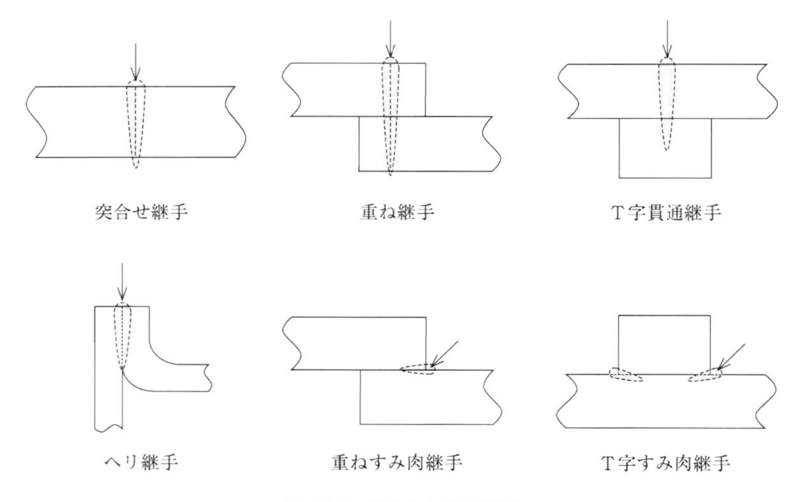

図10.3　代表的な継手形状

接継手の形状を図 10.3 に例示する．

レーザ溶接で接合部に深さを要さないものや，薄板のスポット溶接などのように材料のごく浅いところでの溶接の場合は，キーホールを伴わない熱伝導型レーザ溶接が用いられることもある．

10.2 レーザ溶接の加工現象

10.2.1 溶接加工現象

産業用として溶接に用いられている高出力レーザは赤外領域の CO_2 レーザと YAG レーザ，ファイバーレーザである．したがって，これらの波長の場合は赤外吸収による熱加工が中心である．CO_2 レーザは装置の高出力化が比較的容易であり，主に連続発振による中厚板までの高速加工に用いられている．一方，YAG レーザはかつて平均出力が低かったこともあって，薄板や小物のパルス溶接が主流であったが，近年の高出力化傾向も手伝って，6〜8 kW の発振器搭載の加工機がまたファイバーレーザは 10〜30 kW が市場に投入されるようになってきた．このことから，高出力の CO_2 レーザ同様に，連続発振での高速溶接加工が可能となってきた．

熱加工では，赤外波長領域のレーザ光が金属表面に照射されると，材料のごく表層で光吸収により分子や原子の振動が起こり急激に発熱する．その結果，深溶込み型レーザ溶接では表層部に溶融池ができ，やがて表面で金属蒸気が発生しキーホールが生成される．表面張力や内部の強力な蒸気圧がキーホールを維持したまま，溶接方向に沿って移動する．キーホールが通過した直後に，その後方をまわりの溶融金属が回り込んで埋めることで溶接がなされる．その溶融金属の幅でビードが形成され，熱源が遠ざかるとともに冷却される．図 10.4 に，理解のためのレーザ溶接のメカニズムを図示する．また，図 10.5 にはその詳細を図示した．

レーザ焼入れ時の冷却速度は約 1134℃/s という報告があるが[3]，溶接加工では材料の加熱による最高到達温度がさらに高くなるので，冷却速度はそれを上回ることが予想される．図 10.6 に示すように，ビームが照射された溶融池では最初の液相がビームの移動で後方に盛り上がり((a))，さらにビームが遠ざかると熱伝導による冷却がはじまり((b))，1000℃を下回る温度以下で粘度が急激に増して，半固体状態になる((c))．これが溶融池の液面運動と連動して溶融ビード

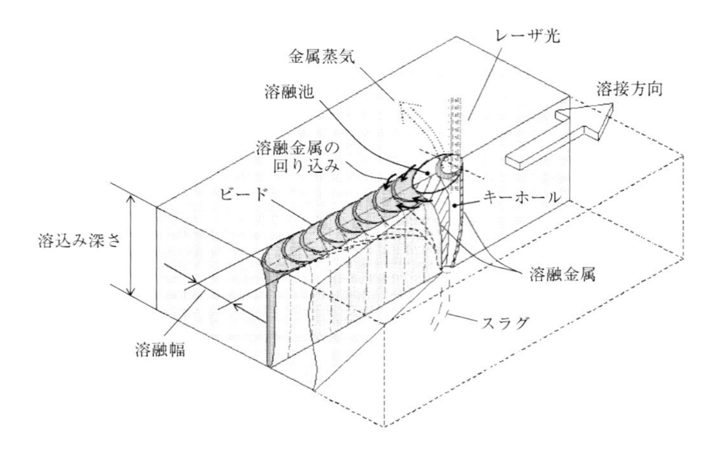

図 10.4　レーザ溶接加工のモデル

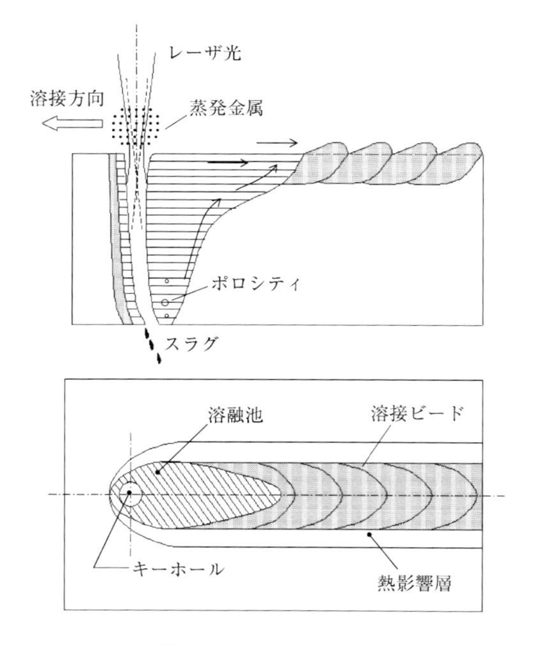

図 10.5　溶接内部の現象

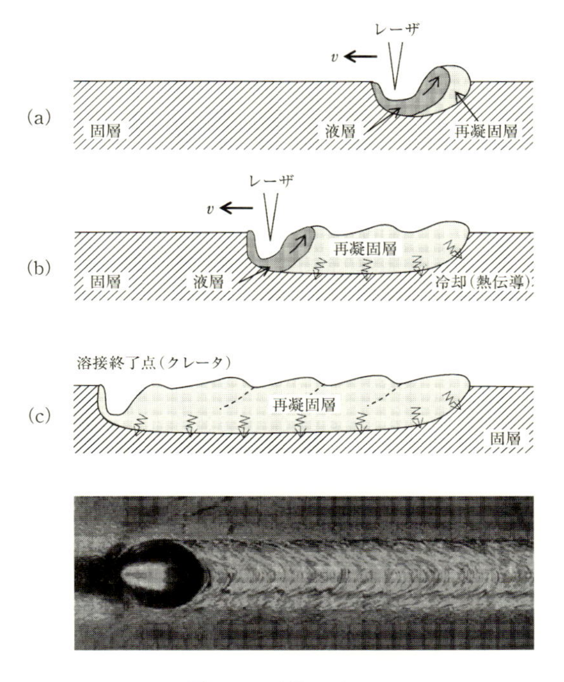

図 10.6　溶接モデル

の山を形成するものとされている．

10.2.2　キーホールの形成

ステンレス鋼の CO_2 レーザによる溶接などの例ではアシストガスに窒素ガスを同軸噴射するが，そのときのプラズマとキーホールの挙動を調べた例がある．図 10.7 には X 線透過試験装置を用いて，20 kW の CO_2 レーザによるキーホール溶接の写真を示す[4]．ビームは右方向に走行している．右側の白くみえる縦方向の筋がキーホール（key hole）で，左下や後方にみえる白っぽい円形の空孔がポロシティ(porosity)である．

材料表面にプラズマが発現しているときは深いキーホールが形成されるが，窒素プラズマが成長して試料表面から上方に移動するとキーホールは収縮していき，窒素プラズマが消滅するまで縮小化が進み，ついにはキーホールがほぼなく

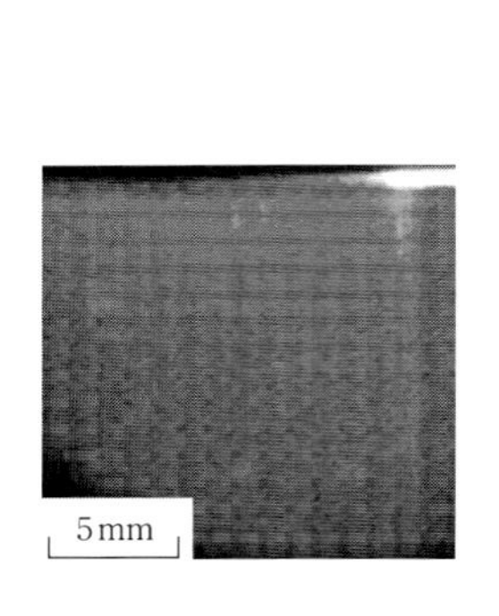

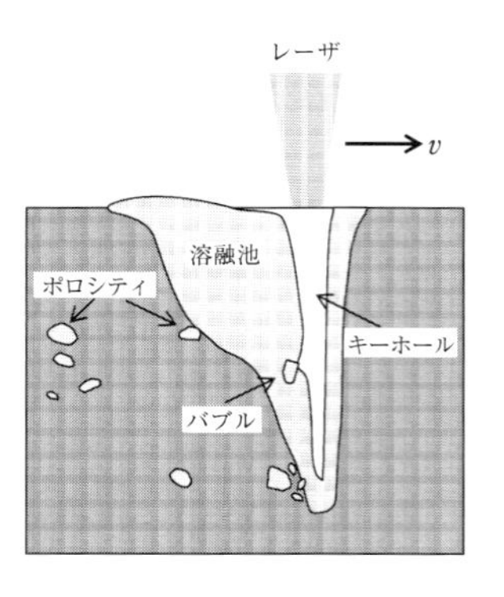

CO_2レーザ 20kW
溶接速度：1.5 m/min
焦点位置：材料表面
ガス流量：8.5×10^{-4} m^3/s
200 frame/s

図 10.7　溶接中のステンレス鋼の X 線透過写真[4)]

なる．しかし，窒素プラズマが消滅した直後には試料表面に金属プラズマが発現して，それからキーホールが深くなっていくことが確認されている．いわば，窒素プラズマによるキーホールの周期的な消滅・形成の過程が確認されている．

レーザ溶接における溶融池を観察するために，YAG レーザの基本波（λ＝1064nm）を用いて板厚 6mm のステンレス鋼材（SUS 304 の酸洗材）表面に出力 3.8kW，溶接速度 2.0m/min で走行させた．このとき材料表面に形成される溶融池を高速度ビデオカメラ（島津製作所製 Hyper Vision：HPV-1）で観察したもので，撮影速度は 60000 frame/s である．図 10.8(a)にその観察結果の一部を示す．溶接方向は写真の右手方向であるが，照射近傍には幅が約 2.4mm，長さが 3.5mm 程度の溶融池が形成されている．レーザ照射部にはプラズマの発生がみられ，溶融池の最先端部（前線）の侵食フロント（erosion front）では順次母材金属が溶融池に巻き込まれていく現象がみられる．その後方では溶融池内の溶融金属が池のまわりの円周に沿って流れ，中央部ではやや盛り上がった溶融金属の波面が後方に移動するのが観察された．その結果を模式的に図 10.8(b)に示す．

高速度カメラで溶融池の観察を行った研究[5)]によれば，溶融池では溶融金属のウェーブ（波）が発生し振動することから，ウェーブが後方に向かうときに，蒸気圧でキーホールが開かれ，溶融池の境界でターンして戻るとき，すなわち，ウェーブが前方に向かうときに，キーホールは縮小するとしている．この結果，後方の溶接池の後方で山と谷が形成され，冷却凝固されるとしている．

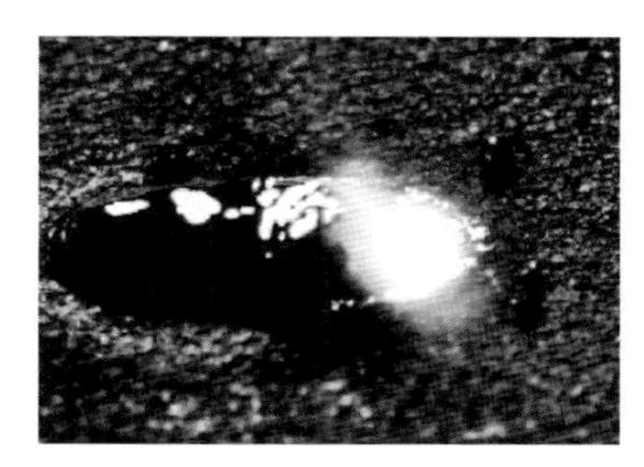

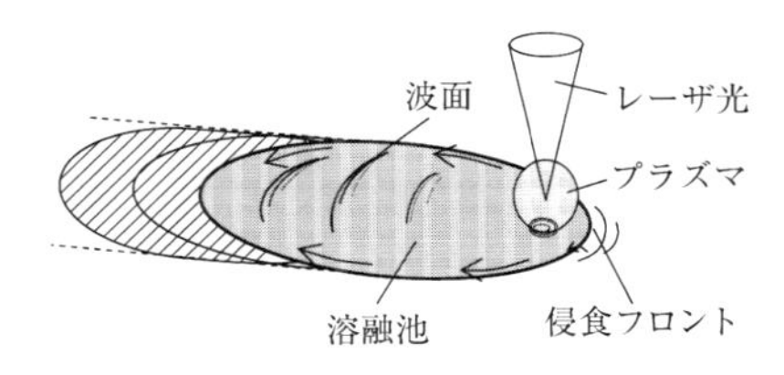

(a) 高速度ビデオカメラによる溶融池の観察　(b) 溶融池の溶融金属挙動の模式図

図 10.8 溶融池の観察

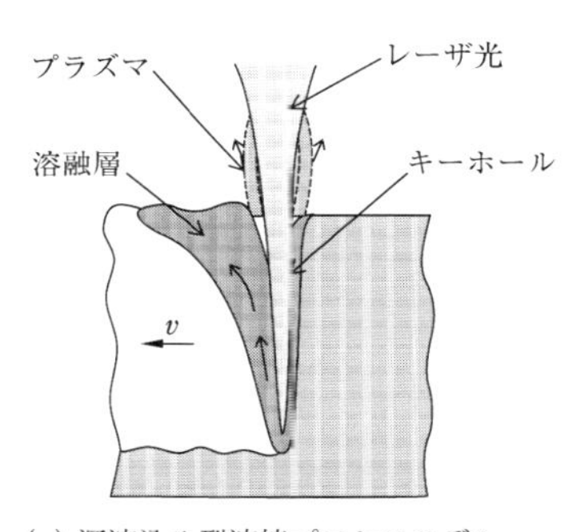

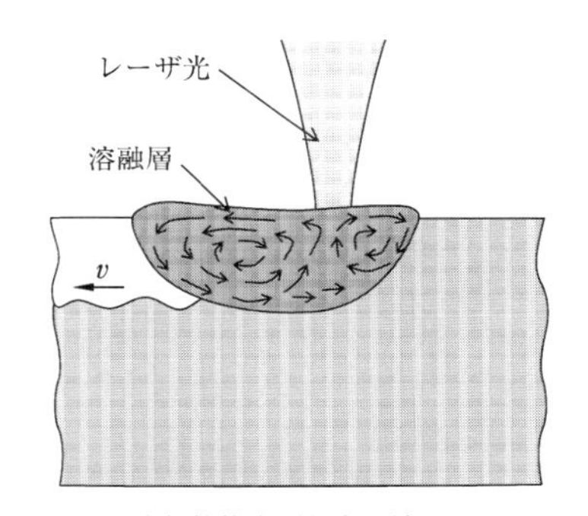

(a) 深溶込み型溶接プロセスモデル　(b) 熱的表面張力の流れ

図 10.9 深容込み型溶接の典型的モデルと溶融層内の熱的表面張力流れ

このように突合せ溶接などにおけるレーザ溶接は，高密度エネルギーによって互いの熱源周辺の局部材料を自ら溶融拡散し，通過とともに熱源周辺の溶融金属が回り込んで，冷却によって凝固し接合していく溶接法といえる．そのために，溶融ビードの終端では埋め戻す溶融金属が不足してへこみ（クレータ）ができる．これはレーザ溶接の特徴の1つでもある．

熱伝導型の溶接において，ビーム照射中の溶融池内における熱移動と流れの数値解析では，図 10.9 に示すような，熱的な表面張力流れ（x-z 平面）がみられる．レーザビームの照射点を境に左右に分かれ，下面から上面に回転している．また，レーザビームの進行方向に直角となる断面での計算では，同じように中心から左右にそれぞれの溶融金属の流れができることが報告されている[6]．固相と液相は表面張力のない境界面と，その下方では表面張力のある境界面が形成され

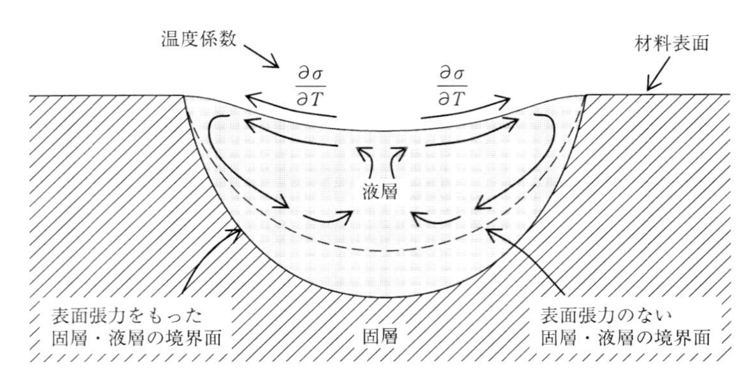

図 10.10　溶融池内の熱的表面張力流れ（ビームに垂直な断面）

る．溶融層の上面では表面張力の温度係数が正となり溶融層が左右に引っ張られるとしている（図 10.10）．

10.3　レーザ溶接の理論解析

前述のように，レーザ溶接の熱伝導型溶接とキーホールを伴う深溶込み型溶接とがあるが，熱伝導型溶接では次章で述べる 3 次元熱伝導方程式を用いて解くことも可能である．ただし，厳密には溶解現象を伴うことから別途工夫を必要とし，溶解箇所を除く周りの熱影響層に標準を合わせて計算することも必要である．さもなければ，シミュレーションによる他はないが，ここでは移動点熱源の方程式による材料表面の温度解析[7,8]と，キーホールを伴う深溶込み型溶接のために移動線熱源の式について解析解を求める．

10.3.1　熱伝導型溶接のための温度解析

物体が均質で等方的であり，時間 $t=0$ のとき，物体表面（0，0，0）で強度が Q である瞬間点熱源が発現した場合を考える．この熱源が時間 $t=t'$ 後に，原点より x' の位置に直線的に速度 v で移動したとき，α を熱拡散率として前述の式（8.2）は以下のようになる（式(8.3)に同じ）．

$$\theta=\frac{Q}{(2\sqrt{\pi\alpha t})^3}\exp\left[-\frac{(x-x')^2+y^2+z^2}{4\alpha t}\right] \tag{10.1}$$

ここで，$Q=\varphi(t')\,\mathrm{d}t'$，$x'=f(t')$，$t$ を $(t-t')$ に置き換えて，t' について 0 から t まで積分すると，

$$\theta=\frac{1}{(2\sqrt{\pi\alpha})^3}\int_0^t\frac{\varphi(t')}{(t-t')^{\frac{3}{2}}}\exp\left[-\frac{(x-f(t'))^2+y^2+z^2}{4\alpha(t-t')}\right]\mathrm{d}t' \tag{10.2}$$

また，$\varphi(t')=q=\mathrm{const.}$，$f(t')=vt'$ とおくと，

$$\theta=\frac{q}{(2\sqrt{\pi\alpha})^3}\int_0^t\frac{1}{(t-t')^{\frac{3}{2}}}\exp\left[-\frac{(x-vt')^2+y^2+z^2}{4\alpha(t-t')}\right]\mathrm{d}t' \tag{10.3}$$

さらに，$t-t'=r^2$，$x-vt=\xi$，$\xi^2+y^2+z^2=R^2$ とおき，時間 t' の間に距離 x' だけ移動することから，

$$\begin{aligned}(x-vt')^2+y^2+z^2&=(x^2-2vxt'+v^2t'^2)+y^2+z^2\\&=(x-vt')^2+y^2+z^2+2v(x-vt')(t-t')+v^2(t-t')^2\\&=(\xi^2+y^2+z^2)+2v(x-vt)(t-t')+v^2(t-t')^2\\&=R^2+2v\xi r^2+v^2r^4\end{aligned}$$

となるから，式（10.3）は，

$$\theta=-\frac{q}{(2\sqrt{\pi\alpha})^3}\int_0^t\frac{2r}{r^3}\exp\left[-\frac{R^2+2v\xi r^2+v^2r^4}{4\alpha r^2}\right]\mathrm{d}r \tag{10.4}$$

一定速度で直線的に移動する熱源による準定常状態（$t\to\infty$）の温度分布は

$$\begin{aligned}\theta&=\frac{q}{(2\sqrt{\pi\alpha})^3}\int_0^\infty\frac{2r}{r^3}\exp\left[-\frac{R^2}{4\alpha r^2}-\frac{2v\xi r^2}{4\alpha r^2}-\frac{v^2r^4}{4\alpha r^2}\right]\mathrm{d}r\\&=\frac{q}{4(\sqrt{\pi\alpha})^3}\exp\left(-\frac{v\xi}{2\alpha}\right)\int_0^\infty\frac{1}{r^2}\exp\left(-\frac{R^2}{4\alpha r^2}-\frac{v^2r^2}{4\alpha}\right)\mathrm{d}r\end{aligned} \tag{10.5}$$

ここで $r=\zeta R/\sqrt{\alpha}$ とおくと

$$\begin{aligned}\theta&=\frac{q}{4(\sqrt{\pi})^3\sqrt{\alpha}\cdot\alpha}\exp\left(-\frac{v\xi}{2\alpha}\right)\int_0^\infty\frac{\alpha}{\zeta^2R^2}\cdot\frac{R}{\sqrt{\alpha}}\exp\left(-\frac{R^2\alpha}{4\alpha\zeta^2R^3}-\frac{v^2\zeta^2R^2}{4\alpha\cdot\alpha}\right)\mathrm{d}\zeta\\&=\frac{q}{4(\sqrt{\pi})^3\alpha}\exp\left(-\frac{v\xi}{2\alpha}\right)\int_0^\infty\frac{1}{R}\cdot\frac{1}{\zeta^2}\exp\left(-\frac{1}{4\zeta^2}-\frac{v^2\zeta^2R^2}{4\alpha^2}\right)\mathrm{d}\zeta\\&=\frac{q}{4(\sqrt{\pi})^3\alpha}\frac{1}{R}\exp\left(-\frac{v\xi}{2\alpha}\right)\int_0^\infty\frac{1}{\zeta^2}\exp\left[-\left(\frac{vR}{2\alpha}\right)^2\zeta^2-\frac{1}{4\zeta^2}\right]\mathrm{d}\zeta\end{aligned} \tag{10.6}$$

ここで，式（10.6）をラプラス積分を用いて変換すると，

$$\int_0^\infty \frac{1}{\zeta^2} \exp\left[-\left(\frac{vR}{2\alpha}\right)^2 \zeta^2 - \frac{1}{4\zeta^2}\right] \mathrm{d}\zeta = \sqrt{x} \exp\left(-\frac{vR}{2\alpha}\right)$$

となることから

$$\begin{aligned} \theta &= \frac{q}{4\pi\sqrt{\pi}\alpha} \cdot \frac{1}{R} \exp\left(-\frac{v\xi}{2\alpha}\right) \cdot \sqrt{\pi} \exp\left(-\frac{vR}{2\alpha}\right) \\ &= \frac{q}{4\pi\alpha} \cdot \frac{1}{R} \exp\left[-\frac{v}{2\alpha}(R+\xi)\right] \end{aligned} \tag{10.7}$$

物体が半無限体の場合は $z'=0$ であるから

$$\begin{aligned} &\theta = \frac{q}{2\pi\alpha} \cdot \frac{1}{R} \exp\left[-\frac{v}{2\alpha}(R+\xi)\right] \\ &\text{ただし} \begin{cases} R^2 = (x-x')^2 + y^2 + z^2 \\ \xi = x - vt \end{cases} \end{aligned} \tag{10.8}$$

いま，熱源が平面上で点（x'，y'，0）にあるとき，

$$R^2 = (x-x')^2 + (y-y')^2 + z^2$$

これを円柱座標に変換すると，

$$\begin{aligned} &\begin{cases} R^2 = (x-x')^2 + (y-y')^2 + z^2 = r'^2 + r^2 - 2r'r\cos(\varphi - \varphi') + z^2 \\ \xi = x - vt = x - x' = r\cos\varphi - r'\cos\varphi' \end{cases} \\ &\theta = \frac{q}{2\pi\alpha} \cdot \frac{1}{R} \exp\left[-\frac{v}{2\alpha}(R + r\cos\varphi - r'\cos\varphi')\right] \\ &R^2 = r'^2 + r^2 - 2r'r\cos(\varphi - \varphi') + z^2 \end{aligned} \tag{10.9}$$

ここで表面分布熱源とすると

$$\begin{aligned} \theta &= \frac{q}{2\pi\alpha} \int_0^{2\pi} \int_0^\infty \frac{q(r')}{R} \exp\left[-\frac{v}{2\alpha}(R + r\cos\varphi - r'\cos\varphi')\right] r' \mathrm{d}r' \mathrm{d}\varphi' \\ &= \frac{q}{\pi\alpha} \int_0^{\pi} \int_0^\infty \frac{q(r')}{R} \exp\left[-\frac{v}{2\alpha}(R + r\cos\varphi - r'\cos\varphi')\right] r' \mathrm{d}r' \mathrm{d}\varphi' \end{aligned} \tag{10.10}$$

$P(r') = J\rho c q(r')$，熱伝導率 $\lambda = \rho c \alpha$ として，

$$\theta = \frac{1}{J\pi\rho c\alpha} \int_0^{\pi} \int_0^\infty \frac{P(r')}{R} \exp\left[-\frac{v}{2\alpha}(R + r\cos\varphi - r'\cos\varphi')\right] r' \mathrm{d}r' \mathrm{d}\varphi'$$

初期温度 θ_0 を考慮して（通常 θ_0 は室温（20°C）が用いられる）

$$\theta_0-\theta=\frac{P(r')}{J\pi\lambda}\int_0^{\pi}\int_0^{\infty}\frac{1}{R}\exp\left[-\frac{v}{2\alpha}(R+r\cos\varphi-r'\cos\varphi')\right]r'\mathrm{d}r'\mathrm{d}\varphi' \quad (10.11)$$

熱源をガウス分布とすると

$$P(r')=\frac{2P_0}{\pi\omega^2}\exp\left(-\frac{2r'^2}{\omega^2}\right)$$

であるから，これを式（10.11）に代入して次式を得る．

$$\Theta=\theta_0-\theta=\frac{\varepsilon 2P_0}{J\pi^2\omega^2\lambda}\int_0^{\pi}\int_0^{\infty}\frac{1}{R}$$

$$\cdot\exp\left[-\frac{v}{2\alpha}(R+r\cos\varphi-r'\cos\varphi')-\frac{2r'^2}{\omega^2}\right]r'\mathrm{d}r'\mathrm{d}\varphi' \quad (10.12)$$

ただし，$R^2=r'^2+r^2-2r'r\cos(\varphi-\varphi')+z^2$

これにより，表面に発現した点熱源が x 軸に沿って速度 v で移動する場合の材料表面の温度分布を求めることができる．なお，ε は吸収率とする．移動点熱源の式は溶接加工のほかに切断加工の温度解析にも用いることができる．

10.3.2 深溶込み型溶接のための温度解析

深溶込み型溶接での解析モデルには移動線熱源の式が多く用いられることから，以下では移動線熱源について解く．

長さ l の板厚を有する平板上に，単位当たりの強さが Q の瞬間線熱源が x 軸に沿って，時間 t' のあいだに原点から速度 v で移動するときの温度分布は次式で与えられる[9]．

$$\theta(x,\ y,\ t)=\frac{Q}{4\pi\lambda}\int_0^{\infty}\frac{1}{t'}\mathrm{e}^{-\frac{[x-v(t-t')]^2+y^2}{4\alpha t'}}\mathrm{d}t' \quad (10.13)$$

ここで，$(x-vt)$ を x と置き換えて，t' を 0 から ∞ まで積分すると，

$$\theta(x,\ y)=\frac{Q}{4\pi\lambda}\mathrm{e}^{-\frac{vx}{2\alpha}}\int_0^{\infty}\frac{1}{t'}\mathrm{e}^{-\frac{v^2t'}{4\alpha}-\frac{x^2+y^2}{4\alpha t'}}\mathrm{d}t' \quad (10.14)$$

ここで $x^2+y^2=r^2$ とし，さらに Carslaw and Jaeger の Appendix III[9] から，

$$\theta(x,\ y)=\frac{Q}{2\pi\lambda}\mathrm{e}^{-\frac{vx}{2\alpha}}K_0\left(\frac{vr}{2\alpha}\right) \quad (10.15)$$

となり，線熱源の基本式が導かれる．ここで，K_0 は 0 次の第 2 種変形 Bessel 関数である．

さらに，熱源の吸収率を ε，レーザ出力を W，板厚を l とすると，$Q=\dfrac{\varepsilon \cdot W}{l}$ であることから，

$$\Theta=\theta-\theta_0=\frac{\varepsilon W}{2\pi\lambda l}\,\mathrm{e}^{-\frac{vx}{2\alpha}}K_0\left(\frac{vr}{2\alpha}\right) \tag{10.16}$$

となり，文献10）にあるような式が導かれる．ここで，θ_0 は初期温度で Θ は最終の温度を示す．

また，座標の温度は $x=r\cos\phi$，$y=r\sin\phi$ としても計算される．

$$\Theta=\frac{\varepsilon W}{2\pi\lambda l}\exp\left(\frac{-vr\cos\phi}{2\alpha}\right)K_0\left(\frac{vr}{2\alpha}\right) \tag{10.17}$$

図10.11には，式（10.17）の線熱源によるモデル図を示す．上記に示した移動線熱源の式は溶接加工のほかに切断加工の温度解析にも用いられる．

現実の計算ではビームは一定のスポット径を有することから，単に出力を長さで除することは若干の相違がある．キーホールや切断溝などによって起こる種々

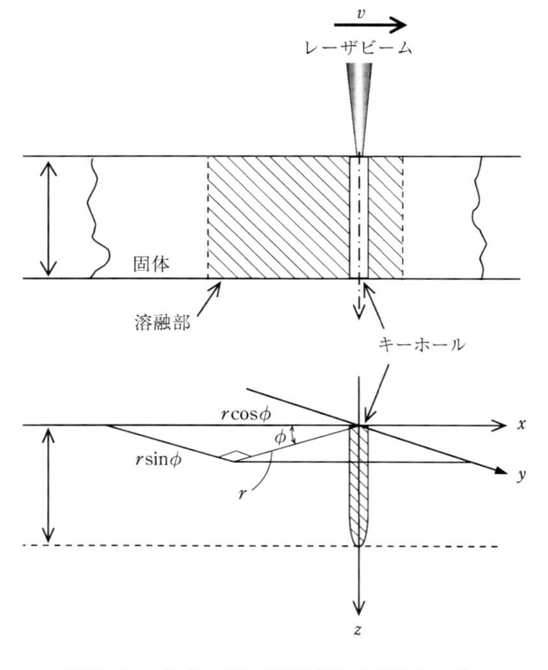

図10.11　式（10.17）の線熱源による計算モデル

のエネルギー配分を考慮して実際に投入される熱量を算出した後に，それを面積が点で表現される線状のラインに集約させて計算する工夫が必要である．

なお，パルス加工（溶接，切断）などについては，式（6.22）に示すように，円形で一様な分布を有する熱源が，半無限体の材料表面に発現した場合の式を転用することで計算することができる．パルス加工はパルススポットの重なり率を考慮して計算し，スポットごとに計算される温度を加算して求められる．

10.4 計 算 結 果

移動線熱源による計算結果の一例を図 10.12 に示す．計算は板厚が 1.2 mm のステンレス鋼薄板の場合で出力が 2 kW で材料上を走査した，いわゆる「ビードオンプレート」状態に匹敵する．(a) は溶接速度が 2.5 m/min と比較的遅い場合で，(b) は溶接速度が 5.0 m/min で比較的速い場合で，溶融温度に相当するステンレス鋼の融点 1420℃があてられている．ここで，融点以上に達した幅を溶融層として灰色で示した．溶接速度が遅い場合には幅が広がり，反対に溶接速度が速い場合には溶接幅も小さくなる傾向を示している．このように熱源中心と等温分布の広がりを計算することができる．ただし，熱源幅は深さ方向（z 軸）に線状であって，x-y 平面からみると熱源は点状にみえることになる．このことは移動点熱源の式においても同じである．

10.5 溶接加工シミュレーション

溶接シミュレーションについて，ここは基本的に薄板の連続波溶接を扱う．レーザ溶接の需要のほとんどは圧倒的に薄板が多いことに加えて，変形が問題となるのは主に薄板であるためである．なお，パルス溶接につては，第 7 章で述べたのでここでは連続波溶接について述べる．

10.5.1 ビードオンプレート

レーザは低ひずみの溶接ができるとされているが，変形やひずみについての具体的な数値はあまりあきらかとはなっていない．接合技術による材料の変形は非常に重要である．特に精密な溶接では無視できない場合があり，レーザによる高精度・

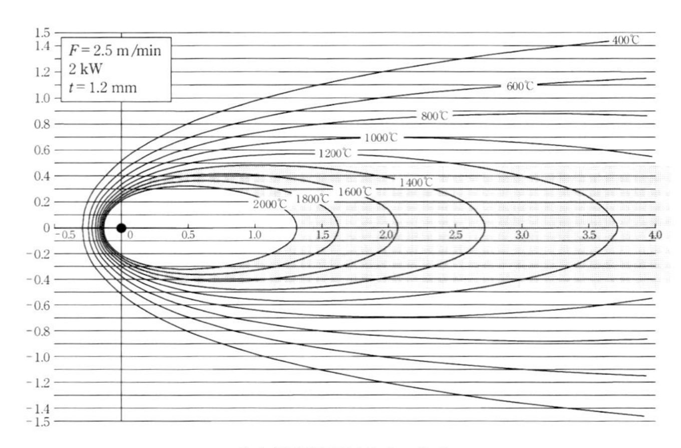

(a) 溶接速度：2.5 m/min

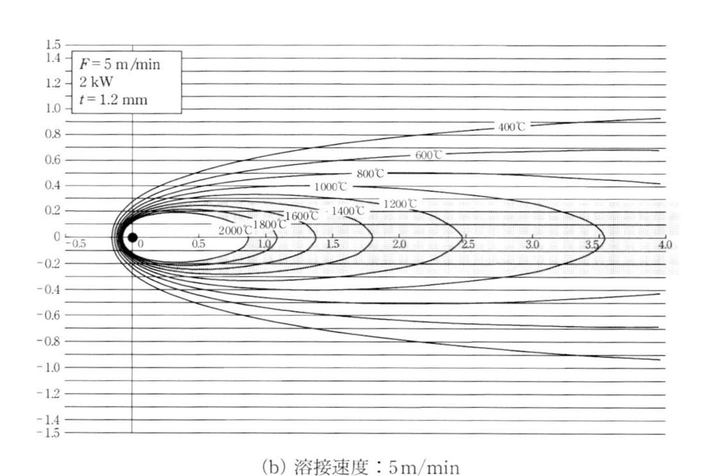

(b) 溶接速度：5 m/min

図 10.12　移動線熱源による x-y 平面での計算例
（レーザ出力：2 kW，材質：ステンレス鋼材，板厚：1.2 mm）

高品位溶接を行う場合には熱応力による変形などを正確に把握する必要がある．

10.5.1.1　シミュレーションモデル

レーザ溶接時の変形を定量的にあきらかにするために，まず，ビード・オン・

プレートで連続移動熱源を薄板の平板上を走行させ，板厚と入熱に応じた変形量を解析する．溶接は通常2枚以上の異なる部位の接合をいう．その意味ではビード・オン・プレートは溶接ではないが，ギャプのない理想状態とみなすこともできることから基準とすることができる．

ここでのシミュレーションは基本的に有限要素法による熱解析シミュレーションであるが，放熱や対流・接触伝熱などを考慮した熱伝導方程式を解いて温度場を求め，温度から求まる熱ひずみを与えて弾塑性応力変形解析する三次元非定常熱弾塑性力学モデルである．物性値は温度依存性を考慮し，溶融状態では溶融潜熱を考慮している．これによりレーザ溶接の過程で生じる金属溶融による熱膨張・熱変形が時系列的に求められ，最終的に残留応力や変形が求まるようにした．

前述のように，シミュレーションモデルは板表面に焦点を合わせて熱源が移動するビードオンプレート（bead on plate）である．材料はステンレス材で，その寸法は実加工サンプルと同じ100×100×1mmを基準とした．そして溶接速度，板厚と出力に応じた変形量を解析した．なお，厳密な意味でビードオンプレートは部材を接合する「溶接」でないことに鑑み，通常の溶接速度を「走行速度」，溶接形状を「溶融形状」などと区別して表現した．そのほか，加工実験に係わる場合と溶接線などは混乱を避けるため従来のまま表現した．計算に用いたモデルを図10.13に示す．また，解析では左右対称になることから片半分を図示した．

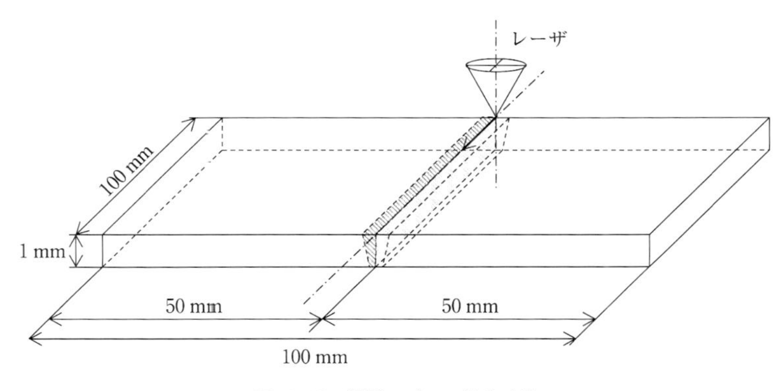

図10.13　解析モデルの基本寸法

変形の定量化のために，まず基本となるCW発振のYAGレーザでϕ0.34 mmの集光スポットをもつレーザ光を材料表面上で等速移動させた．正しい変形を得るために，入熱形状は実加工による溶融断面形状と一致させた．その結果を図10.14に示す．また，板厚1mmに対して溶融速度（移動速度）を3～8m/minまでの変化させた．図10.15には熱源の移動に伴う温度勾配と熱の分布を時系列的に示す．

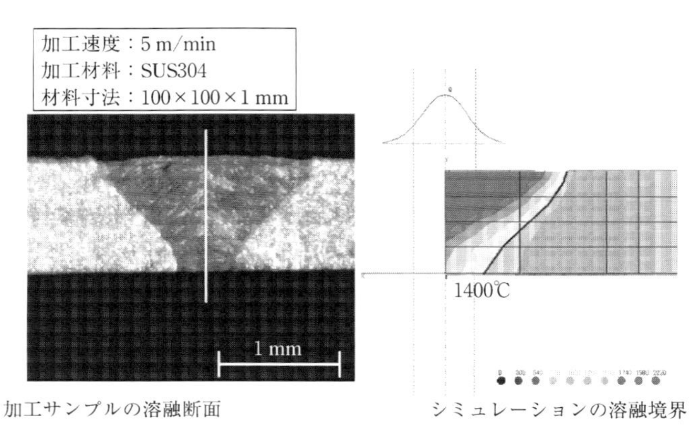

図10.14　実験と解析のビード断面の比較

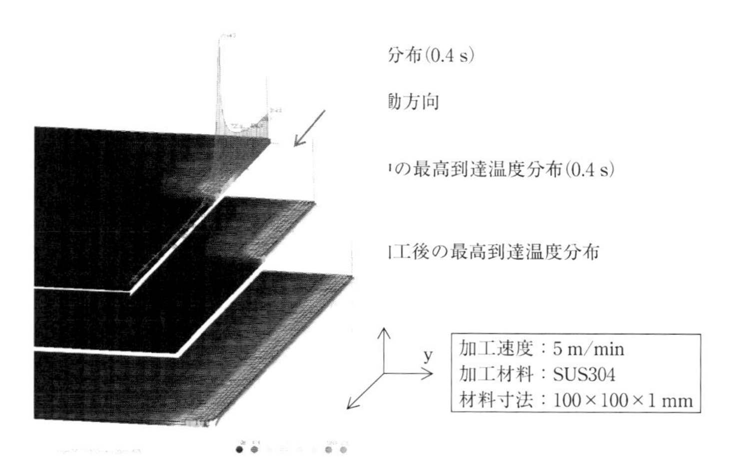

図10.15　熱源移動に伴う温度分布

熱源の通過後，十分に冷却された状態における変形のシミュレーション結果は，溶接線と同じ方向となる面（x-z 平面）では，始点と終点が低く中心部が0.5mm 程度盛り上がり，溶接線に垂直となる面（x-y 平面）では，冷却後に溶接線から離れた先端で1mm 程度の盛り上がりがみられた．色（濃淡）の等高線で表示した結果を図に示す．図10.16 には溶融速度が3m/min と5m/min のときの変形を表した．溶融速度が遅い3m/min の場合の方が熱の滞留時間の長くなるために変形は大きい．典型的な変形として，図10.17 には変形バランスのと

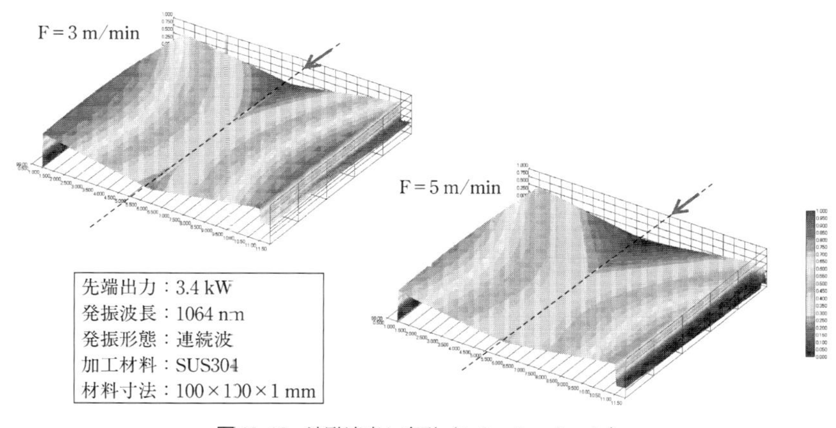

図10.16　溶融速度と変形（シミュレーション）

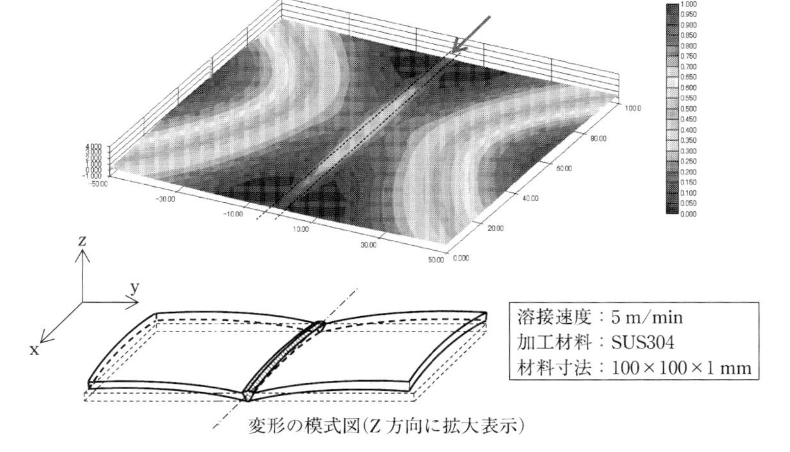

図10.17　シミュレーションによる溶接後の典型的な変形

れた溶融速度 5m/min の時の変形とその模式図を示す．溶接線に沿った中心での変形では最大で 0.6mm の盛り上がりを示した．なお，図では高さ方向（z 方向）を誇張して表現している．

10.5.1.2　実験サンプルの変形計測

実験によって実際の変形を測定しシミュレーションの結果と照合するため，実加工実験による検証を行った．加工実験は連続発振で最大出力 4kW の LD 励起 YAG レーザが用いられた．図 10.18 にその実験風景を示す．また図 10.19 に

LD 励起 YAG レーザ
最大出力：4 kW
発振波長：1064 nm
発振形態：連続波

図 10.18　溶接加工の実験風景

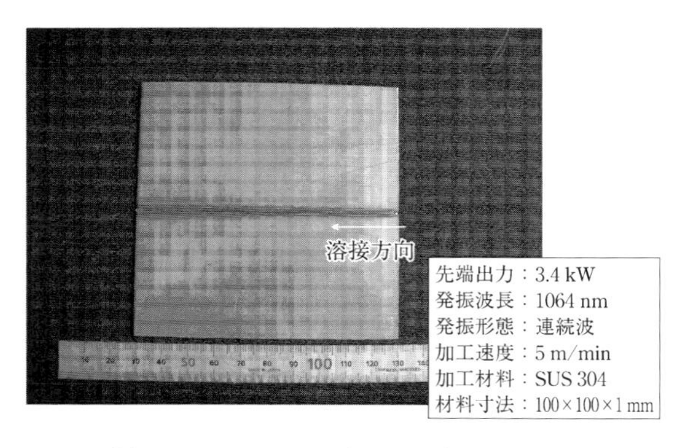

図 10.19　ビードオンプレートの加工サンプル

は，本装置を用いた実加工で，溶接速度が5 m/min のときの SUS 304（100×100×1 mm）の加工サンプルを示す．目視では変形量の確認が難しいことがわかる．

このシミュレーションと同条件で実験によって得られた実加工サンプルの変形は，レーザ変位計によって計測された．使用機器には CCD レーザ変位計（キーエンス LK-G）を用いた．溶融後十分時間を経たサンプルは，変形した状態で測定台に置かれ，溶接線に沿って 2 mm 間隔ごとに直交する方向に 50 ラインをとり，1 ラインは 0.1 mm 間隔で 1 000 箇所計測した．計測後にデータ上で基準平面が補正され溶接時の変形を再現した．この測定範囲は高さ方向で 5 mm，測定精度は 1 μm である．

実験では板表面に焦点を合わせたレーザ光を平板上に連続で移動させたもので，先端でのレーザ出力は 3.4 kW で，板厚 1 mm に対してシミュレーションと同様に溶接速度を 3〜8 m/min までの変化させた．それによって得られたサンプルは，十分に冷却された状態で変形量が計測された．実加工サンプルの計測では，形成された中心ビードが凹凸をもつために測定に若干のばらつきをもつ．その結果の一例を図 10.20 に示す．図は実験データをもとにコンピュータ処理された．中央の溶接線に沿って盛り上がりがあり，両端では羽を広げたような変形が測定された．

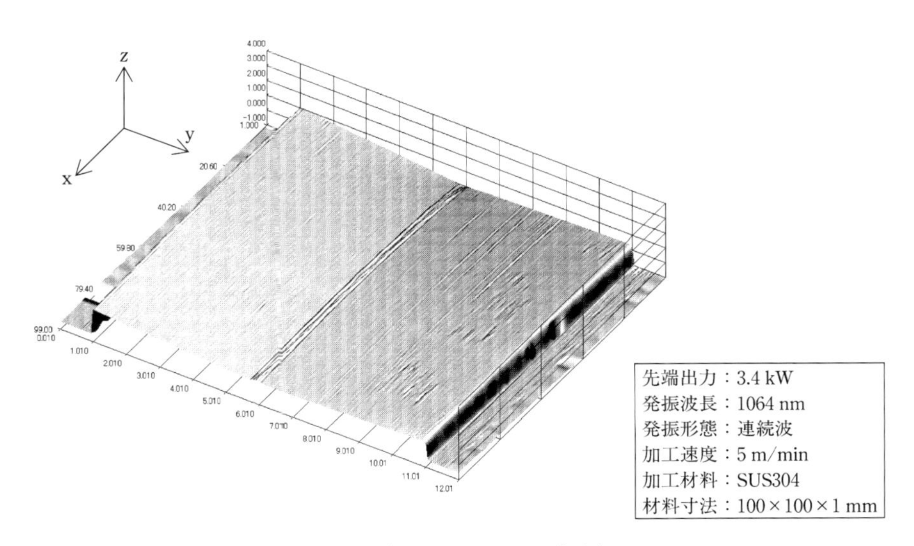

図 10.20　実測データに基づく変形表示

10.5.1.3　実験による変形量の比較

実際の溶接実験によるステンレス鋼材1mmでの変形結果の測定例を図10.21に示す．図は溶接線に沿ってビード中心断面で比較したものである．レーザ溶接では溶接速度が遅いほど中心部の x-z 平面で $+z$ 方向への大きな膨らみがみられる．しかしその差は溶接の前半部から広がるが，後半部以降ではその差は少なくなっている．また，貫通溶接と非貫通溶接とでは変形量が異なる．非貫通溶接のほうが上下の一方だけに熱が加わるので相対的に変形量は大きくなる現象がみられる．結果的に，溶接速度が遅いほど変形は大きい．また，シミュレーションと実加工実験による比較では傾向に差はなかった．

レーザ溶接は基本的に熱加工であるために，熱応力による変形は免れない．ビードオンプレートでの変形量を解析した結果，溶接線に沿った盛り上がりと溶接線から離れた両端の盛り上がりによる変形がみられた．その量は板厚，板サイズ，レーザ出力によって異なる．走行速度に対しては速いほど変形量は小さい．

レーザ溶接で生じる応力分布の例を図10.22に示す．熱応力の分布はこの範囲での走行速度による変化は少ないが，溶接線方向の応力分布では全長100mmに対して溶融開始地点から10mmまで引張りの残留応力が増大し80mm以降で順次引張り応力は低下する．中心線より離れると圧縮応力が発生し，その値は中心線から遠ざかるにつれて低下する（図10.22（a））．溶接線と直角方向の応力分

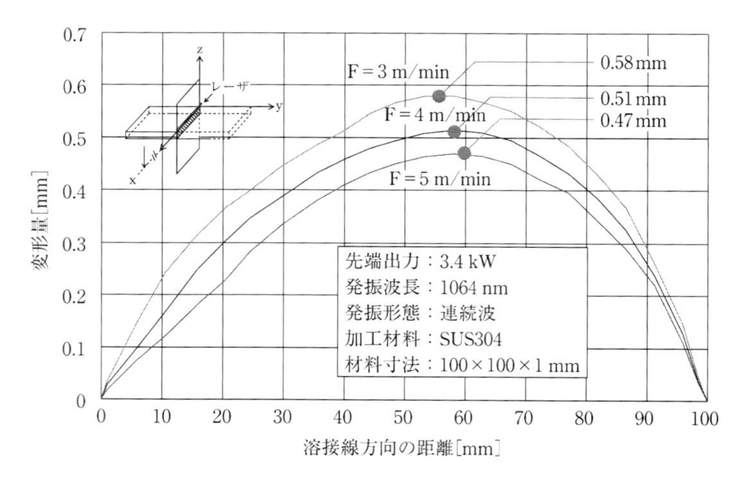

図10.21　速度変化による変形の大きさ：実測

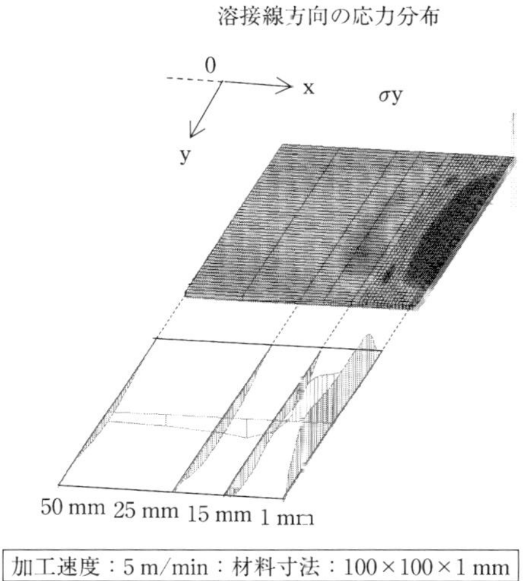
溶接線方向の応力分布
0
x
y
σy
50 mm 25 mm 15 mm 1 mm
加工速度：5 m/min：材料寸法：100×100×1 mm

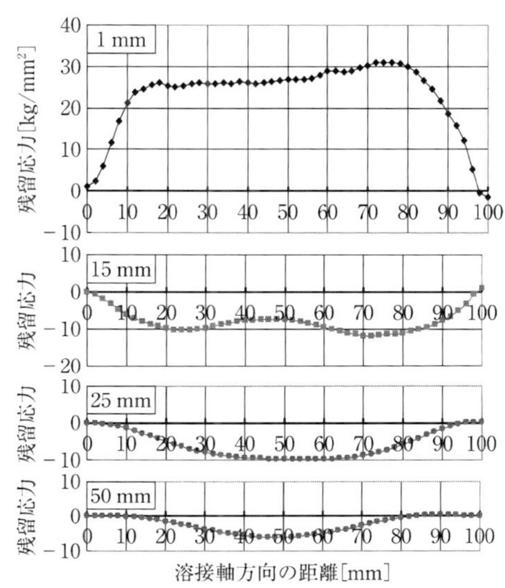
1 mm
15 mm
25 mm
50 mm
残留応力[kg/mm²]
残留応力
溶接軸方向の距離[mm]

(a)

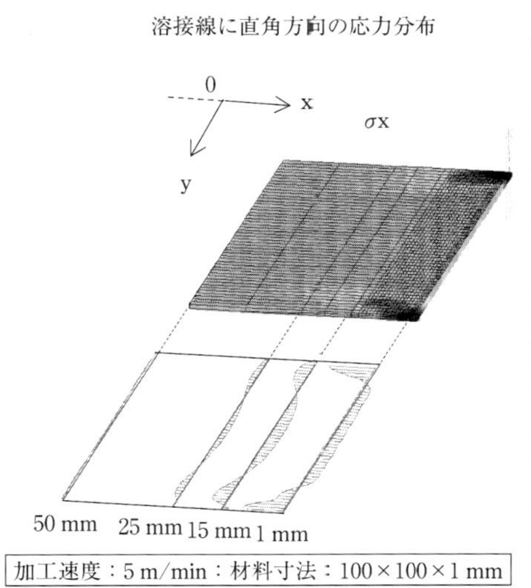
溶接線に直角方向の応力分布
0
x
y
σx
50 mm 25 mm 15 mm 1 mm
加工速度：5 m/min：材料寸法：100×100×1 mm

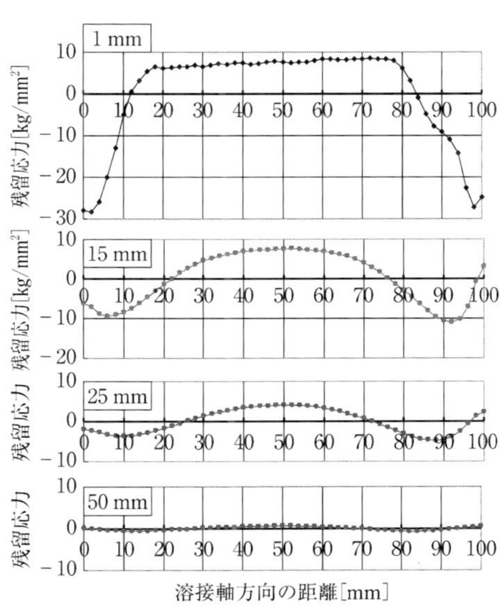
1 mm
15 mm
25 mm
50 mm
残留応力[kg/mm²]
残留応力
溶接軸方向の距離[mm]

(b)

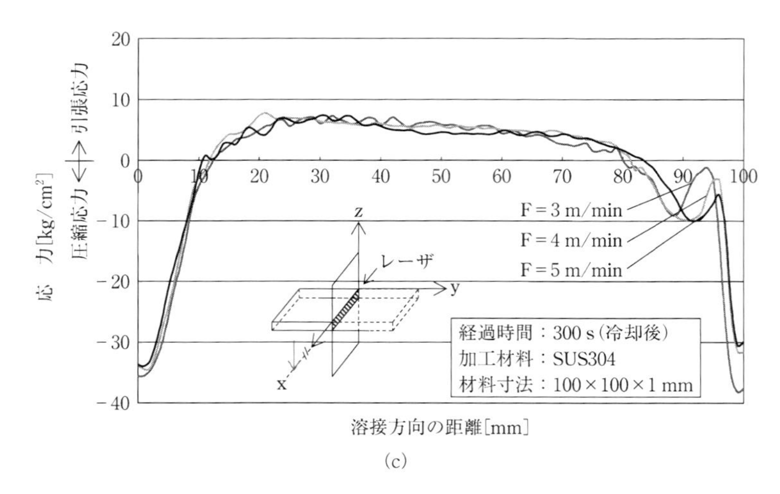

(c)

図 10.22　溶接後の応力分布状態

布では，溶融開始地点から10mmまでは圧縮の残留応力から引張りに転じ80mmまで引張り応力が支配的となるが，その後は再び圧縮応力に変化する．中心線から離れるにしたがって同一傾向のまま全体の値が低くなってゆく（図10.22（b））．全般に，冷却後の応力分布は全長100mmに対して溶融開始地点から10mmは圧縮応力状態となり，10mmから80mmまでは引張応力状態で，最終端に近い80mmから100mmまでは再び圧縮状態となる．なお，90mm付近では圧縮と引張の複雑な挙動をする．加熱状態から冷却にかけて応力は反転する．図10.22（c）には十分な時間が経過した冷却後の応力状態を示している．

10.5.2　実験条件と変形

10.5.2.1　板サイズと変形

薄板のレーザ溶接では，材料のサイズ（寸法）の変化は板全体の変形に大きく関わってくる．出力を一定にしたまま，材料のサイズと板厚の変化により引き起こされる板材の変形を求める．図10.23は接合面でギャップのない理想状態を想定したビードオンプレートとして，板表面に焦点を合わせて熱源を移動させ変形量を解析した．材料はステンレス（SUS 304）相当である．サイズは$x \cdot y = 50 \times 50$mmと50×100mm，同様に100×100mmと100×200mm，および200×100

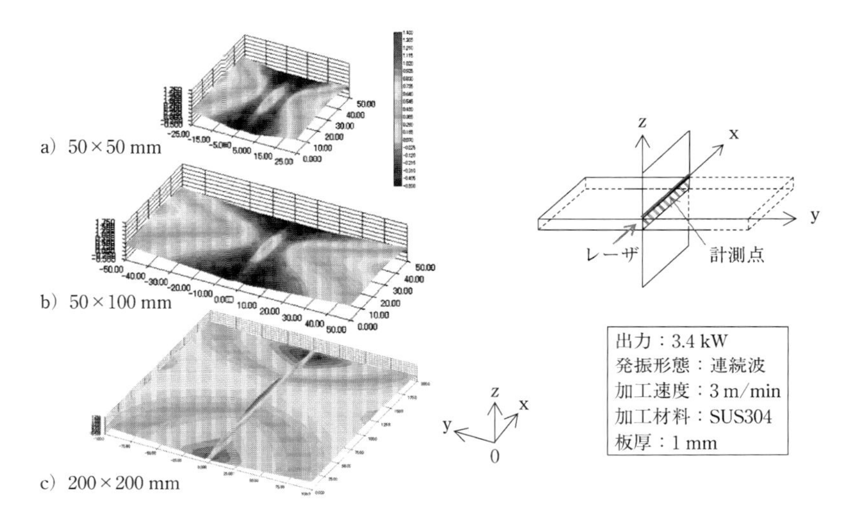

図 10.23　材料サイズの変化の影響

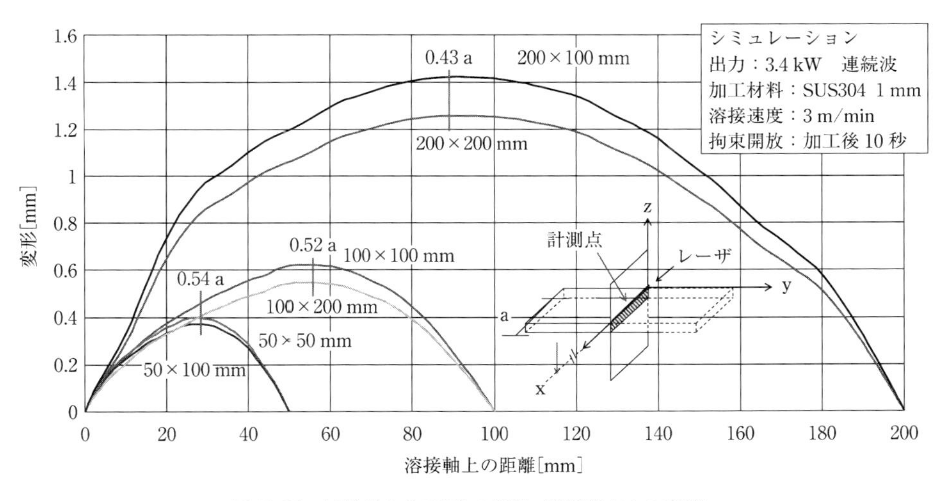

図 10.24　材料サイズの変化の影響（溶接線方向の変形）

mm と 200×200 mm である．図 10.24 には溶接線方向での比較として，y 方向を 2 倍にすることによって溶接線上（中心の溶融ビード上の凹凸面を避けるために，外側に 2 mm 外して測定）では若干小さくなる．すべての場合に，溶接線と同じ方向となる面（x-z 平面）では始点と終点が低く中心部が盛り上がり，材料

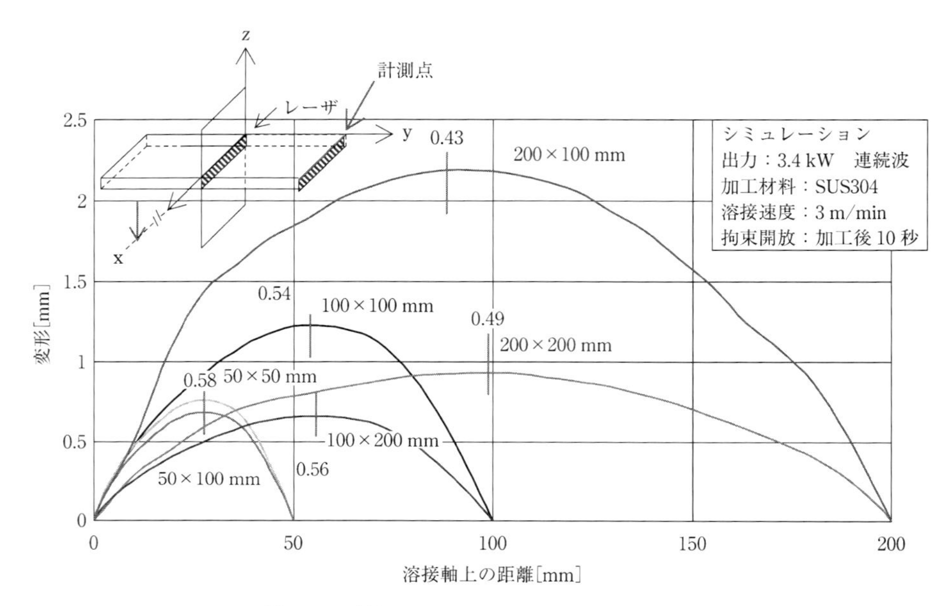

図 10.25　材料ザイズの変化の影響（端面の変形）

平面となる x-y 平面では，冷却後に溶接線から離れた両端で盛り上がりがみられた．また，両端面での変形を図 10.25 に示した．x 方向の長さが同じ場合は，y 方向が短いほど変形量は大きく現れる．材料の大きさを 50 mm から 4 倍の 200 mm にすると変化量は 3 倍と大きくなった．なお，図中の数値の表示は，x 方向で長さを 1 とした場合の入口からの測定位置を示す．たとえば，0.53 a などは，レーザ照射の開始された点から x 方向に 53 %入った場所での測定を意味する．

10.5.2.2　材料板厚の影響

薄板のレーザ溶接では，材料の板厚の変化に対しても全体の変形に大きく影響する．また，出力を一定にしたまま厚みを増すと，材料の内部入熱の状態が変化し貫通溶融ができなくなる．実際の薄板レーザ溶接の場合をみる．例として，板厚 3 mm の場合のレーザ溶接の断面形状を図 10.26 に示す．貫通溶融の場合と非貫通溶融の場合では形状が異なり，かつ走行速度の違いによる関与時間の差が溶融形状に変化を与える．このような溶融では，レーザ溶接の溶融断面を見る限り形状は通常の熱伝導計算では説明がつかないものとなる．このことは溶融・膨張に加えて高エネルギーによって生起されるキーホールの形成に関係しているため

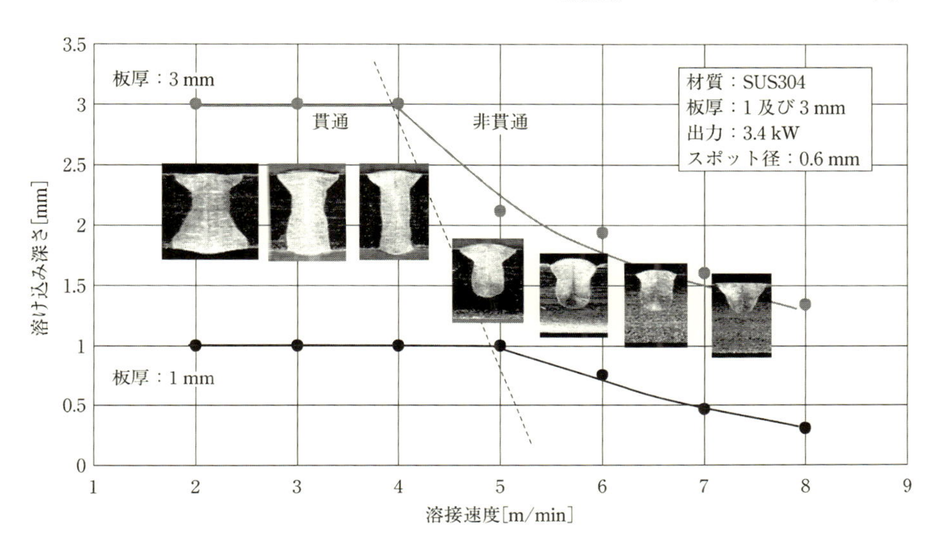

図 10.26　板厚 3 mm の速度変化による溶込み断面形状

である．したがって，供給熱源はガウス熱源に加えてキーホールによる発熱と溶融モデルを考慮する必要がある．

熱源モデルによって所定の走行速度で溶融するとき，実際に類似した溶融断面が得られるようにモデルを新たに設定する．これによって，材料の板厚の変化により生じる板材の変形が求められる．溶融断面から，熱源モデルとしてガウス熱源にキーホールを加えて発熱モデルを考える．キーホールの径は変動するとされているが，ここでは直径がスポット径と同じと仮定し[12]，形状は図 10.27 に示すように中空円柱とした．キーホール内は蒸発温度相当で充満しているとする．そして関与する熱源のエネルギーはガウス分布のレーザ熱源と溶融池内にできるキーホールによる熱源で構成される．大別すると 2 種類の溶融断面があるが，キノコ型の断面ではキーホールの上部をやや細く設定することで形成される（図 10.28 a）．また，高密度で高出力のレーザで得られるような断面はガウス熱源に加えてストレートのキーホールを設定することで得ら

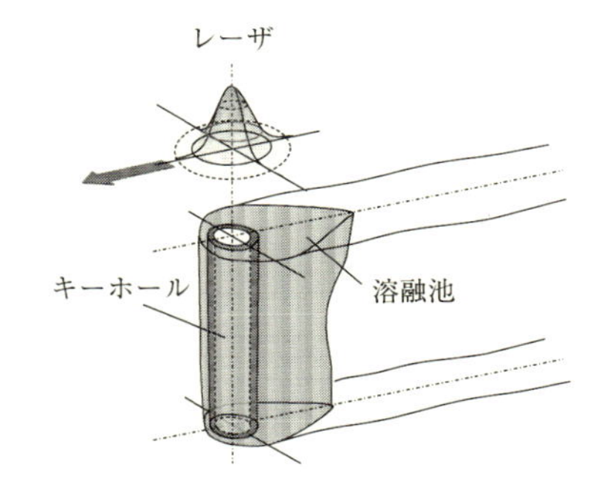

図 10.27　キーホール溶接モデル

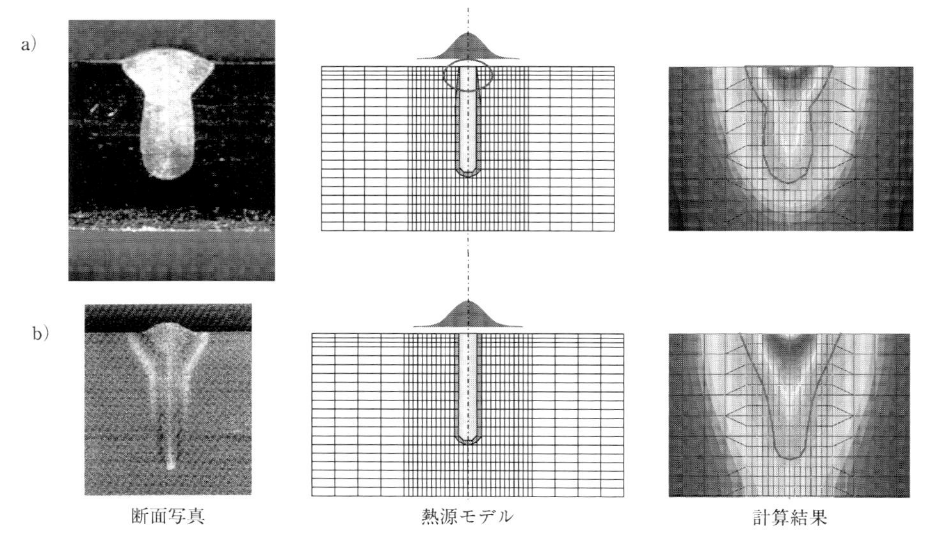

図 10.28　キーホールモデルと断面形状比較

れる（図 10.28 b）.

シミュレーションモデルは，接合面でギャップのない理想状態を想定したビードオンプレートとして，板表面に焦点を合わせて熱源を溶接速度で移動させ変形量を解析する．材料はステンレス（SUS 304）相当である．ここで，体積膨張は，線形膨張率 $\alpha = 1.73\,\mathrm{E}-5$ ［1/K］であるから体積膨張は $\beta = 3\alpha$，溶融設定温度 $t_2 = 1\,400°\mathrm{C}$ とし，$t_1 = 20°\mathrm{C}$（室温）とすると，温度の差は $\Delta t = t_2 - t_1$ である．

シミュレーションによる溶融体積は溶融断面で単位厚みに対して，$V_0 = 2.01$ mm³ であることから，$V' = V_0(1+\beta\Delta t) = 2.123\,572\,8\,\mathrm{mm}^3$ となり，

$$M_{FeO(m)} = 71.85\,\mathrm{g/mol}, \qquad \rho_{FeO(m)} = 7\,850\,\mathrm{kg/m^3},$$

$$M_{Fe(m)} = 55.85\,\mathrm{g/mol}, \qquad \rho_{Fe(m)} = 7\,000\,\mathrm{kg/m^3},$$

$$\frac{V_{FeO(m)}}{V_{Fe(m)}} = \frac{M_{FeO(m)}}{M_{Fe(m)}} \cdot \frac{\rho_{Fe(m)}}{\rho_{FeO(m)}}$$

から，酸化に伴う溶融体積の膨張は，前出の式（6.30）の前後から

$$V - V'(1-C) + V'C\xi\left[\frac{V_{FeO(m)}}{V_{Fe(m)}}\right] = 2.29\,\mathrm{mm}^3$$

上式で，前項は鋼材の溶融体積で後項は酸化による体積増加である．

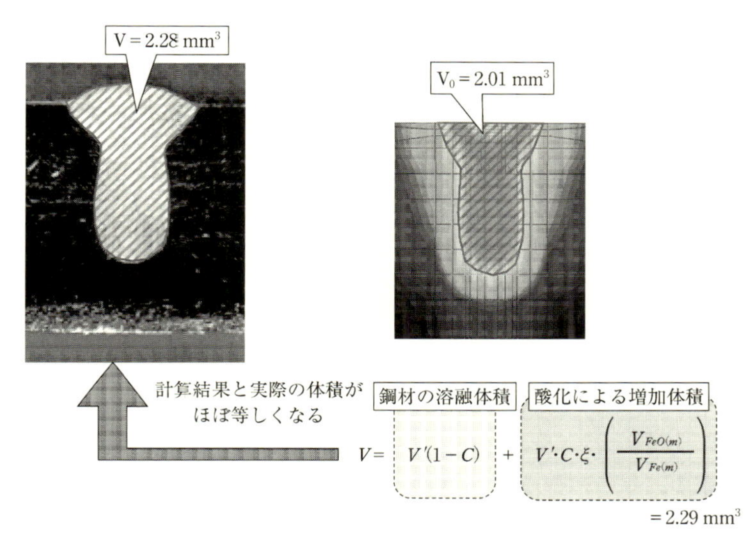

図 10.29 溶融堆積の熱膨張による補正

これを実加工の形状から換算すると V=2.28mm³ となることから，ほぼ一致する（図 10.29）.

板厚 3mm で走行速変が 4m/min と 5m/min で溶接したときの膨張を考慮した溶融断面を図 10.30 示す．この走行速度を境に溶融断面は貫通した場合と非貫通では形状が異なる．複雑なモデル設定となるが，それぞれのキーホールと溶融形状に体積膨張を考慮することで実際にほぼ類似した形状が得られる．図 10.31 には，ステンレスの板厚が 1〜3mm で典型的で類似の溶融形状を呈する走行速度 3m/min の場合の溶融断面を比較した．また，図 10.32 には，シミュレーションで得られた溶融断百からの体積と，これに熱膨張を考慮した場合の溶融体積を示した．図中のプロットは加工実験で得られた体積である．なお，ここでの体積とは，すべての面積に対して奥行き方向に 1mm あるとした場合の体積である．そのため正確さには欠けるが，シミュレーションとしては十分と思われる．

次に板厚別の溶接線方向での中心の変形量を考える．図 10.33 は板厚を 1mm から 3mm まで変化させた場合の貫通溶融での変形量の比較である．走行速度が 3mm/min の場合で，溶接線に沿って距離 d＝0〜100mm まで通過する間に変形が最大となる場所と変形量を示した．板厚が 1mm 場合には d＝55mm で 0.6

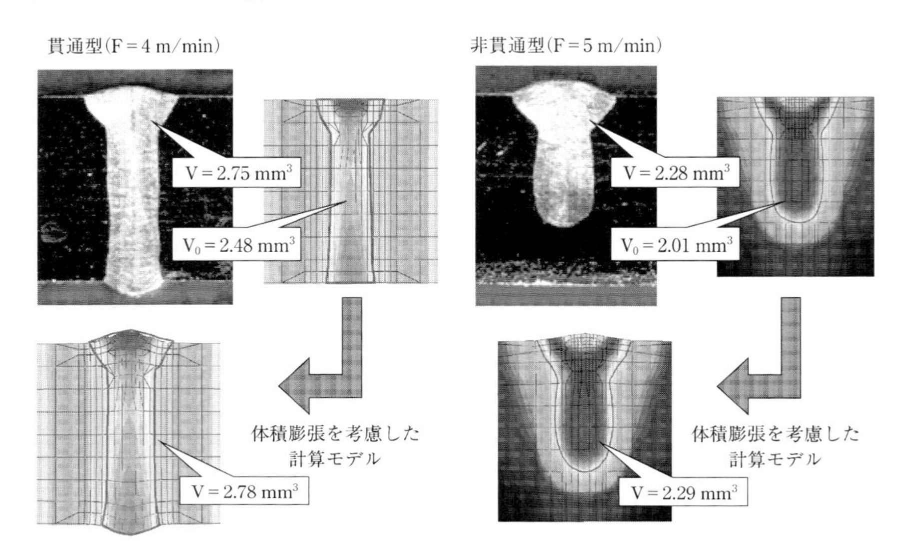

図 10.30　体積膨張を考慮したシミュレーション

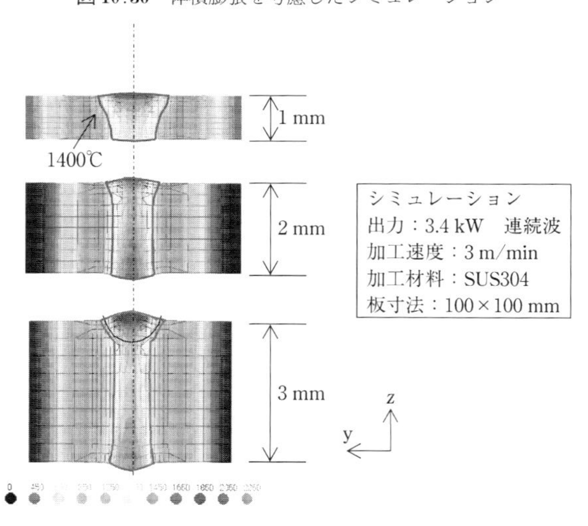

図 10.31　板厚の変化とキーホール計算モデル

mm の最大変形量を示した．板厚 2 mm の場合には d = 52 mm で最大変形量は 0.27 mm で約半分以下となる．板厚 3 mm の場合にはその値はさらに 1/4 以下と低下する．板厚は薄いほど変形は大きく，最大となる位置は溶接開始口から遠ざ

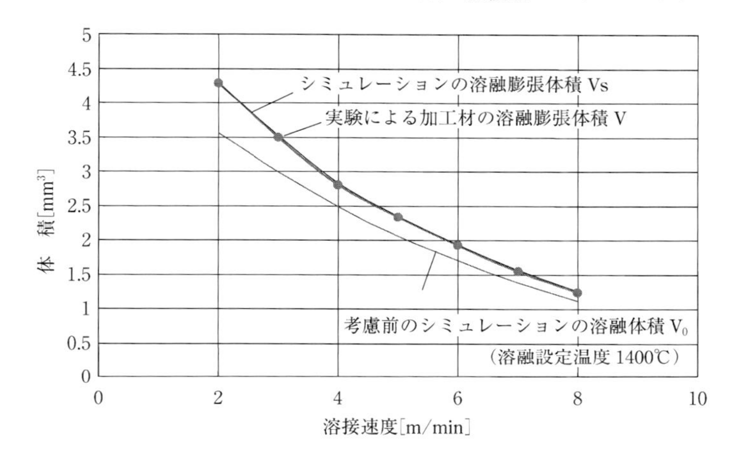

図 10.32 実験データ他との比較：体積膨張を考慮したシミュレーション

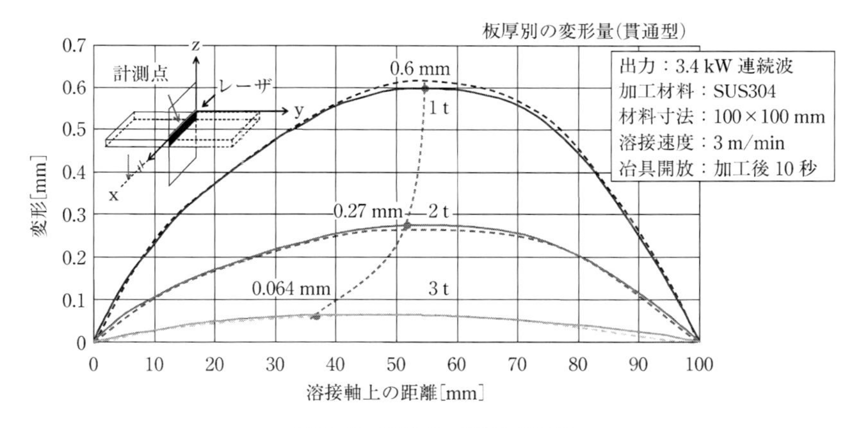

図 10.33 実験データ他との比較

かっていく．非貫通溶融となる走行速度が 6 mm/min の場合でも同様の傾向を示した（図 10.34）．ただし，同じ速度の場合には，非貫通より貫通した方が最大変形は小さくなる傾向を示す．貫通溶融では上下に加熱されるのに対して，非貫通溶融では板の片方のみが加熱されることによる．

図 10.35 は，貫通溶融の場合で走行速度を変化させた場合を比較した．走行速度は 2〜4 mm/min である，最大変形量は 2 mm/min のときに 82 μm となり，4 mm/min で 65 μm まで低下する．走行速度が遅いほど変形は大きいが，貫通溶融では相対的にその値が小さいことがわかる．

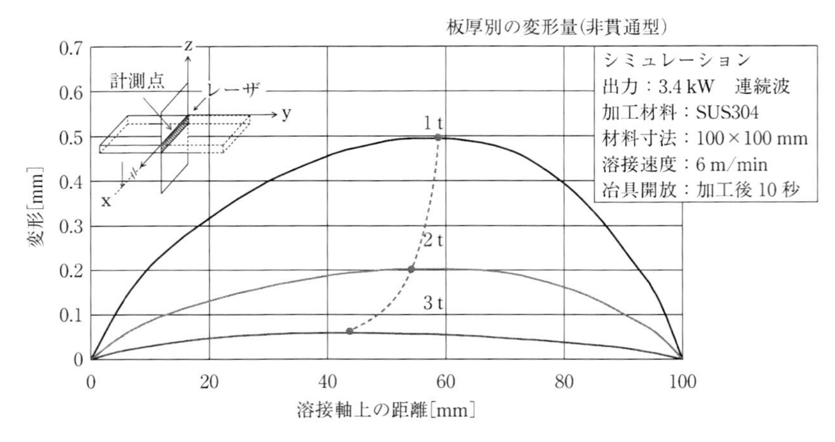

図 10.34　実験データ他との比較

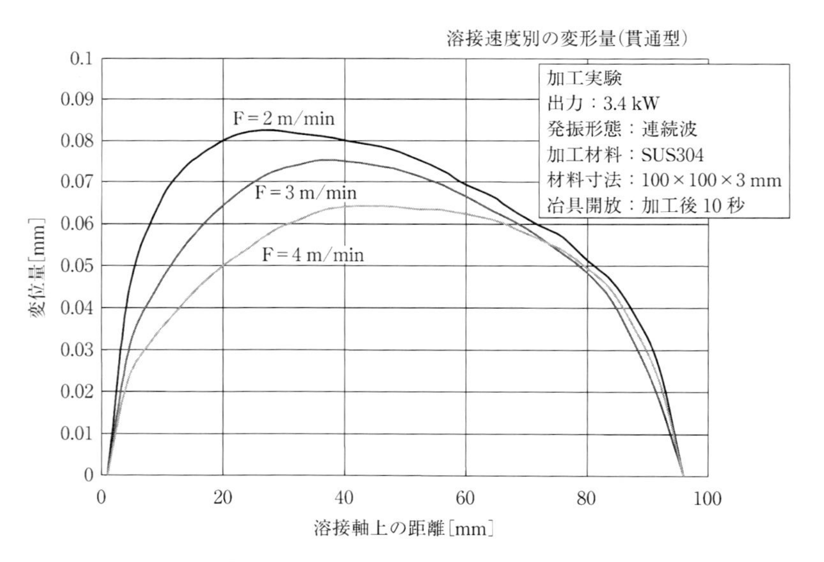

図 10.35　速度による変形の影響（貫通型）

10.5.2.3　拘束治具の変形への影響

レーザ溶接では，溶接材料を固定するために固定治具で両サイドをクランプ（clamp）する．コンピュータシミュレーションのクランプでは，加熱時の熱変形が生じた場合，横方向（左右）には逃げられるが縦方向（上下）には動けない．すなわち，z 方向は固定で，x と y 方向で動くことができるので自由度は 2 ということができる．このクランプの取り外し時間は，タイムスタディー（time study）によれば概ね 10 秒であった．そのためこれをクランプの解除時間として，クランプしている時間が溶接の最終変形に及ぼす影響を検討した．図 10.36 は治具による材料クランプ模式図を示す．また，図 10.37 はシミュレーションによるクランプの取り外し時間（解除時間）を 10 秒とした場合の溶接線の変形を時系列の動画で示した．また，同様に溶接線に沿った中央と両端の変形を図 10.38 にグラフで示した．この場合，溶接時間の 2 秒に加えてクランプ解除の時間が 10 秒なので，トータルの拘束時間 12 秒となる．その結果，溶接線中心と両端とも拘束治具の解放直後に大きくリバウンドするが，その後は一定のところで変形は飽和（saturate）する．また，概して中心の溶接線より外側の両端の方が変形は大きい．

図 10.39 には，拘束時間の変化による溶接後の中心線付近の変形量を示した．溶接速度が 3 m/min のとき，100 mm の通過時間（溶接時間）2 秒であるが，そ

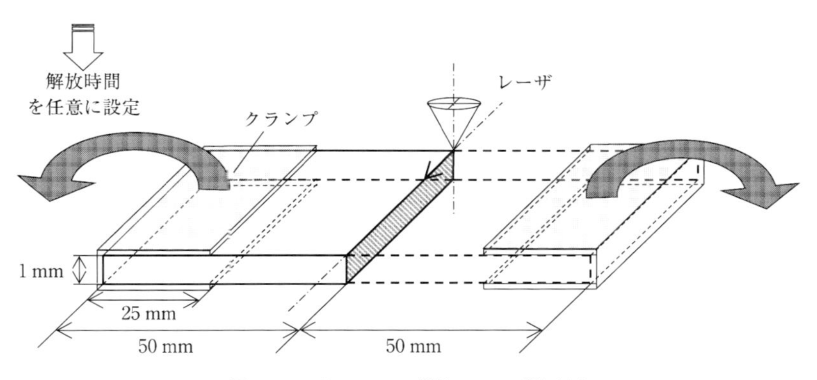

図 10.36　治具による材料クランプ模式図

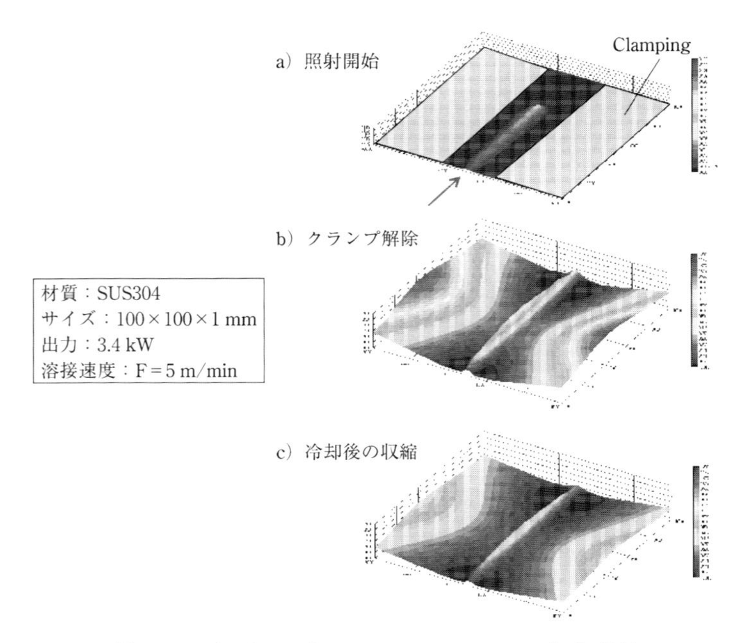

図 10.37　ビードオンプレートのシミュレーション動画の抜粋

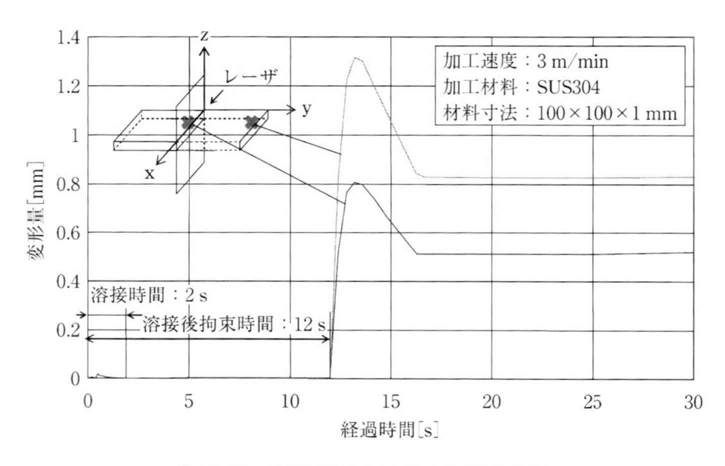

図 10.38　溶接線中央と両端の時系列変形量

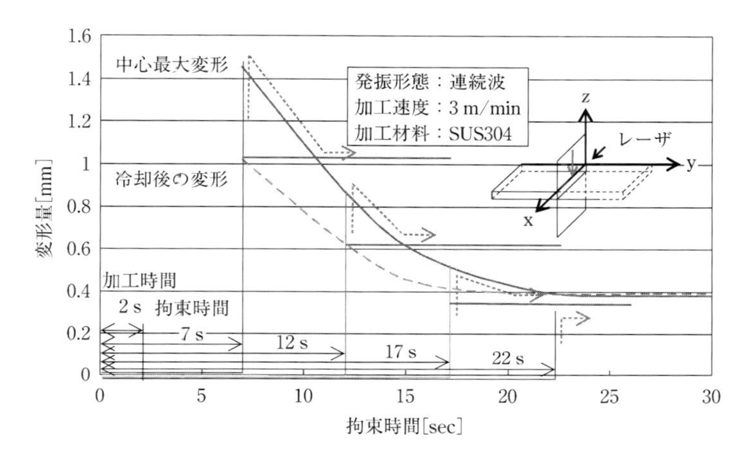

図 10.39　拘束時間の変化による変形量の時系列変化

の後，クランプ治具を解放するまでの時間を 5〜20 秒に変化させた．その結果，クランプを解放するまでの時間が少ないほど大きくリバウンドして最終の変形量は大きい値で飽和する．また．拘束時間を 20 秒以上と十分にとると，リバウンド無しに 0.4mm 以下の一定の値になる．最終の溶接変形は治具による拘束時間に反比例する．

レーザ溶接において，ビードオンプレートを溶接性能比較の基準とすることでシミュレーションによってレーザ熱源による平板の変位場の解析を行った．その結果，

1）平板状の中心にレーザ熱源が走行したとき，この溶接線に沿って盛り上がる変形がみられる．この変形の形状は熱応力分布に対応している．同様に，材料の両端においても盛り上がみられる．
2）溶接線に沿った盛り上がりの変形量は，溶接速度に反比例して速いほど変形量は小さい．すなわち，入熱量が少ないほど変形は小さいことに対応している．
3）平板は熱源移動による溶接が終了して拘束治具を解放すると，その直後にいったん大きく変形し，冷却とともに一定値に収まるという変形挙動を示した．
4）治具による拘束時間の変化では，拘束治具の解放時間が短いほど変形が大きくなり，逆に拘束時間が長いほど小さな値で収束する．ただし，拘束時間を

十分にとると冷却後の変形量は一定の値に収束する．

5) 材料の板サイズを変えた場合のビードオンプレートによるステンレスの薄板の変形は．板材の変形は板のサイズに応じた溶接長に比例する．

10.5.2.4　溶接変形と低減化

熱加工では加熱・膨張・収縮という過程を経るため必然的に変形を伴う．それでもレーザ溶接はほかの溶接法に比べて変形が小さいといえる．しかし，変形量に関しては情報が少なく，微量という変形でさえも精密な加工や微細な加工では好ましいものとはいえない．この理由からレーザ溶接における熱変形の補正あるいは低減化を検討する．溶接における千差万別の継手形状をすべて考慮することは難しいので，ごく基本的で変形が最大となる平板のビードオンプレートにおける変形補正を考える．

材料の固定は前出の図 1.11 にあるような治具によるクランプで，100×100×1 mm のステンレス（SUS 304）材に対して，まず，1 パス（single pass）のビードオンプレートを行い変形量を測定した．ノズル先端のレーザ出力は 3.4 kW で，スポット径 0.6 mm，走行速度は 3 m/min であった．レーザ光で生じた変形を同じレーザ光で変形量の低減化することを目的に，ビードオンプレート走行の終了後に変形が収まる程度の一定時間を置いて，再びレーザビームを溶接線上に走らせて 2 パス目の加熱を行って最初の変形量と比較した．一定の時間としたのは，計算上では直後に加熱走行してもその変化量に差がなかったことによる．また，走行方向についても同じ方向，逆方向と変化をみたが，顕著な差はなかった．そのため，往路に対して復路では逆方向から加熱走行した．

1) 溶接線に沿った中央部の変形量

① 出力の変化

2 パス目で出力を変化させた場合の溶接線の変化量では，3 m/min の加熱走行速度で溶接後 30 秒後に，2 パス目を同じ線上で 1 パス目と反対の方向から照射した．これにより中央部のふくらみが減少した．また，出力を 50 %（1.7 kW）とした場合には中央部の変形は 50 %程度に低減した．出力を 25 %（0.85 kW），12 %（0.4 kW）と順に出力を下げても 50 %の場合と大きな差はみられなかった．その結果，25 %に出力絞ったときが最も変形量が小さくなった．その結果を図 10.40 に示す．

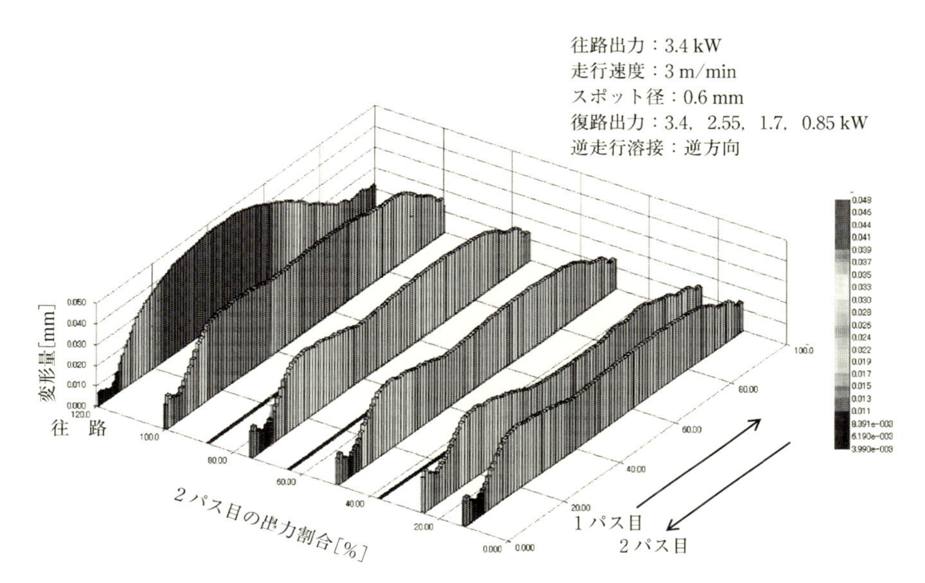

図 10.40　2パス目で出力を絞った場合の中央溶接線での変形量推移

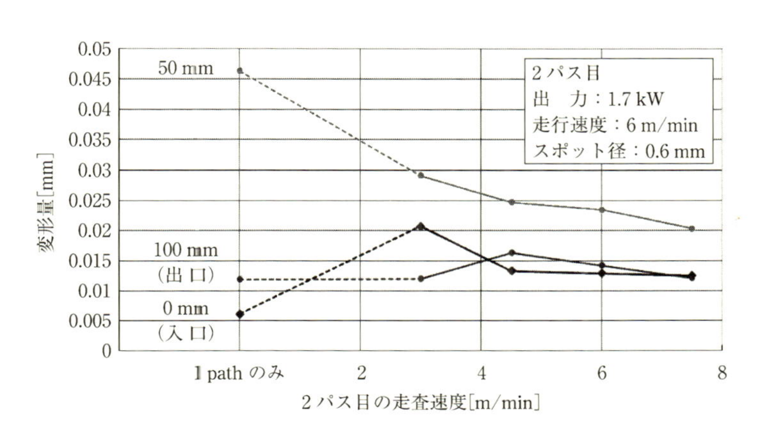

図 10.41　2パス目で走行速度を変化した場合の観測位置別の変形低減

② 加熱走査速度変化

次に出力を一定にして，2パス目のレーザの加熱走査速度を変化させた場合の溶接線上の変形量の推移をみた．同様に，溶接が終了して30秒後に2パス目を同じ溶接線上で1パス目と反対の方向から照射した．このとき，出力3.4kW,

走行速度3m/minに対して，2パス目は，出力は50％減の1.7kWとし走行速度は倍の6m/min以上にした．その結果，材料中央部の変形量が50％程度に低下した．このように概して2パス目のレーザ照射は単位長さあたりの入熱量が少ない方が変形量は低減された．その結果を図10.41に示す．

この他，2パス目を出力1.7kWで，6m/minの加熱走行速度でスポット径を$\phi=0.6$，1.2，1.8mmと変化させる，スポット径の単位面積あたりの入熱量を下げると，変形量も低減されることも判明した．

2）溶接線に沿った中央部の残留応力

残留応力について，1パス目に対して各条件で行った2パス目を比較した．その結果を，(a)，(b)，(c)，(d)で変形が低減された溶接線上での変形量と残留応力を図10.42に示した．

(a)，(b)，(c)では溶接線上での引張り応力が平均0.28MPaで推移し，全体的に変形量はピークで15％程度減少した．しかし，残留応力については逆に20％程度増加した．再加熱を行ったことにより，残留応力の偏りが軽減され変形が低減された．残留応力については1パス目と同じ方向で加熱走行した場合のほうが平坦化され，反対方向からの加熱では残留応力の分布状態が変化する．残留応力についてはさらに詳細な検討を要する．

10.5.3　溶　融　接　合

ここまでは薄板のビードオンプレートをモデルとした．ビードオンプレートはレーザの貫通能力や溶融現象をみるには都合がよく，溶接時の部材間のギャップ(間隙)のない理想状態を扱ったともいえる．しかし，実際の溶接は2つ以上の金属部材の接合部を高熱で溶かして継ぎ合わせる作業のことである．換言すれば，異なる部材の接合部を加熱・溶融して金属結合させる手法である．そのため，ここからは「現実的な溶接」である2枚の突合せ溶接と重ね溶接を扱う．2枚の部材を溶接しようとすればその間に必ずギャップが存在する．溶接では最も重要な因子なので，以降は溶接ギャップを考慮しながら代表的な溶接について述べる．なお，つなぎ合わせるものを継手といい，溶接の施工前後に関わらず用いられる．溶接分野では突合せ溶接を突合せ継手溶接，重ね継手溶接などと表現することがあるが，ここでは普通の表現を用いる．

1パス目　正方向　3.4 kW　3 m/min　$\phi = 0.6$ mm

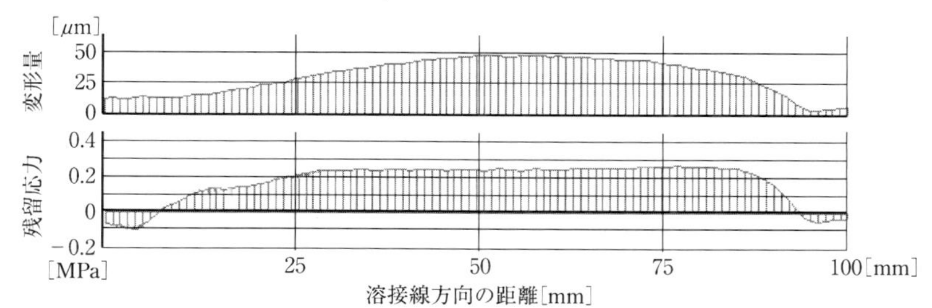

2パス目　逆方向　0.85 kW　3 m/min　$\phi = 0.6$ mm

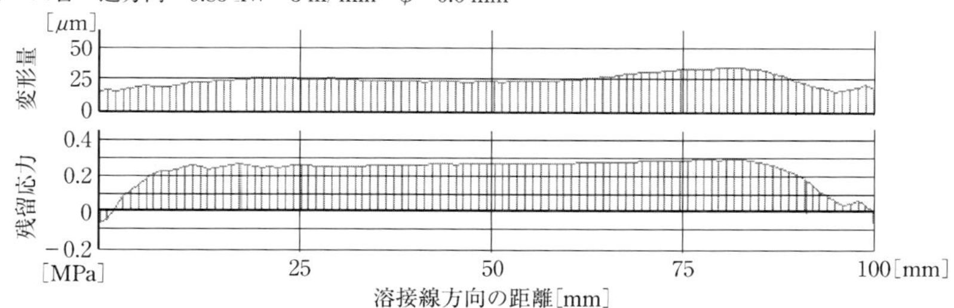

出力低下による逆方向

2パス　逆方向　1.7 kW　6 m/min　$\phi = 0.6$ mm

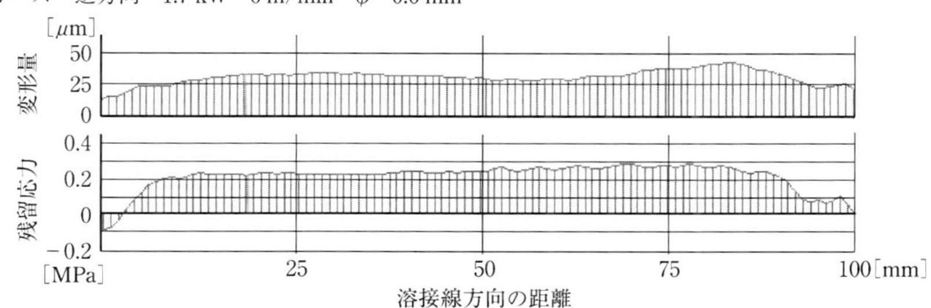

2パス　正方向　0.85 kW　3 m/min　$\phi = 0.6$ mm

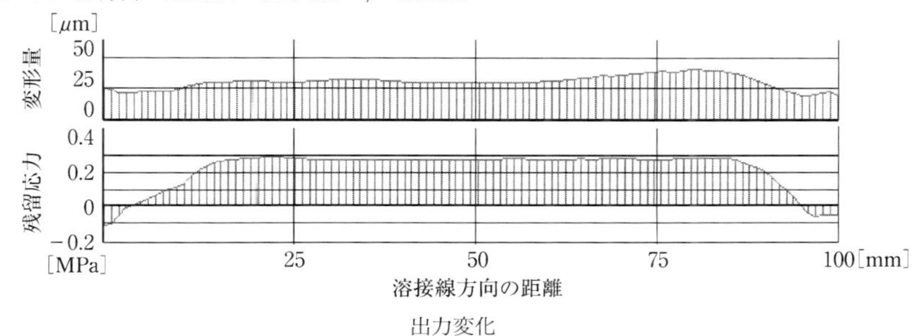

出力変化

図 10.42　2パス目の中央部の変形量と残留応力の変化–出力変化

10.5.3.1　突合せ溶接の加工現象

突合せ溶接は2枚の平板部材を同じ面内の側面で突き当てて接合する手法で，特に，レーザ溶接では薄板の端面同士を接触させて，その中間にレーザビームを走行させて溶接する方法をいう．そのため接触面ではギャップが必ず存在する．ギャップを有する突合せ溶接では，レーザ光の焦点位置と材料との相関位置関係，材料に関わるレーザエネルギーの割合などが重要な問題となる．それを基に，突合せ溶接におけるギャップの異なる場合の溶接現象と変形を考察する．

1）接合部材間のキャップ

光はどのような小さな隙間でも通過することはよく知られている．したがって，まずレーザビームがどの割合で接合部材の表面やギャップ内に関わるかを明らかにする必要がある．ビームモードはファイバー伝送を想定しトップハット（円形均一分布）と仮定し，レーザ光を接合面ギャップの中心位置へ照射したとき，レーザエネルギーがどの部位にどの割合で関与するかを調べるために光線追跡法を用いる．エネルギーの割合は，材料の表面位置を基準にレーザの焦点とその上下に集光させた場合と部材間のギャップ量を変化させた場合とで異なる．光線は100ラインで3次元的に計算した．

まず，YAGレーザの集光光学系を図10.43に示す．ファイバー伝送されたレーザ光はいったん広げられコリメータを介して集光される．そのときの集光スポット径はϕ0.6mmである．このスポット径が2枚の部材の間に位置する0.3mm以下のギャップに入ってゆく様子を下に光線追跡法で求め拡大して示した．また，図10.44には火線[*1]で最小スポットとなる最小錯乱円を焦点位置として，焦点を材料表面とデフォーカスしたとことに位置した場合の入射ビームが照射される部位を模式的に示した．この焦点のポジションは非常に重要となる．さらに，焦点の位置を材料表面から上方に設定し，突合せ面のギャップを0.3mmまで変化させた場合で，ギャップ内を通過するビームと，表面および突合せ面に照射されるビームとのエネルギーの割合を図10.45に示した．

続いて，図10.46には最小スポット径が材料表面に位置する場合のエネルギー配分の割合をギャップg＝0.05mmからg＝0.3mmの間で示した．この図から，ギャップが大きくなるほど材料表面に接触するエネルギーが減少し，ギャッ

＊1　火線とはレンズから出射した光の包絡線をいう．

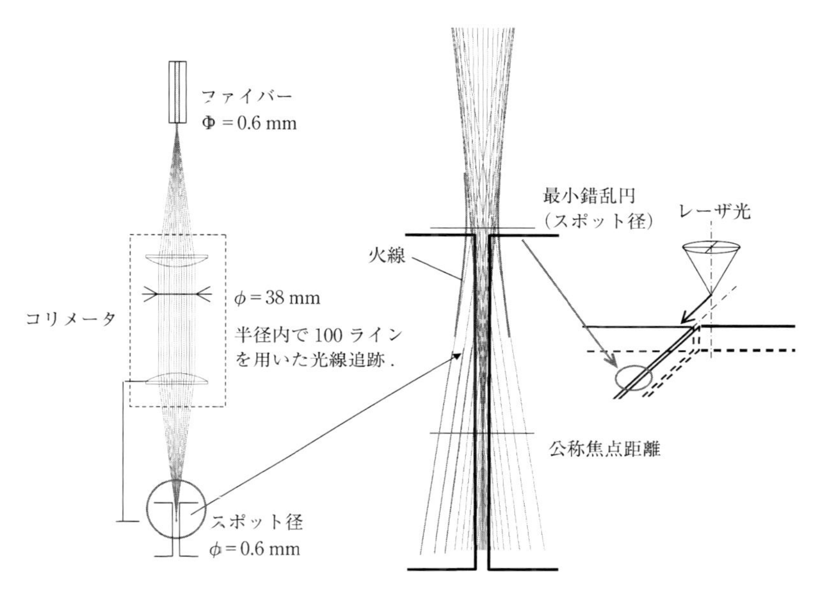

図 10.43 YAG レーザの集光光学系と材料ギャップ近傍の光線追跡

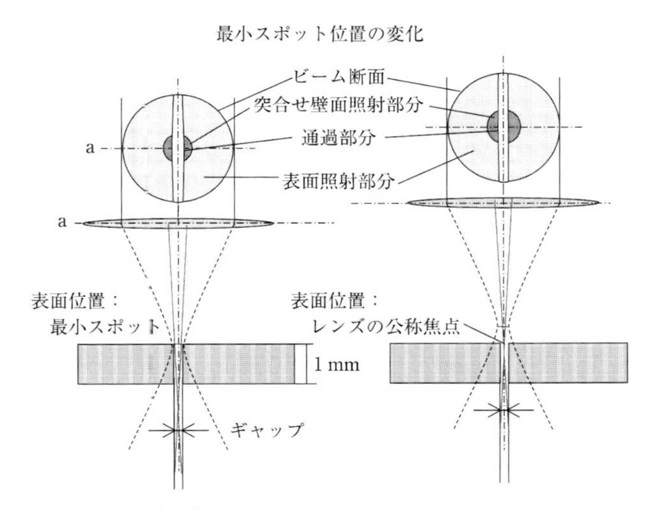

図 10.44 最小スポット位置を変化させた場合のレーザエネルギーの配分

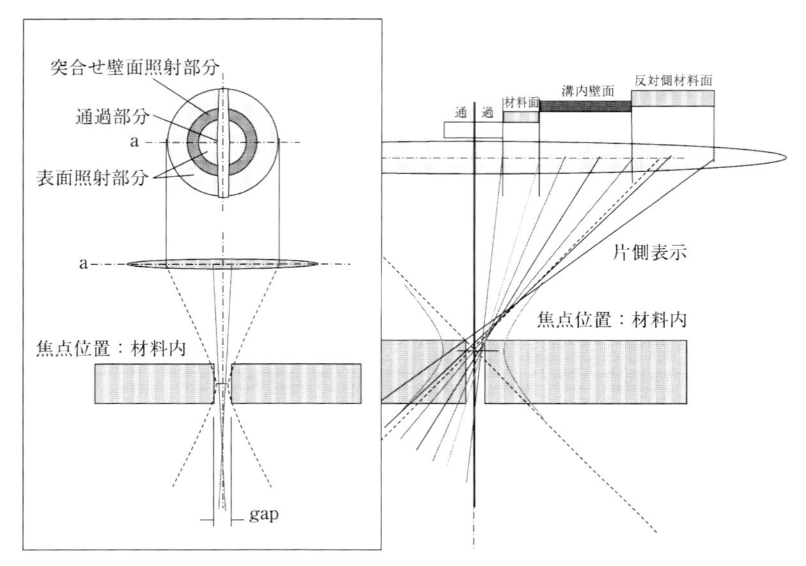

図 10.45　照射レーザ光のエネルギーの配分例

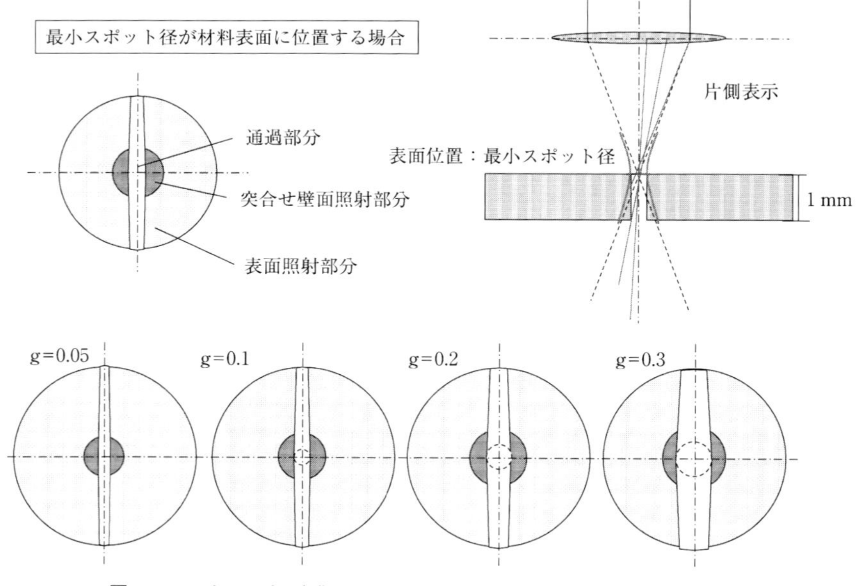

図 10.46　ギャップを変化させた場合の照射レーザ光のエネルギーの配分例

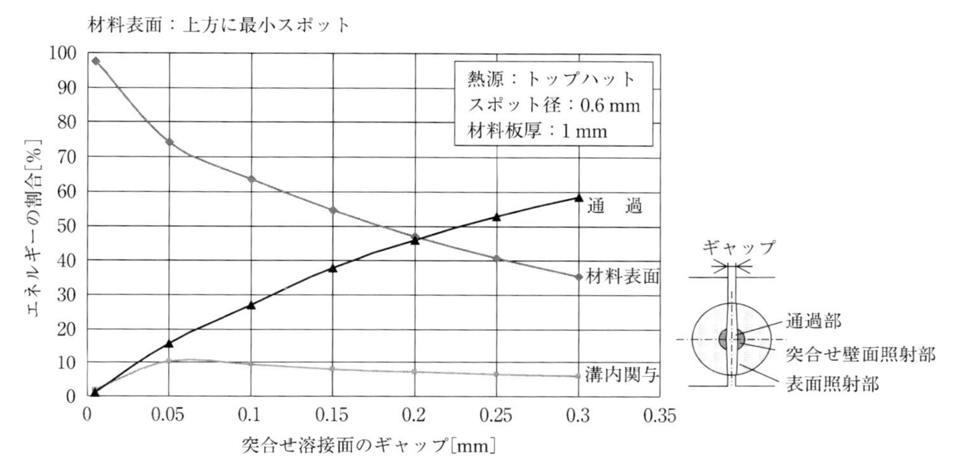

図 10.47　材料表面上方に最小スポット径が位置した場合の照射レーザのエネルギー配分

プ内を通過するエネルギーが増加する．また，突合せ面に照射されるエネルギーは減少することがわかる．これを図 10.47 にグラフで示した．ギャップの溝内の壁面に関与するエネルギーは，材料表面の上方にビームの最小スポットを位置させた場合（材料表面に公称焦点位置をもってきた場合）には最初はいったん増加するが，その後は少しずつではあるが減少して行く．

2）エネルギー配分の検証

突合せ照射壁面に対する考察はシミュレーションでも検証することができる．図 10.48 には料表面のみの場合と突合せ壁面にエネルギーが及んだ場合の溶融断面を比較した．ギャップは g＝0.1mm でレーザ出力はともに 3.4kW とし，溶接速度を 6m/min とした場合，表面のみに照射された場合には貫通溶接にはならないが，突合せ壁面にエネルギー配分を行った場合には貫通溶接となる．

この条件下では，実際の加工実験でも貫通溶接となることが確認されている．熱や超音波などは材料表層をより速く伝達する性質はあるが，それでも表面だけでの照射では境界部の上面しか伝わらず貫通はできない．したがって，レーザによる突合せ溶接ではレーザエネルギーはギャップ隙間にも及ぶことが実証された．

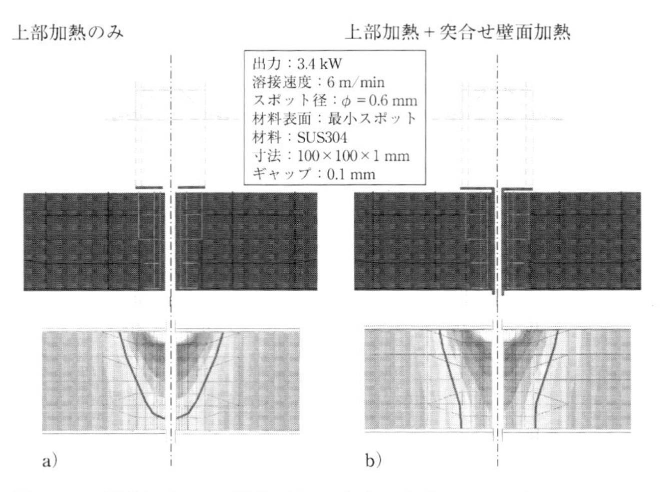

図 10.48　材料表面のみの場合（a）と突合せ壁面にエネルギーが及んだ場合（b）の溶融断面の比較

1）解析シミュレーション

① シミュレーションモデル

本シミュレーションのためのモデルを図 10.49 に示す．2 枚の部材間にギャップを設定しその中心線に沿ってレーザ光が通過するものとする．ギャップの溝内は擬似的な層があるものとし，空気と類似した熱定数（熱伝導率，比熱，密度）を設定してある．

突合せ溶接では溶接中に突合せ面の温度が上昇し溶融に伴う体積膨張と酸化による質量増加が起こる．これによってギャップが溶融金属で埋まり接触面が接合される．

② ギャップが小さい場合の例

説明のために，図 10.50 には突合せ溶接のギャップが g＝0.005 と非常に小さい場合を例に溶融の計算過程を説明したもので．左右の相似を想定しているため片方を示している．レーザが接合端面に照射されて温度が上昇して体積膨張する．レーザ照射は端面部分なのでフリーな溝方向に膨張する．ギャップが小さいために膨張した溶融金属は中間点で遭遇して上方に流れる．その結果，上下に盛り上がりができる．しかし，ビームが通過後には冷却が始まって，溶融部では部分的に収縮する．図 10.51 は実際のシミュレーション動画から抜粋して示した．

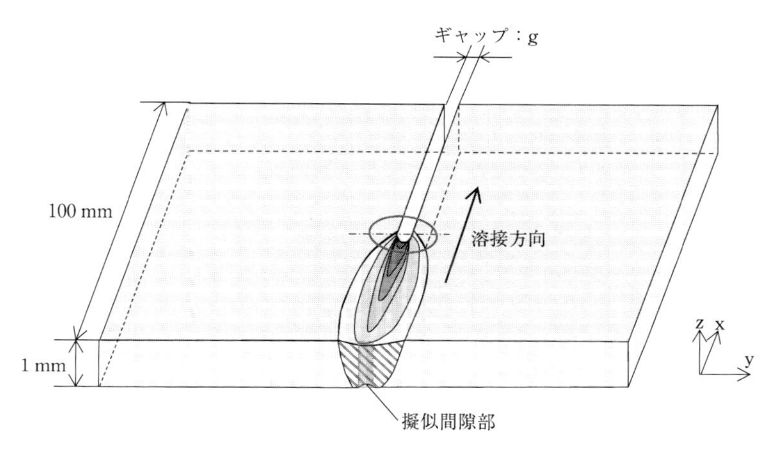

図 10.49　ギャップのある場合の計算モデル

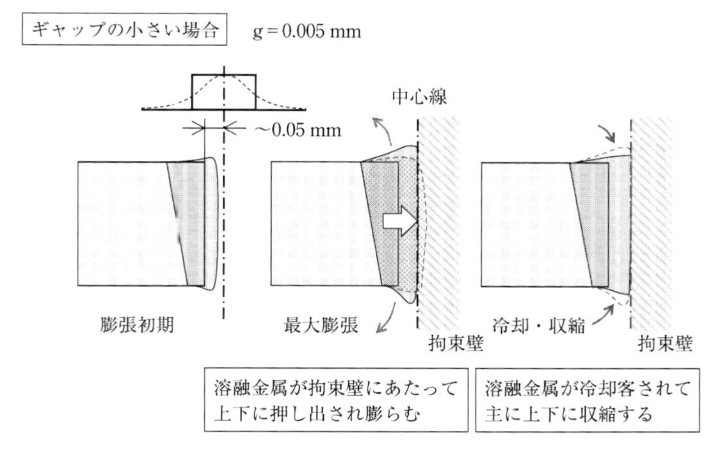

図 10.50　ギャップの小さい場合の計算過程（g ＝ 0.005 mm）

溶接速度は 6 m/min の場合であるが，照射とともにレーザ光を吸収して発熱すると熱伝導がはじまる．観測点からみると，スポット位置の直前で発熱が起こる．次に熱源が中心位置をすぎた直後に最大の熱膨張をして，熱源が通過するとともに冷却がはじまり序々に溶融部が収縮する．なお，熱源は材料表面（x-y 平面）を通過している．

実験との照合を図 10.52 に示す．溶接速度は 3 m/min のときの実験とシミュ

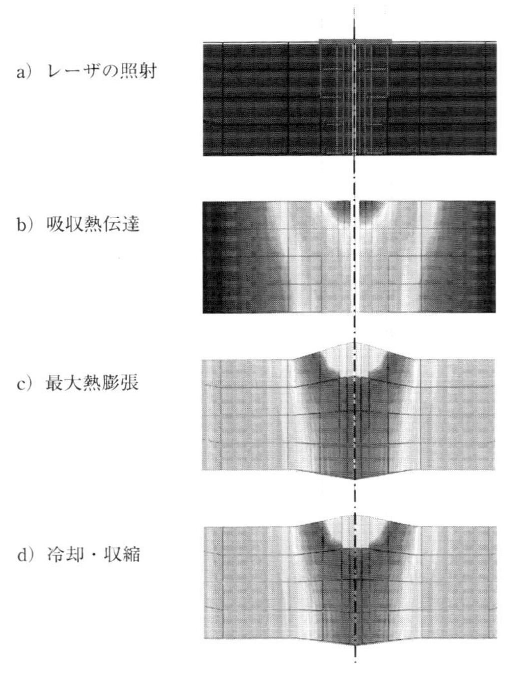

a）レーザの照射
b）吸収熱伝達
c）最大熱膨張
d）冷却・収縮
材料：SUS304
サイズ：100×100×1 mm
出力：3.4 kW
溶接速度：5 m/min
ギャップ：g＝0.05

図 10.51　ギャップの小さい場合のシミュレーション

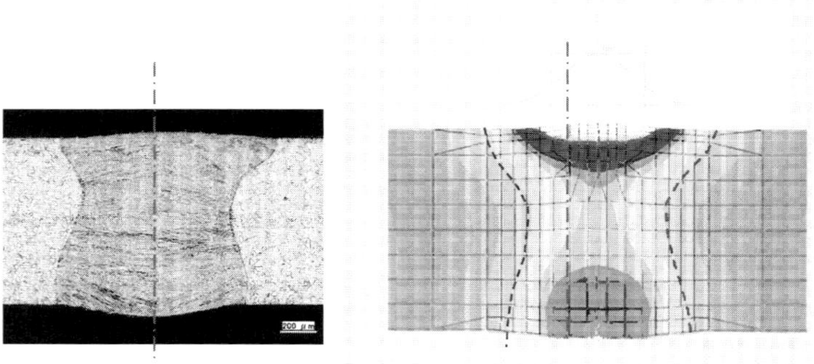

ギャップの小さい場合
材料：SUS304　寸法：100×100×1 mm
出力：3.4 kW　スポット径：0.6 mm
溶接速度：3 m/min
g＝0.005 mm
200 μm
溶接速度 6 m/min

図 10.52　実験結果とシミュレーションの照合（g＝0.005 mm）

レーション結果で，ギャップが g＝0.05mm で非常に小さい場合である．この場合は速度が遅く熱が十分に伝わるために上下に盛り上がり，境界面で左右への広がりが生じる．

③ ギャップが大きい場合の例

説明のために，図 10.53 には突合せ溶接のギャップが g＝0.15mm と板厚の 10％以上に大きい場合を例に溶融の計算過程を説明したもので．同様に，左右が相似を想定していそため片方を示している．まず，レーザが接合端面に照射されて温度が上昇して体積膨張する．レーザ照射は端面部分なのでフリーな溝方向に膨張する．しかし，ギャップが大きい膨張した溶融金属は中央部分が中間点で遭遇するが，冷却が始まり内側に収縮する．上下は中心点に達しないので粘性と表面張力が働いているこの領域では上下にへこみが発生する．

図 10.54 は実際のシミュレーションの動画から抜粋して示した．溶接速度は 6 m/min の場合であるが，照射とともにレーザ光を吸収して発熱すると熱伝導が始まる．ギャップの接合面は加熱され発熱する．加熱が続いて熱源が熱膨張をして一部が接合するが，接合面の上面と下面で溶融金属は粘性と表面張力で中心部に寄る．その後に熱源が通過するとともに冷却がはじまり序々に溶融部が収縮する．

実験との照合を図 10.55 に示す．溶接速度は 6m/min のときの実験とシミュ

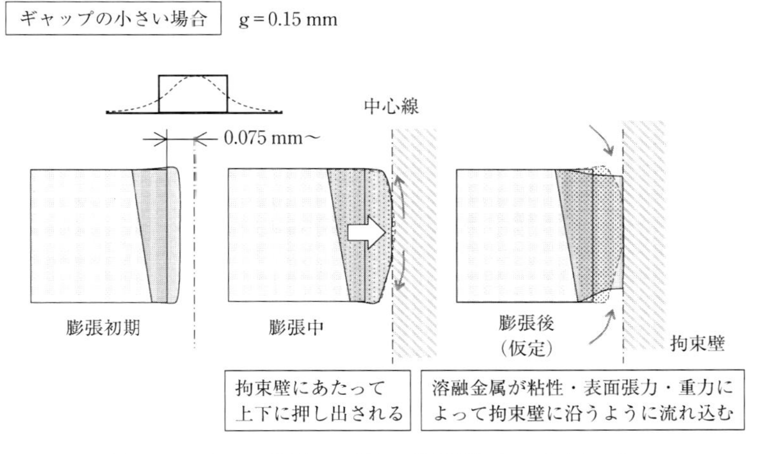

図 10.53　ギャップが大きい場合の計算過程（g＝0.15mm）

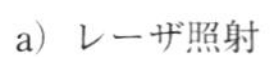

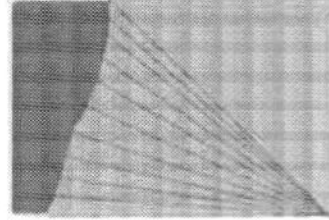

b）熱膨張

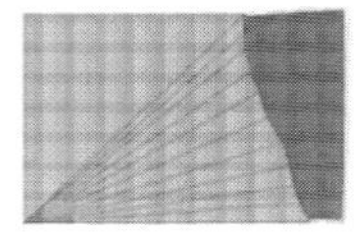

c）溝の埋合せ

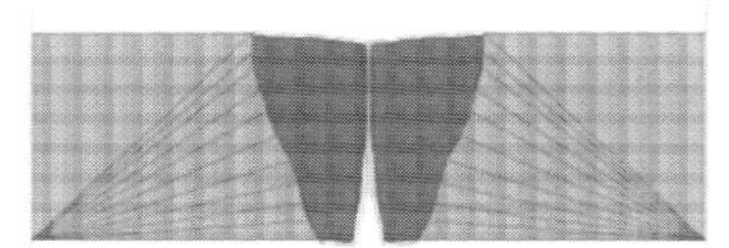

d）最終断面 1

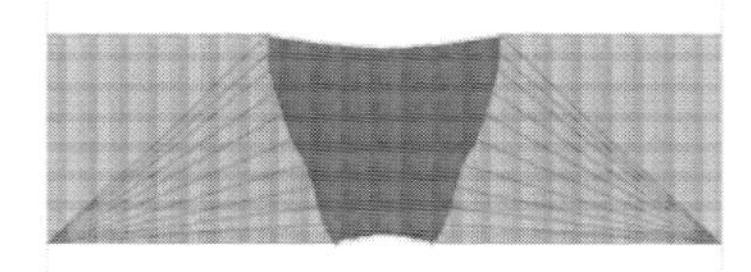

材質：SUS304
サイズ：100×100×1 mm
出力：3.4 kW
溶接速度：6 m/min
ギャップ：g＝0.15

図 10.54　ギャップが大きい場合のシミュレーション（g ＝ 0.15 mm）

材料：SUS304　寸法：100×100×1 mm
出力：3.4 kW　スポット径：0.6 mm
溶接速度：6 m/min

d）g＝0.15 mm

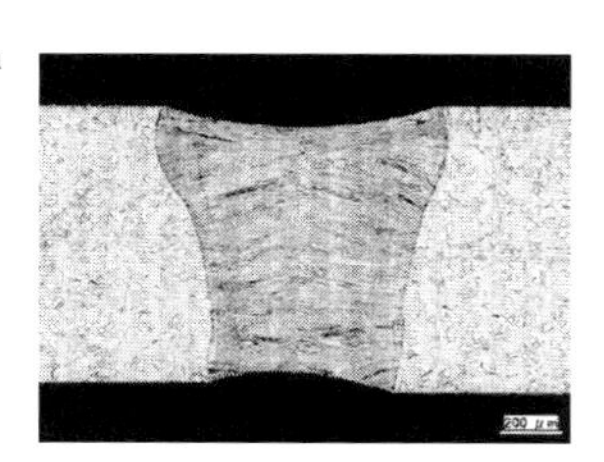

実験結果
（断面写真）

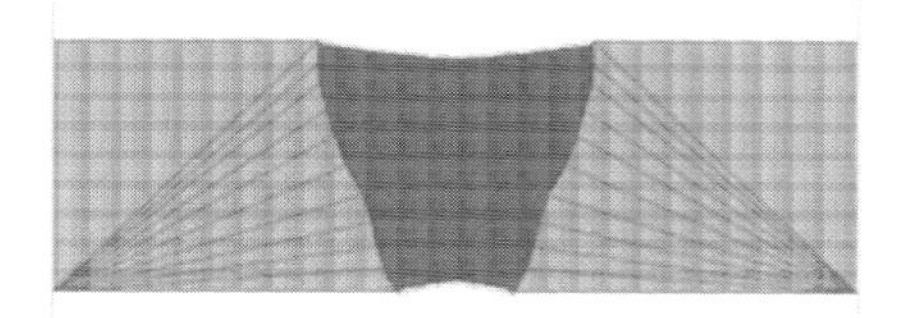

図 10.55　実験結果とシミュレーションの照合（g ＝ 0.15 mm）

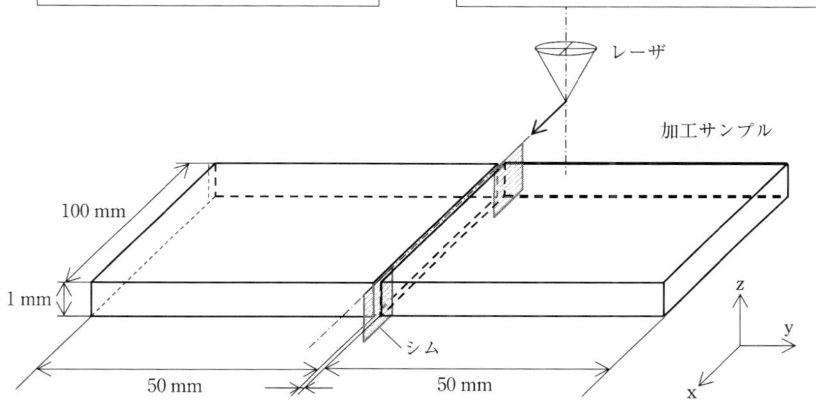

図 10.56　加工実験の試験片保持

レーション結果である．ギャップが g＝0.15mm で非常に大きい場合である．この場合は速度が速く熱が十分に伝わらないために上下に盛り上がらずに境界面で上下にくぼみが生じ，いわゆるアンダーフィル（under fill）の状態が生じる．

実験条件は前出の出力 4kW（ノズル先端で 3.4kW）の LD 励起 YAG レーザを用いた．スポット径は ϕ0.6mm で実験では板厚 1mm，板寸法 100×50mm の SUS 304 を用いて，ギャップを g＝0.005mm から 0.20mm まで変化させ突合せ溶接実験を行った．加工サンプルにおける突合せ面は放電加工により面加工を行い，接合面の間隙は 5 μm 以下の精度に保たれた．溶接中は突合せ面の両隅にギャップ相当の厚みのシムを挟み，上から冶具で押さえ固定した（図 10.56）．溶接断面組織の観察では，ギャップが小さいほど溶融部分が拡大し，上下に盛り上がりをみせる．逆にギャップが大きくなるほど溶融部分が減少し，接合部がくぼんだ状態のアンダーフィルになる．

10.5.3.3　溶接後の変形量

最小スポット位置と突合せ面ギャップの変化による照射エネルギーの割合と体積膨張を考慮して突合せ溶接の変形シミュレーションを行った．理想状態として

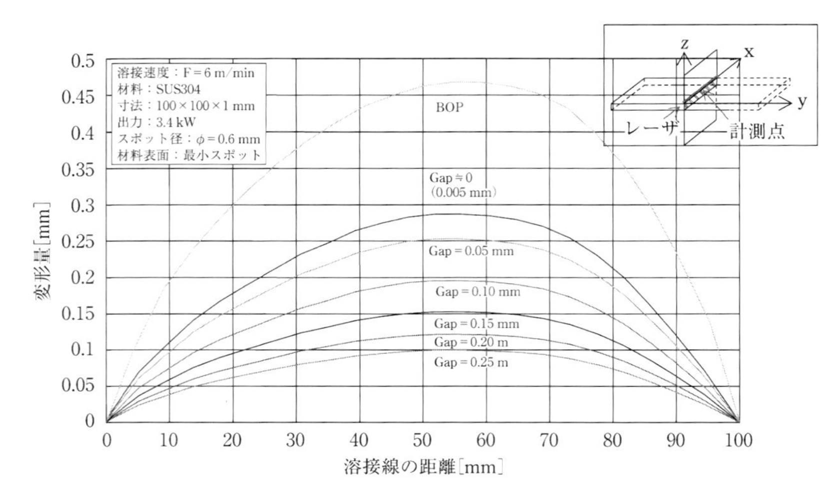

図 10.57　ギャップ変化と変形量

のビードオンプレートとギャップを変化させた場合の変形量の計算例を図 10.57 に示した．その結果はギャップが大きいほど溶接線に沿った中心及び両端の変形量が小さい．ギャップがほとんどない g = 0.005 mm の状態でも最大変形は 0.28 mm で，ギャップが g = 0.25 mm の状態でも最大変形は 0.10 mm であった．ビードオンプレート（最大変形量 = 0.47 mm）と比較して相対的に変形量が少ないのは，レーザエネルギーがギャップ内を通過することにより実際の関与エネルギーが減少していることに加えて，材料の接合部で不連続となる溶接境界のギャップ内の溶融部分が溶融過程で緩衝して変形が抑えられるためと思われる．

2）溶接と角変形量

薄板の溶接では面内変形に加えて角変形（angular distortion）が存在する．角変形は側面から観察した横曲がりの変形で，レーザ照射による溶接線を中心に，左右の先端が上昇し折曲がるように反る．この角変形も主要な溶接変形の 1 つである．突合せ溶接時に生じる角変形のシミュレーション結果を図 10.58 に示す．角変形は面内変形と同様に，最大膨張のときに最大となるが，冷却以降に少し元に戻る．

図 10.59 には，溶接速度をパラメータにギャップを変えた場合の角変形量を示した．溶接速度は 6 m/min のときと 8 m/min のときの 2 通りで示した．ギャッ

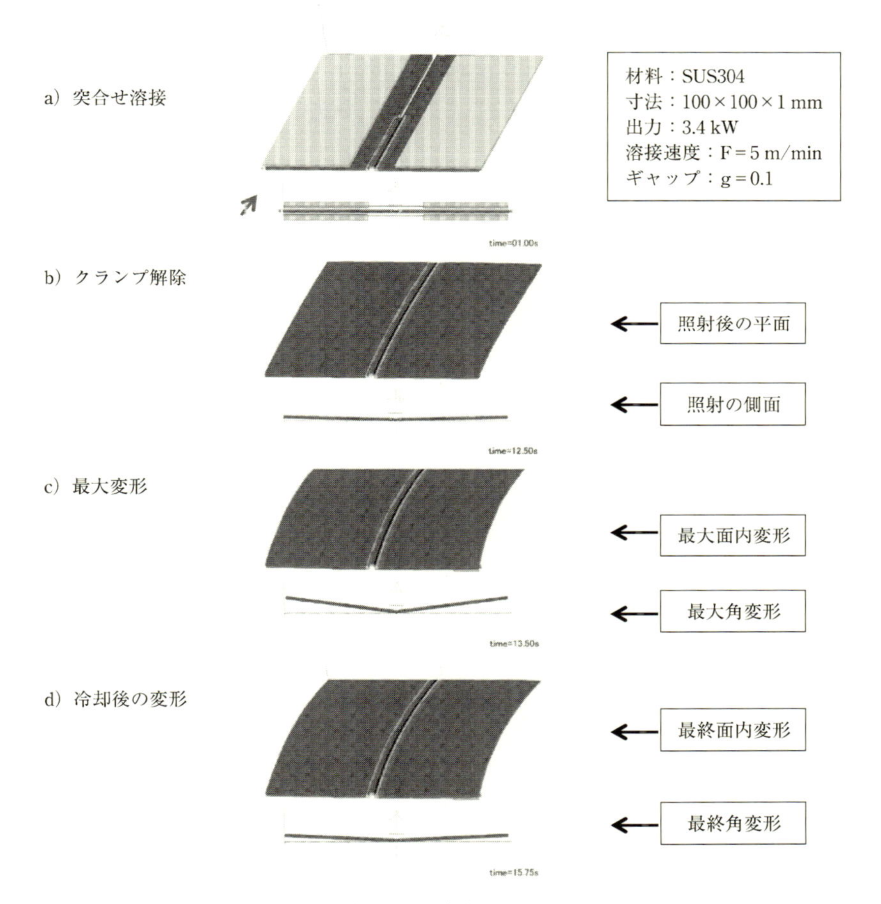

図 10.58　突合せ溶接の角変形シミュレーション

プが広がるにつれて角変形は減少する．また，溶接速度が速いほど角変形は小さい．図内のプロットは実験値を示す．

なお，溶接の変形量に対してはすべて溶融体積膨張を考慮している．

以上のことから，板の突合せ溶接では，i）材料表面に対して最小スポット径の位置が変化すると，溝内壁面に関与する熱エネルーが変化する．また，ギャップの大小によっても溶接材料の表面と突合せ面で照射されるエネルギーが異なる．ii）ギャップのある溶接では溶接加熱時に横方向に大きく膨張し，溶接中心

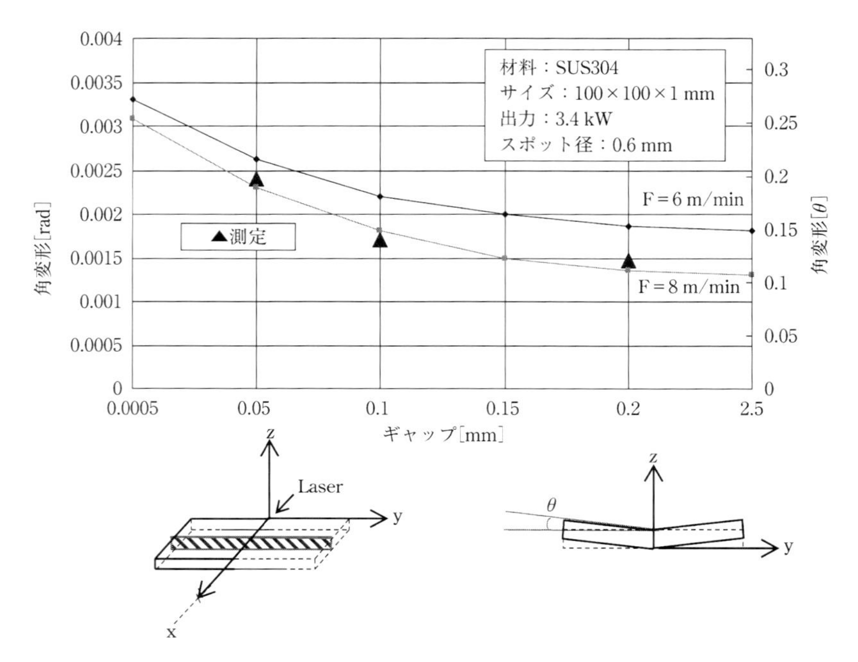

図 10.59　突合せ溶接のギャップと角変形

を越えることによってギャップが埋まり溶融層が形成される．突合せ溶接において，ギャップが小さい場合には接合壁面が膨張し，双方が溶接中心で接するときに上下方向に溶融金属が押し出されて盛り上がりを形成する．反対に，ギャップが大きい場合には膨張で溶接中心に達する溶融金属の体積が少ないために，上下がアンダーフィルの状態になる．iii）突合せ溶接では，突合せ面のギャップが大きくなるほど溶接線に沿った方向の変形量が小さくなる．また，ギャップが大きくなるほど角変形が小さくなる．iv）ビードオンプレートではキーホール現象が起こることによって貫通する．しかし，ギャップのある溶接では基本的にキーホールは発生しにくいが，ギャップ側面にレーザ光が照射されることによって貫通に近い溶接形状が得られる．

10.5.3.2　重ね溶接の加工現象

上下に重ねた 2 枚の板を接合する重ね溶接では，表面状態や中間のギャップが溶接性能を左右する．この節ではレーザによるワンサイド・アクセス（access

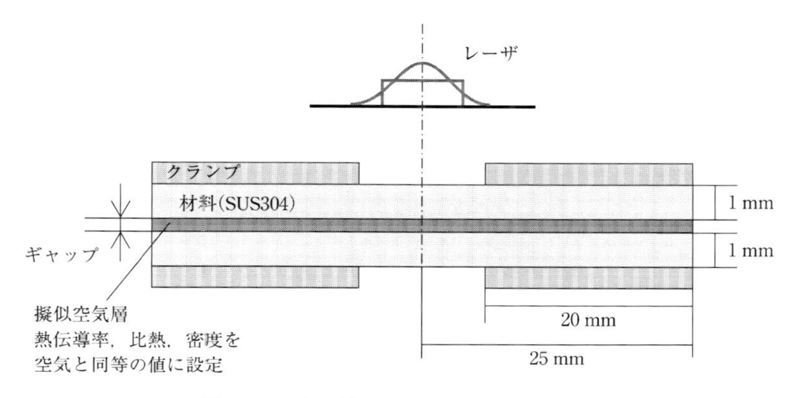

図 10.60　重ね溶接のシミュレーションモデル

from one-side）で重ね溶接した場合，ギャップ変化に対する板材の変形量を定量的に示す．基本的な数値として，板厚 1 mm の薄板の重ね溶接における中間ギャップ（間隙）が溶接性能に及ぼす影響と，角変形を含めた板の熱変形への影響を検討する．

重ね溶接のシミュレーションは，同様に，放熱や対流および接触伝熱などを考慮した有限要素法による三次元熱解析で行った．図 10.60 にはシミュレーションモデルを示す．材料寸法が 100×100 mm で板厚 1 mm のステンレス材（SUS 304）を想定した 2 枚の平板を上下に重ね，その間にギャップを設定した．中間のギャップ部分には材料の熱定数（熱伝導率，熱拡散率，比熱）や密度などが空気と同じ疑似空気層を設けた．これにより不連続にすることかなく計算が可能である．実際の溶接に合わせて，溶接時に材料はクランプで固定した．このクランプにより材料は上下方向が固定され，左右方向への移動は可能（自由）である．また，図 10.61 には三次元解析のための座標系を示す．

1）熱伝導型の重ね溶接

図 10.62 にはこの系で計算したギャップは可能な限りの加圧の下で固定し g ≒ 0 とした場合の重ね溶接の溶接速度変化と変形量の関係を示した．変形量は中心の溶接線に沿った方向で溶接長さは 100 mm である．溶接速度を 1～8 m/min の間で変化させた場合，変形は溶接速度が遅いほど大きく，反対に溶接速度が速いほど変形量は小さい．その値は一般にビードオンプレートより遥かに小さく，0.16～0.03 mm の範囲であった．また，図 10.63 には同じ中心位置で，ギャッ

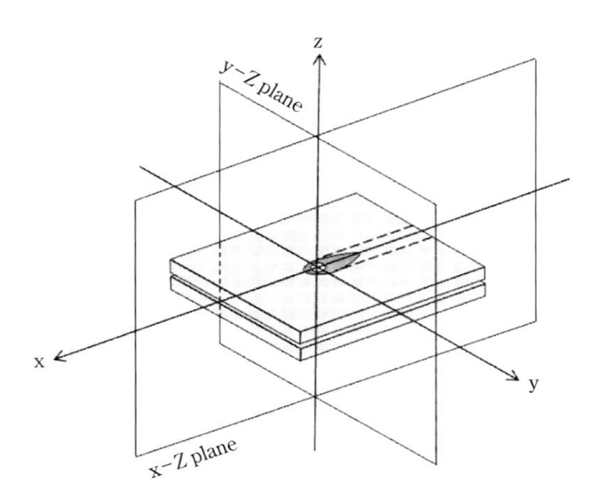

図 10.61　三次元計算の座標系

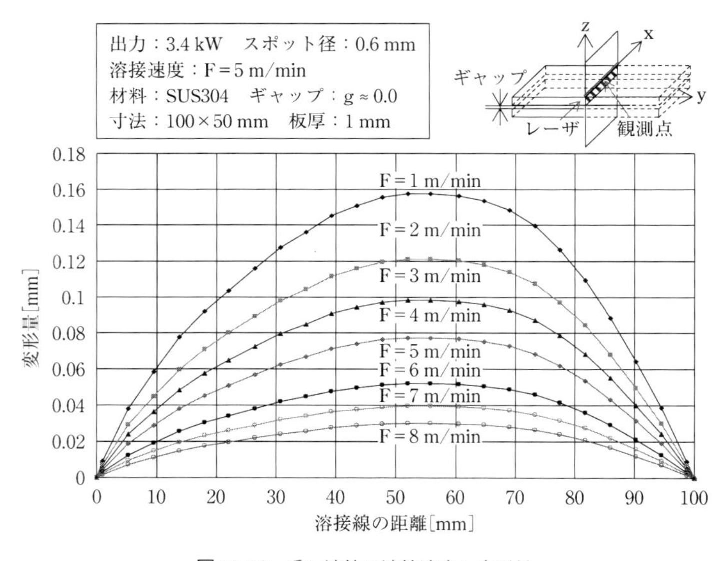

図 10.62　重ね溶接の溶接速度と変形量

プ変化に対する重ね溶接の変形量を示した．板厚 1 mm の 2 枚のステンレス板材の中間ギャップが大きくなるに従って上板の変形量は小さくなる．ギャップ g＝0.05 mm から 0.3 mm まで変化させると，その変形量は 5 分の 1 以下に低減した．

熱伝導型の重ね溶接のシミュレーションの例を図 10.64 に示す．ギャップの小

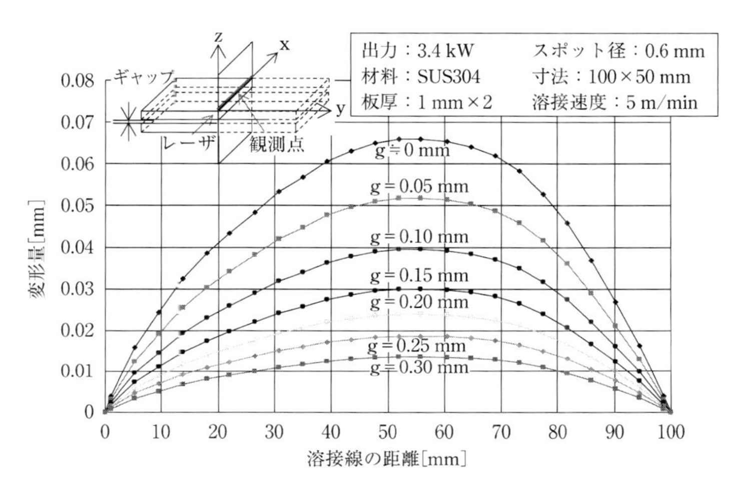

図 10.63　重ね溶接のギャップ変化と変形量

さい場合（g＝0.05mm）と，ギャップが板厚以上に大きい場合（g＝0.15 mm）で，溶接速度をF＝1.5m/minで一定にして比較した．比較はY-Z平面でギャップの違いによる熱伝導溶接の時間の差を示した．重ね溶接では，重ね合わせた上の板材が溶接中に温度上昇による熱膨張と酸化膨張を伴う溶融が起こり，中間ギャップに到達した溶融金属はギャップを埋めて下の板材の表面に達して熱伝熱する．空間ギャップに相当する中間層で横に熱が拡散するので，下方への溶融と貫通速度は遅くなる．また上の部材から下の部材への熱伝導は中間層でエネルギーが用いられる関係で，いくぶん下の部材の方が溶融幅は小さくなり形状において段差が生じる．ギャップの比較では，溶融領域が貫通するまでの時間は，ギャップg＝0.05mmの場合が28msであったのに対して，ギャップg＝0.15mmの場合は36msであった．その差はたかだか8msであったが，貫通時間においてはギャップの小さい方が速い．溶融金属によるギャップの埋め合わせにそれだけ時間がかかっていることがわかる．

ビードオンプレートでギャプがないと仮定した板厚2mmの無垢材と，ギャップを可能な限り加圧し固定してg≒0とした場合で，溶接速度を一定（5m/min）にして変形量の比較した．ビードオンプレートの場合はギャップという緩衝帯のない分だけ変形が大きくなり，その差は5.8倍にも達した．その結果を図10.65に示す．同じく溶接速度を一定（5m/min）にして，ギャップg＝0.05

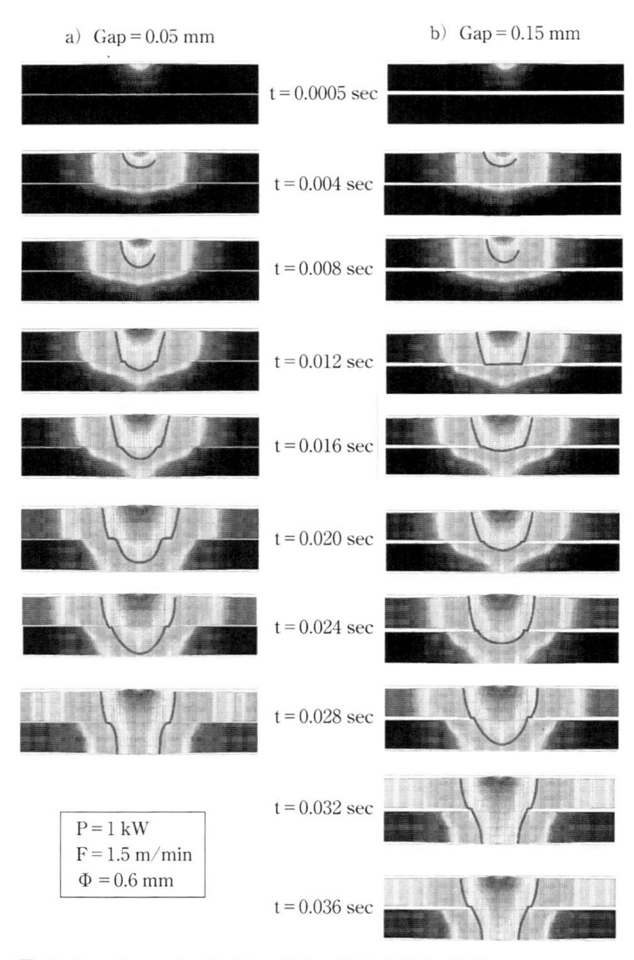

図 10.64　ギャップに差がある場合の熱伝導型重ね溶接のシミュレーション

mm の場合とギャップ g＝0.15mm の場合の角変形についての比較を行った．角変形では溶接線を中心に左右の先端が上側に曲がるが，下の板から曲がり始めて上の板に接するように変形が起こる．そのため重ねた上部の材料と下部の材料では角変形量が異なり，下部の材料の角変形量のほうが大きい．図 10.66 にはシミュレーション動画からの抜粋を示す．ギャップの大きい g＝0.15mm の場合

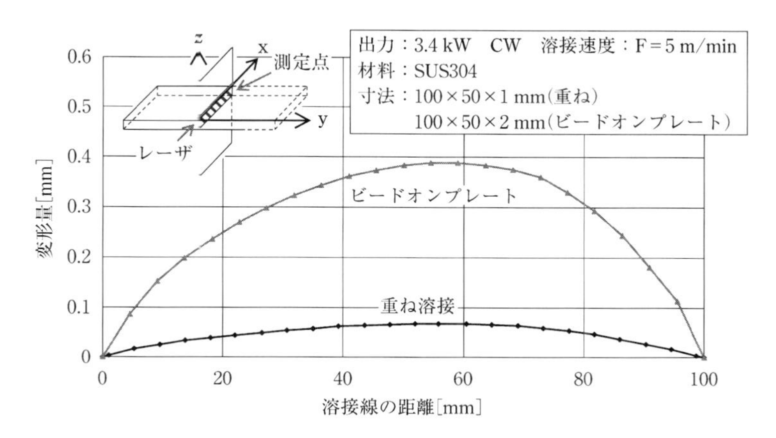

図 10.35 ビードオンプレートと重ね溶接の変形量の比較

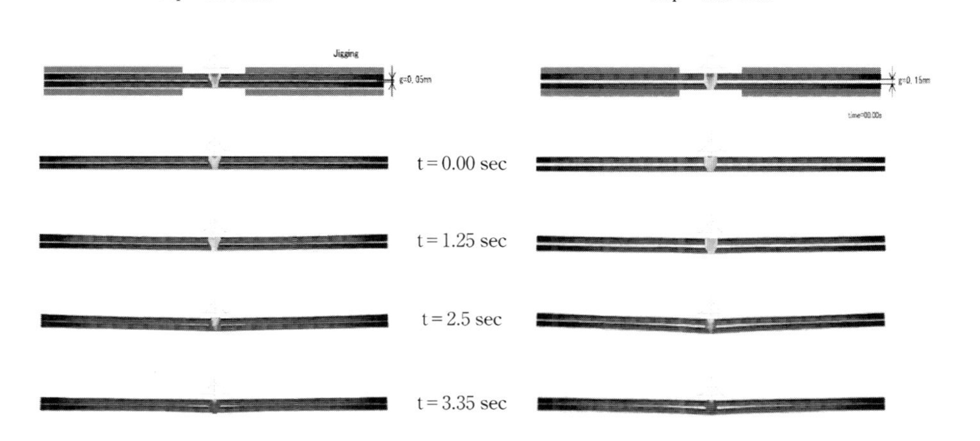

材質：SUS304，寸法：100×50×1 mm 出力：3.4 kW，溶接速度：5 m/min，スポット径：0.6 mm

図 10.66 ギャップの異なる場合の角変形の挙動（動画抜粋）

のほうが，角変形が終了までの時間がかかる．概して，中間ギャップが大きくなるにつれて重ね溶接の角変形は全体に大きくなる．またその差は中間ギャップの大きさに比例する．

2）キーホール型の重ね溶接

高出力レーザを用いた溶接では，材料面でエネルギー密度が概ね 10^5 W/cm^2 より高い場合に溶融地にキーホールが発生することが知られている．このような溶接をキーホール型というが，ここではキーホール型の重ね溶接について検討する．すでに10.1.2項で高密度状態の溶融池に生じたくぼみで蒸発が生じ，キャビティーが形成されることは述べた．これがキーホールであり，これらの現象は高速度カメラによる観測から一定の挙動は確認されている．しかし多くの場合にキーホール溶接がなされていると考えられる割には実態の解明は少ない．キーホール溶接が起こる薄板重ね溶接については，溶接時の詳細な熱伝導の挙動や変形量は定性的にも定量的にもいまだ不明な点が多い．そのため，詳細情報の少ない中から先の参考文献と著者らとの直接の議論からシミュレーションに際していくつかの仮定を設ける．

i）レーザが材料に照射され溶融が起こり溶融池にキーホールが発生するが，溶融池でキーホールの発生する時間は，溶融してか

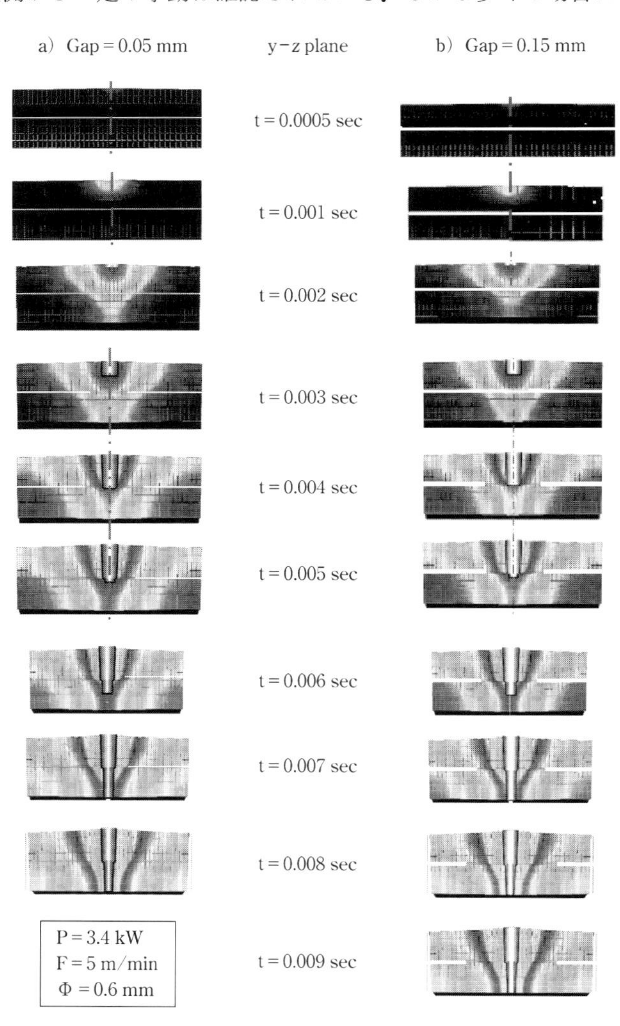

図10.67　ギャップの違いによる貫通溶接の差

ら 2ms 後と仮定する．

ii）キーホールは，溶融池が深さ方向に拡大して温度がさらに上昇すると，キーホールもそれに伴って深さ方向に進行する．

iii）キーホールは溶融池内の熱源直下で発生し，その径に変動はあるものの上面のスポット径にほぼ等しいと仮定する．

iv）キーホールは上の板と下の板では径が異なる．また貫通する場合でも，重ね溶接の上の板と下の板とでも径は異なる．その径は下方に行くほど小さい．

上記の仮定の下でシミュレーションを行った結果を図 10.67 および図 10.68 に示す．図 10.67 は重ね溶接の上下間のギャップが g＝0.05mm と g＝0.15mm の場合の y-z 平面でみたシミュレーションを示した．ギャップの差が貫通溶接に及ぼす影響をみたものであ

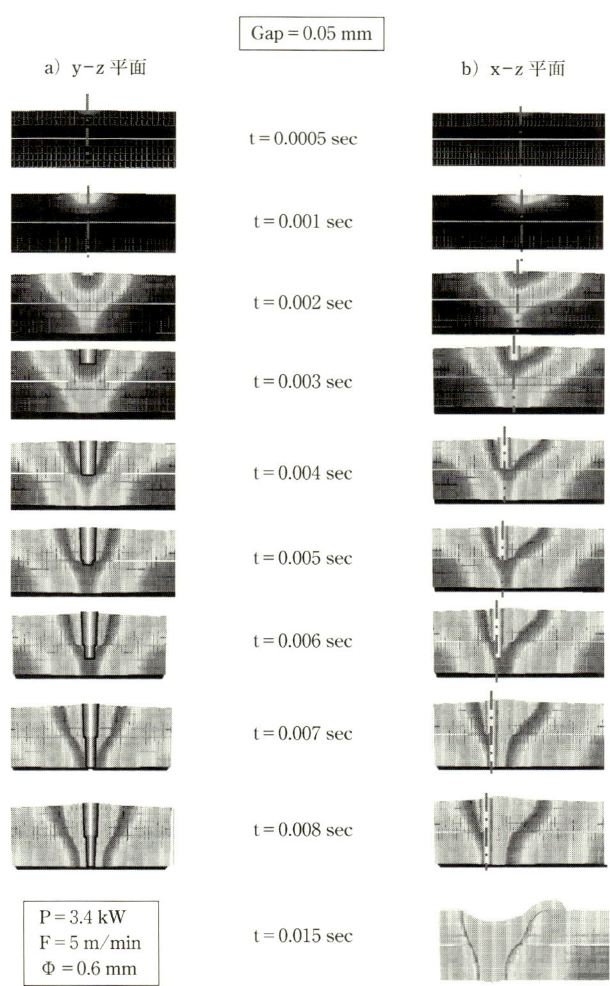

図 10.68　ギャップが同じ場合の y-z 平面と x-z 変面での貫通溶接挙動

る．キーホールが生じる溶接では貫通時間はかなり早くなり，この間ではギャップの違いによる貫通時間の差はほとんどない．図 10.68 にはギャップが g＝0.05 mm の場合で y-z 平面と x-z 平面での溶接挙動を示した．x-z 平面では最終的に，溶融池のキーホールの内力と上からのアシストガスとによって溶融金属は後方に流され一部が溶融池からオーバフローする．その後，キーホールの消滅とともに冷却される．溶融金属の冷却は高温部ほど速く時間経過とともに流動性を失うため，冷却固化の始まった後方の溶融金属に新たに発生した溶融金属フローがずれて重なり，この繰り返しでウロコのような溶融ビードが形成される．図 10.69 にはキーホール形成時の溶融膨張の状態と最終のくぼみとオーバフローしたときの観察位置でのシミュレーション断面を示した．実際の溶融形状との参考

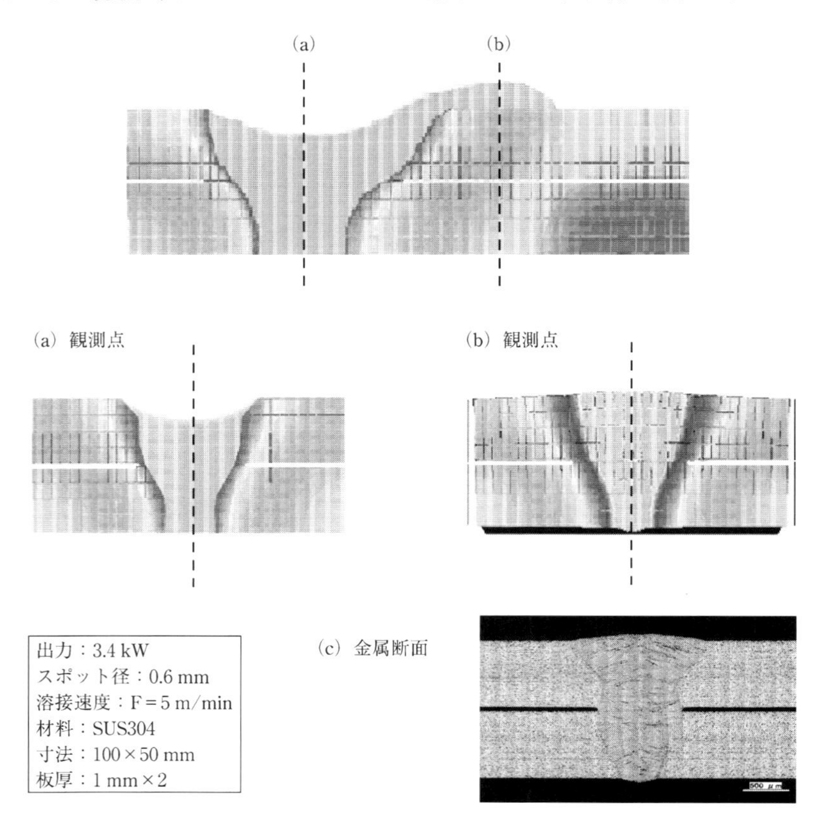

図 10.69　キーホール型溶接の各位置の溶接形状と実際との比較

比較でも計算結果とほぼ類似の形状が得られている．

3）加工実験による検証

シミュレーション結果を検証するために，板厚1mmのSUS 304を2枚重ね合わせて板材の中央部を溶接線にして重ね溶接実験を行った．その実験モデルを図10.70に示す．溶接速度を変化させた場合とギャップをほぼ隙間の無い状態g

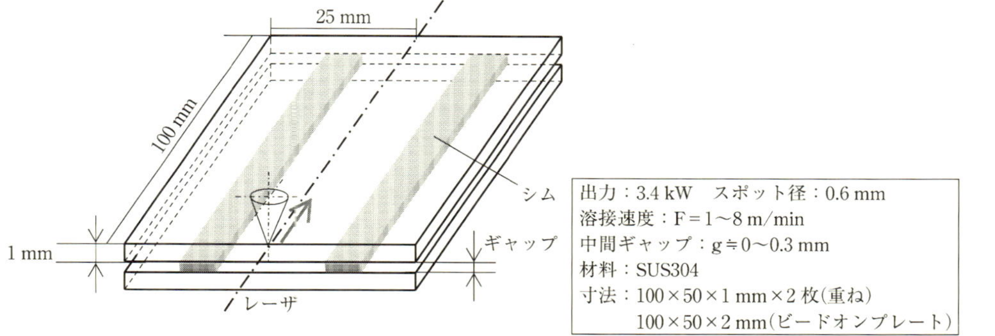

図 10.70　実加工実験でのギャップ管理

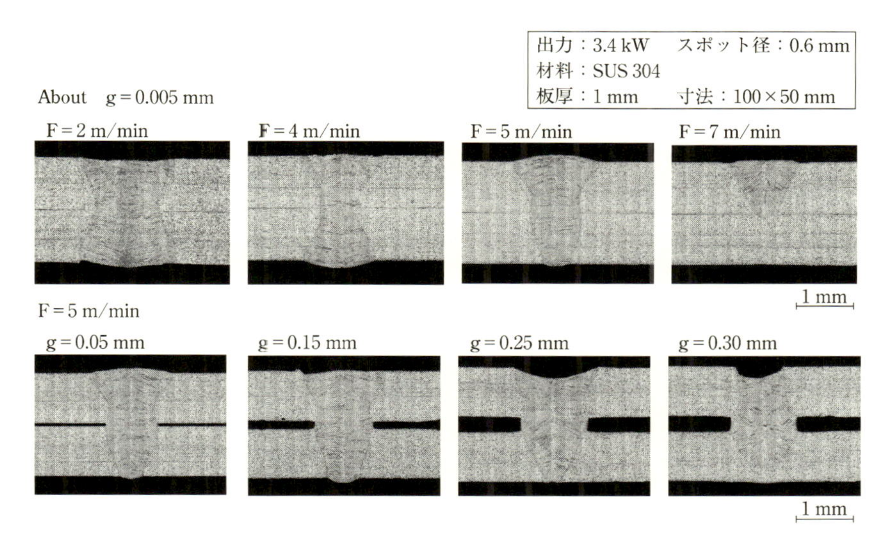

図 10.71　ギャップと溶接速度を変化させた場合の断面組織写真

≒0（g＝0.003mm）とギャップ g＝0.05mm から 0.30mm まで変化させた場合の重ね溶接実験を行い，断面組織の形状の観察を行った．実験では重ね合わせ面の間にギャップ相当のシムを挟み，上から冶具で押さえ固定し溶接を行った．このとき，シムは溶接線上にかからないように溶接線の左右に配した．その結果を図 10.71 示す．

上段はギャップ g＝0.005mm で 2 枚の板を密着して，溶接速度を 2〜7m/min まで変化させた密着状態で溶接した場合の断面組織写真を示す．中間の接合状態は良好で溶融ビードは安定している．溶接速度が遅い場合には板の上面と下面で溶融組織が横方向に広がる．一方溶接速度が速くなると溶融金属は下面まで十分に届かず上面だけで広がる．下段は溶接速度を 5m/min 一定にして，ギャップを g＝0.05mm から 0.30mm まで変化させた場合の断面組織を示した．中間ギャップが大きいほどエネルギーが中間で用いられ溶融組織が広がるととも

出力：3.4 kW　スポット径：0.6 mm
溶接速度：F＝5 m/min
材料：SUS304
寸法：100×50 mm　板厚：1 mm

a）g＝0.05 mm

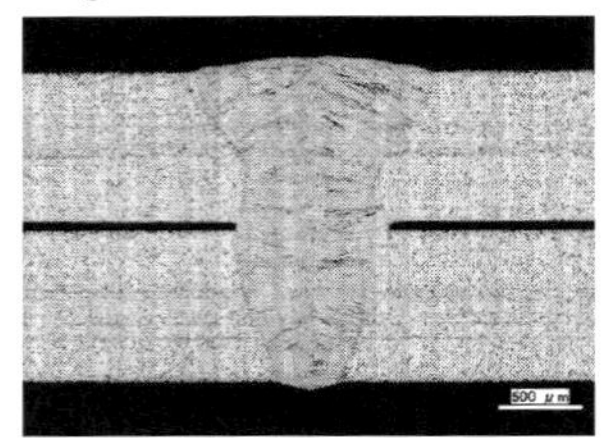

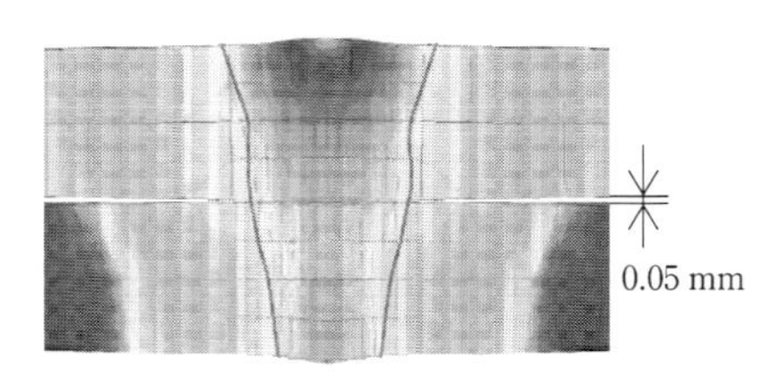

b）g＝0.15 mm

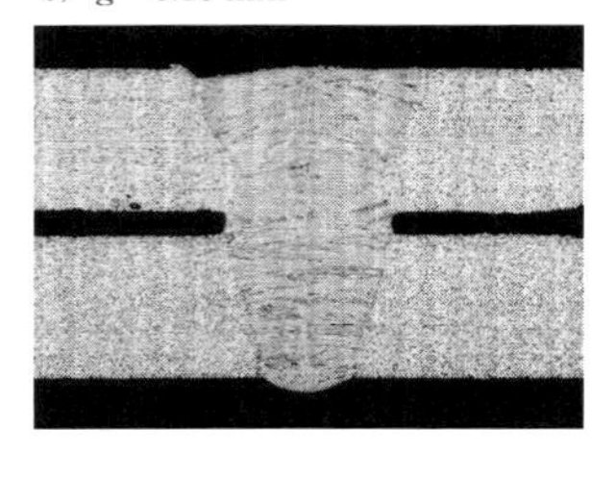

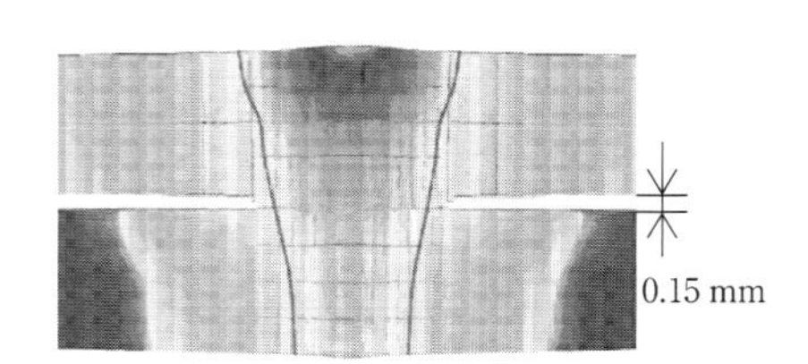

a）加工実験結果　　　b）シミュレーション結果

図 10.72　溶融断面積の実際との比較

に，溶融金属は下面まで達していない．また，上面がアンダーフィル（under fill）状態となりくぼみができた．比較のために，図 10.72 にギャップ g＝0.05 mm と g＝0.15 mm の場合の加工実験と同じの条件のシミュレーション結果との結果を照合した結果を示した．中間ギャップを貫通するのに時間を要するため上板では周囲への熱拡散が大きく，いったん下板に達すると熱は下面に進むため下板では周囲への熱拡散がやや小さくなる．

図 10.73 にはギャップを変化させた実験で，溶融部に余盛りのような盛り上がりの発生とアンダーフィルの関係をみた．ギャップ g＝0 mm（無垢材）から g＝0.15 mm までは上方に盛り上がりが発生するが，g＝0.2 mm を境に平面からアンダーフィルに転じる．上板の溶融金属がギャップ層の埋めるのに用いられ，粘性を持った溶融金属が重力で下方に沈む現象が発生するためである．

ギャップ変化に対する角変形量の関係を図 10.74 に示す．縦軸は角変形，横軸は中間ギャップである．ここで θ_1 は上部の板材の角変形，θ_2 は下部の板材の角変形を示す．シミュレーションで求めた値を計算表記し上面の計算による角変化を計算 θ_1 とした．実測 θ_1 は測定の困難なため，実測 θ_1 にとどめた．その結果，実測値は計算よりやや下回ったがほぼ同様の結果を得た．実験およびシミュレーションとも，ギャップの量は g＝0.15 mm を境に中間ギャップが大きくなると変形量は大きくなった．しかし，中間ギャップの影響による θ_1 の変化は θ_2 に比べると小さい．下部の角変形 θ_2 の変化が大きいのは，中間ギャップがあること

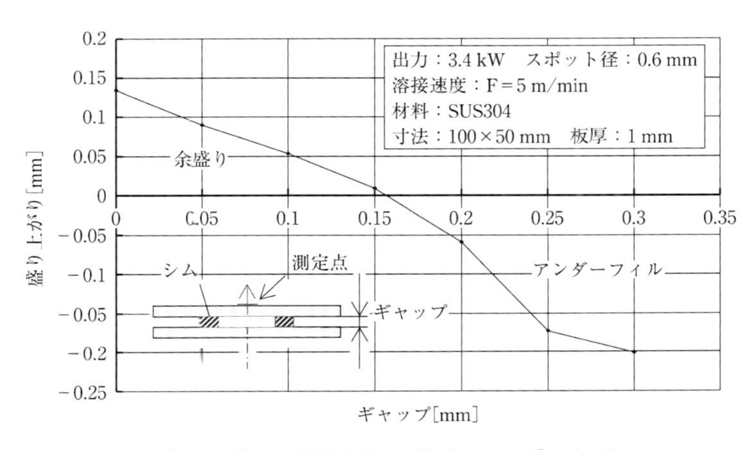

図 10.73　ギャップ変化に対する溶融ビードの盛り上がり

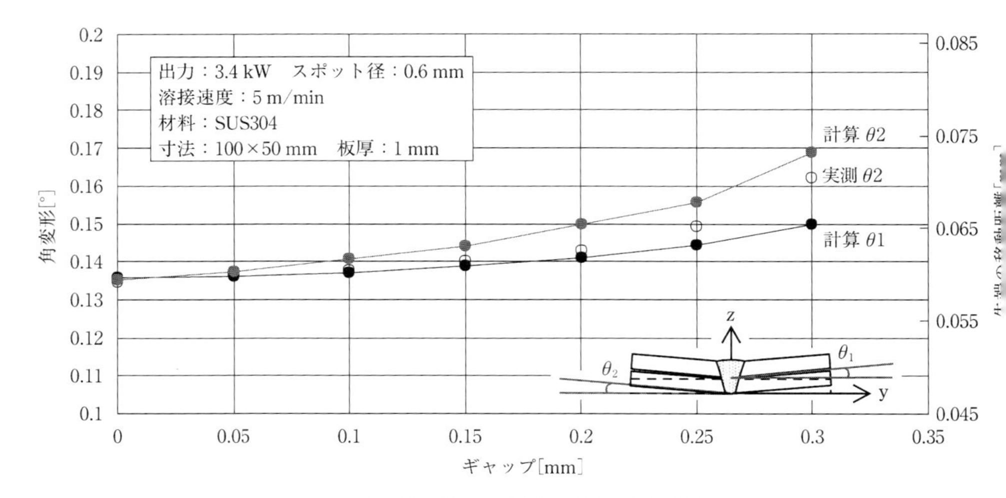

図 10.74　ギャップ変化に対する角変形量

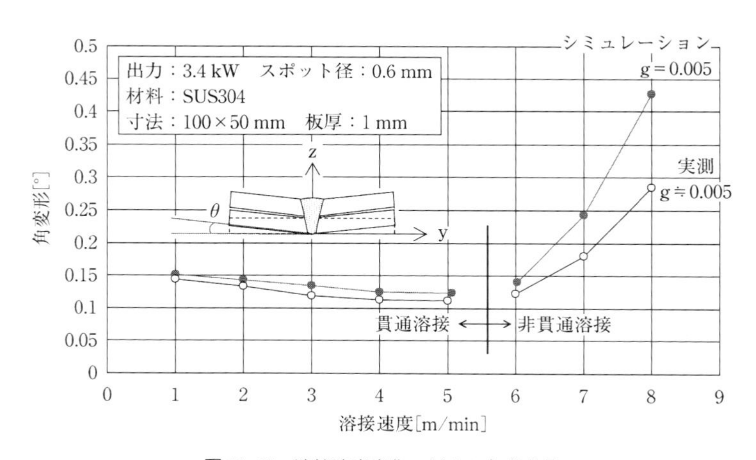

図 10.75　溶接速度変化に対する角変形量

によって拘束条件が緩和されるとともに自由度が増し，角変形が起こりやすいためと考えられる．横軸には板の両先端上方への移動距離を示した．その値は溶接で生じる最小変形 56 μm に対して，ギャップが増すと上板の角変形は 75 μm まで増加した．結果として中間ギャップが大きくなるほど変形量は小さくなった．これは下部の材料への入熱量が少なくなるために変形が抑えられるようである．

また図 10.75 には，ギャップを g＝0.05mm 一定に保持し，溶接速度を変化させた実験例を示す．溶接速度は 5.5m/min を境に下面まで溶融金属が達し貫通溶接となっていたが溶接速度が 6m/min 以上では下面に達しない非貫通溶接となる．角変形は貫通溶接の範囲では溶接速度が速くなるにつれてやや減少するが，逆に非貫通溶接では接速度が速くなるにつれて急激に角変形は増大する．

4）重ね溶接の貫通時間の検証

溶接速度 F＝5m/min で走行中に材料の途中から照射されたレーザ光によって溶融が開始し，キーホールが形成されて貫通溶接してゆく過程をシミュレーションした結果，貫通に要する時間は 9ms を要した．詳細な検証の方法としてやや荒い方向ではあるが，デジタルビデオカメラで観察した．図 10.76 に実験の簡易計測の概要図を示す．CCD カメラは近赤外光に反応する性質をもっていて，YAG レーザの光を感知することができることが知られている．このカメラの 1 frame は 1/60sec（16.6ms）であり，その間にシャッターが解放時間を含んでいて，この 16.6ms 後には 2frame 目に入る．5m/min で重ね溶接する材料直下にカメラをセットし，シャッター解放後に溶接を開始したが 2frame 目には光を感知した．このことは少なくも 1frame（16.6ms）の時間内に光が 2 枚の材料を貫通したことを意味する．その関係を図 10.77 に図示する．これはシミュレー

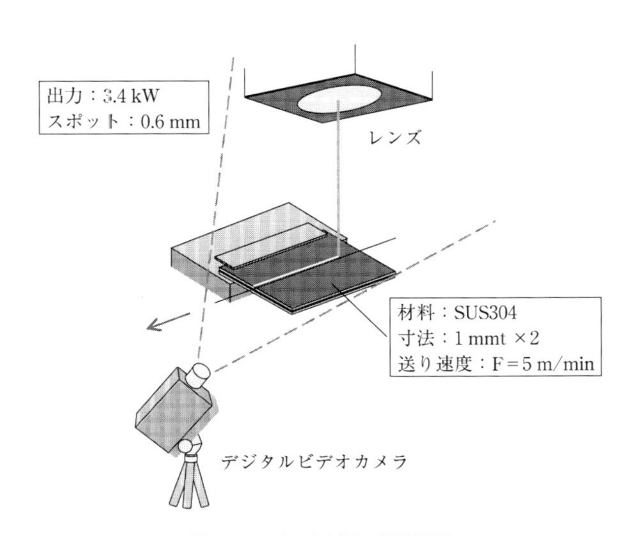

図 10.76　貫通時間の簡易計測

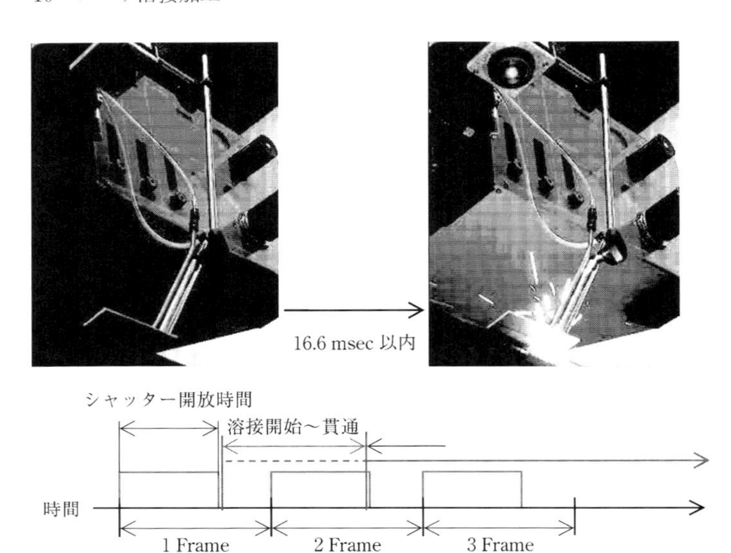

図 10.77　簡易計測での最大貫通時間

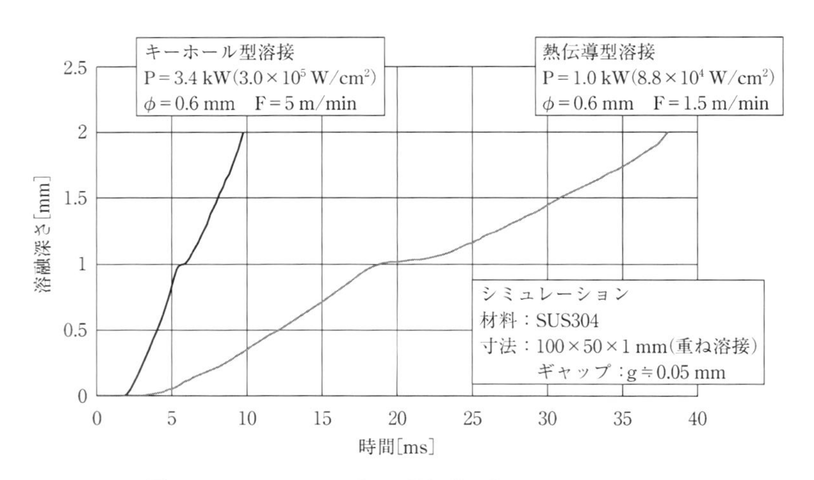

図 10.78　キーホール型溶接と熱伝導型溶接の貫通時間の比較

ション結果が簡易な観察実験で得られた貫通の上限時間を超えなかったことを意味し，結果と矛盾しないことが間接的に示された．

図 10.78 にはギャップが g = 0.05 mm のときのキーホール型溶接と熱伝導型

溶接の貫通時間の計算上での比較を示した．キーホール溶接では，2ms後にキーホールが形成されるとした仮定した場合で，下板のキーホール形成も瞬時となり底面に向かう進行が速く9msを要さないのに対して，熱伝導型では上板から順次熱が拡散し中間ギャップで進行がやや遅くなるものの39ms以内に2mmの板を貫通溶接できる．また，図10.79にはキーホール型溶接と熱伝導型溶接の変形量の比較を示した．縦軸は変形量，横軸は溶接線方向の距離である．熱伝導型溶接のほうが変形ははるかに大きい．熱伝導型溶接はキーホール型溶接に比較してレーザ出力が低く溶接時間が長くなる．さらに重ね溶接時の中間ギャップによって熱の伝播が阻害され下部の材料への入熱量が減少することによって変形が小さくなったと考えられる．

シミュレーションによる重ね溶接の挙動を検討した結果，短時間に上部の材料表面から発熱し熱が下方に向かって進むが，ギャップのあるところで一瞬ではあるが伝熱は遮断状態となる．そのあと，対流と膨張によって下部の材料に接触し熱が急速に伝わり溶融層が形成される．1枚目の上板と2枚目の下板との間にはギャップがあることによって生じる温度分布の段差がある x-z 平面での溶融池形状の比較では，シミュレーションによる薄板の溶接現象とX線観察などによる極厚板の溶接現象とは異なると考えられる．

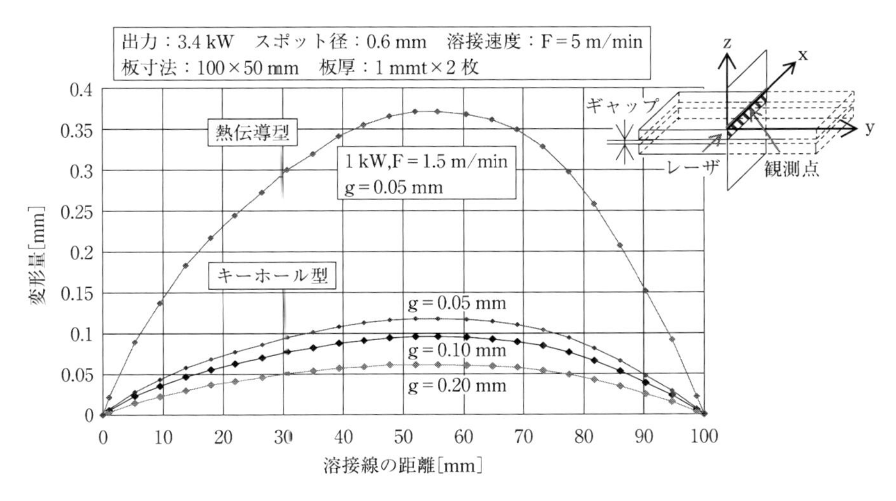

図10.79　キーホール型溶接と熱伝導型溶接の変形量の比較

一連のシミュレーションから，パルス溶接や連続溶接では多くの場合に山谷のある明確な溶融痕が溶融ビードとして形成される．パルスビームによる溶接はオーバラップ量によるが入熱が間欠的で，溶融から冷却までのワンサイクルが不連続で独立しているため，溶融ナゲットが重なって形成されることに説明を要しないであろう．しかし，連続溶接では熱源が常に連続的であることから，連続的な溶融金属の単なる盛り上がりではなく，ナゲットが一列にウロコの（鱗）ように重なることに若干理解に難があるかもしれない．

これについても多くの研究があるが，特に，Michigan 大学の Mazunder[1] 等は高速度カメラによる溶接時のキーホール観察から，キーホールの径は常に変動していてオープンとクローズのサイクルがあることを報告している．溶接で形成された溶融地では表面で波が発生し，蒸気圧でキーホールが開くと波が後方に向かい，キーホールが閉ざされると，波は内側に向かう挙動を示すとした．すなわち，波の進行が後方に向かってゆくときはキーホールがオープンになり，溶融池壁面でターンして戻るときにキーホールはゼロにはならない小さく閉ざされることを観察した．なお，表面の溶融金属は高温で粘度が低く動きやすいためこのような現象が生じる．その結果，後方にウロコのような波面ができるとしている．また，比較的弱いがアシストガスの噴射が溶融金属を下方に押すことから，その反力と重力で溶融液面が振動することも考えられる．このような現象は著者らの観察でも得られている（図 10.80）．

出力：3.4 kW
スポット径：0.6 mm
材料：SUS 304
板厚：2 mmt
溶接速度：F = 5 m/min

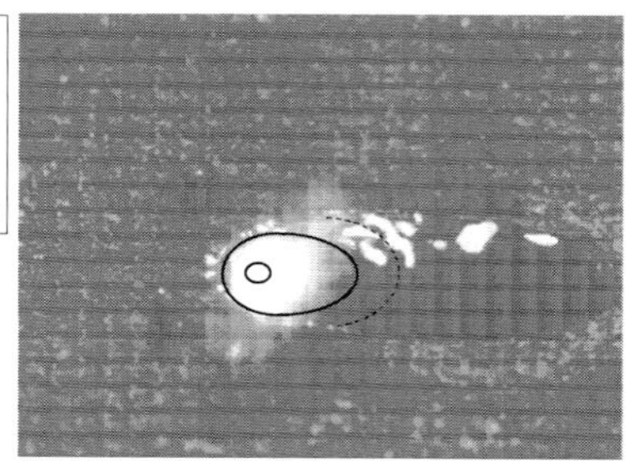

高速度ビデオカメラ
島津製作所製
Hyper Vision（model：HPV-1）

図 10.80　高速度カメラによる溶融金属挙動の観察

10.6 溶接加工の理論と実際

実際の熱源は一定のスポット幅をもち，エネルギー密度分布を有しており，この点が計算に工夫を要する．計算式の意図することは，出力に比例し板厚に反比例することであるが，出力においては，実際はレーザエネルギーと溶融金属の酸化エネルギーの和である．そのため，レーザエネルギーの吸収率と実際の加工への関与の割合，また，酸化エネルギーは溶融金属の酸化の割合などを用い，別途計算する必要がある． また，線熱源の投入エネルギーは，投入された熱量または出力が板厚で割られるために，板厚が厚いと限りなくエネルギーは低下し加工に供することができない．実際はどんなに板厚が厚くても，表面溶融に十分なエネルギーを投入すれば表面は溶融することになるが，この式を用いる場合には薄板（通常は3.2mm以下）の範囲が有効であり無難であると思われる．

また，溶接加工では溶融点以上の温度域にあたる計算を行うため，潜熱を考慮する必要があるが，この温度領域で単に熱伝導的に扱うにはやや無理があり，若干の補正を要する．溶融点以上を溶融幅内として計算外で考えるなら，溶融幅や熱影響層の計算をするには有効である．ただし，溶接加工における溶融幅や熱影響層など，熱的にあきらかな変化がみられる実際の加工と計算の対比を必要とする．また，2枚の板を月いて行う突合せ溶接や重ね溶接の場合，突き当てる溶接線のギャップや重ねられる2枚の板の隙間は熱伝導的には非線形となり，正確には解けない．これらは目安の計算であり，厳密に求めるには別の計算モデルや補正を必要とする．

一般に重ね溶接における材料表面の溶融幅は計算に合わせやすいが，突合せ溶接における溶融幅は同じ条件でもやや小さめになる．それは突合せ溶接では接合面にギャップがあることに起因する．微小の間隔であっても，そこには光が透過するのでエネルギーが接合面に関与するためである．そのため，板厚が1mmの重ね溶接ではみかけの板厚が2mm相当となるのに対して，突合せ溶接では板厚が1mmとなり所要のレーザ出力は少なくて済むことから，良好な溶接速度の比較では突合せ溶接のほうが速くなる傾向がある．

図10.81には板厚1mmの軟鋼(SPCC)における連続波溶接の例を示した．図中の(a)には重ね溶接，(b)には突合せ溶接の表面ビードの写真を並べ比較した．

(a) 重ね溶接
出力：2kW 連線波
溶接速度：0.9m/min
ビード幅：2.1mm

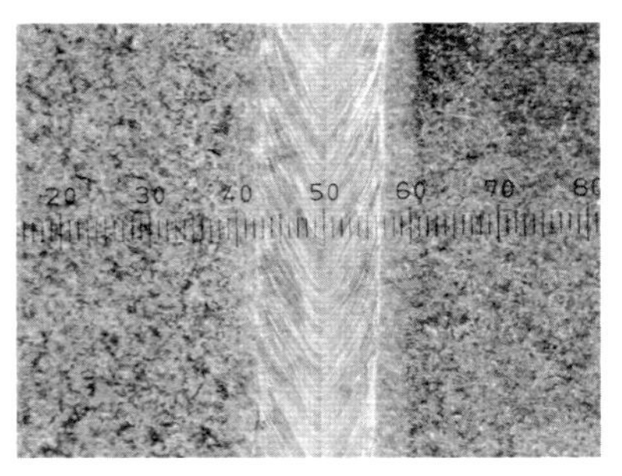

(b) 突合せ溶接
出力：1kW 連続波
溶接速度：1.2m/min
ビード幅：1.4mm

図 10.81　軟鋼板材での重ね溶接と突合せ溶接の比較例（材質：SPCC，板厚：1mm）

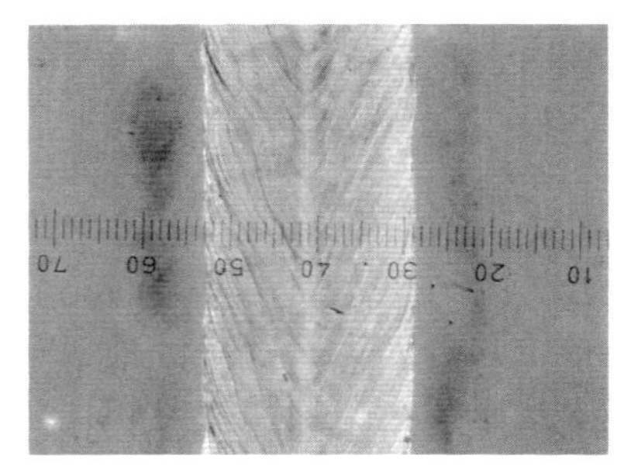

(a) 重ね溶接
出力：2kW 連線波
溶接速度：1.0m/min
ビード幅：上面　2.4mm
　　　　　下面　0.5mm

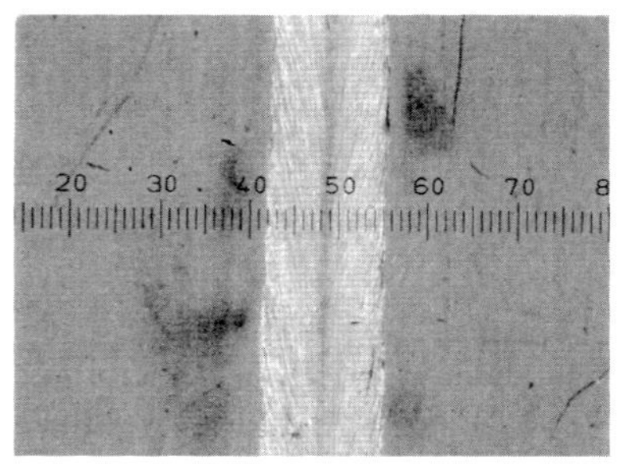

(b) 突合せ溶接
出力：2kW 連続波
溶接速度：3.0m/min
ビード幅：上面　1.3mm
　　　　　下面　0.7mm

図 10.82　ステンレス鋼材での重ね溶接と突合せ溶接の比較例（材質：SUS 304，板厚：1mm）

重ね溶接は出力 2kW，溶接速度 0.9m/min でビード幅は 2.1mm であったが，突合せ溶接は出力 1kW，溶接速度 1.2m/min でビード幅が 1.4mm であった．速度が若干異なるものの，突合せ溶接では出力は半分で済んでいる．また図 10.82 には，CO_2 レーザで板厚 1mm のステンレス鋼（SUS 304）の板材を用いて連続波溶接の例を示す．図中の(a)には重ね溶接，(b)には突合せ溶接の表面ビードの写真を並べ比較した．出力は重ね溶接，突合せ溶接ともに 2kW であるが，溶接速度は重ね溶接で 1m/min で，ビード幅は上面で 2.4mm,下面で 0.5

mm であるのに対して，突合せ溶接では溶接速度3m/minで，ビード幅は上面で1.3mm,下面で0.7mmであった．同じ出力では突合せ溶接のほうが溶接速度は3倍速いことになる．

さらにパルスによる突合せ溶接でのビード幅を比較する．図10.83には板厚1mmの軟鋼のパルス波による溶接例を示す．加工条件は1パルスあたりのエネルギー15J/pulse，周波数25Hz，平均出力375Wで，溶接速度は0.4m/minで行った．このときの上面のビード幅は1.6mm，下面のビード幅は0.9mmであった．また，図10.84には板厚0.5mmのステンレス鋼材のパルス波による溶接例を示す．加工条件は1パルスあたりのエネルギー10J/pulse，周波数35Hz，

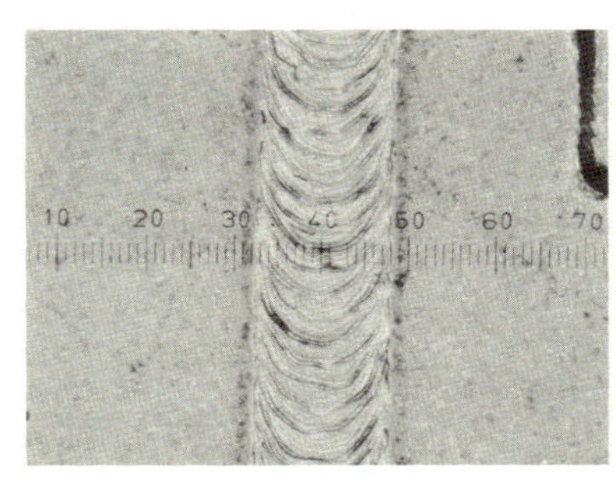

(a) 材料表面
ビード幅：1.6mm

(b) 材料表面
ビード幅：0.9mm

図10.83　軟鋼の突合せ溶接事例

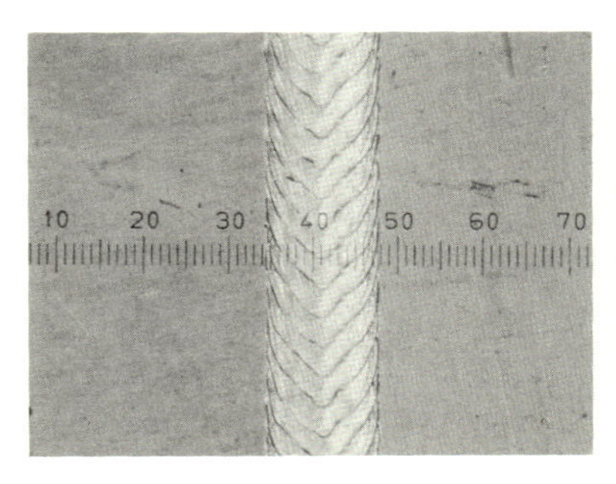

(a) 材料表面
ビード幅：1.4mm

(b) 材料表面
ビード幅：0.8mm

図10.84　ステンレス鋼のパルス溶接の例（材質：SUS 304，板厚：0.5mm）

平均出力 350 W で，溶接速度は 0.75 m/min であった．このときの上面のビード幅は 1.4 mm，下面のビード幅は 0.8 mm であった．ともに表ビードと裏ビードの溶接ビード幅が異なる．

材料表面に発現するレーザ熱源や，板の上面と下面で等しいと仮定する線熱源などで熱伝導解析する場合には，計算が表面に限定され全体を正確に表現できないおそれがある．特に板厚が厚いときは，材料の表面と裏面でビード幅が異なることを考慮した詳細なモデルや，深さ方向へエネルギー配分や熱が深さ方向の関数として考慮した新たな精密な解析が必要となる．

10.7　溶接用レーザビームの品質

溶接加工に用いるレーザ出力は，CO_2 レーザや YAG レーザ，およびファイバレーザで数 kW から 10 kW クラス，あるいはそれ以上と高出力のものが多い．これは，対象材料の溶融に多くのエネルギーを要することにもよるが，速度を稼ぐことで加工能率を高めるとともに高品位に溶接する目的で用いられるためで，薄板シートメタルの加工においても例外ではない．また，YAG レーザにおいても，一部の電子部品の溶接を除けば，シートメタルの加工ではパルス YAG でも平均出力 400 W～1 kW 程度のものが用いられる．ビームモードは光ファイバー伝送の過程でくずれ，ならされてしまうが，このならされ方は光ファイバーの伝送特性に依存し，製造メーカによって多少異なる場合がある．

一般に，レーザの高出力化とビームモードの純化（シングルモード化）は相反する条件下にある．その理由の 1 つは，高出力を得るために発振管径を太くし，ミラー径を大きくしてモード体積を稼ぐ必要があるためで，その分，モード係数は高次化しビームモードは低下する．したがって，レーザ出力の比較的高い発振器においては純粋なシングルモードは存在しがたく，そのように称している場合のほとんどは，低次モードとよばれる“擬似シングル”または“ニアガウス”である．5 kW クラスの高出力レーザの場合は，マルチモードがほとんどであり，また，5 kW 以上の大出力レーザでは長時間安定した出力を得るために，耐光強度に限界のある半透過鏡（出力鏡）を用いない不安定共振器を採用しているが，ビームモードはリングモードを得ている（図 10.85）．

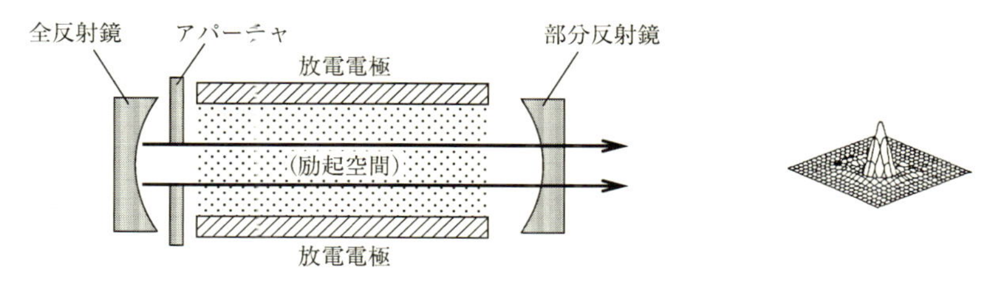

(a) シングルモード(TEM$_{00}$)(安定型共振器)

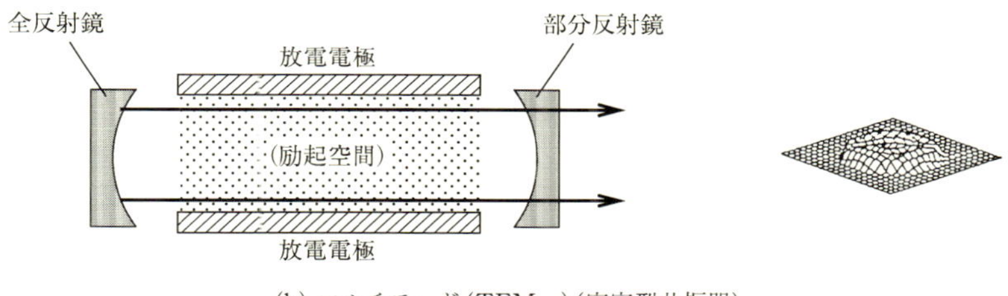

(b) マルチモード(TEM$_{mn}$)(安定型共振器)

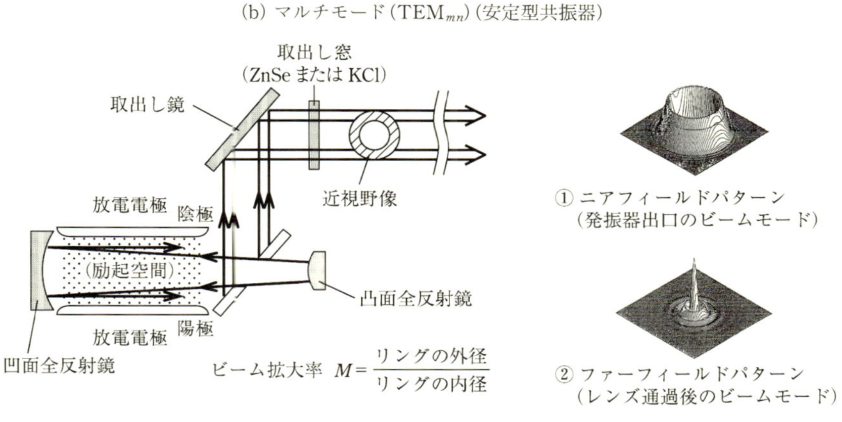

(c) リングモード($M=2.0$)(不安定型共振器)

図 10.85　CO_2 レーザ溶接で用いられる代表的な共振器とビームモード

10.8　溶接加工の実際

レーザ溶接の競合技術には電子ビームがあるが，どちらかといえば，電子ビーム溶接は厚板が得意であり，レーザは比較的薄板に向いている．一部の社内設備や研究用を除いて，実際のレーザ溶接は薄板が中心である．高出力レーザを用いた場合でも高速化が目的であることがほとんどで，厚板はほかの競合技術もありコストパフォーマンスにおいて不利であることから，30 kW クラスの高出力レーザは現在も加工の研究用であることが多い．したがって，ここでは現に産業用として広く用いられている薄板中心の範囲にとどめる．

10.8.1　薄板の溶接加工

10.8.1.1　前加工の影響

薄板シート材で突合せ溶接加工を行う場合，溶接の前段階での加工状態または接合面の精度などは溶接性に大きな影響を与える．それゆえに，開先ギャップの厳密な管理が必要となってくる．前加工とギャップ（接合面の隙間）が溶接継手形状にどのような影響を与えるかを述べる．

レーザ溶接は，基本的に溶接される材料自身がレーザを吸収して発熱・溶融し，ビームの通過とともに起こる溶融金属の流れ込みと自然冷却による凝固で溶接ビードが形成される．そのため，特に，突合せ溶接における溶接継手形状の良し悪しは，ビームが照射される2枚の材料間の接合部分における接触面積または溶融体積に左右される．さらに，これら接合部分は，溶接の前段階における加工（＝前加工）で決定される．図 10.86 には，前加工として薄いシート材を切断するときに，実際によく使われている切断法の例とその断面を示した．材料はすべて

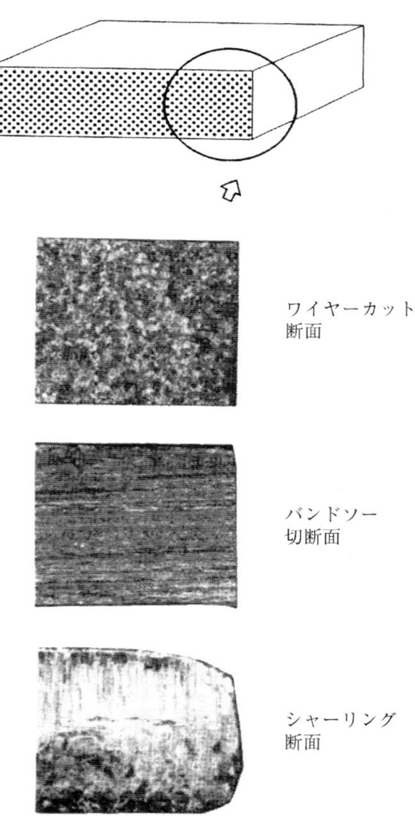

図 10.86　各種前加工切断における断面形状

板厚が1mmの軟鋼である．

溶接での接合面となる切断面には，比較の基準となる切断面をつくる目的もあって，放電加工機によるワイヤーカットでの切断も含める．ワイヤーカット面は緻密な凹凸で形成され直角度に優れていて，接触面積がもっとも大きい．また，バンドソー断面は，多数のシート材を重ね切りしたものであるが，ノコ刃が切り込まれる上面では小さい だれが発生し，中間はノコ刃の切削による細かい筋状のラインが入っていて，切削の下面に ばりの一種である かえりが観察される．さらに，せん断加工での面，すなわちシャーリング断面は，板厚方向に向かって上面にだれが発生し，その下にせん断面と破断面が発生し，全体が丸みを帯びている．なかには，あきらかに かえりをもっている場合がある．

このように前加工の異なる状態で，比較のための溶接を試みた例を図10.87に示す．(a)と(b)は同じシャーリング面であるが，(a)は，レーザ照射面がシャーリング上面どうしの組合せとなる場合で，(b) はその反対の下面の方向からレーザが照射された場合を示す．ともに上面ビードにアンダーフィル（溶接部のへこみ）が形成される．(c)と(d)は，前加工の切断上面がそのままレーザ照射の方向となっている．アンダーフィルはほとんどなく，マクロ写真からみる限り良

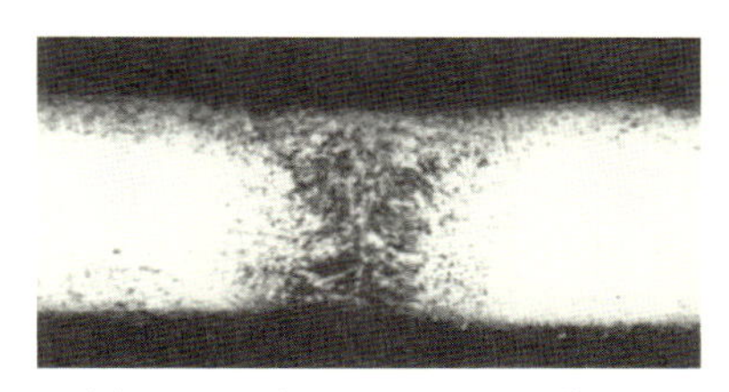

(a) レーザ照射面がシャーリング上面どうしの場合

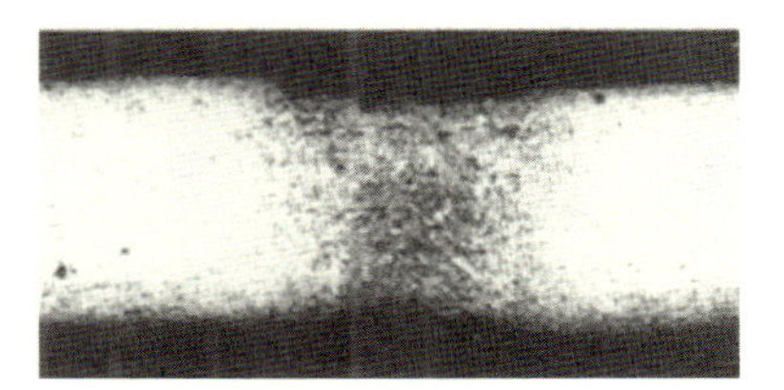

(b) レーザ照射面がシャーリング下面どうしの場合

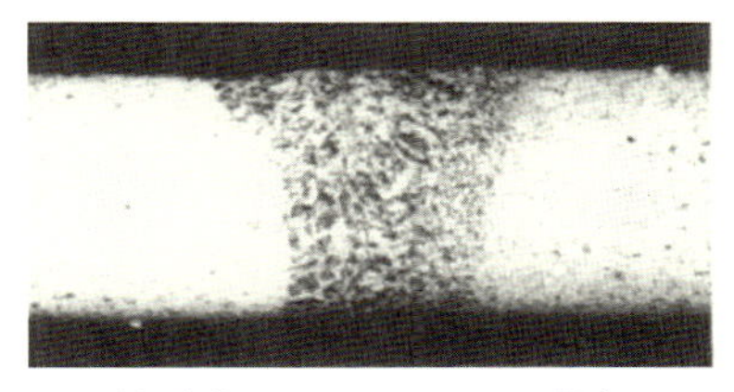

(c) 突合せ面がバンドソーの場合

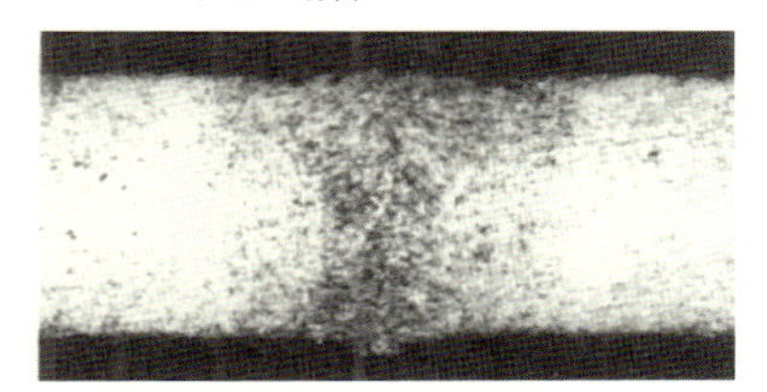

(d) 突合せ面がワイヤーカットの場合

図10.87　各種前加工による突合せ溶接への影響（レーザ照射は材料上方からで，焦点を材料表面上の接合面に合わせて照射している）

好な継手断面形状を維持している．このように，接合面となる切断面の前加工の加工精度，特に，溶接面の相対的な直角度が重要となることがわかる．すなわち，溶接前に2枚の材料を互いに突き当ててみて，接合面が直角をなしたうえで接触面積が多ければ，それだけ正常かつ良好な溶接継手形状が得られる．最近では，前加工でレーザ切断をし，続けてその箇所をレーザ溶接するという試みがなされはじめ，良質な継手形状と溶接特性を得られるようになってきた．

10.8.1.2　ギャップの許容値

溶接加工における接合面での隙間をクリアランス（間隙）またはギャップという．特に，突合せ溶接における隙間を開先ギャップといい，溶接条件と被溶接物の突合せギャップの許容値をスキ量などともいう．これらの許容値は溶接施工時の加工速度によって大きく変わってくる．

(a) 突合せ溶接の場合

レーザによる突合せ溶接は，熱影響層が少なく接合部分のビード幅が狭いため，母材のダメージがなくひずみの少ない高品位な溶接を行うことができる．薄い部材での溶接では接合部分の強度が母材以上に強いため，突合せ部分の接合が正確になされていれば，引張方向についてはビード幅が狭いほどよいことにもなる．図10.88に一般軟鋼での突合せ溶接における溶接速度と許容ギャップの関係を示す．前加工などの種々の誤差を防ぐため，接合面はファインカットで作製さ

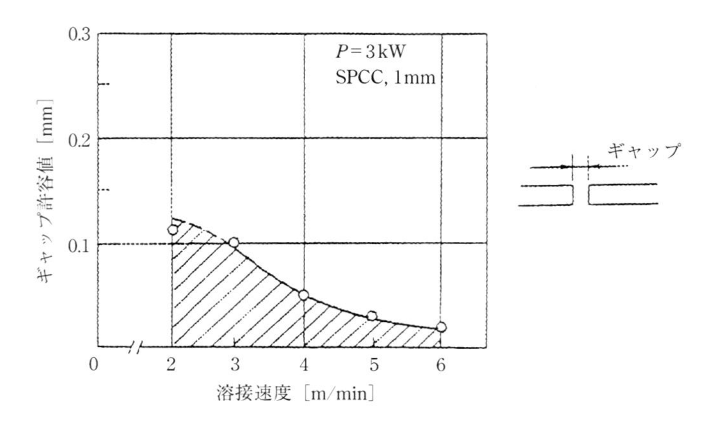

図10.88　突合せ溶接における溶接速度とギャップ許容値の関係

れた．加工条件は出力を3kW一定とし，板厚1mmの場合について溶接速度を変化させた．その結果，溶接速度が3m/minのとき許容ギャップは板厚の10％で0.1mmとなり，4m/minで許容ギャップは5％の0.5mmとなる．この厳しい許容ギャップ管理に対しては，現状では拘束治具の利用によって対処しているが，レーザビームが溶接線を正確に追従させる方法，すなわちシームトラッキング(seam tracking)技術の向上が望まれ，センサーや制御技術が重要となってくる．また，ビームを振動または回転させて溶接の範囲をとる方法や，焦点はずしを行ってより大きく許容ギャップを稼ぐ方法などが考えられているが，あまり大きくとると，かえって溶接部にへこみや落込みが生じる原因ともなる．

アンダーカットは溶接継手強度に関係し，厳密な場合で板厚の20％までが強度的な保証限界とされている．この限界許容値を大きく超えた開先ギャップの突合せ溶接の場合には，やはりアンダーフィルが生じる．

突合せ溶接の溶接面において，開先ギャップと溶接段差（目違い）がそれぞれ大きい場合の溶接断面写真を図10.89に示す．突合せ溶接では許容限界が溶接速度によっても，要求される材料強度によっても異なるが，薄板では一般にいわれ

(a) 間隙（開先ギャップ）の大きい場合

(b) 段差（目違い）の大きい場合

1mm

図10.89　突合せ溶接における溶接失敗例

ている板厚の 10〜15 %という値より厳しい.

板厚 1mm の軟鋼について，図中の(a)は目違いが 5 %以下で，開先ギャップが 15 %ある場合の断面写真で，アンダーフィルが上面で 20 %近くまであった．また，(b)は開先ギャップが 10 %以内で，目違いが 13 %ある場合の断面写真を示した．材料の目違いに沿って溶接部が変形している．したがって，特にレーザ溶接の場合には厳格なギャップ管理が必要である．この欠点を補う意味で，レーザ溶接の際に，補助的にフィラーワイヤーや金属粉末などの充填材を用いる方法などがある.

(b) 重ね溶接の場合

重ね溶接において，出力を変化させた場合の溶接速度と許容ギャップの関係を図 10.90 に示す．出力が 2.5kW の場合には溶接速度が 2m/min で許容ギャップが 0.4mm あり，5m/min で 0.1mm となり，溶接速度の増加とともに指数関数的に許容値は減少する．この傾向をそのまま維持した形で，レーザ出力を 0.5 kW 増加させると，ほぼ比例して許容ギャップは 0.05mm ずつ増大する．このように重ね溶接においても，溶接速度が速くなるとギャップ管理がかなり厳しくならざるを得ない.

重ね溶接においては，2 枚の板の接合面(interface of welding)でのビード（接合ビード）幅が十分にとれることが重要で，許容ギャップはこれに関連して選定

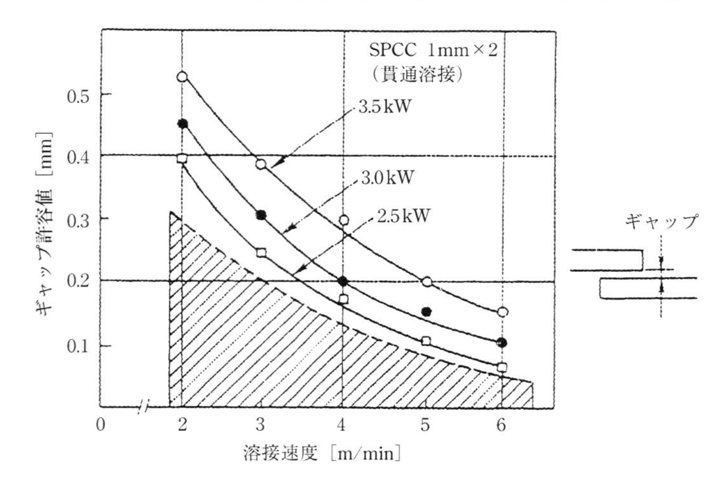

図 10.90　重ね溶接における溶接速度とギャップ許容値の関係

される必要がある．ギャップが大きいと溶接部が柱状になり，強度は低下する．この意味で，斜線部分の範囲内では一定以上の強度が得られ安全である．重ね溶接におけるギャップ許容値は，突合せ溶接における場合よりもやや緩やかである．

10.8.2 I 形と V 形の溶接継手

レーザ溶接では金属蒸気や雰囲気ガスによってプラズマが発生し，このことが溶接の継手形状にも大きな影響を与える．1 μm 帯のレーザはその影響が少ないが，特に CO_2 レーザでは，レーザビームがプラズマに吸収され，または散乱が起こるため，材料へのビームの到達量が減じられるとともに，高温プラズマとレーザの散乱によって材料の照射点の周辺が直接的・間接的に加熱される．このため，溶接形状は上面が溶融幅の広い，いわゆる V 形を呈した溶接継手形状になりやすい．

これに対して，材料表面に発生したプラズマ雲を，たとえば，He（ヘリウム）のような電離電圧が低いコントロールガス（プラズマを制御するガス）を吹付け角度 $\alpha=45^\circ$ 前後となるような側面から吹き付けて，プラズマの影響を少なく抑えるようにする方法がある．これにより得られる溶接継手形状は，レーザビーム

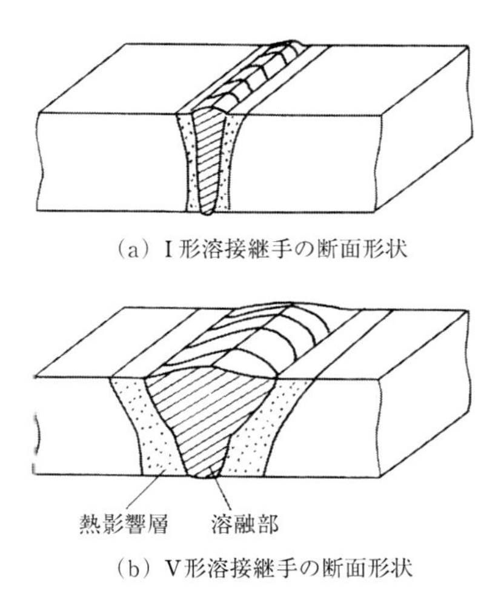

(a) I 形溶接継手の断面形状

(b) V 形溶接継手の断面形状

図 10.91 突合せ溶接での I 形溶接継手と V 形溶接継手の断面形状

が深さ方向へ有効に作用することで，溶接幅が縦に細い，いわゆるI形を呈した形状になりやすい．このようにプラズマを有効に利用することで，溶接継手形状を制御することができる．図10.91に典型的な形状を図示する．

軟鋼を溶接した場合に，突合せ溶接，重ね溶接ともにI形溶接継手は溶融部が狭く(narrow bead)，結晶粒は微細で硬度は高い．しかし，炭素鋼の含有率が高いほど硬化しやすく，プレス加工を施す場合に亀裂が入りやすい．その反面，ギャップ管理がより困難になる．一方，V形溶接継手は溶接幅がやや広く(wide bead)結晶粒は大きい．溶接部での冷却速度がI形溶接に比較して相対的に遅く，中間段階組織（ベイナイト組織など）が出やすいので，結合部とその周辺で延性が増すことを利用して，溶接後にプレスや曲げ加工を施すことができる．

10.8.3　ガス流量の影響

レーザによる溶接特性を左右する重要なパラメータの1つにアシストガス条件がある．アシストガスは，通常，同軸から噴射されるセンターガスとして用いられるほか，溶接加工の過程で発生するプラズマによるレーザビームの吸収を低減し，スパッタからレンズを保護する役割ももっている．特に，薄板溶接においては，適正なアシストガスの圧力と流量によって溶融金属をうまく制御し，適度の盛り上がり（余盛り）を接合面の表・裏面にもった健全な溶融ビードを形成することが重要である．

アシストガスが溶接部の形成と溶融金属（溶融凝固した金属）に与える影響を図10.92に示す．流量が増加していくにつれて，溶融金属を下方に押し下げてい

Ar：30 ℓ/min

Ar：40 ℓ/min

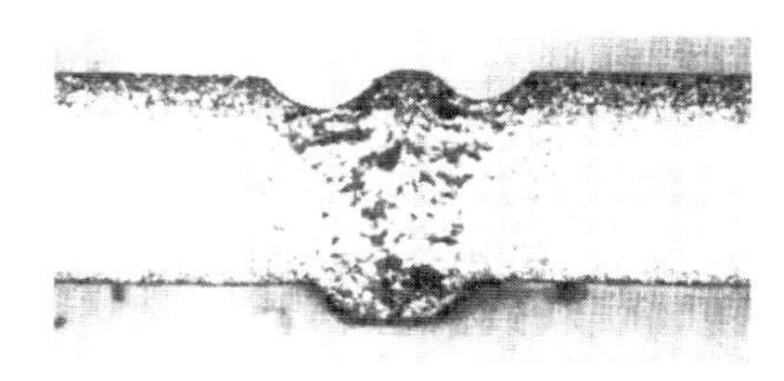

Ar：50 ℓ/min

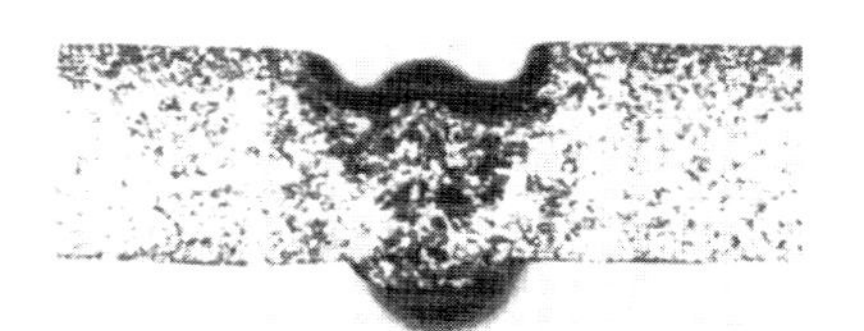

Ar：60 ℓ/min

図10.92　ガス流量と溶接部の形状

くために表面に大きくアンダーフィルを生じ，ついには健全な接合を維持できなくなって，ビードのだれや溶け落ちが発生する．アシストガスの圧力と流量は溶接部に連動して影響を与える．アシストガスには He，Ar，N_2 などの不活性ガスがあるが，経済性を考えて Ar または N_2 が多用されている．

レーザ溶接ではガス圧は，通常の薄板レーザ切断に比べれば 1/10 以下である場合が多い．図中のガス流量の数値は単なる一例であって，この値は加工に用いるノズル直径や圧力によって変化する．ここでの場合にはノズル径が小さく設定されている．ノズル径をたとえば ϕ6〜8 mm にとり，ガス圧を 0.02 MPa にとると，適正なガス流量はシフトして 40〜60 ℓ/min になる．数値は種々の条件によって異なるが，この傾向は何ら変わることはない．

10.8.4 溶接と焦点位置

10.8.4.1 溶込み深さと焦点位置

レーザ光の焦点位置と材料表面との位置関係はレーザ溶接における重要な因子である．これによって溶込み深さやビード形状が異なるからである．たとえば，焦点距離 5 インチのレンズを用いてビードオンプレートを行った場合を模式的に示すと，図 10.93 のようになる．焦点位置がやや材料内に入った場合のほうが深溶込みを得られることがわかる．

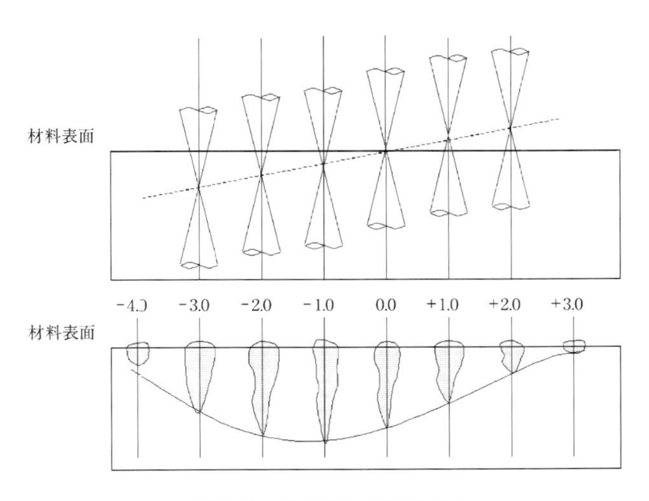

図 10.93 焦点位置と溶込み深さ

現在では，特殊な場合を除いてデフォーカス状態で溶接することは少ない．エネルギー密度が集中する焦点位置近傍で溶接を行う．焦点位置は，たとえばステンレス鋼材をおいて，その上を低出力でビーム走査（ビードオンプレート）を行うことでブループラズマが確認できれば，これを焦点位置とする方法を用いている．実際は，この位置がスポット径が最小になる点（最小錯乱円）で，深溶込みが得られる位置なのである．

10.8.4.2　重ね溶接と焦点位置

2枚の板を重ね溶接する場合，通常は溶接速度を遅くするかレーザ出力を上げることによって，中間接合面でのビード幅を大きくすることができる．しかし，それは，表面ビード幅の拡大をも伴うこととなる．

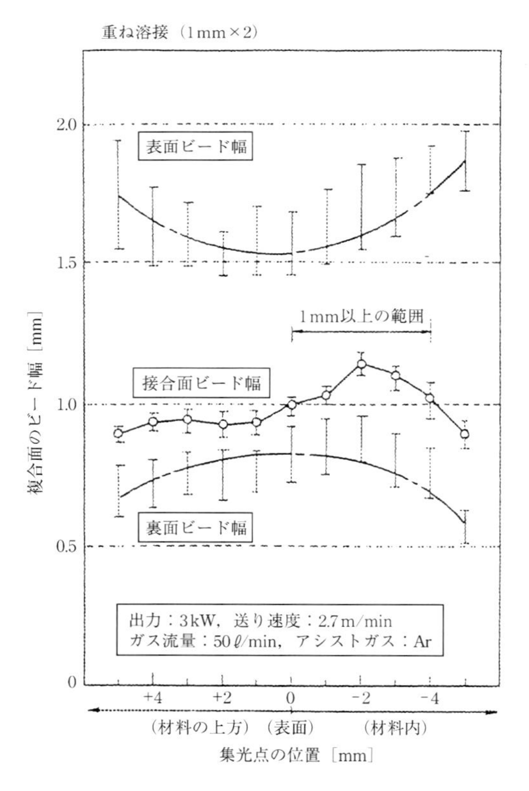

図10.94　重ね溶接での焦点位置と溶接特性

薄板の場合の重ね溶接は基本的に貫通溶接であって，現場的には裏波の出ぐあいを観察することで溶接状態の確認と中間接合ビードが十分にとれていることを想像することができる．薄板溶接する際のビーム焦点位置は，多少でも高速に溶接する目的から，通常では焦点位置は材料表面にとり溶接を行っている．

図 10.94 には，重ね溶接における焦点位置と溶接特性の関係を示す．材料表面に焦点位置がある場合と，材料内と材料の上方に位置する場合を横軸にとり，縦軸にビード幅をとった．デフォーカス状態（材料の上方）から材料表面，材料内にビームの焦点位置が移動するに従って，表面のビード幅は 1.5～2 mm の間でいったん減少して，材料表面付近で増加をはじめる“下に凸”の曲線となる．裏面のビードは，ちょうどそれとは反対にいったん増加して，やはりほぼ材料表面

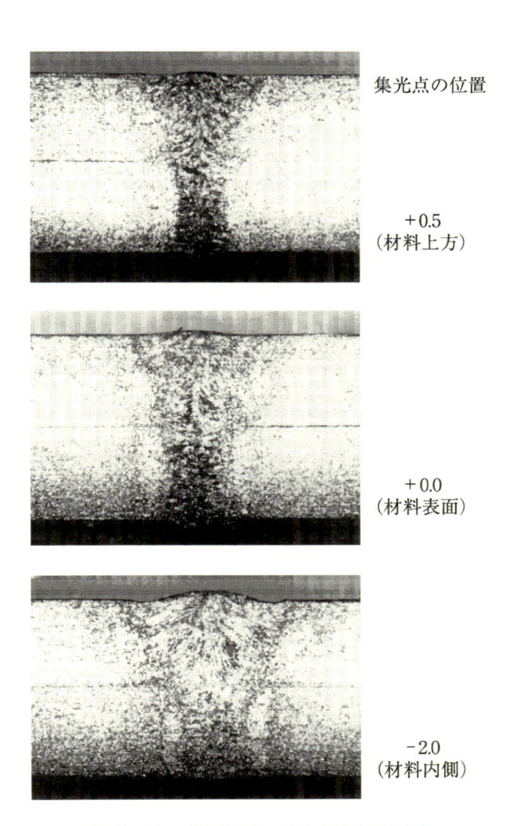

図 10.95　重ね溶接での焦点位置の影響

で減少しはじめる“上に凸”の曲線となる．しかし，中間の接合面でのビード幅は，デフォーカス状態では，材料表面位置までほぼ0.9mmを維持し，2mm材料内に入ったところ（−2mmで2枚の材料の底面）で最大の1.2mmを示す．接合面のビード幅が1mm以上を得るのは0mmから−4mmの範囲である．図10.95にはビーム集光点（焦点位置）が材料の上方，材料表面，材料の内側にそれぞれある場合の断面組織写真を示した．中間の接合ビードは焦点位置を材料の内側にとった場合のほうが大きくなっている．なお，ビームは材料の上から照射され紙面に向かって移動している．

10.8.5　パルス溶接

パルス加工は原理的に単パルスの重なりであることはすでに述べたが，熱源円

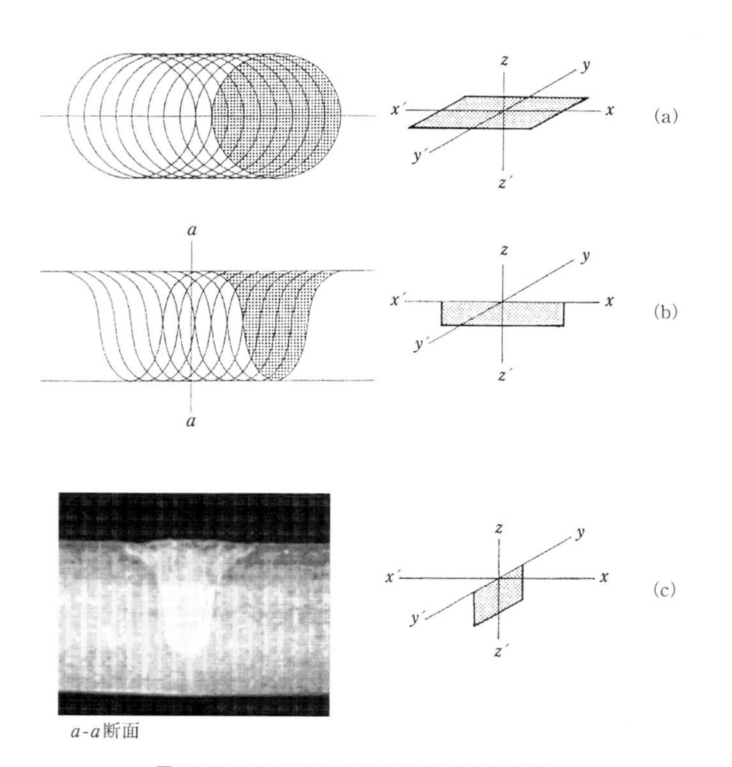

図10.96　パルスの重なりの模式図と断面写真

形を仮定して，重なり率が85％の場合の平面（x-y 平面）と進行方向に平行な断面（x-z 平面），さらに進行方向に垂直断面（y-z 平面）でのラップの状況を図10.96に模式的に示す．また，y-z 平面での断面（a-a 断面）写真を示す．溶接ビード内に多くの単パルスの重なりを観察することができる．

連続波(CW)では，オンすると瞬時（数十ms）に立ち上がり一定の出力をほぼ直線で維持し，オフ指令によって瞬時にベース（基底）に戻る．この連続波とパルス波によってできる表面溶接ビードを図10.97に示す．パルス加工での溶接ビードは，輪状に円形の熱源が移動した痕跡があきらかにわかる*1．

なお，1つのパルス波形を，望むような強度分布に変化させることによって，加工特性に変化を加えることを目的にした波形制御の方法がある．これは1つのパルスを幅方向に数多く分割し，それぞれの分割幅ごとに出力の高さを指定することで，全体として1パルスの波形形状を変化させるもので，一般にコンピュー

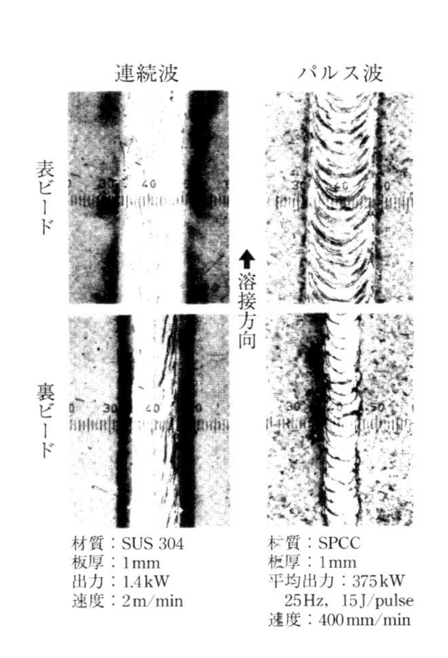

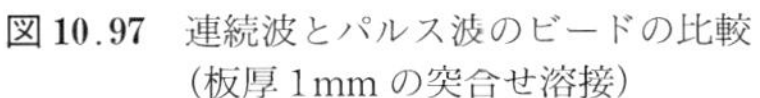
図10.97 連続波とパルス波のビードの比較（板厚1mmの突合せ溶接）

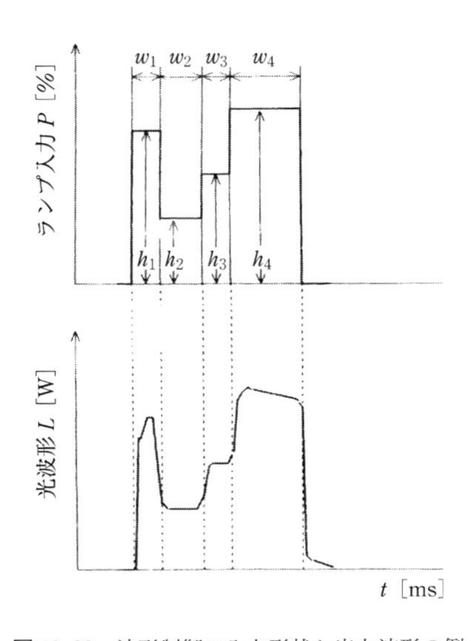

図10.98 波形制御の入力形状と出力波形の例

*1 実際には，ビード移動に伴う溶融金属の盛り上りと冷却凝固の繰返しによる条痕．

タなど，外部からの制御指令信号に応じて波形の輪郭を変化させる．図10.98に波形制御の入力と出力波形の一例を示す．このような波形制御は，特に溶接において威力が発揮され，先端を高めた波形はアルミニウムや表面処理剤の溶接で初期の貫通力を高めて溶接深さを得るため，なました波形は溶接ビードの安定と品位を向上するために，それぞれ有効である．

10.8.6　シーム溶接とスポット溶接

前述のように，突合せ継手，重ね継手などの継手形状を用いた溶接を，突合せ溶接や重ね溶接などと称しているが，溶接の施工方法による分類には，シーム溶接，スポット溶接，部分ライン溶接などがある．シーム溶接は継目(seam)を縫い合わせるという言葉から派生したようであるが，主に2枚の板の継目で連続的に線状に溶接することの総称である．スポット溶接は，2枚またはそれ以上の枚数で重ねられた板材を，一定の間隔をおいて点(spot)状でつなぎ合わせる，いわゆる"点付け溶接"をいう．このスポットを重ねていく溶接を，特に，重ねスポット溶接という場合がある．

スポット溶接はシーム溶接に比較して入熱量が少ないので，結果的に変形量は少ない．そのため，それほど強度を要せず，変形を嫌う製品に多用される．また，スポット溶接で強度を稼ぐためには，単位長さあたりのスポット数を増やせばよい．

図10.99には，板厚1mmの軟鋼(SPCC)で，CO_2レーザを用いた場合の重ね継手形状でのシーム溶接の例を示す．写真の上から順に，レーザを照射した材料表面，断面組織，

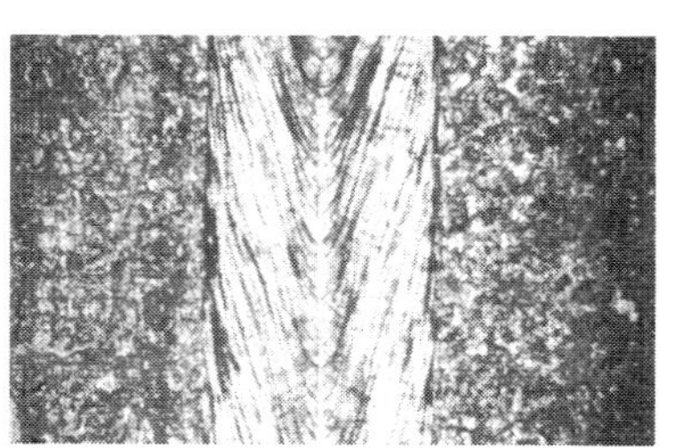

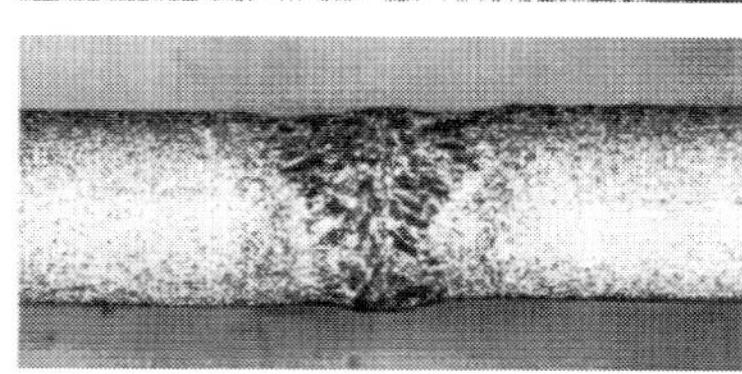

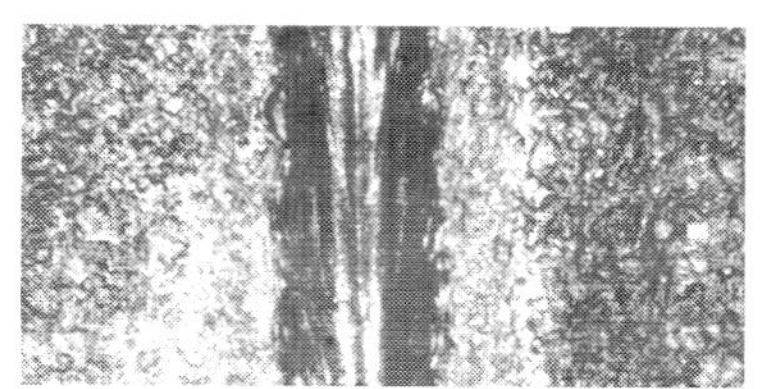

板厚：1mm，CO_2レーザ出力：2kW
EFL 5″，送り速度：2m/min

図10.99　突合せ継手形状でのシーム溶接例

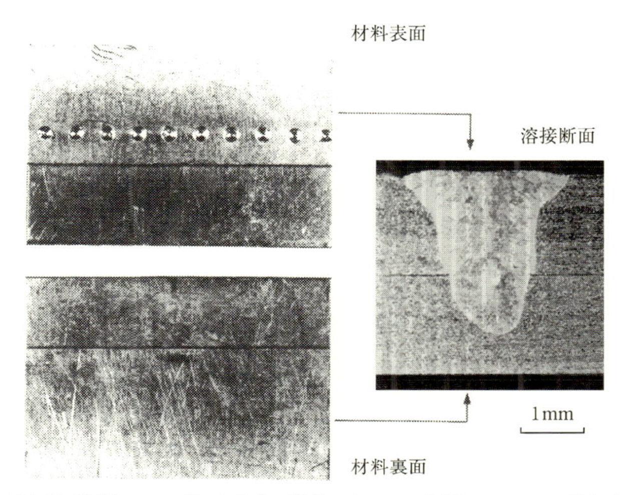

図 10.100　重ね継手形状でのスポット溶接（材質：A 1100，板厚：1.5 mm，平均出力：270 W，送り速度：1.5 m/min，アシストガス：Ar）

材料裏面を示す．表面および断面のビード形状が安定してはじめて，健全な裏ビードが形成される．図 10.100 には，板厚 1.5mm のアルミニウム（A 1100）で，YAG レーザを用いた場合の重ね継手形状のスポット溶接の例を示す．板を重ね合わせた部分にみられる接合面のビードは一定の幅をもち，しかも板厚があまりないにもかかわらず，裏面に溶接による熱の変色や溶接痕跡を残さない YAG 特有のスポット特性を得ている．

10.9　溶接加工の事例

溶接加工の事例は枚挙にいとまがないが，ここでは特に工夫されたいくつかの溶接事例について述べる．

10.9.1　複合ビームヘッド

加工システムは，レーザの加工ヘッドを 1 つ有しているが，大板などでは，加工の稼働率を上げる目的で加工ヘッドを複数有することがある．その例として，産業用の市販品にツインヘッド (twin head) の加工機がある．CNC によって同じプログラムを同時に進行できる．また，単数のヘッドでは出力増加が望めないも

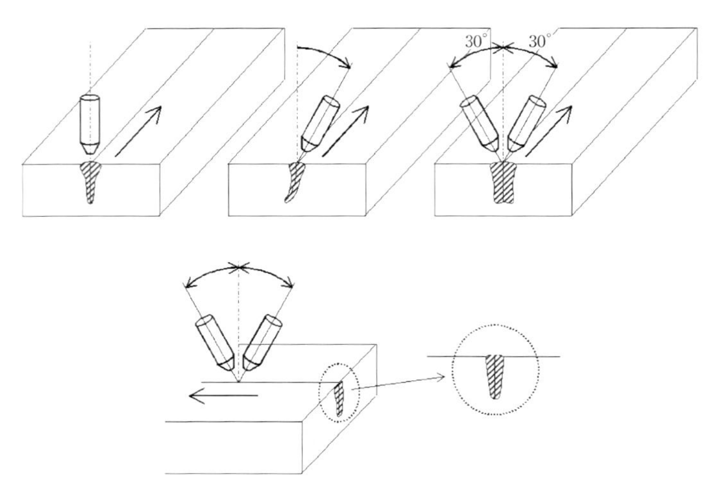

図 10.101　複合ビームによる溶接

のや，照射角度を変えることで溶融形状を改善する目的で，複数のヘッドを組み合わせる方法がある．

特に，YAG レーザの場合には，ファイバー伝送後に加工ヘッドの何本かを自在に結合して，加工点で統合するビーム合成もある．このことによって，出力の小さい発振器でも数台を束ねて溶接に用いることができ，ヘッドを傾けて照射する角度を複数もたせると，より幅広く安定的な溶接形状を達成できるとされている．図 10.101 には，複数のヘッドを統合した場合の例と，それを用いて溶接した場合の概念的な溶融形状を示す[11]．

10.9.2　ハイブリッド溶接

レーザ溶接は，レーザの光熱源の優れた点である指向性と高エネルギー密度熱源によって，高速で高精度の溶接を行うことができるが，ビーム径が小さいために，溶接時には前加工と開先精度が要求される．また，溶接線に沿って高度な追従制度を要求され，ポロシティなどの溶接欠陥もみられる．しかし，レーザは光エネルギーの利用であるため電気や磁気に影響されず，大気中でのエネルギー減衰がない．一方，アーク溶接の場合には，溶接欠陥の少ない良好な溶接外観が得られるが，溶込みが浅く高速溶接に不向きとされている．溶接の観点からこれらを相互補完するために，また，レーザ溶接のコストパフォーマンスを低減する目的もあって，レーザのハイブリッド溶接法が開発された（図 10.102）.

レーザハイブリッドには，主に CO_2 レーザと TIG アーク溶接，および MIG アーク溶接，また YAG レーザと TIG アーク溶接など種々の組合せがある．これによって，開先精度が比較的悪い場合や，凝固割れの発生しやすいアルミニウム合金など，あるいは，厚板溶接において，比較的高速かつ高精度の溶接が可能となった．図 10.103 に YAG レーザと MIG アーク溶接のハイブリッド溶接を行った例を示す[13]．材料は板厚 3mm のアルミニウム合金で，電流値が 150-180 A，開先は 0.1mm を有し，2m/min 以上の高速で加工を行っている．溶融ビードに大きな盛り上がりがあり，溶接形状は安定する．

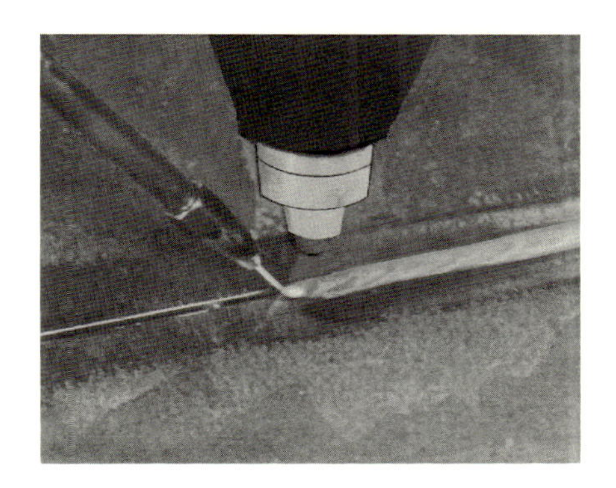

図 10.102　レーザハイブリッド溶接の概念図

図 10.103　アルミニウムのハイブリッド溶接[13]

10.9.3　波長と溶接特性

YAG レーザ（λ＝1064 nm）と CO_2 レーザ（λ＝10600 nm）の波長の違いが基本的な溶接特性にどのような影響を与えるのかをみる．出力は同じ 2 kW で，対象とする材料はステンレス鋼（SUS 304）で比較した例を示す．図 10.104 に板厚に対する溶接深さの関係を参考資料として示した．ただし，現状機での比較であるため，条件的にすべてが一致せず単純比較ができない．YAG レーザではファイバー伝送でファイバー径が ϕ0.3 mm であり，CO_2 レーザでは焦点距離 f＝127 mm でスポット径が約 ϕ0.3 mm のものである．

この比較では，連続波とパルス波ともに CO_2 レーザのほうが加工速度で勝っている．YAG レーザでのビーム伝送がファイバーによって行われるため，ビー

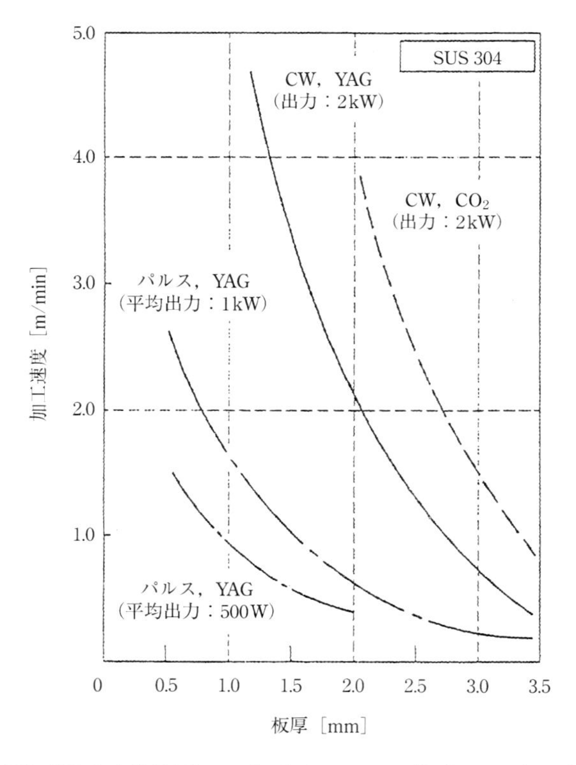

図 10.104　CO_2 および YAG レーザによるステンレス鋼（SUS 304）の溶接特性

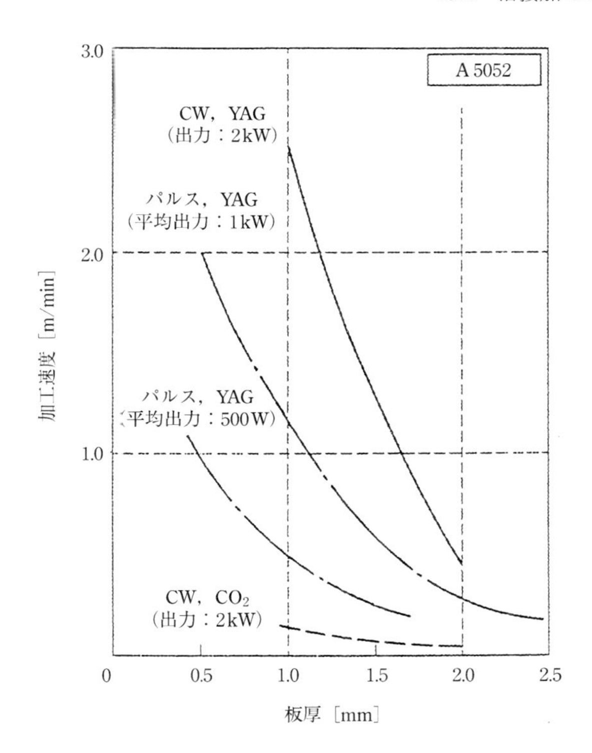

図 10.105　CO_2 および YAG レーザによるアルミニウムの溶接特性

ムモードがフラットにならされてしまいビーム径が大きいことから，速度比較ではやや不利になったと思われる．

また，アルミニウム材（A 5052）に対する溶接加工特性では，YAG レーザの連続波溶接での出力の比較と，パルス波の出力を変化させた場合の板厚に対する加工速度を示した．図 10.105 にその結果を示す．CO_2 レーザは 2kW の連続波の場合を図中に併記した．その結果，YAG レーザのほうが概略で 3 倍吸収され，加工速度は速い．したがって，高反射材料には YAG レーザが有利である．

参考文献

1）新井武二，沓名宗春，宮本　勇：レーザー溶接加工，マシニスト出版，p. 2（1996）
2）塚本　進：大出力レーザ溶接現象の解析と欠陥制御，精密工学会 分科会報告書資料（第 3 回研究会），p. 67（2002）
3）川澄博通：CO_2 レーザによる金属表面焼入れ，中央大学理工学部紀要，**21**，pp. 295-322（1978）

4) 瀬渡直樹：レーザ溶接におけるキーホール挙動とポロシティ生成機構の解明および防止策，レーザ加工学会誌，**8**-3, p. 232 (2001)
5) Mobanty, P.S., Asghari, T. and Mazumder, J.: Experimental Study on Keyhole and Melt Pool Dynamics in Laser Welding, *ICALEO*, **G**-200, p. 200 (1997)
6) Anthony, T.R. and Cline, H.C.: Surface rippling induced by surface-tension gradients during laser surface melting and alloying, *Journal of Applied Physics*, **48**-9, pp. 3888-3894 (1977)
7) たとえば，Rosenthal, D.: Mathematical theory of heat distribution during welding and cutting, *Welding Journal*, **20**-5, pp. 220-234 (1941)
8) たとえば，荒田吉明，宮本　勇：大出力炭酸ガスレーザの熱源的研究（第3報）レーザ加熱による熱伝導，溶接学会誌，**41**-2, pp. 64-74 (1972)
9) Carslaw, H.S. and Jaeger, J.C.: Conduction of heat in solids, *Oxford Univ. Press*, p. 267, p. 490 (1959)
10) Duley, W.W.: CO_2 Lasers, Effects and Applications, *Academic Press*, p. 196 (1976)
11) Narikiyo, T., Miura, H., Fujinaga, H., Ohmori, A. and Inoue, K.: Welding Characteristics with Two YAG Laser Beam, *ICALEO*, **G**-181, p. 181 (1997)
12) Mohanty, P.S. et al: Experiment study on keyhole and metal pool dynamics in Laser Welding. Proceeding of ICALEO '97, Section. **G**-200 (1997)
13) 写真提供（ハイブリッド溶接）：東成エレクトロビーム株式会社

11 レーザ表面処理加工

レーザによる表面処理には多様な加工方法があるが，ここでは主に工業的に応用の進んでいる表面焼入れや表面合金化などを扱う．焦点位置近傍で行う除去加工に比べてビームを広げエネルギー密度をやや低くし，材料表面にレーザを照射して走行することで材料のごく表層で熱処理を行うことができる．レーザ表面処理法は，熱伝導論など数学的な扱いがもっとも適応されやすい加工法でもある．理論の展開を中心に加工のメカニズムについて述べ，表面処理の実際と，レーザで実現できる鋳鉄の焼入れや合金化の事例を紹介する．また，レーザのより表面に新しい機能を付加することのできる表面機能化についても述べる．

（写真：レーザ表面処理加工，口絵参照）

11.1 レーザ表面処理加工の特徴

11.1.1 表面処理加工の種類

材料表面にレーザを照射し，表面に何らかの処理をすることで材質的に改善し機能を高める種々の方法を，広くレーザ表面処理という．母材と性質の異なるものを表面に創成するという意味で表面改質ともいわれている．しかし，改質も表面処理であり，処理方法の中には母材との境界面で融着させるだけのものなど，必ずしも素材の改質でないものもあることから，ここでは表面処理として扱う．一般にレーザによる表面処理は，材料表面に加熱や溶融を生起させて，表面に母材と異なる機能を有する層の形成を意図し，添加成分を表面溶融によって拡散し母材との融合を図ることで，耐摩耗性や耐食性などの機械的性質を高めるために用いる処理法である．表面処理法には加熱プロセス，溶融プロセス，蒸発プロセス，化学反応プロセスなどの処理法がある．レーザによる表面処理法の種類を図

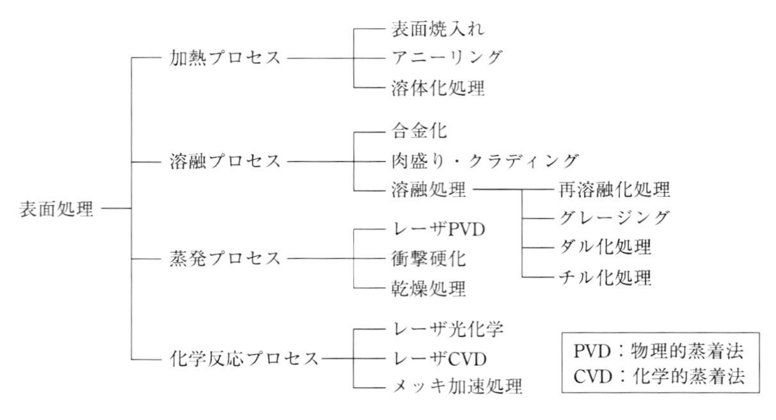

図 11.1　レーザ表面処理の種類

11.1 に示す[1]．ここでは表面処理の代表として，産業界に広く応用されている表面焼入れと合金化など加熱処理に限定して扱う．

11.1.2　表面処理の特徴

レーザによる表面処理には多くの種類があるが，一般的に以下のような特徴がある．

① 空間伝送の可能なミラー伝送でも同様であるが，特に，YAG レーザやファイバーレーザではファイバーなどを多用するため伝送が自由であり，集光性がよいためにスポット径を小さくすることができることから，選択的で自在性の高い表面局所の加熱処理が可能である．

② ビーム径により制限される加工幅は，ビームのデフォーカス（焦点はずし）や各種の加工光学系を用いて加工領域を増大することが可能で，ビームスキャン（ビーム走査），インテグレーションミラー，ポリゴンミラーなどにより照射域の広幅化が図れる．

③ 裏側に回り込めない箇所でも，基本的に炉を用いずに一方向から加工するワンサイドアクセス(one-side access)が可能であり，フレキシブルな生産ラインに対応が可能である．また，必要に応じて光分岐や多方向からの同時加工も行うことができる．

④ 電気的な指令で容易にビームを制御できることから，オンライン制御が可能であり，長焦点光学系を用いれば，距離・間隔のあるターゲットに対して表面処理を施すことができる．そのため加工の自動化に優れている．
⑤ 高エネルギー加工であり，加工の処理速度が速く滞留時間が短いため，結果的にひずみの少ない表面処置加工が可能で，母材への熱影響は少なく後処理が低減されるか不要である．また，急速な加熱処理後の冷却は大半が自己冷却で行われることから，ほかの冷却手段を要さない．また，必ずしも表面処理室を必要としない．

一方，現状での限界としては，以下のことが挙げられる．

① 加工処理はごく表層に限られる．また，深さ方向には処理を拡大できない．
② レーザによる表面熱処理のメリットを十分に活かせる用途が限られている．
③ 設備費が高いうえ，ビームの安定性，発振器や装置の長時間信頼性にはまだ改善の余地がある．

11.2　表面加熱処理の加工現象

レーザによる表面処理は基本的に材料表面にレーザを照射し，表面を加熱，溶融あるいは蒸発させることによって材料の表層に付加的機能を与え表面の性質を変えるものである．このため加工現象は，加熱・伝熱によるもの，溶融・付着させるもの，溶融・拡散によるものと多様である．

11.2.1　表面硬化法の加工現象

11.2.1.1　炭素の拡散と変態硬化モデル[2)]

表面硬化法はいわゆる“表面焼入れ”であるが，金属の加熱および自己冷却による変態硬化現象を利用した加工法である．主なレーザには CO_2 レーザや YAG レーザを用いる．すなわち，材料のごく薄い表面が赤外光を吸収し，急激に発熱することを利用した一種の加熱処理である．発熱時の熱エネルギーによって短時間に急激に加熱された材料表面は，レーザビームが通過後，母材との温度差によって自然冷却され，自己焼入れが行われる．図 11.2 に加工の摸式図を示す．薄い表面層のみで，しかも高速加熱のため全入熱量が少なく，硬化物に熱ひずみによる変形をあまり与えない．したがって，レーザによる表面焼入れでは，時間をかけて全体を一定温度まで昇温・加熱し，一定の冷却速度で物体表面から冷却させていく従来の焼入れとは異なった内部挙動を伴う．

実験によって得られた硬化層内の写真を図11.3に示す．上方よりレーザ加熱されるため熱履歴が漸次変化し，それに対応して組織も明確に異なり，区分することができる．加工条件によっては，すなわち，送り速度の遅いところではあきらかに表面溶融を起こし4層とみなすことができ，送り速度が速くなると2層を形成するが，最適条件下での硬化層内の組織を特徴的に大別すると3つの層に区分することができる．硬化層の表面付近の組織である第I層と，中央部の組織の第II層と，母材との境界付近の組織の第III層である．硬化層外にも組織的にあまり変化を示さない熱影響部が存在する．

硬化層内の組織的特徴は以下のとおりである．熱源からはもっとも遠く，母材に接している境界硬化層（第III層）は，非常に急速に加熱され，冷却されるため，フェライトはいったん，オーステナイト化するが，炭素がほとんど拡散されず，固溶されないため冷却によってそのままもとの状態に戻る．一方，パーライトコロニー内においてはオーステナイト化するとセメンタイトの分解により，短時間であっても炭素がある程度拡散され，固溶される．そのため硬化に必要な炭素を含み，急冷によってマルテンサイトになる．しかし，この層におけるマルテンサイトは，表面における針状マルテンサイトと異なり，中間段階組織であると考えられる．したがって，この領域では上述のごとくフェライトとマルテンサイトの2相が共存する．このためフェライトの網目が形成され，いわゆる“不完全焼入層”となる．

図11.4にS 45 C材での表面焼入れにおける硬化層境界付近の顕微鏡写真を示す．図11.4(b)はその拡大写真である．1つのパーライトコロニー内でも変態点を境にパーライトとマルテンサイトが共存している．このことは，物質の相変化によくみられるように瞬間的であっても，一定の潜伏時間の後に急速に変態してマルテンサイト化するため，急勾配かつ連続的な温度変化であるにもかかわらず，硬化部が明確に区分されたものと考えられる．

中央部に位置する中央硬化層（第II層）は，第III層より温度が高く，変態点温度以上に滞留する時間もやや長いため，セメンタイトの分散によりパーライト領域の炭素がフェライト領域へと拡散移動しはじめる．このためパーライトとフェ

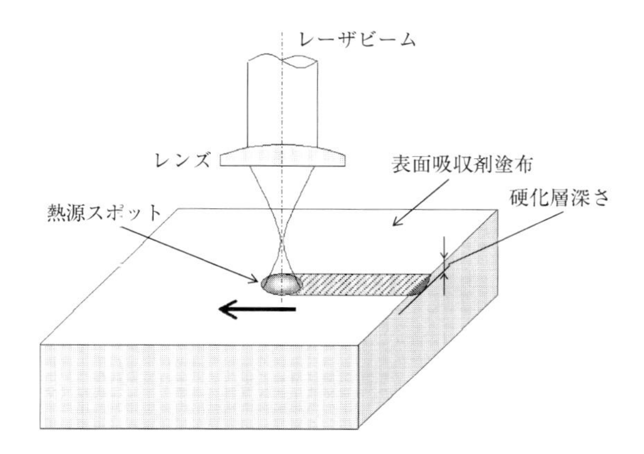

図 11.2　表面焼入れ

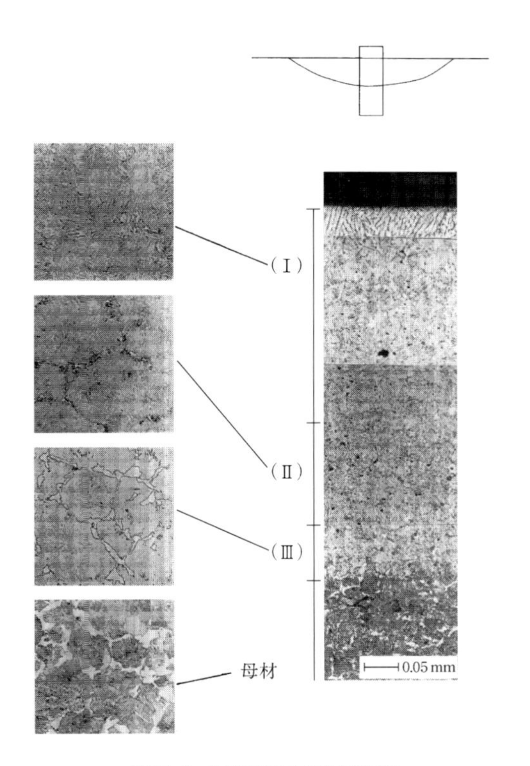

図 11.3　硬化層の金属組織写真

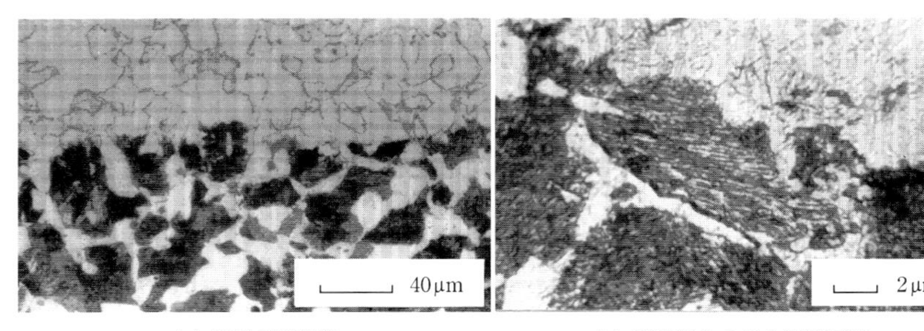

(a) 境界付近組織　　(b) 境界部分の拡大組織写真

図 11.4　硬化層境界付近の組織写真（S45C）

ライトの境界付近では急冷によってマルテンサイト化する．しかし，フェライト領域の内側までは十分に拡散されない．その結果，この層におけるフェライトの部分は急冷されてトルースタイテックマルテンサイト組織になる．顕微鏡観察では，この部分はエッチングによってやや黒くぼけてみえ，それがそのまま旧フェライト領域であったことを示している．第 I 層に近づくにつれてより温度が高くなり，拡散もより活発になることから，この黒ずんだ部分もだんだん薄れていく．表面硬化層（第 I 層）は，温度が十分高くかつ変態点以上に滞留する時間がさらに長くなるため，フェライトにも炭素が十分に拡散され，硬化に十分な炭素を含んだオーステナイトになる．この状態からの冷却によって，ほぼ均一で比較的細かい針状マルテンサイトになる．

一般に，炭素鋼の場合でもその合金元素によって厳密には変態硬化挙動がより複雑になるが，実用上硬化に寄与する主なものは炭素と考えてもさしつかえないので，表面硬化機構をモデル的に考察するうえで図 11.5 に示すように C–Fe の二元的変化を考える．

母材に隣接する硬化層の境界付近では，A_1 変態点以上に加熱されるとまずパーライト（α–Fe+Fe_3C）中で，α–Fe は γ–Fe となり Fe_3C からただちに分解により炭素が拡散供給される．ごく微量の炭素をもつフェライトは α–Fe から γ–Fe へと変化するが，加熱時間がきわめて短時間（約 0.5s）のため，ほかから炭素の供給を受けない無拡散の状態で冷却される．したがって，この温度範囲にあったパーライトのみが変態し，フェライトはもとの α–Fe に戻る．その結果フェライトが網目のように残り，フェライトネットを形成する．

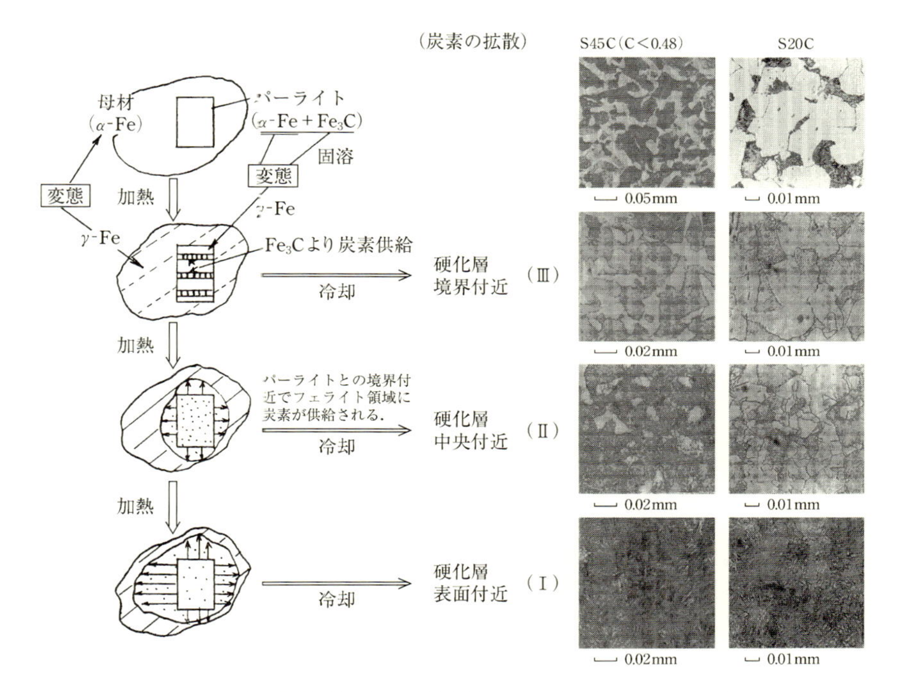

図 11.5 レーザ表面硬化法における炭素鋼の急速加熱・冷却による変態モデル

中央硬化層では，温度が境界硬化層（第III層）より高くなり，それに伴って滞留時間もやや増加するため，パーライトコロニー内とそれに接した付近で炭素がフェライト領域へと拡散していく．そのためフェライトは境界硬化層でのほぼ白色に近い組織からややまわりがぼけてみえる黒色へと変化するが，フェライト地であったもとの痕跡をとどめている．

フェライトの領域が大きく，炭素の含有の少ないS 20 Cでの顕微鏡観察を図11.6に示す．母材や境界硬化層内のフェライト組織に比べて，第II層ではフェライトが加熱時の熱エネルギーによって内部に圧縮応力が生じ，そのため微細な結晶に分裂している．これは一種の再結晶と考えられる．この結果，分裂の程度によるがこの部分の硬度は中程度に高い値を示すようになる．

さらに加熱温度と滞留時間の長い表面硬化層（第I層）では，十分に炭素が拡散するため急冷却によって微細なマルテンサイトになる．しかし，フェライト領

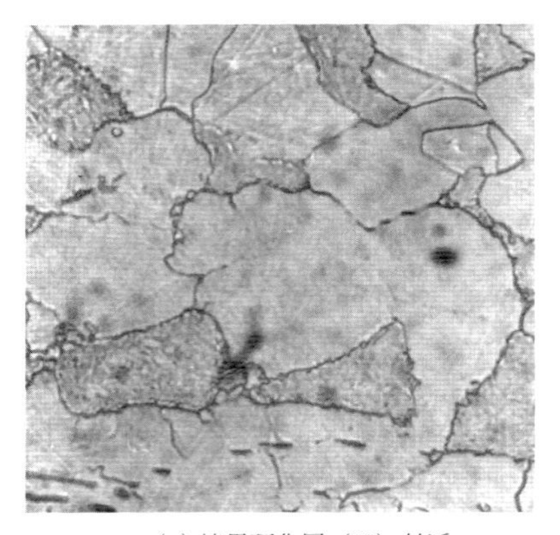

(a) 境界硬化層（III）付近

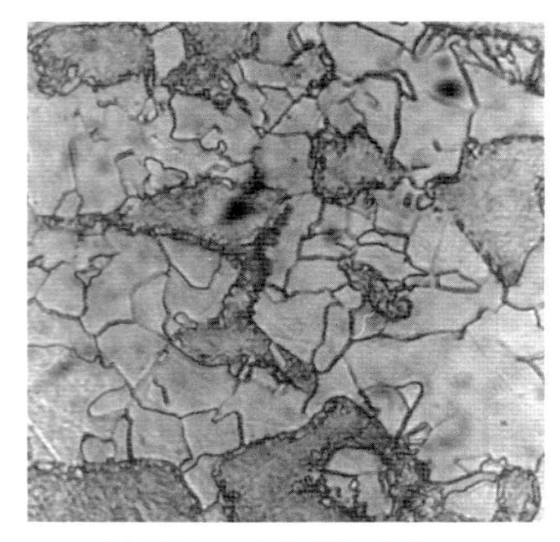

(b) 硬化層中央部（II）付近

図 11.6　低炭素鋼（S20C）における硬化層内の組織変化

域の多い S 20 C の場合は全体として炭素含有量が少なく，加熱時間がきわめて短時間のためにフェライト領域への炭素の拡散および合金元素の固溶が十分になされないままの旧フェライト領域が残る．この組織のマルテンサイトはフェライトとの中間段階の組織と硬さをとどめている．

鉄に対する炭素の拡散を目安として，これらの各層に温度と滞留時間とを対応させて拡散による原子の移動距離[3]を計算してみると，直線距離に換算して表面の第 I 層で 10 μm から数十 μm であって，母材と隣接する境界硬化層では，たかだか数μm であった．このため境界付近の硬化層内における拡散はきわめて少ない．したがって，境界硬化層付近でのフェライト領域では炭素と無関係に無拡散変態を生じるものと思われる．

表面硬化挙動に大きな役割をする炭素を中心とした元素の拡散と原子の移動に必要な活性化エネルギーの増大は，加熱温度と時間に依存するが，レーザ焼入れは表面からの加熱であるため，それぞれの熱履歴によって，硬化層内に組織の異なるいくつかの層を形成する．以上のように焼入れ時の硬化層内には少なくとも 3 つの層を見出すことができた．また，低炭素鋼の S 20 C でもほぼ同様に 3 つの層に区分することができた．

11.2.1.2　変態硬化層の詳細

急速冷却によるものと思われる痕跡は，表面硬化層の第 I 層でもみられる．図

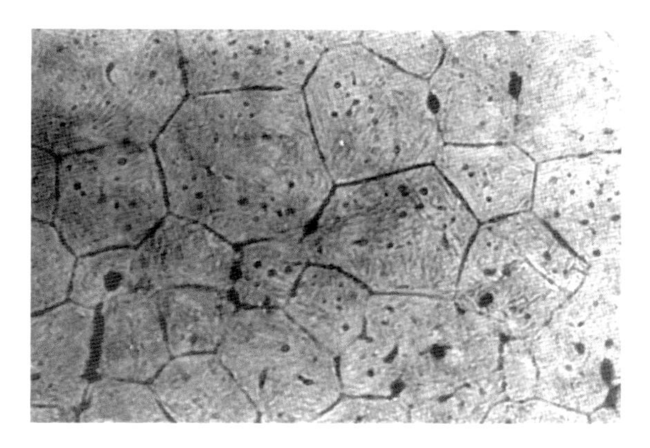

図 11.7　表面硬化層（I-b）ミクロ組織写真（電解腐食 傾斜研磨法：$\alpha=6°$）

11.7 に示すように，レーザ熱源によって急速に加熱されオーステナイト化した際に，母材マトリックス中に存在する介在物がオーステナイトの結晶粒界に追い出される．急冷によって粒界に追い出された介在物は，常温に至ってそのままもとのオーステナイト粒界を形成したものと思われる．

また，X 線による分析では，硬化層内では一様な残留応力を生じ，結晶粒が微細化していることがわかっている．急速加熱，急速冷却のレーザ焼入れでは，残留オーステナイトが微小ではあるが存在する．さらに，硬化層内の透過法による同定チャートから，硬化層内にセメンタイト(Fe_3C)が検出されたが，これはこの層内にトルースタイトのような中間段階組織の存在を意味することから，ほぼ金属組織の観察結果とも一致する．

これらの結果，レーザ焼入れにおける硬化層内の結晶粒子の挙動は，熱履歴による加熱温度と変態点以上に滞留する時間にほぼ対応している．

11.2.2　表面合金化の加工現象[4)]

表面合金化は材料表面に合金化のための粉末金属を置き，レーザにより表面を溶融させて粉末金属を溶融層内に拡散させる．その後の冷却によって混入された合金化層を形成する．粉末の粒径は 3〜9 μm，厚さ 0.1〜0.2 mm 程度で，タングステン（W）やモリブデン（Mo）などが用いられる．レーザによって母材を溶融して粉末を混合するモデル図を図 11.8 に示す．前述のように溶融金属は内部で下面から中央の表面に向かって流れが起こる．したがって，表面の粉末金属は溶融池の中で表面から流れに乗って回転し内部へと入り込み拡散する．

ビームの走行速度（加工速度）が速いと表面溶融が起こりにくくなるので，合金化層は減少する．タングステン粉末では溶融した部分は硬化層の表面に白層を形成する．

この部分の粉末金属はほぼ均一に拡散している．図 11.9 には X 線ライン分析と X 線像を示す．材料の合金化された層の深さはせいぜい 15〜20 μm 程度で，表面から 5 μm で最大値を示し，面分析でもごく表層に限ることを示している．

表面の粉末金属の厚みがあまり多すぎず，適度の場合のほうがかえって深い合金化層が得られる．粉末金属が厚すぎると，こびりつく現象がみられる．これらの表面層の形成により耐摩耗性，耐熱性などの機械的性質の向上が図られる．

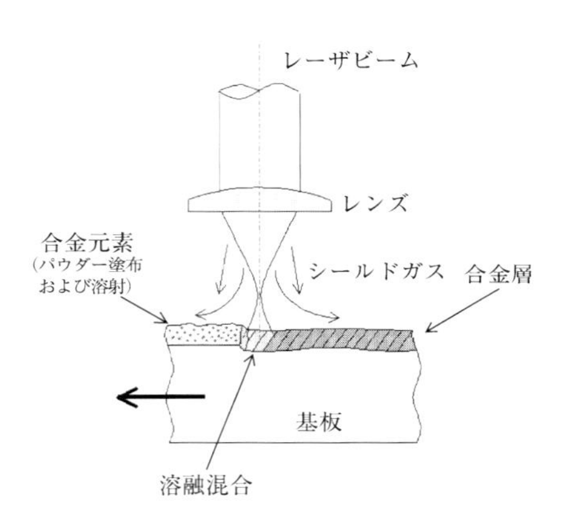

図 11.8　表面合金化

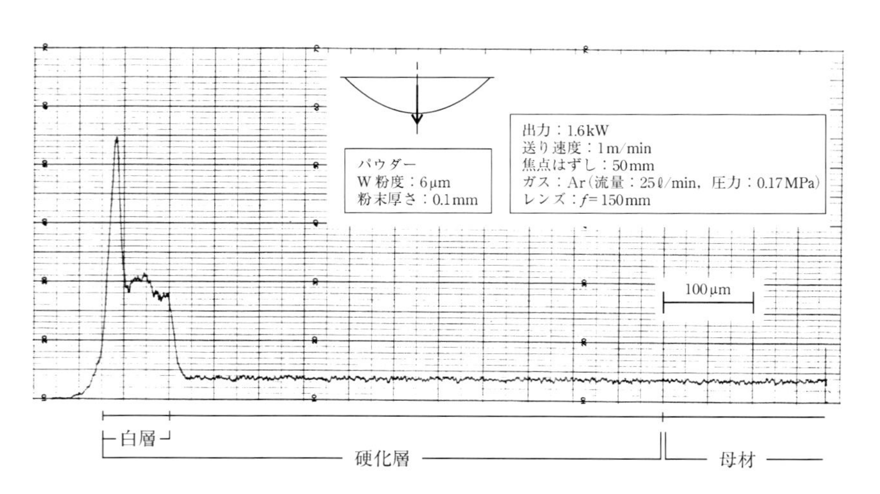

図 11.9　合金化層に対する X 線ライン分析チャート

11.3　表面処理加工の理論解析[5)]

3次元温度解析を扱う際には，対象となる表面処理法で扱う材料の板厚が薄いか，または十分厚いかにより，数学的には有限板厚か，無限板厚（半無限体）かの扱いが異なる．また，材料表面に発現する熱源の分布状態はレーザのビームモードに匹敵し，この違いによっても温度分布は異なる．レーザ加工の中では表面硬化法がもっとも解析解が実際と一致する加工法であることから，溶融を伴わない表面焼入れなどを例に述べる[5)]．

加熱物体の温度分布は，3次元物体中の熱伝導として，熱が単位時間に単位体積あたり $Q(x,\ y,\ z,\ t)$ の割合で与えられていると仮定すると，一般に次の方程式の解によって与えられる[6)]．

$$\rho C\frac{\partial\theta}{\partial t}=\frac{\partial}{\partial x}\left(K\frac{\partial\theta}{\partial x}\right)+\frac{\partial}{\partial y}\left(\frac{\partial\theta}{\partial y}\right)+\frac{\partial}{\partial z}\left(K\frac{\partial\theta}{\partial z}\right)+Q(x,\ y,\ z,\ t) \tag{11.1}$$

ただし，K：熱伝導率［W/cm･°C］，ρ：密度［g/cm^3］，C：比熱［J/g･°C］，θ：温度［°C］，t：時間［s］，x，y，z は座標系を示す．

これらのうち K，ρ，C はともに温度と位置に依存している．いずれかの熱パラメータの温度依存性は方程式を非線形にするため，α，K，ρ と C の温度依存性が知れたとき，限られた場合につき数値計算が可能であるにしても，室温から高温まで急速に変化する解を正確に求めることは困難である．しかしながら，たいていの物質の熱定数は温度によってそれほど変わらないので，これらは温度と無関係と仮定され，その値は関心のある温度範囲の平均値があてがわれたうえで解が求められる．

もし，物体が均質で等方的であるとすれば，式（11.1）は次のようになる．

$$\nabla^2\theta-\frac{1}{\partial}\frac{\partial\theta}{\partial t}=-\frac{Q(x,\ y,\ z,\ t)}{K} \tag{11.2}$$

ここで，$\alpha=K/\rho C$：熱拡散率である．また，後の記号の混乱を防ぐために熱伝導率を K とする．

この式を解くにあたり，図11.10に示すようにビームを固定し，加工物が x 軸方向に送り速度 v[cm/s] で平行移動するものとし，ビームを基準にして座標を考え，レーザビームは2軸（x，y）に垂直で，時間 $t=0$ で表面 $z=0$ に衝突

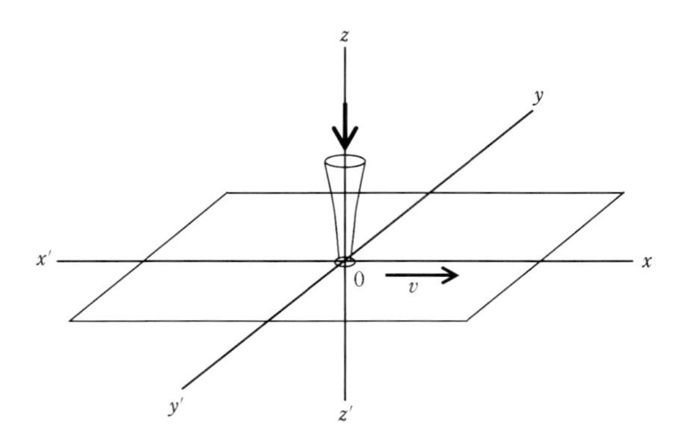

図 11.10　計算における座標系

するものとする．

11.3.1　有限板厚の表面温度解析[7)]

定常状態において，エネルギー分布が $w(x',\ y',\ z')$ であるような移動熱源によって加熱される物体の内部の点（x, y, z）における温度上昇は，一般に次式で与えられる．図 11.11 には，有限の板厚をもつ平面にガウス分布熱源が x 方向に移動する計算モデルの図を示す．

$$\theta=\frac{\alpha}{8K(\pi\alpha)^{\frac{3}{2}}}\int_0^{\infty}\int_{-\infty}^{\infty}\int_{-\infty}^{\infty}\frac{w(x',\ y',\ z')}{\sqrt{(t-t')^3}}\times\mathrm{e}^{-\frac{[x-x'+v(t-t')]^2+(y-y')^2+(z-z')^2}{4\alpha(t-t')}}\,\mathrm{d}x'\mathrm{d}y'\mathrm{d}t \tag{11.3}$$

ここで，両境界面で熱の損失がないものとして，

$$\left.\frac{\partial\theta}{\partial z}\right]_{z=0}=0,\ \left.\frac{\partial\theta}{\partial z}\right]_{z=l}=0 \tag{11.4}$$

また，

$$\theta=0,\ \ t=0 \tag{11.5}$$

式（11.4）は，試料表面および裏面で動的に絶縁状態であることを示すが，吸収されたレーザのビームパワーはほとんどが試料内の温度上昇に用いられ，試料の表面および裏面からの熱ふく射は無視し得る程度であるので，一般にレーザ焼

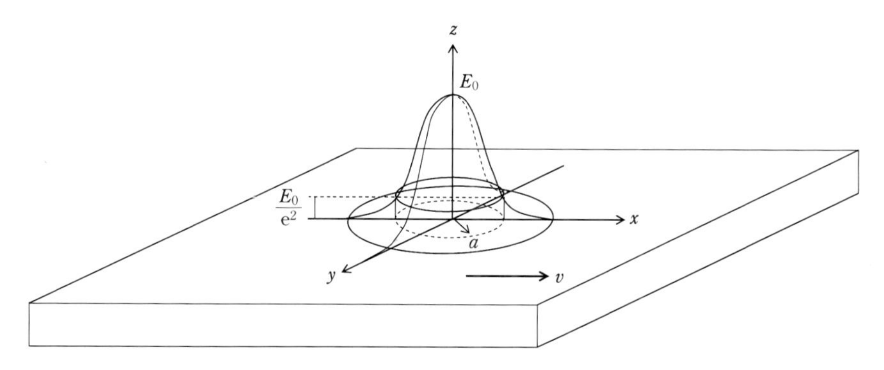

図 11.11 有限板厚におけるガウス分布熱源

入れのような表面処理加工において成立するものと考えられる.

以上の条件により Image 法を用いて境界条件を満足させるように解くと，次のようになる.

$$\theta=\frac{\alpha}{8K(\pi\alpha)^{\frac{3}{2}}}\int_0^\infty\int_{-\infty}^\infty\int_{-\infty}^\infty\frac{w(x',\ y',\ z')}{\sqrt{(t-t')^3}}\,\mathrm{e}^{-\frac{[x-x'+v(t-t')]^2+(y-y')^2}{4\alpha(t-t')}}\times\left[\sum_{n=-\infty}^{\infty}\mathrm{e}^{-\frac{(z+z'-2nl)^2}{4\alpha(t-t')}}+\sum_{n=-\infty}^{\infty}\mathrm{e}^{-\frac{(z-z'-2nl)^2}{4\alpha(t-t')}}\right]\mathrm{d}x'\mathrm{d}y'\mathrm{d}t \tag{11.6}$$

熱源が表面熱源とすると $z'=0$ となり，次のように表される.

$$\theta=\frac{\alpha}{8K(\pi\alpha)^{\frac{3}{2}}}\int_0^\infty\int_{-\infty}^\infty\int_{-\infty}^\infty\frac{w(x',\ y',\ z')}{\sqrt{(t-t')^3}}\,\mathrm{e}^{-\frac{[x-x'+v(t-t')]^2+(y-y')^2}{4\alpha(t-t')}}\times 2\frac{\sqrt{\pi\alpha(t-t')}}{l}\left(1+2\sum_{n=1}^{\infty}\mathrm{e}^{-\frac{\alpha n^2\pi^2(t-t')}{l^2}}\cos\frac{n\pi z}{l}\right)\mathrm{d}x'\mathrm{d}y'\mathrm{d}t \tag{11.7}$$

さらに書き換えて，

$$\theta=\frac{1}{4K\pi\cdot l}\int_0^\infty\int_{-\infty}^\infty\int_{-\infty}^\infty\frac{w(x',\ y',\ z')}{(t-t')}\,\mathrm{e}^{-\frac{[x-x'+v(t-t')]^2+(y-y')^2}{4\alpha(t-t')}}\times\left(1+2\sum_{n=1}^{\infty}\mathrm{e}^{-\frac{\alpha n^2\pi^2(t-t')}{l^2}}\cos\frac{n\pi z}{l}\right)\mathrm{d}x'\mathrm{d}y'\mathrm{d}t \tag{11.8}$$

ここで，$t-t'=\tau$ とおくと，$\mathrm{d}t=\mathrm{d}\tau$ となるから

$$\theta=\frac{1}{4K\pi\cdot l}\int_0^\infty\int_{-\infty}^\infty\int_{-\infty}^\infty\frac{w(x',\ y',\ z')}{\tau}\,\mathrm{e}^{-\frac{(x-x'+v\tau)^2+(y-y')^2}{4\alpha\tau}}\times\left(1+2\sum_{n=1}^\infty \mathrm{e}^{-\frac{\alpha n^2\pi^2\tau}{l^2}}\cos\frac{n\pi z}{l}\right)\mathrm{d}x'\mathrm{d}y'\mathrm{d}\tau \tag{11.9}$$

熱源がガウス分布熱源であるとき，$w(x',\ y',\ z')$ は次のように与えられる．

$$w(x',\ y',\ z')=E_0\,\mathrm{e}^{-\frac{x'^2+y'^2}{a^2}},\qquad E_0=\frac{W}{\pi a^2} \tag{11.10}$$

これを式（11.9）に代入すると，

$$\theta=\frac{1}{4K\pi\cdot l}\int_0^\infty\int_{-\infty}^\infty\int_{-\infty}^\infty\frac{E_0}{\tau}\,\mathrm{e}^{-\frac{x'^2+y'^2}{a^2}}\,\mathrm{e}^{-\frac{(x-x'+v\tau)^2+(y-y')^2}{4\alpha\tau}}\times\left(1+2\sum_{n=1}^\infty \mathrm{e}^{-\frac{\alpha n^2\pi^2\tau}{l^2}}\cos\frac{n\pi z}{l}\right)\mathrm{d}x'\mathrm{d}y'\mathrm{d}\tau \tag{11.11}$$

となり，さらに次のようになる．

$$\theta=\frac{E_0}{4K\pi\cdot l}\left(\int_0^\infty\int_{-\infty}^\infty\int_{-\infty}^\infty\frac{1}{\tau}\,\mathrm{e}^{-\frac{x'^2}{a^2}-\frac{(x-x'+v\tau)^2}{4\alpha\tau}}\,\mathrm{e}^{-\frac{y'^2}{a^2}-\frac{(y-y')^2}{4\alpha\tau}}\,\mathrm{d}x'\mathrm{d}y'\mathrm{d}\tau+2\sum_{n=1}^\infty\cos\frac{n\pi z}{l}\int_0^\infty\int_{-\infty}^\infty\int_{-\infty}^\infty\frac{1}{\tau}\mathrm{e}^{-\frac{\alpha n^2\pi^2\tau}{l^2}}\,\mathrm{e}^{-\frac{x'^2}{a^2}-\frac{(x-x'+v\tau)^2}{4\alpha\tau}}\,\mathrm{e}^{-\frac{x'^2}{a^2}-\frac{(y-y')^2}{4\alpha\tau}}\,\mathrm{d}x'\mathrm{d}y'\mathrm{d}\tau\right) \tag{11.12}$$

積分の部分を I_0，I_0' として次のように置き換える．

$$\theta=\frac{E_0}{4K\pi\cdot l}\times I_0+\frac{E_0}{4K\pi\cdot l}\times 2\sum_{n=1}^\infty\cos\frac{n\pi z}{l}\times I_0' \tag{11.13}$$

ここで，

$$I_0=\int_{-\infty}^\infty \mathrm{e}^{-\frac{x'^2}{a^2}-\frac{(x-x'+v\tau)^2}{4\alpha\tau}}\,\mathrm{d}x'\int_{-\infty}^\infty \mathrm{e}^{-\frac{x'^2}{a^2}-\frac{(y-y')^2}{4\alpha\tau}}\,\mathrm{d}y'\int_0^\infty\frac{1}{\tau}\,\mathrm{d}\tau$$
$$I_0'=\int_{-\infty}^\infty \mathrm{e}^{-\frac{x'^2}{a^2}-\frac{(x-x'+v\tau)^2}{4\alpha\tau}}\,\mathrm{d}x'\int_{-\infty}^\infty \mathrm{e}^{-\frac{x'^2}{a^2}-\frac{(y-y')^2}{4\alpha\tau}}\,\mathrm{d}y'\int_0^\infty\frac{1}{\tau}\,\mathrm{e}^{-\frac{\alpha n^2\pi^2\tau}{l^2}}\,\mathrm{d}\tau \tag{11.14}$$

I_0，I_0' 内のそれぞれの積分を次のようにおく．

$$I_x=\int_{-\infty}^{\infty}\mathrm{e}^{-\frac{x'^2}{a^2}-\frac{(x-x'+v\tau)^2}{4\alpha\tau}}\mathrm{d}x',\qquad I_y=\int_{-\infty}^{\infty}\mathrm{e}^{-\frac{x'^2}{a^2}-\frac{(y-y')^2}{4\alpha\tau}}\mathrm{d}y'$$
$$I_z=\int_0^{\infty}\frac{1}{\tau}\mathrm{d}\tau,\qquad I_z'=\int_0^{\infty}\frac{1}{\tau}\mathrm{e}^{-\frac{\alpha n^2\pi^2\tau}{l^2}}\mathrm{d}\tau \tag{11.15}$$

ここで，次のように置き換える．

$$A_y=\frac{a^2+4\alpha\tau}{4a^2\alpha\tau}\quad(=A_x),\qquad B_y=-\frac{ay}{2\alpha\tau(a^2+4\alpha\tau)}\quad(=B_x) \tag{11.16}$$

これを用いて表すと式（11.15）の I_y は次のように書き換えられる．

$$\begin{aligned}I_y&=\mathrm{e}^{-\frac{y^2}{4\alpha\tau}}\int_{-\infty}^{\infty}\mathrm{e}^{-[(A_yy'-B_y)^2-B_y{}^2]}\mathrm{d}y'\\&=\mathrm{e}^{B_y{}^2-\frac{y^2}{4\alpha\tau}}\int_{-\infty}^{\infty}\mathrm{e}^{-(A_yy'-B_y)^2}\mathrm{d}y'\end{aligned} \tag{11.17}$$

ここで，$A_yy'-B_y=u$ とおくと，$\mathrm{d}y'=\mathrm{d}u/A_y$ となり，さらに $\int_{-\infty}^{\infty}\mathrm{e}^{-(A_yy'-B_y)^2}\mathrm{d}y'$ の関係を用いると，

$$I_y=\mathrm{e}^{-B_y{}^2-\frac{y^2}{4\alpha\tau}}\int_{-\infty}^{\infty}\mathrm{e}^{-u^2}\frac{\mathrm{d}u}{A_y}=\frac{\sqrt{\pi}}{A_y}\mathrm{e}^{-B_y{}^2-\frac{y^2}{4\alpha\tau}} \tag{11.18}$$

ところで，$B_y{}^2-(y^2/4\alpha\tau)=-y^2/(b^2+4\alpha\tau)$ となるから，

$$I_y=\sqrt{\frac{4\pi a^2\alpha\tau}{a^2+4\alpha\tau}}\mathrm{e}^{-\frac{y^2}{b^2+4\alpha\tau}} \tag{11.19}$$

同様にして

$$I_x=\sqrt{\frac{4\pi a^2\alpha\tau}{a^2+4\alpha\tau}}\mathrm{e}^{-\frac{(x+v\tau)^2}{a^2+4\alpha\tau}} \tag{11.20}$$

また，式（11.15）の I_z，I_z' を用いると，式（11.13）は次のようになる．

$$\theta=\theta_A+\theta_B \tag{11.21}$$

$$\theta_A=\frac{1}{4K\pi\cdot l}E_0\times I_0=\frac{\alpha W}{K\pi\cdot l}\int_0^{\infty}\mathrm{e}^{-\frac{(x+v\tau)^2+y^2}{a^2+4\alpha\tau}}\mathrm{d}\tau \tag{11.22}$$

$$\begin{aligned}\theta_B&=2\sum_{n=1}^{\infty}\cos\frac{n\pi z}{l}\times\frac{1}{4K\pi\cdot l}\times E_0+I_0'\\&=2\sum_{n=1}^{\infty}\cos\frac{n\pi z}{l}\times\frac{\alpha W}{K\pi\cdot l}\int_0^{\infty}\frac{\mathrm{e}^{-\frac{(x+v\tau)^2+y^2}{a^2+4\alpha\tau}}}{a^2+4\alpha\tau}\mathrm{e}^{-\frac{\alpha n^2\pi^2\tau}{l^2}}\mathrm{d}\tau\end{aligned} \tag{11.23}$$

よって，

$$\theta=\frac{\alpha W}{K\pi\cdot l}\int_0^{\infty}\frac{\mathrm{e}^{-\frac{(x+v\tau)^2+y^2}{a^2+4\alpha\tau}}}{a^2+4\alpha\tau}\left(1+2\sum_{n=1}^{\infty}\cos\frac{n\pi z}{l}\cdot\mathrm{e}^{-\frac{\alpha n^2\pi^2\tau}{l^2}}\right)\mathrm{d}\tau \tag{11.24}$$

ここで，積分内の無次元化のために，$4\alpha\tau=r^2p^2$ とおき，さらに

$$X=\frac{x}{r},\quad Y=\frac{y}{r},\quad Z_0=\frac{z}{r},\quad \Re=\frac{a}{r},\quad U=\frac{vr}{4\alpha},\quad 4\alpha t=r^2p^2$$

とおくと，結果的に次式を得る．

$$\theta=\frac{\varepsilon W}{2K\pi l}\int\frac{\mathrm{e}^{-\frac{(X+Up)^2+Y^2}{\Re^2+p^2}}}{\Re^2+p^2}\times\left[1+2\sum_{n=1}^{\infty}\cos\frac{n\pi z_0}{L}\,\mathrm{e}^{-\left(\frac{n\pi p}{2L}\right)^2}\right]p\mathrm{d}p \tag{11.25}$$

ここで，ε はビーム吸収率，W は出力［W］とする．これによって，有限板厚（$=l$）の場合の 3 次元温度分布が与えられる．

11.3.2　半無限体の表面温度解析[8)]

11.3.2.1　矩形分布熱源の場合（その 1）

矩形面熱源あるいは TEM_{mn} モードなどを想定したエネルギー密度分布が矩形分布の場合のビーム走行に伴う物体の加熱時の温度分布を計算する．図 11.12 には，板厚が無限（半無限体）の材料表面に矩形分布熱源が方向に移動する計算モデルの図を示す．

定常状態において，半無限体の表面にエネルギー密度分布が $w(x',\ y')$ である熱源により加熱される物体の点（x，y，z）における温度上昇は，表面からの熱の損失がないと仮定すれば次式で与えられる．

$$\theta=\frac{\alpha}{4K(\pi\alpha)^{\frac{3}{2}}}\int_0^{\infty}\int_{-\infty}^{\infty}\int_{-\infty}^{\infty}\frac{w(x',\ y')}{\sqrt{t^3}}\times\mathrm{e}^{-\frac{(x-x'+vt)^2+(y-y')^2+z^2}{4\alpha t}}\mathrm{d}x'\mathrm{d}y'\mathrm{d}t \tag{11.26}$$

ここで，矩形分布熱源の場合のエネルギー分布 $w(x',\ y')$ は，次式で表される．

$$w(x',\ y')=\frac{W}{4ab}F(x',\ y') \tag{11.27}$$

$$\frac{W}{4ab}=E_0\ \text{（単位面積あたり単位時間に与えられるエネルギー密度）}$$

なおかつ

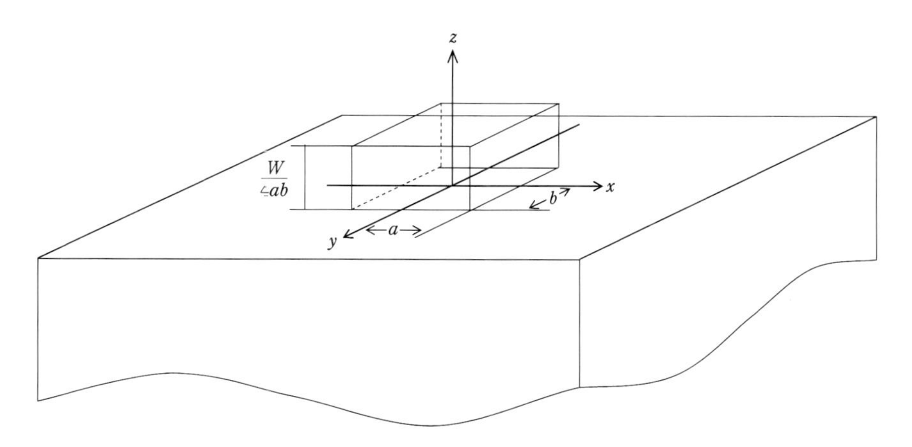

図 11.12　半無限体における矩形分布熱源

$$F(x',\ y')=1\quad\begin{bmatrix}[|x|\leqq a\\ [|y|\leqq b\end{bmatrix},\qquad F(x',\ y')=0\quad\begin{bmatrix}[|x|<a\\ [|y|>b\end{bmatrix}\tag{11.28}$$

となる境界条件が与えられる．

すなわち，熱源の分布範囲は図 11.12 に示すように $z=0$ の平面内で，$-a<x<a$，$-b>y>b$ であり，かつ熱は単位面積あたり単位時間に E_0 の割合で供給されているものとすると，

$$\begin{aligned}\theta&=\frac{\alpha}{4K\sqrt{(\pi\alpha)^3}}\int_0^\infty\int_{-\infty}^\infty\int_{-\infty}^\infty\frac{\frac{W}{4ab}F(x',\ y')}{\sqrt{t^3}}\cdot\mathrm{e}^{-\frac{(x-x'+vt)^2+(y-y')^2+z^2}{4\alpha t}}\,\mathrm{d}x'\mathrm{d}y'\mathrm{d}t\\&=\frac{\alpha W}{16abK\sqrt{(\pi\alpha)^3}}\int_0^\infty\frac{\mathrm{e}^{-\frac{z^2}{4\alpha t}}}{\sqrt{t^3}}\mathrm{d}t\int_{-b}^{+b}\mathrm{e}^{-\frac{(y-y')^2}{4\alpha t}}\mathrm{d}y'\int_{-a}^{+a}\mathrm{e}^{-\frac{(x-x'+vt)^2}{4\alpha t}}\mathrm{d}x'\\&=\frac{\alpha W}{16abK\pi\sqrt{\pi\alpha}}\cdot\theta^*\end{aligned}\tag{11.29}$$

無次元化のために，$4\alpha t=r^2p^2$ とおくと，$\mathrm{d}t=(r^2/2\alpha)p\mathrm{d}p$ となるから，

$$\theta^* = \int_0^\infty \frac{e^{-\frac{z^2}{4\alpha t}}}{\sqrt{t^3}}\, dt \int_{-b}^{+b} e^{-\frac{(y-y')^2}{4\alpha t}}\, dy' \int_{-a}^{+a} e^{-\frac{(x-x'+vt)^2}{4\alpha t}}\, dx'$$

$$= \int_0^\infty \frac{e^{-\frac{z^2}{r^2p^2}}}{\sqrt{\left(\frac{r^2p^2}{4\alpha}\right)^3}} \cdot \frac{r^2 p}{2\alpha}\, dp \int_{-b}^{+b} e^{-\frac{(y-y')^2}{r^2p^2}}\, dy' \int_{-a}^{+a} e^{-\frac{\left(x-x'+v\cdot\frac{r^2p^2}{4\alpha}\right)^2}{r^2p^2}}\, dx' \tag{11.30}$$

$$= \int_0^\infty \frac{4\sqrt{\alpha}\, e^{-\frac{z^2}{r^2p^2}}}{rp^2}\, dp \int_{-b}^{+b} e^{-\frac{\left(\frac{y-y'}{r}\right)^2}{p^2}}\, dy' \int_{-a}^{+a} e^{-\frac{\left(\frac{x-x'+v\cdot\frac{r^2p^2}{4\alpha}}{r}\right)^2}{p^2}}\, dx'$$

ここで，$(y-y')/r = Y'$ とすれば，$dy' = -r\,dY'$ となる．また，

$$y' = -b:\quad Y' = \frac{y+b}{r}, \qquad y' = +b:\quad Y' = \frac{y-b}{r}$$

$$I_y = \int_{-b}^{+b} e^{-\frac{\left(\frac{y-y'}{r}\right)^2}{p^2}}\, dy' = \int_{\frac{y+b}{r}}^{\frac{y-b}{r}} e^{-\frac{Y'^2}{p^2}}(-r\,dY') = r\int_{\frac{y-b}{r}}^{\frac{y+b}{r}} e^{-\frac{Y'^2}{p^2}}\, dY'$$

ここで，さらに $y/r = Y$，$b/r = B$，$Y'/p = \xi$ とおくと

$$dY' = p\,d\xi$$

$Y' = Y+B$: $\xi = (Y+B)/p$，　$Y' = Y-B$: $\xi = (Y-B)/p$ とおくと，

$$I_y = r\int_{\frac{Y-B}{p}}^{\frac{Y+B}{p}} e^{-\xi^2}\, d\xi = rp\cdot\frac{\sqrt{\pi}}{2}\left[\mathrm{erf}\left(\frac{Y+B}{p}\right) - \mathrm{erf}\left(\frac{Y-B}{p}\right)\right] \tag{11.31}$$

$$\left(\because \mathrm{erf}\, x = \frac{2}{\sqrt{\pi}}\int_0^x e^{-\xi^2}\, d\xi\right)$$

同様にして，

$$I_x = \int_{-a}^{+a} e^{-\frac{(x-x'+vt)^2}{r^2p^2}}\, dx' = \int_{-a}^{+a} e^{-\frac{\left(\frac{x-x'+vt}{r}\right)^2}{p^2}}\, dx' \tag{11.32}$$

ここで，$(x-x'+vt)/r = X'$ とおけば $dx' = -r\,dX'$

$$x' = -a:\quad X' = \frac{x+a+vt}{r}, \qquad x' = +a:\quad X' = \frac{x-a+vt}{r}$$

$$I_x = \int_{\frac{x+a+vt}{r}}^{\frac{x-a+vt}{r}} e^{-\frac{X'^2}{p^2}}(-r\,dX') = +r\int_{\frac{x-a+vt}{r}}^{\frac{x+a+vt}{r}} e^{-\left(\frac{X'}{p}\right)^2}\, dx'$$

ここでさらに，$x/r = X$，$a/r = A$，$X'/p = \eta$ とおくと，

$$\mathrm{d}X' = p\mathrm{d}\eta$$

$$X' = \frac{x+b+vt}{r} = X+A+Up^2 ： \quad \eta = \frac{X+A+Up^2}{p}$$

$$I_x = \int_{\frac{X-A+Up^2}{p}}^{\frac{X+A+Up^2}{p}} \mathrm{e}^{-\eta^2}\, p\mathrm{d}\eta = r\cdot p\cdot\frac{\sqrt{\pi}}{2}\left[\mathrm{erf}\left(\frac{X+A+Up^2}{p}\right) - \mathrm{erf}\left(\frac{X-A+Up^2}{p}\right)\right] \tag{11.33}$$

これらを式（11.30）に代入すると，

$$\begin{aligned}\theta^* &= \int_0^{\infty} \frac{4\sqrt{\alpha}\cdot\mathrm{e}^{-\frac{z^2}{r^2p^2}}}{rp^2}\,\mathrm{d}p \times rp\frac{\sqrt{\pi}}{2}\left[\mathrm{erf}\left(\frac{Y+B}{p}\right) - \mathrm{erf}\left(\frac{Y-B}{p}\right)\right] \\ &\quad \times rp\frac{\sqrt{\pi}}{2}\left[\mathrm{erf}\left(\frac{X+A+Up^2}{P}\right) - \mathrm{erf}\left(\frac{X-A+Up^2}{p}\right)\right]\mathrm{d}p \\ &= r\pi\sqrt{\alpha}\int_0^{\infty}\left[\mathrm{erf}\left(\frac{Y+B}{p}\right) - \mathrm{erf}\left(\frac{Y-B}{p}\right)\right] \\ &\quad \cdot\left[\mathrm{erf}\left(\frac{X+A+Up^2}{p}\right) - \mathrm{erf}\left(\frac{X-A+Up^2}{p}\right)\right]\times\mathrm{e}^{-\frac{z^2}{r^2p^2}}\,\mathrm{d}p\end{aligned} \tag{11.34}$$

ここで，$z/r = Z_0$ とおいて式（11.29）に戻すと，

$$\begin{aligned}\theta &= \frac{rW}{16abK\sqrt{\pi}}\int_0^{\infty}\mathrm{e}^{-\frac{Z_0^2}{p^2}}\left[\mathrm{erf}\left(\frac{Y+B}{p}\right) - \mathrm{erf}\left(\frac{Y-B}{p}\right)\right] \\ &\quad \cdot\left[\mathrm{erf}\left(\frac{X+A+Up^2}{p}\right) - \mathrm{erf}\left(\frac{X-A+Up^2}{p}\right)\right]\mathrm{d}p\end{aligned} \tag{11.35}$$

$r^2 = ab$（正方形）を代入し，吸収率を ε とすると，結果的に次式で与えられる．

$$\begin{aligned}\theta &= \frac{\varepsilon W}{16rK\sqrt{\pi}}\int_0^{\infty}\mathrm{e}^{-\frac{Z_0^2}{p^2}}\left[\mathrm{erf}\left(\frac{Y+B}{p}\right) - \mathrm{erf}\left(\frac{Y-B}{p}\right)\right] \\ &\quad \cdot\left[\mathrm{erf}\left(\frac{X+A+Up^2}{p}\right) - \mathrm{erf}\left(\frac{X-A+Up^2}{p}\right)\right]\mathrm{d}p\end{aligned} \tag{11.36}$$

11.3.2.2　矩形分布熱源の場合（その 2）

参考のために，矩形分布熱源の場合の別解を示す．式（11.29）の最初の式で，

$X = \dfrac{vx}{2\alpha}$ より $x = \dfrac{2\alpha}{v}X$，　$Y = \dfrac{vy}{2\alpha}$ より $y = \dfrac{2\alpha}{v}Y$，　$Z_0 = \dfrac{vz}{2\alpha}$ より $z = \dfrac{2\alpha}{v}Z_0$

とおくと，

$$\mathrm{d}x=\frac{2\alpha}{v}\,\mathrm{d}X,\qquad \mathrm{d}y=\frac{2\alpha}{v}\,\mathrm{d}Y,\qquad \mathrm{d}z=\frac{2\alpha}{v}\,Z_0$$

また，

$$\mathrm{e}^{-\frac{z^2}{4\alpha t}}=\mathrm{e}^{-\frac{\left(\frac{2\alpha}{v}Z_0\right)^2}{4\alpha t}}=\mathrm{e}^{-\left(\frac{\alpha}{v^2 t}\right)Z_0{}^2}$$

ここで $\alpha/v^2t=1/2u$ とおくと，

$$t=\frac{2\alpha}{v^2}\,u,\qquad \mathrm{d}t=\frac{2\alpha}{v^2}\,\mathrm{d}u$$

式（11.29）の式に戻して，

$$\theta=\frac{W}{4ab}\cdot\frac{\alpha}{4K\sqrt{(\pi\alpha)^3}}\int_0^\infty\int_{-a}^{a}\int_{-b}^{b}\frac{1}{\sqrt{t^3}}\cdot\mathrm{e}^{-\frac{(x-x'+vt)^2+(y-y')^2+z^2}{4\alpha t}}\,\mathrm{d}x'\mathrm{d}y'\mathrm{d}t \tag{11.37}$$

ここで z の項は，

$$\begin{aligned}\int_0^\infty\frac{\mathrm{e}^{-\frac{z^2}{4\alpha t}}}{\sqrt{t^3}}\,\mathrm{d}t&=\int_0^\infty\frac{\mathrm{e}^{-\frac{\left(\frac{2\alpha}{v}Z_0\right)^2}{4\alpha t}}}{\sqrt{\left(\frac{2\alpha}{v^2}u\right)^2}}\cdot\frac{2\alpha}{v}\,\mathrm{d}u\\&=\frac{v}{\sqrt{2\alpha}}\cdot\int_0^\infty\frac{\mathrm{e}^{-\frac{Z_0{}^2}{2u}}}{\sqrt{u^3}}\,\mathrm{d}u\\&=\frac{v}{\sqrt{2\alpha u}\cdot u}\int_0^\infty\mathrm{e}^{-\frac{Z_0{}^2}{2u}}\,\mathrm{d}u\end{aligned} \tag{11.38}$$

また，y の項は，$\int_{-a}^{a}\mathrm{e}^{-\frac{(y-y')^2}{4\alpha t}}\,\mathrm{d}y'$ であるから，

$$y-y'=\frac{2\alpha}{v}\,(Y-Y')$$

また，

$$4\alpha t=4\alpha\left(\frac{2\alpha}{v^2}\,u\right)=2\left(\frac{2\alpha}{v}\right)^2u$$

$y'=a$ とおくと $Y=(v/2\alpha)a$（$=L$），$y'=(2\alpha/v)\,Y'$ とおくと $\mathrm{d}y'=(2\alpha/v)\,\mathrm{d}Y''$ より，

$$\int_{-a}^{a} e^{-\frac{(y-y')^2}{4\alpha t}} dy' = \int_{-\frac{v}{2\alpha}a}^{\frac{v}{2\alpha}a} e^{-\frac{(Y-Y')^2}{2u}} \cdot \frac{2\alpha}{v} dY'$$

$$= \frac{2\alpha}{v} \int_{-L}^{L} e^{-\frac{(Y-Y')^2}{2u}} dY'$$

$C\int_{N}^{N'} e^{-\xi^2} d\xi$ の形にするために，$(Y-Y')^2/2u=\xi^2$ とおくと，

$$\frac{Y-Y'}{\sqrt{2u}} = \xi, \qquad dY' = -\sqrt{2u} \cdot d\xi$$

さらに $Y'=L$ とおいて $\xi=(Y-L)/\sqrt{2u}$，また，$Y'=-L$ とおいて $\xi=(Y+L)/\sqrt{2u}$

$$\int_{-a}^{a} e^{-\frac{(y-y')^2}{4\alpha t}} dy' = \frac{2\alpha}{v} \cdot \int_{\frac{Y+L}{\sqrt{2u}}}^{\frac{Y-L}{\sqrt{2u}}} e^{-\xi^2}(-\sqrt{2u}) \cdot d\xi$$

$$= \frac{2\alpha}{v} \cdot \sqrt{2u} \times (-1) \left(\int_{\frac{Y+L}{\sqrt{2u}}}^{0} e^{-\xi^2} d\xi + \int_{0}^{\frac{Y-L}{\sqrt{2u}}} e^{-\xi^2} d\xi \right)$$

$$= \frac{2\alpha}{v} \cdot \sqrt{2u} \left(\int_{0}^{\frac{Y+L}{\sqrt{2u}}} e^{-\xi^2} d\xi - \int_{0}^{\frac{Y-L}{\sqrt{2u}}} e^{-\xi^2} d\xi \right)$$

ここで，$\mathrm{erf}\, x = (2/\sqrt{x}) \cdot \int_{0}^{x} e^{-\xi^2} d\xi$ から $\int_{0}^{x} e^{-\xi^2} d\xi = (\sqrt{\pi}/2)\, \mathrm{erf}\, x$ となるから，

$$= \frac{2\alpha}{v} \cdot \sqrt{2u} \cdot \frac{\sqrt{\pi}}{2} \left(\mathrm{erf} \frac{Y+L}{\sqrt{2u}} - \mathrm{erf} \frac{Y-L}{\sqrt{2u}} \right) \tag{11.39}$$

さらに，x の項は，$\int_{-t}^{t} e^{-\frac{(x-x'+vt)^2}{4\alpha t}} dx'$ であるから，

$$x - x' + \iota t = \frac{2\alpha}{v}(X - X' + u), \qquad 4\alpha t = 2\left(\frac{2\alpha}{v}\right)^2 u$$

$x'=b$ とおくと $X=(v/2\alpha)b\ (=B)$，$x'=(2\alpha/v)X'$ から $dx'=(2\alpha/v)dX'$ なので，

$$\int_{-b}^{b} e^{-\frac{(x-x'+vt)^2}{4\alpha t}} dx' = \int_{-\frac{v}{2\alpha}b}^{\frac{v}{2\alpha}b} e^{-\frac{(X-X'+u)^2}{2u}} \cdot \frac{2\alpha}{u} dX'$$

$$= \frac{2\alpha}{v} \int_{-B}^{B} e^{-\frac{(X-X'+u)^2}{2u}} dX'$$

ここで，

$\dfrac{(X-X'+u)^2}{2u}=\eta^2$ とおくと，$\dfrac{X-X'+u}{\sqrt{2u}}=\eta$ で，$\mathrm{d}X'=-\sqrt{2u}\cdot\mathrm{d}\eta$

$X'=B$ とおくと，　　$\eta=\dfrac{X-B+u}{\sqrt{2u}}$

$X'=-B$ とおくと，　　$\eta=\dfrac{X+B+u}{\sqrt{2u}}$　であるから，戻すと

$$
\begin{aligned}
&=\frac{2\alpha}{v}\int_{\frac{X+B+u}{\sqrt{2u}}}^{\frac{X-B+u}{\sqrt{2u}}}\mathrm{e}^{-\eta^2}(-\sqrt{2u})\mathrm{d}\eta\\
&=\frac{2\alpha}{v}\cdot\sqrt{2u}\left(\int_0^{\frac{X+B+u}{\sqrt{2u}}}\mathrm{e}^{-\eta^2}\,\mathrm{d}\eta-\int_0^{\frac{X-B+u}{\sqrt{2u}}}\mathrm{e}^{-\eta^2}\,\mathrm{d}\eta\right)\\
&=\frac{2\alpha}{v}\cdot\sqrt{2u}\cdot\frac{\sqrt{\pi}}{2}\left(\mathrm{erf}\,\frac{X+B+u}{\sqrt{2u}}-\mathrm{erf}\,\frac{X-B+u}{\sqrt{2u}}\right)
\end{aligned}
\tag{11.40}
$$

式（11.38），（11.39），（11.40）を式（11.37）に戻して，結果的に Carslaw and Jaeger の式[6] にたどり着く．

$$
\begin{aligned}
\theta=&\frac{\varepsilon\alpha W}{8abKv\sqrt{2\pi}}\int_0^{\infty}\mathrm{e}^{-\frac{Z_0{}^2}{2u}}\left(\mathrm{erf}\,\frac{Y+L}{\sqrt{2u}}-\mathrm{erf}\,\frac{Y-L}{\sqrt{2u}}\right)\\
&\times\left(\mathrm{erf}\,\frac{X+B+u}{\sqrt{2u}}-\mathrm{erf}\,\frac{Y-B+u}{\sqrt{2u}}\right)\frac{\mathrm{d}u}{\sqrt{u}}
\end{aligned}
\tag{11.41}
$$

ここで，ε はビームの吸収率である．

式（11.36）と式（11.41）はともに $x=2a$，$y=2b$ の幅をもつ矩形分布熱源が材料表面を速度 v で x 方向への平行移動した場合の 3 次元温度分布の式を与える．

11.3.2.3　ガウス分布熱源の場合[9]

ガウス分布熱源の解は 9.3.2 項で示したのでここでは簡単に述べる．定常状態においてエネルギー密度分布 $w(x',\ y')$ が材料表面に発生し，一定速度 v で x 軸に平行移動するとき，加熱される物体の内部の点（x，y，z）における温度上昇は前出の式（11.26）から，

$$
\theta=\frac{\alpha}{4K(\pi a)^{\frac{3}{2}}}\int_0^{\infty}\int_{-\infty}^{\infty}\int_{-\infty}^{\infty}\frac{w(x',\ y')}{\sqrt{t^3}}\,\mathrm{e}^{-\frac{(x-x'+vt)^2+(y-y')+z^2}{4\alpha t}}\,\mathrm{d}x'\mathrm{d}y'\mathrm{d}t
$$

図 11.13 には，半無限体の平面にガウス分布熱源が x 方向に移動する計算モ

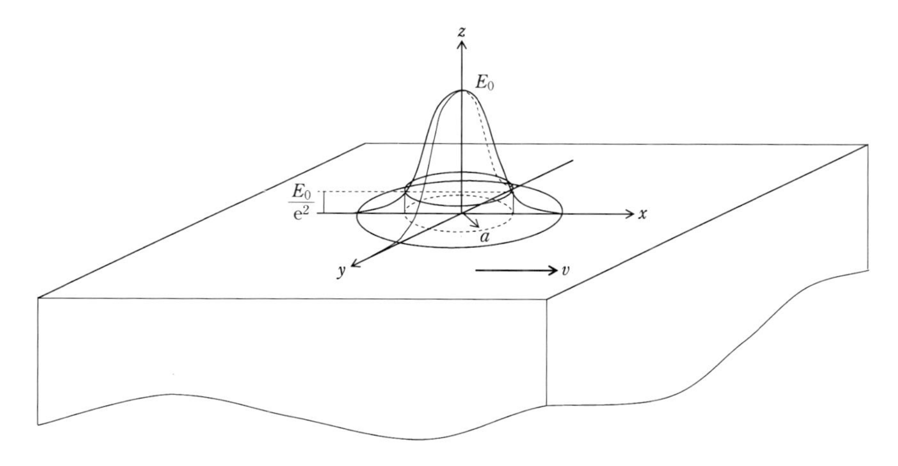

図 11.13　半無限体におけるガウス分布熱源

デルの図を示した．

熱源の底面がほぼ真円と仮定した場合のガウス分布のエネルギー分布 $w(x', y')$ は次式で与えられる．

$$w(x',\ y') = \frac{W}{\pi a^2}\,\mathrm{e}^{-\frac{x'^2+y'^2}{a^2}} \tag{11.42}$$

ここで，W は出力［W］，a は熱源幅とする．これを式（11.26）に代入して計算すると次式を得る．

$$\theta = \frac{\varepsilon W}{Kr\sqrt{\pi^3}}\int_0^\infty \frac{\mathrm{e}^{-\frac{(X+Up^2)^2+Y^2}{\Re^2+p^2}-\frac{Z_0{}^2}{p^2}}}{\Re^2+p^2}\,\mathrm{d}p \tag{11.43}$$

ここで，$X=x/r$，$Y=y/r$，$Z_0=z/r$，$\Re=a/r$，$U=vr/4\alpha$，$4\alpha t=p^2r^2$，ε はビーム吸収率，r はスポット半径［cm］とする．

11.3.3　計　算　結　果

11.3.3.1　有限板厚の計算[7)]

式（11.25）を用いて材料の板厚を変化させた場合の計算例を示す．計算は一般炭素鋼材 S 45 C 相当品を仮定して行った．まず，板厚が形成される硬化層に比べて十分厚い場合に，材料表面に溶融がなく，焼入れできる最適加工条件の1つである出力 1.6 kW，送り速度 2 m/min の条件で，それぞれ板厚 2 mm と 8

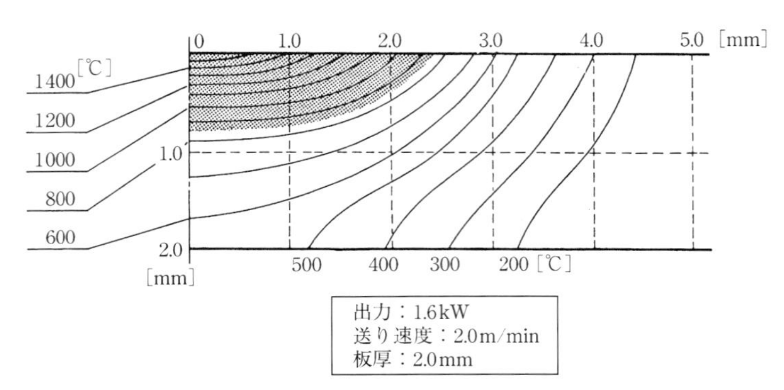

(a) 板厚 2mm の場合の y-z 平面における等温分布曲線

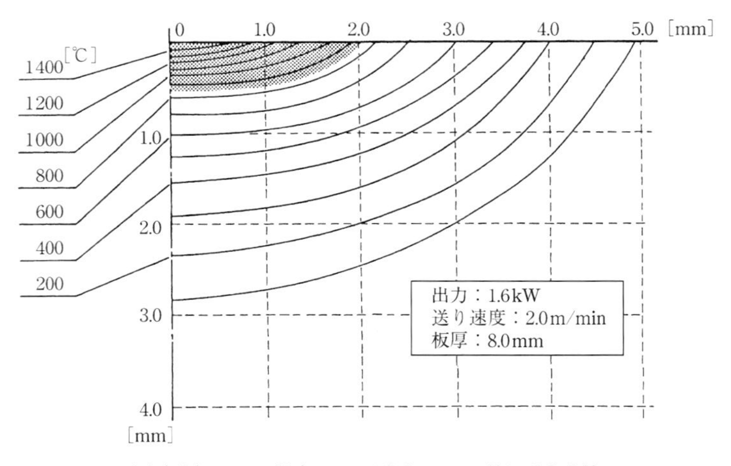

(b) 板厚 8mm の場合の y-z 平面における等温分布曲線

図 11.14　ガウス分布熱源による板厚の違い

mm について比較した計算例を図 11.14 に示す．

図はビームの移動方向に垂直となる断面（y-z 平面）で，この面における温度分布は，$y=0$ に対して対称となるので，その片面のみを図示した．図中に，レーザ焼入れでの変態硬化相当温度以上の部分にアミをかけて区別した．等温線の傾向は，8mm のとき((b))は同じガウス分布熱源での半無限体の計算における場合とほとんど同じである．板厚が 2mm の場合((a))は，800～600℃まで z 方向に対する等温線間隔が広がり，500℃で等温線は変曲点をもち 3 次曲線となる．

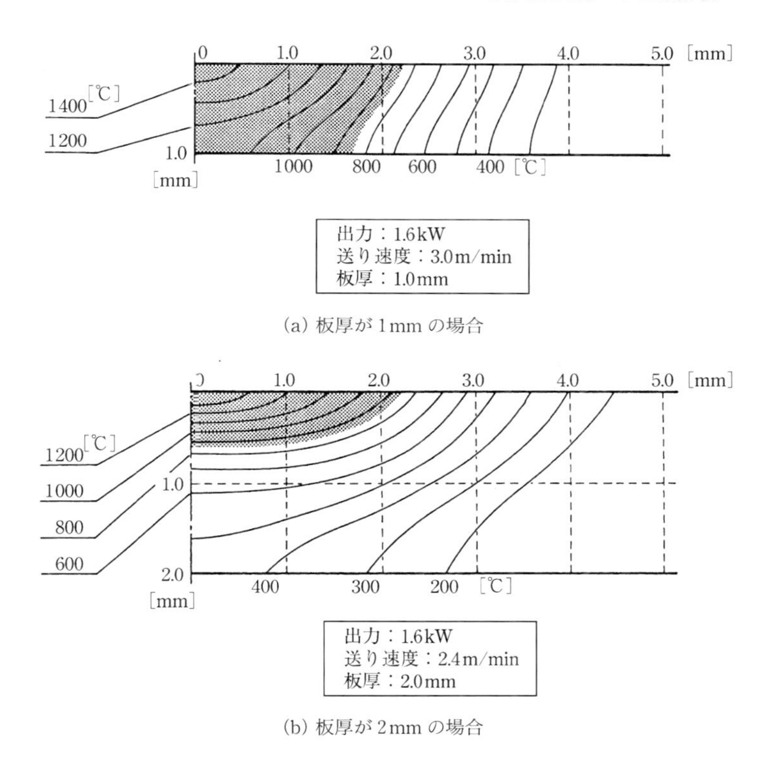

(a) 板厚が 1mm の場合

(b) 板厚が 2mm の場合

図 11.15　表面溶融を伴わない薄板の焼入れ

すなわち，板厚 2mm の底面で熱が滞留し温度が横に広がっている．板厚が 8 mm の場合は表面温度が 1400℃以上であるが溶融温度には達していない一方，板厚が 2mm の場合には表面温度は 1500℃を大きく上回っている．さらに，単純に硬化面積に相当する部分を比較すると，板厚 2mm の場合のほうがやや大きい．このようにレーザ加工条件が同じでも，板厚が薄い場合の温度分布は十分厚い場合に比べて異なる．

板厚 1mm と 2mm の比較的薄い場合で，材料の表面が溶融温度に達しないようにした計算例を図 11.15 に示す．この場合の出力は 1.6kW で一定としたので，板厚 1mm の材料では送り速度を 3m/min に，また，2mm の材料では送り速度を 2.4m/min と適当に速くして達成することができる．

また，ここで計算した板厚 2mm の例（図 11.15(b)）での条件下で，送り速

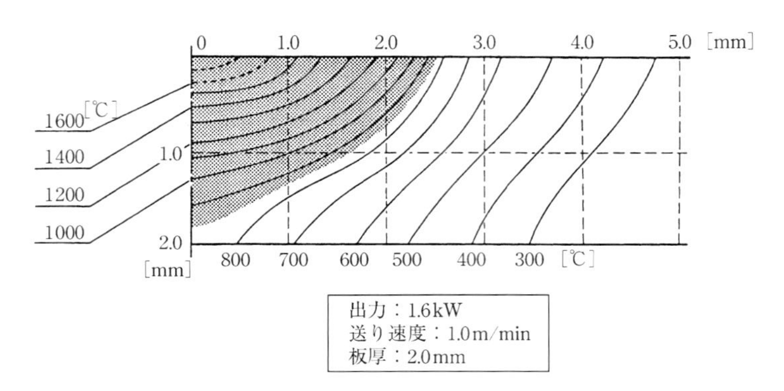

図 11.16　速度の遅い場合の薄板の焼入れ

度を極端に 1.0m/min に落とした条件で計算した例を図 11.16 に示す．半無限体での計算より最高到達温度は高く，表面から約 0.25mm までは溶融温度以上になる．それに伴って温度分布は下方に大きく伸びて，下面では横方向に広がる傾向を示す．このように送り速度が遅く，板厚が薄い場合の等温線は複雑な分布を示す．

実際の加工で 1mm 以下の薄い材料に対して焼入れする場合は，出力と送り速度の両方から検討する必要があり，高出力で 1mm の板厚のものに対してこのような加工は一般的ではないが，比較検討のために示した．

11.3.3.2　ガウス分布熱源の場合[9)]

ガウス分布熱源を用いて計算した結果の一例を示す．加工条件は，出力 2 kW，送り速度 1.5m/min，レンズ焦点距離 75mm，焦点はずし量 70mm で表面焼入れした場合で，スポット径は単純比例計算で約 ϕ9.4mm であった．

まず図 11.17 は，x-z 平面における温度分布である．原点に熱源中心があって一定速度 v で x 方向に平行に移動させたときの温度分布で，縦軸は温度，パラメータ z は平面からの深さである．試料表面 $z=0$ で温度曲線の立上りも速く表面温度は最大となり，材料内部の温度分布は深さが増すにつれて低下し，各曲線の最大の温度位置が後方に尾を引くようにシフトしている．

図 11.18 には，材料表面（x-y 平面）での温度分布を等温線で図示した．熱源は座標中央の円で，熱源スポット内を点線で示した．熱源が一定速度 v で移

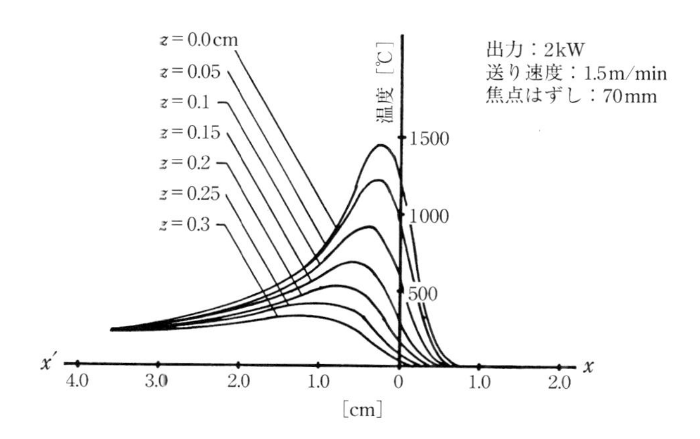

図 11.17　ガウス分布熱源での深さ方向の温度分布曲線

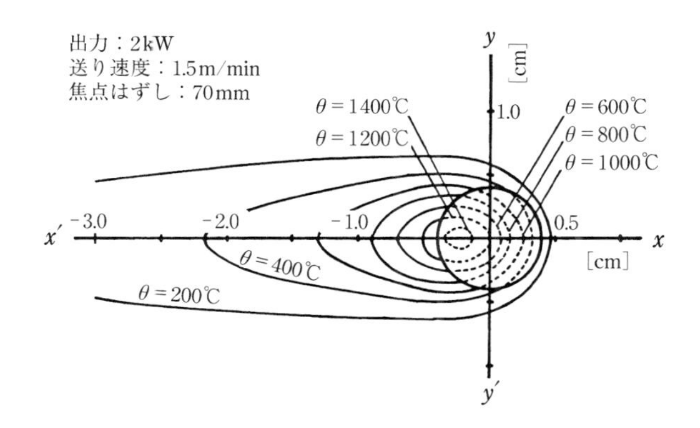

図 11.18　ガウス分布熱源での x-y 平面における温度分布

動しているため，最大温度は熱源スポットの後端部で起こり等温線は後方に流れ卵形を呈している．この等温線の 850℃近辺の y 方向の最大のふくらみのところまで変態し，これが硬化幅を形成する．熱源中心と最高温度の中心は走行速度に比例する．

同じ加工条件で，x-z 平面での温度分布状態を熱源の移動方向に図示したのが図 11.19 である．座標中心を熱源が移動する場合の定常状態での材内の温度分布を示している．熱源通過後に温度分布は後方で広がり冷却によって温度が低下していく．

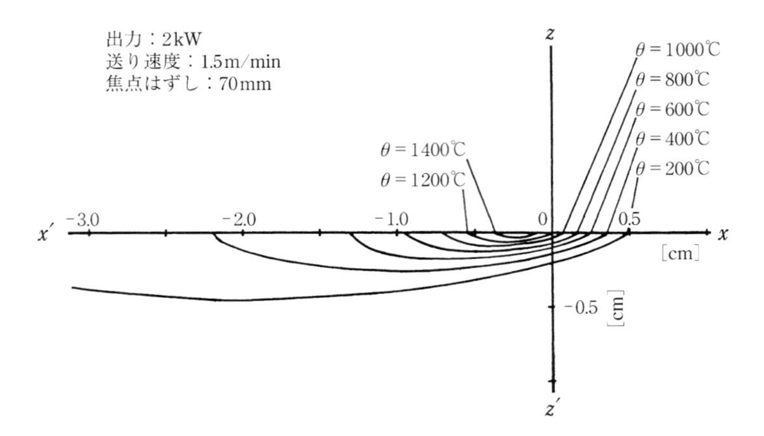

図 11.19　ガウス分布熱源での x-z 平面における温度分布

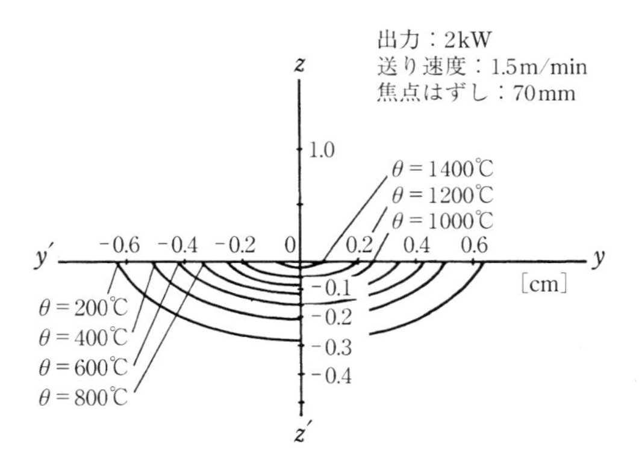

図 11.20　ガウス分布熱源での y-z 平面における温度分布

同様に，ビームの進行方向に垂直な断面，すなわち y-z 平面での温度分布を図 11.20 に示す．これは最高温度に達した x での断面を示している．したがって，この等温線から変態点以上の範囲が硬化層となることから，金属の断面組織写真と対応する．

11.3.3.3　矩形分布熱源の場合[8)]

矩形熱源における計算の一例を以下に示す．図 11.21 は，出力 2kW，送り速

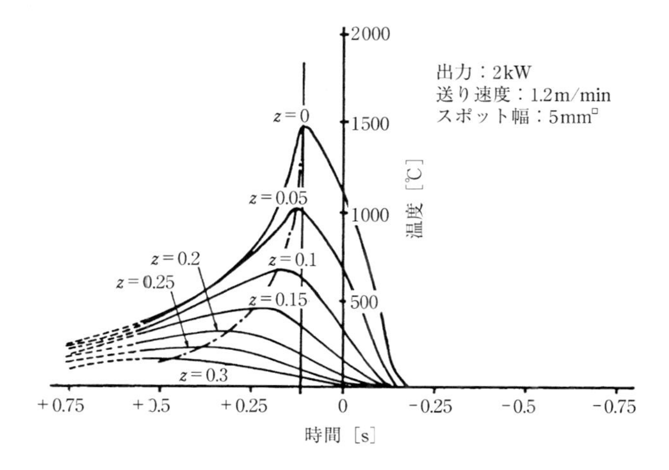

図 11.21　x-y 平面の温度分布（矩形分布熱源）

度 1.2m/min のときのビームの移動方向と同じ面内である x-z 平面の温度変化を，深さをパラメータとして温度の分布曲線で示したものである．$z=0$cm は表面温度分布を示す．最大温度は移動熱源の終端部付近で起こる．深さが増すにつれて最大温度はビームの移動方向に対して尾を引くように変化している．なお，横軸は，移動速度から割り出された熱中心からの時間で示した．したがって，熱源が近づいて昇温し，最大温度に至るまでがレーザ熱源による加熱時間となり，それから後は冷却時間となる．この際に自己焼入れが行われる．表面で最高温度に達する時間は 0.5s 以内であり，材料内部に入るほど最高温度に達するのに加熱時間を要する．

図 11.22 は，同一条件での材料表面である x-y 平面での温度分布を示す．この場合は $a=b$ の正方形の熱源であるが，熱源内の終端中ほどに 1400℃の最高温度範囲の等温線がくる．1400℃以上の範囲は熱源幅より小さく，熱源幅の約 50％強が硬化層の幅となっていくことがわかる．同様に図 11.23 では，ビームの移動方向に垂直な面（y-z 平面）での等温分布を示し，図 11.24 には，それに対する金属組織写真の実験結果を対応させた．熱源により幅，深さが多少異なる．

矩形熱源を用いて計算した場合の，焦点はずし量によって変化するレーザ熱源のスポット幅の影響を図 11.25 に示す．出力，送り速度などを一定とした同一加

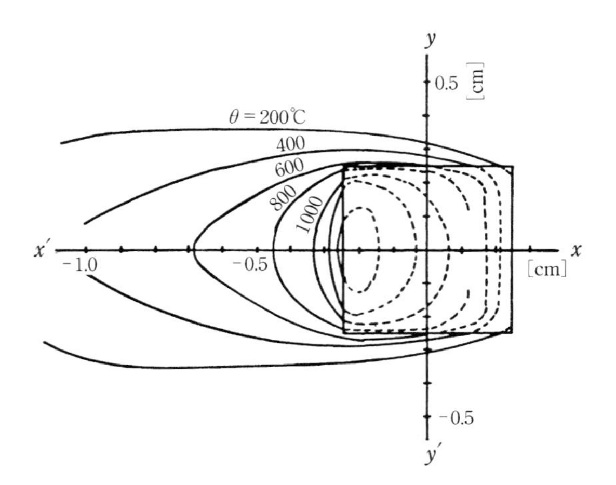

図 11.22　x-y 平面の温度分布（矩形分布熱源）

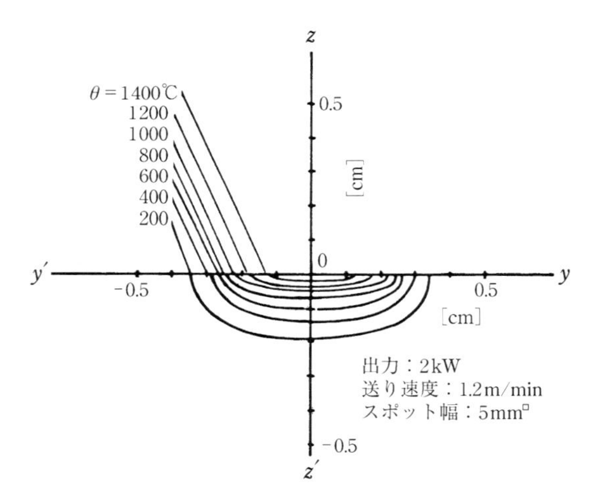

図 11.23　y-z 平面（深さ方向）の温度分布（矩形分布熱源）

工条件下では，スポット幅が増すと熱源幅は広がるが，最高到達温度の値は低下していく傾向を示す．このことは出力を増加させ，送り速度を遅くするなどの方法によって，より大きな硬化層を得られることを意味する．しかし，送り速度が著しく遅いときは，熱影響層も同時に増大させることになるので，結果としては

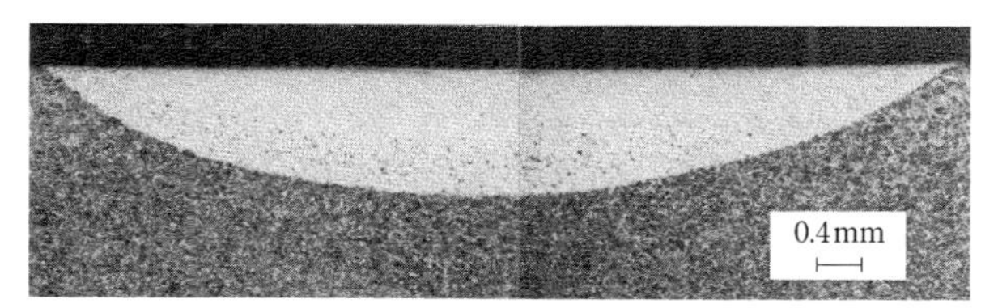

S45C材，出力：2kW，送り速度：1.2m/min
表面処理：ルブライト処理

図 11.24　レーザ焼入れの断面組織写真

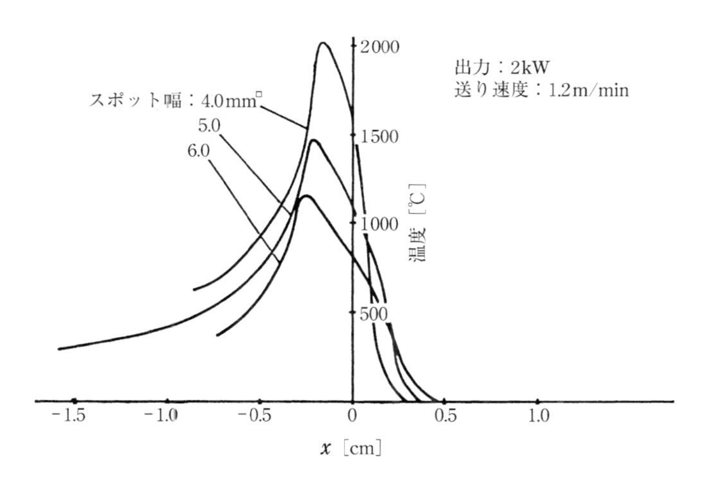

図 11.25　焦点はずしの影響（矩形分布熱源）

あまり良好な焼入れとはいえなくなる．

加熱と冷却の速度分布を計算している例がある．S 45 C の臨界冷却速度は 2000 K/s であるのに対して，変態点温度近辺での冷却速度は 3000〜5000 K/s となり，臨界速度を十分満足しているとしている[10]．

11.4　表面処理の理論と実際

レーザ焼入れは熱伝導理論をもっとも適用しやすい加工法であることはすでに述べた．これまでの研究では，レーザ焼入れが一種の熱加工であるためレーザのビームモードによる熱源形状をモデル化して熱伝導論的理論解析がなされてきたが，その数学的取扱いは，主として半無限体物体に対する熱源の移動であった．実際に加工される材料の板厚は有限であって，用途の上からも一般に薄いものが多い．一定厚みの材料表面に局部焼入れを施す場合，特に比較的薄い材料は厚いものに比べて，同じ出力であっても温度分布状態および熱履歴が変わることから，硬化形状はもとより金属組織および硬さも異なる．

レーザ焼入れに用いられる材料の板厚が，比較的薄い場合は，材料に吸収され，熱エネルギーに変換された熱量が下方の境界面付近で拡散されず，熱がこもるため温度は上昇する．もっぱら急冷却を母材への熱の拡散に依存するレーザ焼入れでは，被加工物の板厚が薄くなるとそれに伴って冷却効果が低下するため，厚い場合に比べて十分な硬さを有する効果的な焼入れは望めない．

一定出力のもとでは，送り速度が遅いところでは板厚の影響は大きいが，送り速度の速いところでは材料の入熱量の減少に伴い形成される表面硬化層も小さくなるため，ほとんど影響はなくなる．一般に薄板の場合でも，焼入れ深さを板厚の約 1/10 程度にとれば十分厚い板厚の場合と同様な表面硬化層を得ることができる．その結果，有限板厚の場合の式は，一般的目安として，実験材料が 10 mm 以上の厚さをもったものでは，すでに示した半無限体の式の温度分布とほぼ一致する．さらに表面焼入れは，ビームを広げてデフォーカス状態で行う場合が多い．そのため，材料表面でのパワー密度が低下することから，表面に光吸収を向上させることが必要になってくる．一般に赤外光の場合には，ビームの吸収特性を高めるためカーボンブラックをスプレー塗布したものを用いる．これにより得られる吸収率は 85 %程度の値を得ることができる．

表面硬化法にガウス分布熱源を用いた場合，表面を金属の溶融温度以下に抑えようとすると，変態点以上に滞留する時間と焼入れ可能な深さおよび幅が限定されてくる．これに対してマルチモードの分布熱源は，熱源が平均化されているため，変態点以上に滞留する時間も若干増加し，焼入れ性が向上することなどが確認されている．最近ではエネルギー密度の高い焦点近傍で，高速で A_1 変態点以上に保ちながらスキャニングさせて広範囲な焼入れ幅を確保する方法もとられている．

このようにレーザ焼入れでは，レーザビーム固有のエネルギー密度分布によって異なった焼入れ特性を示すが，このほかにも，材料の成分構成および熱定数，表面状態，さらに表面前処理などによっても焼入れ特性は微妙に異なる．冷却が素材への熱拡散による自然冷却に依存しているため，素材の厚さはそのまま冷却効果に大きく影響すると考えられる．

11.5　表面処理加工の実際

11.5.1　表面焼入れの実験

実験に用いた試験片としては，板厚を2mm，5mm，8mmと段階的に変化させたものを作製した．材料表面にはカーボンブラックを塗布した．照射面は，送りが遅いほど材料表面が溶融などによって粗くなるが，ほぼ2.0〜3.0m/minでは表面はほとんど平坦さを保っている．S45Cの場合，板厚が2mmのところでは裏面が熱影響によって変色していた．図11.26にSCM21材における板厚が2mmの場合の裏面写真を示す．送り速度は0.5〜3.0m/minで材料の送り速度が変化することによって，一点に滞留する時間，すなわち加熱時間が異なるため裏

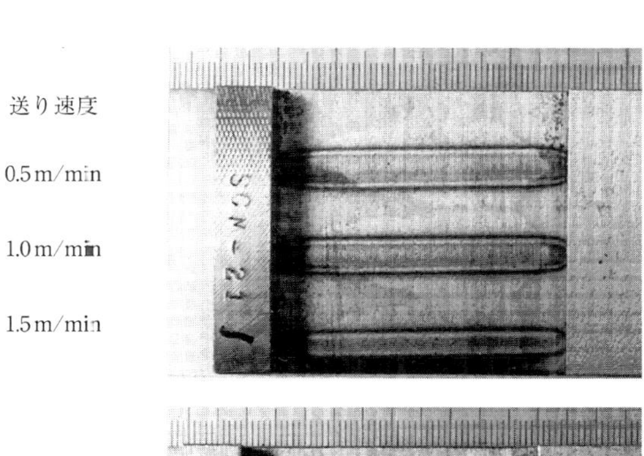

図11.26　送り速度の影響（SCM21，板厚：2mm）

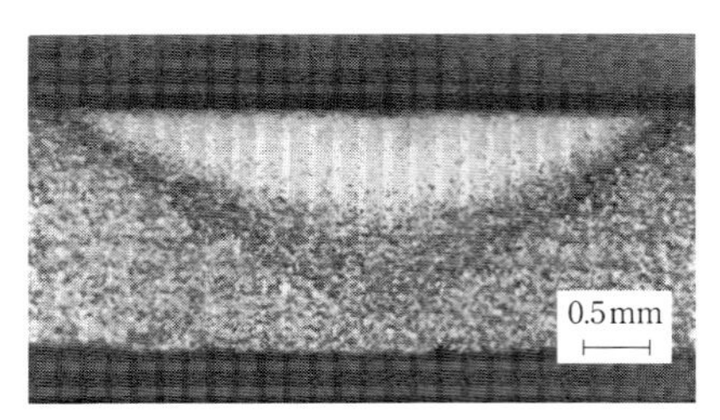

(a) 板厚 2mm(S45C)

(b) 板厚 8mm(S45C)

図 11.27　送り速度の遅い場合の板厚の違いによる断面組織（出力：1.6kW，送り速度：1m/min）

面に現れる熱影響による変色も漸次変化している．

実験によって得られた断面組織写真の一例として，出力 1.6kW，材料の送り速度 1.0m/min でレーザ光を照射した板厚が 2mm の場合を図 11.27(a)に，さらに，同じ条件で板厚 8mm の場合を(b)に示す．板厚の厚いものは素材中への冷却時の熱の拡散が速く，レーザ光による加熱，冷却の熱サイクルが速いため，材料表面に十分硬く，微細なマルテンサイトの硬化層をもった表面焼入れ層が形成される．これに対して，板厚が 2mm の場合には吸収された熱エネルギーがこもり，冷却が遅くなるため硬化層全体の面積は増加するが，微細なマルテンサイト組織は得られず，硬化層表面と母材との間に比較的幅広く，硬さもさほど高くない中間段階的な組織帯が形成される．これは有限板厚の計算で行った図 11.14 に対応した実際の加工実験の組織写真である．

板厚が十分厚い場合に焼入れ最適加工条件の 1 つと考えられる出力 1.6kW，送り速度 2m/min の条件で，それぞれ板厚を(a)2mm，(b)5mm，(c)8mm に設定して実験で比較した．その結果を図 11.28 に示す．板厚が 8mm の場合は，従来の十分厚さがある場合の金属組織および硬化形状などに相当している．板厚

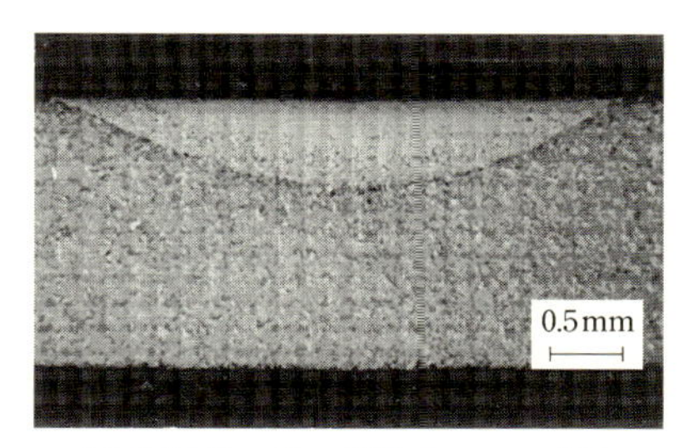

(a) 軟鋼(S45C)の板厚が2mmの場合

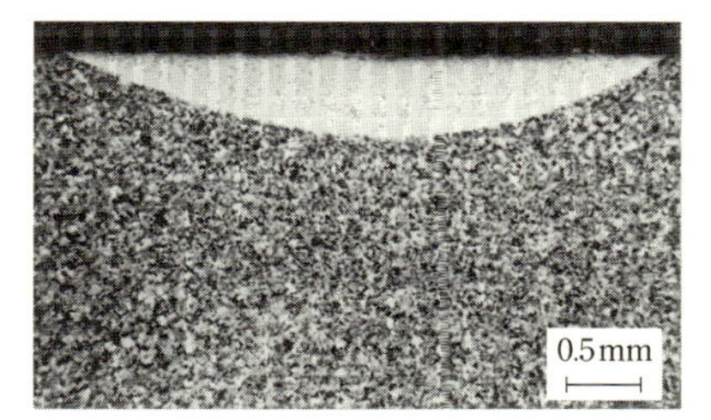

(b) 軟鋼(S45C)の板厚が5mmの場合

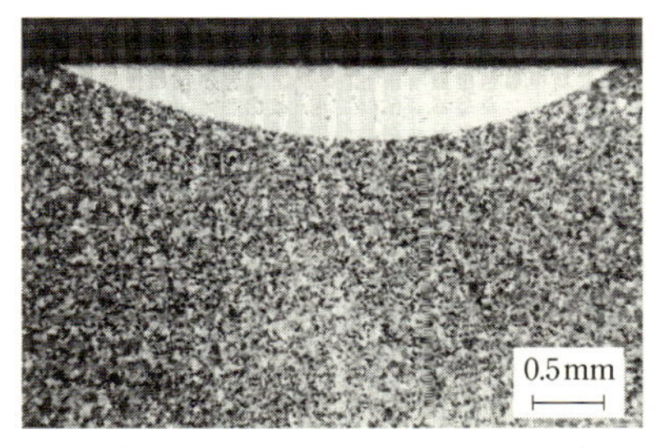

(c) 軟鋼(S45C)の板厚が8mmの場合

図 11.28　送り速度の適切な場合の板厚の異なる場合の金属組織（出力：1.6kW，送り速度：2m/min）

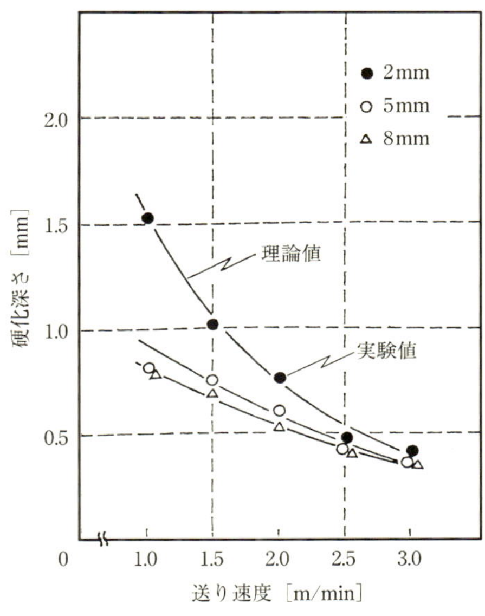

図 11.29　送り速度に対する硬化深さの関係

が5mm，2mmと小さくなるにつれて硬化層面積は，結果としてやや増大するが，組織的には急冷時に得られるマルテンサイトほどには微細ではないマルテンサイト組織を得る．板厚が2mmの場合に表面溶融が起こらない条件（出力1.6kW，送り速度2.4m/min）を選んで焼入れした場合，硬化深さは0.45mmに減少するが，板厚が2mmで送り速度の遅いときより平均硬度が高く，組織的に，また硬度的に母材との区分がきわめて明瞭で，かつ急激に変化した良質の硬化層を得た．板厚を段階的に変化させた実験から，板厚の増加に伴って硬化層の深さは減少し，表面付近での平均硬度は高くなり，その硬度分布曲線は，なだらかな傾斜から急激に立ち上がっていく．それと同時に焼入れ組織の質も向上する．

次に，硬化深さ，硬化幅および硬化面積などの焼入れ特性に及ぼす板厚の影響を示す．板厚をパラメータに，送り速度に対する硬化深さの関係を図11.29に示す．送り速度が増すと硬化深さは減少するが，速度が遅い場合に特に板厚の影響は大きく，送り速度が速くなるとほぼ一定に近づく．また，5mmと8mmとでは，5mmのほうが深さはやや大きい傾向にある．また8mm以上ではほぼ十分板厚の厚い場合のものに一致する．図では理論値を実線で示し，その上に実験値をプロットした．

硬化幅は若干板厚の厚い8mmの場合のほうが少なく，板厚の薄い場合のほうがわずかに増加する傾向にはあるが，その差は小さく，板厚に対する硬化幅の影響は硬化深さに比べればきわめて小さいといえる．このように板厚の影響は，硬化幅に対してあまり変化せず，もっぱら硬化深さに対して大きく影響することから，硬化面積はその傾向において硬化深さと類似する．送り速度の遅い場合に板厚の薄いほうがその面積は大きくなるが，送り速度が3m/min以上の比較的速いときにはほぼ一定となり板厚の影響は少なくなる．

11.5.2　送り速度と変態点

送り速度を変化させたときの焼入れ深さ，すなわち変態点の推移を図11.30に示した．図中に，熱伝導理論を用いて送り速度を変化させたときの700～1000℃の温度曲線を100℃おきにそれぞれ実線で示した．この温度範囲では熱定数に大きな変動がないので一定とした．このとき実験で求めた硬化深さを図中にプロットした．左側の速度の遅いところからはじまる下の点線でつないだラインは，肉眼的にもあきらかに表面溶融を起こしていることを示している．変態点は2m/min以上では，800～900℃近辺の範囲で変動している．変態を一定の物理変化とみなすと，反応速度論的に関与時間の長い（送り速度の遅い）ものほどその変態はやや低い温度で起こり，関与時間の短い（送り速度の速い）ものは，変態にはそれだけ高い温度を必要とすることからやや高温で起こることに一致してい

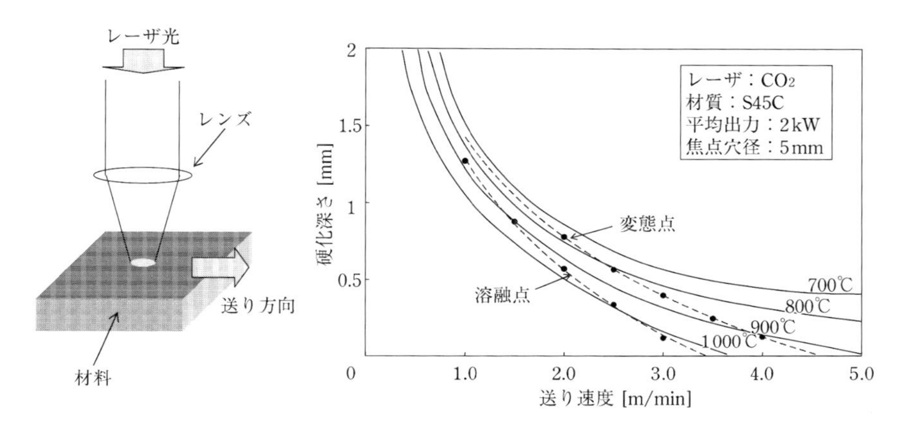

図 11.30　送り速度の変化による推移

る[11]．溶融点の軌跡と変態点の軌跡をみることができる．

11.6　表面処理加工の事例

11.6.1　鋳 鉄 の 焼 入 れ[12]

鋳鉄は炭素(C)およびケイ素(Si)を主成分にしていて，炭素含有量が 2.1％以上と高い値をもつもので，熱に対して割れやすい性質をもっている．鋳鉄は材料的にも成分的にも不均一なものが多く，レーザ焼入れの実験データはばらつきやすい．また，材料の母材マトリックスがフェライト地である場合とパーライト地になっている場合とでは焼入れ特性が大きく異なる．鋳鉄は種類も多く成分も異なるので，実験に用いた主な材料の成分表を表 11.1 に示す．なお,同一材種においても内部の黒鉛などの分布状態が異なり，これらがデータのばらつきの要因となっている．

鋳鉄のレーザ焼入れの例を以下に示す．図 11.31 に片状黒鉛鋳鉄の例として，高周波焼入れ用鋳鉄，FC 25 を，また図 11.32 には，球状化黒鉛鋳鉄の例としてダクタイル(ductile)鋳鉄，黒心可鍛鋳鉄，パーライト可鍛鋳鉄を示す．

一般に鋳鉄は，母材組織がフェライト地である場合は焼きが入りにくく，パーライト地であるときは焼入れ性がよい．特に，ノジュラー鋳鉄と黒心可鍛鋳鉄はフェライト地のところは硬化されにくく，そのため硬化形状が複雑になる．ま

表 11.1　鋳物材料の主要成分

材料＼成分		C	Si	Mn	P	S	Cr
片状黒鉛鋳鉄	高周波焼入れ用鋳鉄	3.27	2.31	0.56	0.13	0.093	0.20
	ねずみ鋳鉄 (FC 25)	3.07	2.18	0.65	0.17	0.048	0.13
球状化黒鉛鋳鉄	黒心可鍛鋳鉄 (FCMB)	2.55	1.15	0.40	0.030	0.10	0.024
	パーライト可鍛鋳鉄 (FCMP)	2.59	1.18	0.40	0.030	0.11	0.028
	タグタイル鋳鉄 (ductile)	2.86	2.63	0.59	——	0.007	0.033

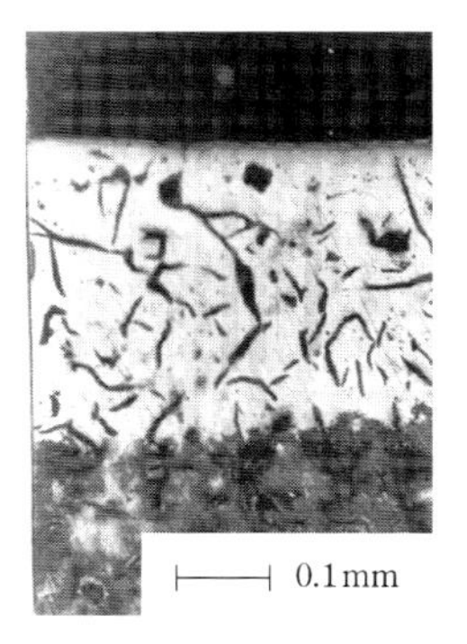

(a) 高周波焼入れ用鋳鉄
硬 化 幅：2.90 mm
硬化深さ：0.34 mm

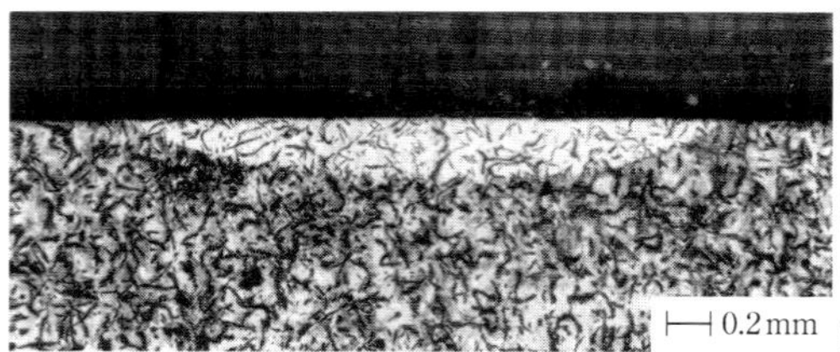

(b) ねずみ鋳鉄 FC 25
硬 化 幅：2.68 mm
硬化深さ：0.30 mm

図 11.31　片状黒鉛鋳鉄の表面焼入れ

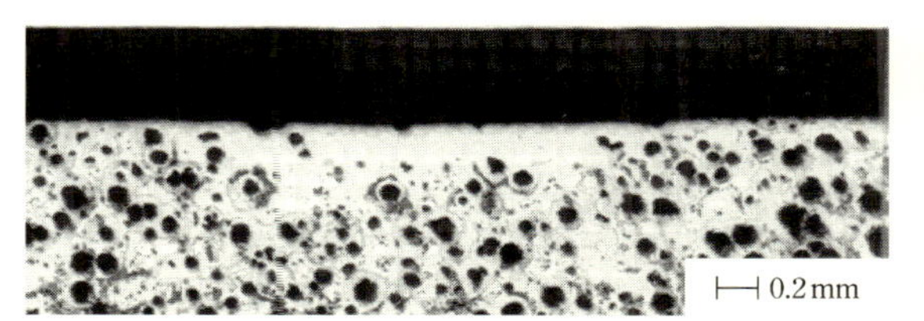

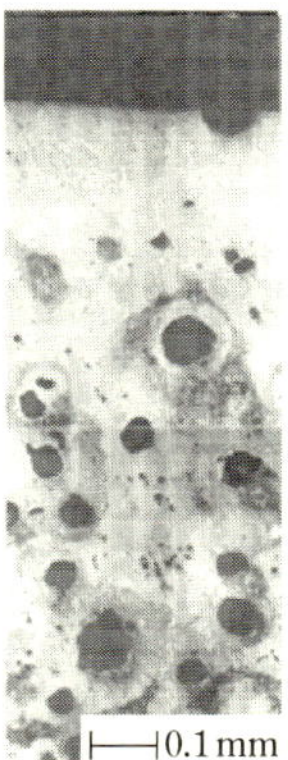

(a) ダクタイル鋳鉄
硬 化 幅：3.18 mm
硬化深さ：0.46 mm

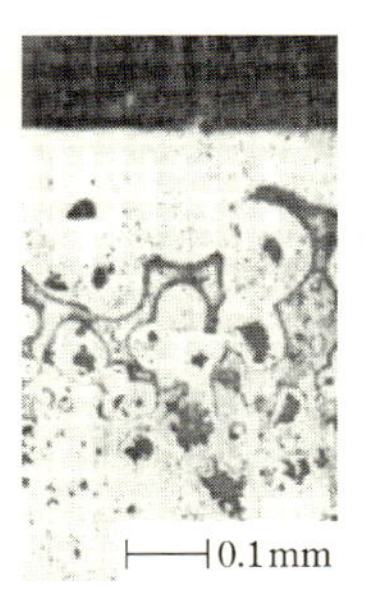

(b) 黒心可鍛鋳鉄
硬 化 幅：2.56 mm
硬化深さ：0.28 mm

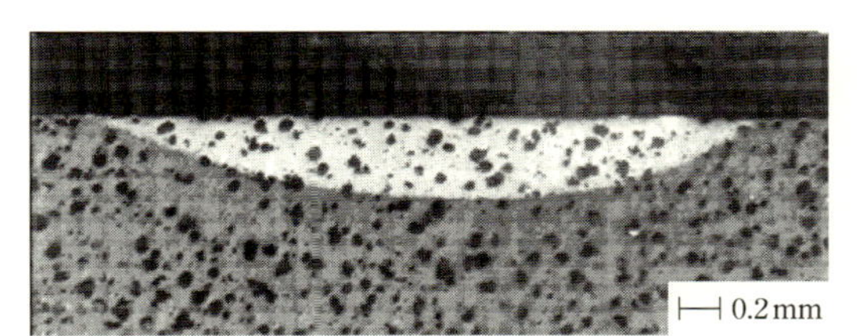

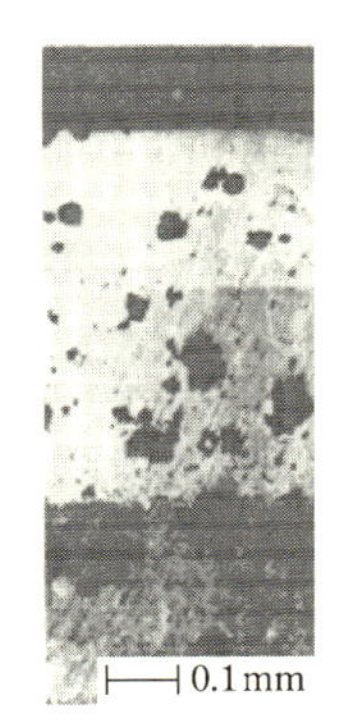

(c) パーライト可鍛鋳鉄
硬 化 幅：3.38 mm
硬化深さ：0.44 mm

図 11.32　球状化黒鉛鋳鉄の表面焼入れ

た，FCMP，高周波用鋳鉄，遠心鋳造鋳鉄などは比較的焼入れ性はよく，ヴィッカース硬度も H_V 700 以上になる．鋳鉄では，ビームの送り（走査）速度を遅くして溶け込ませても潜熱が大きいためにハンピング（溶融部の途切れ）は生じず，冷却後も面あらさはかえって平坦となり，良好な硬度と硬化幅を得ることができる[12,13]．炭素含有量が高いと焼入れ性がよいことから，硬化深さは高周波焼入れ用が FC 25 よりやや深い．成分 C，Si，および P の含有量が多いほうが硬さは深い．出力は 2 kW 一定とした．

11.6.2　表 面 合 金 化

基板表面にあらかじめ合金化元素のモリブデン粉末（粒度 6 μm）を自然おきして，その上からレーザを照射して表面溶融を起こしながら走査した．粉末を固定するためのバインダのようなものは設けていない．炭素鋼（S 45 C）の材料表面に平均厚さ約 0.1 mm でモリブデンを敷き，2 kW のレーザで照射し表面溶融を起こさせた．その結果，図 11.33 に示すように，表層に均一に拡散された白い合金化層がつくられた．直下の母材との境界面では面分布を示す X 線像でも確認されている．均一に混在する合金化層の形成はごく表層の数 μm に限定される．

11.6.3　表 面 肉 盛 り

金属表面に異なる材料を配置し，レーザを用いて表面に付着させて複合材料化する技術をいう．レーザ肉盛りは，レーザクラディング（laser cladding）と称さ

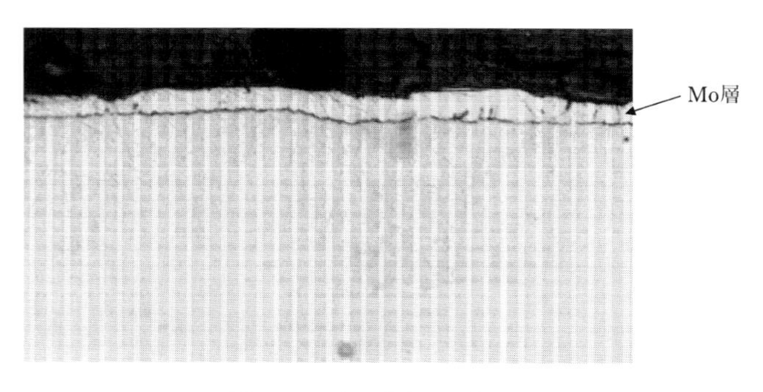

図 11.33　表面合金化の実施例

れる．この方法は，材料表面に異なる材料の層を溶融付着させることで，耐食性，耐摩耗性を高めるなどの新たな機能を与えることを意図している．表面に配置された金属はレーザにより溶融される．その後，溶融部は急冷により凝固し，母材に付着または一部境界部が合金化して肉盛層を形成する．形成された金属表面層によって新たな機能が付加される．

図 11.34　レーザ肉盛り

基本的にレーザ肉盛りも溶加材を表面に添加して合金層をつくる点では表面合金化処理と変わりがないが，母材に浸透する割合が少なく添加材の組成をそのままにした層を表面に形成する点が異なる．母材となる材料の性質を残したまま異なる材質の表面層を形成して付加機能を与えるための処理法である．

レーザ肉盛りは，材料表面に粉末を塗布する方法や，ワイヤーを供給してレーザビームで溶かしながら付着させる方法，あるいは溶射などであらかじめクラッド層を形成しておいて，材料表面で再溶融させる方法などがある．肉盛り材には高融点の W，Mo，WC，TiC 粉末などが用いられ，ワイヤーではニッケル・クロムやチタンなどが用いられる．

5kW の CO_2 レーザで肉盛りした直後の例を図 11.34 に示す．母材は SK 材で，肉盛り材にはコバルト系合金のステライト粉末を用いた．アルゴンガスをキャリアガスとし，供給速度 16g/min で材料表面のレーザ照射点に供給し溶融付着させたもので，製品として用いる際には研磨などで表面を仕上げることもある．その結果，表面硬度を飛躍的に高めることができる．

11.6.4　硬さ分布曲線

硬度測定の結果は，硬度荷重や圧子などの測定形式によって異なる．特に，レーザ焼入れでは硬軟の組織が混在するので金属組織との対応において検討する必要がある．荷重を 100g としたヌープ硬さ H_K の測定では，組織との相関関係をみるため断面組織の中央表面の 1 点を定め，その点から左右に 1mm ずつシフトした点の計 3 点の測定点から z 方向に沿ってそれぞれ測定した．

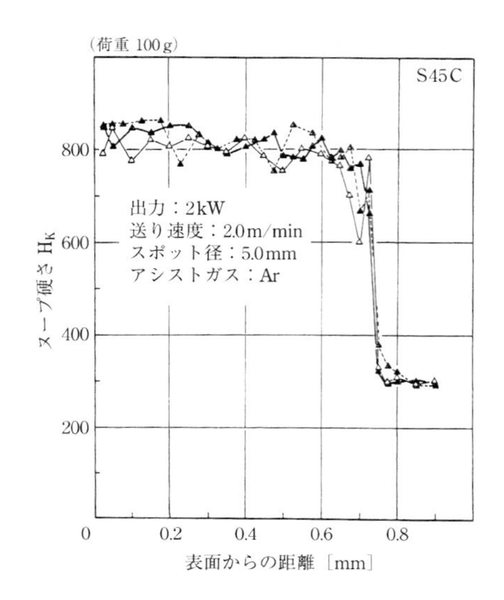

図 11.35 適切な速度（2.0m/min）で焼入れしたときの硬さ分布曲線

S 45 C の場合，出力 2kW で送り速度が 2.5m/min 付近を境にして，これより遅いところでは硬度は平均化される．図 11.35 に送り速度が 2.0m/min の場合を示す．図のように，硬度はそろって高い値をとり，母材との境界付近でのみ若干ばらつく．また，これより速いところでは表面付近の硬さは比較的に高いが，ばらつきが大きく，母材との境界付近までそのような状態で全体の硬さが次第に低下していく．図 11.36 には，送り速度が速い 3.0m/min の場合を示す．また，図 11.37 には，図 11.35 と同じ送り速度（2.0m/min）で，材質が S 45 C と S 20 C を比較したものを示した．低炭素鋼の S 20 C では全体に硬さは 1/3 と低下し，そのばらつきが大きいことがわかる．これはすべて金属の組織とほぼ対応している．

急速加熱，冷却であるレーザ表面硬化法においても，硬さは炭素の含有量に大きく依存し，フェライト領域の占める割合の大きいものほど硬さのばらつきは大きい．

図 11.38 には，炭素含有量と焼入れ硬化深さと硬さの関係を示した[14]．レーザ熱処理の場合は相対的に照射による加熱時間が短時間であるが，炭素量が多いほど微細なマルテンサイト組織となり，硬さおよび硬化深さがともに向上する．ま

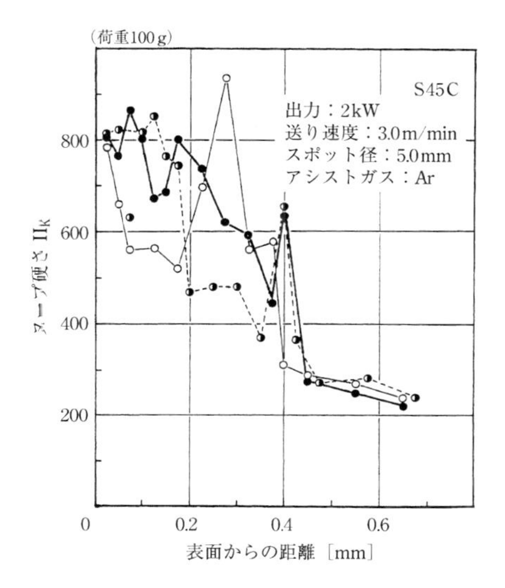

図 11.36　速い速度（3.0 m/min）での硬さ分布曲線

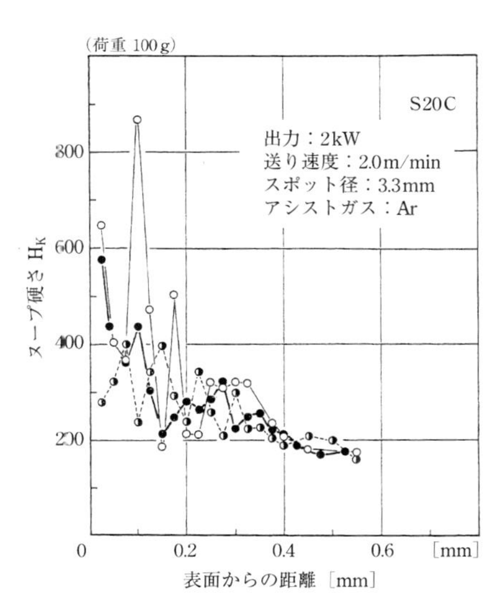

図 11.37　低炭素鋼（S 20 C）の硬さ分布曲線

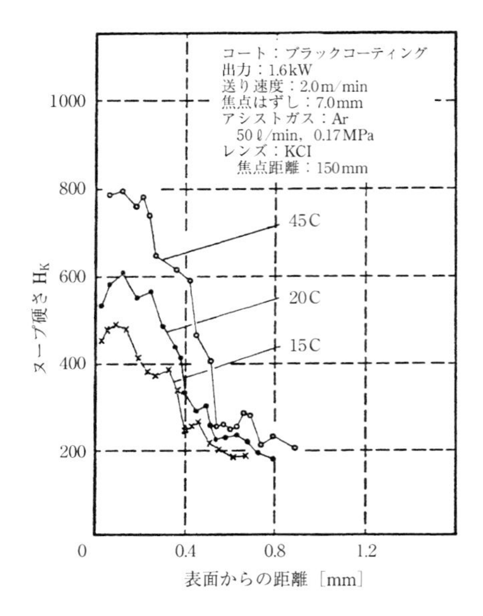

図 11.38　炭素量の違いによる硬さ分布

た，母材と硬化層との境が明瞭である．炭素元素の含有量は，炭素の拡散の程度に関係することから硬化機構にも大きく影響する．

X 線の測定結果から残留オーステナイトは，境界付近で約 6 %，硬化層中央付近で約 5 %弱を有するが，これらは微量なもので硬化層の硬さなどに直接与える影響は少ない．

以上のように，板厚の変化と含有成分の違いはレーザ焼入れ処理の硬化組織および焼入れ硬度に大きく影響を与える．

11.7　表 面 機 能 化

レーザ発振器の短波長化や短パルス化に伴いその特徴を生かした微細加工が開発され，加工技術に新しい局面が切り開かれた．最近では，短パルスレーザや短波長レーザを応用して材料表面に新しい機能を付加するレーザ表面処理技術が注目を浴びるようになってきた．このように急速に発展するレーザ応用技術にあって，レーザ加工技術としてマイクロ加工化に連動して新たな展開をみせるレーザによる表面機能化について述べる.

11.7.1 マイクロ加工化

発振波長を短くする波長化は，固体レーザによる波長変換技術の発展で実現した．その結果，高調波レーザの出力が向上し，第二高調波（グリーン：$\lambda=532$ nm）ではシングルモードで 50 W，第三高調波（ブルー：$\lambda=355$ nm）では 30 W まで取り出されて，現在では第五高調波まで取り出しが可能となったが，産業界では高調波では第二，第三までが多用されている．

結晶母材は YAG，YLF，YVO_4 とさまざまな素材が使われており，それぞれ特徴をもっている．短波長化によって，加工では材料固有の吸収波長の違いから異なった加工特性が得られる．また，短波長により集光特性は著しく改善される．このような理由から，短波長レーザを利用した微細加工への応用が活発化した．表面加工に関連したマイクロ加工では，ガラス基板，スクライビングなどにレーザが広範囲に応用されている．また，レーザはガラス加工に対応できる数少ない有効な加工手段として注目されてきた．さらにパルス幅（パルス持続時間）を短くする短パルス化技術の発展も大きく加工のマイクロ化に貢献している．産業界では短パルスではナノ秒，ピコ秒が注目されている．

上記のような短パルス化，短波長化に対応したレーザ機器や装置の特徴が利用されて，レーザによる表面加工への適応が広範囲に進んでいる．レーザ表面処理加工は，材料本来の性質を維持しつつ材料の表面および表層の局部的性質をレーザによって改善し，性質や物性値を変化させて新しい機能を表面に付与するレーザ技術である．これらは表面改質ともいわれるが，その適用範囲が広がり必ずしも材料的に改質でないものを含むようになってきたことに加え，広く表面に機能を付加する新しい技術であるので表面機能化ということにする．

11.7.2 表面機能化

レーザによる表面処理加工による表面機能化には，加熱プロセス，溶融プロセス，蒸発プロセス，化学反応プロセスに分類される．表面処理の特徴と分類を表 11.2 に示す．大きく外部表面付加処理，材料表面溶融処理，内部表層変質処理などがある．次に，これらに付随したレーザ表面処理の効果を表 11.3 に示す．レーザ表面処理では機械特性の向上，光学特性の傾斜分布，物理的性質の変化，

表 11.2　レーザ表面処理の分類

分　類	特　徴	事　例
外部表面付加処理	材料表面に異種材料を層として付加（境界接合、境界面での拡散）	蒸着，箔・異種フィルムデポジション
材料表面溶融処理	同種，または異種材料間の融合による層の生成（材料自身または材料間の溶融・拡散と冷却）	合金化，パウダー添加 表面硬化
内部表層変質処理	母材内部及び表層の形状・構造・配列を変化（波長吸収による材内変化）	表層突起生成 極表層内変質処理

表 11.3　レーザにより付加される機能

付 加 機 能	効　果
機械特性の向上	耐摩耗性，耐熱性，表面硬化
光学特性の傾斜分布	光学濃度，屈折率，透過率，吸収率
物理的性質の変化	密度，磁界・磁区の方向性，物性値，構造
化学的性質の変化	耐酸性，耐熱性，耐食性，構造・配列，硬化

表 11.4　レーザ表面処理とトライボロジー効果

トライボロジー特性	付与される表面性状	代表的な加工	使用レーザ
磨耗の低減	高硬度化	表面焼入れ 肉盛，合金化	赤外レーザ
潤滑油の保持	油溜り	表面ディンプル 部分表面硬化	赤外レーザ ナノ秒レーザ
摩擦の低減	表面粗さの低減	レーザ研磨 微細周期構造	ナノ秒レーザ フェムト秒レーザ
疲労強度の改善	表面硬化	レーザピーニング	極短パルスレーザ

化学的性質の変化などのレーザ特有の新しい機能が付加される効果が期待される．一方，表面のレーザ加工はトライボロジー（tribology）との関係が深く，ほとんどのレーザによる表面機能化はトライボロジーに帰着するということができる．

現在トライボロジーに応用されている加工の種類とレーザを表 11.4 に示す．摩耗の低減や表面強度を高める用途には比較的大出力の赤外レーザが用いられている．代表的な加工としては前の章で述べたように表面焼入れ，合金化，肉盛などである．これらの用途には赤外レーザが主に用いられていたが，最近ではナノ秒の高調波レーザなどが用いられるようになった．さらに，摩擦力の低減や疲労強度を向上させ，微細な表面周期構造の形成により摩擦の低減や焼き付け防止ができる．これらの用途にはナノ秒レーザやフェムト秒レーザなどが用いられる．なお，これらすべてが産業用に用いられているのではなく，研究段階のものもある．以下に，いくつかの具体的な事例を述べる．

11.7.2.1 表面活性化

金属表面への短波長レーザ（$\lambda = 355$ nm 以下）の照射は，表面の被膜や汚染を取り除く効果があり，その結果として表面を活性化させることができる．処理直後に赤外領域の長波長レーザを用いて表面溶融などを行うことで，表面の異物が溶融層に混入するのを防ぐことができる．また複合波長による処理は，前加工で行われた機械加工の小さな突起や研磨バリなどを除き，平準化する前処理の効果もある[17]．

11.7.2.2 表面処理加工

レーザによる表面処理の歴史は長いが，新しいレーザや各種材料の出現によって日々新たな発展をみせている．レーザ表面処理は表面硬化，表面改質，表面形成により耐摩耗性や耐蝕性など材料特性を改善することにある．すなわち，新たなトライボロジー特性を表面に付加することでもある．加熱プロセスでは，表面を焼入れ（硬化）や焼なまし（残留応力除去）が可能であり，溶融プロセスは，溶融によって異なる成分を混入・付加する処理で，なかでもレーザクラッディングは，レーザ溶融で特定の材料の堆積層を基板表面に形成して所望の性質を確保する加工法で，優れた腐食性や耐熱性を得ることができる．化学反応プロセスは，母材に蒸発物質を堆積させる方法で，表面に薄膜の層を形成することができる．

11.7.2.3 表面ポリシング

レーザを用いたポリシング（研磨）も紹介されている[18]．材料表面にレーザを

(a) 特殊鋼のレーザ研磨　　(b) ワイングラスのシャフト（型）

図 11.39　レーザ研磨[18)]

照射して極表面に溶融状態の液相を形成し，凝固によって固化させる方式により新しい平滑な表面を生成する技術である．一般に，機械加工された材料表面は工具によって一様ではなく，多くは加工法に相応した表面が形成される．そこにレーザ光を照射することで，表面の凹凸は平準化して表面あらさをきわめて小さい状態にすることができる．その結果，機械研磨されたような表面をつくり出すことができることから，レーザポリシングと称している．擬似的な機械加工への領域拡大でもある．

マクロなポリシングは連続発振のレーザが，またミクロなポリシングはパルス発振レーザが用いられる．溶融深さはマクロでは 20～200 μm 程度，ミクロでは 0.5～5 μm が得られる．また，表面あらさは Ra＝0.05 μm まで低減できるとしている．微量ずつ削り込んであらさを極力小さくするのではなく，表層を溶かして凹凸を平坦化するとともに鏡面を得る．本来の機械加工とは異なるが，結果的に類似の効果をもたらす．図 11.39 にその一例を示す．鏡面のような加工面が得られ，ガラス製品の鋳型にも利用できている．

11.7.2.4　レーザテクスチャリング

レーザにより材料表面に凹凸のあるパターンや突起構造（bump；バンプ）を形成するレーザテクスチャリング（laser texturing）がある．形状は多種多様であり材料と波長の相性が考慮され，波長も第二，第三高調波などが用いられる．

突起の高さや加工深さはマイクロオーダで，穴，矩形・菱形のくぼみ，格子状の模様や溝などが形成される．また，規則性のある微細突起や周期構造をもった紋様を，フェムト秒レーザで材料表面に形成する試みもなされている．超硬合金のリング状の領域にレーザにより周期構造を形成した例は14章（p 591，図14.36）でも示す．この場合，レーザによってつくられる穴径は数～数十μmと小さいことが特徴であるが，レーザアブレーションによる微細形状やビームの強度分布を利用したレーザ表面テクスチャリング加工，ナノサイズの周期構造をもつバンプなども検討されている．

一方，従来の高出力赤外レーザを用いて表面を溶融させ，冷却凝固のタイミングをみながらつぎつぎと溶融金属柱を積層，あるいは堆積して表面に大きい突起を形成する試みもなされている．この方法は“laser surface-sculpt”（表面微細造形）などと称されている[20]．一例を図11.40に示す．この方法によれば，高さが1mm程度の突起物の生成も可能である．構造物表面の突起は本体からの放熱効果が期待されることから，熱を発する微細な構造物や熱交換器などへの応用が期待されている．

レーザテクスチャリングは，金属材料はもとよりセラミックス，ガラス，樹脂などほとんどの材質に対して可能であり，表面に均一な微小バンプをダイレクトに形成することができる．形状やパターンの深さおよび幅の変化に対する自在度は大きい．

図11.42に，石英ガラス表面に吸収波長のほぼ一致する金属薄膜をつけて照射して熱的な衝撃を加えることでエッチングされやすい表面を形成したあとに，エ

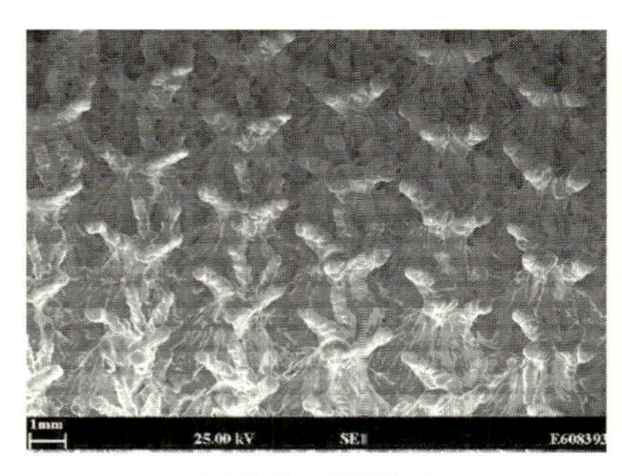

(a) 複数の段階処理

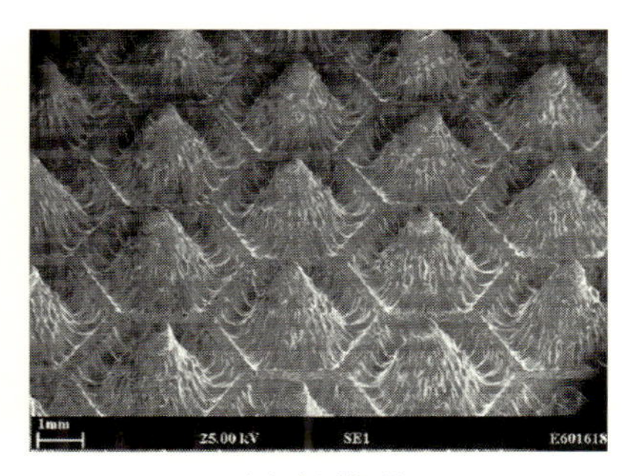

(b) 全面処理

図11.40　レーザテクスチャリングの事例[19]

表面微細造形

高さ<1 mm

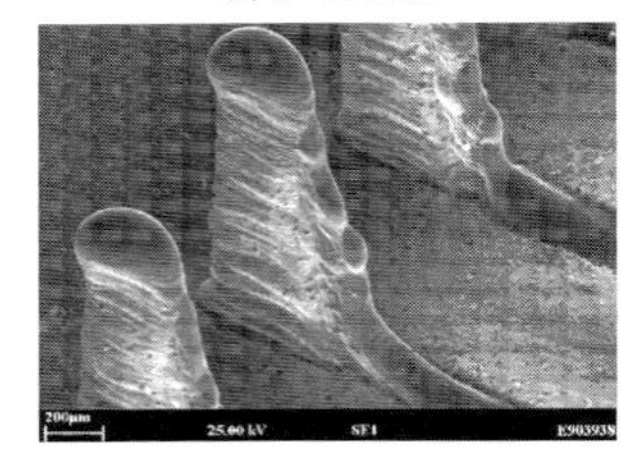

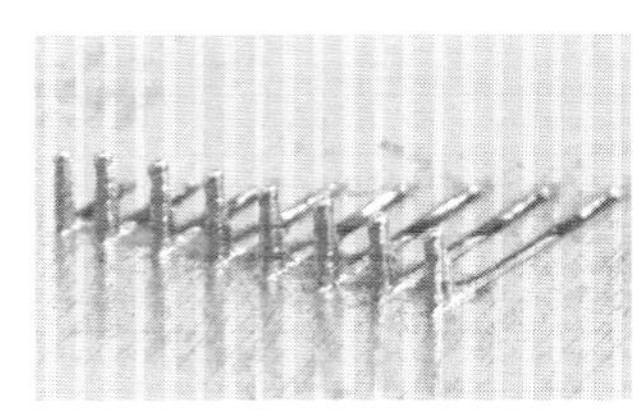

応用例

熱交換器

高さ：2〜3 mm

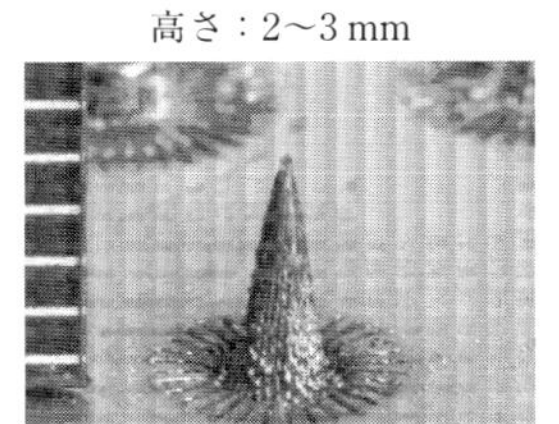

図 11.41　レーザによる表面突起の作製[19]

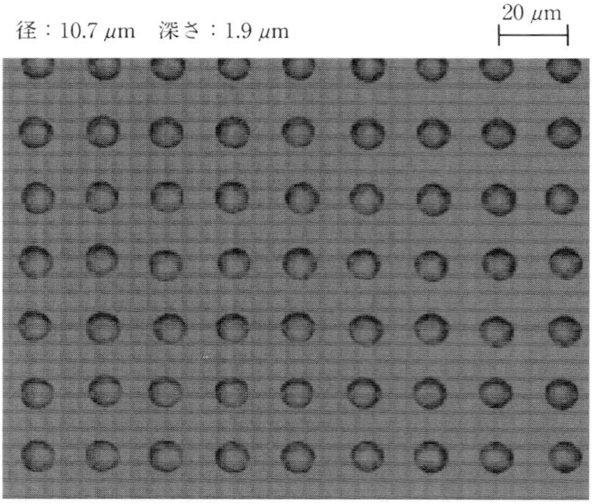

径：10.7 μm　深さ：1.9 μm　　20 μm

単パルス加工 穴間隔：20 μm ピッチ，平均出力：710 mW，
波長：355 nm，エネルギー：24 μJ/Pulse，レンズ：40 mm

図 11.42　石英ガラス表面へのディンプル加工[20]

ッチングによる微細なディンプルを創生した例を示す[21]．透明材料の表面加工へ適応した例である．石英は化学的に安定した優れた工業材料であるが，加工が難しいとされる．しかし，レーザを用いれば表面に自由度の高い機能を付加することができる．

レーザ加工における新しい世代といわれる現在の特徴は加工のマイクロ化と表面機能化である．マイクロ化は各種レーザの出現によるもので，加工手段の多様化に連動した加工領域と加工用途の多様化によるものである．マイクロ化における加工ではミクロなりの新たな問題を提起されている．それはミクロの変形や加工後のデブリの発生とその対策である．真空引きや加工の前段階での表面薄膜処理など付随的な技術が生み出された．

加工の表面機能化はレーザによる表面処理によってもたらされるものであり，レーザによる表面処理は表面特性を改善するための技術として，摩擦や潤滑に対する形状，直径，深さの大きさや方向性および密度との関係や影響などが検討されている．レーザ加工による表面機能化は，表面で生起される光と材料の相互作用によって生起される物理・化学現象をより目的に合わせて効率よく選択的に適用したものである．その意味で従来の処理のようにレーザ照射による単なる溶融や分離の熱加工から，光によって表面に新しい機能を付加することを追及した一歩進んだ材料処理法であるといえる．

11.7.2.5 レーザピーニング

表面衝撃硬化法の1つにレーザピーニングがある．従来ショットピーニング（shot peening）は，小さな鋼球などの投射材で材料表面に強力な空気圧により数百 m/s の高速で投射することで表面を加工硬化させ，残留圧縮応力による塑性変形を起こさせる方法である．レーザピーニングはこのピーニングの効果をレーザにより達成する技術である．原子炉の溶接部の応力腐食割れ抑制や，航空機用タービンブレードの疲労強度改善に応用されてきた．

レーザピーニングは，1990 年代から研究が盛んに行われるようになった技術で，油や水中に置いた材料にナノ秒，ピコ秒など極短パルスのレーザ光を照射するによって発生するプラズマの衝撃波（または圧力波）の反作用により材料表面にピーニング効果を誘発するものである．アブレーションが起こる強度の短パルスレーザを照射すると金属表面でプラズマが生成するが，水中では爆発的な膨張が抑制されるためにプラズマが高圧力となって衝撃波を発生し，金属表面に直に伝播される．この衝撃波による応力が金属の降伏応力を超えると圧縮の応力が発生し表面が硬化し，その効果で応力腐食割れや疲労強度が改善される．レーザピーニングによる疲労寿命はショットピーニングの10倍以上で，優れたピーニング効果が得られる[21]．図11.43にレーザピーニングの原理を模式図に示す．現在では重工業産業を中心に溶接構造物の疲労強度，応力腐食割れ特性の向上などのために用いられ一部実用化されている．また，表面の微細な突起やディンプルを形成することにより，摩擦力の低減につながるテクスチャリングでも応用される．

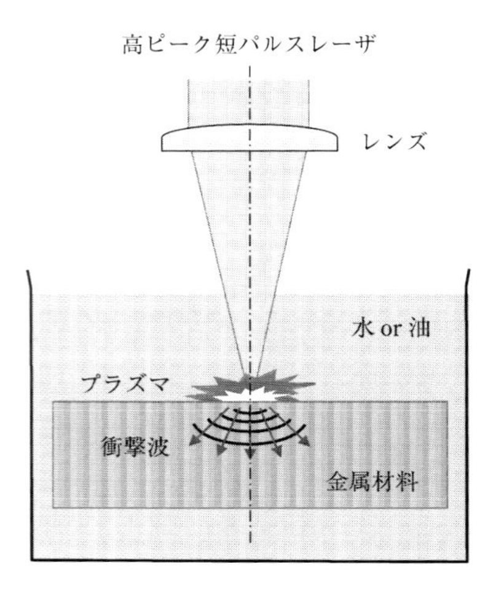

図11.43　レーザピーニングの模式図

参考文献

1) 新井武二：はじめてのレーザプロセス，工業調査会，p. 130（2004）
2) 川澄博通，新井武二：レーザによる金属表面焼入れの研究——変態硬化挙動について——，中央大学理工学部紀要，**24**, pp. 169-184（1981）
3) Girifa, L.A.著，北田正弘訳：入門結晶中の原子の拡散，共立全書，共立出版，p. 130（1980）
4) 川澄博通，新井武二，藤原一樹，李　在吉：レーザによる金属表面処理——表面合金化に関する基礎的研究——，昭和56年度精機学会春季大会学術講演論文集，p. 991（1981）
5) 川澄博通，新井武二：表面硬化機構の解析，昭和54年度精機学会秋季大会シンポジウム資料，pp. 1-6（1979）
6) Carslaw, H.S. and Jaeger, J.C.: Conduction of Heat in Solids, 2nd ed., *Oxford Univ. Press*, p. 270（1959）
7) 川澄博通，新井武二：レーザによる金属表面焼入れの研究——板厚及び照射角度の影響——，精密機械，**48**-9，p. 104（1982）
8) 川澄博通，新井武二：レーザを用いた表面硬化における熱源の影響（第1報），精密機械，**47**-6，p. 669（1981）
9) 川澄博通，新井武二：レーザを用いた表面硬化における熱源の影響（第2報），精密機械，**47**-12，p. 1470（1981）
10) 難波義治，大村悦二ほか：レーザ硬化処理に関する研究（第2報），硬化層生成過程の解析，日本機械学会論文集（C編），**50**-454，p. 1099（1984）
11) 横田清義，井口信洋：急速加熱鋳鉄の研究，*Rep. of Casting Research Laboratory*，*Waseda Univ.*（1967）
12) 川澄博通，新井武二，中村幸夫：CO_2 レーザによる鋳鉄および炭素鋼の焼入れ特性，昭和55年

度精機学会春季大会学術論文講演会，p. 385（1980）
13）American Metal Market : **87**-147，July 30（1979）（技術紹介記事）
14）Kawasumi, H., Arai, T. and Li Zai-Ji : Effects of Carbon Contents and other Additives For Steel on Laser Hardening, *Bull. of JSTE*, **14**-4, pp. 237-240（1983）
15）新井武二：レーザ加工の最新情報，光アライアンス（日本工業出版），**22**-8，p. 1（2011.8）
16）新井武二：レーザ加工技術の最新動向とトライボロジー，（日本トライボロジー学会），トライボロジスト，**35**-11，p. 783（2010）
17）(財)機械システム振興協会主催：産業用次世代レーザ応用・開発に関する調査研究，ワークショップ資料，局所表面改質 WG，p. 1（2009.1）
18）Willenborg, E.：レーザ照射による金属の研磨 Industrial Laser Solutions Japan，Jan. p. 22（2010）
19）Wylde, G. : Recent Developments in Laser Processing at TWI，第 32 回レーザ協会セミナー，32，p. 9（2008.11）
20）ARAI, T. and ASANO, N. : Micro-Fabrication on Surface Treatment of Transparent Body Material, FLAMN-10 PS 2-04（2010.7）
21）沓名宗春：レーザピーニング技術とその応用，第 33 回レーザ協会セミナー，No 33-9（2009.11）

12 高出力固体レーザ

主に2000年代に入って加工用レーザとして登場した固体レーザに，半導体レーザ，ファイバーレーザ，ディスクレーザなどがあるが，これはレーザのなかでは比較的新しいレーザである．特にファイバーレーザはその原理から高出力化が容易で，ファイバーで発振・伝送を行え，フレキシビリティーであることから急速に普及した．初期は主に溶接用であったが，2010年以降は切断用にも応用されるようになった．また，半導体レーザについても高出力化し，産業用に利用が可能となったことから，種々の応用ができるようになってきた．主な産業用固体レーザの緒元の比較を表12.1に示す．比較はすべて市販品に限った．

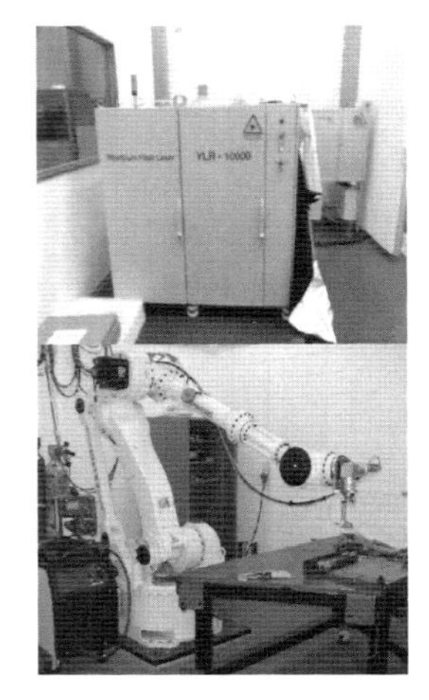

(写真：高出力ファイバーレーザ加工)

12.1 半導体レーザ

レーザダイオードの出力増加によって励起源から直接加工用熱源として使えるようになってきた．半導体レーザは電気から光への変換効率が約40%と高く，金属材料に対する波長吸収性がよいことから工業的な応用において大きな期待が

表12.1 各種産業用固体レーザの比較

仕様 ＼ レーザ名称		YAGレーザ (ロッド型：LD)	YAGレーザ (ディスク型)	ファイバーレーザ	半導体レーザ (DDL)	CO_2レーザ (参考)
波長[nm]		1 064	1 030	1 070～1 085	800～900	10 600
最大出力[kW]		6～10	16	100	4～6	50
効率[%]		3～4	20～30	20～30	40～50	8～12
吸収率[%]	鋼板	35	35	35	40	12
	アルミ	7	7	7	13	2

(一部参考データ)

ある．直接加工用の半導体レーザはDDL（direct diode laser）とよばれる．

DDLは数多くのLD（laser diode；半導体のレーザ素子）バーで構成されている．個々のLDはたかだか20〜60 W程度の出力であるが，これを積層して（スタック；stack）化して高出力を得ている．

たとえば，本実験で用いた装置は32個のLDバーを並列に配置した集合体でひとつのスタック（積層）が構成されていて，このスタックを2〜4個光学的に合成することで数kWが得られるように設計されている．偏光光学系やビーム整形光学系を途中光路に挟むこともある．通常は数個のスタックから取り出されたレーザ光は光学系によって広がりが抑えられ，コリメーションによってほぼ平行光にされたあとにレンズで集光される．

得られる熱源は図12.1に示すような形状を呈している．これを図式化すると図12.2のように表示することができる．図からわかるように，DDL熱源は底辺が矩形であるために移動する方向によって熱源としての形状が異なる．そのため工業的な応用や役割も違ってくる．進行方向に向かって広幅の熱源となるx方向への移動は主に焼入れ加工に，一方，進行方向へ向かって細い熱源となるy方向への移動は溶接加工に用いられることが多い．このような理由からx方向

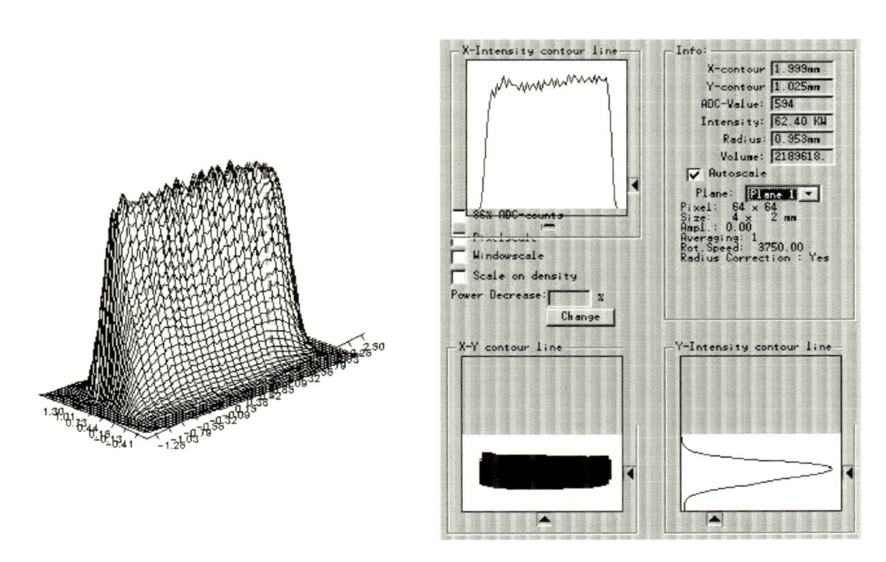

図12.1　加工用高出力DDLの構成（参考図）

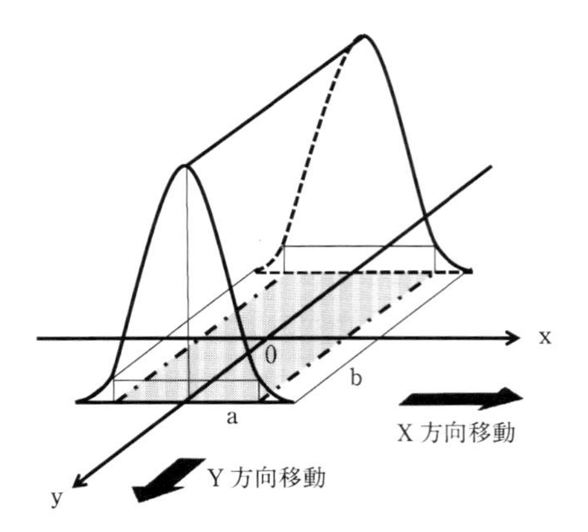

図 12.2　加工用高出力 DDL の構成（参考図）

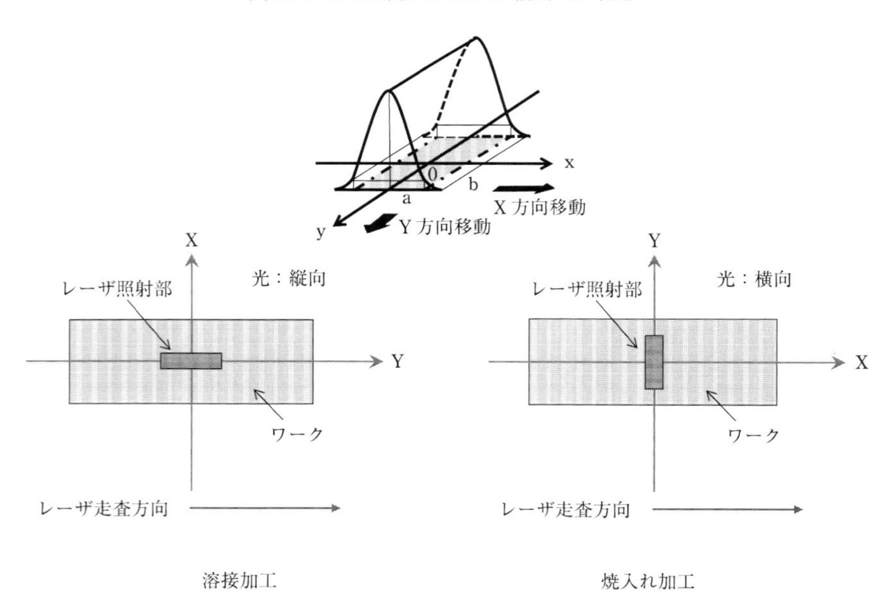

図 12.3　半導体レーザ熱源と加工方向

または y 方向の移動方向により，2 種類の熱源モデルの式を得ることができる（図 12.3）．

12.1.1 熱源としての半導体レーザ[1)]

半導体レーザ用熱源は，熱源形状から矩形—ガウス熱源（Rectangular Gaussian Source）として近似することができる．この熱源は移動または進行方向によって変化することから，個々の場合について解く必要がある．

1）進行方向が長手方向（y 方向）の場合：

矩形—ガウスのエネルギー分布は以下の式で与えられる．

$$w(x',\ y')=\frac{W}{2ab\sqrt{\pi}}e^{-\frac{x^2}{a^2}}F(y)$$

$$F(y)=1 \qquad |y|\leq b$$

$$F(y)=0 \qquad |y|>b$$

これから，

$$\theta=\frac{A\alpha}{4K\sqrt{(\pi\alpha)^3}}\int_{-\infty}^{\infty}\int_{-\infty}^{\infty}\int_{0}^{\infty}\frac{\frac{W}{2ab\sqrt{\pi}}}{\sqrt{t^3}}e^{-\frac{x^2}{a^2}}\times e^{-\frac{(x-x')^2+(y-y'+vt)^2+z^2}{4\alpha t}}dtdx'dy' \tag{12.1}$$

ここで，

$$I_x=\int_{-\infty}^{\infty}e^{-\frac{x^2}{a^2}-\frac{(x-x')^2}{4\alpha t}}dx', \qquad I_y=\int_{-b}^{+b}e^{-\frac{(y-y'+vt)^2}{4\alpha\tau}}dy'$$

$$I_z=\int_{0}^{\infty}\frac{e^{-\frac{z^2}{4\alpha t}}}{\sqrt{t^3}}dt$$

とおくと，式(1)は

$$\theta=\frac{A\alpha\frac{W}{2ab\sqrt{\pi}}}{4K\sqrt{(\pi\alpha)^3}}\int_{0}^{\infty}\frac{e^{-\frac{z^2}{4\alpha t}}}{\sqrt{t^3}}dt\int_{-\infty}^{\infty}e^{-\frac{x^2}{a^2}-\frac{(x-x')^2}{4\alpha t}}dx'\int_{-b}^{+b}e^{-\frac{(y-y'+vt)^2}{4\alpha\tau}}dy'$$

となる．

$$\theta=\frac{AW}{8Kab\pi^2\sqrt{\alpha}}\int_{0}^{\infty}\frac{e^{-\frac{z^2}{4\alpha t}}}{\sqrt{t^3}}\cdot I_x\cdot I_y\,dt \tag{12.2}$$

ここで，

$$I_x=\int_{-\infty}^{\infty}e^{-\frac{x^2}{a^2}-\frac{(x-x')^2}{4\alpha t}}dx'$$

$$=\int_{-\infty}^{\infty}e^{-\left[\frac{x'^2}{a^2}+\frac{x^2-2xx'+x'^2}{4\alpha t}\right]}dx'$$

$$=e^{-\frac{x^2}{4\alpha t}}\int_{-\infty}^{\infty}e^{-\left(\frac{1}{a^2}+\frac{1}{4\alpha t}\right)x'^2+\frac{x}{2\alpha t}}dx'$$

$$=e^{-\frac{x^2}{4\alpha t}}\int_{-\infty}^{\infty}e^{-\left[\left(\frac{a^2+4\alpha t}{4a^2\alpha t}\right)\right]x'^2+\left(\frac{x}{2\alpha t}\right)x'}dx'$$

さらに，次のように置き換えると，

$$A_x=\sqrt{\frac{a^2+4\alpha t}{4a^2\alpha t}},\qquad B_x=\frac{ax}{2\sqrt{\alpha t(a^2+4\alpha t)}}$$

前の式は，

$$I_x=e^{-\frac{x^2}{4\alpha t}}\int_{-\infty}^{\infty}e^{Bx^2-\left(\sqrt{\frac{a^2+4\alpha t}{4a^2\alpha t}}x'-Bx\right)^2}$$

$$=e^{Bx^2-\frac{x^2}{4\alpha t}}\int_{-\infty}^{\infty}e^{-(A_xx'-Bx)^2}dx'$$

$$\int_{-\infty}^{\infty}e^{-u^2}du=\int_{0}^{\infty}e^{-u^2}du=\sqrt{\pi}$$

となるから，

いまここで，$A_xx'-B_x=u$ とおけば，$dx'=\frac{1}{A_x}du$

$$I_x=e^{Bx^2-\frac{x^2}{4\alpha t}}\int_{-\infty}^{\infty}e^{-u^2}\frac{du}{A_x}=\frac{\sqrt{\pi}}{A_x}e^{Bx^2-\frac{x^2}{4\alpha t}}$$

ところで，

$${B_x}^2-\frac{x^2}{4\alpha t}=\frac{a^2x^2}{4\alpha t(a^2+4\alpha t)}-\frac{x^2}{4\alpha t}=-\frac{x^2}{a^2+4\alpha t}$$

となることから，

$$I_x=\frac{\sqrt{\pi}}{A_x}e^{-\frac{x^2}{a^2+4\alpha t}}=\sqrt{\frac{4\pi a^2\alpha t}{a^2+4\alpha t}}e^{-\frac{x^2}{a^2+4\alpha t}}\tag{12.3}$$

ここで，

$$\frac{a}{r}=\Re, \qquad \frac{rv}{4\alpha}=U, \qquad 4\alpha t=r^2p^2$$

とおくと，

$$dt=\frac{r^2}{2\alpha}pdp, \qquad t=\frac{r^2}{4\alpha}p^2$$

となるから，

$$I_x=\frac{\sqrt{\pi}\Re rp}{\sqrt{\Re^2+p^2}}e^{-\frac{X^2}{\Re^2+p^2}} \tag{12.4}$$

また，

$$I_y=\int_{-b}^{+b}e^{-\frac{(y-y'+vt)^2}{4\alpha\tau}}dy'$$

同様に，無次元化のために，

$4\alpha t=r^2p^2$ とおくと，

$$\begin{aligned}I_y&=\int_{-b}^{+b}e^{-\frac{[y-y'+v(r^2p^2/4\alpha)]^2}{r^2p^2}}dy'\\&=\int_{-b}^{+b}e^{-\frac{\left[\frac{y-y'+v(r^2p^2/4\alpha)}{r}\right]^2}{p^2}}dy'\end{aligned}$$

さらにここで，

$$\frac{y-y'+vt}{r}=Y', \qquad dy'=-rdY'$$

$$y'=+b \quad : \quad Y'=\frac{y-b+vt}{r}$$

$$y'=-b \quad : \quad Y'=\frac{y+b+vt}{r}$$

とおくと，以下のようになる．

$$I_y = \int_{\frac{y+b+vt}{r}}^{\frac{y-b+vt}{r}} e^{-\frac{Y'}{p^2}}(-rdY') = r\int_{\frac{y-b+vt}{r}}^{\frac{y+b+vt}{r}} e^{-\left(\frac{Y'}{p^2}\right)^2} dY'$$

また，ここで，

$$\frac{y}{r} = Y, \qquad \frac{b}{r} = B, \qquad \frac{Y'}{r} = \eta, \qquad dY' = pd\eta$$

$$Y' = \frac{y+b+vt}{r} = Y+B+Up^2$$

$$\frac{vr}{4\alpha} = U, \qquad \eta = \frac{Y+B+Up^2}{p}$$

とおくと，

$$I_y = \int_{\frac{Y-B+Up^2}{p}}^{\frac{Y+B+Up^2}{p}} e^{-\eta} pd\eta = rp\frac{\sqrt{\pi}}{2}\left[erf\left(\frac{Y+B+Up^2}{p}\right) - erf\left(\frac{Y-B+Up^2}{p}\right)\right] \tag{12.5}$$

さらに，

$$4\alpha t = r^2p^2, \qquad \frac{z^2}{r^2p^2} = \frac{{Z_0}^2}{p^2}, \qquad \frac{z}{r} = Z_0$$

$$t = \frac{r^2p^2}{4\alpha} \qquad dt = \frac{r^2}{2\alpha}pdp$$

とおくと，

$$I_z = \int_0^\infty \frac{e^{-\frac{z^2}{r^2p^2}}}{\sqrt{t^3}} dt$$

$$= \int_0^\infty \frac{e^{-\frac{z^2}{4\alpha t}}}{\sqrt{\left(\frac{r^2p^2}{4\alpha}\right)^3}} \cdot \frac{r^2}{2\alpha} pdp$$

$$I_z = \int_0^\infty \sqrt{\frac{(4\alpha)^3}{(r^2p^2)^3}} \cdot \frac{r^2}{2\alpha} e^{-\frac{{Z_0}^2}{p^2}} pdp$$

$$= \int_0^\infty \frac{4\sqrt{\alpha}}{rp^2} \cdot e^{-\frac{{Z_0}^2}{p^2}} dp \tag{12.6}$$

式(12.4)，(12.5)，(12.6)を式(12.2)に代入して

$$\theta=\frac{AW}{8Kab\pi^2\sqrt{\alpha}}\int_0^{\infty}\frac{4\sqrt{\pi}}{\sqrt{t^3}}e^{-\frac{Z_0{}^2}{p^2}}\times\frac{\sqrt{\pi}\Re rp}{\sqrt{\Re^2+p^2}}e^{-\frac{X^2}{\Re^2+p^2}}$$

$$\times rp\frac{\sqrt{\pi}}{2}\left[erf\left(\frac{Y+B+Up^2}{p}\right)-erf\left(\frac{Y-B+Up^2}{p}\right)\right]dp$$

$$=\frac{AW}{4\pi Kb\sqrt{\alpha}}\int_0^{\infty}\frac{e^{-\frac{X^2}{\Re^2+p^2}-\frac{Z_0{}^2}{p^2}}}{\sqrt{\Re^2+p^2}}\left[erf\left(\frac{Y+B+Up^2}{p}\right)-erf\left(\frac{Y-B+Up^2}{p}\right)\right]dp \tag{12.7}$$

となって，進行方向が y 方向の場合の温度分布の式が得られる．

2) 進行方向が横方向（x 方向）の場合：

同様に，矩形―ガウスのエネルギー分布は以下の式で与えられる．

$$w(x',\ y')=\frac{W}{2ab\sqrt{\pi}}\cdot e^{-\frac{x^2}{a^2}}F(y)$$

$$F(y)=1 \qquad |y|\leq b$$

$$F(y)=0 \qquad |y|>b$$

これから，

$$\theta=\frac{A\alpha}{4K(\pi\alpha)^3}\int_{-\infty}^{\infty}\int_{-\infty}^{\infty}\int_0^{\infty}\frac{\frac{W}{2ab\sqrt{\pi}}F(y)}{\sqrt{t^3}}e^{-\frac{x^2}{a^2}}\times e^{-\frac{(x-x'+vt)^2+(y-y')^2+z^2}{4\alpha t}}\ dtdx'dy' \tag{12.8}$$

ここで，

$$I_x=\int_{-\infty}^{\infty}e^{-\frac{x^2}{a^2}-\frac{(x-x'+vt)^2}{4\alpha t}}dx', \qquad I_y=\int_{-b}^{+b}e^{-\frac{(y-y')^2}{4\alpha\tau}}dy'$$

$$I_z=\int_0^{\infty}\frac{e^{-\frac{z^2}{4\alpha t}}}{\sqrt{t^3}}dt$$

とおくと，式(1)は

$$\theta=\frac{AW}{8Kab\pi^2\sqrt{\alpha}}\int_0^{\infty}\frac{e^{-\frac{z^2}{4\alpha t}}}{\sqrt{t^3}}dt\int_{-\infty}^{\infty}I_x\cdot I_ydt \tag{12.9}$$

となる．

同様に，無次元化のために，

$$I_x=\int_{-\infty}^{\infty}e^{-\frac{x^2}{a^2}-\frac{(x-x'+vt)^2}{4\alpha t}}dx'$$

$$=\sqrt{\frac{\pi 4a^2\alpha t}{a^2+4\alpha t}}e^{-\frac{(x-vt)^2}{a^2 4\alpha t}}=\frac{\sqrt{\pi}\Re rp}{\sqrt{\Re^2+p^2}}e^{-\frac{(X+Up^2)^2}{\Re^2+p^2}} \tag{12.10}$$

$$I_y=\int_{-b}^{+b}e^{-\frac{(y-y')^2}{4\alpha\tau}}dy'$$

$$=rp\frac{\sqrt{\pi}}{2}\left[erf\left(\frac{Y+B}{p}\right)-erf\left(\frac{Y-B}{p}\right)\right] \tag{12.11}$$

ここで,

$$4\alpha t=r^2p^2,\qquad dt=\frac{2r^2}{4\alpha}pdp$$

$$\frac{x}{r}=X,\qquad \frac{y}{r}=Y,\qquad \frac{z}{r}=Z_0,$$

$$\frac{a}{r}=\Re,\qquad \frac{b}{r}=B,\qquad \frac{rv}{4\alpha}=U$$

$$\theta=\frac{AW}{8Kab\pi^2\sqrt{\alpha}}\int_0^{\infty}\frac{e^{-\frac{z^2}{r^2p^2}}}{\sqrt{\left(\frac{r^2p^2}{4\alpha}\right)^3}}\times\frac{\sqrt{\pi}\Re rp}{\sqrt{\Re^2+p^2}}e^{-\frac{(X^2+Up^2)^2}{\Re^2+p^2}}$$

$$\times rp\frac{\sqrt{\pi}}{2}\left[erf\left(\frac{Y+B}{p}\right)-erf\left(\frac{Y-B}{p}\right)\right]\frac{r^2}{2\alpha}pdp$$

$$\theta=\frac{AW}{4\pi Kb}\int_0^{\infty}\frac{e^{-\frac{(X^2+Up^2)^2}{\Re^2+p^2}-\frac{Z_0^2}{p^2}}}{\sqrt{\Re^2+p^2}}\left[erf\left(\frac{Y+B}{p}\right)-erf\left(\frac{Y-B}{p}\right)\right]dp \tag{12.12}$$

となって，進行方向が x 方向の場合の温度分布の式が得られる.

これらの式は少なくとも表面で発現する瞬時の熱源として材料の温度分布を表すことができる．焼入れなど溶融を伴わない場合はほとんど上式で表現されるが，溶接加工など溶融および膨張が伴う場合はシミュレーションによらなければならない.

12.1.2 解析解とシミュレーションの結果

12.1.2.1 合 成 熱 源

数個のスタックから発光する熱源を1つに重畳して熱源的に合成する方法であるため，結果的に1つの熱源で表現される（たとえば，第2章2.6）．この場合はすべて上の式で解かれる．合成した1つの熱源で，x 方向に移動する場合の x-y 平面でのシミュレーション結果を図12.4に示す．熱源は1か所に重畳して底辺は1つの矩形熱源を構成する．図12.5には，出力2.7kWで熱源サイズが3×4mmの合成熱源が1m/minで材料表面を走行した場合の温度分布を示す．また，この条件で走行速度を1m/minと5m/minに変化させた場合の走行断面（y-z 平面）の温度分布を図12.6に示した．やや幅広い温度分布が得られ，これは焼入れに相当する．数値計算例として，それぞれ図12.7には合成熱源による x-z 平面の温度分布を，図12.8と図12.9には，y-z 平面で走行速度（加工速度）を変化させた場合の熱源幅の変化を示した．走行速度が遅いと中心が盛り上がり，走行速度が速いと平坦になることがわかる．さらに図12.10にはシミュレーションによる x-z 平面での瞬時通過温度と最高到達温度の計算例を示した．

12.1.2.2 並 列 熱 源

数個の熱源スタックを連続して並び連ね逐次並列に配置した熱源を用いる方法を示す．この場合は，材料面でLD熱源の間隔を数mmずつ変えて順次配列させて調整する．熱源間隔は焼入れなどの表面温度に大きく影響するため，実機では光学的に工夫すれば実現可能であるが，ここからはシミュレーションで結果を示す．実際に4つのスタックを並列に配置した熱源を用いて平面に照射した場合のスクリーン平面に投影したCCDカメラによる集光像を図12.11に示す．

一例で，いくつかのスタックを一定間隔で並べ連ねて加工用の熱源にする方法を示す．計算では，主に4個のスタック用いて直列に設置して焼入れに対する効果をみる．熱源間隔を $\Delta x=1.0$，1.5，2.0mmにとって計算した場合の材料表面での温度分布を図12.12に示す．4つの熱源が順次加熱源として関わることから十分な加熱による硬化深さと硬化領域が得られる．また，硬化層と母材との境界で中間段階組織が得られ硬化層の表面剥離が生じにくいなどの効果がある．図12.13には，同じ出力で熱源間隔が2.0mmの場合の内部温度の詳細を示した．

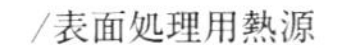

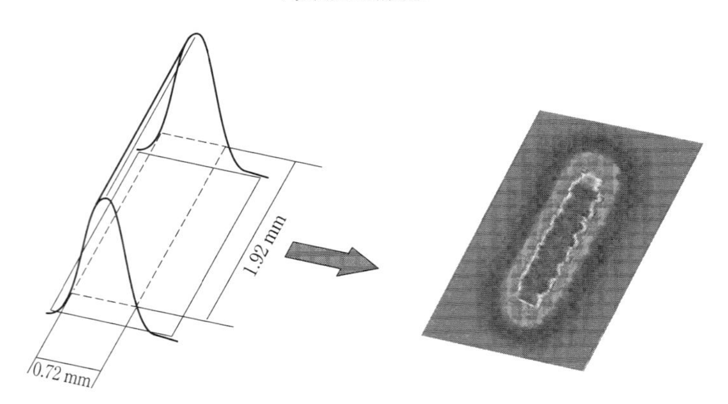

図 12.4 加工用高出力 DDL の構成（参考図）

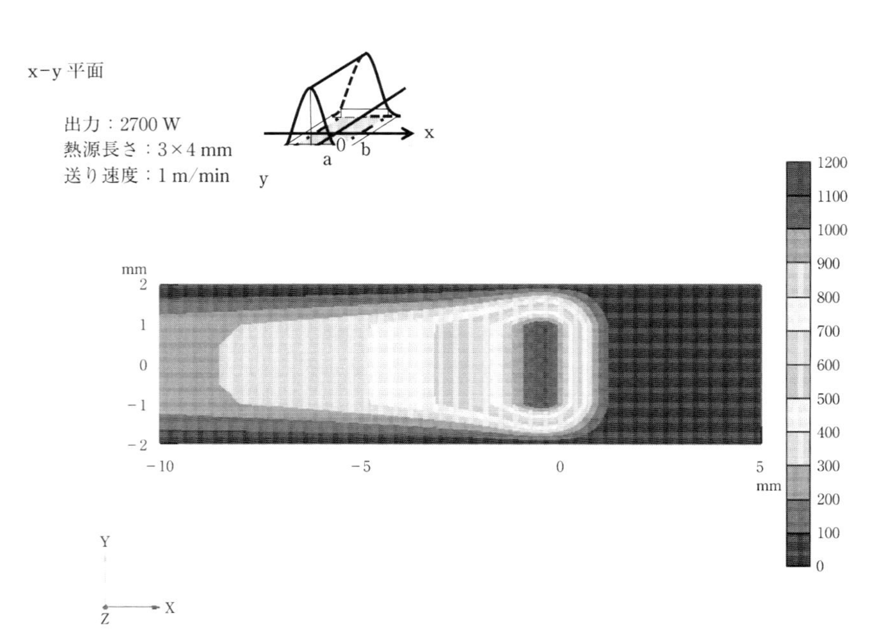

図 12.5 合成熱源と加工中の熱温度分布

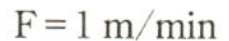

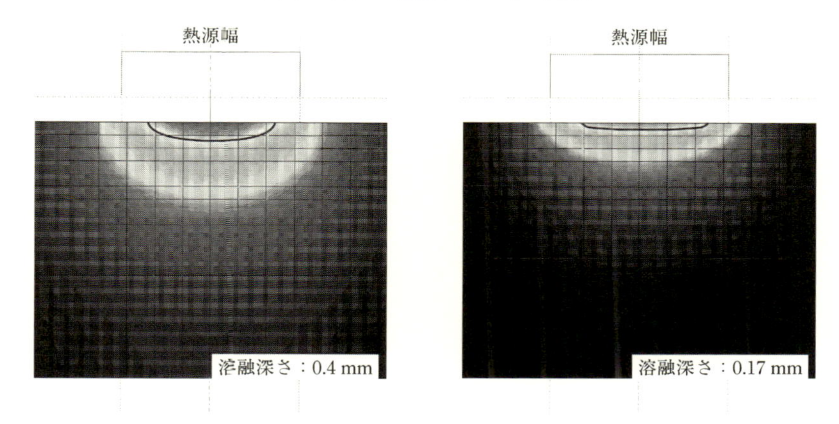

図 12.6　合成熱源の速度変化に伴う温度分布（y-z 平面）

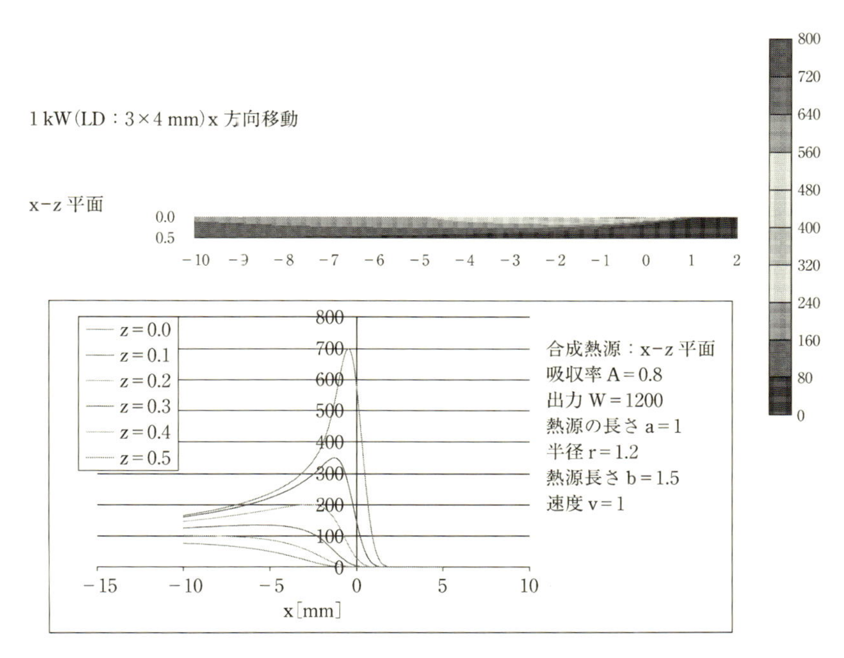

図 12.7　合成熱源による x-Z 平面の温度分布

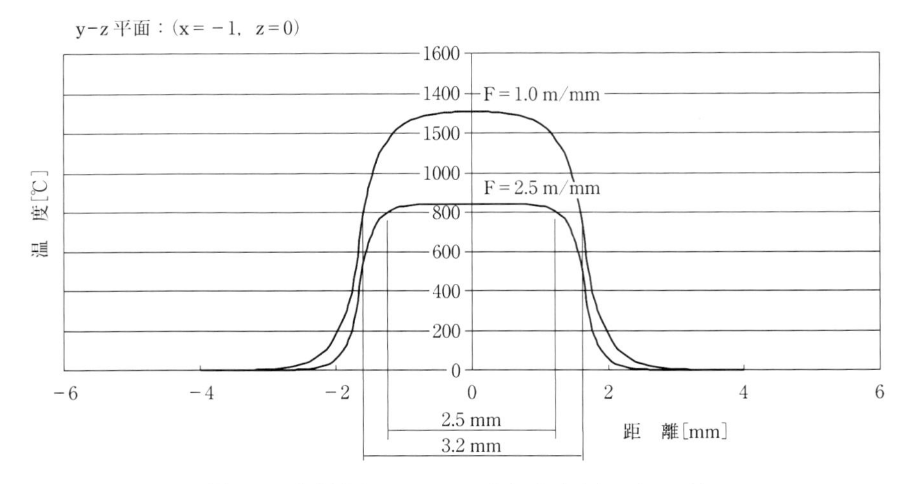

図 12.8　合成熱源による Y-Z 平面の温度分布と焼き入幅

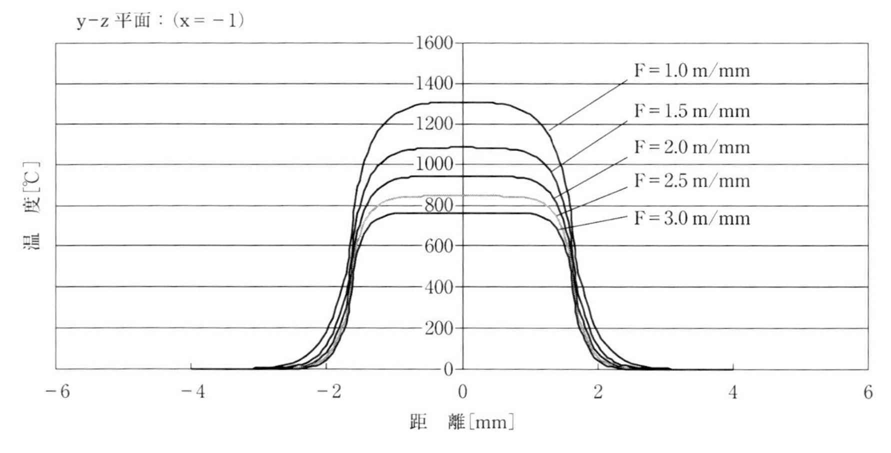

図 12.9　合成熱源による Y-Z 平面の速度変化に伴う温度分布

温度は走行方向に対してやや後方で最高温度に到達する．以下にその応用例をグラフで示す．図 12.14 は 4 つの LD レーザの間隔を広げていった場合の表面温度の変化を示した．間隔を広げるほど全体範囲は広がるが，最高到達温度は低下する．次に図 12.15 には，4 つの熱源の出力割合を変化させることで，全体範囲は広いままで均一な最高到達温度が得られる例を示した．このように，従来は細い

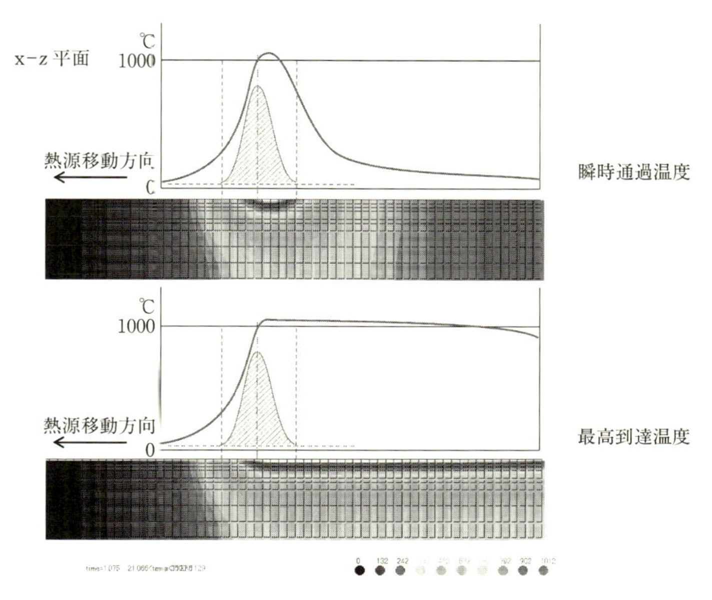

図 12.10 シミュレーションによる瞬時の通過温度と最高到達温度

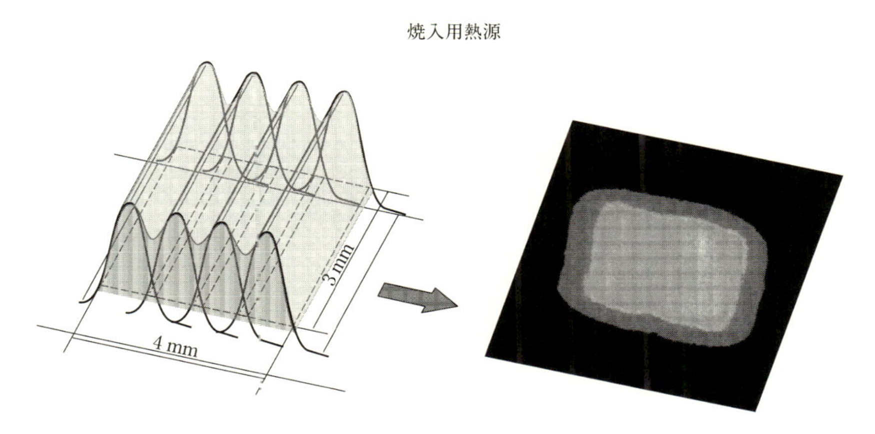

図 12.11 逐次配列熱源と加工中の温度分布（参考図）

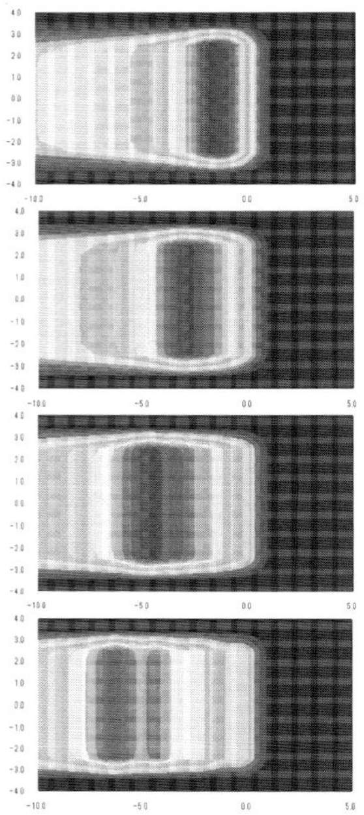

x−y 平面
（熱源間隔変化）

L＝0.5 mm

L＝1.0 mm

L＝1.5 mm

L＝2.0 mm

出力：1650 W
送り速度：1 m/min

図 12.12　逐次配列熱源と熱源間隔変化による温度分布（参考図）

熱源で広い面積を処理するためには一筋書きで両端を幾分ラップさせながら横にずらせいく必要があり，これにより重なる部分が焼戻されて硬度低下を招くなどの欠点があった．このため間隔をおいて部分焼入れなどがほどこされていたが，半導体レーザでは細長い熱源で並列に横につなげることでこの種の欠点を解消できるため，表面処理に有利な熱源となることができる．

12.1.3　半導体レーザによる加工

半導体の加工装置を図 12.16 に示す．装置一体化した加工ヘッドは反射光を避けるために，直角に対して入射角を数度傾けて材料に照射する．その様子熱源の斜め照射による影響は比較的少ないが，傾斜角度が 75 度の場合には硬化幅で 2〜3 %広がり，硬化深さで 3 %減少する[2)]．必要に応じてアシストガスをサイドから照射できるようにしている．図 12.17 はこの装置で行った表面焼入れの断面写真である．上段は出力を変化させたもので，下段は焼入れ速度を変化させた．

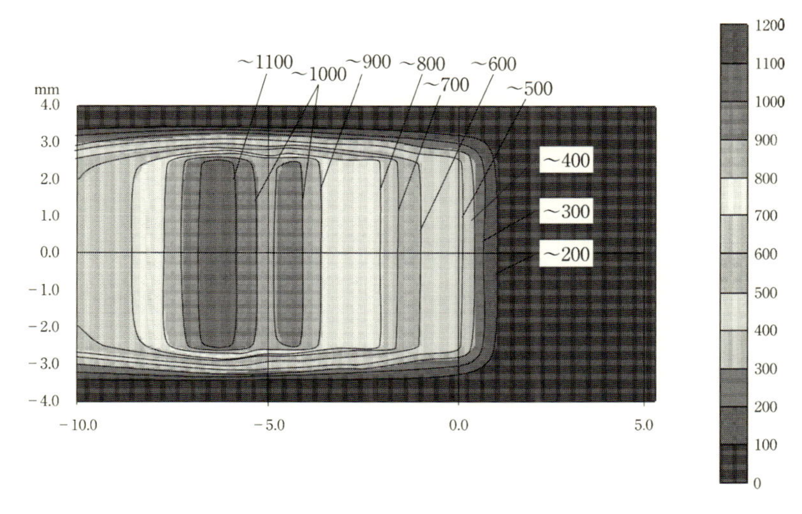

図 12.13　逐次配列熱源の加工時の熱源分布（x-y 平面）（4 つの LD を 2.0 mm 間隔に並べたとき）

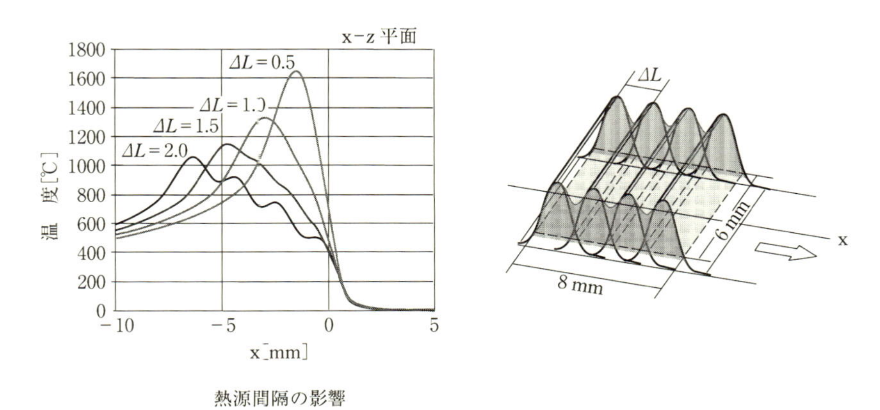

図 12.14　同じ出力の逐次配列熱源の間隔変化に伴う表面温度変化（x-Z 平面）

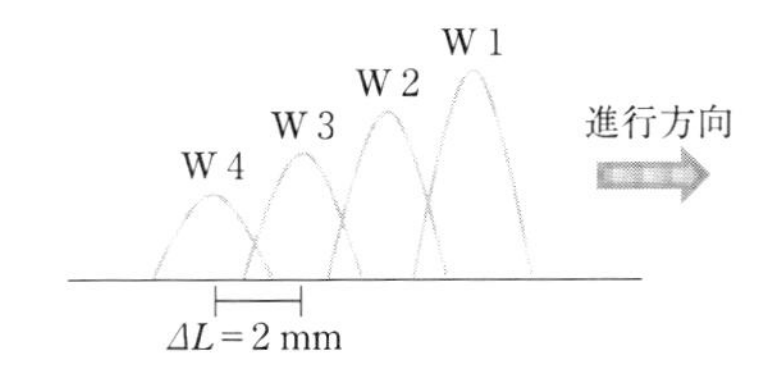

熱源番号	割合
W1	1.00
w2	0.48
W3	0.42
W4	0.31

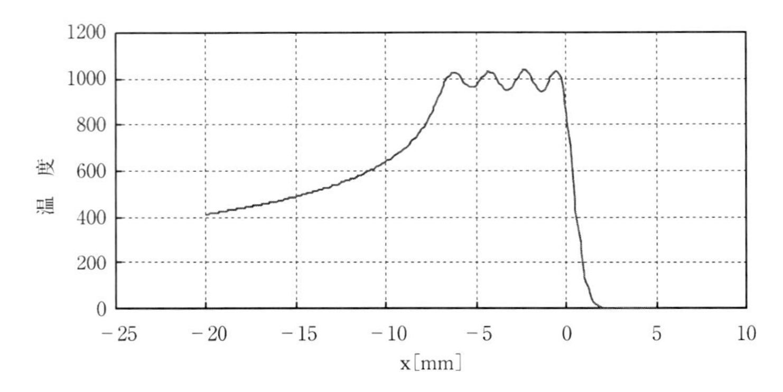

図 12.15　4つの LD の出力割合を変化させ，ピーク温度を平準化した例（x-Z 平面）

いずれも微量の変化が断面形状に影響を与える．

次に，y 方向に走行させた場合の溶接への影響を図 12.18 に示す．材料表面を y 方向に走行すると，細長く後方で最高温度に到達する独特の温度分布が形成される．このような熱源を用いて軟鋼の溶接を行った例を図 12.19 に示す．また，そのときのビード幅と溶け込み深さのグラフを図 12.20 に示す．全般にビード幅は広く，大きな溶け込み深さを得られる．なお，半導体レーザの発振波長は 800〜900 nm である．

熱源としての半導体レーザは

① 投入熱源に対する発振効率が 40 %程度と非常に高い

② 広範囲の面積を同時に加工することができる．

③ 突合せ溶接などで，広いギャップに対応できる．

などの特徴をもつ．

レーザ仕様

最大出力	4 kW
波長	940 nm
スポットサイズ	1.4×0.4(FWHM)

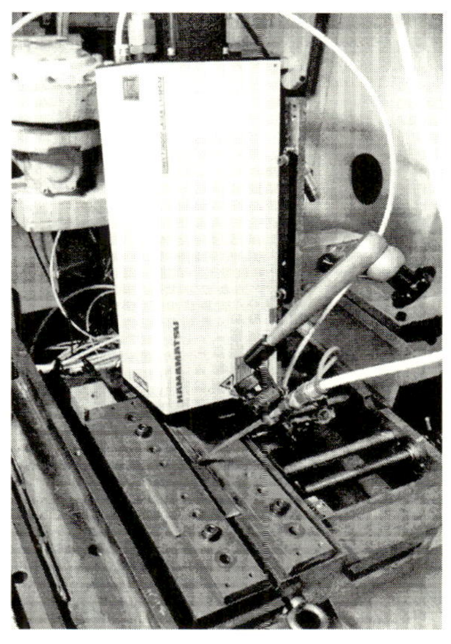

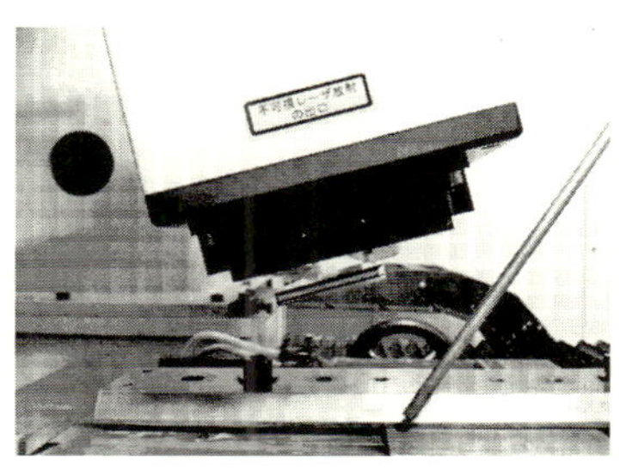

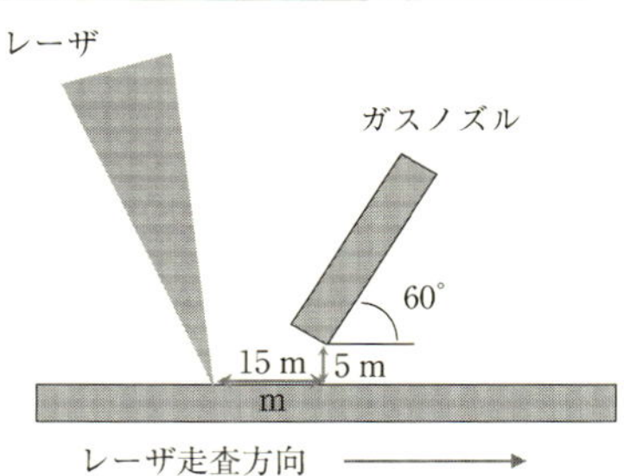

図 12.16 111 加工用高出力 DDL の構成（参考図）

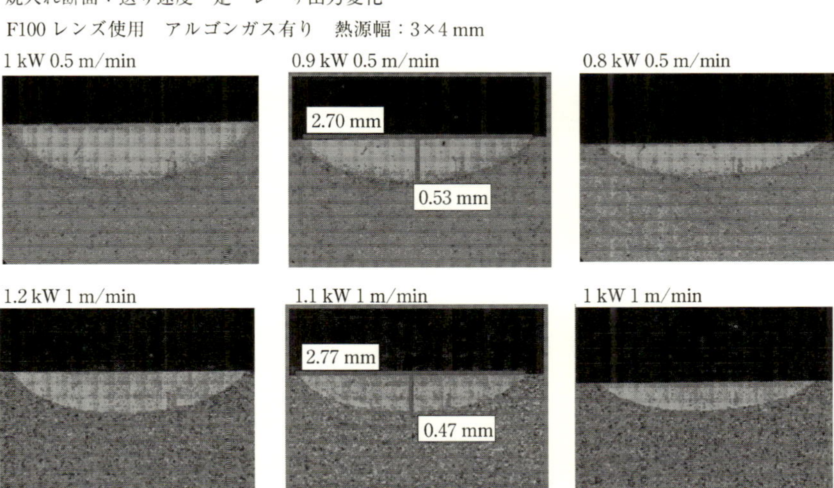

図 12.17 加工パラメータと焼き入れの金属組織

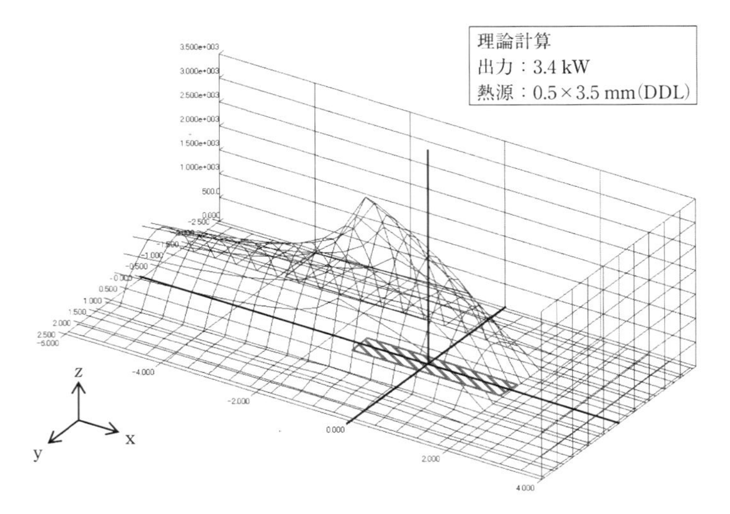

図 12.18　y 方向移動による表面温度分布

No	出力	加工速度	ガス流量	ガス供給角度	表ビード幅	裏ビード幅	ビード深さ
	【W】	【mm/min】	【L/min】	【°】	【mm】	【mm】	【mm】
1	4000	1000	20	60	4.083	0	3.8
2	4000	2000	20	60	3.356	0	2.583
3	4000	3000	20	60	2.815	0	1.84
4	4000	4000	20	60	2.366	0	1.376
5	4000	5000	20	60	1.825	0	1.083
6	4000	6000	20	60	1.516	0	0.974

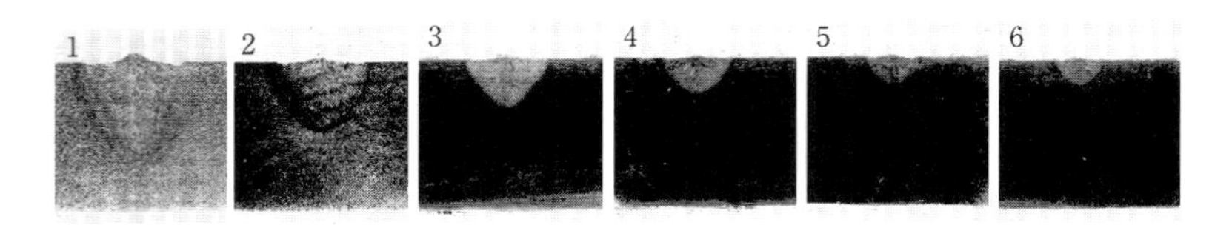

図 12.19　y 方向移動による溶接実験結果

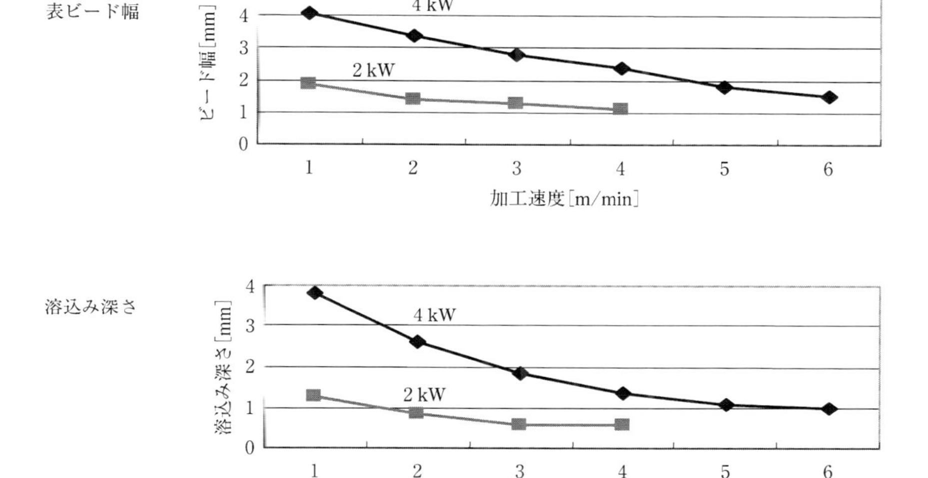

図 12.20 y 方向移動による溶接実ビード幅と溶融深さ

12.2 ファイバーレーザ

12.2.1 熱源としてのファイバーレーザ

ファイバーレーザの概要は第2章の2.4ですでに述べたが，ここでは応用編として加工の観点から少し詳細に述べる．ファイバーレーザのコアとなる中心素材は石英系で，周りのクラッドはフッ素系樹脂を基本としていることが多い．この部分は各社のノウハウに属しほかと異なる成分を添加することもある．図12.21に示すように，ファイバーは基本的にコア部とクラッド部で構成されている．ファイバーのコア内にドープされた Yb^{3+} など希土類の3価イオンが励起されて長い距離をコアとクラッドの境界を反射しながら伝播する．その間に多くの誘導放出を経て増幅する．また，図12.22に示すように，励起方式には集積したLDの光を集光してファイバーに入射する方式のダイオードバーエンド励起方式と，両側の側面から入射してコア内部で結合していくパラレルサイド励起方式があり，高出力には後者が用いられている．

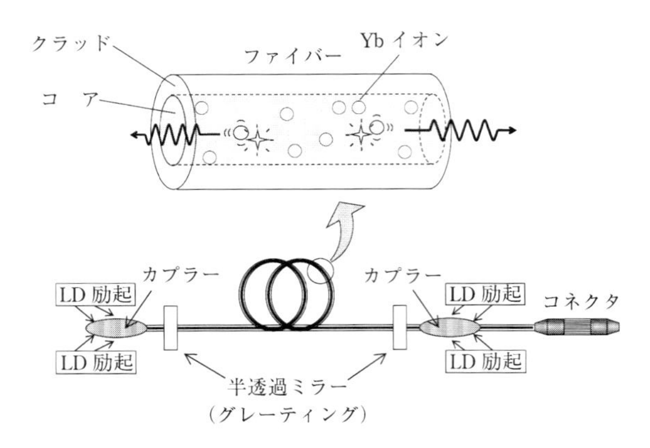

図 12.21　ファイバーレーザと構成概念図

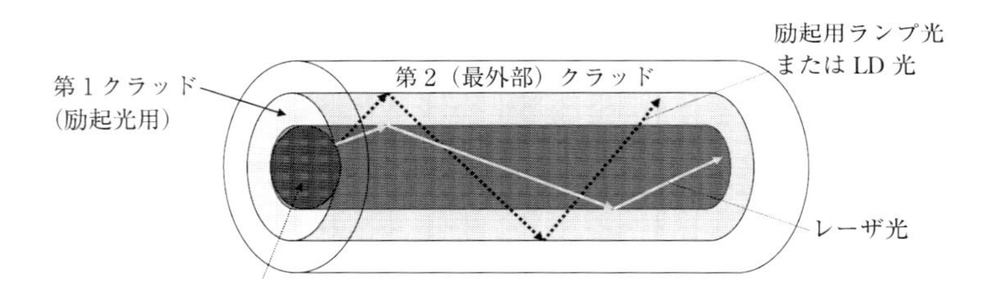

図 12.22　2 重構造のファイバーレーザと構成概念図

ファイバーレーザは，石英系コア内に Nd^{3+}，Pr^{3+}，Er^{3+}，Yb^{3+} などの希土類の 3 価イオンを微量ドープしたものであるが，現在では，産業用の高出力ファイバーレーザではファイバーコアに Yb^{3+}（ytterbium $\lambda=1\,070$ nm）が主にドープされていることが多い．励起用 LD には波長 $\lambda=975$ nm または 915 nm だけを用いて，波長 $\lambda=1\,085$ nm や $\lambda=1\,070$ nm を取り出すことができる．また，出力はあまり高くはないが，コアとなるファイバー内に Pr^{3+} などをドープさせて直接グリーン光（第 2 高調波：$\lambda=532$ nm）を取り出す方法もある．基本波の発振波長には範囲があり，一般に 1 070〜1 080 nm 前後であり，高出力では 1 060〜1 090 nm の範囲にある．

波長変換で得られたグリーン光をファイバー内に入射してグリーン光を取り出している．したがって，ファイバーレーザは 1 μm 帯のレーザ光以外にもグリー

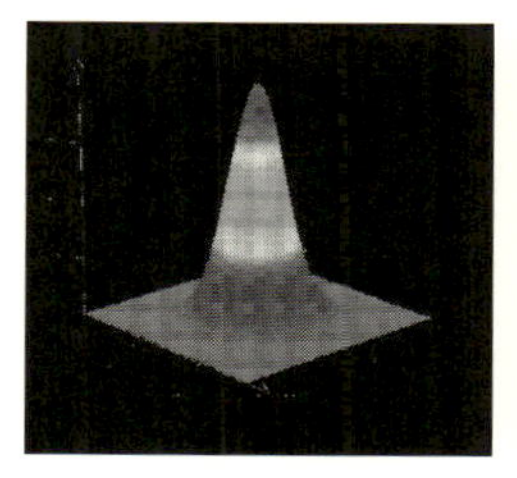
シングルモード(1 kW)

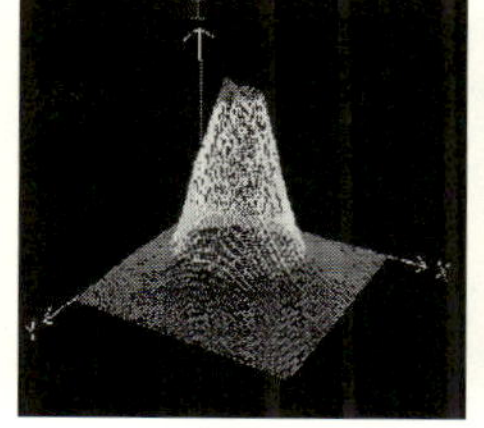
マルチモード(2 kW)

マルチモード(5 kW)

図 12.23　ファイバーレーザのビームモード

ン光や，パルス化した光をファイバー内に入射して擬似的なパルス発振(QCW ; Quasi Continuous Wave) を得るなど工夫がなされている．パルス幅は数～数十 ms クラスであるが，比較的高いピークで繰り返し照射が可能である，さらに，微細加工用にピコ秒レーザ，フェムト秒レーザ，UV 光レーザなどのファイバーレーザが開発されている．また，パルスレーザ等の各種シングルモード/マルチモードのファイバーレーザ発振器も開発されている．

ファイバーレーザで取り出されるビームモードを図 12.23 に示す．1～2 kW はシングルモードの発振が可能で，レーザ出力が大きくなるとマルチモードをなる．一般に高出力でシングルモードが出難いことはすでに述べた．写真は 1 kW ファイバーレーザのシングルモード，2 kW のマルチモード，さらに高出力の 5 kW マルチモードのファイバーレーザの実際のモードである．数 kW 程度まではシングルモードが取り出されていて，それ以上の場合には順次マルチ化して高出力では完全なマルチモードとなる．ファイバーは電源ユニット数の増設やファイバー長の拡大で 100 kW 級が産業用に用いられるようになった．ファイバーレーザはミラー伝送でないので光伝送系のフレキシビリティーに優れている．

12.2.2　他の熱源との比較

ファイバーレーザは，一般に光が非常に細いファイバーを通して取り出される．その光はほとんどコリメーションを経て集光光学系で集光されるが，集光後もスポット径は小さく，シングルモードレーザでは $M^2<1.1$ と非常に集光性に優れたモードを有している．光路には伝送用ファイバーを用いるなどすべて光ファイバーを用いて構成されるレーザであるため，ビームの空間的なゆらぎの少な

いとされている．そのために，溶接ではビード幅は細いが，深溶込みの溶融形状が得られやすい．大気中での溶込み深さでは電子ビームに匹敵する期待がもたれている．高出力のファイバーレーザの用途のほとんどは溶接加工である．レーザ溶接では，比較的薄板の場合でも溶接速度の高速化が望まれる関係で高出力レーザを用いる傾向にある．

このように初期のファイバーレーザはほとんど溶接に用いられたが，2 kW クラスでのモード純化が進みシングルモードの高出力ファイバーレーザが出現した．そのため 2000 年を境にレーザ切断に用いることが多くなってきた．切断ではビームの特徴から，薄板では集光性がよくエネルギーが高くなるため高速に切断できる，また，レーザ応用では薄板切断の需要が多いこともあって切断への適用がなされるようになった．しかし，厚板の切断は集光スポット径が小さいだけに，そのまま用いた場合は一般に苦手である．ただし，光学的な工夫を施せば一定の厚板切断が可能である．

従来の CO_2 レーザとの切断性能の比較を示す．図 12.24 には，軟鋼の酸素切断（アシストガスに酸素を使用）した例を示す．出力は同じ 4 kW で，板厚 10

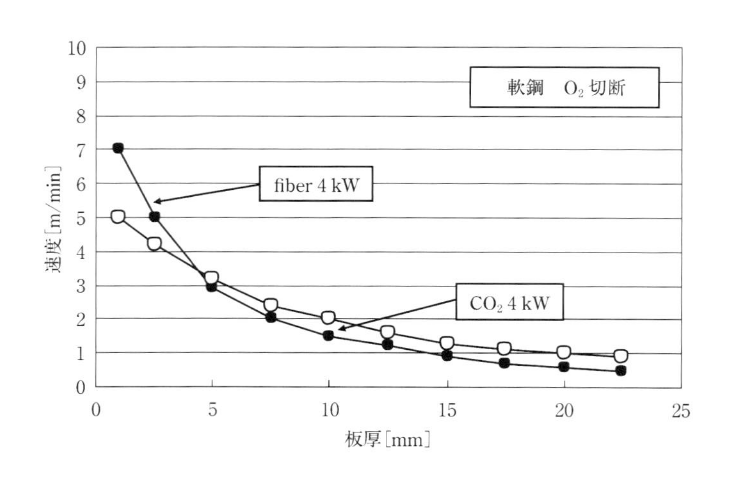

軟鋼板厚 10 mm

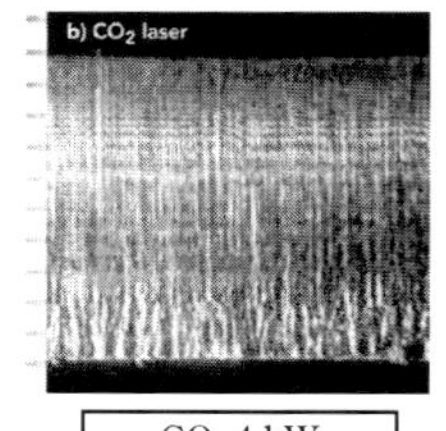

CO₂ 4 kW

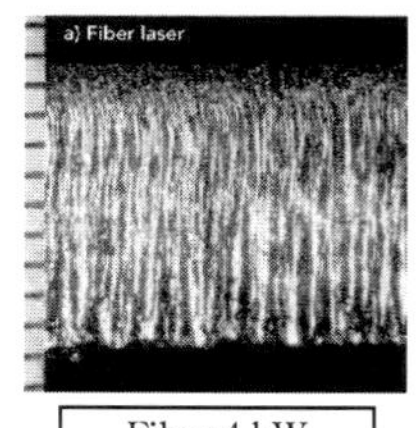

Fiber 4 kW

図 12.24　O_2 ガスによる軟鋼の切断性能比較

mmの軟鋼を切断比較した．板厚が4.5mm程度まではファイバーレーザが切断速度で0.5〜2m/min程度勝っているが，それ以上ではあまり変化はない．切断面の比較ではこの範囲でも一般にファイバーレーザのほうが面あらさは良くない．また，図12.25には，同様に出力4kWで板厚10mmの場合の比較で，軟鋼とステンレス（SUS 304）の窒素切断で比較した例を示す．軟鋼の場合もステンレス鋼の場合も板厚が4mmからファイバーレーザの切断速度は速くなり，板厚1〜2mmでは際立ってファイバーレーザのほうが切断速度が速いことがわかる．この現象は高圧ガスに加えて波長吸収がよくスポット径が小さいことに起因する．

溶接で用いられる典型的な集光径でCO_2レーザとファイバーレーザを比較した計算例を図12.26に示す．出力は2kWで集光したスポット径は，CO_2レーザの場合はϕ0.6mmで，ファイバーレーザの場合はϕ0.25mmである．同じ出力であるが，ピークとなるエネルギー密度はCO_2レーザの場合で3.8×10^{10}W/cm^{2}で，ファイバーレーザの場合で1.6×10^{1}W/cm^{2}となり，ファイバーレーザがピークのエネルギー密度で4倍以上高い値を示した．そのうえ焦点深度が深いので，溶接ではいわゆる浸透力（貫通力）の差となって，深溶け込みを実現する．また切断では薄板の領域で高速切断につながる．板厚が厚くなると熱伝導の時間を必要とする分だけ差は少なくなる．

ファイバーレーザは数十〜数百W，1〜4kW，10〜100kWまでと用途に特徴がある．一般に溶接にどの範囲でも用いられていて，そのほかに低出力ではマー

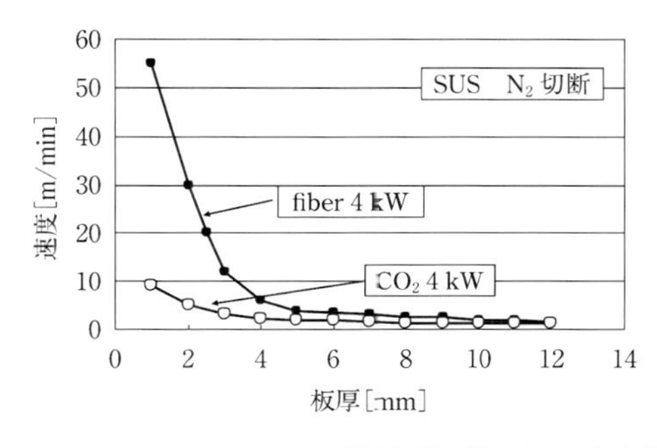

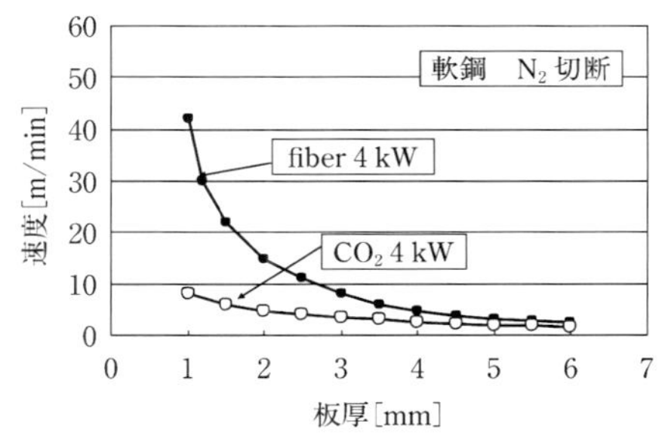

図12.25　N_2ガスによるSUSと軟鋼の切断比較例

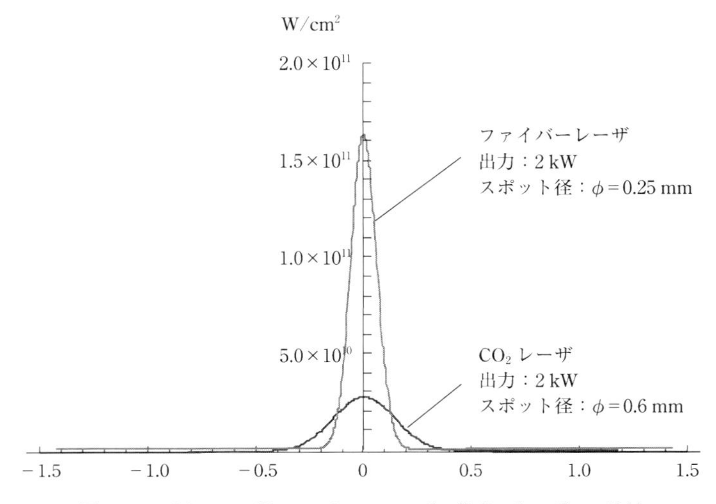

図 12.26　CO_2 レーザとファイバーレーザの集光エネルギーの比較

キング，中間は切断，高出力では表面処理および原子炉解体などの用途に用いられている．応用例として，セラミックのスクライビング，電子産業での HDD フレクシャの曲げ，フラットパネルディスプレイの薄膜除去，アニロックスロール印刷での刻印，薄板溶接などが挙げられる．

また，図 12.27 CO_2 レーザとファイバーレーザの貫通溶接における出力の差を示した．板厚が同じ 11.2 mm の軟鋼で貫通溶接を行った場合，CO_2 レーザの場合には出力が 13.5 kW で溶接速度が 1.8 m/min，ファイバーレーザの場合には，13.5 kW で溶接速度が 2.2 m/min で貫通溶接の速いことが示された[3]．

ファイバーレーザは高エネルギー密度に集光できるためにプラズマの発生が少なく対応可能な鋼板の種類の幅を広げた．たとえば，表面のグレーの電気亜鉛めっき鋼板（EGM；electro galvanized metal），亜鉛めっき鋼板（GM；galvanized metal），表面が塗装されている鋼板（PPM；pre-painted metal）などが切断できる．また，従来より表面フィルムのあるものは CO_2 レーザの独断であったが，ファイバーレーザに対応したフィルムが開発された．そのため，ファイバーレーザの適応条件が整ってきた．ファイバーレーザに対応した 1 μ帯用表面フィルムについた鋼板と切断面の写真を図 12.28 と図 12.29 に示す[4]．

ファイバーレーザは多くの利点を持つが，安全の面からは波長の関係で危険度

TLF 15000 turbo

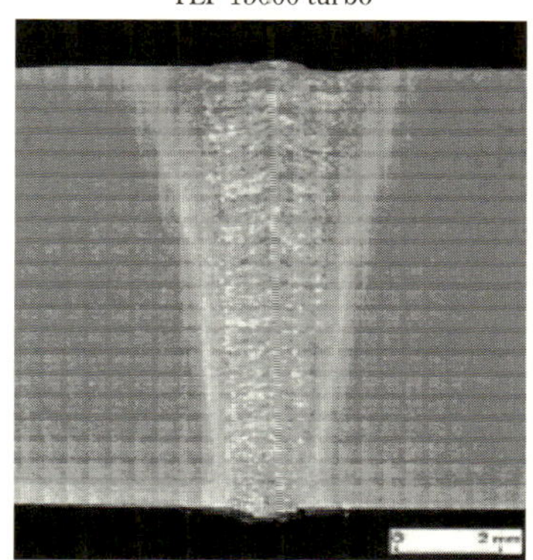

出　　力：13.5 kW
溶接速度：1.8 m/min
材　　料：軟鋼
板　　厚：11.2 mm

IPG YLR-10000

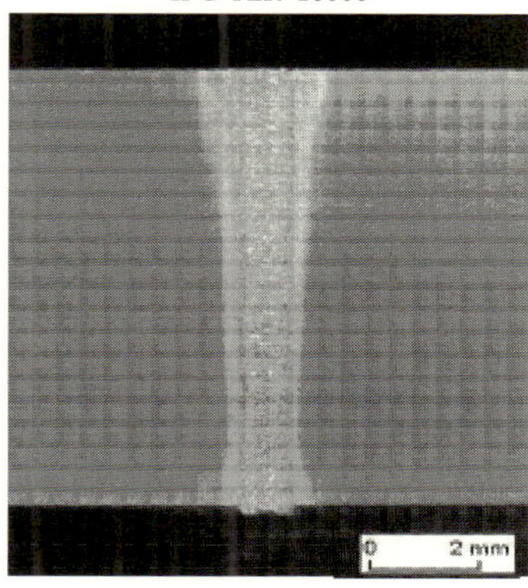

出　　力：10.2 kW
溶接速度：2.2 m/min
材　　料：軟鋼
板　　厚：11.2 mm

図 12.27　CO_2 レーザとファイバーレーザの貫通溶接における出力の差

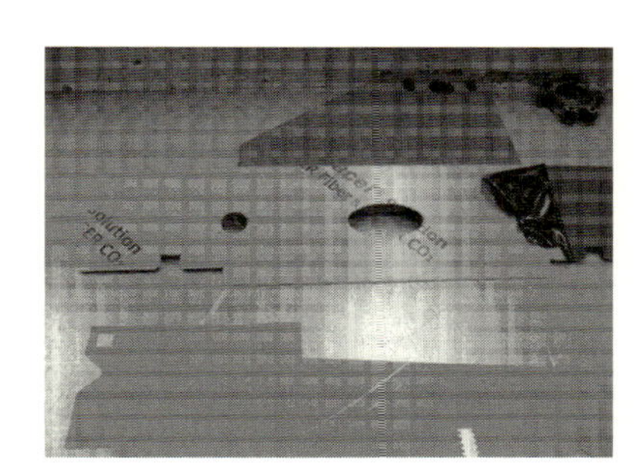

図 12.28　ファイバーレーザに対応した 1 μ帯用表面フィルム

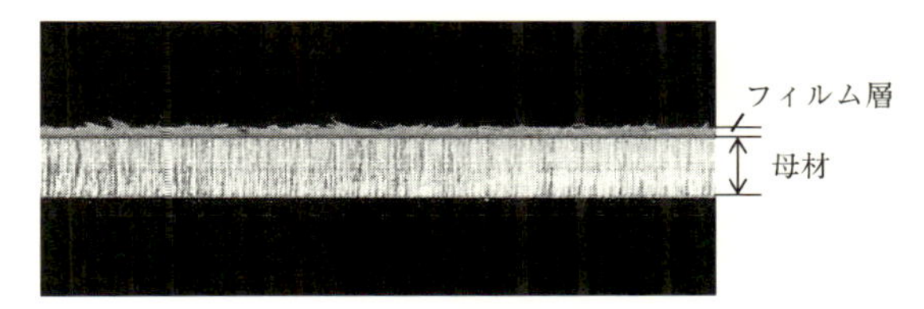

出力：4 kW　切断速度 5 m/min
アシストガス：窒素（0.7 MPa）

図 12.29　1 μ 帯用表面フィルムを利用した鋼材の切断

は高いともいえる．現状では一長一短がある．

12.3　ディスクレーザ

12.3.1　ディスクレーザの特徴

ディスクレーザは構造が前出（第2章2.5）のように，レーザ媒質に直径約8 mmで厚さが約100～200 μmのディスク状の薄いYAG結晶を用いている．レ

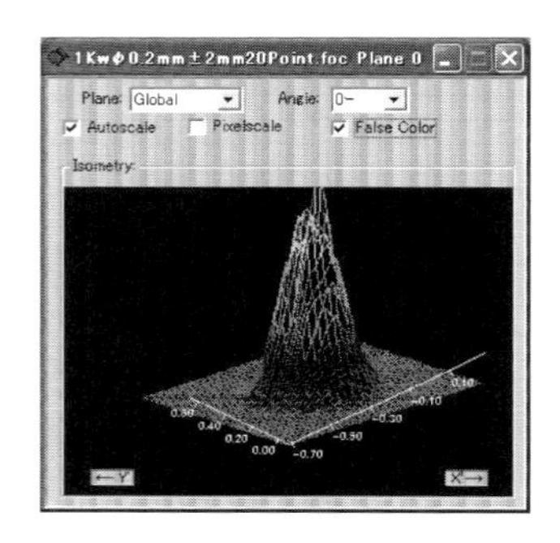

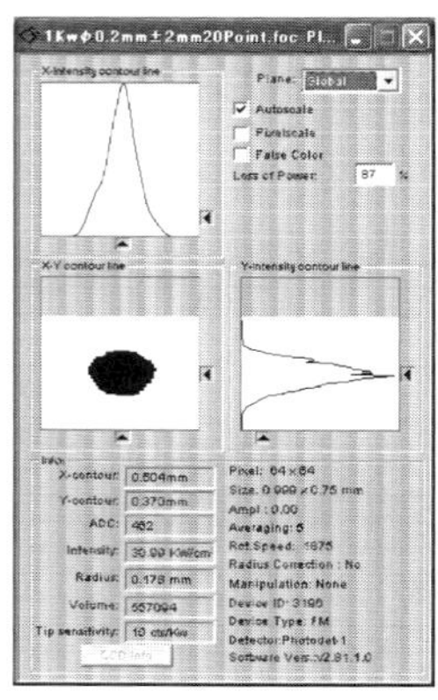

伝送ファイバー径：ϕ200 μm

図12.30　ディスクレーザの ϕ 200 μm のビームプロファイル

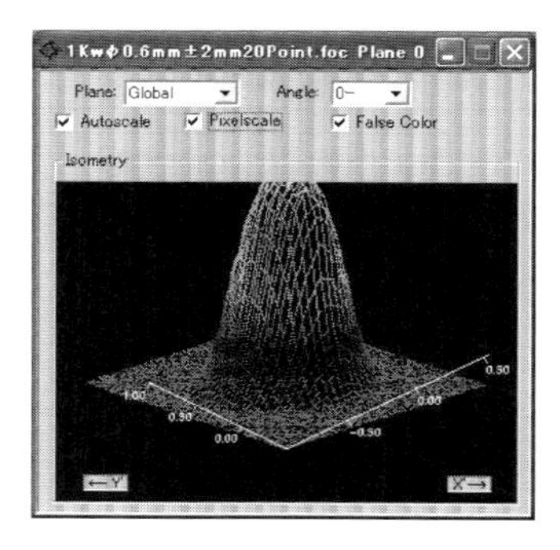

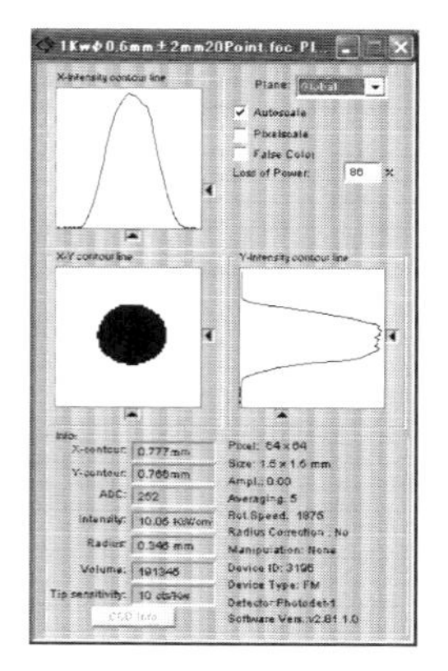

伝送ファイバー径：ϕ600 μm

図12.31　ディスクレーザの ϕ 600 μm のビームプロファイル

ーザ光の吸収はごく表層である上にディスクはヒートシンク（heat sink）に取り付けてあり全面で冷却されているため，均一に熱拡散され安定したレーザ光を取り出すことができることを意図して開発されたとしている．

LD励起で発振効率は約30％を得ている．光伝送はファイバーで，コア径はφ200 μm程度である．現在は最大1.6 kWのレーザエネルギーを伝送でき，この出力でもビームパラメータ積は小さくその値はBPP≧2 mm•mradとしている．発振形式はCWおよびパルス発振が可能でパルス幅は数十〜数百nsの範囲にある．

ディスクレーザの発振波長 Nd^{3+} イオンドープであるため波長は1 064 nmである．そのため，YAGレーザと比較して波長・集光ともに変わらないが，光伝送がファイバー伝送であることから，波長は異なるがファイバーレーザと類似のビーム特性を有している．ドープした結晶がヒートシンクの上面にあるため，発振による熱変形が少ないビームは安定しているとされる．

機構がやや複雑であるが，光路の維持には取付板の加工精度を高くし光の剛性を保っている．出力は入り組んだ光路を経由して何度も円盤状に結晶を通過することで，光路長を稼ぎ高出力化することできる，モードは基本的にシングルモードである．そのビームプロファイルをビーム径がφ200 μm場合を図12.30に，またビーム径がφ600 μm場合を図12.31に示す．出力1 kWのレーザで径がφ200，300，400，600 μmの伝送ファイバーを通過したあとのものである．コア径が大きくなるとモード品質は一般原理に従ってやや低下する．

12.3.2 ディスクレーザによる加工

このレーザは欧州にユーザが多く，国内では限定されていることもあり公開データは少ない．モードは溶接などあまり問題とならない加工もあるが，切断などでは微妙に影響する．数kWレベルまでの出力のレーザは切断に用いられているが，それ以上のレーザは主に溶接に用いられている．ビーム径が細いことから集光ビームは高輝度化できる．このような高輝度なディスクレーザの用途のひとつに長焦点レンズを用いた溶接を挙げることができる．リモート溶接用の発振器にも用いられている．

加工事例として，図12.32に3 kWディスクレーザを用いてステンレスとアルミの N_2 切断を行ったときの板厚の対する影響を図に示した．加工速度は比較的

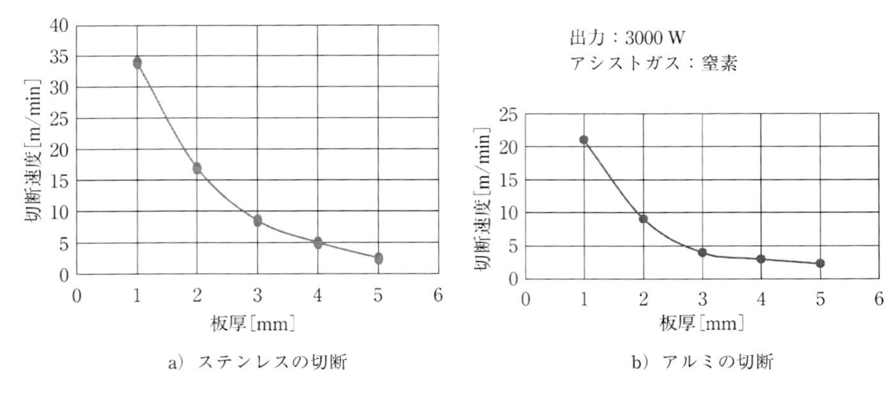

図 12.32　ディスクレーザの切断特性（N_2 切断）

薄板の領域で速い傾向を示す．

参考文献

1）新井武二，浅野哲崇，鈴木重啓，原田裕史：熱源としての半導体レーザと材料加工への応用精密工学会春季大会学術講演会講演論文集 I，**38**, pp. 578–580（2013.3）
2）川澄博通，新井武二：精密機械，**48**–9, pp. 104（1982）
3）Kohm, H. et. al.: Laser Welding, BIAS proceeding of ALAW（2005.4）
4）イタリア，サルバニーニ（Salvagnini）社提供，新井研究室実験資料
5）トルンプ社資料提供

13 レーザマーキング

マーキングは図柄や数字などを製品や部品の表面に印字または刻印する方法であるが，これをレーザで実現したものがレーザマーキングである．無接触で微細な印字が可能で，レーザマーキングはエネルギーの強弱で，溝を削る，表層を剥がす，表面を酸化させる，あるいは溶融させるたりすることができる．現在では，レーザのもつ自在性と高速性が加わって，多様な用途に用いられるようになった．

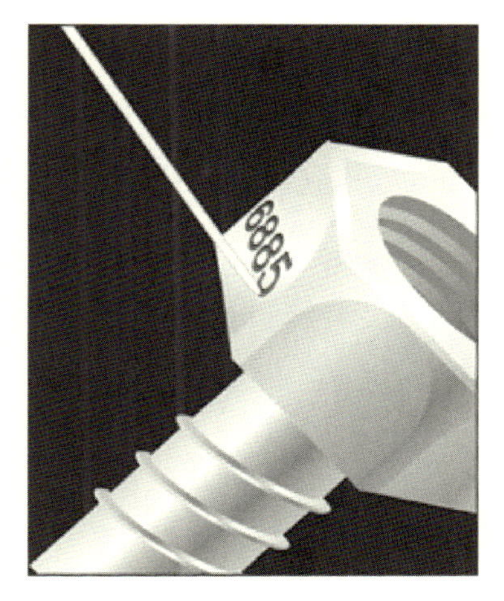

（写真：レーザマーキング）

13.1 レーザマーキング

マーキングはマーク（mark）すること，すなわち製品や素材に印（しるし）を付けることであるが，製品のロッド番号などのマーキングは従来からインクが用いられてきた．インクマークは印字表面の前処理や乾燥等の後処理が必要の上に，製品毎に版の交換作業を要するなどあまり効率的ではなかった．1970 年代後半からその代替技術としてレーザによるマーキング法が試行されてきた．その後，日本では 1980 年に本技術の製品への適応が本格化したとされている．レーザを用いて点や線などによる文字や図柄，文様を刻む作業をレーザマーキング（laser marking）と称している．レーザマーキングは広義にはレーザを利用した材料への印字，刻印，加飾などを施す作業や方法を意味する．

マーキングの目的は，ロゴ，商品名，賞味期限，規格表示などの商品情報，ロッド番号，シリアル番号，トレーサビリティなどの製品管理，型式名，QR コード，バーコード，パッケージングなどの製造・流通管理に関する情報を製品に記録することにある．レーザマーキングは非接触な上に消えない印字なので，あらゆる環境に対応できることが大きなメリットとされている．

13.2　マーキングとその種類

13.2.1　方式による分類

レーザマーキングには，大別してマスク方式とスキャン方式がある．マスク方式はあらかじめ文字や図柄をエッチング（化学的な腐食加工）などで作製した金属マスクを用い，広げたレーザビームをマスクに通過させることで，マスク上の文字や図柄のパターンに沿ってレーザ（光）が平行に通過させる．その後に，次の位置する集光レンズを通っていったんは集光されたあと，試料上で適度に拡大して投影することで転写される．そのため，試料表面では図柄などのパターンは反転するが，作成した形状部分が試料上で蒸発または溶融することでマーキングされる．すなわち，マスク方式は固定マスクのパターンをワーク上にレンズで結像してマーキングを行うものである．パターンマスクは寸法的に制限されるため，マーキングエリアが広くとれないなどのデメリットもある．表 13.1 にレーザマーキングの分類を示す．

一方，スキャン（走査）方式は，x 軸と y 軸に相当する動きを 2 個のガルバノミラーにもたせビームを走査（scanning）することで，平面上を高速で文字や図柄を描く方式である．

光路上には fθ レンズが設置されており，これにより斜めに入射された場合で

表 13.1　レーザマーキング方式の分類

マーカ	使用レーザ	印字方法	特徴
マスク方式	TEACO_2 レーザ YAG レーザ	マスクパターン	小面積 少品種
スキャン方法	CO_2 レーザ Q スイッチ YAG レーザ	ガルバノスキャナ （X，Y の 2 軸）	大面積 多品種
ハイブリッド方式	Q スイッチ YAG レーザ	マスクパターン ＋ガルバノスキャナ（1 軸）	大面積

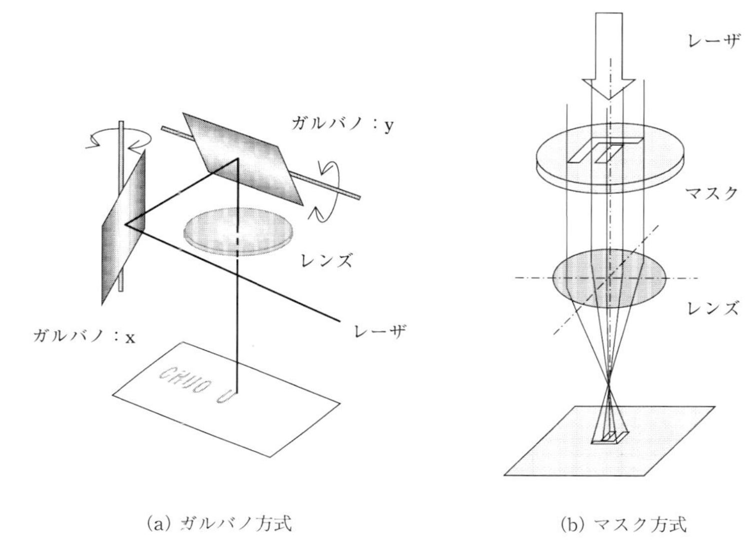

(a) ガルバノ方式　　(b) マスク方式

図 13.1　代表的なマーキング方式

もビーム入射角度分が相殺されて真下の位置で集光され，かつ角度によってフォーカス位置が光軸方向にシフトしないように制御されている．半導体パッケージへのマーキングに用いられる装置ではスキャン方式が増加している．図 13.1 に代表的なマーキングとしてビームスキャンのガルバノ方式マーカとマスク方式のマーカの概略図を示す．

双方の方式を取り入れたハイブリッド方式も考案された[1]．ビームスキャン光学系とマスクを局所的に用いるものであるが，パターンのフレキシビリティとマーキング面積の制約を改善したものである．マーカ装置としては，①マスク型マーカ（主に，TEACO_2，YAG），②スキャン型マーカ（主に，CO_2，YAG，第 2 高調波（532 nm），③ハイブリット型マーカなどがある．また，高繰返しパルス発振の可能な YVO_4 の搭載や，ファイバーレーザを用いる割合が増えるにしたがって，低・中出力ファイバーレーザによるマーカが数多く出現している[2]．

13.2.2　加工法による分類

金属材料用には，主に百〜数百 W 程度の中出力のレーザを用いる場合が多い．しかし対象となる材料が表面薄膜や樹脂，シリコンなどの場合には，数十W の低出力レーザが用いられる．加工を高速に行うためにガルバノによる駆動光学系を用いるほかに，加工ヘッドを軽量化してテーブル駆動系にリニアモータを用いることも行われている．その結果，対象となる材料にもよるが，印字速度は向上し毎秒数 100 字以上の高速印字が可能となってきた．

マーキングを加工の観点から分類すると，その加工の状態から，点状マーキング，線状マーキング，および溶融，蒸発，剥離，除去などによるマーキングに分類することができる．それぞれ目的や用途にとっても異なるが，印字のしやすさによって，またマークの耐久性などによって用いられるマーキングが選別される．表 13.2 にレーザマーキングの加工法による分類を示す．

表面コート層の蒸発・除去によるマーキングではバーコードのマーキングなどが含まれる．また，印字や刻印個所の接触による摩耗や，擦れて不明瞭になることを防ぐ目的のために表面を溶融する方法が取られている．図 13.2 には表面コ

表 13.2　レーザマーキング加工法の分類

性　態	加工形態	加工法	特　徴
点状マーキング (ドット加工) 線状マーキング (ライン加工)	蒸発加工 加熱加工 剥離加工 除去加工 溶融加工	表層の蒸散 薄膜の蒸発	低温加工 ↑
		酸化・変色 溝・穴形成	↕
		極浅溶融 母材溶融	↓ 高温加工

図 13.2　コート層の儒発・除去によるマーキング例

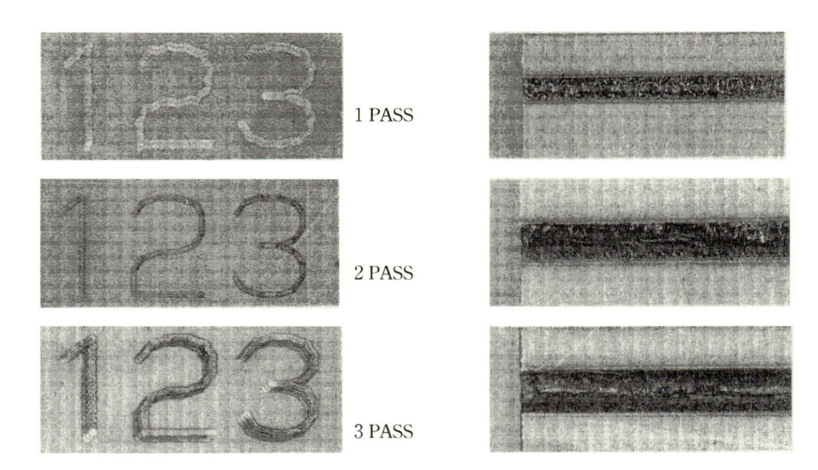

図 13.3 表面溶融によるマーキング例

ート層をレーザで除去することでマーキングを行った例を示す．この手法はバーコードにも用いられている．また，図 13.3 には表面溶融によるマーキングの例を示す．二重，三重に同一箇所を走査することで溶融深さの度合いを変化させることができる．また，溶融ではなく溝を加工することでメークする方法もある[3]．

そのほか，描写による分類として，円柱や立体物にマークする，①3 D マーキングや②カラーマーキングなどに分類する場合もある．カラーマーキングには 2 種類がある．まず，ステンレスなどの金属表面にレーザを照射して着色するもの，および表面プラズモンを利用したフルカラーマーキングがある．前者はレーザ光により照射することで，金属材料を高温酸化させるのであるが，その際に着色の度合いで色の変化を制御しようとするものである，後者は，表面プラズモン（SPR；surface plasmon resonance）という現象を利用するものであるが，ガラス表面に形成した金属膜などの金属ナノ粒子の表面には，金属の自由電子による表面プラズモンが発生する．プラズモンは振動する金属自由電子の集団が擬似的な粒子として振舞う状態をいう．プラズモンの振動状態は可視域の振動数と光（電磁波）が共鳴して光吸収を起こす．そのため，光吸収の補色としてガラスが着色してみえる．たとえば，銀を含浸したガラス基板レーザを照射することで銀ナノ粒子の分散・凝集を制御でき，パワーに応じてナノ粒子の粒径を制御することができる．可視域で光吸収を生じるのは金，銀，銅，プラチナなどのナノ粒子があり，これによりフルカラーマーキングが可能とされている[4]．

13.3 半導体ウエハーのマーキング

パッケージが薄型化しマーキング深さもごく浅く制御する必要性が出てきた．また高密度実装技術によるCSP（chip size package）などが出現し，そのシリコン面が露出した部位にマーキングする必要もでてきた．これに関連して，レーザマーキングは少品種・多量生産向きで半導体パッケージのインラインマーカとして最も初期に量産ラインに導入された．この分野の急速な発展の過程でソフトマーキングとハードマーキングという用語も誕生している．

シリコンウエハー表面のマーキングに関しては，照射時にウエハー自体へパーティクルが発生することを嫌うため，ソフトマークなるものが採用されている．ソフトマーキングは，Si 表面に浅いクレータ状のドットを形成し，それによって文字やパターンを形成していくものであるが，浅いことに加えて鏡面であることから視認性が悪い．これを改善するためには深いドットを形成する必要があるが，露光装置などの制約条件から，クレータ周辺部の溶融部の盛り上がりを小さいことが望まれる．しかし，この盛り上がりと加工深さは比例の関係にあり，深い溶融クレータを得ようとすると，周辺部の盛り上がりが大きくなる．そこで，通常のドットよりさらに小さいドットでパターンを構成することで，回折現象により特定の角度方向で視認性を確保する手法を適用した．

通常のマーキングに対して材料の特殊性から半導体ウエハーにおいては，種々の方法がなされている．材料表面にレーザを照射すると，材料の吸収波長が発振波長に一致する場合に成分は化学変化を起こす．この性質を利用して文字や図柄を描く方式があり，これをコールドマーキング（cooled marking）などと称している．テフロンやシリコンなどにおいて発振波長に一致する吸収波長をもつ成分（顔料など）が反応する．発色性なども考慮される．また，半導体ウエハーのマーキングでは，目視でみえるままにブラックマーキングとホワイトマーキングなどとよばれるものがある．その外観を図 13.4 に示す．ブラックマーキングは半導体シリコンなどの材料表面に文字や図柄を描くときに，溶融など改質をさせる方法であるが，光に反射しないので目視では黒くみえるので官能検査的にブラ

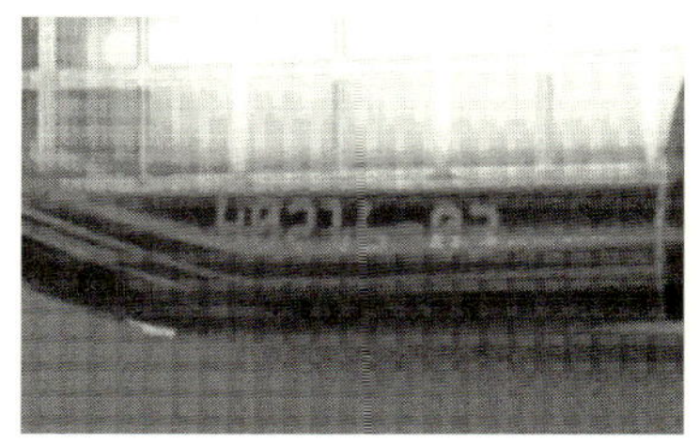

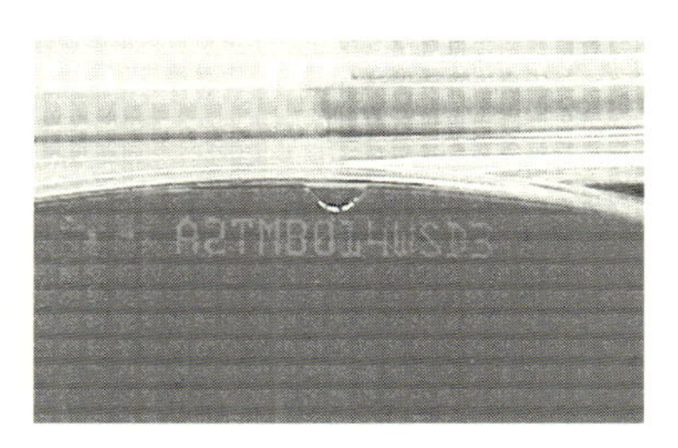

(a) ブラックマーキング　　(b) ホワイトマーキング

図 13.4　半導体ウエハーのマーキング

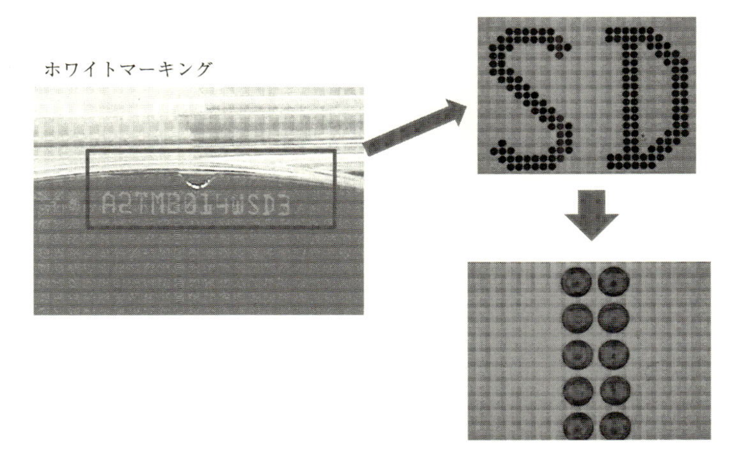

図 13.5　半導体ウエハーおけるホワイトマーキング

ックマーキング（black marking）などと称している．回路の露光の後で行うマーキングで，埃をきらう工程のダストフリーが目的である．その例を図 13.5 に示す．

これに対してホワイトマーキングは，シリコンなどの材料表面に溝加工によって文字や図柄を描くときなどに，光を当てると乱反射によって輝いて目視では白く見えるマーキングに用いている．ただし顕微鏡などで観察のために光を投光すると光が戻らず逆に黒くみえるが，裸眼などの目視では体感や官能的に白くみえることから，これをホワイトマーキング（white marking）と称している．シリアル番号などが明瞭にみえるようにし，クリーニング後も消えないことが特徴で

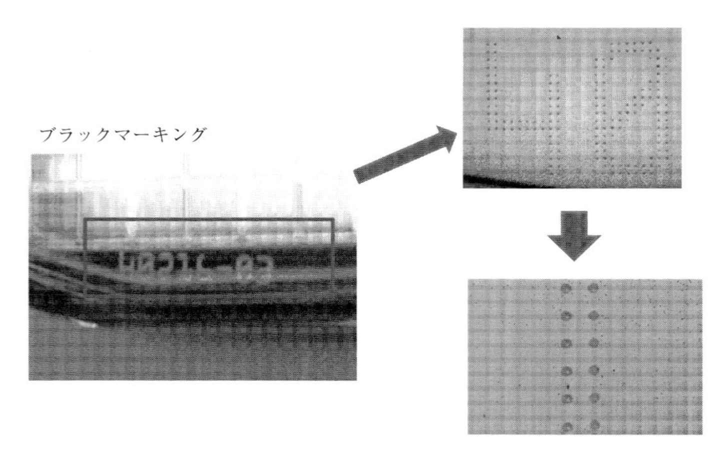

図 13.6　半導体ウエハーおけるブラックマーキング

ある．いずれもいくぶん現場用語ではある．図 13.6 その一例を示す．図には角度をずらした場合のイメージと，Si 表面の加工状態を示す．加工の深さや盛り上がりは従来と同等レベルであるが，角度を 30 度斜めから観察すると微小ドットマークのコントラストが改善される[5]．

13.4　マーキングの応用例

現在ではマーキングの用途は広く①工業製品，②電子部品，③食品・消耗品，④医療関係にまで利用されている．マーキングの応用事例を表 13.3 に示す．また，液晶ディスプレイの液晶分子の配向を制御するための電圧を印加する電極として用いられるのが ITO（indium tin oxide；酸化インジウムスズ膜）で，ガラ

表 13.3　マーキングの応用事例

分　類	事　例
①工業製品	鋼材ロッド，製品型番，モータ刻印，コネクタ刻印
②電子部品	LED チップ，回路基板，ウエハー，充電池，太陽電池セル，CD/DVD
③食品・消耗品	缶ジュース，ペットボトル，口紅，包装容器
④医療関係	錠剤，カテーテル，注射針，薬箱

ス基板などの上に薄膜として形成するが，この剝離にもマーキング技術が用いられている．

13.5 レ ー ザ 工 芸

レーザマーキングに工業的な用途に加えて美術的な要素をもたせ，より芸術に近付づけたレーザマーキング技術がある．これをレーザ工芸またはアートマーキングと称している．技術と芸術の融合でもある．レーザ工芸は大別して，表面加飾と材内加飾とがある．表面加飾にはレーザ彫刻，マーキング，模様付け（直接描画）などがあり，最近では，点密度描画などによる写真転写などの工芸技術がある．マーキング自体は歴史的には長いものがあるが，鮮明な色彩をもたせるなど新しい方法もつぎつぎと出現している．図 13.7 には工芸品としてみることができるレーザマーキングの分類を示す．

13.5.1 表 面 加 飾

フォトエッチングによって細かいデザインや模様を抜いて作成した金属マスク（遮蔽版）にレーザを照射し，通過したレーザ光で模様を転写する技術が木材工業を中心に 1970 年ごろから普及していた．これを木材彫刻といい，木質材料の表面加飾の一方法として用いられた．レーザによる工芸的な応用としては最も古

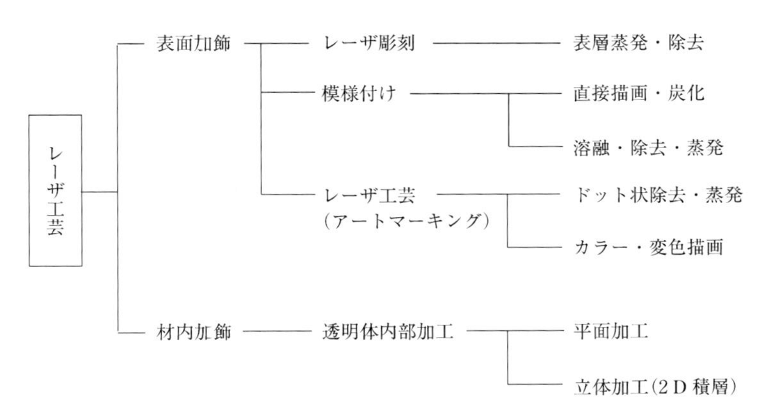

図 13.7　レーザ工芸の分類

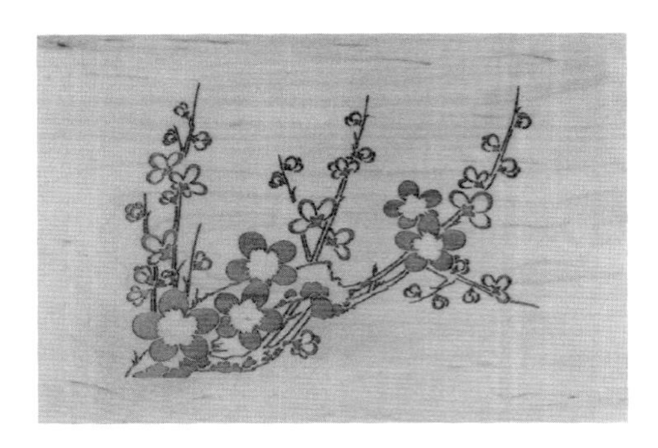

図 13.8　木材の表面加飾

い歴史をもつ．鎌倉彫のように大胆なボリュームやオウトツ（凹凸）感はないが，浅いながらも光ならではの繊細な描写や表現が可能である（図 13.8）．特に，高級家具や置物のワンポイントデザインに用いられた．対象加工材料は，木材，樹脂，布などがある．

1）模様付け

レーザは光なのでビームを高速でスキャニング（光走査）することができる．光学系を用いた光走査技術も発展し，フレキシブルな加工が可能となった．たとえば，コンピュータ数値制御（CNC；computerized numerical control）と連動したガルバノミラーなどでビームを高速で，かつ自在に平面上を操作できること

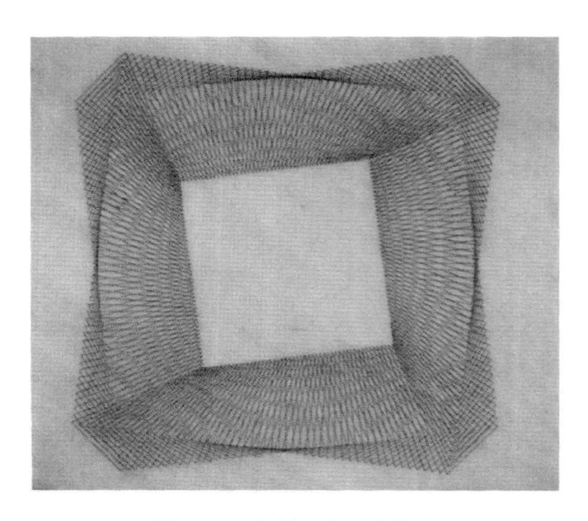

図 13.9　木材の表面線描画

から，材料表面にあらかじめプログラムされたデザインを直接描画することができる．このような方法をレーザによる表面描画または模様付けという．図 13.9 には，CNC と連動して木材表面に模様を直接描画した 1 つの例を示す．図柄は正確に対称で，CNC ならではは可能な繊細な模様表現が可能である．

直接描写とはやや異なる方法であるが，表面に事前に施された塗装膜やコーティング層にレーザを照射する方法で，レーザ照射によって所定のデザイン表層部を蒸発・除去させるか，あるいは，化学反応的に変色させることによって表面マーキングなどを行うアートマーキングによる描画などがある．

2）点密度描画

同様に，直接描画をする方法ではあるが，パルスレーザの直接照射により細かいドットを表面に照射し，そのドット間隔の密集度，すなわち照射密度を変えることによって濃淡を表現する方法がある．パルスレーザによって表面に集光スポットによるドット（点）を打ち込み，ドットの間隔や密度を変えてゆくと．マクロ的には密度の高いところは黒く，また密度の低いところは白っぽくみえる．この点の密度の変化によって濃淡を表現する，いわゆる新聞などの印刷写真にみられるような写真表現（たとえば，FM スクリーニングなど）が可能である．拡大すると単なる点の集合であるが，視覚的に点密度により写真描写となるのである．図 13.10 には，その一例を示す．

なお，レーザによるこの種の工芸化が進み，現在では写真画像をもとにコンピ

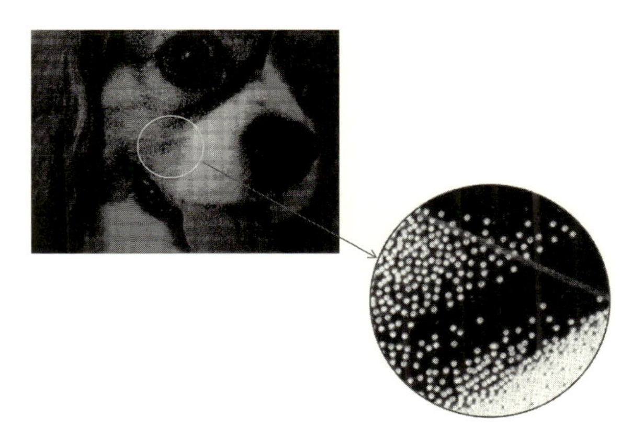

図 13.10　点密度描画

図 13.11　装飾品への応用

ュータで加工点を指示することで，金属の材料面にそのまま描写できることから，ペットなどの身近な動物のペンダントやブローチなどの装飾品にも応用されている．図 13.11 にはペンダントなどへの応用例を示す．

13.5.2　材 内 加 飾

表面加飾に対して材料の内部への加飾もある．材料は限定されるが，ガラスなどの透明体で，YAG レーザの波長の特徴を利用して材内の加工を施す方法である．YAG レーザの基本波はガラスやクリスタルに対して透過する．そのため，通常の方法でガラスの外部から照射すると加工はできない．しかし，内部のある場所に焦点を合わせて集光し短パルス照射すると，焦点のあったところで瞬間に微小クラックや微小空洞（void）が生成される．

このようにして得られる微小クラックなどの変質部分は，外見的には白く混濁してみえる．焦点近傍の高いエネルギー密度で局所的に屈折率の変化をもたらしたものである．この方法で，連続的で微小なクラックを多数作成してデザイン化したものが内部マーキングともよばれる材内加飾法である．内部の描画は平面を基本とするが，この平面を重ね合わせると立体化が可能である．複雑な構造の場合でも CAD やスキャン法などを用いて分割した断面形状に変換ができることから，スライスデータとよばれる平面の加工データを順次重ねると立体画像が描けるようになる．図 13.12 には，ガラスの内部に施された立体形状の内部加飾の例を挙げる．加工はそのスライスデータに沿って，下面から平面加工で順次上に向

図 13.12　ガラスの内部加工

かって加工していくもので，結果的に3次元の立体構造にながが，基本的に2次元加工の連続である．

参考文献

1) 伊藤　弘：レーザマーキングについて，レーザ協会誌，**32**-3/4, pp. 1-11（2007）
2) 川田義高，木下純一：レーザマーキング技術の変遷，レーザ加工学会誌，**16**-2, pp. 104-109（2009）
3) 新井武二：レーザ加工　基礎のきそ，日刊工業新聞社，p. 141（2011.6 第3刷）
4) たとえば，熊谷真一朗，池野順一：ナノ粒子の表面プラズモンを利用したレーザカラーマーキングに関する研究（第2報）2007年度精密工学会秋季大会学術講演会論文集，pp. 867-868
5) 写真：コヒレント社提供

14 レーザによる微細加工

従来の加工法では実現がきわめて難しいが，レーザで実現できるとされている加工法に微細加工がある．特に，産業応用では機械加工が困難な穴径がミクロンオーダの微細加工が注目を集めている．高密度実装を目指したプリント基板の穴あけなどはレーザの独壇場になりつつある．また，材料に対する波長の吸収性を利用した加工法も研究が進んでいる．ここではレーザを用いた微細穴加工の理論展開と加工のメカニズム，各種加工の穴あけ加工特性を述べる．また，微細穴あけ加工の実際と，レーザアブレーションについて事例を紹介する．

（写真：レーザ微細加工）

14.1 微細加工の特徴

レーザによる微細加工は，材料に微細な加工を施すという意味で「マイクロ加工」の類がすべて含まれる．したがって，微細穴加工，微細溝加工，微細薄膜加工，微細接合加工，微細曲げ加工などの加工法のすべてが該当する．微小で細かな加工を意味する微細加工またはマイクロ加工には明確な定義がないが，加工される部分がサブミリ（コンマ数 mm）から数百ミクロン(μm)台の加工になると，ほとんどの場合において微細加工と称していることが多い．また，現在では微細な加工に適した短波長，短パルスのレーザ発振装置が開発されて，ナノメートル(nm)という従来の集光レンズの回折限界以下で加工ができるようになってきた．このような中で，本章で扱う微細加工はあくまでも従来の熱加工の範囲を中心に述べる．

レーザによる微細加工には以下のような特徴がある．

① 発振器の短パルス化の技術が発展したため，パルス幅を短くすることで高いエネルギー密度を有するレーザ熱源の短時間照射が可能になったことから，ターゲットとする微小な部位のみを加工することが可能である．
② 短パルス化により照射時間をきわめて短くできることから，材料に対して時間依存の熱負荷が小さく加工分解能が非常に高いため，加工幅や加工径など材料面に対する影響を最小に限定できる．
③ 短波長のために波長依存の集光スポットを小さく絞ることができ，そのうえ，短時間の照射が可能なことから，材料表面における光と物質の相互作用や反応を微小に抑えることができる．
④ 多光子吸収などの強い非線形吸収作用により，ガラスなどの透明体材料は表面に損傷を与えることなく内部の加工が可能であり，焦点位置を変化させることで自在な 3 次元加工ができる．
⑤ フェムト秒のような超短パルス加工では，超短時間にエネルギーが材料表面に集中するため，表面で生起される諸現象（プラズマ，衝撃波，格子ひずみ，クラックなど）が超高速で発生し，熱が発生する前に加工が進行し周囲に熱的損傷あるいは化学的損傷を与えない．

14.2　微細穴あけ加工の現象

14.2.1　微細穴あけ加工の扱い

多くの場合，産業界における微細加工は穴加工と溝加工が中心である．レーザによる微細加工はほかの微細加工に比べて，より制御されたエネルギー密度と関与時間で行うことができる．ここでは穴あけ加工を例に述べる．

レーザによる微細な穴あけ加工はその加工メカニズムが独特で，加工穴径が増大すると関与するエネルギーおよびパワー密度は時間的にも空間的にも変化し，加工時間とともに減少していく．これがレーザによる極薄板の穴あけ加工現象を複雑にしている．特に極薄板の微細穴あけ加工の場合には，加工時間とそれに伴う正確なエネルギー配分は加工現象の理解にもっとも重要である．また，極薄板の場合には，加工部位の金属組織観察およびその分析に難しさがあり，加工穴の温度解析にも独特の取扱いを必要とする．

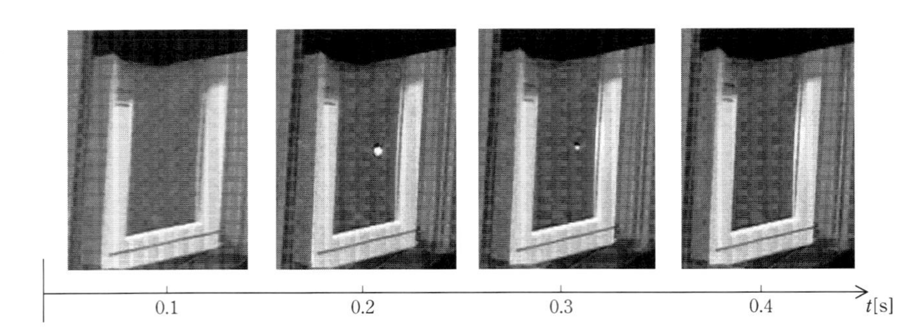

図 14.1　材料表面のプラズマ発生（照射材料：アルミニウム，波長：$\lambda = 355$ nm，口絵参照）

14.2.2　微細穴あけ加工の現象[1)]

14.2.2.1　材料面への短時間照射

短パルスレーザを用いた加工では，発振するパルス幅を小さくして微細な穴あけ加工を行うことができる．きわめて瞬時であるために，光が材料表面に到達すると瞬間に発光し，次の瞬間には加工が終了して発光が止まる．このように，加工は極短時間の瞬間現象である．図 14.1 に，波長 $\lambda = 355$ nm のレーザ光をアルミニウム箔に照射した瞬間のビデオ写真を時系列的に示す．材料に対する照射時間は 0.1 s ごとの写真である．

14.2.2.2　微細穴あけ加工

加工穴断面の写真を，図 14.2 に板厚 10 μm のステンレス鋼材を用いた加工の例で示す．試料は樹脂でモールディングしてあるが，上から順に照射時間 $t =$ 0.105，0.210，0.315 ms と変化させたものである．左の写真は照射時間が増加するにつれて穴の断面傾斜が垂直になっていく様子を示している．右図は同じ加工断面を模式的に図示したもので，照射時間が増加してくと穴の傾斜が垂直に近づくことがわかる．斜線の部分は時間が変わるごとに除去される量を示した．その除去される量は時間とともに少なくなっていく．

供試材であるステンレス鋼材の断面をエッチングして観察した熱影響部は，結晶粒子の粗大化がみられる．組織の変化は時間の十分長いときのように明確でないが，大まかな変化を捉えることができる．照射時間が増すと熱源中心のエネル

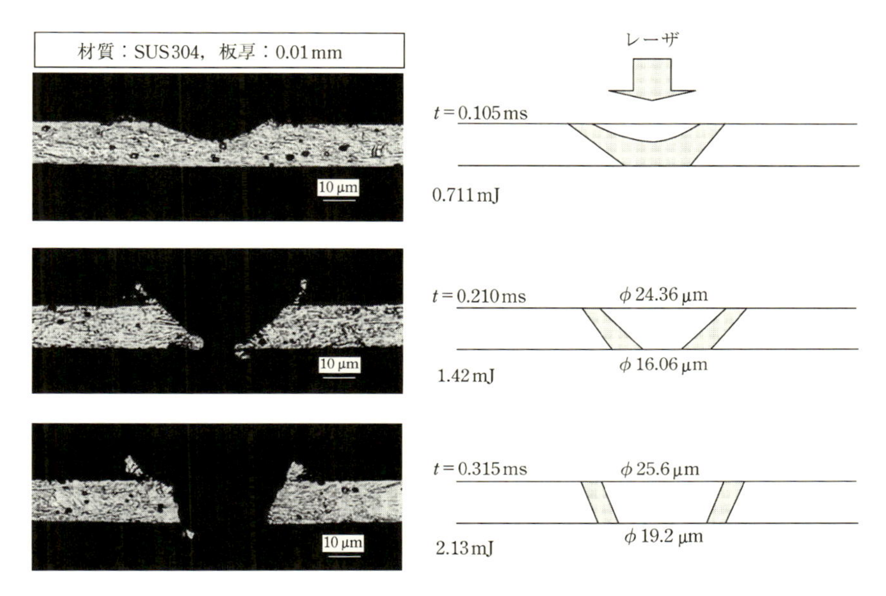

図 14.2　加工穴断面写真（エッチング後）

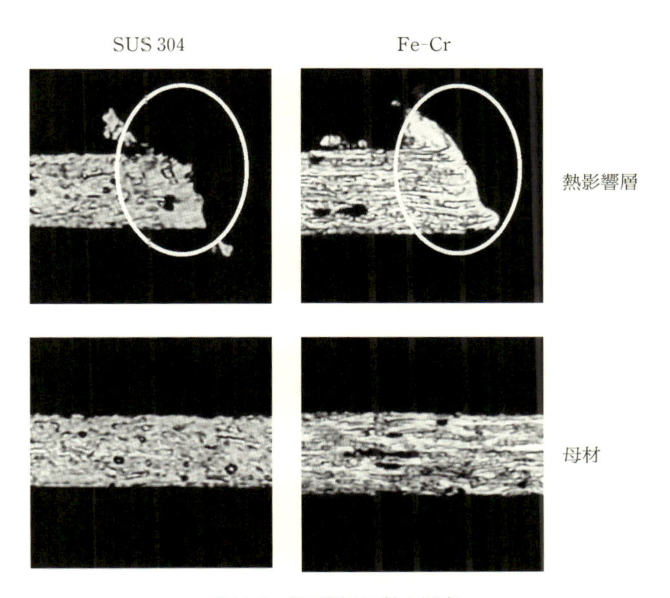

図 14.3　熱影響部の拡大写真

ギー強度の強い部分が抜けて材料に関与しなくなるので，溶融部を含む全体の熱影響はその後に大きくは増えない．熱影響部を拡大したものを図14.3に示す．ごく短時間の反応なので組織の変化は明瞭さに欠き，やや中間段階的な変化を示す．熱の影響を受けた断面の組織の大きさをより明確にするために，より熱の影響が出やすい低カーボンの鉄クロム合金2種を用いて同様の実験を行い，金属組織の変化を比較した．拡大して観察するとクロム鉄の場合には変態組織が観察される．熱影響部に相当する部分はさほど大きくない．また，材料の厚さがきわめて薄いにもかかわらず，厚みに比較して表面と裏面との穴径の差は相対的に大きい．このことは短時間照射による反応がごく表層で行われていることを意味する．穴径は照射時間の増加とともに一定値に近づくが，一定の時間が過ぎると，穴径の変化はほとんどみられなくなる．

14.2.3　高速度カメラによる穴あけ加工の観察

穴あけ加工おける高速現象を超高速度カメラで観測した例がある[2]．Nd^{+3}：YAGパルスレーザを用いて加工時のスパッタ飛散現象を観察したものであるが，実験は穴あけ加工の観測が含まれることから，その高速現象をみる．加工材料は板厚が150 μmのステンレス（SUS 304）材で，ワークディスタンスは1 mm，ノズル径はϕ0.5 mmで，撮影速度はすべて1 Mfps，で露光時間は0.5 μsである．

このうち図14.4はパルスエネルギー：$E=0.1$ J/P，パルス幅：0.2 ms，アシストガス：N_2，ガス圧：0.8 MPaの時の時系列的な撮影で，ほぼ瞬時（0 μs）でプラズマが発生し，8 μsで溶融金属が上方に飛散しはじめている．その後24

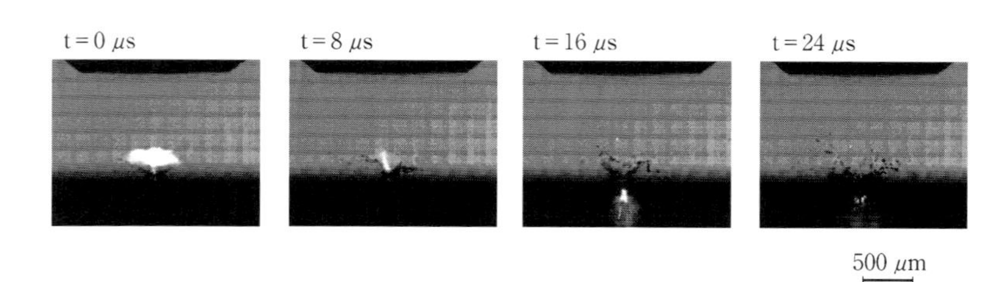

図14.4　溶融物飛散の過程（上方はノズル先端）

通常ノズル（径Φ0.5 mm）の場合

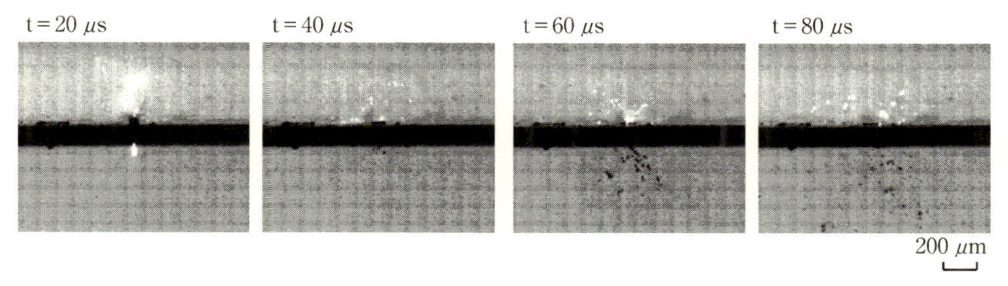

エネルギー：E = 0.04 J/P，パルス幅：0.10 ms，アシストガス：O_2，ガス圧：0.8 MPa

図 14.5　溶融物飛散の過程－2

ラバールノズル（径Φ0.5 mm）の場合

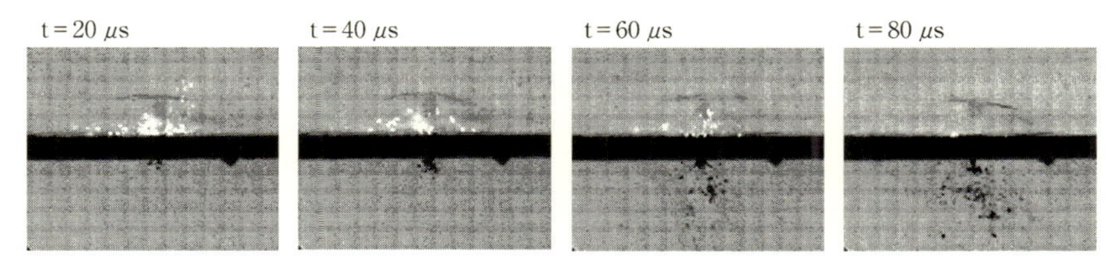

エネルギー：E = 0.04 J/P，パルス幅：0.10 ms，アシストガス：O_2，ガス圧：0.8 MPa

図 14.6　溶融物飛散の過程－3

μs 前後で穴が貫通している．図 14.5 では，20 μs で穴の貫通とともにプラズマが発生して，その後 40 μs 以降に下方へ溶融金属が飛散している鵜様子がわかる．さらに図 14.6 では，ラバールノズルを用いての同様の観測であるが，圧力波のウェーブが観測されている．なお，圧力波のうち音速を超えるものを衝撃波というが，光収束によるレーザ加工ではほとんど圧力波と考えられている．

14.3　微細穴あけ加工の理論解析

14.3.1　加工の所要エネルギー

使用レーザは近似的なシングルモード（モード次数はメーカ実測値 $M^2 \approx 1.2$）なので，投入されるエネルギーはガウス分布で近似する．加工エネルギーの計算は，集光した熱源を積分して求められる．これらの計算は電算処理される．これによって，穴あけ加工時に形成される形状から，関与するエネルギーと貫通後に穴から抜けて通過するエネルギーを計算した．熱源によるエネルギーの式は以下のように与えられる．

$$I_0 = \frac{2P_0}{\pi b^2}$$

$$W = \int_0^{\infty} I_0 \, \mathrm{e}^{-\frac{2r^2}{b^2}} \, 2\pi r \, \mathrm{d}r \tag{14.1}$$

ここで，P_0 は平均出力[W]，I_0 をピーク出力，b をスポット半径，r を中心からの距離とする．レーザにより照射されるエネルギー全体（$r = \infty$ のとき）を表示したものである．

レーザ光がごく短時間照射されたとき，材料が貫通していないときには表面に全エネルギーが投入されると考えられるが，いったん穴が貫通すると，加工穴径（平均穴径）に相当する熱源は通過する．通過するエネルギーは式（14.1）に半径 $r = b$ の値を代入することで求められる．また，残りの熱源は加工に用いられた関与エネルギーであり，加工に必要な所要エネルギーとなる．これらは時間の経過に従ってそのつど計算される．図 14.7 にはその関係を図示する．また，

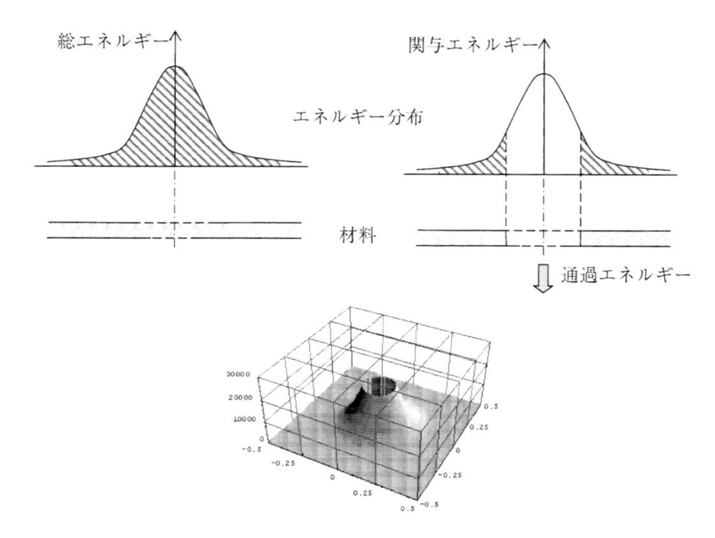

図 14.7　加工エネルギーの計算

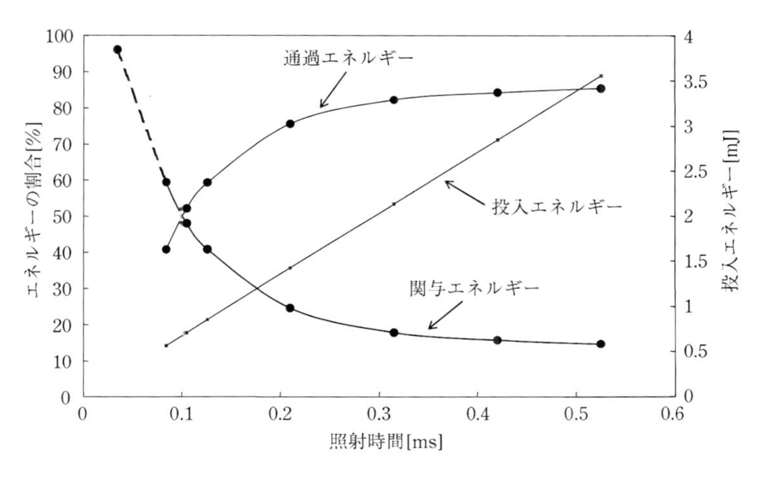

図 14.8 微細穴あけ加工のエネルギー配分

加工時間の変化に伴う微細な穴あけ加工のエネルギー配分を図 14.8 に示す．板厚が 10 μm のステンレス鋼の場合，照射時間が 0.3 ms を過ぎると，それ以降に関与するエネルギーは投入エネルギーの 20 %以下となる．

14.3.2 加工材料内への熱伝導

レーザ照射であけられた穴のまわりの温度を計算するためのモデルとして，加工穴を無限固体中に一定半径で，一定温度をもっている円柱空間と仮定すると，モデルは材料厚みに無関係に穴のまわりの熱伝導計算を行うことができる[3)]．

計算モデルを図 14.9 に示す．

無限板状の固体中で半径 $r=a$ とすると，式（14.2）の基礎方程式は，α を熱拡散率として $0<a<r$，$t>0$ に対して，次式で与えられる．

$$\frac{\partial\theta}{\partial t}=\alpha\left(\frac{\partial^2\theta}{\partial r^2}+\frac{1}{r}\cdot\frac{\partial\theta}{\partial r}\right) \tag{14.2}$$

境界条件 $t>0$ のとき $r=a$ において $\theta=1$

初期条件 $r>a>0$ のとき $t=0$ において $\theta=0$

式（14.2）の両辺に e^{-pt} をかけて，t に関して 0 から ∞ までを積分すると，

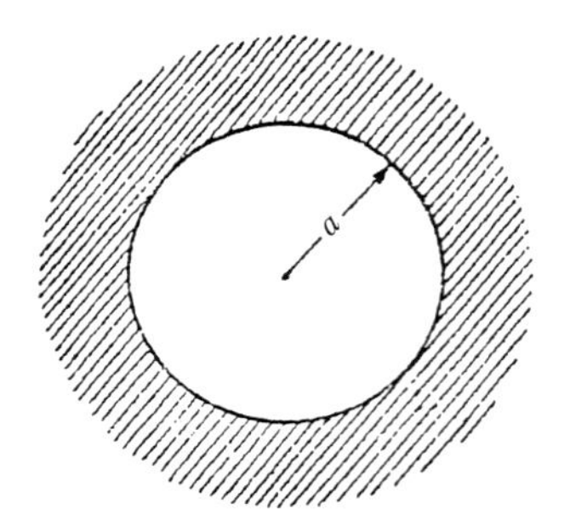

図 14.9　薄板穴あけ加工のための計算モデル

$$\int_0^\infty e^{-pt}\frac{\partial\theta}{\partial t}\,dt = \alpha\int_0^\infty e^{-pt}\left(\frac{\partial^2\theta}{\partial r^2}+\frac{1}{r}\cdot\frac{\partial\theta}{\partial r}\right)dt$$

いま，$V=\int_0^\infty e^{-pt}\theta dt$ とおくと，$r>a>0$ において，

$$\alpha\left(\frac{d^2V}{dr^2}+\frac{1}{r}\cdot\frac{dV}{dr}\right)=pV \tag{14.3}$$

また，$r=a$ において $V=1/p$ であるから，よって，式 (14.3) から，

$$V=\frac{1}{p}\cdot\frac{K_0\left(\sqrt{\dfrac{p}{\alpha}}\cdot r\right)}{K_0\left(\sqrt{\dfrac{p}{\alpha}}\cdot a\right)}$$

となる．よって

$$\theta=\frac{1}{2\pi i}\int_{c-i\infty}^{c+i\infty}c^{\lambda t}\frac{K_0\left(\sqrt{\dfrac{\lambda}{\alpha}}\cdot r\right)}{K_0\left(\sqrt{\dfrac{\lambda}{\alpha}}\cdot a\right)}\cdot\frac{d\lambda}{\lambda} \tag{14.4}$$

いま，図 14.10 のように，直線 AB は虚数軸より距離 c だけ離れ，円 Γ は半径 R，円 γ は半径 ε として，CD 線および EF 線はそれぞれ $\arg\lambda=-\pi$，$\arg\lambda=\pi$ であるような積分路をとる．被積分関数 $K_0(z)$ は，$|\arg z|\leqq\pi/2$ においてゼロ点をとらないことから，積分路内およびそのうえで正則である．

$K_0(\sqrt{\lambda/\alpha}\cdot r)$ および $K_0(\sqrt{\lambda/\alpha}\cdot a)$ の近似式により Γ 上の積分は $R\to\infty$ とすれば

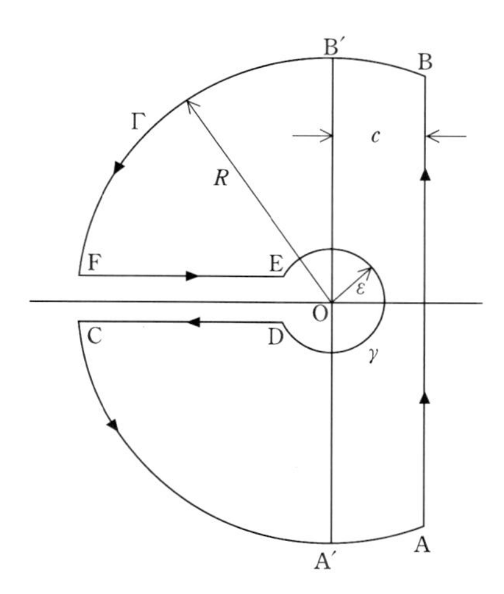

図 14.10 計算のための積分路

ゼロに収斂する．したがって，式 (14.4) の右辺の積分は，CD 上，γ 上，ならびに EF 上の積分の極限で置き換えることができる．

それぞれ，CD 上の積分は $\lambda=\rho\,\mathrm{e}^{-i\pi}$ として，$R\to\infty$，$\varepsilon\to 0$ とすると，

$$
\begin{aligned}
\frac{1}{2\pi i}\int_{c-i\infty}^{c+i\infty}\mathrm{e}^{\lambda t}\frac{K_0\left(\sqrt{\dfrac{\lambda}{\alpha}}\cdot r\right)}{K_0\left(\sqrt{\dfrac{\lambda}{\alpha}}\cdot a\right)}\cdot\frac{\mathrm{d}\lambda}{\lambda}&=-\frac{1}{2\pi i}\int_0^{\infty}\mathrm{e}^{-\rho t}\frac{K_0\left(\sqrt{\dfrac{\rho}{\alpha}}\cdot r\mathrm{e}^{-\frac{i\pi}{2}}\right)}{K_0\left(\sqrt{\dfrac{\rho}{\alpha}}\cdot a\mathrm{e}^{-\frac{i\pi}{2}}\right)}\cdot\frac{\mathrm{d}\rho}{\rho}\\
&=-\frac{1}{2\pi i}\int_0^{\infty}\mathrm{e}^{-\rho t}\frac{J_0\left(\sqrt{\dfrac{\rho}{\alpha}}\cdot r\right)+iY_0\left(\sqrt{\dfrac{\rho}{\alpha}}\cdot r\right)}{J_0\left(\sqrt{\dfrac{\rho}{\alpha}}\cdot a\right)+iY_0\left(\sqrt{\dfrac{\rho}{\alpha}}\cdot a\right)}\cdot\frac{\mathrm{d}\rho}{\rho}
\end{aligned}
\tag{14.5}
$$

また，EF の積分を $\lambda=\rho\,\mathrm{e}^{i\pi}$ とすれば，

$$
\frac{1}{2\pi i}\int_{c-i\infty}^{c+i\infty}\mathrm{e}^{\lambda t}\frac{K_0\left(\sqrt{\dfrac{\lambda}{\alpha}}\cdot r\right)}{K_0\left(\sqrt{\dfrac{\lambda}{\alpha}}\cdot a\right)}\cdot\frac{\mathrm{d}\lambda}{\lambda}=\frac{1}{2\pi i}\int_0^{\infty}\mathrm{e}^{-\rho t}\frac{K_0\left(\sqrt{\dfrac{\rho}{\alpha}}\cdot r\mathrm{e}^{\frac{i\pi}{2}}\right)}{K_0\left(\sqrt{\dfrac{\rho}{\alpha}}\cdot a\mathrm{e}^{\frac{i\pi}{2}}\right)}\cdot\frac{\mathrm{d}\rho}{\rho}
$$

$$= \frac{1}{2\pi i}\int_0^\infty e^{-pt} \frac{J_0\left(\sqrt{\frac{\rho}{\alpha}}\cdot r\right) - iY_0\left(\sqrt{\frac{\rho}{\alpha}}\cdot r\right)}{J_0\left(\sqrt{\frac{\rho}{\alpha}}\cdot a\right) - iY_0\left(\sqrt{\frac{\rho}{\alpha}}\cdot a\right)}\cdot\frac{d\rho}{\rho} \tag{14.6}$$

ここで，式（14.5）と式（14.6）との和をとれば，

$$\frac{1}{\pi}\int_0^\infty e^{-pt}\cdot\frac{J_0\left(\sqrt{\frac{\rho}{\alpha}}\cdot r\right)Y_0\left(\sqrt{\frac{\rho}{\alpha}}\cdot a\right) - J_0\left(\sqrt{\frac{\rho}{\alpha}}\cdot a\right)Y_0\left(\sqrt{\frac{\rho}{\alpha}}\cdot r\right)}{J_0^2\left(\sqrt{\frac{\rho}{\alpha}}\cdot a\right) + Y_0^2\left(\sqrt{\frac{\rho}{\alpha}}\cdot a\right)}\cdot\frac{d\rho}{\rho} \tag{14.7}$$

となり，γ 上の積分は極限で 1 となる．よって，

$$\theta = 1 + \frac{1}{\pi}\int_0^\infty e^{-pt}\cdot\frac{J_0\left(\sqrt{\frac{\rho}{\alpha}}\cdot r\right)Y_0\left(\sqrt{\frac{\rho}{\alpha}}\cdot a\right) - J_0\left(\sqrt{\frac{\rho}{\alpha}}\cdot a\right)Y_0\left(\sqrt{\frac{\rho}{\alpha}}\cdot r\right)}{J_0^2\left(\sqrt{\frac{\rho}{\alpha}}\cdot a\right) + Y_0^2\left(\sqrt{\frac{\rho}{\alpha}}\cdot a\right)}\cdot\frac{d\rho}{\rho}$$

書き換えて，以下の式を得る[4]．

$$\theta = 1 + \frac{2}{\pi}\int_0^\infty e^{-\alpha u^2 t}\cdot\frac{J_0(ur)Y_0(ua) - J_0(ua)Y_0(ur)}{J_0^2(ua) + Y_0^2(ua)}\cdot\frac{du}{u} \tag{14.8}$$

これは円柱内が温度 1 のときの非定常熱伝導であるが，抜けた穴はその加工過程に関係なく周囲が溶融していることから，少なくとも溶融以上の温度であることはあきらかである．したがって，この穴の境界すなわち円周上は材料の溶融温度 θ_0 と置き換えることができる．その結果，穴の周囲へと伝わる熱伝導の式は以下に与えられる．

$$\theta(r) = \theta_0\left[1 + \frac{2}{\pi}\int_0^\infty e^{-\alpha u^2 t}\cdot\frac{J_0(ur)Y_0(ua) - J_0(ua)Y_0(ur)}{J_0^2(ua) + Y_0^2(ua)}\cdot\frac{du}{u}\right] \tag{14.9}$$

ここで，J_0 は第 1 種，Y_0 は第 2 種 Bessel 関数であり，r を中心からの距離，a を穴の半径，t を照射時間とする．ただし，境界の溶融温度 θ_0 はごく短時間の熱作用の場合で，この値は作用時間によって異なると考えられることから，後で述べる反応速度曲線から別途求める必要がある．

14.3.3　照射時間と反応速度

微小な範囲で急な温度勾配をもつレーザ穴あけ加工で，ごく短時間材料に熱源

が関与する場合，その温度変化を直接求めることは難しくなる．したがって，その解決法の１つとして物質の状態変化から反応速度を求める方法を用いる．

ごく短時間に起こる反応は，十分時間をかけて反応した場合の反応結果に比較して，同じ反応結果を得るためにはより高い温度を必要とする．すなわち時間の短い場合には実際より高い温度で同じ反応結果が生じると考えられる．鉄鋼材料では変態温度や溶融温度がその反応の基準となり得る．ただ，ステンレス鋼材の場合は変態温度をもたないが，そのかわりに加工素材が圧延のままである場合には，温度が 1050-1080℃で再結晶し結晶が粗大化するので，この温度を基準にすることができる．

熱反応系物質の温度による物性の変化を利用して，材料の間接的な反応速度を求めることができる．レーザ加工で用いる鋼材などの熱反応系物質における反応時間と反応温度の関係は次式のようになる[5)]．

$$\log_{10}\frac{1}{t}=\log_{10}A_n-\frac{B_n}{T} \tag{14.10}$$

ここで t は反応時間，A，B はそれぞれ反応の定数で，T は反応の絶対温度を示す．

しかし，ごく短時間での材料表面の熱反応と材料温度は直接求めることは難しい．ここに実験に用いた S 45 C と SUS 304 の実測によるいくつかの温度に対する熱拡散率と熱伝導率などの熱定数を図 14.11 に示す．この図より 400℃以降から 800℃付近までほぼ同じ値になることがわかる．レーザ加工範囲ではこの温度を超えるためほぼ同値になる．

試験材料の SUS 304 の箔は容易に入手できるが炭素鋼の箔は入手が困難なため，熱定数に対しては高温域で同値とみなして傾向を求める．S 45 C の材料表面にレーザ光を走査するビードオンプレート実験によって，材料の表面溶融温度や変態温度の変化を求めた．実験は表面焼入れのような方式であるが，材料内の変態温度と表面が溶融する速度と温度を計算する（前掲の図 11.30 を参照）．このときの走査速度を微小単位距離を通過する時間に置き換えて，間接的に熱の関与時間と溶融温度の関係を求める．この結果から，式（14.10）における反応温度と反応時間の直線（片対数グラフ）の勾配が得られる．

その結果から S 45 C における溶融点の変化曲線は，

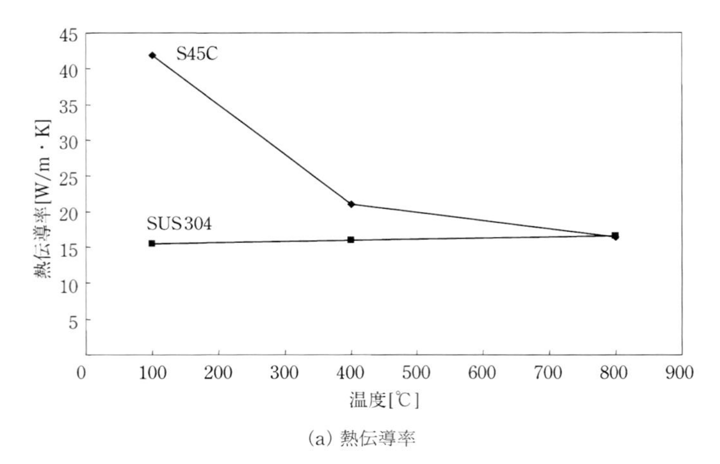

(a) 熱伝導率

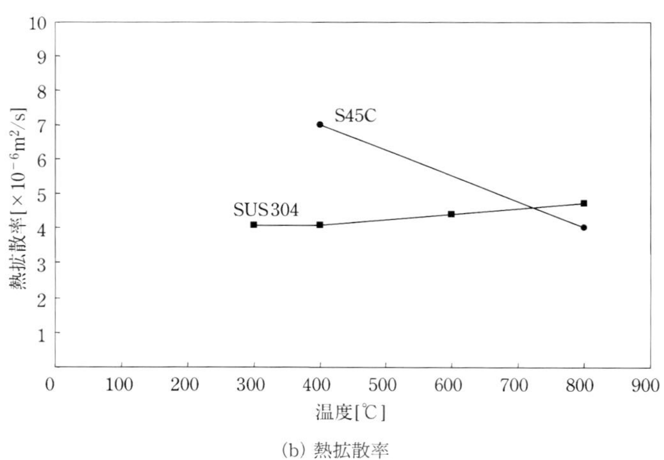

(b) 熱拡散率

図 14.11 金属材料の熱定数と温度依存性

$$A_1 = 1.0 \times 10^{12}$$

$$B_1 = 1.0 \times 10^{4}$$

を得た．また，S 45 C における変態点（A_1）の変化曲線は，

$$A_2 = 1.0 \times 10^{8}$$

$$B_2 = 1.0 \times 10^{4}$$

を得た．

勾配が求められたので，ごく短時間の溶融温度，変態温度を決めるために基準となる温度を設定する必要がある．

瞬間パルス熱源により与えられた熱量が，平面平板で一様な微小深さに吸収されたとすると，1 次元熱伝導方程式による材料内部の距離 l における温度変化は次式で近似できる[6)]．

$$T(l,\ t)=\frac{Q}{\rho Cl}\left[1+2\sum_{n=1}^{\infty}(-1)^n \exp\left(\frac{-n^2\pi^2}{l^2}\alpha\cdot t\right)\right] \tag{14.11}$$

ここで，SUS 305 として用いた値は，比熱 $C=502.3$[J/gK]，密度 $\rho=803\times10^3$[g/m³]，熱拡散率 $\alpha=5\times10^{-6}$[m²/s] である．

ステンレス鋼の穴あけ加工実験による平均穴径と照射時間の関係を図 14.12 に示す．グラフから照射時間 $t=0.8$〜0.9 ms 以上で穴半径の増加はみられない．したがって，$t=0.9$ ms 以上の時間では穴の加工は進展せずに，材内の温度変化のみによる反応であると考えられるので，この時間以降の温度変化を式（14.11）から計算によって求める．さらに，金属組織は穴の中心から 20〜30 μm 程度の深さ組織の変化がみられなくなる．このことから，計算では距離 $l=20$，30 μm までの計算を行えばよいことがわかる．その値を図 14.12 のなかに載せると，穴

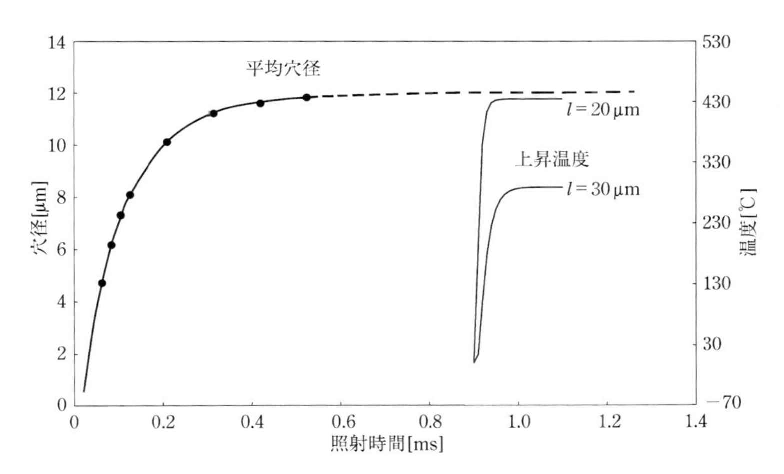

図 14.12　ステンレス鋼箔の穴あけ加工における照射時間と平均穴径の関係
（右の細線は箔の厚みを変化させた場合の飽和時間）

加工の進行が止まって，その後の照射時間0.1msでは温度が飽和していることがわかる．その結果から，本実験のごく短時間の反応では，全照射時間1.0msで十分反応が飽和していると仮定することができる．これが本実験のようなごく短時間の照射による熱反応系における，通常の時間と温度で反応する十分長い時間での溶融点相当である．

この結果から，1ms時の溶融温度は，通常の十分時間が長い状態におけるステンレス鋼の溶融温度1420℃であるとみなす．

溶融と変態の勾配を合わせて，基準溶融温度に合わせると式（14.10）により，反応の定数は以下のように与えられる．

SUS 304における溶融点の変化直線は，

$$A_3 = 1.0 \times 10^{14}$$

$$B_3 = 1.0 \times 10^{4}$$

また，SUS 304における変態点の変化曲線は，

$$A_4 = 1.0 \times 10^{9}$$

$$B_4 = 5.0 \times 10^{4}$$

を得た．

これにより各照射時間における溶融温度 θ_0 が求まることから，式（14.9）を用いて各照射時間に対する材料内の温度分布を求めることができる．結果の一例を図14.13に示す．

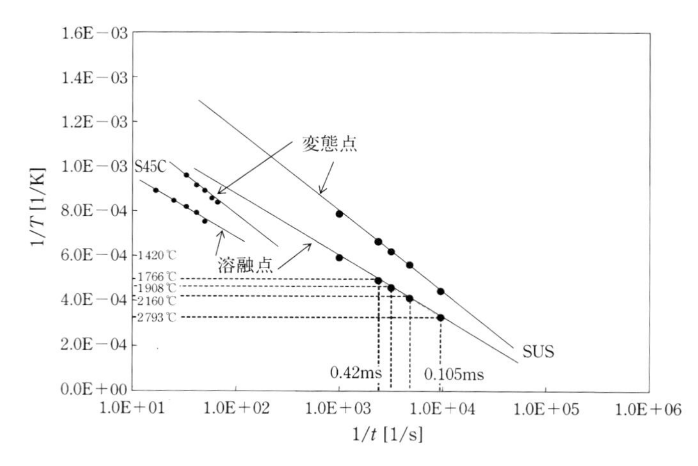

図 14.13　反応速度曲線

14.3.4 光子エネルギー

電磁波の基本となる単位は粒子を光子（または光量子）とよぶが，光子は質量をもたないがエネルギーを有していることはすでに述べた．光子エネルギー（Photon energy）は，光子の数と光子の周波数（波長の逆数）によって決まる．光子エネルギーEはその単位は［eV］で，以下の式で求められる．

$$E = h\nu = h\frac{c}{\lambda} \tag{14.12}$$

ここで，h：プランク定数　$h = 6.625 \times 10^{-34}\,\mathrm{J \cdot s} = 4.136 \times 10^{-15}\,\mathrm{eV \cdot s}$

ν：振動数（周波数），

c：光速　$c = 2.997\,9245\,9 \times 10^{10}$ (cm/s) $= 3 \times 10^{5}$ (km/s)，

λ：波長　nm，μm

である．

また，$1\,\mathrm{eV} = 1.602 \times 10^{-19}\,\mathrm{J}$，$1\,\mathrm{J} = 6.241 \times 10^{-18}\,\mathrm{eV}$ として計算すると，

$\lambda = 266\,\mathrm{nm}$ ………………… $E = 4.7\,\mathrm{eV}$

$\lambda = 355\,\mathrm{nm}$ ………………… $E = 3.5\,\mathrm{eV}$

$\lambda = 532\,\mathrm{nm}$ ………………… $E = 2.3\,\mathrm{eV}$

$\lambda = 1\,064\,\mathrm{nm}$ …………… $E = 1.2\,\mathrm{eV}$（参考）

となる．

したがって，波長が短いほど光子エネルギーは大きく，周波数が高いほどエネルギーが高い．たとえば，エキシマレーザなど紫外域のでは光子エネルギーが高く，高分子材料の化学結合エネルギーに近い値を取るため，高分子材料に照射すると化学結合が直接切断され照射部の材料表層は飛散除去される．一種のアブレーション加工が実現する．

14.3.5 圧力波の発生

レーザ加工では，光を集光して高エネルギー状態にして材料ターゲットに照射すると，材料に衝突する際に強いプラズマ光が発生するが，その現象は非常に高速でごく短時間に発生する．その際に金属の溶融物が上方に飛散して加工痕としての穴を形成する．特にワンショットのシングルパルスでは加工時に同軸噴射のアシストガスがある場合でも，アシストガスを伴わない短パルスレーザの場合で

もこのプラズマ発生はみられる．また，レーザの波長が紫外域や赤外域であってもパルス幅が非常に短い場合には必然的にプラズマは生じる．特に，ピコ秒やフェムト秒といったごく短いパルス幅の時にアブレーション加工と称しているが，パルス幅の短さに限らず照射された瞬時にプラズマ光が発生する．

集光したレーザ光のエネルギー密度が非常に高いため，ほとんどの材料において集光点直下で容易に沸点まで高められ，プラズマまたはプルーム（vapor plume）が形成される．レーザ照射後のプラズマは光を吸収し続けると，周囲に圧力波を伴って動く．反力として材料に圧力が発生する．これがレーザ誘起の圧力波である．特に，非線形吸収により材料内部で発生する圧力は，クラックや屈折率変化，密度変化などを引き起こすことになる．

プラズマ発生による圧力については以下のような実験式が得られている[7]．

$$P_d\,(\mathrm{kdars}) = 3.93 I^{0.7}\,(\mathrm{GW/cm^2}) \times \lambda^{-0.3}\,(\mu\mathrm{m})\ \tau^{-0.15}\,(\mathrm{ns}) \tag{14.13}$$

また，パルス発振するレーザのパワー密度は，パルスあたりのエネルギーを E，パルス幅 τ，スポット径 d とするとパワー密度 I は以下の式で与えられる[5]．

$$I = \frac{4E}{\pi\tau(d/2)^2} \tag{14.14}$$

式（14.14）に，パルス幅 $\tau = 20\,\mathrm{ns}$，パルスあたりのエネルギーを $E = 20\,\mu\mathrm{J/p}$，スポット径 $d = 25\,\mu\mathrm{m}$ を代入して計算すると，パワー密度 $I = 0.815\,\mathrm{GW/cm^2}$ が得られる．

ここで，用いた YAG 第三高調の実験データを当てはめる，波長 $\lambda = 355\,\mathrm{nm}$ で，パルス幅 $\tau = 20\,\mathrm{ns}$，であるので，それぞれの値を代入すると，

$$P_d = 2.96\,\mathrm{kdars} = 296\,\mathrm{MPa} \tag{14.15}$$

が得られる．

以下，参考として，銅 $t = 10\,\mathrm{mm}$ の場合のアブレーションが起こる閾値は，基本波で 0.2［$\mathrm{GW/cm^2}$］，第 2 高調波で 0.6［$\mathrm{GW/cm^2}$］が得られている[8]．

14.4　微細加工の理論と実際

微細加工は対象となる材料が少なくとも極薄板に限られる．そして μs（マイ

クロ秒)，ps（ピコ秒）などといったごく短時間の反応であることが多い．このような短時間反応であっても穴あけ加工は実施できる．通常の物理的解釈では，どのような温度でも短時間であれば熱的な反応や影響は少ない．熱いヤカンも一瞬触るだけなら熱さを感じないのと同じである．しかし，レーザ加工ではごく短時間であっても加工が行われる．この特有の現象については上で説明した．

しかし，現実には高温での物性値があきらかとなっている金属箔の材料が見当たらず，加工条件に適合した反応速度を求めるのも容易ではない．また，温度依存性や表面状態に依存する材料の吸収率も定かではない．一点に照射する時間と表面温度の関係を直接求めることも難しい．また，反応速度を求めるにも時間の設定には困難が伴う．そこで，ビームが材料表面を走査する速度を，微小単位距離を通過する時間に置き換えて，間接的に照射時間と溶融温度との関係曲線を求めた．これは反応曲線（片対数グラフでは直線）の勾配を求めるためのものである．また，材料がごく短時間場合に対する反応と，十分長い時間で物性値があきらかとなっている反応との整合が重要で，基準の時間設定が重要なポイントになる．このような中にあっても瞬時の加工時間による推定温度や熱影響層の大きさに対して，およその数値の目安を与える必要がある．

14.4.1　実　験　装　置

使用した実験装置の全景を図 14.14 に示す．レーザはビーム径 3.5 mm，波長 355 nm の YAG 第 3 高調波で，発振器から出たレーザビームはコリメーションレンズを通りビーム径 7 mm の平行光に広げられ，広げられたビームは全反射ミラーで 90° に折り曲げて，集光レンズを通過して加工面に照射される．このレンズの直前で径が可変のアパーチャを介している．アパーチャ（aperture）はビー

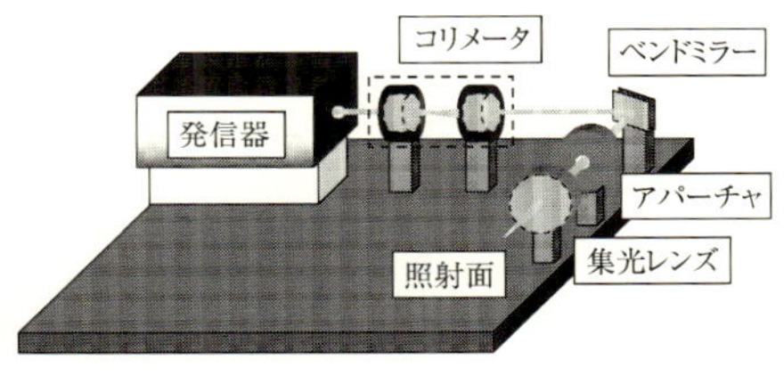

図 14.14　微細加工実験装置の全景

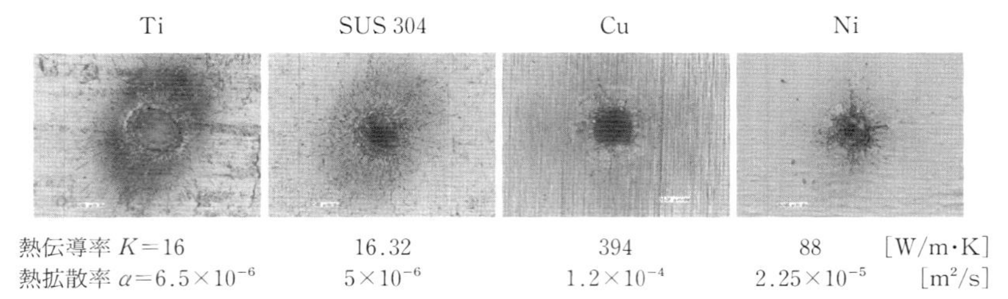

図 14.15　各種金属の比較（波長：355 nm，平均出力：6.4 W，周波数：45 kHz，レンズ焦点距離：100 mm，照射時間：0.21 ms，照射エネルギー：1.42 mJ）

ムの中心を合わせるセンタリング（centering）のために用いるが，場合によっては真円度や裾野をカットするためにも使われる．

14.4.2　実　験　材　料

使用した穴あけ加工の実験材料は SUS 304 を中心に，Ti，Ni，Cu の箔で，いずれも厚みは 10 μm の金属箔である．加工結果の一例を図 14.15 に示す．また，S 45 C のような金属箔に対して溶融層や熱影響層相当の距離を当て込むと，照射時間に対する温度分布と熱影響層あるいは溶融部を推算することができる．その結果を図 14.16 に示す．その結果，照射時間が短いほど穴径は小さく溶融相当温度は高くなるが，温度勾配は急で熱影響層は小さい．反対に照射時間が長いと穴径は大きく溶融相当温度はやや低くなるが，温度勾配はややなだらかとなり熱は材内に広がる．したがって，照射時間が長くなるにつれて熱源の中心から遠ざかった裾の部分が熱エネルギーとして材料に関与するため，変態点または結晶粒の粗大化がみられる．また，溶融部は小さくなるか，またはあまり変わらないが，材料内部の熱影響部はやや大きくなる傾向を示す．

14.5　微細加工の事例

ここでは，赤外レーザによる微細加工から超短パルスレーザによる微細加工までを取り上げる．波長の短くなることからくる影響と，発振持続時間であるパルス幅が短くなることから加工への影響について検討する．レーザの波長は赤外線，可視光線，紫外線までの範囲に集中している．具体的には遠赤外から遠紫外までが属している．便利のために，このレーザ波長範囲において，比較的波長の

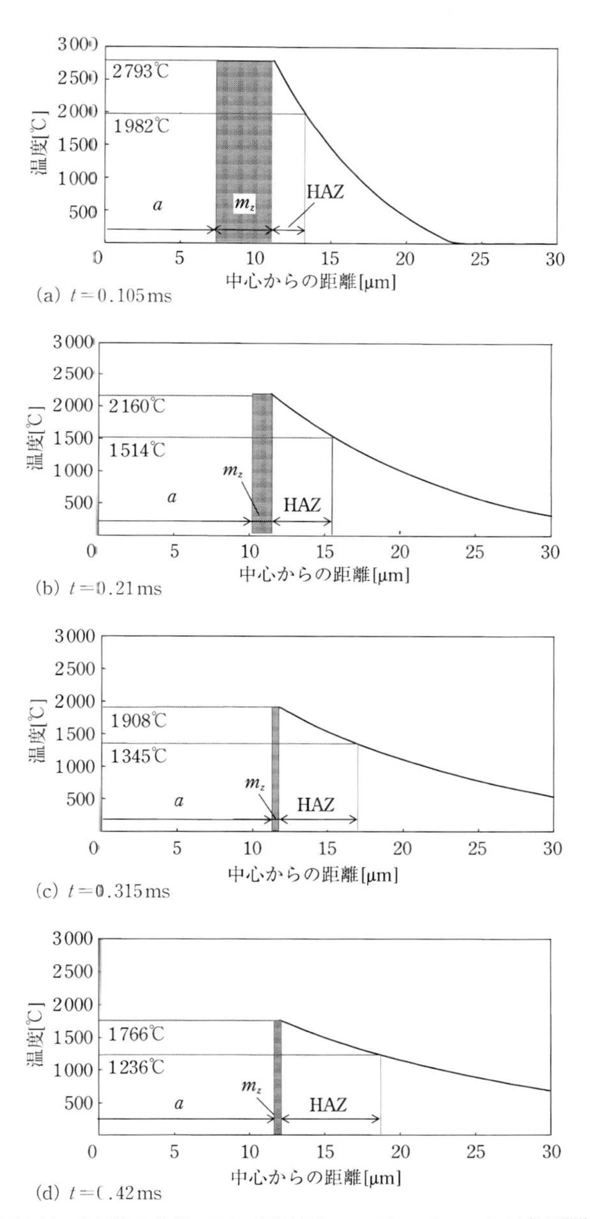

図 14.16 熱伝導の計算．ここで HAZ(heat affected zone) は熱影響層

長い赤外領域を長波長，可視光領域を中波長，波長の短い紫外領域を短波長として区別すると，微細加工に用いるレーザを表 14.1 のように分類することができる．本来多くのレーザ発生装置（発振器）は理化学機器として発展した経緯がある．そのため，実験室的な瞬時のチャンピオンデータとしての装置の性能および仕様や，加工結果を個々に耳にすることがある．しかし本書ではあくまでも産業応用を強く意識し，実製品段階で加工に供することができるレーザを中心に取り上げる．

表 14.1　産業用微細加工レーザ

レーザ		波長領域	相対比較	発振波長 (nm)	レーザ媒質
赤外光レーザ		赤　外	長波長	10,600	CO_2（CO_2+N_2+He）
		赤　外	長波長	9,300	CO_2（CO_2+N_2+He）
可視光レーザ		近赤外	長波長	532/515	第 2 高調波
紫外光レーザ		近紫外	短波長	355/349	第 3 高調波
				266/261	第 4 高調波
		遠紫外	短波長	193	エキシマ：ArF
				248	エキシマ：KrF
超短パルス 発振レーザ (基本波長) (波長変換有)	ピコ秒	近赤外	長波長	1,064	Nd: YVO_4/YAG モードロック
		近赤外	長波長	1,064	Fiber/1,040/1,552
	フェムト秒	近赤外	長波長	800	Ti：A_2O_3結晶(チタンサファイヤ)
		近赤外	長波長	1,030	結晶 Yb：YGW/（Yb：kYW）

表 14.2　精密微細加工用レーザ

発振レーザ	発振波長[nm]	発振特性	応用加工
近紫外レーザ			
波長変換 UV 固体レーザ (ナノ秒レーザ)	(533) 266/355 266/355/(1 064)	平均出力：中 ビーム品質：やや良 パルス幅：数 ns-数十 ns	マイクロ加工 微細穴加工 薄膜表層加工
遠紫外レーザ			
DUV/VUV エキシマレーザ 真空紫外レーザ	157/193 157/193/248/308 157(30-200)	平均出力：大 ビーム品質：並 パルス幅：-数十 ns	微細穴加工 大面積加工 リソグラフィ
超短パルスレーザ			
ピコ秒レーザ フェムト秒レーザ	355-1 064 800/1 560(fiber) 400/ 780(fiber) 266	平均出力：小 ビーム品質：良 パルス幅：100 fs-10 数 ps	透明体内部加工 3 次元光導波路加工 高機能非熱加工

注：ビーム品質比較は相対的．

一方，YAGレーザの波長変換素子の開発と関連技術の発展に伴って，短波長で紫外領域のレーザ光が安定して取り出され，加工の変革に大きく貢献している．微細加工用レーザの種類を挙げると表14.2のようになる．微細加工用レーザは，波長の観点から近紫外レーザ，遠紫外レーザ，パルスの観点から短パルス，超短パルスレーザに区分される．近紫外レーザによる加工では，主にマイクロ加工，微細穴加工，薄膜表層加工などがある．また，遠紫外レーザでの加工には，エキシマレーザの威力で，微細穴加工，大面積の加工，リソグラフィなどが盛んである．また，超短パルスの加工では，透明体の内部加工，3次元導波路，あるいは表面のダメージのきわめて少ない高機能非熱加工などに応用されている．

14.5.1　工業材料の微細加工

14.5.1.1　赤外線レーザによる微細加工

基本的に熱加工である赤外波長領域での加工は，波長の関係からCO_2レーザより金属に対する吸収性がよく集光性の優れた1μm帯のレーザを用いることが多いが，CO_2レーザの場合でも微細加工は可能である．しかし，その場合にはビームのモード選定やシェイピング（ビームの裾の無駄な部分を除く）を行い，出力を絞りながら加工することが必要になる．図14.17には，CO_2レーザによる微細加工で，板厚0.1mmのステンレス鋼材の中に，0.2mm幅のスリット加工をした例を示したが，同様に微細な電子部品などの加工もできる[9]．

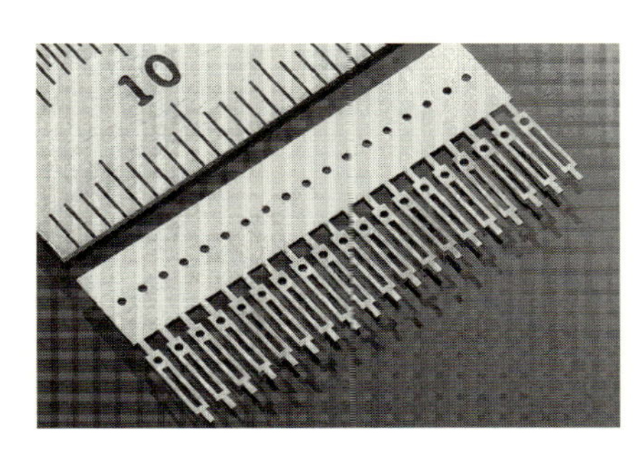

(a) 電子部品の加工

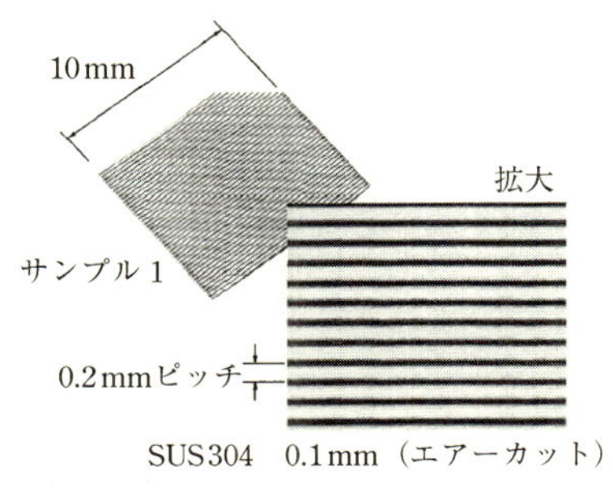

(b) スリット加工

図14.17　CO_2レーザによる微細加工

YAG レーザによる微細な接合プロセスの例としては，板厚が薄い場合と表面の加工が微細な場合とがある．板厚が薄い場合として，図 14.18 には連続発振の YAG レーザによる純アルミニウムの薄板（0.5 mm）と，純チタンの薄板（0.5 mm）の突合せ溶接の例を示す．出力はいずれも 1 kW で，溶接速度は 7-10 m/min である[10)]．また．図 14.19 には，微細な除去プロセスの例として直径が 2.5 mm で，厚さが 50 μm のステント（医療における血管や器官の内径を維持固定するための金属の管）の加工例を示す．材料は同様にステンレス鋼で，数 W に絞り込んだパルス発振の YAG レーザによるもので，円周に施された加工穴の

(a) 純アルミニウム $t=0.5$ mm
出力：1 kW，$F=10$ m/min

(b) 純チタン $t=0.5$ mm
出力：1 kW，$F=7$ m/min

波長 $\lambda=1\,064$ nm（CW 発振）

図 14.18　薄板軽金属の高速突合せ溶接

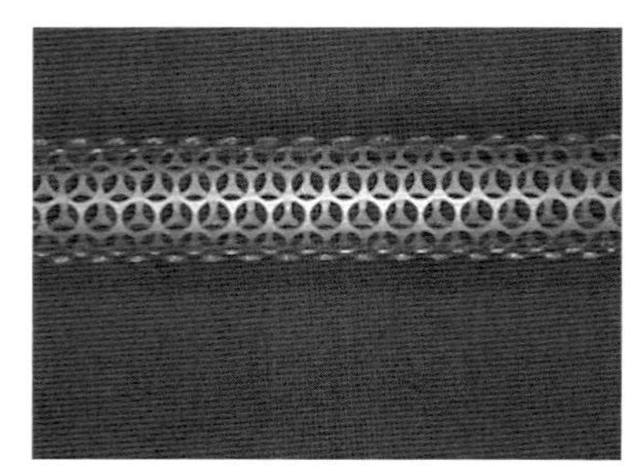

(a) 出力：800 W

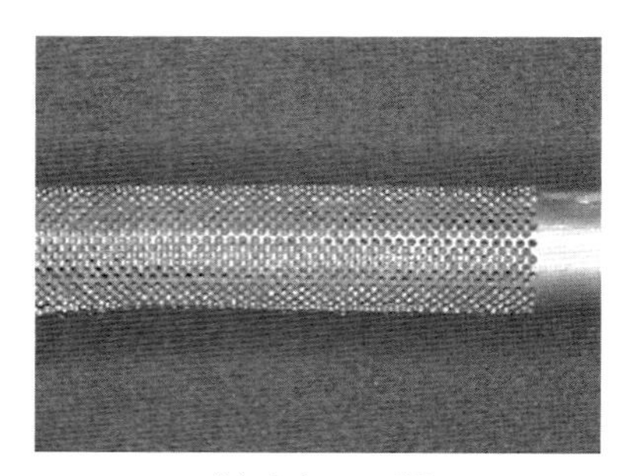

(b) 出力：100 W

ステント：加工穴半径 0.3 mm，板厚：50 μm
波長：$\lambda=1\,064$ nm
材質：SUS 304

図 14.19　YAG 低出力微細加工

半径は0.3mmである．また，箔の接合として厚さ200μmのステンレス鋼（SUS 304）と厚さ50μmの突合せ溶接があるが，加工条件は(a)の出力は800W，(b)の出力は100Wである．いずれも12m/minの微細接合を高速加工で行っている[11]．

このように，従来の赤外レーザを用いた微細加工では，溶接プロセスの場合は比較的出力を高くして高速加工を行うことが多く．また光を集光して加工する切断プロセスでは，出力と焦点をさらに絞ってパルス発振のビームを用いることで，微細な加工を行っていることが多い．これらは材料と板厚によって多少異なる．

14.5.1.2 紫外線レーザによる微細加工

次に，紫外線の代表的なレーザ加工機であるエキシマレーザでの加工例を示す．エキシマレーザには波長$\lambda = 248$nmのKrFレーザが用いられた．平均出力60W，加工エネルギー10J/cm^{2}の条件下で加工された例を図14.20に示す[12]．

板厚0.1mmのSUS 304の場合，ショット数が1000ショットで加工穴径は表面が約ϕ0.1mm，裏穴径は約ϕ0.091mmであった．また，板厚0.1mmのCu（銅シート材）の場合，ショット数が1000ショットで加工穴径は表面が約ϕ0.1

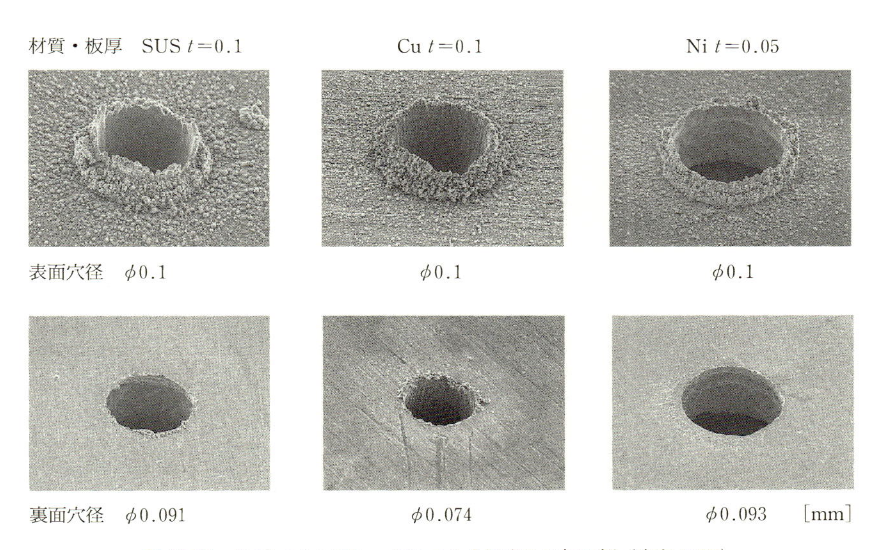

図14.20 KrFエキシマレーザによる金属穴あけ加工例（出力60W）

mm，裏穴径は約 ϕ 0.074 mm であった．さらに，板厚 0.05 mm の Ni（ニッケルシート材）の場合，ショット数は500ショットで加工穴径は表面が約 ϕ 0.1 mm，裏穴径は約 ϕ 0.093 mm であった．

14.5.2　非金属材料の微細加工

微細穴あけ加工や材料の変化から金属の薄板加工とポリイミドや石英などが多くなってきた．ここでは軽薄短小化に伴う需要と加工要求条件の変化に対応した各種材料の加工を例に取り上げる．

14.5.2.1　赤外線レーザによる微細加工

(a) TEA CO_2 レーザ加工例

CO_2 レーザを用いた微細穴あけ加工は，短パルスの高繰返しと高い尖頭値が得られる TEA CO_2 レーザによるものが多い．以下に平均出力 80 W の TEA CO_2 レーザのパルス照射による穴あけ加工の例を示す[13]．図 14.21 には 10〜15 J/cm^2，3〜5 shots の加工条件下で，ポリイミド（板厚 125 μm，穴径 ϕ 200 μm），石英（板厚 500 μm，穴径 ϕ 400 μm）およびテフロン（板厚 100 μm，穴径 ϕ100 μm）の例である．ただし，貫通を意図した穴あけ加工なので，多少オーバーショットでもある．

(b) CO_2 レーザによるプリント基板の穴あけ

携帯電話，ノートパソコン等の情報通信機器の小型化や高密度化が進んでいる．回路の配線を細く薄くして小さな面積中で高密度に実装を行うことができれ

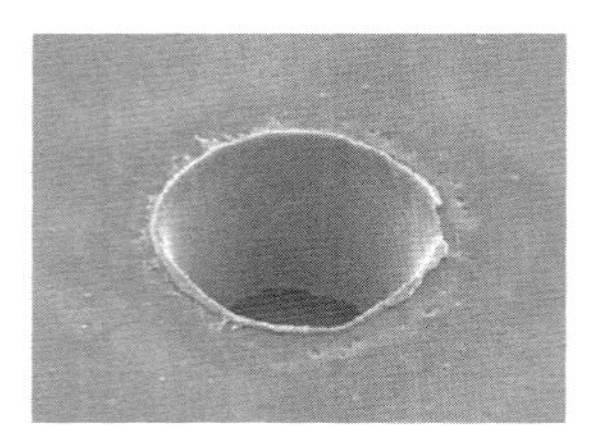

(a) ポリイミド
板厚：125 μm
穴径：ϕ200 μm
加工エネルギー：10-15 J/cm^2
ショット数：3-5 shots

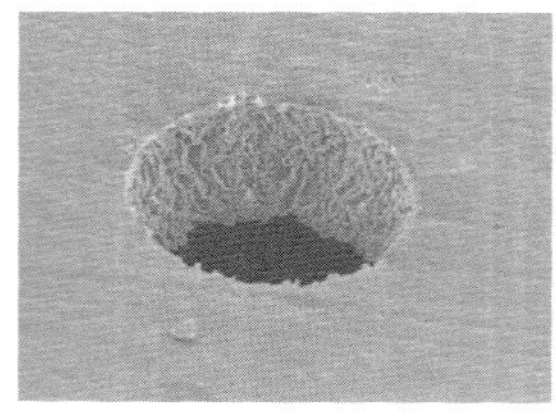

(b) テフロン
板厚：100 μm
穴径：ϕ100 μm
加工エネルギー：10-15 J/cm^2
ショット数：3-5 shots

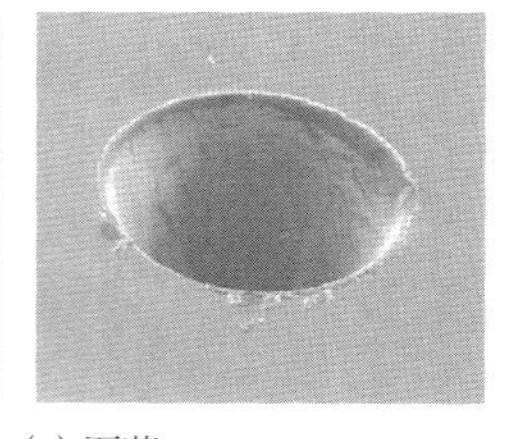

(c) 石英
板厚：500 μm
穴径：ϕ400 μm
加工エネルギー：10-15 J/cm^2
ショット数：50-100 shots

図 14.21　TEA CO_2 レーザによる穴あけ加工例（80 W）

ば，電子機器をはるかに小型化することができる．これら電子機器の軽量小型化は，プリント基板レベルでの高密度化できることがカギになり，必然的に配線の穴をさらに小さな穴径が求められている．微小な穴径で真円度を保つことは現状の機械加工では限界があるため，従来のドリルによるスルーホール（through-hole）加工に代わって，レーザによる小さな径のビアホール加工が多用されるようになってきた．それに付随して，ビルドアッププリント配線板（build-up printed wiring board）のマイクロビア形成のための微細穴あけ加工が急速に伸びた．

プリント基板の穴あけ加工は現在も CO_2 レーザが主流である．銅箔に対する加工性のよさから YAG 第 3 高調波も有力な加工手段となっているが，CO_2 レーザは樹脂に対する加工のしやすさに加えて，モード改善によってさらに穴の小径化が可能となり威力をみせている．図 14.22 には CO_2 レーザ（$\lambda = 9.3\,\mu m$）を使用して加工したプリント基板の例を示す．プリント基板の代表的な 2 種類の使

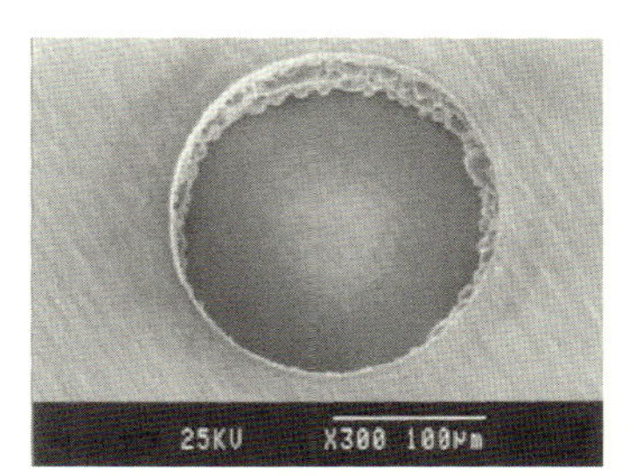

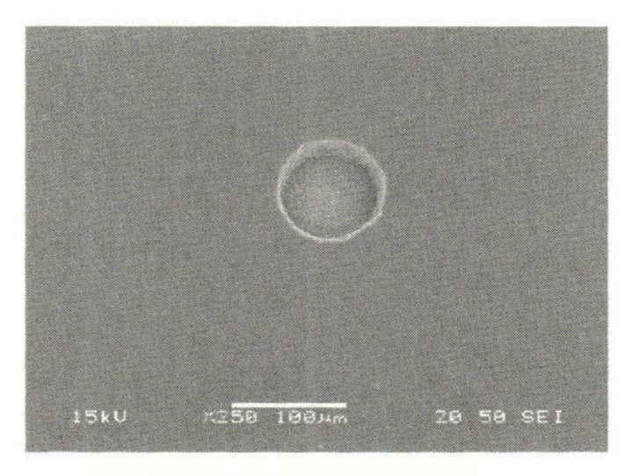

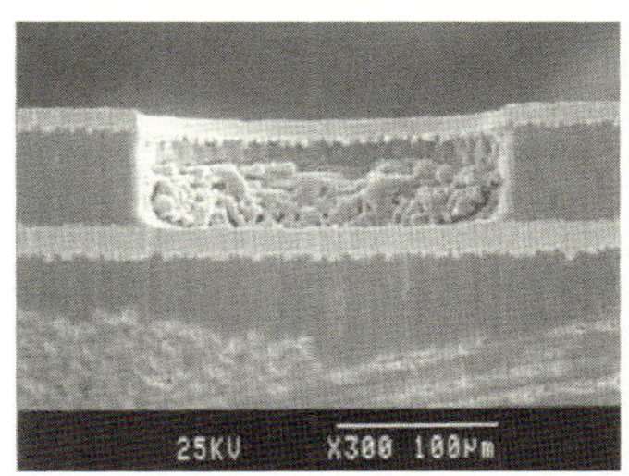

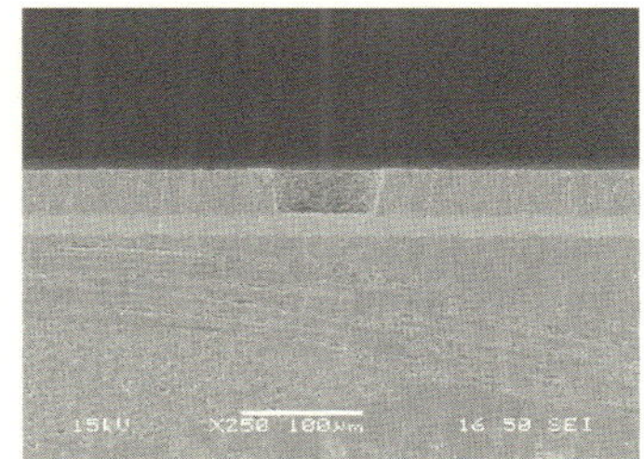

(a) ガラスエポキシ樹脂
コンフォーマル $\phi 200\,\mu m$
使用レーザ：CO_2 レーザ($\lambda = 9.3\,\mu m$)
加工条件：パルス幅 $15\,\mu s$
加工エネルギー：30 mJ，ショット数：5 shots

(b) エポキシ樹脂
コンフォーマル $\phi 90\,\mu m$
使用レーザ：CO_2 レーザ($\lambda = 9.3\,\mu m$)
加工条件：パルス幅 $3\,\mu s$
加工エネルギー：0.8 mJ，ショット数：2 shots

図 14.22　プリント基板への穴あけ加工

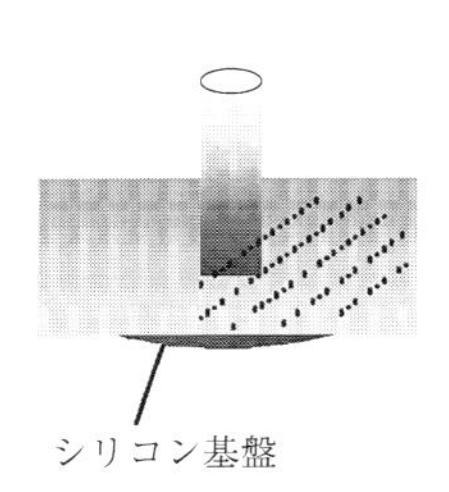

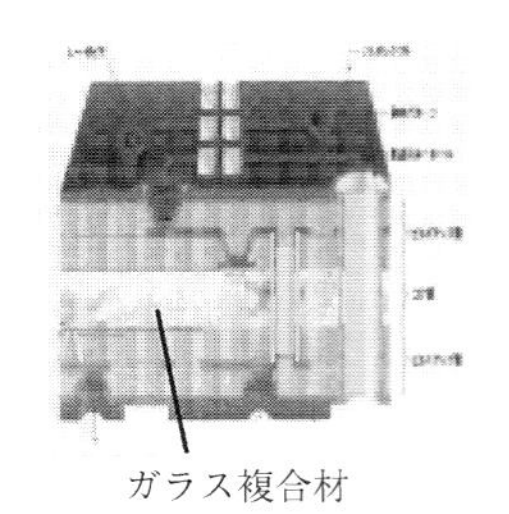

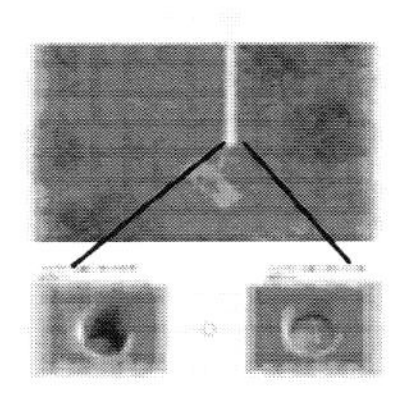

(a) 波長：λ=213 nm シリコン基板加工 加工穴径：ϕ10 μm

(b) 波長：λ=266 nm ガラス複合材加工 加工穴径：ϕ20 μm

(c) 波長：λ=355 nm 実装基板加工 加工穴径：ϕ50 μm

図 14.23　高密度実装基板パッケージ類の微細穴あけ加工

用樹脂を採り上げる．ガラスエポキシ樹脂の場合，加工エネルギー 30 mJ でパルス幅 15 μs，ショット数は 5 shots のとき穴径 ϕ＝200 μm であった．また，エポキシ樹脂の場合，加工エネルギー 0.8 mJ でパルス幅 3 μs，ショット数 2 shots のとき穴径 ϕ＝90 μm であった．また，実際の高密度実装基板での実例として，波長が 213 nm, 266 nm, 355 nm の場合の応用例を図 14.23 に示す．穴径はほぼ紫外波長に比例する[14]．

その後の展開で，波長 λ＝9 300 nm の CO_2 レーザによるプリント基板の穴あけ加工では，従来の 50 μm の穴径から 40 μm の穴径の加工が可能となり，プリント基板の分野では CO_2 レーザによる優位な立場が維持されるに至っている．図 14.24 にその加工例を示す．

とはいえ，紫外レーザは銅箔で樹脂を挟み込んだものや銅箔を下面に敷いたボードの場合，銅箔に対しては吸収性や集光性で良いことや，小さい穴径のなど有利である．例として，波長 λ＝355 nm の UV レーザによる加工例を図 14.25 に示す．穴径は 50 μm から 25 μm の穴径まで実現している．

14.5.2.2　紫外線レーザによる微細加工

(a) YAG 高調波による微細加工

図 14.26 には．YAG 第 3 高調波（λ＝355 nm）による厚さ 1 mm のポリイミドシートの加工例を示す．穴径 ϕ 15 μm で穴ピッチは 100 μm である[15]．また，同様に図 14.27 には．高分子（ポリイミド系）材料の穴加工の例を示す．加工条件は出力を数 W に絞り，周波数十 kHz のパルスで数十 shots 加工することで，

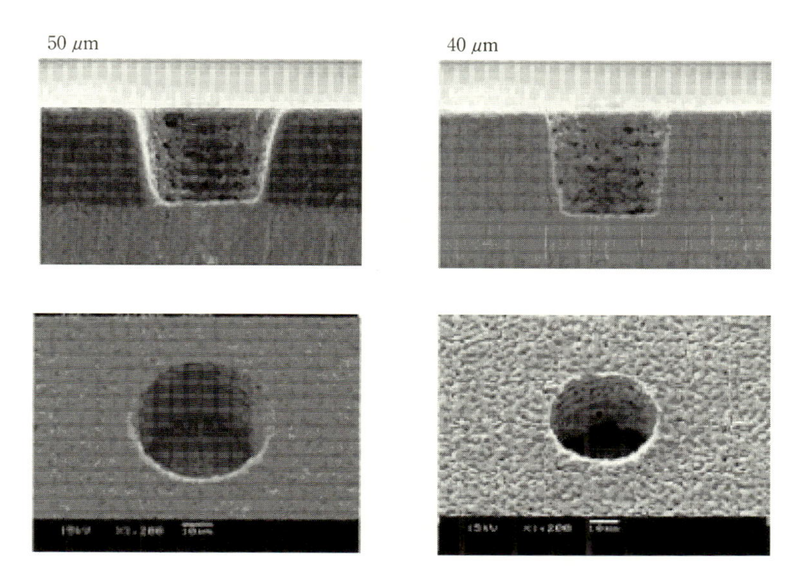

図 14.24　CO_2 レーザ（$\lambda = 9\,300\,\mathrm{nm}$）によるプリント基板の穴あけ加工

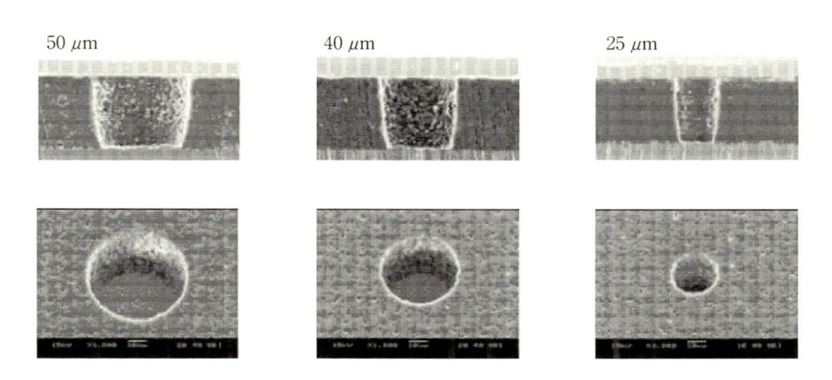

図 14.25　UV レーザ（$\lambda = 355\,\mathrm{nm}$）によるプリント基板の穴あけ加工

穴径が 25〜50 μm で良質な穴あけ加工を実現している[16)]．厚さ 1 mm のシリコンを同じ波長（$\lambda = 355\,\mathrm{nm}$）で加工した例を図 14.28 に示す．上には材料表面のコーナー部のようすと，下には材料裏面に付着したデブリ（溶融飛散物）を示す[17)]．この波長の場合には，銅の加工も可能である．

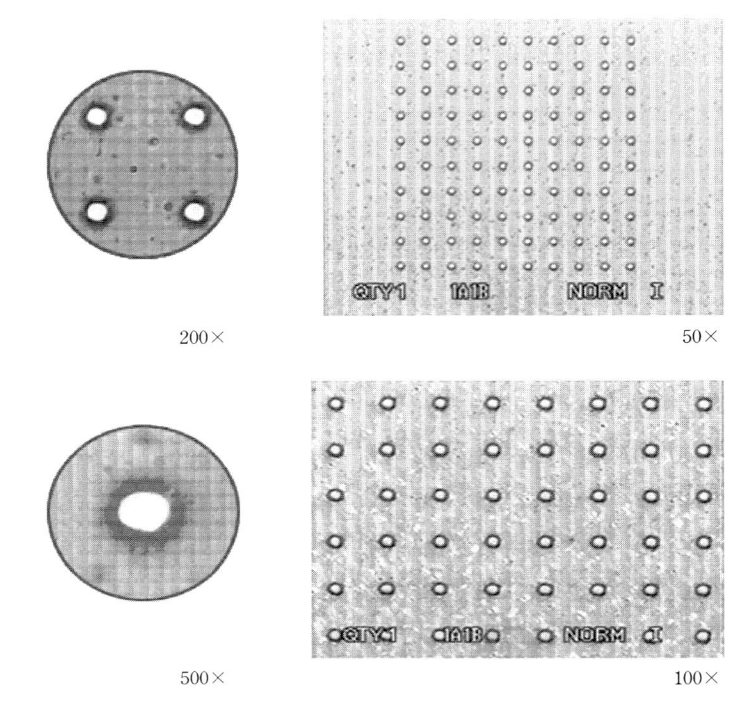

ポリイミド，板厚：1mm
波長：λ=355nm，平均出力：4.5W
穴あけ寸法：φ15μm，間隔：100μm

図14.26　YAG第3高調波によるポリイミドの加工

14.5.3　短波長と短パルス幅による微細加工

14.5.3.1　波長の違いによる加工

図14.29には，産業用の代表的なレーザであるパルスCO_2レーザ（$\lambda=10600$ nm），パルスYAGレーザ（$\lambda=1064$ nm），およびエキシマレーザ（$\lambda=248$ nm）を用いて同一材料（ポリイミド75μm厚）の加工を行い，波長の違いによる加工形状の比較した例を示す[18]．穴径は300μmであるが，波長の違いは加工に大きく影響を及ぼす．

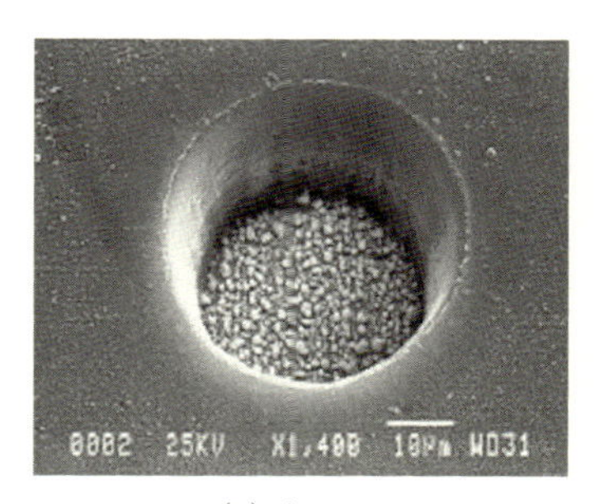

(a) ϕ 50 μm

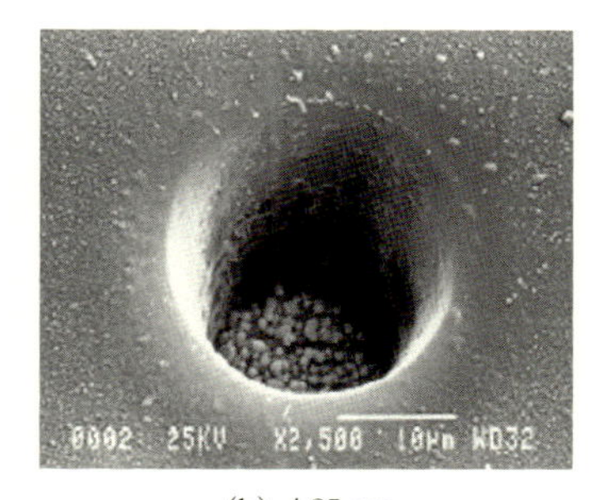

(b) ϕ 25 μm

波長：λ=355 nm
材質：ポリイミド系材料

図 14.27 UV レーザによる穴加工

表面

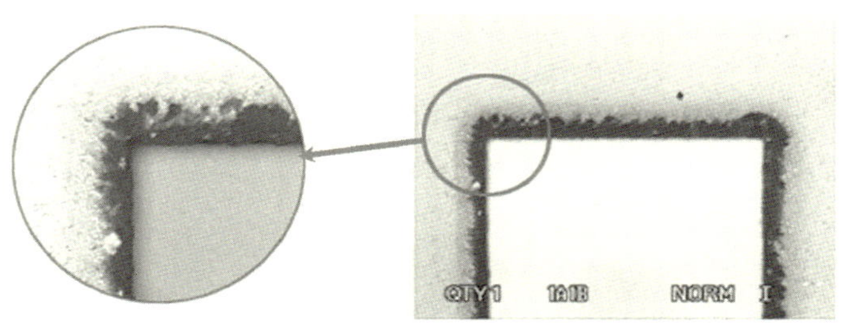

裏面

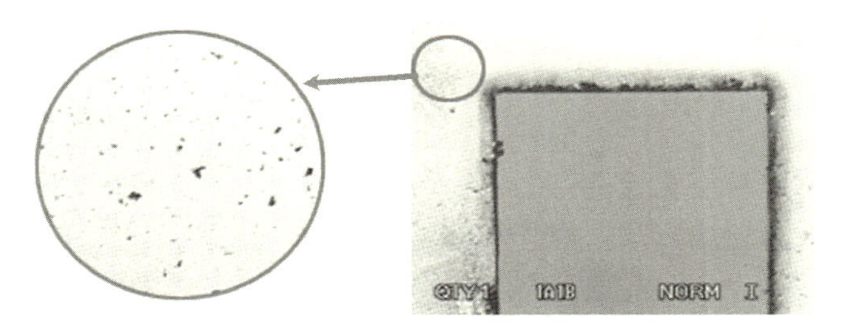

シリコン，板厚：1 mm
波長：λ=355 nm，平均出力：4.5 W
切断寸法：10×10 mm

図 14.28 YAG 第 3 高調波によるシリコン基板の加工

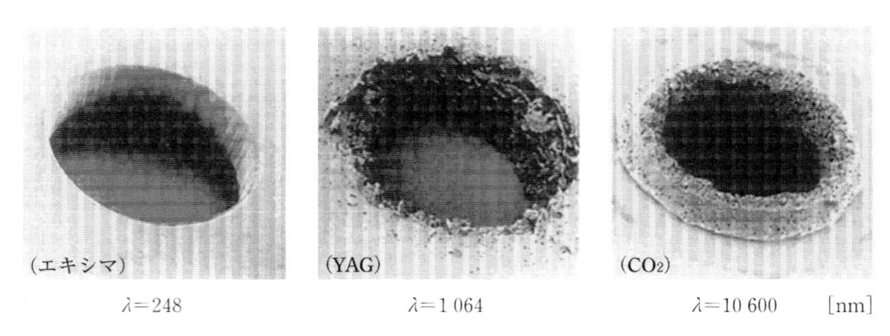

図 14.29　波長による加工性状の比較

14.5.3.2　短パルスレーザによる微細加工

(a) パルス幅による加工の違い

パルスの発振している時間をパルス幅という．これは横軸が時間で縦軸がエネルギーのパルス発振波形グラフにおいて，瞬間的に発振する先の尖ったガウス形や三角形のパルス発振波形の底辺における時間（＝グラフの幅）のことである．したがって，一定幅の中でパルス発振を行う場合，同じ出力の場合には幅が狭いほど瞬間でピークの高いエネルギー密度のレーザ光が得られる．このパルス幅とは厳密には発振持続時間であって，ミリ秒（ms：10^{-3}s）からナノ秒（ns：10^{-9} s），またはピコ秒（ps：10^{-12}s）と微小時間の発振が可能となった．このような短パルス発振では，瞬間の蒸発による除去加工によって周辺部への熱影響層の少ない加工が実現する．

ナノ秒とフェムト秒（fs：10^{-15}s）を比較した例を図 14.30 に示す[19]．写真はハノーバレーザセンター(LZH)の Nolte らによる撮影である．レーザ波長 $\lambda=$ 780 nm の光を用いて，板厚 0.1 mm の同一鋼材に，繰返し周波数 10 kHz，パルス数 $n=1000$，レンズの焦点距離 140 mm で，真空引きされた状態（$p<10^{-6}$ Pa）の中で加工を行ったもので，パルス幅はナノ加工では 3.3 ns でフェムト秒加工では 200 fs としている．写真からあきらかにフェムト秒の加工ではほとんど熱影響層はなく，きれいに加工されている．

また，参考にナノ秒とピコ秒の加工を比較した例を図 14.31 に示す[20]．これは時間を無視して板厚 720 μm のシリコン（Si）を貫通するまでのパルス幅による違いを比較したものである．ナノ秒レーザではパルス幅 20 ns で周波数 20 kHz

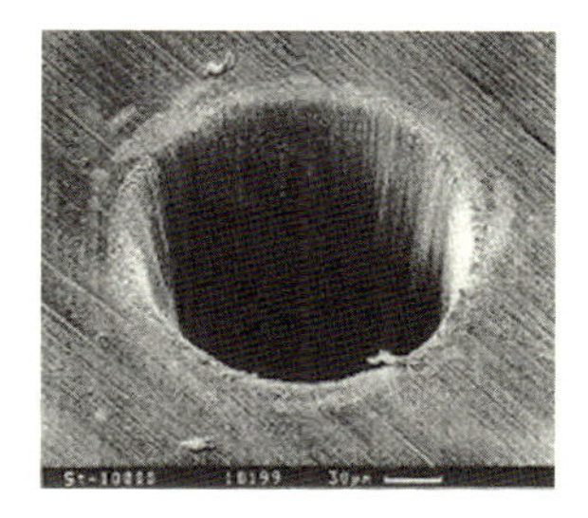

(a) フェムト秒

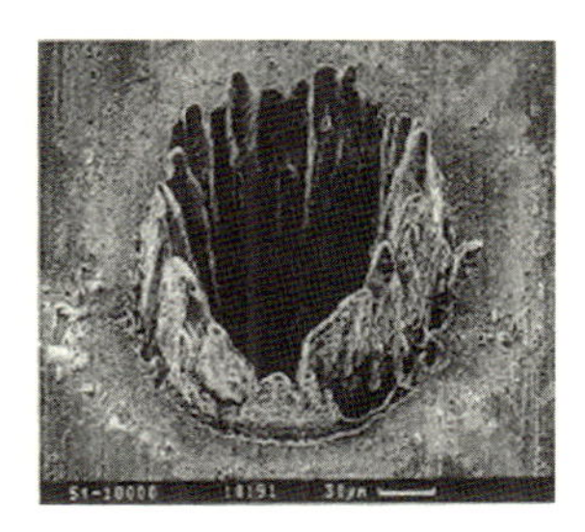

(b) ナノ秒

図 14.30　パルス幅による加工の比較（直径：約 150 μm）

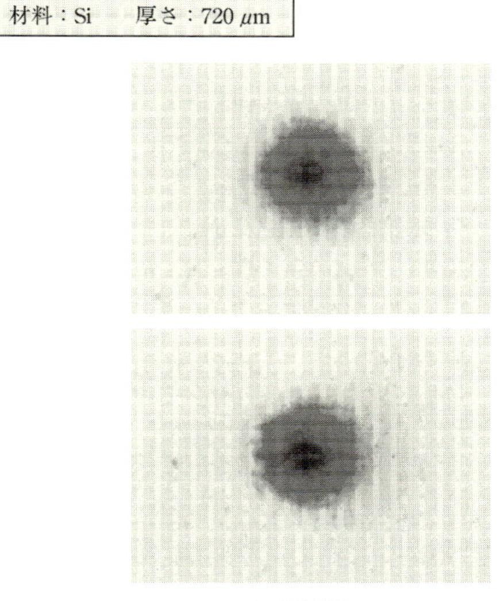

図 14.31　パルス幅の違いによる貫通穴加工の比較

を，ピコ秒レーザでは 15 ps で周波数 200 kHz を取り出して実験した．ナノ秒では 300 shots，ピコ秒では 40 000 shots を照射して貫通した．この場合の穴径はナノ秒で 25 μm をピコ秒では 20 μm が得られた．

14.6　レーザアブレーション

14.6.1　短波長レーザアブレーション

エキシマレーザの場合は短パルスの紫外光で光子エネルギーが大きいため，照射部に熱が十分に及ぶ前にごく表面の加工が終了する．そのため熱影響層が少ないか，またはほとんどない加工が実現する．短波長のエキシマレーザによる加工では，特に，高分子材料の加工では分子結合エネルギーと光子エネルギーが近い値をとるためアブレーションプロセスが支配的となる．応用では，ポリイミドのみならず，セラミックス，金属薄膜の加工，材料除去，半導体のパターン焼付け技術であるリソグラフィ，成膜加工，物質表面の平坦化などの表面処理や改質などがある．このような瞬間的な物質の飛散・除去過程をアブレーションということはすでに述べた．エキシマレーザによるアブレーションは主に高分子材料に対して効果的である．ほかの材料に関しては，擬似的で基本的に短時間の熱加工であることが多い．アブレーション加工はパルス幅のきわめて短い場合に実現する．

図 14.32 には，KrF のエキシマレーザによるポリイミドの穴加工とアルミナ溝加工の例を示す[21]．ともに直径と溝幅が 50 μm である．ほかにも，ポリエステル，ポリスルホンなどの高分子材料に対しては加工例が多い．

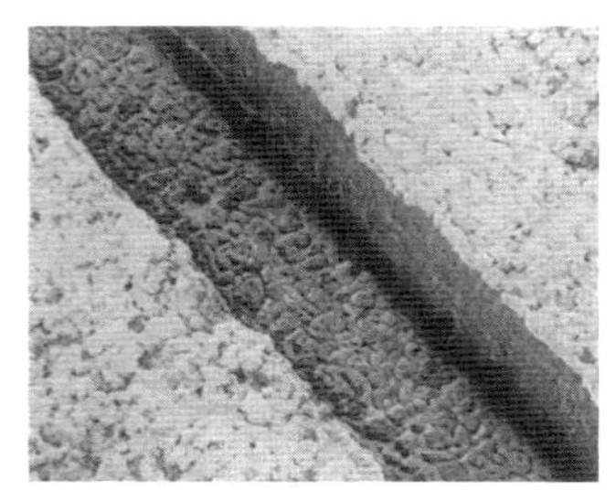

(a) アルミナ溝加工
幅：50 μm，深さ：30 μm

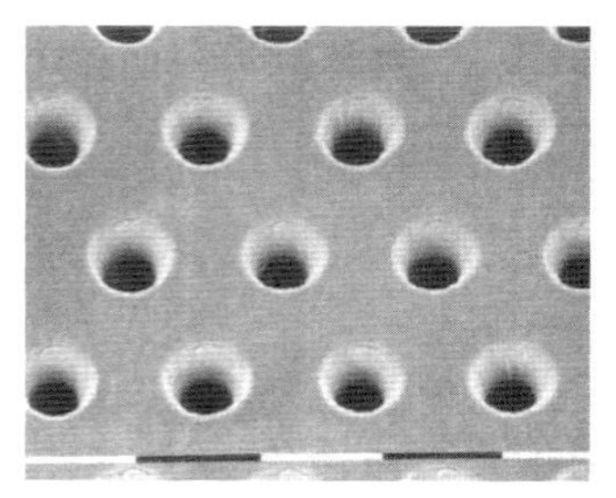

(b) ポリイミド穴加工
直径：50 μm，厚さ：75 μm

図 14.32　エキシマレーザによる加工例（エキシマレーザ KrF，λ=248 nm）

14.6.2　超短パルスレーザプロセス

14.6.2.1　フェムト秒の発生

物質に高エネルギー密度の短パルスレーザ光を照射すると，瞬間的に表層に高温・高圧状態を引き起こし，激しい電離やプラズマ化によって表層部は爆発的に膨張する．これらのエネルギーによって，材内原子の振動で熱が伝わり熱反応を起こすのは数十 ps（数十$\times 10^{-12}$s）以上といわれる．この間，レーザを吸収した材内の原子や分子が励起されるが，フェムト秒（10^{-15}s）はそれ以上に速いため，周辺に熱伝導は広がらないまま部分的に表面が高圧状態となる．このため光が吸収された物質のごく表層の一部分が爆発し，熱反応の前に表面の光吸収層が拘束の少ない上方へ飛散する．温度がほとんど上がらないか，上がりきる前に剥離・除去が起こることから，従来の熱的加工に比較すれば非熱的である．このアブレーション現象を利用した加工法がアブレーション加工で（図 14.33），微細で熱を伴わない加工現象から高機能な非熱加工ともよばれる．ただし，物理的に

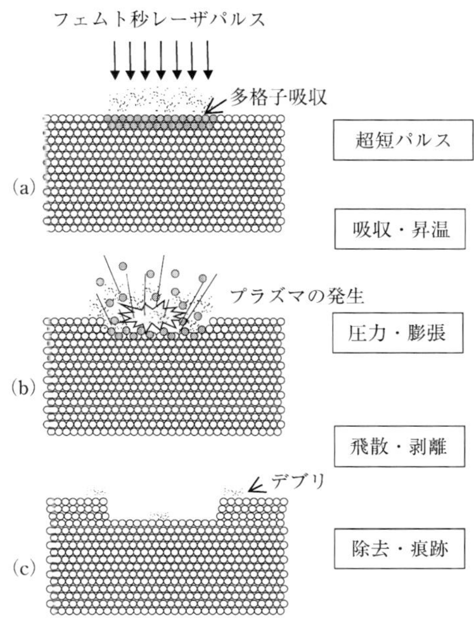

図 14.33　アブレーション加工

は熱の発生なしに蒸発は起きないことから内部は微小範囲で発熱していることになるが，ごく短時間で微小範囲に生じるため周囲に影響を及ぼすことなく終了する「熱的な過渡現象」を加工に用いたもので，その意味で非熱加工は従来の熱加工ではないという意味にも用いられている．

このようにフェムト秒レーザによる瞬間加工では，数個の光子を吸収することで光子エネルギーは数倍に増大するために，必ずしも短波長でなくても材料のアブレーション加工が実現する．特に，チタンサファイアレーザによる波長 $\lambda=800\,\mathrm{nm}$ 近傍での加工では，パワー密度が $10^{13}\,\mathrm{W/cm^2}$ ときわめて高いので，多光子吸収によるアブレーション加工が容易になる．ただし，アブレーション加工のメカニズムは材料によっても少しずつ異なる．

一般にガラスの場合には，レーザ波長に対して透過率が非常に大きい．しかし，レーザを集光させた照射によって局部的に高エネルギー密度にすると，照射部分で屈折率の変化が起こる．この部分をウェットエッチングすると抜けて空洞化する．これがマイクロチャネルである．図 14.34 には，透明体材料のフェムト秒レーザによる 3 次元加工の模式図を示した．また図 14.35 には，その原理で厚さ 10 mm のガラス内部にパルス幅が 250 fs で加工したライン状と点状の加工例を示す[22)]．フェムト秒の超短パルスレーザは，多光子吸収により透明領域の波長

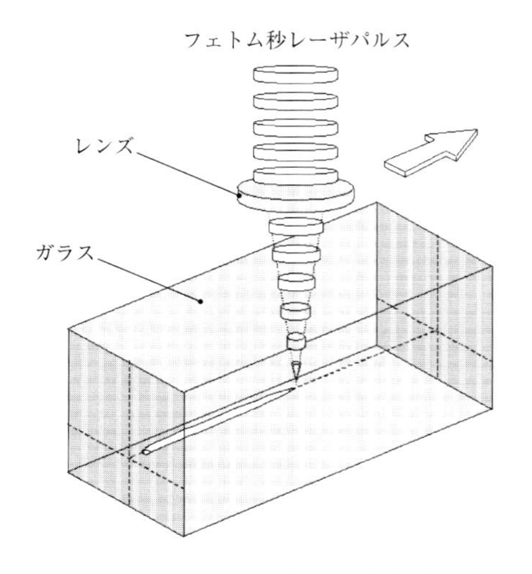

図 14.34　フェムト秒レーザによる光導波路の作製

でのガラスと光が相互作用し，ガラス内部の屈折率を変化させる．

フェムト秒の新しい応用例として材料表面での周期構造を形成して表面を高機能化する応用がなされている．材料表面に直線偏光のフェムト秒レーザを材料の加工しきい値となるエネルギーで照射すると，レーザ波長（$\lambda = 800\,\mathrm{nm}$）に近い周期間隔で，深さが波長の半分以下の微細な周期構造を表面に形成することができる．周期構造の方向は偏光方向に直交するため，偏光方向を変化させることでリング状の領域にも周期構造を形成することができる．超硬合金のリング状領域にレーザにより周期構造を形成した例を図 14.36 に示す[23]．また，従来の機械加工では困難な超硬合金や焼入れ鋼に対しても加工を施すことが可能である．摺動部の表面に溝やディンプルなどの微細な凹凸を形成することで，摩擦力の低減や

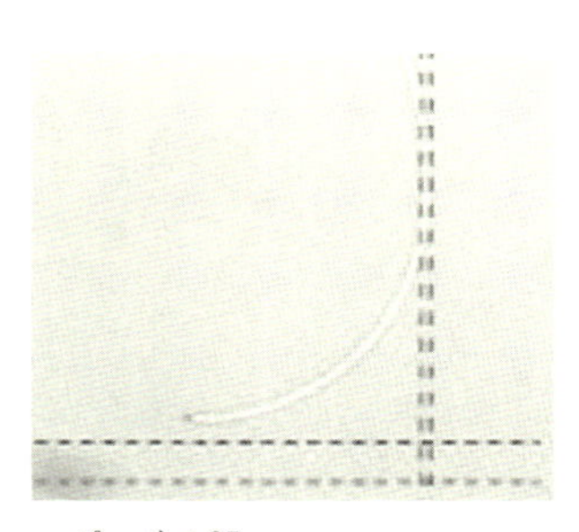

ガラス内部加工　板厚：$t=1\,\mathrm{cm}$，ピッチ：$25\,\mu\mathrm{m}$

波長：$\lambda=800\,\mathrm{nm}$　　パルス幅：$W=250\,\mathrm{fs}$
周波数：$f=250\,\mathrm{kHz}$　　パルスエネルギー：$2.6\,\mu\mathrm{J}$
加工速度：$0.5\,\mathrm{mm/s}$　　平均出力：$0.65\,\mathrm{W}$

図 14.35　ガラスの内部加工

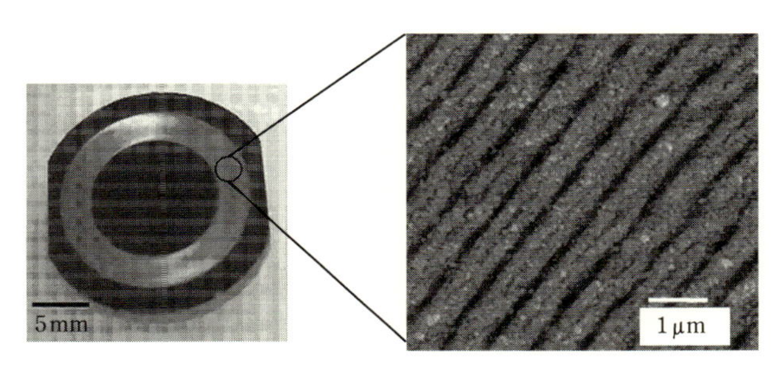

図 14.36　フェムト秒による周期構造の形成[19]

焼付けの防止など表面機能の向上が図れる．現在では，超高速光デバイス（光スイッチ），三次元ナノ微細構造の加工，フラットパネルディスプレイ用ガラス加工にも用いられている．また，窒化アルミニウムセラミックス基板の加工などに応用が期待されている．

14.7　アブレーション加工の応用例

14.7.1　アブレーションの機械加工への応用

フェムト秒レーザによる機械加工への適応がなされている．対象は従来の工具による加工で困難なごく微小部品への加工にレーザを応用するもので，機械加工の延長上としてとらえた試みである．コスト面ではさらに改善が必要であるが，レーザならでは加工への模索でもある．これらは静岡県工業技術研究所の県プロジェクトで採用された実施例である．

14.7.1.1　か し め 加 工

かしめ加工（rivet joint）は金属の塑性変形を利用して部品同士を固定する方法で，機械加工のなかでも最も古典的な手法で，リベット締めの場合に鉄板の縁をたがねで打つなど加圧する事により素地と密着させ接合する方法をいう．これを超短パルスのレーザによる衝撃波の圧力で微細なかしめを施すもので，片隅の一部分をかしめる「局所かしめ」と，縁の周りをかしめる「円周かしめ」などが行われた例を図 14.37 に示した[24]．このうち，アルミ材を用いて円弧状のかしめを行った例での加工条件は，パルスエネルギー：100 μJ，スポット径：ϕ70 μm，繰返し発振周波数：100 Hz さらに，走査速度：0.2 mm/s で，照射雰囲気は水中で円走査の回数は 40 周であった．

14.7.1.2　プ レ ス 加 工

金属プレス加工のうちで，加圧装置のプレス機械で金属材料を金型面に押し付けて金型形状を金属材料に転写する加工法があるが，これを長短パルスレーザで発生する衝撃波で代替させようとする試みである[25]．いわゆる型押プレス（stamping press）に相当する．衝撃波（または圧力波）を正しく伝えるために照射雰囲気は水中で行われた．輪郭転写加工の代表的な条件は，パルスエネルギー：150 μJ スポット径：100 μm，繰返し発振周波数：1 Hz 照射パルス数：120

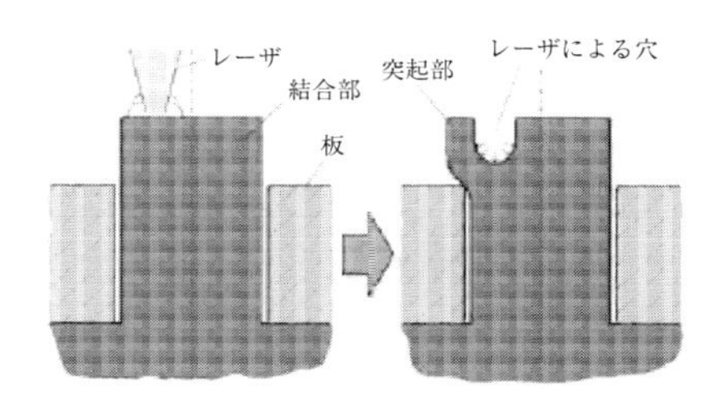

純アルミ箔

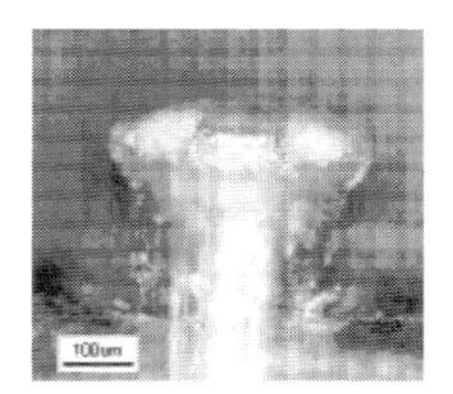

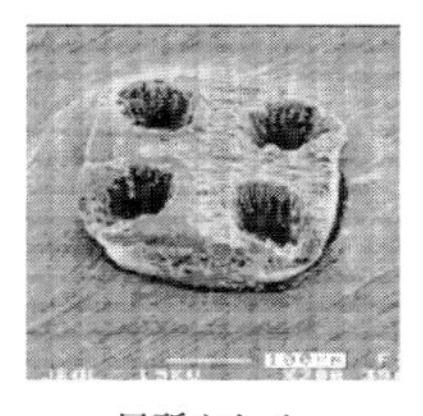

局所かしめ

円周かしめ

パルスエネルギー：100 μJ
スポット径：70 μm
繰返し発振周波数：100 Hz
走査速度：0.2 mm/s
円走査の回数：40 周
照射雰囲気：水中
表面被膜：無し

目盛：100 μm

図 14.37　フェムト秒レーザによるアルミのかしめ加工

回，加工時間 1 個あたり約 2 分程度を要する．その例を図 14.38 に示す．

14.7.1.3　曲 げ 加 工

曲げ加工（bending）は，塑性加工の基本的な工法でもあるが，曲げる種類や目的によって折り曲げ，R 曲げなどと区分されている．形状をもった固定工具に材料を押し当てて，工具の形状に材料を馴染ませて曲げる方法である．プレスやプレスブレーキなどの機械で型曲げは行われる．主に V 型のダイ（die）の上に板材を乗せて上からパンチで押して板材を変形させる加工を，長短パルスレーザの衝撃波で曲げ加工を行った例がある[26,27]．代表的な加工条件は，パルスエネルギー：200 μJ スポット径：40 μm，繰返し発振周波数：500 Hz or 1 kHz 走査速度：5 mm/s で，照射雰囲気は空気中である．変形量によるが加工時間 1 個あたり約 1 分〜30 分を要するとしている．その例を図 14.39 に示す．

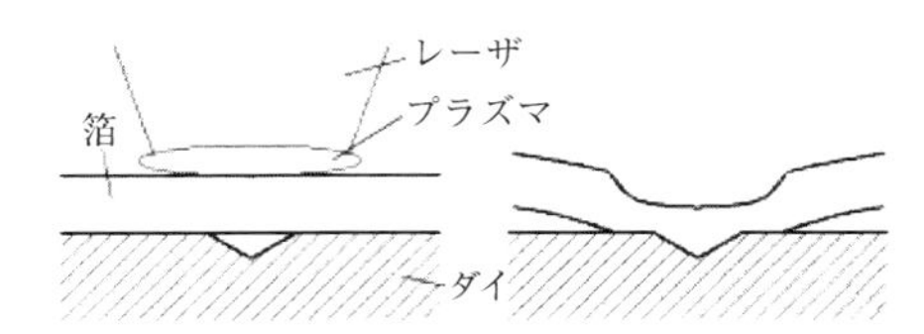

純アルミ箔

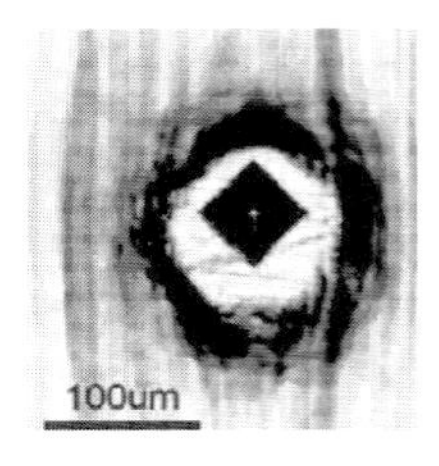

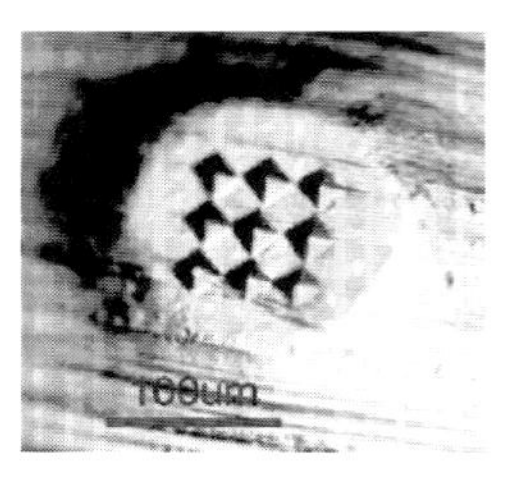

パルスエネルギー：150 μJ
スポット径：100 μm
繰返し発振周波数：1 Hz
照射パルス数：120
照射雰囲気：水中
表面被膜：無し

転写後の表面形状

図 14.38　フェムト秒レーザによるアルミ箔のプレス加工

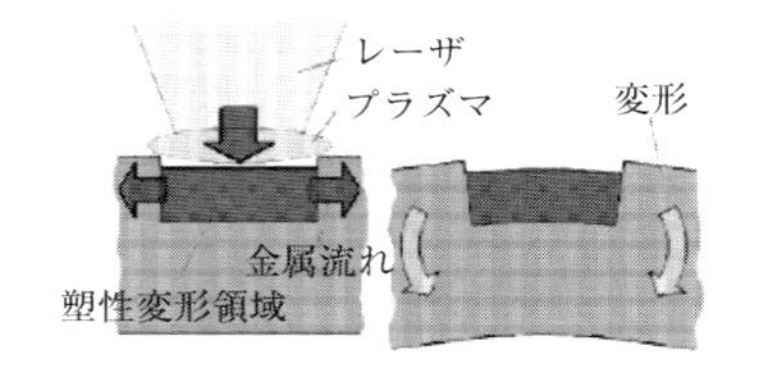

純アルミ箔，ステンレス箔

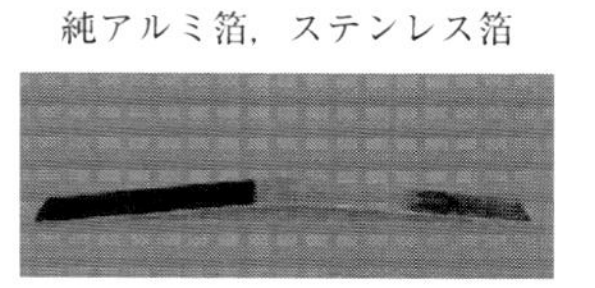

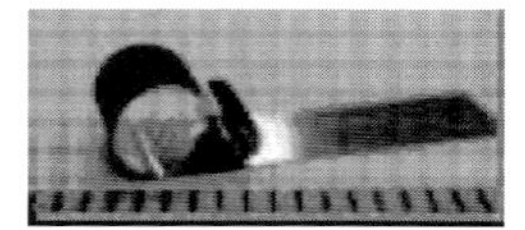

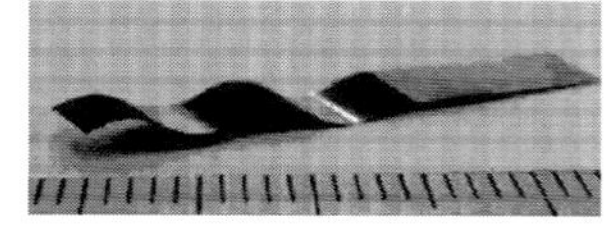

パルスエネルギー：200 μJ
スポット径：40 μm
繰返し発振周波数：500 Hz or 1 kHz
走査速度：5 mm/s
照射雰囲気：空気中
表面被膜：無し

曲げ加工後の試料

図 14.39　フェムト秒レーザによる曲げ加工

14.7.2　ピーク出力と加工

短パルスレーザのピーク出力については5.3.3項で触れた．このピーク出力の値が加工に及ぼす影響についてはどのように加工に寄与するかは定かではない．

なぜなら計算上の値がどの程度，またはどのように加工に影響するかが解っていないためである．ただし，計算で求められたピークの値ではなく，トータルの出力としての効果に加えてピークの出力が加工に何らかの影響を与えることは確かである．すなわち高ピークの影響はあるがピーク出力の値そのものではないと考えられる．

ピーク出力が有効に作用するのは非線形過程である．たとえば，2光子吸収による加工での透明なガラスの中に，スポットサイズより小さい線幅で線が書けること．また，LED基板のサファイアもフェムト秒のパルスで数百μm角に切り分ける事例などがある．サファイア基板の中に集光することで線を書き，これに沿って折り曲げて分離することによる．これらが可能なのは高いピーク出力の値をもつ集光部でプラズマが誘起される結果としている．

14.8　脆性材料の加工

脆性材料にはセラミック，コンクリート，ガラスなどがあるが，ここではレーザ加工の材料として特に特徴のあるガラス系材料を扱う．一般のガラスはケイ酸塩を主成分とする硬い透明な非晶質の固体材料であるが，普通ガラスの切断はCO_2レーザで可能であり，通常の切断方法で10mm以下の切断を行うことができる．CW（連続波）による加工の切断面では切断直後は透明であるが，時間とともに急冷されるため表面クラックや表層の剝離が観測される．また，パルスによる加工は白濁してやや透明度は落ちるが切断面の粗さは少なく切断が可能である，特に薄いガラス切断の場合には割断による加工がある．割断は材料表面にレーザ光を照射しつつが通過すると，ビーム通過で局部的に加熱した高温部と冷えた周辺の母材との間で熱ひずみが生じ，照射されたラインに沿って後から亀裂を生じながら追従する．この亀裂を積極的に利用して切断する技術であるが，通貨後にラインに沿って若干加圧することで切り離すこともある．

プラズマディスプレイ（PDP）のガラス基板なども，同様の方法でレーザ割断が応用されている．現在はガラスカッターなど機械的な方法と競合しているが，ガラスの厚みが現在の0.7mmから0.5mm以下に薄くなる傾向にあり機械的に力を掛ける限界に近いことから，レーザによる割段にますます期待が高まっている．同様にして，シリコンウエハーの割断も可能である．これらは産業界ですでに用いられているので，ここでは微細加工としてのガラス材料加工を採り上げる．なお，工芸品としてのガラスの内部加工は前項（13.5.2 材内加飾）で透明材料の材内加飾で述べたのでここでは除く．

14.8.1　ガラスの内部加工[28)]

短パルスレーザによるガラス内部の微細加工では，ガラスは不純物が多く混入していて等方弾性体として取り扱うことのできない不均質材料であることに加えて，内部加工はその挙動がユニークなうえに，レーザをガラス材料内に集光して照射したときに材料内での正確な結像点を求めることが困難なために，内部加工の始まる起点がどこかがあきらかではなかった．これらの問題に 1 つの解決を与えるために，可視化できるガラス材料を用いてガラスを用いて，内部加工時における加工の起点と加工進行の過程を，高速度カメラを使ってその詳細をみる．

レーザはパルス幅がナノ秒で発振する Nd^{3+}：YVO_4 の第 3 高調波（Coherent 社製 Model: AVIA 7000）を用いた．ワンパルスあたりパルス幅は 12.5 ns である．ビーム直下に位置した加工台に置かれた加工材料に対して，真横の方向から撮影できるようにビデオカメラが設置された．高速度ビデオカメラには島津製作所製 Hyper Vision（model: HPV-1）が用いられた．実験材料には，測定によって波長吸収特性，成分構成の明らかな BK 7（bolo-silicate crown glass）を用いた．$\lambda=355$ nm に対して通常のガラスはほとんど透過する．しかし，BK 7 はレーザ波長 $\lambda=355$ nm に対して少量であるが，約 10 数%の波長吸収がある．用いた波長の近傍でスペクトル線を持つ成分や結合体があり，レーザ光に対して吸収発光が目視で確認することができるガラス材である．

14.8.1.1　レーザ光の結像[28)]

レンズを通して微弱のレーザ光をガラス内に照射すると，集光ビームに沿ってガラスは発光し，結像点では透明（写真では黒く）になり，その前後で光はさらに広がり発光することが著者らによって初めて確認された．波長 $\lambda=355$ nm のビームがガラス材内で集光し結像することは，焦点位置であることを意味し可視化することができた．この位置の計算との誤差は 8 μm 以内で，ほぼ一致することが確認された．その様子を図 14.40 に写真で示す．また，計算による確認を図 14.41 に示す．

Fused silica
発光しない．

BK7
（Bolo－silicate crown glass）
微弱光によって発光する．
（P≒10 mW）

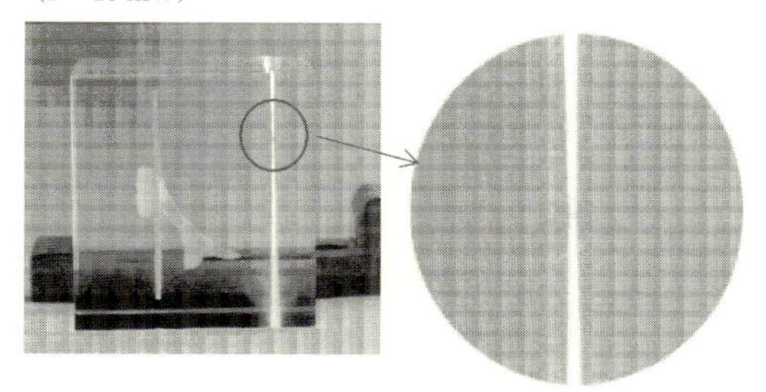

成　分	重量%	吸収スペクトル（355 nm 近傍）
SiO_2	99～%	Si：354.824 nm

成　分	重量%	吸収スペクトル（355 nm 近傍）
SiO_2	70%	Si：354.824 nm
B_2O_3	10%	B：345.441 nm
BaO	3%	Ba：354.7767 nm，354.4713 nm
K_2O	8%	K：353.071 nm
Na_2O	8%	Na：353.301 nm

図 14.40　ガラス材料内の焦点位置の確認

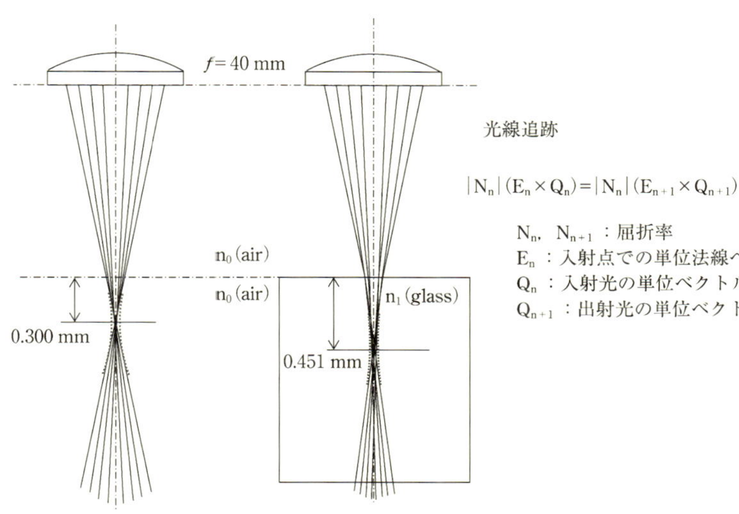

図 14.41　計算による焦点位置の確認

レーザ光の出力をさらに上げて強力光にすると，強力な発光が起こり材内に材内変質や損傷（micro-crack）を生起する．これがレーザ光によるガラスの内部加工である．

14.8.1.2　レーザ誘起加工

レーザの入射方向と材料内の屈折変化の方向を確認するため，材料に対してワンショット（single shot）のパルスビームを異なる二方向から照射する．1つは材料に対して上方から真下に入射した場合と，もう1つは材料の右側の横から入射した場合について行ったところ，ともに，ビームを入射した方向に加工が進行した．その結果，レーザによるガラスの加工は，レーザ光が入射される方向に限られることがあきらかとなった．したがって，ガラスの内部加工はレーザ光により誘起（laser induced）される加工（レーザ誘起加工）であることが示された．図14.42にその様子を示す．

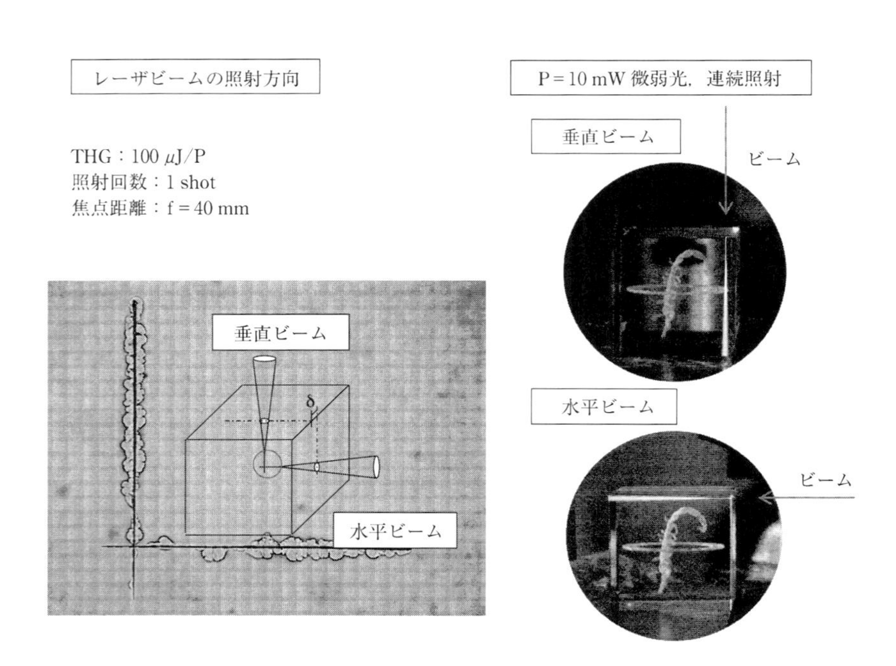

図14.42　レーザ誘起加工とガラス材料内の焦点位置の確認

14.8.1.2　内部照射による屈折率変化

レーザビームが材内で集光すると，材料が非線形光学効果によって局所的にガラスの屈折率が変化する．高速度ビデオカメラによる観察を行ったところ，レーザをガラス内部に集光照射すると，集光点でレーザのエネルギー密度が非常に高いため容易に沸点まで高められ，その集光点の上方にプラズマプルーム（vapor plume）が形成される．さらに，ほぼ同時に少し下方のエネルギー密度が最大となる焦点位置でクラックが発生し，空洞（void）が形成される．

集光点近傍のエネルギー密度の等密度線をシミュレーションで描くと，集光位置近傍で細長い楕円形状を呈している．集光位置での空洞発生の形状に酷似していることがわかる（図 14.43）．

いったん，集光点近傍で内部に発生したプラズマは，熱的に空洞の領域を上方に押し上げる効果をもたらし，これにより加工は上方に進行する．一時的な屈折率変化により空洞の加工前線（processing front）では，曲面に沿って蒸発が起

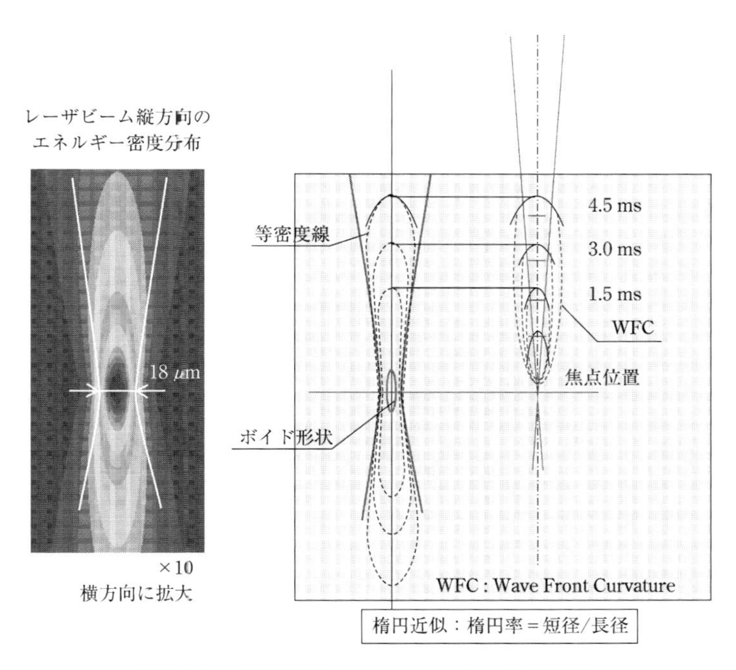

図 14.43　焦点位置のシミュレーションとボイド形状

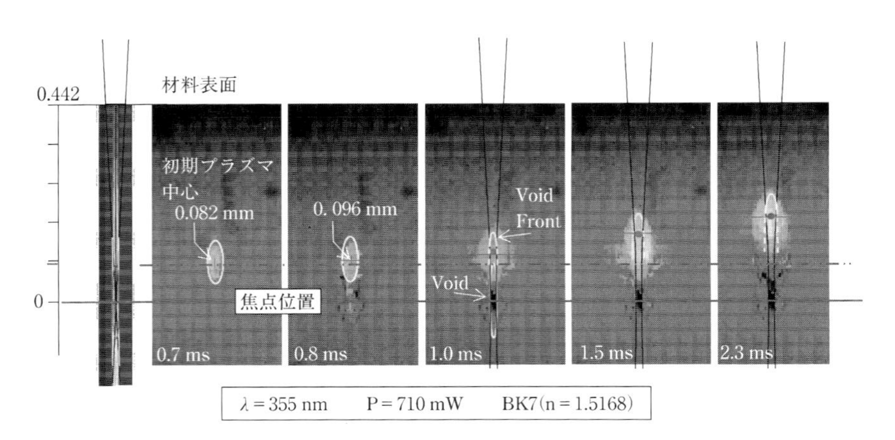

図 14.44　高速度カメラによるボイド形状の変化

こり，曲面に沿ってその直下でプラズマを生じさせているものと推測される．この発生プラズマはレーザ光を吸収してさらに発熱する．発生プラズマは推進力をもつために，材料内部で熱的なトリガーとなって空洞領域を上方に押し上げている．この繰り返しで，加工が上方へ進行した．また，空洞が境界に達したところでは，ガスの噴出が確認された．図 14.44 に高速度カメラによるボイド形状の変化を連続写真からの抜粋で示す．

ガラス内部に焦点を結んで集光すると，焦点近傍において，初期の段階では光イオン化によってプラズマが発生し同時に加熱・蒸発による熱の圧力波で空洞と先端に屈折率の変化した曲面を形成する．この空洞は，集光による焦点位置の縦方向のエネルギー密度分布に沿った形でほぼ楕円状の形状をしている．レーザによって焦点位置近傍で急激に加熱するとエネルギー密度のきわめて高い集光位置からの熱圧力波が発生する．

図 14.45 にプラズマのエネルギー吸収機構を模式的に示す．一般に考えられる吸収はレーザ電界での加速による衝突で吸収する電子の衝突吸収と，電子プラズマ振動数とレーザ振動数の一致による局所電界が発生する非線形共鳴吸収である．

レーザを一定時間連続的に照射する場合，集光点からの蒸発は常に継続する訳ではない．連続的に発生するプラズマは，プラズマ自身もレーザ光を吸収するが，加工前面の空洞曲面に沿って材料がレーザ光を吸収して蒸発が起こるためと

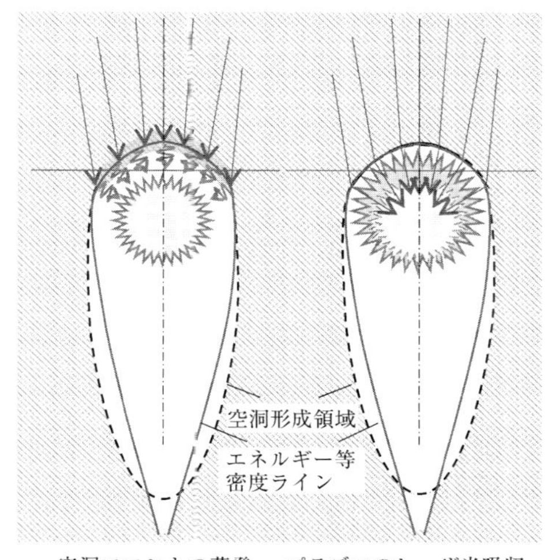

図 14.45　プラズマのエネルギー吸収機構

考えられる．また，空洞前面は一定の曲面をもつが，これがあたかも擬似レンズによる集光のように作用して発光する．形成される空洞前面の曲面でレーザが作用する強度（エネルギー等密度線）が一定以上にあるときに，蒸発してプラズマが発生する．そのため，空洞先端が焦点位置から遠ざかるにつれてエネルギー密度は低下し，空洞前面における曲面部からの蒸発が少なくなったときにプラズマの発生は停止する．図 14.46 と図 14.47 には，発展した空洞内の加工フロントで想定されるボイド内の曲率によるレンズ効果を模式的に示した．空洞部が材料境界内部に達すると，内部からの噴射がみられた．この噴射により，空洞内は蒸発による高圧のガスで充満していたと考えられる．図 14.48 に内部加工の間に進行するボイドの上昇と境界での内部ガスの噴出の連続写真を示す．これらの観測からボイド内のプラズマの上昇と移動速度を図 14.49 に示す．上昇とともに移動速度は鈍化する．

以下要約すれば，ガラスの内部加工はレーザの入射方向に沿って加工が進行するレーザ誘起加工であり，ガラスの材内における焦点位置を正確に特定することができた上に，理論上の材内焦点位置と実測による空洞発生位置はほぼ一致す

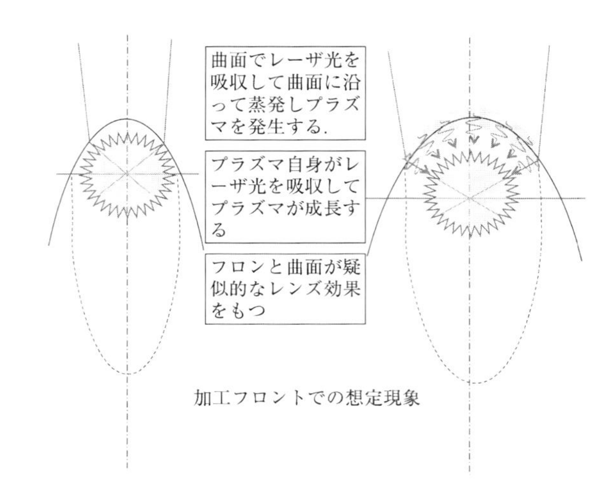

図 14.46　ボイド内の曲率によるレンズ効果

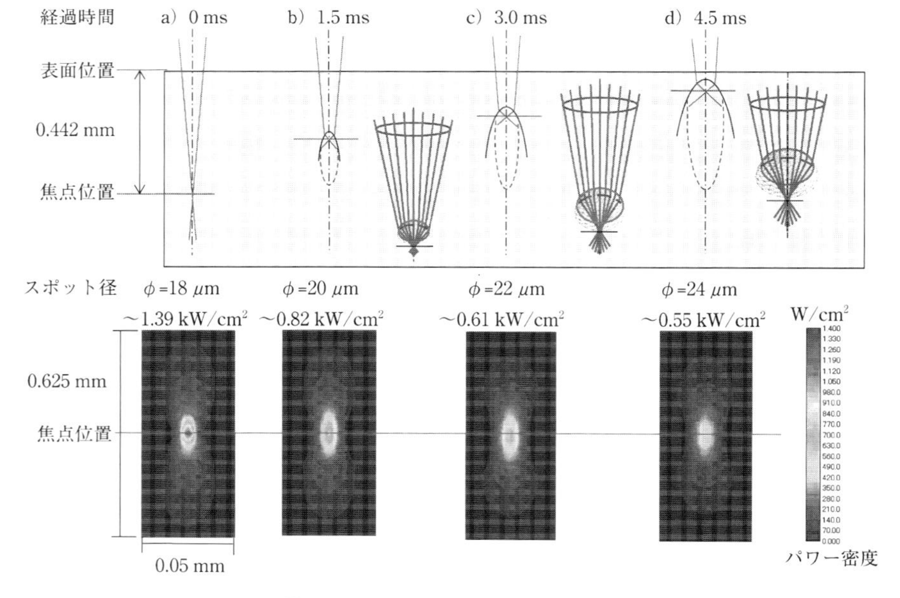

図 14.47　ボイド内のレンズ効果の試算

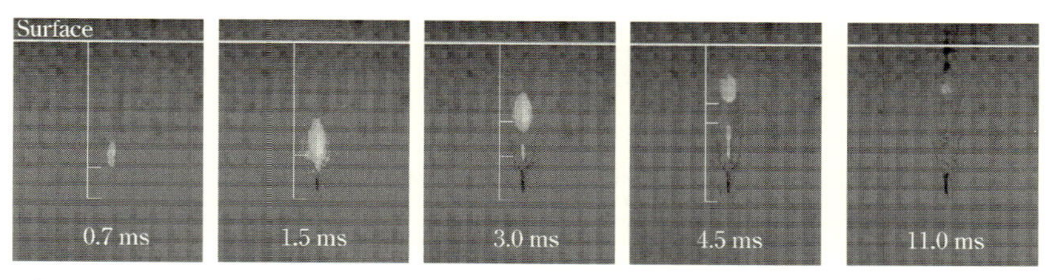

図 14.48 ボイドの上昇と境界での内部ガスの噴出

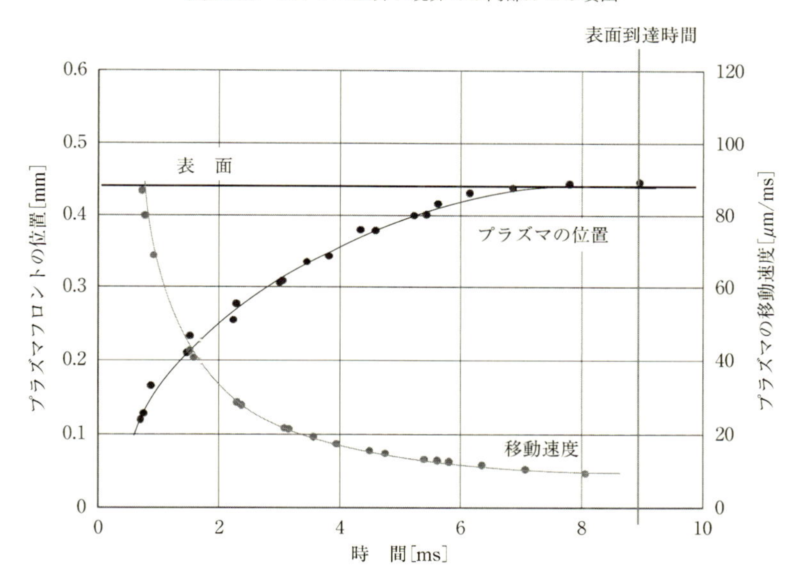

図 14.49 ボイド内のプラズマの上昇と移動速度

る．初期のプラズマは焦点位置での蒸発による．その後は加工フロントでの蒸発により，エネルギー密度の低下で加工の進行は停止される．形成された空洞内は，材料自身の蒸発ガスに満ちている．

14.8.2 石英の表面加工[29,30]

半導体や液晶デバイス分野の要望の高まりもあって，石英ガラスの工業的生産技術が発展し高純度の合成石英ガラス基板が製造可能となった．石英ガラスは工業的に有用な材料であり化学的にも安定であることから，石英マイクロレンズの精密な型やマイクロ流路などマイクロデバイスや生体医用工学の応用のためにガラス表面に自在に加工できることが求められるようになった．

ガラスは透過率が高く吸光度が悪いため，ガラス加工に適しているといわれる第3高調波の YVO_4 レーザ（$\lambda = 355\,nm$）でも石英表面への直接照射による加工はそれ自体が難しい．さらに加工時に発生する素材の蒸発および溶融物の飛散とその加工場近傍の表面への再付着によるデブリ対策がネックとなっている．高純度の石英材料は，材料自身がレーザ光に対する吸収率が悪いため加工性を高めることができないなど技術的な課題が多々あり，レーザを用いて石英ガラス表面を加工する際には，これらの問題を解決する必要がある．ここに技術的問題の解決手段としての１つの方法を示す．

14.8.2.1　表面の直接加工

石英ガラス表面への直接加工を試みた．材料表面に焦点を合わせ，単パルス（single pulse）でそれぞれ場所を変えて数十ショットをガラス表面に照射した場合，偶然に穴加工ができるのは1〜2個程度である．加工条件を同じくしても，ほとんどの照射位置ではオプティカルダメージ（optical damage）とよばれるクラックや“えぐれ”が発生し，穴加工の成功の確率は非常に低く，穴加工が成立するのは現象的にランダムである（図14.50）．ガラス表面に正確に加工を制

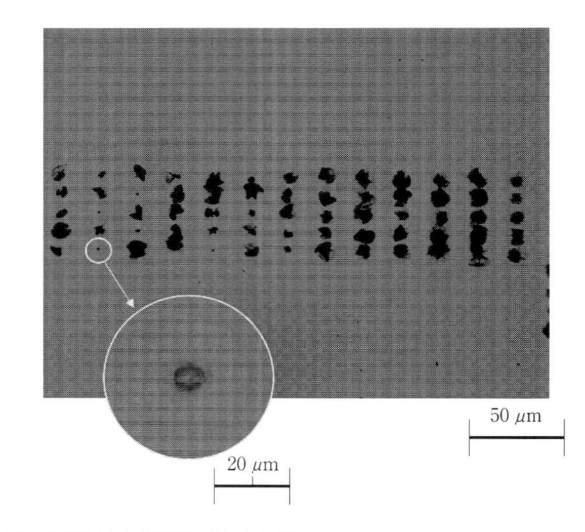

図14.50　照射による直接加工による表面

御することは非常に難しい．また，ランダムにあいた穴径は 8〜9 μm ときわめて小さく，この場合に幅や深さを自在に変化させるなどの加工の制御は難しい．

ガラスの吸光を高め，かつデブリ対策を施すことを目的とし，レーザ波長に対して比較的強い吸収スペクトルをもつアルミを石英ガラス表面に蒸着し，材料表面での波長吸光度を高め加工性を改善するとともに，加工後に表面薄膜を化学的に処理し除去することで，不可避的に表面に付着するデブリや飛散物を取り除く試みを示す．

図 14.51 には，表面にアルミを蒸着した場合の実験模式図を示す．アルミ蒸着の膜厚は 84 nm 程度で，蒸着膜の除去される直径に比べてガラスの穴径は小さい．図 14.52 は，実際にこの方法で加工したときの断面写真を示す．アルミ蒸着面は照射により剝離しているが，表面の加工は目視では見当たらない．図 14.53 は表面から照射部をみたものである．拡大すると未照射の健全な母材に比較してレーザ照射表面はやや荒れた異質な領域が形成されている．

平均出力 7 W で焦点距離 $f = 100$ mm のレンズで絞りスポット径が 25 μm で，加工シミュレーションを行った．パルス形状を変化させた加工シミュレーションであるが，いずれも 12 ns でアルミの蒸着層は蒸発するが，加熱されるだけで表面は加工されてはいない．図 14.54 にその結果を示す．温度は瞬時に上昇してアルミを除去するが，ガラスに到達した瞬間から冷却される．

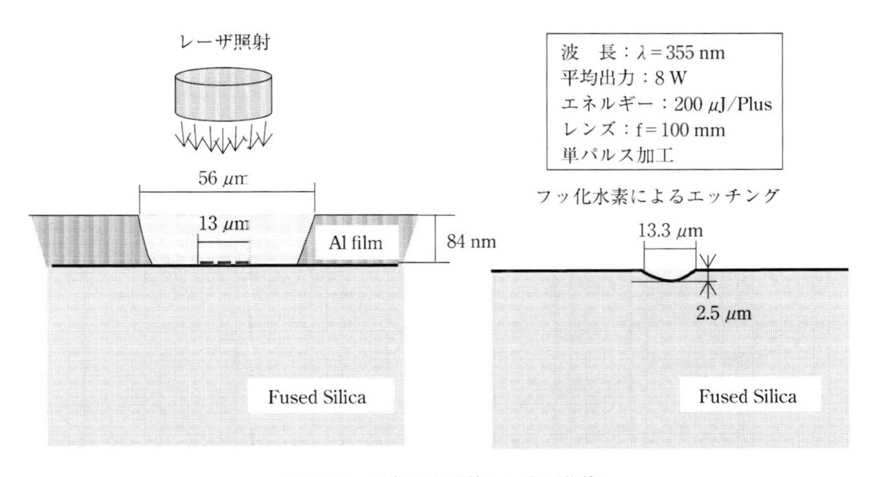

図 14.51　吸収性を改善した表面蒸着

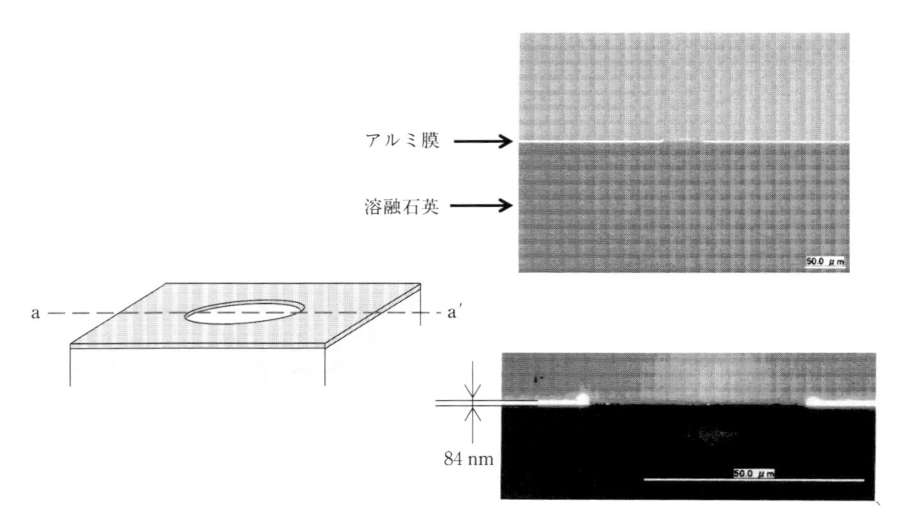

図 14.52　アルミ蒸着面にレーザ照射したときの加工断面写真

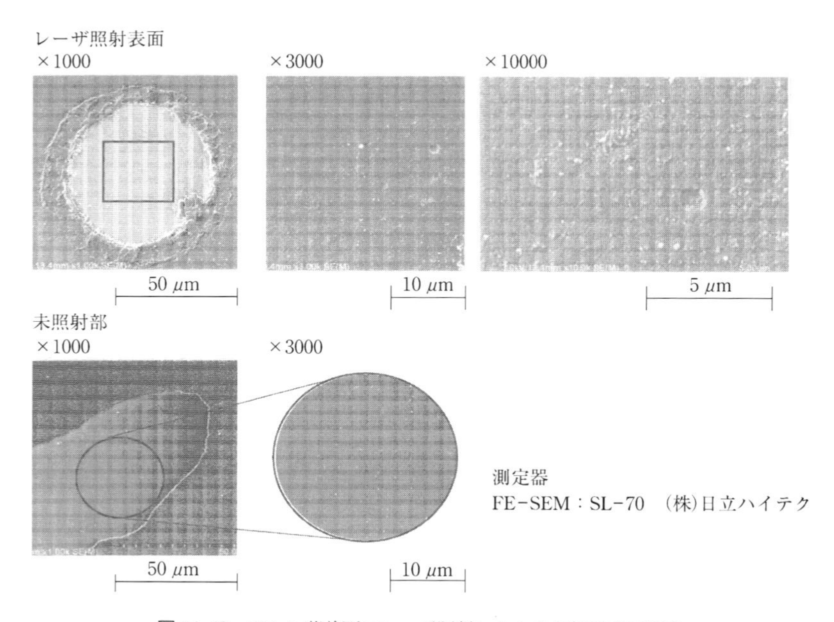

図 14.53　アルミ蒸着面にレーザ照射したときの加工表面写真

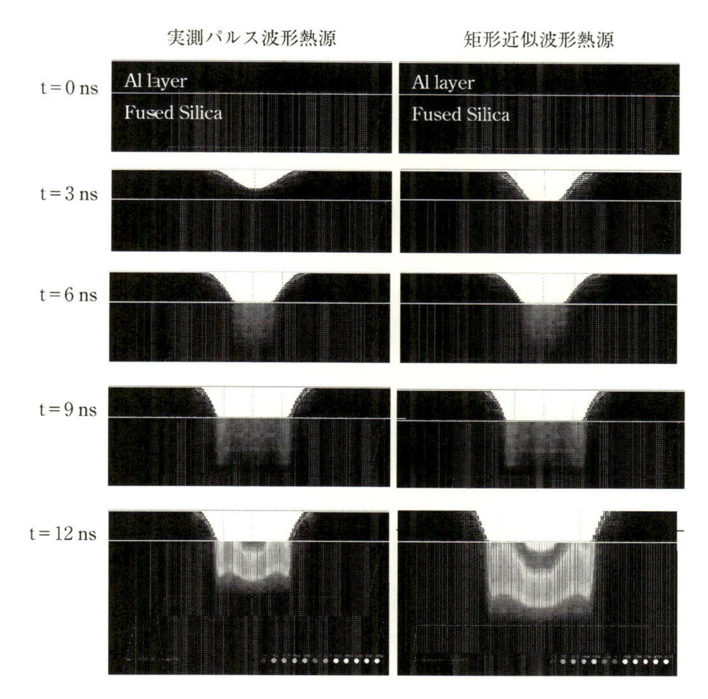

図 14.54 パルス形状を変化させた加工シミュレーション（加熱されるが加工されてはいない）

単パルス発振の加工ではパルス幅の厳密な計算が必要となることは5.3.4でも述べた．一般に，単パルス計算では半値幅でその間矩形形状のエネルギーが投入されているとした計算が多いが，実際の短いパルス発振では，パルス幅（パルス発振持続時間）の間にピークエネルギーは時々刻々変化する．その変化の過程を考慮して計算を行った．石英ガラス表面の加工では照射時にアルミ表面でプラズマの発生による発光も観測される．加工直後の断面写真からはガラス表面で明確なくぼみは観察されない，20 ns という短時間で瞬時に物理的・熱的な負荷が表層にかかり，これにより局部的なダメージによる異質部が材料表面に生起されると考えられる．

アルミの薄膜が蒸着されたガラス表面は，加工後に，試験片をフッ化水素（HF；hydrogen flucride）に浸けてエッチング処理を行う．ダメージ面を起点にディップ時間によって加工幅（直径）や深さを変化させることができる．図

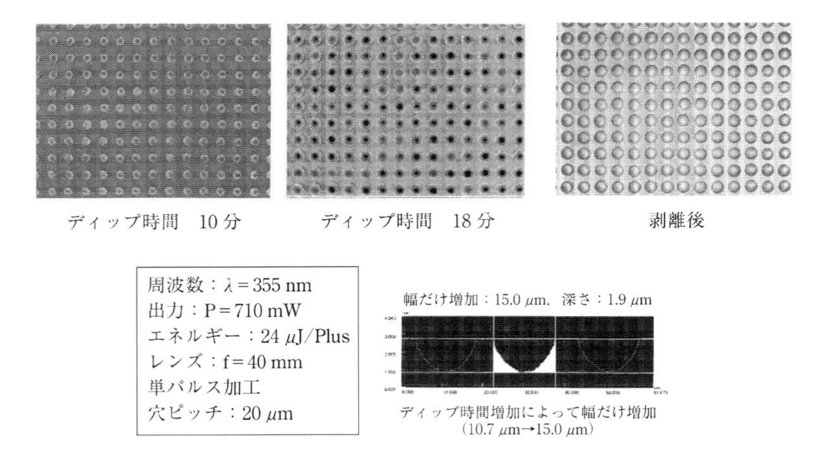

図 14.55　ディップ時間の変化と加工深さの変化

14.55には，この方法で得られた石英表面の加工の例を示す．平均出力は1W前後で，穴径が約12μm，深さが2.5μmの形状の揃ったディンプル（dimple）が得られた．結果的に比較的低いエネルギー密度で加工でき，表面のデブリ除去も同時に行うことができる．

図14.56にはレーザ走査顕微鏡による深さ方向の測定結果の一例を示す．レーザの平均出力を変化させた場合，穴の加工幅は12〜15μmの範囲で変化は少ないが，深さは平均出力に比例して深くなる傾向を示す．その際の形状は制御可能な浅い半円状となる．

図14.57にはそれによって得られた加工サンプルの例を示す．また，図14.58にはHFエッチング後の加工穴深さ測定結果を示す．加工深さは出力にほぼ比例する．

表面のアルミ蒸着層は加工初期の光吸収を高める効果をもつ．加工の進行は，初め表面アルミ薄膜層が急速に加熱され蒸発するがごく短時間で終了する．その際，ガラス表面は瞬間的にアルミの蒸発温度に接するが，直後に熱伝導率の低いガラス表面は温度が上昇しないため，石英表層は局所的で微量なマイクロクラックを伴う異質なダメージ領域が形成される．その後に，このダメージ領域が起点となってエッチングが進行する．表面吸収層のある場合はアブレーションはほとんど発生しないか，あってもごく微量しか発生しない．これにより石英表面に精

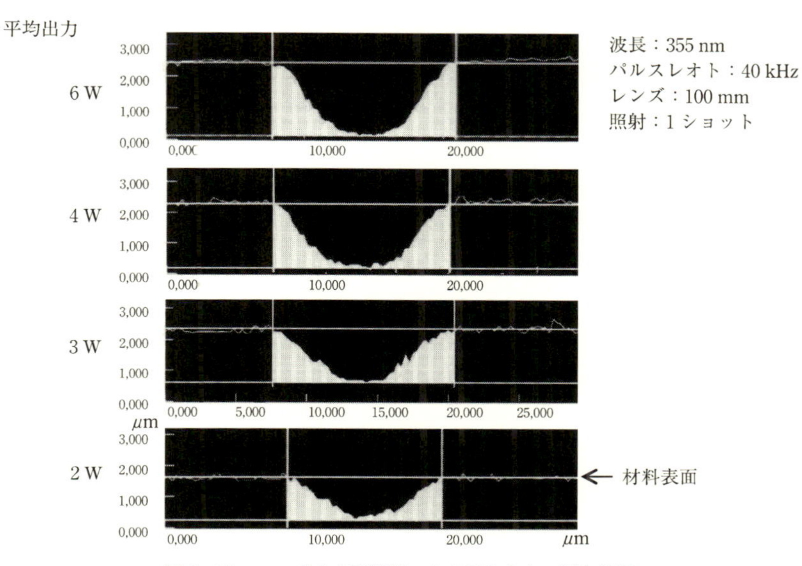

図 14.56　レーザ走査顕微鏡による深さ方向の測定結果

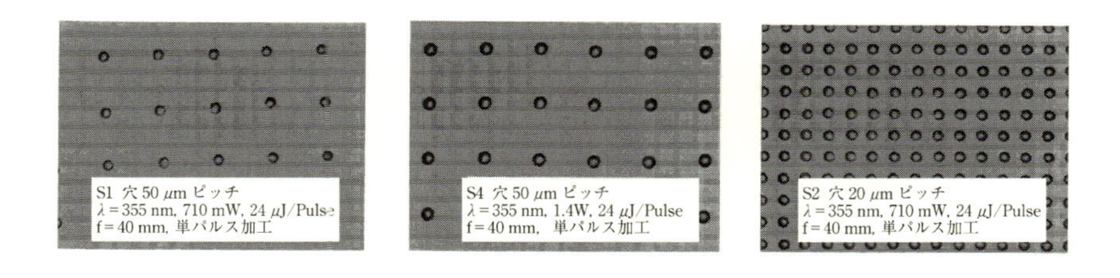

穴ピッチ：50 μm 周波数：λ = 355 nm 出力：P = 710 mW(30 kHz) エネルギー：24 μJ/Puls レンズ：f = 40 mm 単パルス加工	穴ピッチ：50 μm 周波数：λ = 355 nm 出力：P = 1.4 W(60 kHz) エネルギー：24 μJ/Puls レンズ：f = 40 mm 単パルス加工	穴ピッチ：20 μm 周波数：λ = 355 nm 出力：P = 710 mW(30 kHz) エネルギー：24 μJ/Puls レンズ：f = 40 mm 単パルス加工

図 14.57　パルス形状を変化させた加工シミュレーション（加熱されるが加工されてはいない）

密で制御可能な微細穴を形成することが容易となる．この方法は穴加工に限らず溝や一種の流路や回路も可能である．

なお，ナノ秒以下のピコ秒（ps），フェムト秒（fs）レーザを用いることで表

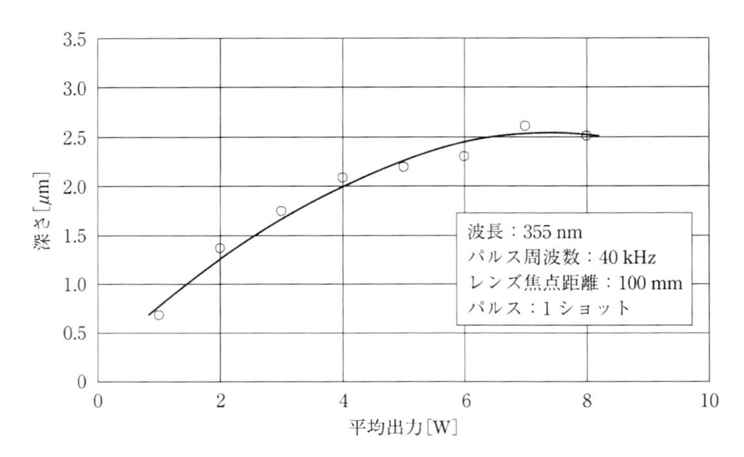

図 14.58　HF エッチング後の加工穴深さ測定

面に直接穴あけ加工をできないこともない．しかし，径は非常に小さく自在の制御は不可能である上に，現時点では加工時間が長く単位時間あたりの処理能力であるスループット（throughput）など生産性や可能能率に難があり，特に，フェムト秒（fs）レーザでの加工は代替不可の加工に対しては有効である．

14.9　回析格子による加工

回析格子を用いてレーザ微細加工を行うことができる．概念的には以前よりあるものの，レーザ装置の高出力化に伴って実加工への適用が可能となった．レーザ加工用に転用可能な光学素子としてのビーム分岐には図 14.59 のような分類がある．点状に分岐する①ドットによる分岐，ランダムにビームを飛ばす②ビーム拡散，ビームの型を整える③ビーム成形である．それぞれの特徴と用途が異なる．

回析光学素子（DOE；diffractive optical element）による加工は，高出力レーザに耐える回折格子の加工用光学素子を加工光学系に組み込むことによってレーザ光を微小に集光し，任意に設計された形状を正確に材料上へ転写可能にする技術である．そのことによって，所定の微小面積内に任意の微細の穴，溝，形状加工などを瞬時に施すことができる．その一例として，高出力レーザ用に製作さ

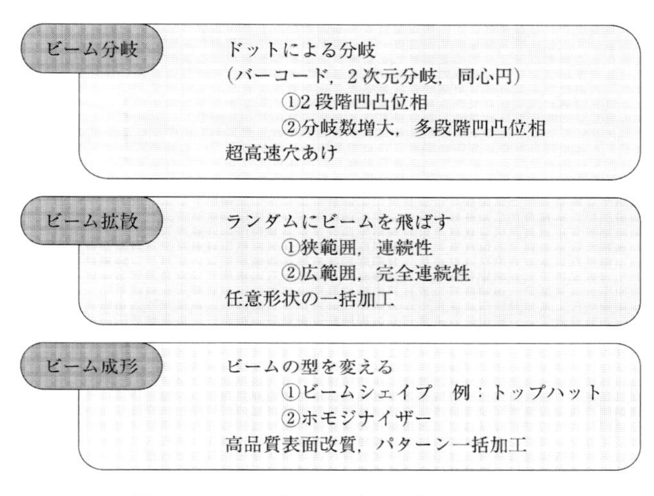

図 14.59 レーザ加工用に転用可能な光学素子

れた加工用のキノフォーム型（Kinoform）フーリエ変換回折光学素子を用いて実現した例を示す[31]．回折光学素子は第3高調波（$\lambda=355$ nm）を想定して石英で製作された．石英は紫外域から赤外域まで適用可能である．

14.9.1 素子の製作

パターンジェネレータは計算機ホログラム（CGH；computer generated hologram）により，振幅を一様として各セルに位相を割り当てるように光設計される．これにより干渉する光の波面に関する情報があれば光の空間変調，面の変換，干渉縞などは計算可能となる．ホログラムを透過した波は以下の振幅の変調を受ける．

$$t(x, y) = \exp i\varphi(x, y) \tag{14.15}$$

回折光学は，光の波動性を無視できない大きさの構造で光の伝搬を制御するもので．光の反射・屈折よりも回折が支配的であるような対象を扱う光学の一分野を回折光学といい，基本的に回折現象なので基本式は回折方程式で，以下のように示される．

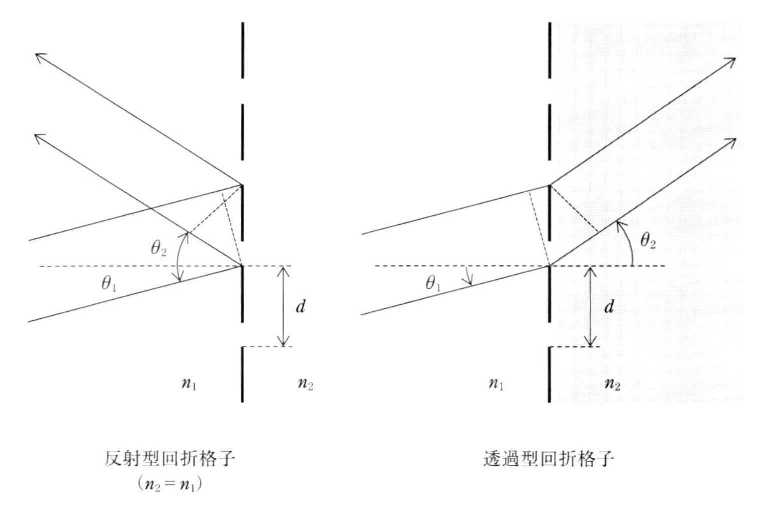

図 14.60　反射型と透過型回折格子

$$n_2 \sin \theta_2 - n_1 \sin \theta_1 = m\frac{\lambda}{d} \tag{14.16}$$

ここで m は回折次数（整数）である．

回折格子は 1 次元，または 2 次元の周期的構造をもつ素子で，大きく分けて反射型回析光子と透過型回析光子とがある．その例を図 14.60 に示す．レーザ用ではレンズなどで集光する関係で透過型の回折格子による方法を選択した．ドットによるビーム分岐でビーム分岐素子の設計（フーリエ変換法）の演算ステップを示す．

1）所定の分岐を実現する位相分布を，回折効率を高めながら行う演算

2）SN 比を向上するための反復演習

3）所定ステップに変換する反復演習

4）最適化アルゴリズム

この過程を図 14.61 に示す．また，図 14.62 には量子化作業による位相分布のステップ変換を示す．量子化は形状を段階形状で近似して設計することをいうが，微細加工用にバイナリオプティックス（binary optics）により回折効率の高い光学素子を製作する．目標とする形状であるターゲットパターンを設計し，次に位相分布の素子形状を加工して，伝搬形状をシミュレーションしたものである．

ターゲットパターン
（目標とする形状）

位相分布の素子形状

シミュレーション
（伝搬形状）

図 14.61　ビーム分岐素子の設計（フーリエ変換法）

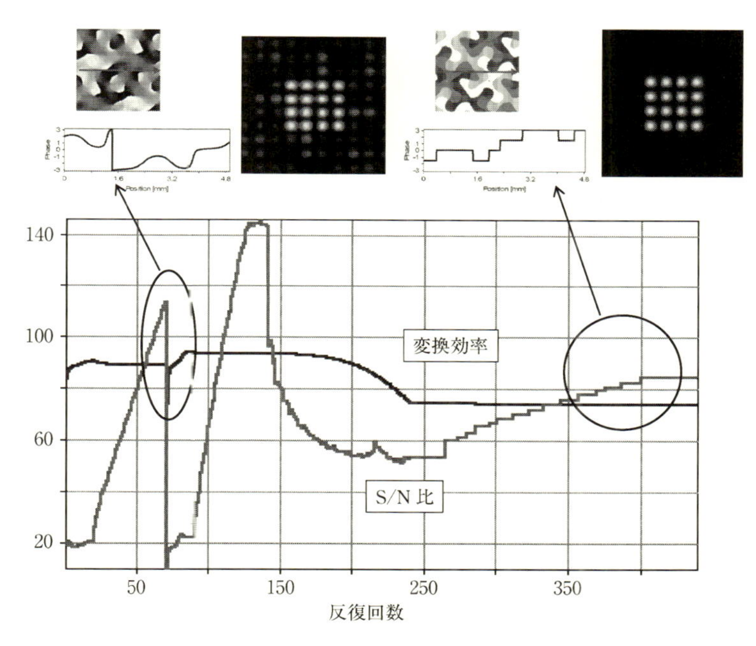

図 14.62　量子化作業による位相分布のステップ変換

このような方法の回折格子によるビーム分岐などで同時多穴加工が可能である．

14.9.2　ビーム分岐による加工

ビーム分岐はビームスプリッター（beam splitter）ともいわれ，レーザビームを設計仕様にしたがって分割する方式で，一般にドットによる分岐であること

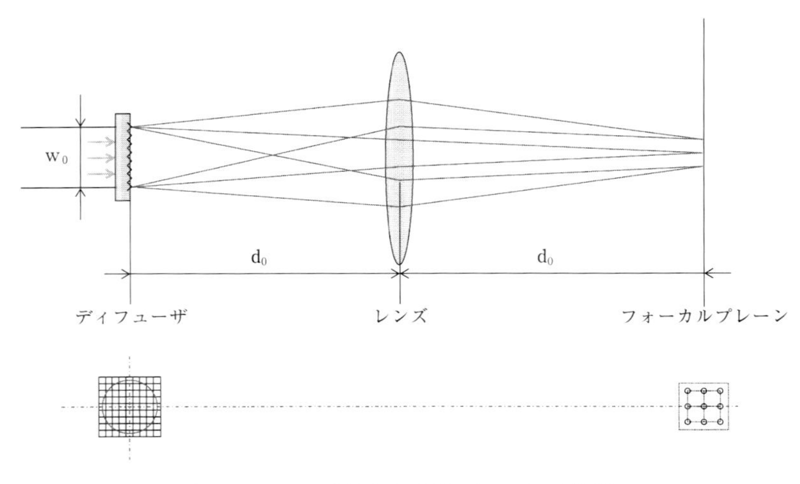

図 14.63　ビーム分岐素子の設計（フーリエ変換法）

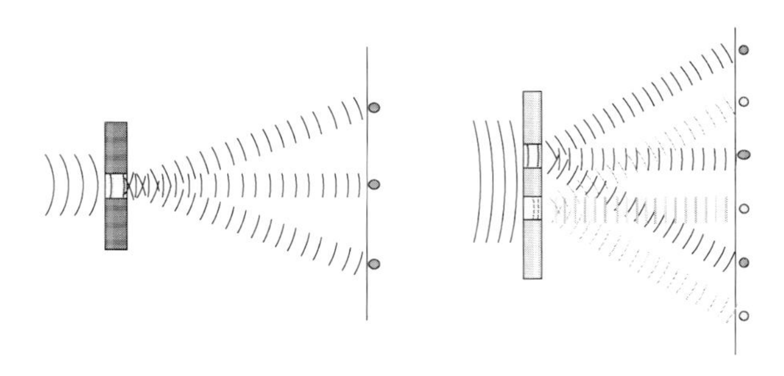

図 14.64　回折ビームの拡散の概念図

が多い．図 14.63 には，フーリエ変換法によるビーム分岐素子の設計を概念的に示した．円形に入射されたレーザ光は回折素子によっていったん拡散し，その後に集光光学系でターゲットに任意のドットによる分岐パターンを示した．回折効率は約 65 % であった．また，図 14.64 にはビームが回折格子を通過後に拡散していく様子を模式的に示した．図 14.65 にはビームスプリッターによる光伝搬を示すとともに，この方式による加工例して，図 14.66 には樹脂材料に照射した例を示す．3×3 の分岐である．この種の分岐法は入射エネルギーを分岐するため，加工穴の数だけエネルギーは分散・配分される．したがって，高調波レーザを用いる場合には，相応の出力の高出力化が望まれる．

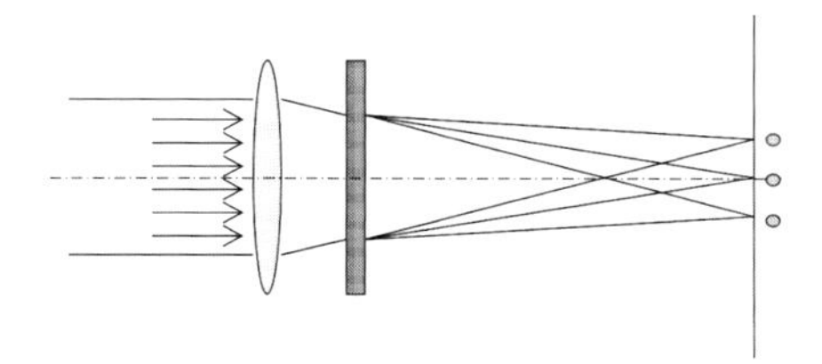

図 14.65　回折によるビーム分岐

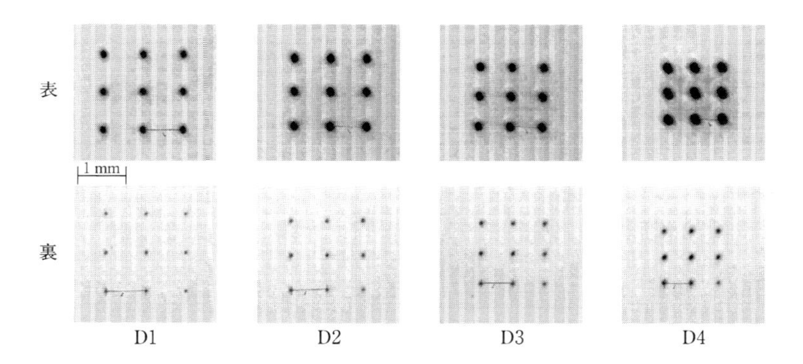

波長：355 nm；　出力：300 μJ；　照射時間：250 ms
材質：ポリエチレン；　板厚：0.3 mm　穴径：50～160 μm

図 14.66　ビーム分岐による加工

14.9.3　ビーム拡散による加工

ビーム拡散は回折型ディフューザ（diffractive diffuser）ともいわれ，拡散させて任意のパターンを描く方式である．分散がランダムであるが，設計上ほぼ均一に分散するように設計される．図 14.67 にはビームデフューザーによる光伝搬の様子を示すとともに，この方式による加工例して，図 14.68 には同じく樹脂上に照射した例を示す．直線を描いた例である．回折型ディフューザで，板厚 0.3 mm のポリエチレンに照射した実験では，長さ 5 mm の場合の素子で設計形状にほぼ類似するスリット加工を施すことができた．

回析光子を用いた微細加工には次のような特報がある．

① 瞬時の一括加工が可能で，時間変動からくる精度維持の欠点がなくなる．

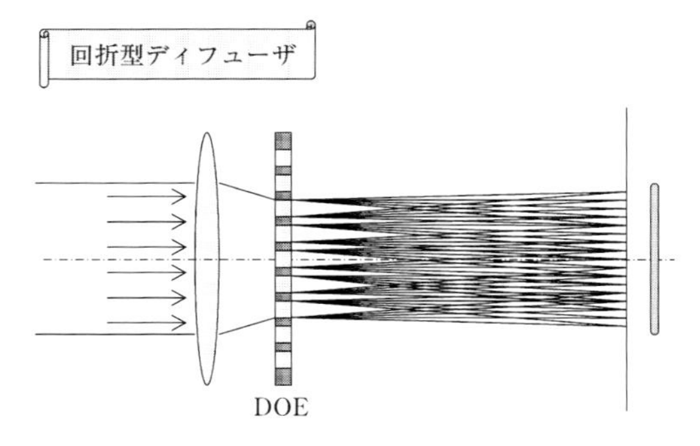

図 14.67　回折によるビーム拡散

回折型ディフューザ（パターン：10 μm×5 mm）

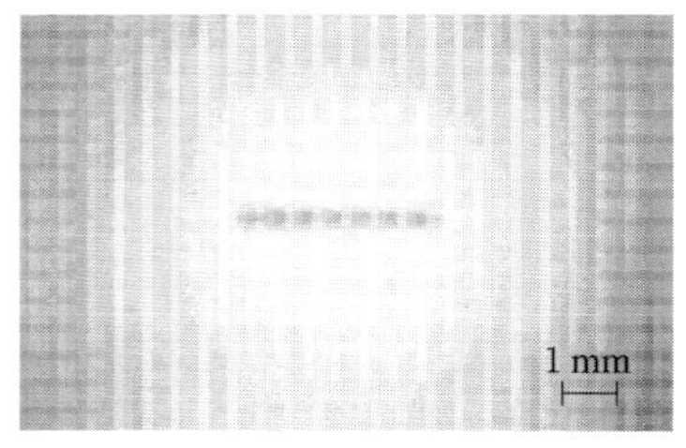

表面：幅 0.340×長さ 4.17 mm

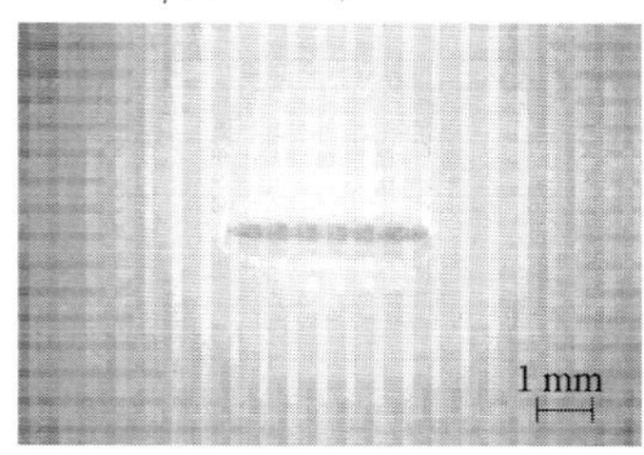

裏面：幅 0.380×長さ 4.11 mm

波長：355 nm；出力：300 μJ；照射時間：250 ms
材質：ポリエチレン；板厚：0.3 mm

図 14.68　ビーム拡散による加工

② 分解能が高いため，微細加工の分解能からくる欠点の解消される．

③ 光学特性の依存性については，モアレ縞，波長，偏光などの依存性がない．

④ エネルギー分散は，エネルギー強度を均一に加工面にあたえることができる

⑤ 短時間パルス加工なため，パルス時間制御で破調限界以下の加工も実現が可能

一方で課題として，ビーム分岐型は全エネルギーを分岐した点に分散するため，入射ビームによっては形状にムラができることがあり，スペックルノイズが両サイドに発生することもある．回折型ディフューザは全エネルギーをアットランダムではあるが，ほぼ均一にターゲットへ入射されるため，設計形状に類似したスリット状の加工転写を得ることができるが，材料とエネルギー密度のバラン

スを考える必要である．レーザの波長，レーザの出力，照射時間など，最適化を行う必要がある．いずれにしても一括加工が可能な有力な方式である．

14.10　期待される産業応用

レーザによる微細加工の技術と特徴を表 14.3 に述べる．微細加工は短波長化，短パルス化と高フルーエンス化がもたらした結果でもあるが，これによって微小スポットに絞り込めて高集光性が実現する．一般に短波長によって吸収率が向上し，短パルス化は瞬間吸収とエネルギー授受により瞬間反応と熱拡散が抑制される効果をもつ．また，高フルーエンスはエネルギーの高密度化をもたらす．これらはレーザプロセスにおいて交互に関連している．

主に，短波長化は反応時間と熱拡散を抑制し，材料反応の熱反応をもたらさないか，もしくは過渡的現象の途中で終了する．この現象を材料プロセスに応用しようとするものである．

フェムト秒レーザプロセスでもっとも期待されている技術は，レーザ光のもつ基本的な性質（単色性，指向性，可干渉性，集光性，短パルス性）とそのうえで実現する，① 熱伝導的でないという意味の非熱加工，② 瞬時の反応過程や制御，③ 材料の表面物性を変える材料改質，そして④ 加工においては超微細な高

表 14.3　レーザによる微細加工の技術と特徴

〈技術傾向〉	〈効果〉	〈材内現象〉	〈加工の特徴〉
短波長化 ⇒波長による吸収率の増大 遠赤外⇒近赤外⇒近紫外⇒遠紫外(真空紫外) ＊ 短波長・紫外化による光吸収の増大 ＊ 集光性とエネルギー集中	微小スポット化と高集光性 短波長化と高吸収率	光の瞬間吸収 ↓エネルギー伝達 原子・分子振動 ↓エネルギー授受 熱エネルギー発生 ↓熱拡散の抑制 反応の時間抑制 ↓ 瞬間反応の過渡現象 ↓ 材料の短波長・短パルス加工	超短時間反応 熱的影響の抑制 無クラック加工 非熱加工 非線形現象 多光子吸収 アブレーション加工 ⇩
短パルス化 ⇒時間の微細分割化 マイクロ秒(μs)⇒ナノ秒(ns)⇒ピコ秒(ps)⇒フェムト秒(fs) (10^{-6}s)　(10^{-9}s)　(10^{-12}s)　(10^{-15}s) ＊ 短パルス幅による高尖頭値化 ＊ 時空分割による超微細化	瞬間吸収とエネルギー授受 (光吸収の変化) 瞬間反応と拡散の抑制 (加工メカニズムの変化)		
高フルエンス化 ⇒エネルギーの高密度化 低密度⇒高密度化⇒超高密度 パワー密度[W/cm^2]，エネルギー密度[/cm^2] ＊ 高出力化によるエネルギー増大 ＊ エネルギーの高密度化と光吸収	エネルギー集中化 エネルギー高密度化 [GW/cm^2-TW/cm^2]	加工現象 粒子飛散 クーロン爆発 衝撃波発生 屈折率変化 吸収率変化	微小除去 表面微細加工 光吸収領域加工 材内加工 超微細加工

表 14.4　超短パルスレーザの応用分野

情報・通信産業	Optical Devices 光通信，半導体向け透明材料，平面光回路 光半導体ナノ構造，立体回路用光導波路
自動車関連産業	Automobile Parts 部品性能の向上，マイクロクラックの低減 高機能部品，高性能微細部品
ライフサイエンス	Bio-Medical Applications 患者の負担低減，治療疼痛緩和 微細組織加工，極表層人体組織加工
電機・電子産業	Novel Semiconductor Devices シリコン，半導体ダイジング，超微細加工 ナノ加工，超微粒子創製

機能加工という 4 点である．また，フェムト秒は以下の産業分野で期待される(表 14.4)．

① 光通信，半導体向けの透明材料などの利用による情報通信産業
② 性能向上，無クラック，熱影響層の発生防止など，従来加工に替わる加工法として期待される自動車部品産業
③ ダメージの少ない治療法としての医療や，新分野のバイオなどのライフサイエンス
④ シリコン，半導体などのナノテク材料の電子産業

加工における超短パルス化は，従来の熱加工とは異なる現象であることがあきらかになってきた．発生パルスをきわめて短くすると，ナノ秒からピコ秒にかけて空間を微細化することができ，ピコ秒やフェムト秒では時間さえ微細化できるのである．前述のように，フェムト秒でレーザを発振すると，その光は空間に局在するほど時間が短いのである．主に分析や測定分野での新たな展開がすでにできている．

また，MEMS (micro-electro mechanical systems) と称される機械要素などの微細部品，マイクロスイッチ類，マイクロセンサー類，分析用マイクロチップ，アクチュエータなどに応用がなされていて，医工連携でもさらに飛躍的な展開が進行中である．これらを含めて短パルス・短波長レーザは新しい微細な用途とニーズに応用が期待される．

参考文献

1) 新井武二，岩本高志，井原　透：レーザによる加工シミュレーション（第10報），2005年度精密工学会秋季大会講演論文集，**E**31, p. 369（2005）
2) Kolehmainen, J.T., Ckamoto, Y., et al : Measurement of the Spatter Velocity in Fine Laser Cutting. 2012年度精密工学会春季大会学術講演会論文集，A 05，pp. 9-10（2012.3）（写真提供：岡山大学岡本氏）
3) 川下研介：熱伝導論（復刻版），科学技術センター，p. 216（1941）
4) Goldstein, S. : *Proc. of London Math. Soc*., **2**, xxxiv, p. 58（1932）
5) 渡辺亮治，相馬純吉訳，Van Vlack, L.H.著：材料科学要論，アグネ，p. 241（1964）
6) Parker, W.J., Jenkins, R.J., Butler, C.P. and Abott, G.L. : Flash method of determination thermal diffusivity, heat capacity and thermal conductivity, *Appl. Phys*., **32**, p. 1679（1961），および新井武二，川澄博通：カツラ材の熱定数の測定，木材学会誌，**24**-3, p. 177（1978）
7) Fabbro, R., Fournier, J., Ballard, P., devaux, D., Virmont, J. : Physical study of laser-produced plasma in confined geometry, 1990 American institute of Physics, p. 775 J. Appl. Phys. **68**-2, 15, July（1990）
8) Fabbro, R., Fournier J., Ballard, P., devaux, D., Virmont, J. : Physical study of laser-produced plasma in confined geometry, 1990 American institute of Physics, p. 75 J. Appl. Phys. **68**-2, 15, July（1990）
9) 写真提供（CO_2 微細加工）：株式会社アマダ
10) 写真提供（YAG微細加工）：三菱電機株式会社
11) 写真提供（YAG微細加工）：株式会社レーザックス
12) 写真提供（エキシマレーザ加工）：東成エレクトロビーム株式会社
13) 写真提供（TEA CO_2 レーザ微細穴加工）：東成エレクトロビーム株式会社
14) 写真提供（ビア加工）：三菱電機株式会社
15) 写真提供（$\lambda=355$ 微細加工）：コヒーレントジャパン株式会社
16) 写真提供（$\lambda=355$ 微細加工）：三菱電機株式会社
17) 写真提供（$\lambda=355$ 微細加工）：コヒーレントジャパン株式会社
18) 写真提供（波長による加工特性）：住友重機械工業株式会社
19) Craig, B. : Ultra pulse promise better processing of fine structure, *Laser Focus World*（1998）, Photo by Nolte, S., *et al*. (Laser Zentrum Hannover)
20) 中央大学新井研究室　研究資料
21) 写真提供（エキシマレーザ加工）：東成エレクトロビーム株式会社
22) 写真提供（フェムト秒加工）：コヒーレントジャパン株式会社
23) 沢田博司：フェムト秒レーザによる機能表面の創成，精密工学会会誌，**72**-8, p. 951（2006）
24) 鷺坂芳弘，神谷眞好，松田稔，太田幸宏：フェムト秒レーザー照射による衝撃波を利用した微細かしめ接合法の提案，日本塑性加工学会誌 塑性と加工，**49**-574, pp. 1091-1095（2008）
25) 鷺坂芳弘，他：フェムト秒レーザー照射による衝撃波を利用した金属箔への微細輪郭の転写，平成20年度塑性加工春季講演会講演論文集，pp. 167-168（2008）
26) 鷺坂芳弘，神谷眞好，松田稔，太田幸宏：フェムト秒レーザーを用いたレーザーピーンフォーミングによる薄板の曲げ加工，日本塑性加工学会誌 塑性と加工，**50**-584, pp. 866-870（2009）
27) 鷺坂芳弘，神谷眞好，松田稔，太田幸宏：フェムト秒レーザによるレーザピーンフォーミング—薄板曲げ加工での照射条件と予備曲げの影響，精密工学会誌，**75**-12, pp. 1449-1453（2009）
28) Arai, T., Asano, N., Minami, A., Kusano, H. : ICALEO 2008 Conference Proceedings, pp. 408-414（2008.10）
29) 新井武二，浅野哲崇，後藤浩之，植田真一：透明体材料の表面微細加工，2011年精密工学会春

季大会学実講演会論文集，B 68, pp. 47-148（2011.3）
30）Arai, T.: Micro-Fabrication on Surface of Transparent Solid Materials by Nanosecond Laser　Journal of Materials Science and Engineering B 2-8, pp. 471-481（2012）
31）中央大学新井研究室資料（イエナ大学（Friedrich-Schiller-Universität Jena）応用物理研究所光工学主任教授　Frank Wyrowski との共同開発による（2003-2005））

15 レーザ加工時の安全

レーザを扱ううえでの安全は，環境とともに重要視されるようになってきた．レーザの安全は安全設計，安全作業，安全管理の3要素のすべてを含んでいるが，特にレーザを扱う作業者にとって安全作業は大切である．国際的な安全基準に伴ってわが国でも JIS が改定され，レーザシステムメーカの安全設計はもとより，レーザを取り扱う企業や研究所においても安全管理や作業の安全に対する意識が高まりつつある．ここでは，基準に対する法的な側面だけでなく，レーザを利用するユーザ側からみた安全について考え方や対策を紹介する．

（写真：加工の遠隔操作）

15.1 加工の安全

15.1.1 レーザと安全

レーザ加工機は日増しに機能が向上し高出力化している．これによりレーザの応用分野も広がりをみせている．しかし，その反面レーザ機器の取扱いに起因する危険性も増大している．レーザの安全はレーザ機器を設計開発する立場にある技術者・製造業者のレーザ機器に関する安全規格を遵守することはもちろんであるが，実際に加工を行う立場にある作業現場の管理者や作業者も十分に安全を考慮しなければならない．総合的な安全の基本は，メーカ側に課せられる安全対策としての安全設計であり，次に導入者側の安全対策としての安全管理であり，実際に作業を行う作業者の安全作業である．このように，安全には3つの要素が相互に関連している．

一般に加工機は，発振器から取り出された光が何枚かの光学的中継点（ミラー）を介して加工ステーション（加工テーブル）まで伝送されるまでの加工システム全体をいうが，加工機の安全という場合には，レーザ発振器の形態や出力レベル，適応される光学系や加工の種類も異なることから，安全面からは独自の対策や運用が不可欠である．ここでは，一般産業用レーザ発生装置を用いた場合の加工時の安全対策について，加工システムの管理や加工時の安全規準の運用面を考慮して，より実践的な立場からその留意点ならびに対策について述べる．

15.1.2　規格および基準の動向

以前よりレーザ装置の安全な普及のために，レーザ機器の取扱いや安全に関する検討が関係各省庁でなされていた．1983（昭和58）年には 中央労働災害防止協会による「レーザー光線の安全衛生基準に関する調査研究委員会」が設置され，1985（昭和60）年のレーザ加工機の安全衛生対策研究委員会の設置などを経て，1986（昭和61）年には労働基準局による基発第39号「レーザー光線による障害防止対策要綱」の通達がなされた．レーザビームは労働省安全衛生規則第567号（有害原因の除去）における有害光線に該当するが，具体的な処置は定められていない．ただし，委員会の答申では事業所の規模別に望ましい組織体制などを具体的に示したものがあり，1つの指針を与えている．

一方，1984年に制定されたIEC（国際電気標準会議），TC76委員会，IEC Pub 825（レーザ機器の放射安全，機器の分類，要求事項および使用者への指針）をもとに，わが国では通産省工業技術院，日本工業標準調査会によるJIS C 6802「レーザ製品の安全基準」が制定された．それに伴って，基発第0325002号，「レーザー光線による障害防止対策要綱」（改訂版）が厚生労働省労働基準局から発令された．

これによりレーザ製品のクラス分けについては一部改正され，レーザ製品の安全から人体を保護することを目的にしてクラス分けなどが国際基準に近づけられた．クラス分けでは生体組織に及ぼすレーザ光の熱的影響と光学的影響に分けられ，従来の5段階（1，2，3A，3B，4）から7段階（1，1M，2，2M，3R，3B，4）に細分化された．これらは欧州の安全標準となっているEN-60825国際電気委員会によりIEC 60825の内容と同じで，JIS C 6802:2005版はこれに準拠している．さらに，JIS C 6802：2011版が発行された．これら製品の情報はレーザ製造者から提供される．ここでは“使用者への指針”が抜けて「することが望ましい」などと，ユーザ任せの表現に変わったが，労働基準局の基発第0325002号「レーザー光線による障害防止対策要綱」はそのまま拘束力をもつものと解釈されている．

基準とは別に，6.6.2項で「レーザプロセスにおける場」（図6.30）を述べたが，加工実験や研究を実際に行うという観点から，これらの「場(field)」は重要である．このような加工場で起こっている現象を把握することは，将来のより高いレベルの加工時の安全対策を構築するうえで重要である．これらの場が複雑で学問的にも多様であることが，レーザ加工が学際的であるといわれるゆえんである．

15.2　レーザ加工システム

15.2.1　システムの構成

レーザ加工システムの基本構成は，図15.1に示すようにレーザ発振器，加工テーブルあるいは加工ステーションなどの機械駆動系，CNC装置および機械操作盤を含む制御・ソフト系，ならびにビームを伝送するための伝送光路系，さらにそれらに付随する周辺機器，ワーク搬送装置などの付加機能を有する補助システムから成り立っている．加工対象となる材料のサイズによって装置全体が長大

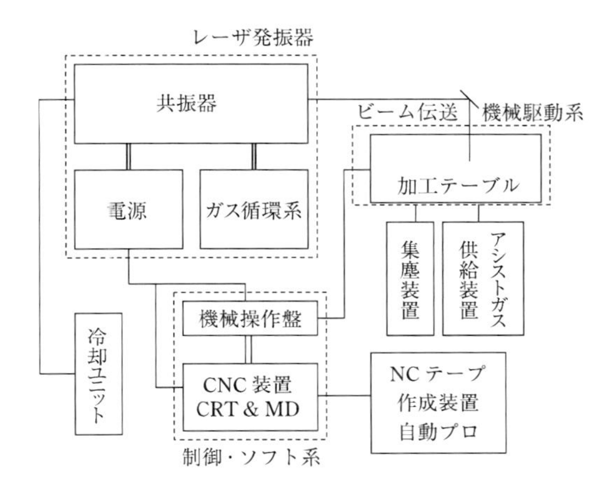

図15.1　レーザ加工機のシステム構成

にもなる．システム関連の装置に関しては，発振器，加工機ともシステム上の安全を確保するための表示がそれぞれ定められていて，必要とする箇所で目立つように危険，警告，注意などを喚起するラベルを貼付することが義務づけられている．

15.2.2　レーザ発振器

レーザ発振器は，その中心となる共振器部分は保護筐体によって囲まれ，レーザ光が外部に洩れないようになっている．レーザ光の取り出される出口部や，出力ミラー部はボルト締めされロックペイントが施されていて，工具を用いない限り外せない構造になっていることが多い．また，各所に安全ロックがあり，筐体のカバーを不用意に開放すればこの安全ロックが働き発振を中止するようになっている．したがって，開放のままでは安全装置の強制解除がない限り，ビームを発振させたり装置の運転ができなくなっている．

加工時に欠かせない作業にビーム光路の確認作業がある．CO_2 レーザおよびYAG レーザの場合は，波長がそれぞれ 10.6 μm（10600 nm），1.064 μm（1064 nm）の赤外光で不可視光である．そのため特に CO_2 レーザでは，ビームの光路に可視光の He-Ne レーザ光（ヘリウムネオン：クラス 2）や半導体レーザ光を重畳させて，主ビーム光路のガイド光として安全の確保をしている．加工を伴わない発振（スタンバイ状態）の場合には，発振器内で遮断され，向きを変えられてビームダンパに入れられて熱に変換される．発振器が作動中は電源部に 10 kV 以上の高電圧がかかることから，光以外に感電の危険があるため，むやみに扉を開放しながら加工作業をしたりすることは避けたい．また，遮断後であっても直後には機器内部に触れてはならない．この種の注意や警告のラベルは発振器筐体に貼付されている．

15.2.3　テーブル駆動系

発振器から出た光はその性質上直進するので，いくつかの反射型ベンダーミラーによって向きを変えられ加工地点に至る．この場合，光は「光学的に直線」である．ファイバーの使用可能な YAG レーザなどの場合には直接加工点まで導かれる．この加工テーブルに至る光の経路においても，テーブル駆動系においても「JIS C 6802」に基づく安全表示が付けられている．

テーブル駆動系における安全対策は ① それぞれの光中継点でのビームに対する安全，② 加工テーブルでの駆動時の衝突防止，③ 材料クランプや駆動チェーンなどの付帯装置での安全，④ 剛性や強度のない箇所での人や物による過重量破損防止などが主である．すなわち，作業中に発振器の光路内への立入りや，ミラーの不用意な取外しの防止とかかわる作業での安全対策や，移動テーブルに触れて手をはさんだり，加工機の折れやすい部位にむやみに乗らないことが含まれている．これらの詳細はメーカから購入された時点で，その部位に安全作業のための注意を喚起するレベルが貼付されている．

15.3　加工時の安全[1)]

15.3.1　レーザ光に対する安全

① レーザ管理区域の設定

レーザ管理区域とは，レーザ光の放射の危険から人体を保護する目的で，区域内での業務活動が制御監視下におかれる領域であるが，加工時においてはほとんどがこの区域内での作業となることから，この領域全体を何らかの方法で囲いを設けることが奨励されている．さらなる安全のために，加工材料のセット，光学系の調整，あるいはメンテナンス作業を除いて，加工時にはオペレータが囲いの外部からの遠隔操作を行うことが望ましいとされている．実例を図 15.2 に示す．YAG レーザにおいては，波長の関係で特に眼に対する厳重な保護を要すること

図 15.2　加工の遠隔操作

から，波長に合った保護めがねの着用と，周囲へのレーザビーム放射を防ぐための遮蔽板で囲むなどの対策が必要である．レーザ装置の設置場所にはレーザ機器管理責任者，およびレーザ機器管理組織が明確となっている必要があり，緊急時の操作手順や連絡場所などが明示されていることも重要である．

② レーザ機器取扱者の教育

機器の取扱者については，教育訓練の規準を定め，当該任務にあたる場合には教育を適宜受けることが求められる．その内容は業務にもよるが，レーザの原理，加工法，レーザ機器の概要，構造や動作，レーザの安全基礎などを行うことが望ましい．なお「JIS C 6802」では，① システム運転の習熟，② 危険防御手順，警告表示などの正しい使用，③ 人体保護の必要性，④ 事故報告の手順，⑤ 眼および皮膚に対するレーザの生体効果など最小限の内容となっている．

15.3.2　レーザ作業の安全[1)]

① 加工時の光からの防御

レーザビームは前述のように，眼には直接みえないために多くの注意を要する．加工時には，被加工材からの直接反射光や散乱光など反射光のほかに，材料加工中に加工点から可視光や紫外光などの二次反射光が発生する．図 15.3 に模式図を示す．

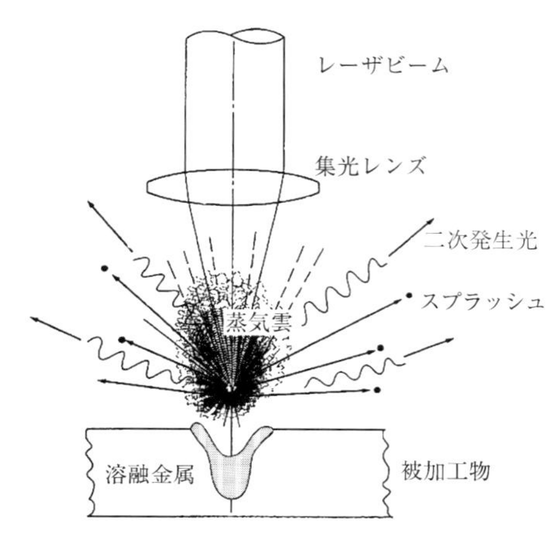

図 15.3　レーザ加工現象

反射光の直接照射，すなわち反射してきた光でも直接的に眼に当たった場合には失明の危険性がある．そのため保護めがねの着用が義務づけられている．ただし，保護めがねの役割はあくまで初期段階での防止であって，直接の長時間照射に耐えるものではないことに注意を要する．さらに二次反射光のなかには，保護めがねを透過するものがあるので，やはり加工中に加工点の直視は避けたい．安全露光距離を超えても，さらにフィルターなどの紫外線や可視光線用の対策を講じる必要があるだろう．

アクリルが加工域全体を覆っている場合があるが，これも初期段階の対策であって，反射による直接光の強度によっては照射跡が発生するが，これらは時間の問題であって，光の貫通するまでの時間的余裕しか存在しないことを意味する．早期に発見して原因を除去することが大切である．

② 加工時に発生するガス

加工は基本的に材料との熱反応であるので，材料によっては有害なヒュームや，ときに有毒ガスが発生する場合がある．参考のために，金属材料の切断時に発生する悪臭と粉塵の一例を表 15.1 に示す．ガス化されたものについては，排気ダストの設置や通気のよい作業環境にすることが大切で，特殊な材料成分の熱的な反応や燃焼反応についても十分な注意が必要である．

特に，塩化ビニル，ポリカーボネート，アクリルなどの高分子材料，あるいはファイバーグラスや樹脂系の複合材料においては，有害または有毒ガスの発生があり得るので，特に大量あるいは長時間の加工をする場合には，必ず防塵，防毒マスクの着用や，作業場の換気対策を要する．

③ 反射光と可燃性材料の管理

レーザ加工時に火災の発生する可能性には，まず，レーザビームが加工物に当

表 15.1 レーザ加工時に発生する悪臭と粉塵（金属）

① 粉塵の組成は被加工物の金属成分組成と一致する
② 粉塵は金属の酸化物微粒子で成っている
③ 一部の過酸化物が呼吸器を刺激する
④ 高熱に加熱した状態でアシストガスを用いるために，酸素過剰となってオゾンが発生したり，NO_3 のような窒素酸化物が発生することがある．これらは悪臭の原因となる

図 15.4　ステンレス鋼の切断加工の実際

たって反射される光によるもの，次に加工中に溶融金属のスパッタ（飛散物）によるものの2通りの原因があるといわれている．特に，燃えやすい材料である木材，プラスチック，あるいは可燃物を含んだ紙，ウエス（布），あるいは直にオイルやグリス，アセトンなどへ接触による着火が原因となる火災が発生する可能性と危険を含んでいる．したがって，周囲へは置かないことはもちろん，消火のための備えも必要である．レーザ切断の加工風景の一例を図 15.4 に示す．

④ 加工直後の材料の扱い

加工時の事故として，意外に多いのが火傷である．特に，比較的に厚い板材においては加工に伴い，材料内にレーザ照射によって発生する多量の発熱があるため，加工直後にサンプルに素手で接触すると，多くの場合に火傷や軽くても火ぶくれを起こす．専用のクランパや耐熱用グローブの着用が必要である．

15.3.3　異常発生時の措置

① 加工異常

加工中の異常時の措置において，優先順位がもっとも高いのはレーザの発振停止である．直後に機械的な駆動を停止し，次に引き起こされる危険を回避すべきである．一般に，加工中の異常とは正常に製品加工ができない状態をいうが，多量の溶融物の吹上り，サンプルのかす上り，加工ヘッドの接触などが想定されるため，場合によってはビームの向きが強制的に変わる可能性があるため，光の発振停止が優先される．

② レンズの熱暴走

特に，CO_2 レーザ加工機には，集光レンズおよび発振器の内部出力ミラーに ZnSe（ジンクセレナイドの結晶）が光学部品として用いられている．これは法律で毒物劇物取締法第 14 条に定める物質に指定されている．このため取扱いには注意を要するとともに，使用中の管理もさることながら，使用後の破棄は不法投棄になるので，専門業者の指導やメーカへの処理依頼を奨励している．また，管理が悪い場合や，レンズの劣化および不純物や溶融金属の表面付着している場合には，過度なビーム吸収に起因するレンズの熱破損（熱暴走と称している）が生じることがある．この際には多量のガスと粉末を発生するが，絶対に素手で触ったり，発生した蒸気や粉末を吸引してならない．

15.4　その他の安全対策

15.4.1　安全予防の実施と定期点検

作業を安全に行うためには，環境を維持することが重要である．機械装置の定期点検作業を怠ることなく実施し，加工を安全に遂行するために，作業前点検，作業後の点検などの実施に加え，万が一に備えて，異常時の対応マニュアルなどの常備が必要である．安全障害や異常の履歴を記して再発の防止に努めることが安全衛生対策上，作業者にも安全管理者にも義務づけられている．

15.4.2　日常安全衛生の奨励

作業環境をできるだけクリーンにし，実験後には手洗い，うがいなどを奨励する．また，レーザ作業に限ったことではないが，溶融金属や金属粉による顔や眼などへの接触を避けるなどの対策が必要である．レーザ光線による障害をすみやかに発見し対策するためには，定期的な視力検査や眼底検査などの衛生管理も必要である．

レーザにまつわる障害の多くは，以外にも多少取扱いに対する知識を有しているはずの企業の研究所，公的研究機関や大学などか，安全策がほとんど施されていない中小の作業現場に多いといわれている．前者には多少の油断と慣れが存在するが，これらはともに作業が主に管理区域内でのことが多く，光の波長が不可視の赤外光であることに起因している．

安全基準には使用者への指針として，具体的に目の保護を目的とした場合に必要なめがねの光学濃度や保護着衣などが規定されていて，万が一の被ばくの場合における最大許容露光量（MPE；maximum permissible exposure）などが規定されている．また，作業においてビーム放射露光が角膜上で許容し得る距離を定めた公称眼障害距離（NOHD；normal ocular hazard distance）などが具体的に規定されている．一般の加工現場におけるマニュアルどおりのプログラム加工では，レーザ障害は非常に少ない．しかし，テーブル近くの作業や調整などでビームを扱う作業の場合にはこのことが重要となる．なお，基準の詳細は文献 2）を参考にされたい．また，対策や処置は別途メーカの指示や関連する団体や協会に相談されることをお勧めする．

危険と安全の間を「リスク」と称するが，加工時にはまさに雑多のリスクのつきまとうものである．予防の立場からは，これに対してこそ対策は必要である．加工現場では予期せぬ危険が潜んでいる．基準や安全マニュアルを超えて，臨機応変な対応と独自のシステム作りが常に望まれる．

参考文献

1）新井武二：レーザーを安全に使うために――加工時の安全対策――，*O plus E*, **23**-7, p. 829 (2001)
2）JIS：レーザ製品の安全対策，JIS C 6802：2005（平成 17 年 1 月 20 日改正）(2005)

改訂版へのあとがき

時間が経つと技術書も書き改めるべきと思うことがいくつも出てくるようである．新しい技術が生まれ，加工の概念が変わり新たな定義が生まれるからであり，これがエンジニアリングだと思っている．技術は萌芽期を経て全盛期を迎え，発展の後に技術としては一般化しやがて衰退する．そこで次なる発展に結び付くような展開が必要となる．これもエンジニアリングの宿命である．つまりは常に技術は変化しているのである．

この先も新しい概念のレーザやレーザ技術が生まれ，波長のまったく異なるものや極端な超短パルスが生まれ，新たな応用とそれに伴う新たな現象が生み出されると思っている．しかし，これをもって現状を不完全とみなす必要はない．レーザ応用における加工の基礎現象は大きく変化しないと考えるからである．また将来にわたって解明しなければならない加工現象があるとしても，メカニズムを解く多くのヒントはいままでの現象究明の延長上にあると思われるからである．

レーザ装置は高出力化し高性能化した．レーザは夢の技術であるとともにある種の危険性を孕んでいる．技術の発展は止められないだろうけれど，光学兵器化と紙一重であることに鑑み，レーザ技術の発展が人類の幸せと平和のためにあらんことを願ってやまない．

2013年11月吉日

新　井　武　二

あとがき（初版）

レーザ加工に関する理論的な実用書というものはなかなかないものである．実用書は，作業現場での実用に供することができるものであり，学問上でも役立つものである必要がある．多くの加工技術の専門書は実験結果の羅列が多い．そのため概要は理解できるものの，装置が異なり加工条件が異なると同様の追試や結果を期待できないことがある．それは統一された用語や定義など加工の理論が必ずしも整備されていないことに起因する．

さらに，私たちの関連する分野の理論的名著や，多くの専門書では理論の最終的な解のみが示されていることが多い．そのため引用または使用したいと思うときに，記述された理論式の真偽のほどがわからない場合がある．専門書の中に記述されている理論解析には，誤植や計算ミスなども稀に見受けられることさえあるため，鵜呑みは危険であることは否定できない．その点を考慮して本書では多少の冗長さはあるかもしれないが，代表的な加工理論は式の誘導をあえて試みた．整然と理論を展開し最終の解に至った導出の過程をあきらかにすることで信頼性を備えた解であることを示すことは，加工を専門にし，あるいは学問として勉強したい若い研究者らにとって有意義であると思われるからである．

実加工実験はきわめて重要である．しかし，これだけでは説明を尽くせない．実験中心の研究者のなかには「実験こそが一番正しい，なぜなら実加工にはすべてが含まれているからだ」とした立場をとる方もおられる．これにも一理あることは否定しない．しかし，加工実験だけで隠れた部分までをすべて見通せるかは疑問の余地がある．本来，「実験」を行うには緻密な事前の分析を要し，意図した事象を得るためにはかなり工夫された実験手法が必要となる．その場合でも結果は限定されていることが多く，正確にはすべての現象を表現できたとはいいがたいのである．

理論解析は多くの展開を可能にしてくれる．計算のパラメータを変化させることによって，実験を伴うことなく次なる結果や傾向を知り，全体像を理解するには最適な手法であり，予測を可能にしてくれることから一種のシミュレーションであるともいえる．そこに理論解析の存在意義がある．しかし，解析解はほぼ理想状態での結果の表現であってファジーな現象部分を含んではいない．また，数値解のコンピュータシミュレーションでも，光の吸収による発熱から溶融金属の流れ，飛散，蒸発までの流れが連続的過程として表現しきれてはいない．それにもかかわらず，複合系や複雑系を解くためにはシミュレーションは有効な手段である．ただ，現在のシミュレーション理論では計算精度はもとより，同時にモデルの的確性と実際の適応に対する有効性の確認が必要である．

加工学における究極の目的の1つは加工量を正確に制御できることである．そのためのアプローチに理論がある．しかし加工現象に対しても，実験，観察，理論にはそれぞれに得意とする表現法があり，同時にそれぞれの限界や制限がある．1つの手法で十分表現できないものがある以上，いろいろな手法から現象解明が必要である．すなわち，実験だけでも，また理論だけでも，あるいは観測だけでも現象の詳細を表現しいい尽くすことができない以上は，実験，観察，理論の相互補完が必要である．これによって体系づけることこそが，レーザ技術をレーザ加工学にする第一歩であると考える次第である．本書がこの目的に近づいたかどうかは不明であるが，少なくともこのような積み重ねを継続的に行うことができれば，より目的に近づくものと信じている．

このような勝手な思い付きに執筆の機会を与えていただき，最後まで根気よくお付き合いいただいた丸善株式会社出版事業部の方々に感謝申し上げたい．なお，内容の一部については，中央大学名誉教授 川澄博通博士，東京工業大学名誉教授 田幸敏治博士の両先生に，直接的あるいは間接的なご指導をお受けした．また，一部引用させていただいた方々，および資料をご提供くださった方々に対して，あわせて感謝する次第である．

2006年12月吉日

新　井　武　二

索　　引

著者略歴

新 井 武 二（あらい・たけじ）

中央大学研究開発機構フェロー，レーザ協会顧問．
1945 年生まれ．東京教育大学(現 筑波大学)大学院修士課程修了，中央大学大学院博士課程(単位修得)満了．工学博士，農学博士．
同 理工学部専任講師，ファナック基礎技術研究所主任研究員，アマダレーザー応用技術研究所長，中央大学研究開発機構教授を経て現職．その間，電子技術総合研究所（流動研究員），産業技術総合研究所（客員研究員），レーザ協会会長を歴任．

レーザ加工の基礎工学 改訂版
理論・シミュレーションによる現象から応用まで

平成 25 年 12 月 25 日　発　　行
令和 5 年 9 月 30 日　第 6 刷発行

著作者　新　井　武　二

発行者　池　田　和　博

発行所　丸善出版株式会社
〒101-0051 東京都千代田区神田神保町二丁目17番
編集：電話 (03) 3512-3264／FAX (03) 3512-3272
営業：電話 (03) 3512-3256／FAX (03) 3512-3270
https://www.maruzen-publishing.co.jp

組版／三美印刷株式会社
印刷・製本／大日本印刷株式会社

ISBN 978-4-621-08733-6 C 3053　Printed in Japan